U0275615

建筑工程施工工艺手册
（上册）

李卫平　主编

中国建筑工业出版社

图书在版编目(CIP)数据

建筑工程施工工艺手册:全2册/李卫平主编. —北京:
中国建筑工业出版社,2019.3
ISBN 978-7-112-23357-1

Ⅰ.①建… Ⅱ.①李… Ⅲ.①建筑施工-技术手册
Ⅳ.①TU74-62

中国版本图书馆 CIP 数据核字(2019)第 034189 号

责任编辑:张 磊 万 李
责任校对:焦 乐

建筑工程施工工艺手册

李卫平 主编

*

中国建筑工业出版社出版、发行(北京海淀三里河路9号)
各地新华书店、建筑书店经销
北京科地亚盟排版公司制版
天津翔远印刷有限公司印刷

*

开本:787×1092毫米 1/16 印张:94 字数:2342千字
2019年5月第一版 2019年5月第一次印刷
定价:**258.00**元(上、下册)
ISBN 978-7-112-23357-1
(33674)

本书编委会

主　　编：李卫平
副 主 编：张太清　霍瑞琴
编写人员（按姓氏笔画排列）：

于秀平	弓晓丽	马德慧	王　伟	王　芳	王　宏
王　涛	王　瑛	王小兰	王少波	王巧利	王永利
王江平	王江波	王宇清	王利民	王宏业	王昌威
王荣香	王美丽	王峰雷	王晓东	王新龙	邓秀英
史俊刚	白少华	白艳琴	邢庆丰	邢根保	吕　薇
朱永清	朱红满	朱忠厚	乔树伟	任　锐	任安安
任建宝	庄利军	刘　刚	刘　征	刘　晖	刘权山
刘欢龙	刘红兵	刘红喜	刘淑芳	刘瑞峰	刘霍宝
孙志坚	杜振慧	李　峰	李　鑫	李卫俊	李文燕
李玉屏	李东驰	李永胜	李红标	李志军	李志磊
李妙平	李晓斌	李维清	李新龙	杨双亮	杨印旺
杨吉丰	杨吉峰	杨忠阳	杨娟香	肖华只	吴金宝
吴建明	吴晓兵	谷　蓉	宋红旗	张　志	张　渊
张　磊	张文杰	张永世	张志强	张丽君	张星魁
张海燕	张循当	张耀根	苗沛杰	苗爱青	范　宁
罗新虎	岳卫保	岳效宁	周　艳	周宏彦	庞军辉
庞俊霞	宗　燕	孟汉现	孟静萍	赵泽有	赵宝玉
赵晋国	赵海生	郝英华	胡成海	胡武斌	姚　宁
秦　晟	都智刚	晋　斌	校　婧	贾立军	贾高莲
贾景琦	徐　震	殷双喜	郭成丽	郭育宏	曹宗胜
崔　峻	梁　波	董占峰	董红霞	董经民	韩　瑛
韩巨虎	程俊鑫	谢亚斌	雷平飞	嘉喜辉	樊丽霞
戴　斌	籍跃奎				

目　　录

地基与基础工程施工工艺

前　　言

本书是山西建设投资集团有限公司《建筑安装工程施工工艺标准系列丛书》之一。该标准经广泛调查研究，认真总结工程实践经验，参考有关国家、行业及地方标准规范，在2007版基础上经广泛征求意见修订而成。

该书编制过程中主要参考了《建筑工程施工质量验收统一标准》GB 50300—2013、《建筑地基基础工程施工质量验收规范》GB 50202—2018、《建筑地基处理技术规范》JGJ 79—2012等标准规范。每项标准按引用标准、术语、施工准备、操作工艺、质量标准、成品保护、注意事项、质量记录八个方面进行编写。

本标准修订的主要内容是：

1　地基处理工程中取消了重锤夯实，原因是近年来该工艺基本不用；增加了石灰、粉煤灰二灰土地基和夯实水泥土桩。

2　基础工程部分将原桩基承台分为钢筋混凝土独立条形基础和筏形基础；泥浆护壁灌注桩分为冲击钻成孔、旋挖成孔、正反循环成孔、长螺旋钻孔压灌、灌注桩后压浆、机动洛阳铲成孔（干作业）、沉管灌注桩。

3　将基坑人工开挖、机械开挖合并为土方开挖；将人工回填、机械回填合并为土方回填。

本书可作为地基与基础工程施工生产操作的技术依据，也可作为编制施工方案和技术交底的蓝本。在实施工艺标准过程中，若国家标准或行业标准有更新版本时，应按国家或行业现行标准执行。

本书在编制过程中，限于技术水平，有不妥之处，恳请提出宝贵意见，以便今后修订完善。随时可将意见反馈至山西建设投资集团公司技术中心（太原市新建路9号，邮政编码030002）。

目　　录

第1篇 地 基

第1章 素土、灰土地基

本工艺标准适用于一般工业与民用建筑的素土、灰土地基工程。

1 引用标准

《建筑工程施工质量验收统一标准》GB 50300—2013；
《建筑地基工程施工质量验收标准》GB 50202—2018；
《建筑地基基础工程施工规范》GB 51004—2015；
《建筑地基处理技术规范》JGJ 79—2012。

2 术语

2.0.1 素土：是天然沉积土层中没有掺杂其他杂质、密度细腻均匀、有一定黏稠度的土。

2.0.2 灰土地基：是将消石灰粉和素土按一定比例拌和均匀，采用压实或夯实机具在合适含水率条件下进行压实或夯实的地基。

3 施工准备

3.1 作业条件

3.1.1 编制素土、灰土地基施工方案，并按规定程序审批；工程开工前，应按要求进行技术（安全）交底。

3.1.2 对设计单位移交的控制桩进行复测，符合要求后，进行施工区域测量控制点布设，测设定位桩、轴线桩、水准基点，放样出施工区域。

3.1.3 清除施工场地内腐殖土、杂土、杂物及有机物质。

3.1.4 对基坑（槽）进行钎探及验槽。当区域内基底遇有障碍物及地下管线、洞穴、枯井、古墓、旧基础、暗塘等部位时，应会同有关单位按相关要求予以处理，并进行隐蔽工程验收。

3.1.5 基槽（坑）回填土前，应对基底原地面进行压实或夯实，并按设计要求进行基底质量检测。

3.1.6 基础外侧填方，必须对基础、地下室和地下防水层、管道等保护层进行验收，发现损坏应及时修理，办理隐蔽验收手续。对现浇的混凝土基础墙、地梁及砖基础墙等均应达到强度要求后方可回填。室内地坪和管沟铺填素土、灰土前，应先完成管道的安装或管沟墙间的加固措施。

3.1.7　施工前，应进行土料、石灰原材料的试验检验，符合设计要求后，方能使用。

3.1.8　根据工程要求，进行石灰土配合比试验确定，灰土宜采用体积配合比。

3.1.9　施工前，应根据工程特点、填料种类、施工条件、设计要求等，通过击实试验确定填料最佳含水率、最大干密度，进行试验性施工。通过试验性施工，确定每层虚铺厚度、夯压机械及组合、夯（压）实遍数及速度、施工顺序等参数。

3.1.10　施工前，应做好测量放线工作，以控制素土及灰土的水平标高。一般在基坑（槽）边坡上每隔3m左右钉好水平木桩，在室内或散水的边墙上，应弹出+0.5m标高线。

3.2　材料及机具

3.2.1　素土地基土料宜采用基坑（槽）中挖出的原土，并各项指标应符合设计要求。一般采用黏性土及塑性指数大于4的粉土，土料中有机质含量不应大于5%，并应过筛，其粒径不得大于15mm，含水量应符合压实要求。不应含有冻土或膨胀土，严禁采用地表耕植土、淤泥及淤泥质土、杂填土等土料。

3.2.2　灰土地基可采用黏土或粉质黏土，有机质含量不应大于5%，并应过筛，其颗粒不得大于15mm，石灰宜采用Ⅲ级以上、活性 $CaO+MgO$ 含量（按干重计）不少于60%的新鲜块灰或生石灰粉。其颗粒不得大于5mm，且不应含有未熟化的生石灰块，灰土的体积配合比宜为2∶8或3∶7，灰土应搅拌均匀。

3.2.3　主要机具：推土机、挖土机、压路机、蛙式或柴油打夯机、翻斗汽车、机动翻斗车、筛土机等。

3.2.4　其他用具：木夯、铁锹、手推车、筛子、标准斗、靠尺、耙子、小线、钢卷尺等。

4　操作工艺

4.1　工艺流程

土料及石灰粉原材检验并过筛 → 钎探验槽及基底清理 → 素、灰土拌合 →

工艺性试验 → 分层摊铺 → 分层夯（压）实 → 分层检测 → 修整找平

4.2　土料及石灰检验

首先检验回填土料及石灰材料的质量是否符合要求，然后分别过筛，以确保粒径满足要求。

4.3　钎探验槽及槽底清理

基坑（槽）形成后，即对坑（槽）底进行钎探，按要求清除基底下的障碍物、地下管线、旧基础及杂物等，处理洞穴、枯井、古墓、暗塘等软弱部位，并办理验槽手续。基坑（槽）底面清理干净后进行压实或夯实，并按设计要求进行基底质量检测。

4.4 灰土拌合

4.4.1 素土、灰土拌合时，应适当控制含水量，如土料水分过大或不足时，应晾干或洒水润湿，现场以手握成团，两指轻捏即散为宜。

4.4.2 灰、土过筛后，依设计要求的配合比进行配合。灰土应过标准斗，严格控制配合比。拌合时必须均匀一致，至少翻拌2～3次，以达到灰土颜色一致。

4.4.3 灰土拌合后应立即摊铺、压实，不宜过久存放。

4.5 工艺性试验

施工前，应根据工程特点、填料及设计要求等，进行现场试验性施工。通过试验性施工，确定回填土每层的虚铺厚度、夯压机械组合、夯（压）实遍数及速度、施工顺序等，形成试验报告，经审批后指导后续大面积施工。

4.6 分层摊铺

4.6.1 素土、灰土摊铺时，应分段分层填筑，每层的摊铺厚度，可参考表1-1选用，正式施工具体数值由工艺性试验确定。

素土、灰土最大虚铺厚度　　　　　　　　表1-1

压（夯）实机具	每层铺土厚度（mm）	每层压实遍数（遍）
平碾	250～300	6～8
振动压路机	250～350	3～4
手持式振动压路机	200～250	3～4
手持式打夯机	不大于200	3～4

4.6.2 各层铺摊后均应挂线找平，并按对应标高控制桩或用带有刻度的测杆，进行标高、厚度的检查。

4.6.3 填料的含水率应控制在最佳含水率的±2%。

4.7 分层压（夯）实

4.7.1 素土、灰土摊铺好后，即进行碾压或夯实。碾压或夯实的遍数、顺序应根据设计要求和现场试验性施工确定的参数进行控制。手持式打夯机夯实时，应夯与夯搭接1/3。

4.7.2 回填土分段施工时，不得在地面受荷重较大的部位接缝，上下两层灰土的接缝距离不得小于500mm，接槎处应充分夯实，并作成直槎。

4.7.3 分段铺填的交接处应做成阶梯形，梯边留成内倾斜坡。当相邻两坑回填时，应先将深坑分层填筑至与浅坑基底标高时，然后一起夯填。

4.7.4 素土、灰土摊铺后应及时碾压、夯实。

4.7.5 在回填、压实过程中不得损伤和碰撞建（构）筑物基础及各结构构件。

4.8 分层检测

每层压（夯）实后，应按规定进行环刀取样，测出土的干密度，并对照最大干密度换算成压实系数，达到要求后，再进行上一层填夯。

4.9 修整找平

4.9.1 素土、灰土最上一层完成后，应用水准仪、拉线和用靠尺检查标高及平整度，超高处用铁锹铲平，低洼处应及时补填夯实。

4.9.2 素土、灰土地基完工后，应及时进行验收并及时进行基础施工与基坑回填，或在灰土表面做临时性覆盖，避免日晒雨淋或受冻。

5 质量标准

5.0.1 素土、灰土地基主控项目的质量检验标准应符合表1-2要求。

素土、灰土地基主控项目质量检验标准 表1-2

检查项目	允许偏差或允许值	检查方法
地基承载力	不小于设计值	静载试验
配合比	设计值	检查拌和时的体积比
压实系数	不小于设计值	环刀法

注：检验批次及数量按设计要求或相关质量验收规范执行。

5.0.2 素土、灰土地基一般项目的质量检验标准应符合表1-3要求。

素土、灰土地基一般项目检验标准 表1-3

检查项目	允许偏差或允许值	检查方法
石灰 CaO＋MgO 含量（％）	不小于60	试验室检测
石灰粒径（mm）	≤5	筛析法
土料有机含量（％）	≤5	灼烧减量法
土颗粒粒径（mm）	≤15	筛析法
含水量（％）	最优含水量±2	烘干法
分层厚度（mm）	±50	水准测量
顶面标高（mm）	±15	用水准仪或拉线和尺量检查
表面平整度（mm）	15	用2m靠尺和楔形塞尺检查

注：筏形与箱形基础检验点数量为每50～100m² 不应少于1个点；条形基础的地基检验点数量每10～20m 不应少于1个点；每个独立柱基不应少于1个点。

6 成品保护

6.0.1 施工时应注意妥善保护定位桩、轴线桩、水准基点，防止碰撞位移，并经常复测检查，发现问题及时处理。

6.0.2 对基础、防水层、保护层以及从基础墙伸出的各种管线，均应妥善保护，防止回填土时碰撞或损坏。

6.0.3 灰土、素土地基施工完成后，应及时进行基础的施工和地坪面层的施工，否则应做临时遮盖，防止日晒雨淋和受水浸泡。

7 注意事项

7.1 应注意的质量问题

7.1.1 素土、灰土地基施工时，每夯（压）实一层，均应检验该层的密实度，未达到设计要求的部位，应进行处理。

7.1.2 灰土配合比计量要准确且拌合均匀，以免造成灰土地基密实度不均匀。

7.1.3 回填土夯（压）时，干土应适当洒水润湿；回填土太湿，应进行晾晒。若夯不密实或出现"橡皮土"时，应挖出，重新换土再压（夯）实。

7.1.4 素土、灰土施工时要严格执行留、接槎的规定，接槎应垂直切齐。

7.1.5 石灰应认真过筛，防止石灰颗粒过大，遇水熟化体积膨胀，造成上层垫层、基础拱裂。

7.1.6 雨天施工时，应采取防雨或排水措施，防止刚碾压（夯）完或尚未夯实的填料遭雨淋浸泡。

7.1.7 冬期不宜进行素土、灰土地基施工，否则应编好分项冬期施工方案；施工中严格执行施工方案中的技术措施，防止造成回填土冻胀等质量问题。

7.1.8 地基完成后，应认真检查填土表面的标高及平整度，防止垫层过厚或过薄，造成地面开裂、空鼓。

7.2 应注意的安全问题

7.2.1 筛灰及拌合、摊铺灰土时，应做好个人防护，正确使用防护用品。

7.2.2 石灰消解时，应设专人看守，并设置明显的安全警示标志，防止人或动物误入受伤害。

7.2.3 所有设备电路要架空设置，不得使用不防水的电线或绝缘层有损伤的电线。电闸箱要有接地装置，加盖防雨罩，电路接头要安全可靠，开关要有保险装置。

7.2.4 非机电设备操作人员，不得擅自动用机电设备。使用蛙式打夯机时，要两人操作，其中一人负责移动胶皮线，操作夯机人员，必须戴胶皮手套，以防触电。

7.2.5 填土压（夯）过程中，应随时注意边坡土的变化。应对称回填，防止坍塌。当出现塌方危险时，应采取适当支护措施。基坑（槽）边不得堆放重物或停放机械。

7.2.6 雨期施工时，基坑（槽）或管沟回填应连续进行，尽快完成。施工中应防止地面水流入坑（槽）内，以防边坡塌方或使基土遭到破坏。

7.3 应注意的绿色施工问题

7.3.1 素土、灰土应在施工各过程中进行适当的遮盖，防止扬尘。

7.3.2 当夯击或碾压振动对邻近既有或正在施工中建筑物产生有害影响时，应采取有效预防措施。

8 质量记录

8.0.1 技术交底记录。

8.0.2 素土及石灰试验报告。

8.0.3 土壤击实试验报告。

8.0.4 素土或灰土的干密度试验报告。

8.0.5 地基承载力试验报告。

8.0.6 隐蔽工程检查验收记录。

8.0.7 素土、灰土地基填筑施工记录。

8.0.8 地基钎探记录。

8.0.9 素土、灰土地基工程检验批质量验收记录。

8.0.10　素土、灰土地基分项工程质量验收记录。

8.0.11　其他技术文件。

第 2 章　砂、砂石地基

本工艺标准适用于工业与民用建筑中的砂和砂石地基工程，适用于浅层软弱土层或不均匀土层的地基处理，也适用于大面积填土地基处理。

1　引用标准

《建筑工程施工质量验收统一标准》GB 50300—2013；

《建筑地基工程施工质量验收标准》GB 50202—2018；

《建筑地基基础工程施工规范》GB 51004—2015；

《建筑地基处理技术规范》JGJ 79—2012。

2　术语

2.0.1　砂和砂石地基是指采用砂或砂砾石（碎石）混合物，经分层回填、分层夯（压）实，作为地基的持力层，提高基础下部地基强度，并通过垫层的压力扩散作用，降低地基的压应力，减少变形量。

3　施工准备

3.1　作业条件

3.1.1　编制砂和砂石地基施工方案，并按规定程序审批；工程开工前，应按要求进行技术（安全）交底。

3.1.2　对设计单位移交的控制桩进行复测，符合要求后，进行施工区域测量控制点布设，测设定位桩、轴线桩、水准基点，放样施工区域。

3.1.3 清除施工场地内杂土、杂物、腐殖土等。

3.1.4 砂和砂石地基施工前，应组织有关单位对基坑（槽）进行钎探及验槽，当区域内基底遇有障碍物及地下管线、洞穴、枯井、古墓、旧基础、暗塘等部位时，应会同有关单位按相关要求予以处理，并进行隐蔽工程验收。

3.1.5 基槽（坑）回填土前，应对基底进行原地面压实或夯实，并按设计要求进行基底质量检测。

3.1.6 施工前，应对砂和砂石进行有机含量、含泥量、级配、颗粒粒径等指标进行检验、试验。人工级配砂石应通过试验确定配合比例，使其符合设计要求。

3.1.7 施工前，应根据工程特点、填料种类、施工条件、设计要求等，通过击实试验确定填料最佳含水率、最大干密度，进行试验性施工。通过试验性施工，确定每层虚铺厚度、夯压机械及组合、夯（压）实遍数及速度、施工顺序等参数。

3.1.8 已采取排水或降低水位措施，使基坑（槽）保持无水状态。

3.1.9 施工前，在边坡及适当部位设置控制铺填厚度的水平木桩或标高桩，在边墙上弹好水平控制线。一般在基坑（槽）边坡上每隔3m左右钉水平木桩；在边墙上弹0.5m标高线。大面积铺设时，应设置5m×5m网格标桩，控制每层铺设厚度。

3.2 材料及机具

3.2.1 级配砂石宜采用质地坚硬的中砂、粗砂、砾砂、碎（卵）石、石屑或其他工业废粒料；在缺少中、粗砂和砾砂的地区，可在细砂中掺入一定数量、粒径20～50mm的卵石或碎石，颗粒级配应符合设计要求。

3.2.2 级配砂石中不得含有草根、树叶、垃圾等杂质，其有机含量应小于5%，含泥量不应大于5%。碎石或卵石最大粒径不得大于铺筑厚度的2/3，且不宜大于50mm。

3.2.3 主要机具：平板式振动器、插入式振动器、木夯、蛙式或柴油打夯机、（6～10t）压路机、推土机、挖土机、机动翻斗车、手推车、铁锹、钢叉、喷水用胶管、靠尺、钢卷尺等。

4 操作工艺

4.1 工艺流程

砂和砂石检验 → 钎探验槽及基底清理 → 分层铺筑砂石 → 洒水 → 夯实或碾压 → 分层检测 → 修整找平

4.2 砂和砂石检验

开工前，应对砂和砂石进行有机含量、含泥量、级配、颗粒粒径等指标进行检验、试验。

4.3 钎探验槽及基底清理

基坑（槽）形成后，即对坑（槽）底进行钎探，按要求清除基底下的障碍物、地下管线、旧基础及杂物等，处理洞穴、枯井、古墓、暗塘等软弱部位，并办理验槽手续。基坑

（槽）底面清理干净后进行压实或夯实，并按设计要求进行基底质量检测。

4.4　工艺性试验

施工前，应根据工程特点、填料及设计要求等，进行现场试验性施工。通过试验性施工，确定回填砂、砂石每层的虚铺厚度、夯压机械组合、夯（压）遍数及速度、施工顺序等，形成试验报告，经审批后指导后续大面积施工。

4.5　分层铺筑砂石

4.5.1　砂和砂石地基每层铺筑厚度、最佳含水量，应根据压实机具和方法通过现场试验确定。

4.5.2　回填砂、砂石料分段施工时，不得在地面受荷重较大的部位接缝，上下两层填料的接缝距离不得小于 500mm，接槎处应充分夯实，并作成直槎。

4.5.3　分段铺填的交接处应做成阶梯形，梯边留成内倾斜坡。当地基底面标高不同时，施工时应先将深坑分层夯填至与浅坑基底标高时，然后一起夯填。

4.5.4　铺筑的砂石应级配均匀，如发现砂窝或石子成堆现象，应将该处砂子或石子挖出，分别填入级配适宜的砂石。

4.5.5　各层铺摊后均应挂线找平，并按对应标高控制桩或用带有刻度的测杆，进行标高、厚度的检查。

4.6　洒水

铺筑级配砂石在夯实碾压前，应根据其干湿程度和气候条件，适当地洒水以保持砂石的最佳含水量。填料的含水率应控制在最佳含水率的 ±2%。

4.7　夯实或碾压

4.7.1　级配砂石摊铺完洒水后，应及时进行碾压（夯实）。夯实或碾压遍数均应按试验性施工确定的参数进行。用蛙式打夯机时，应保持落距为 400～500mm，夯与夯搭接 1/3，一般不少于 4 遍。采用压路机往复碾压，一般碾压不少于 4 遍，其轮距搭接不小于 500mm，边缘和转角处应用手持式蛙式打夯机或小型压路机补夯（压）密实。

4.7.2　在回填、压实过程中不得损伤和碰撞建（构）筑物基础及各结构构件。

4.8　分层检测

砂、级配砂石回填压实检测采用灌砂法。取样深度应为每层压实后的全部深度。

4.9　修整找平

4.9.1　砂和砂石垫层应分层找平，在下层密实度经检验合格后，方可进行上层施工。

4.9.2　最后一层压（夯）实完成后，表面应拉线找平，符合设计规定的标高。一般采用水准仪、拉线和用靠尺检查标高及平整度。

5　质量标准

5.0.1　砂和砂石地基主控项目质量检验标准见表 2-1。

砂和砂石地基主控项目质量检验标准　　　　　　　表2-1

检查项目	允许或允许偏差	检查方法
地基承载力	不小于设计值	静载试验
配合比	设计值	检查拌和时的体积比或重量比
压实系数	不小于设计值	灌砂法、灌水法

注：检验批次及数量按设计或相关质量验收规范执行。

5.0.2 砂和砂石地基一般项目质量检验标准见表2-2。

砂和砂石地基一般项目质量检验标准　　　　　　　表2-2

检查项目	允许或允许偏差	检查方法
砂石料有机质含量（%）	≤5	灼烧减量法
砂石料含泥量（%）	≤5	水洗法
砂石料粒径（mm）	≤50	筛析法
含水量（%）	±2	烘干法
分层厚度（mm）	±50	水准测量
顶面标高（mm）	±15	用水准仪或拉线和尺量检查
表面平整度（mm）	20	2m靠尺、钢卷尺

注：筏形与箱形基础检验点数量为每50～100m² 不应少于1个点；条形基础的地基检验点数量每10～20m 不应少于1个点；每个独立柱基不应少于1个点。

6　成品保护

6.0.1 施工时，应妥善保护好现场的定位桩、轴线桩、水准基点，防止碰撞位移，并应经常复测，发现问题及时处理。

6.0.2 砂及砂石地基完成后，应立即进行下道工序施工，不能连续施工时，应用草袋等覆盖保护。

6.0.3 施工中应保证边坡稳定，防止坍塌。完工后，不得在影响垫层稳定的部位进行挖掘工程。

6.0.4 对基础、防水层、保护层以及从基础墙伸出的各种管线，均应妥善保护，防止回填土时碰撞或损坏。

6.0.5 做好垫层周围排水设施，防止施工期间垫层被水浸泡。

7　注意事项

7.1　应注意的质量问题

7.1.1 施工前应处理好基底土层，用压路机或打夯机夯压，使其密实；当有地下水时，应将地下水位降低到基底500mm 以下。

7.1.2 垫层铺设应严格控制材料含水量，每层铺筑厚度、碾压遍数、边缘和转角、接搓等处，应按规定搭接和夯实，以免造成砂石地基密实度不均匀。

7.1.3 人工级配砂砾石应拌和均匀，及时处理砂窝、石堆问题，保证级配良好。

7.1.4 分层检查砂石地基的质量，每层砂或砂石的干密度应符合设计规定，不符合要求的部位应处理合格后，方可进行上层铺设。

7.2　应注意的安全问题

7.2.1 施工前，应检查电线绝缘及电器设备接地是否良好，振捣、夯实中严禁损伤电线。

7.2.2 非机电设备操作人员，不得擅自动用机电设备。使用蛙式打夯机时，要两人操作，其中一人负责护线配合操作，操作人员应戴绝缘手套，以防触电。非工作人员不得进入施工现场。

7.2.3 填料压（夯）过程中，应随时注意边坡土的变化。应对称回填，防止坍塌。基坑（槽）边不得堆放重物或停放机械。

7.2.4 现场施工通道及边坡应设专人进行检测，发现异常情况即刻停止施工，并应进行妥善处理。

7.2.5 雨期施工时，基坑（槽）或管沟回填应连续进行，尽快完成。施工中应防止地面水流入坑（槽）内，以防边坡塌方或使基土遭到破坏。

7.3　应注意的绿色施工问题

7.3.1 砂、砂石挖运、填筑施工过程中应采取扬尘控制措施。

7.3.2 对施工产生的噪声进行检测和控制。

7.3.3 当夯击或碾压振动对邻近既有或正在施工中建筑物产生有害影响时，应采取有效预防措施。

8　质量记录

8.0.1 技术交底记录。

8.0.2 砂石试验报告。

8.0.3 地基钎探记录。

8.0.4 砂和砂石地基填筑施工记录。

8.0.5 地基隐蔽工程检查验收记录。

8.0.6 砂、砂石击实试验报告。

8.0.7 砂、砂石密实度检测报告。

8.0.8 砂、砂石含水量检测记录。

8.0.9 砂和砂石级配试验记录。

8.0.10 地基承载力试验报告。

8.0.11 砂、砂石地基工程检验批质量验收记录。

8.0.12 砂、砂石地基分项工程质量验收记录。

8.0.13 其他技术文件。

第3章 土工合成材料地基

本工艺标准适用于加固软弱地基及新旧填筑结合部位的地基处理。由分层铺设的土工合成材料与地基土构成加强筋复合地基，可提高地基强度及稳定性，减少沉降，可用于地基加强层、土坡和路堤的防冲刷层、防渗层、反滤层、隔离和加固等。

1 引用标准

《建筑工程施工质量验收统一标准》GB 50300—2013；
《建筑地基工程施工质量验收标准》GB 50202—2018；
《建筑地基处理技术规范》JGJ 79—2012。

2 术语

2.0.1 土工合成材料：又称土工聚合物，是土工用高分子聚合物合成纤维材料的总称。包括土工织物、土工膜、土工复合材料和土工特种材料。土工特种材料一般有土工格栅、土工格室、土工带、土工网、聚苯乙烯等。

2.0.2 土工织物：透水性较好的高分子聚合物土工布，其主要作用是反滤、排水、隔离和加固补强。

2.0.3 土工膜：由聚合物或沥青制成的一种相对不透水薄膜。

2.0.4 土工格栅：由高密度聚乙烯等聚合物经挤压加工再进行拉伸制成的格栅状、用于加筋的土工合成材料，其开孔可容周围土、石或其他土工材料穿入。

2.0.5 土工带：经挤压拉伸或加筋制成的条带抗拉材料。

2.0.6 土工格室：由土工格栅、土工织物或土工膜、条带等形成的蜂窝状或网格状三维结构材料。

2.0.7 土工复合材料：由两种或两种以上材料复合而成的土工合成材料。

3 施工准备

3.1 作业条件

3.1.1 岩土工程勘察报告、地基施工图纸应齐全。

3.1.2 详细阅读设计文件，准确理解设计采用土工合成材料在地基加固中的作用。

3.1.3 详细阅读地质勘察报告，了解原地基土层的工程特性、土质及地下水对拟使用的土工合成材料的腐蚀和施工影响。

3.1.4 对拟使用的回填土、石料做试验检验，确保符合设计要求。

3.1.5 根据设计要求和土工合成材料特性及现场施工条件编制施工组织设计和施工方案，并按程序要求审核通过。

3.1.6 对施工人员进行施工技术（安全）交底。

3.1.7 土工合成材料铺设基层应符合要求。建筑场地基层应平整，清除杂物、树根、草根，全部拆除搬迁地面上所有障碍物和地下管线、电缆、旧基础等。表面不平的可铺设一层砂垫层，整个场地做好有效的排水措施。

3.1.8 土工合成材料验收合格，进场发现土工织物受到损坏时，应及时修补。

3.1.9 施工前，应选择有代表性的区域进行工艺性试验，以确定材料的选用、施工的方法、机械的配置及组合、施工顺序等，指导大面积施工。

3.2 材料及机具

3.2.1 材料准备

1 根据设计要求及施工现场情况，制定土工合成材料的采购计划。

2 选择回填土、石料的来源地。

3 土工合成材料进场时，应检查产品标签、合格证、生产厂家、产品批号、生产日期、有效期限等。

4 根据施工方案将土工合成材料提前裁剪拼接成适合的幅片。

5 避免土工合成材料进场后受到阳光直接照晒。

6 施工前应取样对土工合成材料的物理性能（单位面积的质量、厚度、相对密度）、强度、延伸率以及土、砂石料等做检验。土工合成材料以 100m^2 为一批，每批应抽查 5%；产品验收抽样以卷为单位时，每批应抽查 5%，并不少于一卷。

3.2.2 施工机具准备

1 机械配置：根据施工场地条件、设计要求等选择合适的施工机械。主要施工机具有压路机、自卸汽车、推土机、翻斗车、蛙式或柴油打夯机、土工合成材料拼接机具、铁锹等。目前碾压机械多采用平碾和振动碾。运输车数量则根据运距远近、工期要求配置。

2 测量仪器：经纬仪、水准仪、孔隙水压力计、钢弦压力盒、钢卷尺等。必要时配置全站仪，仪器应有合格证和鉴定证书。

4 操作工艺

4.1 施工工艺流程

土工合成材料及回填料验收、检验 → 基层处理 → 工艺性试验 → 土工合成材料铺设 → 土工合成材料连接 → 回填碾压

4.2 原材料验收及检验

土工合成材料进场后，应依据设计、规范要求及采购计划进行验收，并取样进行试验检验；对回填用材料取样进行试验检测，满足要求后，方可使用。

4.3　基层处理

4.3.1　基层应平整，局部高差不大于 50mm。清除树根、草根及硬物，避免损坏土工合成材料。

4.3.2　不宜直接铺放土工合成材料的基层，应先设置砂垫层。砂垫层厚度不宜小于300mm，宜用中粗砂，含泥量不大于 5％。

4.3.3　整平后的基层应碾压，其质量应满足设计要求。

4.3.4　基层表面应有一定的排水坡度，以利排水。

4.4　工艺性试验

施工前，应根据工程特点及设计要求等，选择有代表性的区域，进行现场试验性施工。通过试验性施工，确定土工合成材料、回填材料的选用、铺设、连接方式、回填土每层的虚铺厚度、压实机械组合、压实遍数及速度、施工顺序等，形成试验报告，经审批后指导后续大面积施工。

4.5　土工合成材料铺设

4.5.1　首先应检查材料有无损伤破坏。

4.5.2　土工合成材料应按其主要受力方向从一端向另一端铺放。

4.5.3　铺放时应用人工拉紧，严禁有皱折，且紧贴下承层。应随铺随及时压固，以免被风掀起。端部应采用有效方法固定，防止筋材拉出。

4.5.4　铺放时，土工合成材料的两端应留有余量，余量每端不少于 1000mm，且应按设计要求加以固定。

4.5.5　在土工合成材料铺放时，不得有大面积的损伤破坏。有影响工程效果的材料破损，应从破损处剪断，重新连接。对小的裂缝或孔洞，应在其上缝补新材料，新材料面积不小于破坏面积的 4 倍，边长不小于 1000mm。

4.5.6　当加筋垫层采用多层土工合成材料时，上下层的接缝应相互错开，错开距离不小于 500mm。

4.5.7　铺设土工合成材料时，应注意均匀和平整；在斜坡上施工时应保持一定的松紧度；在护岸工程坡面上铺设时，上坡段土工合成材料应搭接在下坡段土工合成材料上。

4.5.8　土工合成材料用于反滤层作用时，要求保证连续性，不能出现扭曲、褶皱和重叠。

4.5.9　对土工合成材料的局部地方，不要加过大的局部应力。如果垫层材料采用块石，施工时应将块石轻轻铺放，不得在高处抛掷。

4.5.10　土工合成材料铺设完后，应避免阳光曝晒或裸露，及时回填料或做好上面的保护层。所有土工合成材料在运送、储存的过程中也应加以遮盖。阳光曝晒时间不应大于 8h，避免长时间曝晒使土工合成材料劣化。

4.6　土工合成材料连接

4.6.1　相邻土工合成材料的连接，对土工格栅可采用密贴排放或重叠搭接，用聚合材料绳或棒或特种连接件连接；对土工织物及土工膜可采用搭接、缝接、胶合、钉合等方法连接。

4.6.2 加筋垫层采用多层土工材料时，上下层土工材料的接缝应交替错开，连接处强度不得低于设计要求的强度。

4.6.3 土工织物、土工膜的连接可采用搭接法、缝合法、胶合法及U形钉钉合法。在搭接处尽量避免受力，以防移动。

1 搭接法：搭接长度应视建筑荷载、铺设地形、基层特性和铺放条件而定。搭接宽度一般情况下宜为300～500mm。荷载大、地形倾斜、基层极软不小于500mm；水下铺放不小于1000mm。当土工织物、土工膜上铺有砂垫层时不宜采用搭接法。

2 缝合法：采用尼龙或涤纶线将土工织物双道缝合，两道缝间距10～25mm，缝合处强度一般达到土工织物强度的80%。缝合形式见图3-1。

3 胶合法：采用胶粘剂将两块土工织物连接在一起，搭接宽度不宜小于100mm。胶合后应放置2h以上，其接缝的强度与土工织物的原强度相同。

4 U形钉钉合法：用U形钉插入连接，间距宜为1.0m，U形钉应能防锈，其强度低于缝合法和胶合法。

4.6.4 土工布与结构的连接质量是保证合成材料地基承载力和抗拉强度的关键，必须选定切实可行的连接方法保证连接牢固。

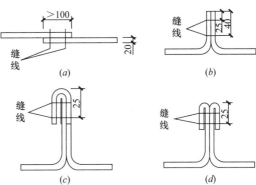

图 3-1 缝合尺寸（尺寸单位 mm）
(*a*) 平接；(*b*) 对接；(*c*) 字形接；(*d*) 蝶形接

4.7 回填碾压

4.7.1 土工合成材料垫层地基，使用单层或多层土工合成加筋材料，其加筋垫层结构的回填料，材料种类、层间高度、碾压密实度等由设计及工艺性施工试验确定。

4.7.2 回填料前必须检查土工合成材料端头的位置，并做好材料端头的锚固，然后开始回填土。

4.7.3 当回填料为中砂、粗砂、砾砂或细粒碎石类时，在距土工合成材料80mm范围内，最大粒径应小于60mm，当采用黏性土时，填料应能满足设计要求的压实度并不含有对土工合成材料有腐蚀作用的成分。第一层填料铺垫层厚度应小于500mm并应防止施工损坏纤维。

4.7.4 当使用块石作土工合成材料保护层时，块石抛放高度应小于300mm，且土工合成材料上应铺放厚度不小于50mm的砂层。

4.7.5 黏性土含水量应控制在最佳含水量的±2%以内，密实度不小于最大密实度的95%。

4.7.6 回填土应分层进行，每层填土的厚度执行现场工艺性试验确定的参数。一般为100～300mm，但土工布上第一层填土厚度不应小于150mm。

4.7.7 填土顺序应符合下列规定：

1 极软地基采用后卸式运土车，先从两侧卸土形成戗台，然后对称往两戗台间填土，施工平面呈"凹"形，四口朝前进方向。

2 一般地基采用从中心向外侧对称进行，施工平面呈"凸"形，凸口朝前进方向。

4.7.8 回填土时应根据设计要求及地基沉降情况，控制回填速度。

4.7.9 土工合成材料上第一层填土，填土机械应沿垂直于土工合成材料的铺设方向进行。应用轻型机械（压力小于55kPa碾压，填土高度大于600mm后方可使用重型机械）。

4.7.10 基坑（槽）或管沟回填土应连续进行，尽快完成。施工中应防止地面水流入槽坑内，以免边坡塌方或基土遭到破坏。

4.7.11 在地基中埋设空隙水压力计，在土工合成材料垫层下埋设钢弦压力盒，在基础周围设沉降观测点，对各阶段的测试数据进行仔细整理。

5 质量标准

5.0.1 土工合成材料地基主控项目质量检验标准见表3-1。

土工合成材料地基主控项目质量检验标准　　　　　表3-1

检查项目	允许偏差或允许值	检查方法
土工合成材料	设计要求	检查产品质量证明文件和试验报告
土工合成材料强度（%）	≥-5	拉伸试验（结果与设计值相比）
土工合成材料延伸率（%）	≥-3	做拉伸试验（结果与设计值相比）
地基承载力	不小于设计值	静载试验
压实系数	不小于设计值	用环刀法、灌砂法检测

注：检验批次及数量按设计或相关质量验收规范要求进行。

5.0.2 土工合成材料地基一般项目质量检验标准见表3-2。

土工合成材料地基一般项目质量检验标准　　　　　表3-2

检查项目	允许偏差	检查方法
土工合成材料搭接长度（mm）	≥300	用钢尺量
土石料有机质含量（%）	≤5	灼烧减量法
层面平整度（mm）	±20	用2m靠尺
每层厚度（mm）	±25	水准测量

注：筏形与箱形基础检验点数量为每50～100 m² 不应少于1个点；条形基础的地基检验点数量每10～20m不应少于1个点；每个独立柱基不应少于1个点。

6 成品保护

6.0.1 铺放土工合成材料，现场施工人员禁止穿硬底或带钉的鞋。

6.0.2 土工合成材料铺放后，宜在48h内覆盖，避免曝晒。

6.0.3 严禁机械直接在土工合成材料表面行走。

6.0.4 用黏土作回填时，应采取排水措施。雨雪天要加以覆盖。

7 注意事项

7.1 应注意的质量问题

7.1.1 铺设土工合成材料时，土层表面应平整，以防土工合成材料被刺穿、顶破，影响土工合成材料的作用。

7.1.2 土工合成材料铺设应从一端向另一端进行。端头应采用有效方法固定，铺设松紧应适度，防止绷拉过紧或扭曲、折皱，同时需保持连续性、完整性。土工合成材料铺设后应随即铺设上层砂石材料或土料，避免长时间曝晒和暴露，一般阳光暴晒时间不应大于 8h。

7.1.3 所用土工合成材料的品种、性能和填料土类，应根据工程特点和地基土条件，通过现场试验确定。垫层材料宜用黏性土、中砂、粗砂、砾砂碎石等内摩擦力高的材料，如工程要求垫层排水，垫层材料应具有良好的透水性。

7.1.4 土工合成材料铺设搭接长度，搭接法不少于 300～1000mm，胶合法不少于 100mm，确保主要受力方向的连接强度不低于所采用材料的抗拉强度。

7.1.5 雨天施工时，应采取防雨或排水措施。刚夯打完毕或尚未夯实的基土，如遭雨淋浸泡，则应将积水及松软基土除去，并重新补填新土夯实，受浸湿的土应在晾干后，再夯打密实。

7.1.6 冬期夯填基土的土料，不得含有冻土块，要做到随筛、随拌、随打、随盖，认真执行留、接槎和分层夯实的规定。在土壤松散时可允许洒盐水。气温在 -10℃ 以下时，不宜施工。若施工要有冬施方案。

7.1.7 施工过程中应检查清基、回填料铺设厚度及平整度、土工合成材料的铺设方向、接缝搭接长度或接缝状况、土工合成材料与结构的连接状况等。

7.2 应注意的安全问题

7.2.1 土工合成材料存放点和施工现场禁止烟火。

7.2.2 土工格栅冬季易变硬，应防止施工人员割、碰受伤。

7.2.3 机械设备操作人员应严格遵守安全操作技术规程。

7.2.4 机械设备发生故障后应及时检修，不得带故障运行，杜绝机械和车辆发生安全事故。

7.3 应注意的绿色施工问题

7.3.1 土在挖运、摊铺等过程中进行采取适当的扬尘防护措施。

7.3.2 土工合成材料的废料要及时回收集中处理，以免污染环境。

8 质量记录

8.0.1 技术交底记录。

8.0.2 土工合成材料产品出厂合格证、试验报告及进场抽样复验报告。

8.0.3 土工合成材料接头抽样试验报告。

8.0.4 土工合成材料地基填筑施工记录。

8.0.5 回填土密实度检验报告。

8.0.6 隐蔽工程检查验收记录。

8.0.7 土工合成材料铺设施工记录。

8.0.8 土工合成材料地基承载力检验报告。

8.0.9 土工合成材料地基工程检验批质量验收记录。

8.0.10　土工合成材料地基分项工程验收记录。

8.0.11　其他技术文件。

第4章　粉煤灰地基

本工艺标准适用于采用粉煤灰垫层处理地基的工程，以及大面积地坪垫层和浅层软弱地基以及局部不均匀地基换填处理等工程。

1　引用标准

《建筑工程施工质量验收统一标准》GB 50300—2013；

《建筑地基工程施工质量验收标准》GB 50202—2018；

《建筑地基基础工程施工规范》GB 51004—2015；

《建筑地基处理技术规范》JGJ 79—2012；

《粉煤灰混凝土应用技术规范》GB/T 50146—2014。

2　术语

2.0.1　粉煤灰：是火力发电厂炼粉锅炉排除的一种工业废渣，是一种人工火山灰质材料。主要成分是硅质、硅铝质材料，其中二氧化硅、氧化铝和氧化铁等的含量在85％左右，其他氧化钙、氧化镁和氧化硫的含量较低，主要由晶体矿物和玻璃体组成。

2.0.2　压实地基：利用平碾、振动碾、冲击碾或其他碾压设备将填土分层密实处理的地基。

2.0.3　压实填土地基：包括压实填土及其下部天然土层两部分，压实填土地基的变形也包括压实填土及其下部天然土层的变形。

3　施工准备

3.1　作业条件

3.1.1　粉煤灰地基施工前应编制详细的施工组织设计或施工方案，工程施工前必须进行现场试验，取得各项施工参数，以便验证是否满足设计要求。

3.1.2　基槽必须经过相关单位（建设单位、施工单位、监理单位、设计单位）检验验收合格并签字确认。

3.1.3　基槽内松土已清除，并清除填方范围内的草皮、树根、淤泥，积水抽除、淤泥翻松并晾干，局部松软土层或孔洞挖除并分层用粉煤灰夯填处理，平整压实地基，经监理工程师检查认可，实测填前标高后，方能进行粉煤灰填筑。

3.1.4　当有地下水时应采取排水或降低地下水位的措施，使水位低于垫层以下500mm

左右。

3.1.5 做好测量放线工作，在基坑（槽）边坡上钉好标高、轴线控制桩。

3.1.6 粉煤灰含水量适宜，应控制在±2%范围内，粉煤灰击实试验已完成。

3.1.7 主要作业人员已经过安全培训，并接受了施工作业指导书；机械操作人员持有效合格证上岗。

3.2 材料及机具

3.2.1 粉煤灰：选用Ⅲ级以上粉煤灰，颗粒粒径宜在0.001～2.0mm，烧失量宜低于12%，含三氧化硫≤3%。粉煤灰中严禁混入生活垃圾及其他有机杂质，并应符合建筑材料有关放射性安全标准的要求。粉煤灰进场，其含水量应控制在±2%范围内。

3.2.2 机械设备：挖掘机、推土机、装载机、平地机、压路机、水车、翻斗汽车、机动翻斗车、打夯机。

3.2.3 主要工具：手推车、石夯、木夯、铁锹、铁耙、胶管。

4 操作工艺

4.1 工艺流程

基层处理 → 分层铺设、夯（压）实 → 分层检验 → 检查验收

4.2 基层处理

4.2.1 粉煤灰地基铺设前，应清除地基土上的草皮、垃圾，排除表面积水，平整后用压路机预压两遍，或用打夯机夯击2～3遍，使基土密实。

4.3 分层铺设、夯（压）实

4.3.1 分层铺设厚度，用机械夯实时为200～300mm，夯完后厚度为150～200mm；用压路机压实时，每层铺设厚度为300～400mm，压实后为250mm左右，四周宜设置具有防冲刷功能的隔离措施。

4.3.2 粉煤灰铺设含水量应控制在最优含水量±2%的范围内，底层粉煤灰宜选用较粗的灰，含水量宜稍低于最优含水量。如含水量过大时，需摊铺晾干后再碾压。

4.3.3 小面积基坑、基槽的垫层可用人工分层摊铺，用平板振动器或蛙式打夯机进行振（夯）实，每次振（夯）板应重叠1/2～1/3板，往复压实，由两侧或四侧向中间进行，夯实遍数不少于3遍。

4.3.4 大面积垫层应采用推土机摊铺，先选用推土机预压2遍，然后用压路机碾压，施工时压轮重叠1/2～1/3轮宽，往复碾压4～6遍。

4.3.5 粉煤灰宜当天即铺即压完成，施工最低气温不宜低于0℃。

4.3.6 粉煤灰铺设如压实时含水量过小，呈现松散状态，则应洒水湿润再压实。

4.3.7 在夯（压）实时，如出现"橡皮土"现象，应暂停压实，可采取将地基开槽、翻松、晾晒或换灰等办法处理。

4.3.8 每层铺完检测合格后，应及时铺筑上层，并严禁车辆在其上行驶，铺筑完成应及时浇筑混凝土或上覆 300～500mm 土进行封层。

4.3.9 粉煤灰地基不得采用水沉法施工，在地下水位以下施工时，应采取降排水措施，不得在饱和或浸水状态下施工。基底为软土时，宜先铺填 200mm 左右厚的粗砂或高炉干渣。

4.4 分层检验

4.4.1 粉煤灰地基，施工过程中应检验铺筑厚度、碾压遍数、施工含水量、搭接区碾压程度、压实系数等。

4.4.2 可采用环刀法、贯入仪、静力触探、轻型动力触探或标准贯入试验等方法，其检测标准应符合设计要求。

4.4.3 施工结束后，应按设计要求的方法检验地基的承载力。

4.5 检查验收

4.5.1 每层夯（压）实后应分层验收，在验收合格后方可进入下层推铺施工。

4.5.2 对粉煤灰垫层的施工质量可选用环刀取样、静力触探、轻型动力触探或标准贯入试验等方法进行检验，检测要求和监测频次参照现行行业标准《建筑地基处理技术规范》JGJ 79 的要求。

5 质量标准

5.0.1 粉煤灰地基主控项目质量检验标准见表4-1。

粉煤灰地基主控项目质量检验标准 表 4-1

检查项目	允许偏差或允许值		检查方法
	单位	数值	
压实系数		不小于设计值	环刀法
地基承载力		不小于设计值	静载试验

5.0.2 粉煤灰地基一般项目质量检验标准见表4-2。

粉煤灰地基一般项目质量检验标准 表 4-2

检查项目	允许偏差或允许值		检查方法
	单位	数值	
粉煤灰粒径	mm	0.001～2.000	筛析法、密度计法
氧化铝及二氧化硅含量	%	≥70	试验室试验
烧失量	%	≤12	灼烧减量法
分层厚度	mm	±50	水准测量
含水量	最优含水量±4%		烘干法

5.0.3 采用环刀法检验施工质量时，取样点应位于每层厚度的 2/3 深度处。

5.0.4 筏形与箱形基础的地基检验点数量每 50～100m² 不应少于 1 个点。条形基础的地基检验点数量每 10～20m 不应少于 1 个点。每个独立基础不应少于 1 个点。

5.0.5 采用贯入仪或轻型动力触探检验施工质量时，每分层检验点的间距应小于 4m。

5.0.6　施工结束后，应按设计要求的方法检验地基的承载力。一般可采用平板载荷试验或十字板剪切试验。检验数量，每单位工程不少于 3 点，1000m² 以上的工程，每 100m² 至少应有 1 点，3000m² 以上的工程，每 300m² 至少应有 1 点。

6　成品保护

6.0.1　铺设垫层时，应注意保护好现场的轴线桩、水准基点桩、并应经常复测。

6.0.2　垫层铺设完毕，应即进行下道工序施工，严禁手推车及人在垫层上行走，必要时应在垫层上铺脚手板作通行道。

6.0.3　在铺筑上层时，应控制卸料汽车的行驶方向和速度，不得在下承层上调头、高速行驶、急刹车等，以免造成松散。

6.0.4　施工中应保证边坡稳定，防止塌方。完工后，不得直接在影响坡顶稳定的部位进行挖掘工程。

6.0.5　严禁车辆进入处于养护期间的区段。

7　注意事项

7.1　应注意的质量问题

7.1.1　根据所使用的机具随时掌握检查分层虚铺厚度，分段施工搭接部位的压实情况，随时检查压实遍数，按规定检测压实系数结果应符合设计要求。

7.1.2　注重和加强边缘和转角处夯打密实，不留死角。

7.1.3　避免在含水量过大的黏土、粉质黏土、淤泥质土、腐殖土等原状土上进行回填。填方区如有地表水时，应设排水沟排走；有地下水应降至基底 500mm 以下。

7.1.4　挖掉橡皮土，可采取将垫层开槽、翻松、晾晒或换灰等办法处理，确保施工质量。

7.1.5　摊铺后的粉煤灰必须及时碾压，做到当天摊铺，当天压实完毕，以防水分蒸发而影响压实效果。碾压时应使粉煤灰处于最佳含水量范围内。

7.1.6　施工过程中应检验铺筑厚度、碾压遍数、施工含水量控制、搭接区碾压程度、压实系数等。

7.1.7　铺筑上层时，应控制卸料汽车的行驶方向和速度。不得在下层灰面上调头、高速行驶、急刹车等，以免造成压实层松散。

7.2　应注意的安全问题

7.2.1　卸土的地方应设车挡杆防止翻车下坑，施工中应使边坡有一定坡度，保持稳定，不得直接在坡顶用汽车直接卸料，防止翻车事故发生。

7.2.2　压路机制动器必须保持良好，机械碾压运行中，碾轮边缘应大于 500mm，以防发生溜坡倾倒。

7.2.3　停车时应将制动器制动住，并楔紧滚轮，禁止在坡道上停车。

7.2.4　夜间作业，机上及工作地点必须有充足的照明设施，在危险地段应设置明显的警示标志和护栏标识。

7.2.5 作业时应按规定穿戴绝缘鞋、绝缘手套及其他防护用品。检查施工用电缆、闸箱等，防止电缆老化、脱皮、闸箱漏雨，开关破损等安全隐患的存在，对有问题的电缆配电箱、开关等应及时进行更换和维护，防止触电事故发生。

7.3 应注意的绿色施工问题

7.3.1 拉运过程中对车辆进行覆盖，预防粉尘。

7.3.2 经常洒水湿润，每层验收后应及时铺筑上层，防止干燥后松散起尘污染环境，同时应禁止车辆碾压通行。

7.3.3 对做好的粉煤灰地基要养护好，限制车辆行驶。晴天洒水润湿，防止表层干燥松散；雨天及时排水，以免影响上层铺筑。

7.3.4 当长时间不能继续施工时，应进行表层覆土封闭处理并碾压密实，做好起拱横坡，以利表面排水。

8 质量记录

8.0.1 技术交底记录。

8.0.2 粉煤灰进场验收记录、试验报告。

8.0.3 粉煤灰铺设压实施工记录。

8.0.4 粉煤灰地基密实度检验报告。

8.0.5 隐蔽工程检查验收记录。

8.0.6 粉煤灰地基承载力检验报告。

8.0.7 粉煤灰地基工程检验批质量验收记录。

8.0.8 粉煤灰地基分项工程验收记录。

8.0.9 其他技术文件。

第5章 强夯地基

本工艺标准适用于湿陷性黄土、盐渍土、碎石土、砂土、低饱和度的粉土及黏性土、人工填土和杂填土等地基。

1 引用文件

《建筑工程施工质量验收统一标准》 GB 50300—2013；
《建筑地基工程施工质量验收标准》 GB 50202—2018；
《建筑地基基础工程施工规范》 GB 51004—2015；
《建筑地基处理技术规范》 JGJ 79—2012。

2 术语

2.0.1 强夯法

反复将夯锤提到高处使其自由落下，给地基以冲击和振动能量，将地基土夯实的地基处理方法。

2.0.2 强夯置换法

将重锤提到高处使其自由落下，在地面形成夯坑，反复交替夯击填入坑内的砂石、钢渣等粒料，使其形成密实墩体的地基处理方法。

3 施工准备

3.1 作业条件

3.1.1 施工场地范围内的地面、地下障碍物均已排除或处理。

3.1.2 施工现场已完成"三通一平"，场地承载力满足机械行走和稳定的要求。

3.1.3 距需要采取保护措施的建（构）筑物、地下管线较近时，已做好隔振或其他措施，并能确保结构安全。

3.1.4 试夯和测试工作已完成，并根据试夯结果确定强夯施工技术参数，编制施工方案。

3.1.5 强夯施工坐标控制桩、水准控制点测设完毕，经有关单位复核并签字认可。

3.2 材料及机具

3.2.1 强夯填料要求：在软弱地基上强夯时，可选用碎（卵）石、粗砂、工业废渣及粉煤灰等，一般以"级配好、含泥少、富棱角"者为佳。

3.2.2 强夯置换墩材料宜采用级配良好的块石、碎石、矿渣等质地坚硬、性能稳定的粗颗粒材料，粒径大于 300mm 的颗粒含量不宜大于全重的 30%。

3.2.3 起重机：根据设计要求的强夯能级，选用带有自动脱钩装置、与夯锤质量和落距相匹配的履带式起重机或其他专用设备，高能级强夯时应采取防机架倾覆措施。

3.2.4 夯锤：铸钢夯锤，底面宜为圆形，锤底宜均匀设置 4 个孔径 400mm 左右的排气孔，强夯置换夯锤宜在周边设置排气槽。强夯锤锤底静接地压力宜为 20～80kPa，强夯置换锤锤底静接地压力宜为 100～300kPa。

3.2.5 自动脱钩装置：应具有足够的强度和耐久性，且施工灵活、易于操作。

3.2.6 推土机：是强夯必不可少的辅助机械，作场地整平之用。

3.2.7 辅助工具：尖镐、尖锹、水准尺、水准仪等。

4 操作工艺

4.1 工艺流程

平整场地、定位 → 试夯 → 夯实 → 推平 → 往复夯击 → 满夯 → 检查验收

4.2　平整场地、定位

4.2.1　强夯前应平整场地，周围作好排水沟，按夯点布置测量放线确定夯位。

4.2.2　地下水位较高时，应在表面铺 0.5～2.0m 厚中（粗）砂或砂砾石、碎石垫层，以防设备下陷和便于消散强夯产生的孔隙水压力，或采取降低地下水位后再强夯。

4.3　试夯

4.3.1　强夯施工前，应在施工现场选取有代表性的试验区，试夯区在不同工程地质单元不应少于 1 处，试夯区不应小于 20m×20m。

4.3.2　夯击前，应将各夯点位置及夯位轮廓线标出。

4.4　夯实

4.4.1　夯前要进行场地平整并测量夯前地面高程，按照设计图进行夯点布置，在地面标出第一遍夯点位置，用钢卷尺通过调整脱钩装置对落距进行设置，并进行控制，保证达到设计要求的夯击能。

4.4.2　夯机就位后，须将夯锤对准夯点位置，做好夯击准备。

4.4.3　夯前需测量锤顶高程以便于计算每一击夯沉量。每一遍夯击后需测量锤顶高程并做好记录以便计算每一击夯沉量。

4.5　推平

第一遍所有夯点完成后，需将夯坑填平，并对场地进行平整，测出平整后的场地高程，计算本遍场地夯沉量，做好记录，为第二遍夯击做好准备。

4.6　往复夯击

4.6.1　根据设计方案要求，按所设计的施工参数和控制击数施工，完成一个夯点的夯击。测量并记录每一击夯沉量，通过统计分析，校核确定合适的施工参数和控制标准。

4.6.2　然后按照一个夯点的施工步骤，从边缘向中央的顺序完成第一遍所有夯点施工，后续夯点施工需根据前一夯点的校正参数施工。

4.7　满夯

4.7.1　按照第一遍夯击流程完成全部夯击遍数并做好记录。完成全部夯击遍数后，将场地推平，应按夯印搭接 1/5 锤径～1/3 锤径的夯击原则，用低能量满夯将场地表层松土夯实并碾压，测量强夯后场地高程。

4.7.2　强夯应分区进行，宜先边区后中部，或由临近建（构）筑物一侧向远离一侧方向进行。

4.7.3　强夯置换施工时，夯点施打宜由内而外、隔行跳打。每遍夯击后测量场地高程，计算本遍场地抬升量，抬升量超设计标高部分宜及时推除。

4.8　检查验收

4.8.1　强夯结束，待空隙水压力消散并间隔一定时间后进行承载力检验，检测点一般不少于 3 个。

4.8.2 对强夯置换应检查置换墩底部深度。

5 质量标准

5.0.1 强夯地基主控项目质量检验标准见表 5-1。

强夯地基主控项目质量检验标准 表 5-1

检查项目	允许偏差或允许值		检查方法
	单位	数值	
地基承载力	不小于设计值		静载试验
处理后地基土的强度	不小于设计值		原位测试
变形指标	设计值		原位测试

5.0.2 强夯地基一般项目质量检验标准见表 5-2。

强夯地基一般项目质量检验标准 表 5-2

夯锤落距	mm	±300	钢索标志
锤重	kg	±100	称重
夯击遍数	不小于设计值		计数法
夯击顺序	设计要求		检查施工记录
夯击击数	不小于设计值		计数法
夯点位置	mm	±500	用钢尺量
夯击范围（超出基础范围距离）	设计要求		用钢尺量
前后两遍间歇时间	设计值		检查施工记录
最后两击平均夯沉量	设计值		水准测量
场地平整度	mm	±100	水准测量

5.0.3 强夯施工结束后质量检测的间隔时间：砂土地基不宜少于 7d，粉性土地基不宜少于 14d，黏性土地基不宜少于 28d，强夯置换地基不宜少于 28d。

6 成品保护

6.0.1 强夯前查明强夯影响范围内的地下构筑物和各种地下管线的位置及标高，并采取必要的防护措施，以免因强夯施工而造成损坏。

6.0.2 强夯施工与竣工后的场地、地基，应设置良好的排水系统，严防场地、地基被雨水浸泡。

6.0.3 强夯处理后的场地与地基应及时检测，及时办理交工验收。

6.0.4 强夯处理后的场地与地基应及时投入使用，不应久置。

6.0.5 如不能及时使用的场地与地基，应采取覆盖、硬化等保护措施。

6.0.6 冬期地基强夯完成后，要及时进行覆土防冻保温覆盖。

7 注意事项

7.1 应注意的质量问题

7.1.1 开夯前应检查夯锤重量和落距，以确保单击夯击能量符合设计要求。

7.1.2 在每遍夯击前，对夯点放线进行复核，夯完后检查夯坑位置，发现偏差或漏夯应及时纠正。

7.1.3 两遍夯击之间的间歇时间，取决于土中孔隙水压力的消散时间。当缺少实测资料时，可根据地基土的渗透性确定，对于渗透性较差的饱和黏性土地基的间歇时间，不宜少于1周~2周；对渗透性好的地基可连续夯击。

7.1.4 按设计要求检查每个夯点的夯击次数和夯坑深度。施工过程中，应对单点击数、夯击能级、最后两击夯沉量、锤重、落距等参数和施工中发生的异常情况进行详细记录。

7.1.5 当盐渍土、湿陷黄土地基处理采用预浸泡和预增湿措施时，夯后检测的湿陷性指标应与夯前勘察计算的场地湿陷量及场地总夯沉量相结合进行评价。

7.1.6 夯击时，落锤应保持平稳，夯位应准确。如坑底倾斜过大，应及时用原土或填料将坑底垫平；如夯锤气孔被堵塞，应立即开通气孔，方可进行下一次夯击。

7.2 应注意的安全问题

7.2.1 非机组人员不得擅自动用施工机械设备，非施工人员不得进入施工现场。

7.2.2 强夯时现场人员必须佩戴安全帽；高空作业时，必须带安全带、穿防滑鞋；吊车驾驶室前应安装防护网，防止强夯时的飞溅物伤人。

7.2.3 施工前应先进行试车、检查行走、转向是否平稳、吊钩起落是否灵活、制动是否有效等；施工过程中应随时注意检查机具的工作状态，经常维修和保养，发现不安全之处应立即处理。

7.2.4 在任何情况下，严禁吊锤、起重臂下站人。

7.2.5 夯机就位、门架应支垫平稳，起锤时应将夯锤吊离地面300mm，观察其稳定后方可起钩。

7.2.6 六级以上大风、雨、雪天以及视线不好时，不得进行强夯施工。

7.2.7 当遇封闭式抛石填海地基，下卧有巨厚淤泥而表层相对填料较薄时，必须仔细核对作业区填料层的地质资料，划分出作业慎重区和作业危险区，并明确交底，在施工中接近该区时应注意观察单点夯沉量的变化，夯坑四周裂缝发生、发展时间，地表颤动变化等。若发生"偏锤"现象应立即停止夯击，待查明地质条件后再行施工。

7.3 应注意的绿色施工问题

7.3.1 当强夯施工所引起的振动和侧向挤压对邻近建筑物产生不利影响时，应设置监测点，并采取挖隔振沟等隔振或防振措施。

7.3.2 在靠近被防护对象的地带，可采取降低强夯能级或分层强夯的措施，还可采取改变施工参数，用小面积夯锤、小夯击能的施工方法。

7.3.3 采取措施，以防止噪声扰民、废气污染。

8 质量记录

8.0.1 测量放线及复核记录。

8.0.2 标高测设成果表。

8.0.3 试夯记录。

8.0.4 强夯施工记录。

8.0.5 地基总下沉量检查记录。

8.0.6 地基承载力试验记录。

8.0.7 强夯地基工程检验批质量验收记录。

8.0.8 强夯地基分项工程质量检查记录。

8.0.9 其他技术文件。

第6章 注浆加固地基

本工艺标准适用于建筑地基的局部加固处理，适用于砂土、粉土、黏性土和人工填土等地基加固。加固材料可选用水泥浆液、硅化浆液和碱液等固化剂。

1 引用文件

《建筑工程施工质量验收统一标准》GB 50300—2013；

《建筑地基工程施工质量验收标准》GB 50202—2018；

《建筑地基基础设计规范》GB 50007—2011；

《建筑地基处理技术规范》JGJ 79—2012；

《既有建筑地基基础加固技术规范》JGJ 123—2012；

《通用硅酸盐水泥》GB 175—2007；

《中热硅酸盐水泥 低热硅酸盐水泥》GB/T 200—2017。

2 术语

2.0.1 注浆加固：将水泥浆或其他化学浆液注入地基土层中，增强土颗粒间的联结，使土体强度提高、变形减小，渗透性降低的地基处理方法。

2.0.2 注浆法：利用液压、气压或电化学原理，把能固化的浆液注入岩土体空隙中，将松散的土粒或裂隙胶结成一个整体的处理方法。

3 施工准备

3.1 作业条件

3.1.1 应熟悉设计图纸和地质勘察报告，会审图纸，根据施工具体情况，编制施工组织设计或施工方案，并做好技术和安全交底。

3.1.2 施工前对现场导线点、水准点和各种控制点进行复核，在不受施工影响处，设置钻孔轴线的定位控制点及施工所用水准点，并加固保护。

3.1.3 施工前对工程所采用的各种原材料进行取样，检验。在原材料合格的前提下，委托有检测能力的单位对各种配比的性能进行检测，以确定配合比。

3.1.4 注浆施工前，应进行室内浆液配比试验和现场注浆试验。

3.1.5 施工场地应预先平整，并沿钻孔位开挖沟槽和集水坑。

3.1.6 施工前场地完成三通一平，照明、安全等设施准备就绪，如在雨季施工，应采取有效的排水措施。

3.1.7 机械设备的操作人员，需经过培训并取得合格证，且在合格证许可的作业范围内进行作业。

3.1.8 冬期施工时，在日平均气温低于5℃或最低温度低于－3℃的条件下注浆时，应采取防浆液体冻结措施。夏季施工时，用水温度不得高于35℃且对浆液及注浆管路应采取防晒措施。

3.2 材料和机具

3.2.1 水泥：水泥品种应按设计要求选用，宜采用42.5级普通硅酸盐水泥。严禁使用过期，受潮结块的水泥。

3.2.2 外加剂：根据需要和土质条件，可在水泥浆液加入粉煤灰、早强剂、速凝剂、水玻璃等外加剂。应根据施工需要通过试验确定。

3.2.3 水：饮用水或应符合《混凝土拌合用水标准》的其他水源水。

3.2.4 水泥注浆机具：钻孔机、压浆泵、泥浆泵或砂浆泵。常用的有BW-250/50型、TBW-200/40型、TBW-250/40型、NSB-100/30型泥浆泵或100/15（C-232）型砂浆泵等，配套机具有搅拌机、灌浆管、阀门、压力表等。

3.2.5 硅化注浆机具：振动打拔管机（振动钻或三脚架穿心锤）、注浆花管、压力胶管、φ42mm连接钢管、齿轮泵或手摇泵、压力表、磅秤、浆液搅拌机、贮液罐、三脚架、倒链等。

3.2.6 经纬仪、水准仪等测量仪器。

4 操作工艺

4.1 工艺流程

4.1.1 水泥注浆地基工艺流程

钻孔 → 下注浆管、套管 → 填砂 → 拔套管 → 封孔 → 边注浆边拔注浆管 → 填孔

4.1.2 硅化注浆地基工艺流程

（1）单液注浆

机具设备安装 → 定位打管（钻） → 封孔 → 配制浆液、注浆 → 拔管 →

管冲洗、填孔

（2）双液注浆

机具设备安装 → 定位打管（钻） → 封孔 → 配甲液、注浆 → 冲管 →

配乙液、注浆 → 拔管 → 管冲洗、填孔

（3）加气硅化

机具设备安装 → 定位打管（钻） → 封孔 → 加气 → 配浆、注浆 → 加气 →

拔管 → 管子冲洗、填孔

4.2 水泥注浆地基

4.2.1 钻孔：先在加固地基中按规定位置用钻机或手钻钻孔到要求的深度，孔径一般为 70～110mm，孔位偏差不应大于 50mm，钻孔垂直度偏差应小于1/100。注浆孔的钻杆角度与设计角度之间的倾角偏差不应大于 2°。

4.2.2 下注浆管、套管：钻孔后探测地质情况，然后在孔内插入直径 38～50mm 的注浆射管。管底底部 1.0～1.5m 管壁上钻有注浆孔，在射管之外设置套管。

4.2.3 填砂：在射管与套管之间用砂填塞。

4.2.4 封孔：地基表面空隙用 1∶3 水泥砂浆或黏土、麻丝填塞，而后拔出套管。

4.2.5 边注浆边拔注浆管：注浆水灰比宜取 0.5～0.6。浆液应搅拌均匀，注浆过程中应连续搅拌，搅拌时间应小于浆液初凝时间。浆液在压注前应经筛网过滤。用压浆泵将水泥浆压入射管而透入土层孔隙中，水泥浆应一次压入，不得中断。灌浆先从稀浆开始，逐渐加浓。灌浆次序一般把射管一次沉入整个深度后，自下而上分段连续进行，分段拔管直至孔口为止。灌浆孔宜分组间隔灌浆，第 1 组孔灌浆结束后，再灌第 2 组、第 3 组。

4.2.6 封孔：灌浆完成后，拔出灌浆管，留下的孔用 1∶2 水泥砂浆或细砂砾石填塞密实；亦可用原浆压浆堵孔。

4.3 硅化注浆地基

4.3.1 机具设备安装：先将钻机或三脚架安放于预定孔位，调好高度和角度；然后将注浆泵及管路（包括出浆管、吸浆管、回浆管）连接好；再安装压力表，并检查是否完好，最后进行试运转。

4.3.2 定位打管（钻）：根据注浆深度及每根管的长度进行配管，再根据钻孔或三脚架的高度，将配好的管借打入法或钻孔法逐节沉入土中，保持垂直和距离正确，管子四周孔隙用土填塞密实。

4.3.3 封孔：硅化加固的土层以上应保留 1m 厚的不加固土层，以防溶液上冒，必要时须填素土或灰土。加气硅化在注浆周围挖一高 150mm、直径 150～250mm 倒锥圆台形封孔桩，用水泥加水玻璃液快速搅拌填满封孔坑，硬化后即可加气注浆。

4.3.4 加气（加气硅化法）：加气计量用二氧化碳流量计称量；放气时将二氧化碳容

器放到磅秤上，接通减压阀后，按要求的数量放气。第一次排气压力 P_1 不控制，第二次排气压力 $P_2=0.1\sim0.2MPa$。第一次二氧化碳排气时间 t_1 不控制，第二次排气时间 t_2，当加固饱和度<0.6时，$t_2>18min$，当加固土饱和度 $C>0.6$ 时（包括地下水位以下），$t_2>45min$。

4.3.5 配制浆液、注浆：先用波美计量测原液密度和波美度，并做好记录；然后根据设计配制，使其达到要求的密度。砂土、湿陷性黄土及一般黏性土的硅化加固，可参考表6-1数据配制溶液，配制好的溶液应保持干净，不得含有杂质。注浆量可通过试验确定，灌浆溶液的总用量 Q（L）可按下式确定：

$$Q = K \cdot V \cdot n \cdot 1000 \tag{6-1}$$

式中　V——硅化土的体积（m^3）；

n——土的孔隙率；

K——经验系数：对淤泥、黏性土、细砂，$K=0.3\sim0.5$，中砂、粗砂，$K=0.5\sim0.7$；砾砂，$K=0.7\sim1.0$，湿陷性黄土，$K=0.5\sim0.8$。

采用双液硅化时，两种溶液用量应相等。注浆时，先开动注浆泵，关闭注浆阀，全开回浆阀，自循环 $1\sim2min$ 后，连接好进浆管与打入土中的注浆管接头，慢慢开启进浆阀，同时慢慢关闭回浆，调整压力（一般为 $0.2\sim1.0MPa$）和流量至设计数值。一般达到设计注浆量即停止注浆。当注浆压力大于设计压力 $2\sim3$ 倍时仍然灌不进去，即可终止注浆。

如果相邻土质不同，应先加固渗透系数较大的土层。在自重湿陷性黄土地区及地基高应力区注浆时，应采用跳浆法注浆，相邻孔注浆间隔时间 $t\geqslant12h$。

在地下水位以下采用压力双液硅化；当地下水流速小于 $1m/d$ 时，先自上而下注浆，然后自下而上注入氯化钙溶液；当地下水流速为 $1\sim3m/d$ 时，水玻璃与氯化钙可交替注浆；当地下水流速大于 $3m/d$ 时，可先将水玻璃与氯化钙同时注浆，然后再交替注浆。

各种硅化法的适用范围及化学溶液的浓度　　　　　　　　　　表6-1

项次	土的类别	加固方法	土的渗透系数（m/d）	溶液的密度（$t=18℃$）（kg/L）	
				水玻璃（模数2.5~3.3）	氧化钙
1	砂类土和黏性土	压力双液硅化法	0.1~10 10~20 20~80	1.35~1.38 1.38~1.41 1.41~1.44	1.26~1.28
2	湿陷性黄土	压力单液硅化法	0.1~2.0	1.13~1.25	—
3	砂土、湿陷性黄土、一般性黏性土	加气硅化	0.1~2.0	1.09~1.21	—

4.3.6 冲管：当采用双液注浆法注浆时，在甲液注浆完成后需对注浆管冲洗干净再注乙液。

4.3.7 拔管：土体硅化完毕，借桩架或三脚架用倒链分级将管子拔出。

4.3.8 管冲洗、填孔：拔出的管子用压力水清洗干净，再用。拔管遗留孔洞用1：5水泥砂浆封孔。

4.3.9 检查验收：注浆加固处理后地基的承载力应进行静载荷试验检验。每个单体建筑的检验数量不应少于3点。

5 质量标准

5.0.1 注浆加固地基主控项目质量检验标准见表6-2。

注浆加固地基主控项目质量检验标准 表6-2

检查项目	允许偏差或允许值		检查方法
	单位	数值	
地基承载力	小于设计值		静载试验
处理后地基土强度	小于设计值		原位测试
变形指标	设计值		原位测试

5.0.2 注浆加固地基一般项目质量检验标准见表6-3。

注浆加固地基一般项目质量检验标准 表6-3

检查项目			允许值或允许偏差		检查方法
			单位	数值	
原材料	注浆用砂	粒径	mm	<2.5	筛析法
		细度模数	<2.0		筛析法
		含泥量	%	<3	水洗法
		有机质含量	%	<3	灼烧减量法
	注浆用黏土	塑性指数	>14		界限含水率试验
		黏粒含量	%	>25	密度计法
		含砂率	%	<5	洗砂瓶
		有机物含量	%	<3	灼烧减量法
	粉煤灰	细度模数	不粗于同时使用的水泥		筛析法
		烧失量	%	<3	灼烧减量法
	水玻璃:模数		3.0~3.3		试验室试验
	其他化学浆液		设计值		查产品合格证书或抽样送检
注浆材料称量			%	±3	称重
注浆孔位			mm	±50	用钢尺量
注浆孔深			mm	±100	量测注浆管长度
注浆压力			%	±10	检查压力表读数

注:相同类别、工艺和施工部位每300根桩位一个检验批。

6 成品保护

6.0.1 注浆地基施工完成后,未到养护龄期时不得投入使用。

6.0.2 水泥注浆在注浆后15d(砂土、黄土)或60d(黏性土)、硅化注浆7d内不得在已注浆的地基上行车或施工,防止扰动已加固的地基。

6.0.3 注浆地基施工完成后,严禁重型机械碾压。

6.0.4 保护好现场定位桩和水准桩,以便校核位置和标高。

6.0.5 对已有建(构)筑物基础或设备基础进行加固后,应进行沉降观测,直到沉降稳定,观测时间不应少于半年。

7 注意事项

7.1 应注意的质量问题

7.1.1 注浆前，进行注浆泵和输送管路系统的耐压试验。试验压力必须达到最大注浆压力的1.5倍，试验时间不得小于15min，无异常情况后，方可使用。

7.1.2 注浆过程中，注浆压力突然上升时，必须停止注浆泵运转，卸压后方可处理。

7.1.3 浆液沿裂隙或层面往上窜流，主要是由于灌浆段位置较浅，灌浆压力过大等因素造成的。发生冒浆采取降低灌浆压力，加入速凝剂，限制进浆量。

7.1.4 灌浆孔中的浆液从其他孔中流失。主要是由于土层横向裂隙发育，贯通灌浆钻孔。采取适当延长相邻孔间施工间隔，串浆若为待灌孔，可同时并联灌浆。

7.1.5 由于地质条件差，或浆液浓度太低，造成漏浆，采取粒状浆液与化学浆液相结合灌注。

7.1.6 沉管深度、注浆量、注浆压力、范围、浆液配合比应根据图纸和设计要求派专人负责控制，并如实、准确地做好记录。

7.2 应注意的安全问题

7.2.1 钻机、注浆泵及高压管路必须试运转，确认机械性能和各种阀门管路，压力表、流量计完好后，方准施工。

7.2.2 每次注浆前，要认真检查安全阀、压力表的灵敏度，并调整到规定注浆压力位置。

7.2.3 安装高压管路和泵头各部件时，各丝扣的连接必须拧紧，确保连接完好。

7.2.4 注浆过程中，禁止现场人员在注浆孔附近停留，防止阀门破裂伤人。

7.2.5 注浆时不得随意停水停电，配备发电机作为备用电源，必要时必须事先通知，待注浆完成并冲洗后方可停水停电。

7.2.6 注浆现场操作人员必须佩戴安全帽、口罩和手套等劳保用品，方可进行注浆施工。

7.3 应注意的绿色施工问题

7.3.1 严格执行国家和工程所在地政府及行业有关的环境保护法律法规，加强对工程材料、设备、废水、生产生活垃圾弃渣的控制和治理。遵循有关防火和废弃物处理的规章制度。

7.3.2 施工过程中采取围护沉淀处理措施，施工现场的废水经沉淀后，排到指定的集水坑。

7.3.3 对施工现场和运输道路经常洒水湿润，减少扬尘；在有粉尘的环境中作业，除洒水外，作业人员配备必要的劳保防护用品。

8 质量记录

8.0.1 测量放线记录。

8.0.2 材料的合格证、性能检测报告，进场验收记录和复验报告。

8.0.3 隐蔽工程记录。

8.0.4 钻孔施工记录。

8.0.5 压浆施工记录。

8.0.6 施工质量检验评定记录。

8.0.7 检验批和分项工程检验记录。

8.0.8 其他技术文件。

第7章　预压地基

本工艺标准适用于工业与民用建筑中采用处理淤泥质土、淤泥、冲填土等饱和黏性土地基加固处理工程。按加载方法的不同，分为堆载预压、真空预压、降水预压三种不同方法的预压地基。

1　引用标准

《建筑工程施工质量验收统一标准》GB 50300—2013；

《建筑地基工程施工质量验收标准》GB 50202—2018；

《建筑地基基础设计规范》GB 50007—2011；

《建筑地基基础工程施工规范》GB 51004—2015；

《岩土工程勘察规范》GB 50021—2001，2009年局部修订；

《土工试验方法标准》GB/T 50123—2008；

《建筑地基处理技术规范》JGJ 79—2012；

《真空预压法加固软土地基施工技术规程》HG/T 20578—2013。

2　术语

2.0.1　预压地基：在原状土上加载，使土中水排出，以实现土的预先固结，减少建筑物地基后期沉降和提高地基承载力。

2.0.2　预压法：对地基进行堆载或真空预压，加速地基土固结的地基处理方法。

2.0.3　堆载预压：地基上堆加荷载使地基土固结密实的地基处理方法。

2.0.4　真空预压：通过对覆盖于竖井地基表面的封闭薄膜内抽真空排水使地基土密实的地基处理方法。

2.0.5　降水预压：是指降低地下水位，使土中孔隙水压力降低，而不会使土体发生破坏；增大土体有效应力而使土体得到加固的一种地基处理方法。

3　施工准备

3.1　作业条件

3.1.1　预压地基施工前应编制详细的施工方案，工程施工前必须进行现场试验，取得各项参数，以便验证是否满足设计要求。

3.1.2 施工前应对区域内的地上（下）障碍物进行清除。

3.1.3 场地平整，对设备运行的松软场地进行了垫层铺设，并能确保安全施工。

3.1.4 砂井轴线控制桩及水准基点已经测设，井孔位置已经放线并做好定位桩。

3.1.5 机具设备已运到现场维修、保养、就位、试运转。

3.1.6 开工前必须水通、路通、电通、技术准备、材料准备以及主要机具准备齐全，已运到现场。

3.1.7 机械操作人员必须经过专业培训，并取得相应资格证书。主要作业人员已接收了施工技术交底（作业指导书）。

3.2 材料与机具

3.2.1 根据设计要求和施工需要，本着就地取材，安全适用，经济合理的原则备足堆载所用材料。

3.2.2 砂：砂井宜用中、粗砂，垫层要用中细砂或砾砂，含泥量不大于3％，一般不宜用细砂。真空用排水管、滤水管、聚氯乙烯薄膜等。

3.2.3 塑料排水板（带），滤水好、排水畅通、排水效果有保证。强度和延展性要满足要求。

3.2.4 宜采用施工场地附近的土、砂、石子、砖、石块等散料为主。

3.2.5 机械设备：振动沉桩机、锤击沉桩机、静压沉桩机、1t机动翻斗车、自卸汽车与推土机；真空用插板机。

3.2.6 主要工具：混凝土桩靴、带活瓣式桩靴的桩管和吊斗等；真空用射流式真空泵是有射流器、离心式清水泵、循环水箱等组成，空抽时必须达到95kPa以上真空吸力。

4 操作工艺

4.1 工艺流程

4.1.1 堆载预压工艺流程

砂井成孔 → 灌砂 → 振密 → 铺排水砂垫层 → 预压载荷 → 加载 → 预压 → 卸荷

4.1.2 真空预压工艺流程

测量放线 → 排水体设计 → 排水砂垫层施工 → 施工密封沟 → 铺设密封膜 → 真空泵安装管路连接 → 抽真空 → 观测、效果检查

4.2 堆载预压

4.2.1 砂井成孔：先用打桩机将井管沉入地基中预定深度后，吊起桩锤，在井管内灌入砂料，然后再利用桩架上的卷扬机吊振动锤，边振动边将桩管向上拔出；或用桩锤，边锤击边拔管，每拔升300～500mm，再复打桩管，以捣实挤密形成砂柱，如此往复，使拔管与冲击交替重复进行，直至砂充填井孔内，井管拔出。拔管的速度控制在1～1.5m/min，使砂子借助重力留于井孔中形成密实的砂井；亦可二次打入井管灌砂，形成扩大砂井。

4.2.2 灌砂：当桩管内进泥水，可先在井管内装入 2～3 斗砂将活门压住，堵塞缝隙。灌砂的含水量应加控制，对饱和水的土层，砂可采用饱和状态，对非饱和土和杂填土，或能形成直立孔的土层，含水量可采用 7%～9%。

4.2.3 振密：采用锤击法沉桩管，管内砂子亦可用吊锤击实，或用空气压缩机向管内通气（气压为 0.4～0.5MPa）压实。打砂井顺序应从外围或两侧向中间进行，砂井间距较大的可逐排进行。打砂井后基坑表层会产生松动隆起，应进行压实。

4.2.4 铺设排水砂垫层：在砂井顶面分层铺设、夯实。

4.2.5 预压载荷：大面积可采用自卸汽车与推土机联合作业。对超软土的地基的堆载预压，第一级荷载宜用轻型机械或人工作业。预压荷载一般取等于或大于设计荷载。有时加速压缩过程和减少建（构）筑物的沉降，可采用比建（构）筑物重量大 10%～20% 的超载进行预压。

4.2.6 加载、预压：应分期分级进行，加强观测。对地基垂直沉降、水平位移和孔隙水压力等应逐日观测并做好记录，一般加载控制指标是：地基最大下沉量不宜超过 10mm/d；水平位移不宜大于 4mm/d；孔隙水压力不超过预压荷载所产生应力的 50%～60%。通常情况下，加载在 60kPa 以前，加荷速度可不受限制。

4.2.7 卸荷：预压时间应根据建筑物的要求以及固结情况确定，一般达到如下条件即可卸荷：①地面总沉降量达到预压荷载下计算最终沉降量的 80% 以上；②理论计算的地基总固结度达 80% 以上；③地基沉降速度已降到 0.5～1.0m/d。

4.3　真空预压

4.3.1 测量放线：按照图纸设计的平面布置，用经纬仪和水准仪进行单元块测量放样，用木桩（每 20m 1 根）或小竹杆（内插）和白石灰放出各加固单元边线的准确位置，并用红漆在木桩或小竹竿上，并标出砂垫层顶面的标高；木桩与小竹竿之间也可用红尼龙绳连接。

4.3.2 排水体设计，真空预压法竖向排水系统设置同堆载预压法。应先平整场地，设置排水通道，在软基表面铺设砂垫层或在土层中再加设砂井，再设置抽真空装置及膜内外通道。主支滤排水管分为主（干）管和支滤管。主管为 4 寸镀锌铁管，支滤管为 2 寸镀锌铁管，外包土工布滤水网。主管和支滤管间采用变径三通、四通连接，同管径的对接采用丝扣连接。全部吸水管均须埋入砂层中，并通过出膜器及吸水管与真空泵连接。在挖密封沟的同时，可进行主（干）管和支滤管的加工、连接和安装埋设。进行此道工序的同时，应将露出砂垫层表面的塑料排水板头埋入砂垫层中。

4.3.3 排水砂垫层，应水平分层，滤管的埋设，一般宜采用条形或鱼刺形，铺设距离要适当，使其分布均匀，管上部应分覆盖 100～200mm 后砂层，采用含泥量少于 5% 中粗砂，一次铺设，摊铺方式采用人工分块摊铺平整。

4.3.4 施工密封沟，为保证真空预压加固效果，两个相邻单元块之间，须开挖真空预压密封膜沟，单元块内要预留 2m 间隔不铺设砂垫层。密封沟布置在各单元块的四周，在真空预压施工中它主要起周边密封的作用。根据密封沟的位置，可分为加固块外侧的密封沟和两单元块之间的密封沟，它们分别具有不同的断面。密封沟施工采用液压反铲挖掘机结合人工开挖，在铺设密封膜后，密封沟还要用淤泥或黏土回填。

4.3.5 铺设密封薄膜，砂垫层上密封薄膜采用 2～3 层聚氯乙烯薄膜，并按先后顺序同时铺设，并且加固四周，在离基坑线外缘 2m 开挖深 0.8～0.9m 沟槽，将薄膜的周边放入沟槽内,用黏土或粉质黏土回填压实,要求气密性好,密封不透气,或采用板桩覆水封闭,以膜上全面覆水较好。

4.3.6 真空泵安装管路连接,真空主管道通过出膜器及吸水胶管与真空泵连接。出膜器的连接必须牢固,密封性可靠安全。

4.3.7 抽真空,做好真空度、地面沉降量、沉层沉降、水平位移、孔隙水压力和地下水的现场观测和试验工作,掌握变化情况,作为检验和评价预压效果的依据。开始抽真空以后,加固单元块内膜下真空度会持续上升。当其膜下真空度达到并稳定在80kPa以上时,即进入真空预压工程的正常预压阶段。

4.3.8 观测、效果检查,应清除砂槽和腐殖土层,避免在土基内形成水平暗道。真空预压卸荷验收:当真空预压加固单元块在膜下真空度达80kPa的条件下连续抽真空三个月,或地基固结度$U_t \geqslant 80\%$时,即可以停机卸荷,交工验收。

5 质量标准

5.0.1 预压地基主控项目质量检验标准见表7-1。

预压地基主控项目质量检验标准 表7-1

检查项目	允许值或允许偏差		检查方法
	单位	数值	
地基承载力	不小于设计值		静载试验
处理后地基土强度	不小于设计值		原位测试
变形指标	设计值		原位测试

5.0.2 预压地基一般项目质量检验标准见表7-2。

预压地基一般项目质量检验标准 表7-2

检查项目	允许值或允许偏差		检查方法
	单位	数值	
预压荷载(真空度)	%	$\geqslant -2$	高度测量(压力表)
固结度	%	$\geqslant -2$	原位测试(与设计要求比)
沉降速率	%	± 10	水准测量(与控制值比)
水平位移	%	± 10	用测斜仪、全站仪测量
竖向排水体位置	mm	$\leqslant 100$	用钢尺量
竖向排水体插入深度	mm	$+2000$	经纬仪经测量
插入塑料排水带时的回带长度	mm	$\leqslant 500$	用钢尺量
竖向排水体高出砂垫层距离	mm	$\geqslant 100$	用钢尺量
插入塑料排水带的回带根数	%	<5	统计
砂垫层材料的含泥量	%	$\leqslant 5$	水洗法

6 成品保护

6.0.1 堆载预压,加强土体沉降固结效果的检测,确保完工后效果。

6.0.2 注意密封薄膜边缘的密封，加强检验、测试，如有漏气，及时修补好。

6.0.3 雨季期间应采取有效防雨施工措施，防止雨水浸泡扰动堆载区域。

7　注意事项

7.1　应注意的质量问题

7.1.1 灌砂量不足，砂井灌砂应自上而下保持连续，要求不出现颈井，且不扰动砂井周围土的结构，对灌砂量未达到设计要求的砂井，应在原位将桩管打入灌砂，复打一次。

7.1.2 地基失稳破坏，堆载预压施工中，作用于地基上的荷载不得超过地基的极限荷载，以免地基失稳破坏。应根据土质情况采取加荷方式，如需施工加大荷载时，应采取分级加荷，并控制每级加载重量的大小和加荷速率，使之与地基的强度增长相适应，待地基在前一级荷载作用下达到一定固结度后，再施加下一级荷载，特别是在加载后期，更须严格控制加荷速率，防止因整体或局部加荷量过大过快而使地基发生剪切破坏。

7.1.3 抽真空的时间，与土质条件和竖向排水体的间距密切相关，达到相同的固结度，间距越小，则所需时间越短，在工期较紧时，可适当采用较小的间距，在工期要求不严的情况下，可适当采用大一些的间距，以降低费用。

7.1.4 密封薄膜漏气，注意选择密封性和柔韧性好，抗老化、抗穿刺能力强的密封膜。注意边缘的密封，加强检验和测试。

7.2　应注意的安全问题

7.2.1 堆载高度不得大于设计高度，如发现沉降和侧移速率太大，应撤离危险区域。

7.2.2 机械操作人员须有上岗证，贯彻落实特殊工种持证上岗制度，严禁无证人员上岗操作；匣箱配制应一机一闸一漏电保护器。

7.2.3 设专人负责监测，建立完善信息联络。班组人员要相互照应，明确岗位责任，提高安全观念。

7.2.4 流料储存，施工中易燃物周围不得有烟火。

7.2.5 地面上操作人员必须戴安全帽，禁止在打桩机下停站。

7.2.6 作业前对工人进行安全教育，并做好安全交底。工人操作必须严格遵照机械操作使用规范进行，严禁违反操作规程，盲目操作。

7.3　应注意的绿色施工问题

7.3.1 打桩，要控制施工废水、泥排放，要设专门的排放池或桶，有专业人员处理。

7.3.2 装砂，禁止在大风天气施工，施工材料堆放，装砂施工中要有围护措施。

7.3.3 打桩机械噪声，施工机械要避免在夜间施工。

7.3.4 打桩油料要放在规定的位置，要有专人保管。

7.3.5 现场排水畅通，环境整洁，做到工完场地清。

8 质量记录

8.0.1 测量放线记录。

8.0.2 预压地基工程检验批质量验收记录。

8.0.3 工序交接检验记录。

8.0.4 检验批、分项、分部工程质量验收记录。

8.0.5 质量检验评定记录。

8.0.6 施工记录。

8.0.7 其他技术文件。

第8章 振冲地基

本工艺标准适用于振冲法加固地基工程，适用于处理松散的砂土、粉土、粉质黏土、饱和黏性土、饱和黄土、素填土、杂填土等地基，以及用于处理可液化地基。不加填料的振冲密实法仅适用于处理 0.005mm 黏粒含量小于 10% 的粗砂、中砂地基。

1 引用标准

《建筑工程施工质量验收统一标准》GB 50300—2013；

《建筑地基工程施工质量验收标准》GB 50202—2018；

《建筑地基基础工程施工规范》GB 51004—2015；

《复合地基技术规范》GB/T 50783—2012；

《建筑地基处理技术规范》JGJ 79—2012。

2 术语

振冲地基：利用振冲器水冲成孔，填以砂石骨料，借振冲器的水平振动及垂直振动振密填料，形成碎石桩体（称碎石桩）与原地基构成复合地基。

3 施工准备

3.1 作业条件

3.1.1 施工前应具备下述资料：

1 岩土工程勘察资料。

2 临近建（构）筑物、地下设施类型、分布及结构质量情况。

3　工程设计图纸、设计要求及所达到的标准、检测手段。

3.1.2　平整施工场地，处理场地内的障碍物，对设备运行的松软场地进行预压处理；现场水、电应接到使用位置；机具、设备已配齐、进场，检查振冲器的性能，电流表、电压表的准确度及填料的性能，确保完好。

3.1.3　桩轴线控制桩及水准基点桩已设置、编号并经复核；以施工图纸放样出桩孔位置并做好标记。

3.1.4　施工前应现场进行振冲成桩工艺和成桩挤密试验，确定振冲水压力、成孔速度、填料方法、振密电流、填料量、留振时间和施工顺序等有关施工参数和施工工艺。可根据设计荷载的大小、原土强度、设计桩长等条件选用不同功率的振冲器。当成桩质量不满足设计要求时，应调整施工参数后，重新进行试验。

3.1.5　对填料的粒径、含泥量等指标已进行检验试验。

3.1.6　施工组织设计或施工方案已编制，并按规定程序审批；工程开工前，应按要求进行技术（安全）交底。

3.2　材料及机具

3.2.1　材料

1　填料：可用含泥量小于5％的碎石、卵石、矿渣或其他性能稳定的硬质材料，不宜使用风化易碎的石料。对30kW振冲器，填料粒径宜为20～80mm；对55kW振冲器，填料粒径宜为30～100mm；对75kW振冲器，填料粒径宜为40～150mm。

2　水：宜用饮用水或不含有害杂质的洁净水。

3.2.2　机具

1　振冲器：可根据设计荷载的大小、原土强度的高低、设计桩长等条件选用不同功率的振冲器。一般采用额定功率30kW、55kW、75kW振冲器。

2　升降设备：一般采用履带式起重机、汽车式起重机等。

3　水泵：水压宜为200～600kPa，流量宜为200～400L/min。

4　控制设备：控制电流操作台、150A电流表、500V电压表、供水管道和留振时间自动信号仪等。

5　填料设备：装载机、吊车等。

4　操作工艺

4.1　工艺流程

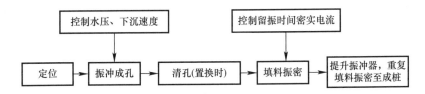

4.2　定位

清理平整施工场地，布置桩位；振冲施工机具就位，使振冲器对准桩位。

4.3　振冲成孔

1　启动供水泵和振冲器，使振冲器垂直对准桩位，按照现场工艺试验确定的参数和工艺进行施工，一般水压宜为200～600kPa，水量宜为200～400L/min，将振冲器徐徐沉入土中，成孔速度宜为0.5～2m/min。每沉入0.5～1.0m宜悬留振冲5～10s扩孔，待孔内泥浆溢出时，再继续沉入直至达到设计处理深度。记录振冲器经各深度的水压、电流和振留时间。

2　振冲器下沉过程中，电流不能超过电机的额定值。当冲孔接近加固深度时，振冲器应在孔底适当停留并减少射水压力。

4.4　清孔

成孔后边提振动器边冲水至孔口，再放至孔底，重复2～3次扩大孔径并使孔内泥浆变稀，确保填料畅通，最后将振冲器停留在加固深度以上500mm处等待填料。

4.5　填料振密

4.5.1　振冲器到达设计深度后，将水压和水量降至孔口有一定量回水但无大量细颗粒带出的程度，向孔内填料。

4.5.2　大功率振冲器投料可不提出孔口，小功率振冲器下料困难时，可将振冲器提出孔口填料，每次填料厚度不宜大于500mm，将振冲器沉入填料中进行振密制桩。当电流达到规定的密实电流值和规定的振留时间后，将振冲器提升300～500mm，重复以上步骤。记录各深度的最终电流值、留振时间和填料量。

4.6　提升振冲器，重复填料、振密步骤，自下而上直至孔口成桩。关闭振冲器和水泵。

4.7　不加填料振冲密实法，宜采用大功率振冲器，造孔速度宜为8～10 m/min，到达设计处理深度后，宜将射水量减至最小，留振至电流达到规定值时，上提振冲器500mm，如此重复进行，逐段振密直至孔口，完成全孔处理。每米振密时间约为1min。

4.8　振密孔施工顺序，宜沿直线逐点逐行进行。

5　质量标准

5.0.1　振冲地基主控项目质量检验标准见表8-1。

振冲地基主控项目质量检验标准　　　　　　　　　表8-1

检查项目	允许偏差或允许值		检查方法
	单位	数值	
填料粒径	设计要求		抽样检查
密实电流（黏性土） （功率30kW振冲器）	A	50～55	查看电流表
密实电流（砂性土或粉土） （功率30kW振冲器）	A	40～50	查看电流表

续表

检查项目	允许偏差或允许值		检查方法
	单位	数值	
密实电流（其他类型振冲器）	A	1.5～2.0 A_0	查看电流表，A_0 为空振电流
地基承载力	不小于设计值		静载试验
地基密实度	设计要求		按规定方法

5.0.2　振冲地基一般项目质量检验标准见表 8-2。

振冲地基一般项目质量检验标准　　　　　　　表 8-2

检查项目	允许偏差或允许值		检查方法
	单位	数值	
填料含泥量	％	＜5	水洗法
振冲器喷水中心与孔径中心偏差	mm	≤50	用钢尺量
孔位中心与设计孔位中心偏差	mm	≤100	用钢尺量
桩体直径	mm	＜50	用钢尺量
孔深	mm	±200	量钻杆或重锤测

6　成品保护

6.0.1　振冲地基施工完毕后，应防止表层土壤受扰动、破坏。

6.0.2　保护好现场的轴线定位桩、水准桩，必要时加以校核。

6.0.3　雨期或冬期施工，应采取防雨、防冻措施，防止受雨水淋湿、冻结。

7　注意事项

7.1　应注意的质量问题

7.1.1　施工前应检查振冲器的性能，电流表、电压表的准确度及填料的性能。

7.1.2　振冲密实的施工宜沿直线逐点进行，一般宜从中间向外围或从一侧向另一侧，逐排或隔排施工；在既有建（构）筑物邻近施工时，应背离建（构）筑物方向进行。

7.1.3　严格控制水压和水量。成孔过程中水压和水量尽可能大，当接近设计加固深度时，宜降低水压，以免扰动桩底以下的土。加料振密过程中，水压和水量均宜小。

7.1.4　填料振密过程中，应控制流振时间，使稳定的电流达到规定的密实电流。填料时不宜过猛，要勤填料，每批不宜过多。

7.1.5　振冲施工完成后，应将顶部预留的松散桩体挖除，铺设 300～500mm 垫层并压实。

7.1.6　施工结束后，应间隔一定时间方可进行质量检测。对粉质黏土地基不宜少于 21d，对粉土地基不宜少于 14d，对砂土和杂填土地基不宜少于 7d。

7.2　应注意的安全问题

7.2.1　振冲器的升降设备应安放平衡并垫实，防止在振冲过程中倾斜或倾倒，造成人员伤亡或设备损坏。

7.2.2　机械设备和电器仪表应有专人负责，非操作和使用人员不得擅自使用。

7.2.3　电器设备及照明必须采用三相五线制，接地良好并配备漏电保护器。

7.3　应注意的绿色施工问题

7.3.1　施工现场应设置好泥水排放系统，或组织好运浆车将泥浆运至指定地点。设置沉淀池，重复使用上部清水。

7.3.2　对施工噪声进行控制，尽量避免夜间施工，影响附近居民休息。

7.3.3　对建筑垃圾等固体废物应交合格的消纳单位组织消纳，严禁随意弃置。

8　质量记录

8.0.1　测量放线记录。

8.0.2　技术安全交底记录。

8.0.3　填料试验报告。

8.0.4　振冲地基施工记录。

8.0.5　地基承载力检测报告。

8.0.6　振冲地基工程检验批质量验收记录。

8.0.7　振冲地基分项工程质量验收记录。

8.0.8　其他技术文件。

第 9 章　砂　石　桩

　　本工艺标准适用于采用挤密处理松散砂土、粉土、粉质黏土、素填土、杂填土的地基，以及用于处理可液化地基。饱和黏土地基，如对变形控制不严格，可采用砂石桩置换处理。对大型的、重要的或场地地层复杂的工程，应在施工前通过试验确定其适用性。

1　引用标准

　　《建筑工程施工质量验收统一标准》GB 50300—2013；
　　《建筑地基工程施工质量验收标准》GB 50202—2018；
　　《建筑地基基础工程施工规范》GB 51004—2015；
　　《复合地基技术规范》GB/T 50783—2012；
　　《建筑地基处理技术规范》JGJ 79—2012；

《建筑机械使用安全技术规程》JGJ 33—2012。

2　术语

2.0.1　复合地基：部分土体被增强或被置换，形成由地基土和竖向增强体共同承担荷载的人工地基。

2.0.2　砂石桩地基：属于挤密桩地基处理的一种。砂桩和砂石桩统称砂石桩，是指用振动、冲击或水冲等方式在软弱地基中成孔后，再将砂或砂卵石（砾石、碎石）挤压入土孔中，形成大直径的砂或砂卵石（砾石、碎石）所构成的密实桩体，它是处理软弱地基的一种常用的方法。

2.0.3　砂石桩复合地基：将碎石、砂或砂石混合料挤压入已成的孔中，形成密实砂石竖向增强体的复合地基。

3　施工准备

3.1　作业条件

3.1.1　清理平整压实场地，拆除地面上附属物、障碍物及各种线路，经监理工程师检查认可，方能施工。

3.1.2　场地内外道路应畅通无阻，施工用临时设施在施工前就绪，材料进场，并检验合格。

3.1.3　组织技术人员编写详细的施工组织设计和开工报告，布置准确的桩位，经审查验收同意后方可开工。

3.1.4　作好测量放线工作，钉好标高、轴线控制桩，进行桩位布设。

3.1.5　施工前应截断流向作业区的水源，并适当开挖排水沟，保证施工期间的排水。

3.1.6　主要作业人员已经过安全培训，并接受了施工作业指导书；机械操作人员持有效合格证上岗。

3.1.7　无经验地区，应进行试成桩试验，以确定施工最终参数。

3.2　材料及机具

3.2.1　砂：中、粗混合砂，含泥量不大于 5%，含水量要求在饱和土中施工时采用饱和状态；非饱和土中施工时，采用 7%～9%；软弱黏土，砂和角砾混合料，不宜含有大于50mm 的颗粒。

3.2.2　石：碎石粒径不大于50mm，级配良好，含泥量不大于 5%。

3.2.3　级配砂石材料，不得含有草根、树叶、塑料袋等有机杂物和垃圾。

3.2.4　机具设备：柴油打桩机、电动落锤打桩机、振动打桩机、振冲器、装载机、压路机（6～10t）、水车、翻斗汽车、机动翻斗车。

3.2.5　主要工具：手推车、蛙式或柴油打夯机、平头铁锹、喷水用胶管、2m靠尺、小线或细钢丝、钢尺或木折尺等。

4 操作工艺

4.1 工艺流程

4.1.1 振动成桩法

场地准备 → 桩机就位 → 振动沉管 → 上料 → 边振动边上料边拔管 → 反插桩管 →

重复上料、拔管、反插管直至顶出地面 → 清理导管外壁带出的土 → 移机至下一桩位

4.1.2 锤击成桩法

场地准备 → 桩机就位 → 锤击沉管 → 上料 → 边锤击边上料边拔管 → 反插桩管 →

重复上料、拔管、反插管直至桩顶出地面 → 清理导管外壁带出的土 →

移机至下一桩位

4.2 振动成桩法施工

4.2.1 场地准备：清理平整场地，清除高空和地面障碍物。

4.2.2 桩机就位：根据设计要求，用小木桩插出成桩的孔位。桩管中心对准桩中心，校正桩管垂直度≤1.5%；校正桩管长度并符合设计桩长。

4.2.3 振动沉管：开动振动机把套管沉入土中，边振动边下沉至设计深度，如遇到坚硬难沉的土层可以辅以喷气或射水沉入。

4.2.4 上料：把加好碎石的料斗吊起插入桩管上口，向管内注入一定量的碎石。

4.2.5 边振动边上料边拔管；将注满的碎石的导管边振动边缓慢提起，桩管底要低于沉入的碎石顶面，套管内的碎石振动沉入或被压缩空气从套管内压出形成桩体。

4.2.6 反插桩管：在注入一定碎石后，将套管沉入到规定的深度，并加以振动使排出的碎石振密，并使碎石再一次挤压周围的土体。

4.2.7 重复上料、拔管、反插管直至桩顶出地面：按照上料、边振动边上料边拔管、反插桩管的步骤重复进行直至桩顶出地面。

4.2.8 清理导管外壁带出的土：施工过程中应及时挖除桩管带出的泥土，孔口泥土不得掉入孔中再次灌碎石于套管内。

4.2.9 移机至下一桩位：成桩后将桩机移至下一桩位进行施工，施工结束后，应进行地基承载力检验，检测数量不少于总桩数的0.5%，且每个单体建筑不少于3个点。

4.3 锤击成桩法施工

4.3.1 场地准备：清理平整场地，清除高空和地面障碍物。

4.3.2 桩位放样：根据设计要求，用小木桩插出成桩的孔位。

4.3.3 桩机就位：桩管中心对准桩中心，校正桩管垂直度≤1.5%，校正桩管长度并符合设计桩长。

4.3.4 锤击沉管：开动振动机把套管沉入土中，边锤击边下沉至设计深度，如遇到坚硬难沉的土层可以辅以喷气或射水沉入。

4.3.5 上料：把加好碎石的料斗吊起插入桩管上口，向管内注入一定量的碎石。

4.3.6 边锤击上料边拔管：将注满的碎石的导管边锤击边缓慢提起，桩管底要低于沉入的碎石顶面，套管内的碎石锤击沉入或被压缩空气从套管内压出形成桩体。

4.3.7 反插桩管：在注入一定碎石后，将套管沉入到规定的深度，并加以锤击使排出的碎石密实，并使碎石再一次挤压周围的土体。

4.3.8 重复上料、拔管、反插桩管直至桩顶出地面：按照上料、边锤击边上料边拔管、反插桩管的步骤重复进行直至桩顶出地面。

4.3.9 清理导管外壁带出的土：施工过程中应及时挖除桩管出泥土，孔口泥土不得掉入孔中再次灌碎石于套管内。

4.3.10 移机至下一桩位：成桩后将桩机移至下一桩位进行施工，施工结束后，应进行地基承载力检验，检测数量不少于总桩数的 0.5%，且每个单体建筑不少于 3 个点。

5　质量标准

5.0.1 砂石桩主控项目质量检验标准见表 9-1。

砂石桩主控项目质量检验标准　　　　　　　　表 9-1

检查项目	允许值或允许偏差		检查方法
	单位	数值	
复合地基承载力	不小于设计值		静载试验
桩体密实度	不小于设计值		重型动力触探
填料量	%	≥−5	实际用料量与计算填料量体积比
孔深	不小于设计值		测钻杆长度或用测绳

5.0.2 砂石桩一般项目质量检验标准见表 9-2。

砂石桩一般项目质量检验标准　　　　　　　　表 9-2

检查项目	允许值或允许偏差		检查方法
	单位	数值	
填料的含泥量	%	≤5	水洗法
填料的有机质含量	%	≤5	灼烧减量法
填料粒径	设计要求		筛析法
桩间土强度	不小于设计值		标准贯入试验
桩位	mm	≤0.3D	全站仪或用钢尺量
桩顶标高	不小于设计值		水准测量，将顶部预留的松散桩体挖出后测量
密实电流	设计值		查看电流表
留振时间	设计值		用表计时
褥垫层夯填度	≤0.9		用水准测量

注：1. 夯填度指夯实后的褥垫层厚度与虚铺厚度的比值。
　　2. D—设计桩径（mm）。

6　成品保护

6.0.1 回填砂石时，应注意保护好现场轴线桩、水准高程桩，防止碰撞位移，并应经常复测。

6.0.2 地基范围内不应留有孔洞。完工后如无技术措施，不得在影响其稳定的区域内进行挖掘工程。

6.0.3 夜间施工时，应合理安排施工顺序，配备足够的照明设施；防止级配砂石不准。

6.0.4 严禁车辆进入处于施工期间的区段。

7　注意事项

7.1　应注意的质量问题

7.1.1 位置偏移，根据所使用的机具随时掌握检查，砂石桩平面位置和垂直度，按规定偏差应符合设计要求。

7.1.2 桩身缩颈，控制拔管速度，控制贯入速度，扩大桩径，选择激振力，提高振动频率。

7.1.3 灌砂量不足，开始拔管前先应灌入一定量砂，振动片刻（15～30s），然后将管子上拔 30～50cm，再次向管中灌入足够砂量，并向管中适量注水，对桩尖处加自重压力，以强迫活瓣张开，使砂量流出，用浮漂测得桩尖已经张开后，方可继续拔管。

7.1.4 砂石桩施工顺序，对砂土地基宜从外围或两侧向中间进行，对黏性土地基宜从中间向外围或隔排施工，以挤密为主的砂石桩同一排应间隔进行；在已有建（构）筑物临近施工时，应背离建（构）筑物方向进行施工。

7.1.5 砂桩料以中粗砂为好，含泥量应在 3% 以内，无杂物。

7.1.6 不满足设计要求时，如实际灌砂量达不到设计要求，应在原位复打一次，并灌砂，或在其旁补打一根砂桩。

7.1.7 施工结束后，应检验地基的强度和承载力。

7.2　应注意的安全问题

7.2.1 施工现场的临时用电必须严格遵守国家现行标准《施工现场临时用电安全技术规范》JGJ 46 的规定。用电设备应安装漏电保护器，施工中定期检查电源线路和设备的电器部件，处理机械故障时必须断电，确保用电安全。

7.2.2 机械等设备的操作应严格遵守国家现行标准《建筑机械使用安全技术规程》JGJ 33 的规定。

7.2.3 作业区应有明显标志或围栏，进入施工现场必须戴安全帽。

7.2.4 夜间作业，机上及工作地点必须有充足的照明设施，在危险地段应设置明显的警示标志和护栏标识。

7.3　应注意的绿色施工问题

7.3.1 环境管理措施，施工中砂石应遮盖存放，不得沿途遗撒，避免扬尘，施工现场配备洒水降尘器具，指定专人负责现场洒水。

7.3.2 遇有大雨、雪、雾和六级以上大风等恶劣气候，应停止作业。

8　质量记录

8.0.1　材料进场验收记录。

8.0.2　试桩成桩记录。

8.0.3　桩位平面布置图。

8.0.4　工序交接检验记录。

8.0.5　隐蔽工程验收记录。

8.0.6　检验批、分项、分部质量验收记录。

8.0.7　施工现场质量管理检查记录。

8.0.8　其他技术文件。

第 10 章　高压旋喷注浆

本工艺标准适用于处理淤泥、淤泥质土、黏性土（软塑、流塑和可塑）、粉土、砂土、黄土、素填土和碎石土等地基。对土中含有较多的粒径块石、大量植物根茎、有机质含量高以及地下水流速较大的工程，应根据现场试验结果确定其适用性。

1　引用标准

《建筑工程施工质量验收统一标准》GB 50300—2013；
《建筑地基工程施工质量验收标准》GB 50202—2018；
《建筑地基基础工程施工规范》GB 51004—2015；
《复合地基技术规范》GB/T 50783—2012；
《建筑地基处理技术规范》JGJ 79—2012。

2　术语

2.0.1　高压喷射注浆：把注浆管钻入或置入土体以后，使喷嘴喷出 20MPa 的高压喷射流破坏地基土体，形成预定形状的空间，注入的浆体将冲下的土置换或部分混合凝成固结体，以达到改造土体的一种方法。

2.0.2　复喷：对同一注浆孔内的某一段进行两次或两次以上的喷射作业。

3　施工准备

3.1　作业条件

3.1.1　高压喷射注浆施工前，必须具备完整的工程地质勘察资料和工程附近管线、建筑物、构筑物和其他公共设施的构造情况，当地下水流动速度较快时，应进行专项水文地质勘察。

3.1.2 正式施工前，旋喷注浆施工工艺及施工参数应根据土质条件、加固要求，通过试验或工程经验确定。单管法、双管法高压水泥浆和三管法高压水的压力应大于 20MPa，流量应大于 30L/min，气流压力宜大于 0.7MPa，提升速度宜为 0.1~0.2m/min。各材料用量，应通过试验确定。

3.1.3 编制施工组织设计和施工方案，按程序审批后，进行技术（安全）交底。

3.1.4 清除地下障碍物（如管道、旧基础、电缆线等）及墓（洞）穴，采取措施处理后方可进行下一道工序施工。

3.1.5 作业前，现场应做到"三通一平"，确保机械行走范围内无障碍物。同时，按要求布设各种管线。需要布置两条"水道"，一条是装有调节阀的供水管道，能根据需要随时调节水压和水量；另一条是输送废浆液的沟渠，可让孔内返出的浆液流入泥浆池。

3.1.6 基础底面以上宜留 500~1000mm 厚的土层，以保证桩头质量。

3.1.7 施工测放的轴线经复核后妥善保护，并根据图纸要求测放出桩位点，进行布桩。

3.1.8 机具设备配齐进场后，应进行安装、检修及调试运转。施工前，应检查桩机运行和输料管畅通情况，标定灰浆泵输浆量，控制输浆速度。

3.1.9 开工前应对水泥、外加剂及水的质量进行检测，检查桩位、浆液配比、高压喷射设备的性能等，并应对压力表、流量表进行检定或校准。

3.2 材料及机具

3.2.1 水泥：宜用强度等级为 42.5 级及以上普通硅酸盐水泥。水泥进场时应有出厂合格证，并有现场复验报告。

3.2.2 外加剂：根据工程需要和土质条件，选用具有早强、减水等作用的外加剂。进场时应有合格证，并有现场复验报告。

3.2.3 水：宜用饮用水或不含有害物质的洁净水。

3.2.4 高压喷射注浆设备

1 造孔系统：钻机、钻杆、喷射管、喷射头。

2 供水系统：高压水泵、压力表、高压截止阀、高压管、供水泵。

3 供气系统：空气压缩机、风量计、输气管。

4 制浆系统：浆液池、浆液搅拌机、上料机、浆液贮储罐。

5 喷射系统：垂直架、卷扬机、旋摆机、高压注浆泵、喷射注浆管。

4 操作工艺

4.1 工艺流程

喷射注浆根据工程需要和机具设备条件，可分别采用单重管法、二重管法和三重管法，其加固原理一致，施工工艺流程如图 10-1 所示。

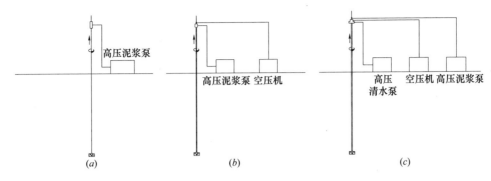

图 10-1　施工工艺流程

（a）单管法；（b）二重管法；（c）三重管法

4.2　单重管法

4.2.1　工艺流程

钻机就位 → 制备水泥浆 → 钻机钻进、贯入喷射管 → 旋喷注浆作业 → 拔管 →

冲洗钻具、移机

4.2.2　钻机就位

1　移动钻机至设计孔位，使钻头对准旋喷桩设计中心，调整钻杆对地面的垂直度，使钻孔的垂直度偏差不大于 1.0%。

2　钻机就位后，首先进行低压（0.5MPa）射水试验，用以检查喷嘴是否畅通，压力是否正常。

4.2.3　制备水泥浆

首先浆水加入桶中，再将水泥和外掺剂倒入，开动搅拌机搅拌 10～20min，而后拧开搅拌桶底部阀门，放入第一道筛网（孔径为 0.8mm），过滤后流入浆液池，然后通过泥浆泵抽进第二道过滤网（孔径为 0.8mm），第二次过滤后流入浆液池桶中，待压浆时备用。

水泥浆液的水灰比宜为 0.8～1.2。

4.2.4　钻机钻进、贯入喷射管

1　钻机开始钻进后，射水压力由 0.5MPa 增加至 1.0MPa，作用是减少摩擦力，防止喷嘴被堵。

2　当第一根钻杆钻进后，停止射水，此时压力降为零，接长钻杆，再继续射水钻进，直到钻至设计标高。

4.2.5　旋喷注浆作业

1　主要技术参数有：浆液压力不低于 20MPa，旋转速度为 20r/min，喷嘴直径 2.9～3.2mm，浆液流量为 90～120L/min。

2　当喷射注浆管贯入土中，喷嘴达到设计标高后，停止射水，拧下上面第一根钻杆，放入钢球，堵住射水孔，再将钻杆装上，即可向钻机送高压水泥浆。待喷射注浆参数达到规定值后，随即按旋喷的工艺要求，开始旋转和提升钻杆喷射管，由下向上旋转喷射注浆，喷射管分段提升的搭接长度不得小于 100mm。在砾石土层中，为保证桩径在旋喷参数不变的情况下复喷一次。

3　喷射孔与高压注浆泵的距离不宜大于 50m，钻孔位置和垂直度偏差应满足要求。

4 对需要局部扩大加固范围或提高强度的部位，可采取复喷的措施。

5 在旋喷注浆过程中出现压力骤然下降、上升或冒浆异常时，应查明原因并及时采取措施。

6 为防止浆液凝固收缩影响桩顶标高，可在原孔位采用冒浆回灌或第二次注浆等措施。

4.2.6 拔管

当上面第一根钻杆完全提出地面后停止压浆，待压力下降后迅速拆除第一节钻杆，并将钻杆整体下沉，搭接不小于100mm，然后继续压浆，等压力上升至设计压力时，重新开始旋喷。当喷头提升至设计标高时，为避免浆液析水而收缩，造成旋喷桩顶部凹陷，需进行1~2min的低压（5MPa）补浆。

4.2.7 冲洗钻具

补浆完成后，提出钻杆及钻头，进行低压（0.5MPa）射水，冲洗钻杆、喷嘴，整个旋喷作业结束，钻机移至下一桩位作业。

4.2.8 施工中应检查并记录注浆压力、水泥浆量、提升速度及拔管速度等施工参数。

4.3 二、三重管法

4.3.1 工艺流程如下：

定位 → 打入套管 → 拔卸套管 → 插入二（或三）重管 → 旋喷、提升至预定标高 →

拔管 → 冲洗钻具

4.3.2 先用造孔系统在土中钻成直径为150~200mm的孔或将套管打入土中至设计深度，安放喷射系统，将二（或三）重管插入套管孔内，接通供水系统、制浆系统（如为三重管，应再接通供气系统），并试喷。当分别达到预定数值时开始提升钻杆，进行喷射作业，至预定的旋喷高度。拔出二（或三）重管，冲洗钻杆、喷嘴，整个旋喷作业结束。

4.3.3 开始喷射时，先送高压水，再送水泥浆（如为三重管应加送压缩空气，在一般情况下压缩空气可晚送30s）。在底部喷射1min后才可提升。

5 质量标准

5.0.1 施工结束后，应检查桩体的强度和平均直径，以及单桩与复合地基的承载力。高压喷射注浆主控项目检验标准见表10-1。

高压喷射注浆主控项目检验标准　　　　　　　　　　　　　　表10-1

检查项目	允许偏差或允许值		检查方法
	单位	数值	
复合地基承载力	不小于设计值		静载试验
单桩承载力	不小于设计值		静载试验
水泥用量	不小于设计值		查看流量表
桩长	不小于设计值		测钻杆长度
桩体强度	不小于设计值		28d试块强度或钻芯法

5.0.2 高压喷射注浆一般项目检验标准见表10-2。

高压喷射注浆地基工程一般项目的检验标准　　　　　　表 10-2

检查项目	允许偏差或允许值		检查方法
	单位	数值	
水胶比	设计值		实际用水量与水泥等胶凝材料的重量比
钻孔位置	mm	≤50	用钢尺量
钻孔垂直度	≤1/100		经纬仪测钻杆
桩位	mm	≤0.2D	开挖后桩顶下 500mm 处用钢尺量，D 为设计桩径
桩径	mm	≥−50	用钢尺量
桩顶标高	不小于设计值		水准测量，最上部 500mm 浮浆层及劣质桩体不计入
喷射压力	设计值		检查压力表读书
提升速度	设计值		测机头上升距离及时间
旋转速度	设计值		现场测定
褥垫层夯填度	≤0.9		水准测量

6　成品保护

6.0.1　旋喷桩完成后，现场不得随意堆放重物，防止桩体变形。

6.0.2　成桩 4～6 周以后才可以进行基坑开挖。

6.0.3　基坑开挖时，机械应开挖至桩顶标高 0.5m 以上，剩余部分土体采用人工挖掘。

6.0.4　保护好现场定位桩和水准桩，以便校核桩位和桩顶标高。

7　注意事项

7.1　应注意的质量问题

7.1.1　由于喷射压力较大，容易发生窜浆，影响邻孔的质量，应采用间隔跳打法施工，一般两孔间距大于 1.5m。

7.1.2　施工前应检查高压设备和管路系统，其压力和流量应满足设计要求。

7.1.3　在旋喷过程中，因机械故障而中断旋喷，在停浆半小时内钻杆向下 1m 开始旋喷；超过半小时应重新钻孔至桩底设计标高，重新旋喷。

7.1.4　旋喷过程中，冒浆量小于注浆量的 20% 或完全不冒浆时，应查明原因，调整旋喷参数或改变喷嘴直径。

7.1.5　制作浆液时，应严格控制水灰比，不得使用受潮或过期水泥。

7.1.6　在整个成孔喷浆过程中，钻机与供浆操作工、记录员应密切配合，如发现异常立即调整。

7.1.7　严格控制喷射和提升速度，确保处理的桩长和桩体的均匀度。

7.1.8　在旋喷过程中，如遇到大块孤石或漂石时，桩可适当移动位置，避免形成畸形桩或断桩。

7.1.9　施工中应严格按照施工参数和材料用量施工，用浆量和提升速度应采用自动记录装置，并做好各项施工记录。

7.2 应注意的安全问题

7.2.1 施工机械、电气设备等在确认完好后方准使用。施工前应对高压泥浆泵全面检查，施工后应对其清洗干净，保证其正常使用。一旦发生故障，应停泵停机排除故障。

7.2.2 高压胶管应在规定的压力范围内使用，施工中弯曲不得小于规定的弯曲半径，防止高压胶管破裂伤人。

7.2.3 施工前应进行技术安全交底工作，司钻人员操作技能应熟练，并了解注浆工艺全过程。

7.2.4 施工前应进行技术和安全交底工作，司钻人员技能应熟练，并了解施工工艺。

7.3 应注意的绿色施工问题

7.3.1 水泥操作人员应戴口罩进行工作。

7.3.2 高压喷射产生的废浆应排至储浆池中，对浆液中的水与固体颗粒进行沉淀分离。

7.3.3 采用泥浆车将废浆运至指定的地点排放。

8 质量记录

8.0.1 测量放线记录。

8.0.2 水泥、外加剂及掺和料出厂合格证、质量检验报告及进场复验报告。

8.0.3 技术安全交底。

8.0.4 高压喷旋注浆记录。

8.0.5 检测报告（单桩和复合地基承载力检测报告，如设计有要求时，还应有桩体强度检测报告）。

8.0.6 高压旋喷注浆地基工程检验批质量验收记录。

8.0.7 高压旋喷注浆地基分项工程质量验收记录。

8.0.8 桩位竣工图。

8.0.9 其他技术文件。

第11章　水泥土搅拌桩

　　本工艺标准适用于处理正常固结的淤泥、淤泥质土、素填土、黏性土（软塑、可塑）、粉土（稍密、中密）、粉细砂（松散、中密）、中粗砂（松散、中密）、饱和黄土等土层。不适用于含大孤石或障碍物较多且不易清除的杂填土、欠固结的淤泥和淤泥质土、硬塑及坚硬的黏性土、密实的砂类土，以及地下水渗流影响成桩质量的土层。当地基土的天然含水量小于30%（黄土含水量小于25%）时不宜采用粉体搅拌法。冬期施工时，应考虑负温度对处理地基效果的影响。

　　水泥土搅拌桩用于处理泥炭土、有机质土、pH值小于4的酸性土、塑性指数大于25的黏土，或在腐蚀性环境中以及无施工经验的地区使用时，必须通过现场试验确定其适用性。

1 引用标准

《建筑工程施工质量验收统一标准》GB 50300—2013；
《建筑地基工程施工质量验收标准》GB 50202—2018；
《建筑地基基础工程施工规范》GB 51004—2015；
《复合地基技术规范》GB/T 50783—2012；
《建筑地基处理技术规范》JGJ 79—2012；
《型钢水泥土搅拌墙技术规程》JGJ/T 199—2010。

2 术语

水泥土搅拌桩地基：利用水泥作为固化剂，通过搅拌机械将其与地基土强制搅拌，硬化后构成的地基。

湿搅拌法：使用水泥浆作为固化剂的水泥土搅拌法。

干搅拌法：使用干水泥粉作为固化剂的水泥土搅拌法。

3 施工准备

3.1 作业条件

3.1.1 施工前除应按现行国家标准《岩土工程勘察规范》GB 50021 要求对施工场地进行岩土工程详细勘察外，尚应查明拟处理地基土层的 pH 值、塑性指数、有机质含量、地下障碍物及软土分布情况、地下水位及其运动规律等。

3.1.2 已编制施工组织设计或施工方案，按规定进行审批后，进行技术（安全）交底。

3.1.3 施工现场应先整平，清除桩位处地上和地下一切障碍物及墓（洞）穴。遇到暗滨、池塘及洼地时，应抽水和清淤，回填黏性土料并压实，不得回填杂填土或生活垃圾。现场应做到"三通一平"。

3.1.4 基础底面以上宜留 500～1000mm 厚的土层，以保证成桩桩头质量。

3.1.5 施工前用全站仪测放轴线定位点，经复核后妥善保护，并根据图纸要求用钢尺准确测放出桩位点。

3.1.6 现场水、电能满足供应，并已接到使用位置。

3.1.7 机具设备配齐进场后，应进行安装、检修及调试运转。施工前，应检查桩机运行和输料管畅通情况，标定灰浆泵输浆量、灰浆经输浆管达到搅拌机喷浆口的时间和机头提升速度等施工参数，宜用流量泵控制输浆速度。

3.1.8 喷粉施工前应仔细检查搅拌机械、供粉泵、送气（粉）管路、接头和阀门的密封性、可靠性。送气（粉）管路的长度不宜大于 60m。

3.1.9 开工前应检查水泥、外加剂及水的质量，桩位、搅拌机工作性能，并应对各种计量设备进行检定或校准。

3.1.10 试桩

水泥土搅拌桩施工前，应根据设计要求进行成桩工艺性试验，确定搅拌桩的施工参数和施工工艺；数量不得少于3根，多轴搅拌施工不得小于3组。

1 应进行处理地基土的室内配比试验。针对现场拟处理地基土层的性质，选择合适的固化剂、外掺剂及其掺量，为设计提供不同龄期、不同配比的强度参数。对竖向承载的水泥强度宜取90d龄期试块的立方体抗压强度平均值。

2 对重要工程或缺乏施工经验的地区或对泥炭土、有机质土、pH值小于4的酸性土、塑性指数大于25的黏性土以及在腐蚀性环境中的地基，施工前应按设计要求，在有代表性的地段进行现场试桩。

3 试验施工的桩数一般应满足试验检测数量的要求，布桩形式一般为正三角形或矩形。桩径宜为500～600mm。桩距应根据基础形式、设计要求的复合地基变形、土性及施工工艺确定。

4 增强体的水泥掺量不应小于12%，块状加固时水泥掺量不应小于加固天然土质量的7%；每米水泥掺量、提升速度、喷浆（粉）次数和搅拌次数通过试验确定。

5 试桩施工完成后，应间隔28d进行质量检测，检测采用复合地基静载荷试验和单桩静载荷试验手段，并检验桩体的强度和直径。

3.2 材料及机具

3.2.1 水泥：一般采用强度等级为32.5级及以上的普通硅酸盐水泥或矿渣硅酸盐水泥，对于型钢水泥土搅拌桩（墙）应选用不低于42.5级的水泥。水泥进场时应有出厂合格证，并有现场复验报告。

3.2.2 根据工程的需要和土质条件，选用具有早强剂、减水剂等性能的外加剂。进场时应有合格证，并有现场复验报告。

3.2.3 水：宜用饮用水或不含有害物质的洁净水。

3.2.4 搅拌桩设备

深层搅拌机设备分湿法（喷浆型）和干法（喷粉型），见表11-1。

深层搅拌机设备分类　　　　　　　　　　　　　　　　表11-1

设备类型		主要设备
湿法（喷浆型）	多轴	水泥搅拌桩机、机架、钻杆、钻头、水泥浆拌和机、集料斗、灰浆泵、电气控制柜等水泥搅拌输送系统
	单轴	
干法（喷粉型）		水泥搅拌桩机、钻杆、钻头、空压机、贮灰罐、粉体发送器等粉体喷射输送系统

4 操作工艺

4.1 工艺流程

水泥土搅拌桩根据工程需要、场地和机具设备条件，可分别采用干法和湿法，其加固原理一致，工艺流程如下：

原材料检验 → 清理地上地下障碍物 → 测量放线 → 搅拌桩机就位、调平 →
预搅下沉 → 配制水泥浆 → 喷浆（粉）上升 → 重复搅拌下沉重复搅拌上升 →
搅拌桩机移位

4.2　原材料检验

根据设计及规范要求选用水泥、砂子、外加剂和水，在施工前进行原材料检验，合格后方可使用。

4.3　清理地上地下障碍

整平施工现场，清除地上和地下一切障碍物。遇到暗浜、池塘及洼地时，应抽水和清淤，回填黏性土料并压实，不得回填杂填土或生活垃圾。

4.4　测量放线

采用全站仪及钢卷尺，根据图纸要求准确测放出桩位点，监理工程师检查验收。

4.5　搅拌桩机就位、调平

水泥土搅拌桩机到达指定桩位后，使中心管（双搅拌轴机型）或钻头（单轴型）中心对准设计桩位，进行调平对中。调整桩架和搅拌轴对地面的垂直度，以保证垂直度偏差不超过1%。用水平尺测量机架的调平情况，当发现偏差过大及时调整。

4.6　预搅下沉

启动搅拌桩机电机，使机头沿导向架搅拌下沉至设计加固深度。施工时应严格控制下沉速度，工作电流不应大于额定值。当遇到硬土层而下沉太慢时可适量冲水，但应考虑冲水时对成桩强度的影响。

4.7　制备水泥浆

4.7.1　湿法作业时，待搅拌钻机头下沉到一定深度时，按设计确定的配合比拌制水泥浆，压浆前将水泥浆倒入集料斗中。水泥宜用普通硅酸盐水泥，水泥浆的水灰比可选用0.5～0.6；拌浆水应符合标准规定；外加剂可根据工程的需要和土质条件，选用有早强、减水等性能的外加剂。

4.7.2　配制好的浆液倒入集料斗时，应用3mm筛过滤，以免浆液内结块损坏泵体。制备好的水泥浆不得有离析现象，如拌制好的水泥浆停置超过水泥初凝时间，则不得使用。拌制水泥浆液的罐数、水泥和外加剂用量以及泵送浆液的时间等，应有专人记录。

4.7.3　水灰比控制：根据水泥用量计算每罐用水量，在储水罐上做好标志，在施工中严格计量。

4.8　喷浆（粉）搅拌上升

4.8.1　搅拌桩机下沉到设计标高后，开启灰浆泵（粉体发生器），先喷浆（粉）30s，使浆（粉）完全到达桩端；再严格按设计确定的喷浆（粉）量、注浆泵出口压力、提升速度和次数，边喷浆（粉）边提升搅拌机头，并应使搅拌提升速度与输浆速度同步，保证加固范围内每一深度段均得以充分搅拌，确保桩身强度和均匀性，直至设计停浆（或灰）面标高。

4.8.2 当搅拌机头提升至设计标高时，原位转动 1～2min，将输送管内剩余浆（粉）喷尽，以保证桩头均匀密实。停浆（粉）面应高出桩顶设计标高 0.5m，施工时应将该施工质量较差的部分挖去。

4.8.3 喷粉搅拌头每转一周，提升高度不得超过 15mm。搅拌头的直径应定期复核检查，其磨耗量不得大于 10mm。对地基土进行干法咬合加固，复搅困难时，可采用慢速搅拌，保证搅拌的均匀性。

当搅拌头到达设计桩底以上 1.5m 时，应开启喷粉机提前进行喷粉作业；当搅拌头提升至地面下 500mm 时，喷粉机应停止喷粉。

4.8.4 为确保施工质量、提高工作效率和减少水泥浪费尽量连续工作。若因故停浆（粉），为防止断桩应将搅拌头下沉至停浆（粉）点 1.0m 以下，待恢复供浆（粉）后再喷浆（粉）搅拌。如停工 3h 以上，必须立即进行清洗管路，防止水泥在设备和管道中结块影响施工。

4.8.5 水泥搅拌桩施工工艺采用试桩确定施工工艺参数进行控制。

4.8.6 现场施工人员认真填写施工原始记录，记录内容应包括：

1 施工桩号、施工日期、天气情况；

2 喷浆深度、停浆标高；

3 灰浆泵压力、管道压力；

4 钻机转速；

5 钻进速度、提升速度；

6 浆液流量；

7 每米喷浆量和外掺剂用量；

8 复搅深度。

4.9　重复搅拌下沉重复搅拌上升

待搅拌桩机提升到设计加固范围的顶面标高时，关闭灰浆泵（粉体发送器），重复上述边旋转搅拌边下沉至设计加固深度，再搅拌再提升直预定的停浆（或灰）面，使软土和水泥浆（粉）充分搅拌均匀，检查搅拌桩的长度及标高。

4.10　搅拌桩机移位

按要求将水泥和土充分搅拌完毕后，关闭搅拌桩机电机，将机头提出地面，成桩结束，移机至下一个桩位，重复上述步骤，进行下一根桩的施工。

当不再连续作业时，向集料斗中注入适量清水，开启灰浆泵，清洗管路中残存的全部水泥浆，直至基本干净。

5　质量标准

5.0.1 水泥土搅拌桩主控项目质量检验标准见表 11-2。

水泥土搅拌桩主控项目质量检验标准 表 11-2

检查项目	允许值或允许偏差		检查方法
	单位	数值	
复合地基承载力	不小于设计值		静载试验
地基承载力	不小于设计值		静载试验
水泥用量	不小于设计值		查看流量表
搅拌叶回转直径	mm	±20	用钢尺量
桩长	不小于设计值		测钻杆长度
桩身强度	不小于设计值		28d 试块强度或钻芯法

5.0.2 水泥土搅拌桩一般项目质量检验标准见表 11-3。

水泥土搅拌桩一般项目质量检验标准 表 11-3

检查项目	允许值或允许偏差		检查方法
	单位	数值	
水胶比	设计值		实际用水量与水泥等胶凝材料的重量比
提升速度	设计值		测机头上升距离及时间
下沉速度	设计值		测机头下沉距离及时间
桩位	条基边桩沿轴线	$\leqslant D/4$	全站仪或用钢尺量
	垂直轴线	$\leqslant D/6$	
	其他情况	$\leqslant 2D/5$	
桩顶标高	mm	±200	水准测量，最上部 500mm 浮浆层及劣质桩体不计入
导向架垂直度	$\leqslant 1/150$		经纬仪测量
褥垫层夯填度	$\leqslant 0.9$		水准测量

注：D—设计桩径（mm）。

6 成品保护

6.0.1 水泥土搅拌桩施工完成后，现场不得随意堆放重物，以防止桩体变形。

6.0.2 基础开挖时，应制定合理的施工顺序和技术措施，防止损坏桩头。一般成桩 4～6 周以后才可以进行基坑开挖。

6.0.3 基坑开挖时，机械应开挖至桩顶标高 500mm 以上，剩余部分土体采用人工挖掘。

6.0.4 保护好现场定位桩和水准桩，以便校核桩位和桩顶标高。

7 注意事项

7.1 应注意的质量问题

7.1.1 施工前应检查搅拌机、供浆（或粉）泵、管路、接头和阀门的密封性、可靠性，管路长度不宜大于60m。

7.1.2 搅拌头翼片的枚数、宽度、与搅拌轴的垂直夹角、搅拌头的回转数、提升速度应相匹配，干法搅拌时钻头每转一圈的提升（或下沉）量宜为10～15mm，确保加固深度范围内土体的任何一点均能经过20次以上的搅拌。

7.1.3 施工中，应保持搅拌桩机底盘的水平和导向架的竖直，确保桩的垂直度和桩位满足要求。

7.1.4 施工中使用的水泥应过筛，泵送应连续进行。不得使用受潮或过期或不合格水泥。

7.1.5 喷浆（或喷粉）量及深度启示录仪应采用经国家计量部门论证的监测仪进行自动记录。

7.1.6 在整个成桩过程中，钻机与供浆（粉）的操作工、记录员应密切配合，注意孔内喷浆（粉）情况，如发现异常立即调整。

7.1.7 严格控制钻进深度和提升速度，确保浆（粉）达到要求处理的深度和桩体的均匀度。

7.1.8 在施工过程中，如遇到大块孤石或漂石时，桩可适当移动位置，避免形成畸形桩或断桩。

7.1.9 壁状加固时，相邻桩的施工时间间隔不宜超过12h。

7.2 应注意的安全问题

7.2.1 施工机械、电气设备等在确认完好后方准使用。

7.2.2 施工前应对搅拌桩机进行全面检查，泵送水泥浆前，管路应保持湿润，以利输浆。

7.2.3 施工后应对其管路进行清洗，以保证其正常使用。一旦发生故障，应停机排除故障。

7.2.4 输送管应在规定的压力范围内使用，施工中弯曲不得小于规定的弯曲半径，防止胶管破裂伤人。

7.2.5 施工前应进行技术和安全交底工作，司钻人员技能应熟练，并了解施工工艺。

7.3 应注意的绿色施工问题

7.3.1 水泥操作人员应戴口罩进行工作。

7.3.2 应采取水泥浆、水泥粉的防污染控制措施。

8 质量记录

8.0.1 测量放线记录。

8.0.2 水泥、外加剂及掺和料出厂合格证、质量检验报告及进场复验报告。

8.0.3 技术和安全交底。

8.0.4 水泥土搅拌桩施工记录。

8.0.5 检测报告（单桩和复合地基承载力特征值，如设计有要求时，还应有桩体强度检测报告）。

8.0.6 水泥土搅拌桩地基工程检验批质量验收记录。

8.0.7 水泥土搅拌桩地基分项工程质量验收记录。

8.0.8 桩位竣工图。

8.0.9 其他技术文件。

第12章 土、灰土挤密桩

本工艺标准适用于处理地下水位以上的粉土、黏性土、素填土、杂填土和湿陷性黄土地基，处理深度宜为3~15m。

当以消除地基土的湿陷性为主要目的时，宜选用土挤密桩法；当以提高地基的承载力或水稳性为主要目的时，宜选用灰土挤密桩法。

当地基土的含水量大于24%、饱和度大于65%时，应通过试验确定其适用性。

对于重要工程或缺乏经验的地区，施工前应按设计要求，在有代表性的地段进行现场试验。

1 引用文件

《建筑工程施工质量验收统一标准》GB 50300—2013；

《建筑地基工程施工质量验收标准》GB 50202—2018；

《建筑地基基础工程施工规范》GB 51004—2015；

《复合地基技术规范》GB/T 50783—2012；

《建筑地基处理技术规范》JGJ 79—2012。

2 术语

土或灰土挤密桩地基：指在原土中成孔后分层填以素土或灰土，并夯实，使填土压密，同时挤密周围土体，构成坚实的地基。

3 施工准备

3.1 作业条件

3.1.1 岩土工程勘察报告、基础施工图纸、施工组织设计应齐全。

3.1.2 进行地基土和桩孔填料的标准击实试验，确定最大干密度和最优含水量。

3.1.3 已进行成孔、夯填工艺和挤密效果试验，确定有关施工工艺参数（分层填料厚度、夯击次数和夯实后的干密度、打桩次序），并对试桩进行了测试，承载力及挤密效果等符合设计要求。

3.1.4 施工机具应由专人负责使用和维护，大、中型机械特殊机具需持证上岗，操作者须经培训后，持有效的合格证书可操作。主要作业人员已经过安全培训，并接受了施工技术安全交底。

3.1.5　按桩孔平面布置清理地上和地下障碍物，场地已整平。对桩机运行的松软场地已进行预压处理，周围已做好有效的排水措施。

3.1.6　供水、供电、运输道路、现场小型临时设施已经设置就绪。土料和石灰尽量堆放在施工点附近，并采取防止日晒雨淋的措施。

3.1.7　雨期和冬期施工，应采取防雨或防冻措施，防止填料受雨水淋湿或冻结。

3.2　材料及机具

3.2.1　灰土填料：其消石灰与土的体积比，宜为 2∶8 或 3∶7。

3.2.2　土料：宜选用粉质黏土，土料中的有机质含量不应超过 5％，且不得有冻土和膨胀土，使用时应过 10～20mm 的筛。

3.2.3　石灰：可选用新鲜的消石灰或生石灰粉，其粒径不宜大于 5mm。石灰质量应检验合格，活性 $CaO+MgO$ 含量不低于 60％。

3.2.4　成孔机械：可选用振动沉管、锤击沉管、冲击钻孔机械，并有自动行走的装置。

3.2.5　夯实机械：可采用卷扬机提升式夯实机具或偏心轮夹杆式夯实机。

3.2.6　夯锤的直径应小于桩孔直径 90～120mm；夯锤重量不宜小于 100kg；同时锤底截面静压力不宜小于 20kPa。

3.2.7　辅助工具：装载机、筛土机、手推车、量斗、平锹等。

4　操作工艺

4.1　工艺流程

测设桩位→机械进场就位→土或灰土备料→成孔→夯填

4.2　测设桩位

4.2.1　根据基础轴线控制桩，定出各桩孔中心点，可用 ϕ20mm 钢钎插入土中 200mm，拔出后灌入石灰定点。

4.2.2　成孔和孔内夯填的施工顺序，当整片处理地基时，宜从里（或中间）向外间隔（1～2）孔依次进行，对于大型工程，可采取分段施工。

4.3　机械进场就位

首先做好场地平整压实，桩机就位必须稳定平衡，不得发生左右移动，前后倾斜，并始终保持与地面垂直。

4.4　土或灰土备料

4.4.1　灰土的配合比应符合设计要求。灰土应拌合均匀、颜色一致，灰土拌和后应及时回填夯实，不得隔夜使用。

4.4.2 填料的含水量应尽量接近其最优含水量，如含水量超过其最优含水量的±2%，可予以翻晒或增湿，为保证填料的适宜含水状态，在夏季和雨季应有防护措施。

4.5 成孔

4.5.1 当桩打到设计深度后，利用桩机滑轮系统将桩管徐徐拔出，如遇到拔管困难，可用少量的水沿管壁四周渗入，待孔壁周边表土软化，并与桩管摩擦力减小或把桩管旋转活动后，再继续拔出。

4.5.2 桩管拔出后，如发现桩孔局部有轻微缩颈或缩颈比较严重，可分别采用洛阳铲重新削扩桩径或向孔内填入干散砂土、生石灰等重新成孔。

4.5.3 成孔时，地基土宜接近最优含水量，当土的含水量低于12%时，宜对拟处理范围内的土层进行增湿，应在地基处理前4～6d进行。

4.5.4 成孔速度过慢，可能是由于地基土的含水量偏低，可进行增湿，使含水量接近最优。如遇坚硬层，可强行穿越或清除后穿越。

4.6 夯填

4.6.1 夯实机就位后应保持平稳，夯锤对中桩孔，能自由落入孔底。

4.6.2 填料前应先夯实孔底至发出清脆声音为止。

4.6.3 人工填料时应指定专人，按规定数量均匀填进，不得盲目乱填，更不允许用料车直接倒入桩孔。

4.6.4 桩孔填夯高度宜超出基底设计标高300～500mm，其上可用其他土料夯实至地面封顶。

4.6.5 桩顶设计标高以上的预留覆盖土层厚度，宜符合下列规定：

1 沉管成孔不小于0.5m。

2 冲击成孔或钻孔夯扩法成孔不宜小于1.2m。

4.6.6 桩孔填料应分层回填夯实，填料的平均压实系数 λ_c 不应小于0.97，其中压实系数最小值不应低于0.95。

4.6.7 为保证填夯施工质量，应对每一桩孔实际填料量、夯实时间和总夯击数进行记录。

5 质量标准

5.0.1 土和灰土挤密桩主控项目质量检验标准见表12-1。

土和灰土挤密桩主控项目质量检验标准   表 12-1

检查项目	允许偏差或允许值		检查方法
	单位	数值	
复合地基承载力	符合设计要求		静载试验
桩体填料平均压实系数	≥0.97		环刀法
桩长	不小于设计值		测桩管长度或用测绳测孔深

5.0.2 土和灰土挤密桩一般项目质量检验标准见表12-2。

土和灰土挤密桩一般项目质量检验标准　　　　　表 12-2

检查项目		允许偏差或允许值		检查方法
		单位	数值	
土料有机质含量		$\leqslant 5\%$		灼烧减量法
含水量		最优含水量±2%		烘干法
石灰粒径		mm	$\leqslant 5$	筛析法
桩位	条形基础边桩轴线方向	mm	$\pm D/4$	全站仪或用钢尺量
	条形基础边桩垂直轴线	mm	$\pm D/6$	
	其他	mm	$\pm 2D/5$	
成孔直径		mm	$+50\sim 0$	尺量检查
桩顶标高		mm	± 200	水准测量，最上部 500mm 劣质桩体不计入
垂直度		$\leqslant 1\%$		用经纬仪测
砂、碎石褥垫层夯填度		$\leqslant 0.9$		水准测量
灰土垫层压实系数		$\geqslant 0.95$		环刀法
配合比		符合设计要求		现场检查

6　成品保护

6.0.1　施工现场要落实排水措施，场地不得积水，以免成桩后的灰土和挤密土软化，降低挤密效果，影响使用。

6.0.2　冬期施工期间完工的土桩或灰土挤密桩地基，表层应采用预留或覆盖松土层的措施保温，以免因冻融影响造成表层强度降低，影响使用效果。

6.0.3　施工结束后，应尽快检测验收，并进行基底垫层、基础施工。

7　注意事项

7.1　应注意的质量问题

7.1.1　在夯填过程中要掌握拌合料的含水量（最优含水量在±2%），不要过大或过小。

7.1.2　应严格掌握人工填料速度，施工中要严格按照试验确定的填料速度与夯击次数的关系进行施工。

7.1.3　冬期或雨期施工应防止土料和灰土受雨水淋湿或冻结。

7.2　应注意的安全问题

7.2.1　施工中，应严格遵守技术安全和劳动保护方面的有关规定，正式施工前，应作技术安全交底。

7.2.2　现场打桩机械和填桩机械施工时应与高压线路保持一定的安全距离。

7.2.3　考虑到打桩对相邻建筑物的振动影响，桩机和相邻建筑物要有一定距离。

7.2.4　机组人员，应佩戴安全帽和有色眼镜。桩机移动应保证安全平稳，回转灵活，制动有效。

7.2.5　地面施工所留桩孔，必须回填夯实，以免施工人员或行人失足跌入孔中。

7.2.6　雨期施工场地湿软时，要加铺脚手板。冬期施工，遇有霜雪应清扫干净，遇五级以上大风，宜暂时停止成桩作业。

7.2.7　打桩机及电焊机必须设接地零线。

7.3　应注意的绿色施工问题

7.3.1　现场拌灰时，应注意扬尘，运输道路要经常洒水。

7.3.2　施工现场维修或使用机械时，应有防滴漏措施。

7.3.3　在邻近居民区作业时，应严格按规定时间进行作业，并采取有效的措施防止噪声污染。

8　质量记录

8.0.1　测量放线记录。

8.0.2　素土、灰土试验报告。

8.0.3　土壤击实试验报告。

8.0.4　地基承载力检查报告。

8.0.5　灰土挤密桩施工记录。

8.0.6　灰土挤密桩检测报告。

8.0.7　地基隐蔽工程验收纪录。

8.0.8　土和灰土挤密桩地基工程检验批质量验收记录。

8.0.9　土和灰土挤密桩地基工程分项质量验收记录。

8.0.10　其他技术文件。

第 13 章　水泥粉煤灰碎石（CFG）桩

本标准适用于处理黏性土、粉土、砂土和自重固结已完成的素填土地基等的水泥粉煤灰碎石（CFG）桩地基工程。对淤泥质土应按当地经验或通过现场试验确定。

长螺旋钻孔灌注成桩适用于地下水位以上的黏性土、粉土、素填土、中等密实以上的砂土地基；长螺旋钻孔中心压灌成桩适用于黏性土、粉土、砂土和素填土地基，对噪声或泥浆污染要求严格的场地可优先选用；对含有卵石夹层场地，通过现场试验确定其适用性；振动沉管灌注成桩适用于粉土、黏性土、淤泥质土、砂土及人工填土，不适用岩石、砾石和密实的黏性土等。挤土造成地面隆起量大时，应采用较大桩距施工。

1　引用文件

《建筑工程施工质量验收统一标准》GB 50300—2013；

《建筑地基工程施工质量验收标准》GB 50202—2018；

《建筑地基基础工程施工规范》GB 51004—2015；

《复合地基技术规范》GB/T 50783—2012；

《建筑地基处理技术规范》JGJ 79—2012。

2 术语

2.0.1 水泥粉煤灰碎石（CFG）桩

用长螺旋钻机或沉管桩机成孔后，将水泥、粉煤灰、碎石混合搅拌后，泵压或经下料斗投入孔内，构成密实的桩体。

2.0.2 水泥粉煤灰碎石（CFG桩复合地基）

由水泥、粉煤灰、碎石等混合料加水拌合在土中灌注形成竖向增强体的复合地基。

3 施工准备

3.1 作业条件

3.1.1 收集场地工程地质、水文地质资料，编制水泥粉煤灰碎石桩施工方案并按规定程序审批。在工程开工前，应按规定进行技术交底。

3.1.2 施工现场达到"三通一平"，对软弱地面进行碾压或夯实处理。

3.1.3 施工范围内的地上、地下障碍物应清理或改移完毕，不能改移的障碍物必须做标记，并有技术保护措施。

3.1.4 测设建筑场地水准控制点和建筑物轴线桩，测设桩位，做好标记，并由业主、监理复核。

3.1.5 确定施打顺序及桩机行走路线。

3.1.6 如采用现场自拌，则施工前应按设计要求由试验室进行配合比试验。如采用商品拌合料，应索要原材料的复检证明文件和出厂合格证。

3.1.7 试成孔应不少于2个，以复核地质资料以及设备、工艺等是否适宜，核定所选用的技术参数。

3.1.8 在施工机具上做好进尺标志。

3.1.9 机械操作人员应经过理论与实际施工操作的培训，并持证上岗。

3.2 材料及机具

3.2.1 水泥：宜用普通硅酸盐水泥或矿渣硅酸盐水泥，水泥进场应有出厂合格证，施工前应对所用水泥进行复检，检验内容包含初终凝时间、安定性和强度，必要时，应检验水泥的其他性能。

3.2.2 粉煤灰：宜用细度不大于45％的Ⅱ级或Ⅲ级粉煤灰，粉煤灰进场时应有出厂合格证，并有现场复检报告。

3.2.3 石子：宜用粒径为5～40mm坚硬的碎石或卵石，含泥量符合设计要求。

3.2.4 石屑：粒径为2.5～5mm，含泥量符合设计要求。

3.2.5 砂：宜用中砂或粗砂，含泥量符合设计要求。

3.2.6 外加剂：采用泵送剂、早强剂、减水剂等，根据施工需要通过试验确定。

3.2.7 商品混合料：商品混凝土运至现场，检验其质量符合设计要求后，方可使用。

3.2.8 机具：长螺旋钻机、振动沉管桩机、洛阳铲（直径为 110～130mm）、强制式搅拌机、混凝土输送泵、混凝土泵管、振捣器、机动翻斗车、小推车、重锤、水准仪、经纬仪、测绳、钢尺等。

4 操作工艺

CFG 桩复合地基采用的施工方法有：长螺旋钻孔灌注成桩、长螺旋钻孔中心压灌灌注成桩、振动沉管灌注成桩。

4.1 长螺旋钻孔灌注成桩操作工艺

4.1.1 工艺流程

定桩位 → 钻机就位 → 钻孔 → 清底、夯实孔底 → 验孔 → 混合料搅拌 →
灌注混合料 → 振捣密实 → 成桩验收

4.1.2 定桩位：放桩位时，用钢钎打入地下 200mm，灌入石灰做标记，经建设单位和监理单位验收后开钻。

4.1.3 钻机就位：钻机就位，必须平整、稳固，确保钻机在施工过程中不发生倾斜和偏移。在钻机双侧吊线坠，校正、调整钻杆的垂直度。为准确控制钻孔深度，在桩架上设置标尺，在施工中进行观测记录。在钻孔前应进行复检，钻头与桩位点偏差不得大于 20mm。

4.1.4 钻孔：桩位偏差检查符合要求后开钻。第一根桩进尺不可太快，以核对地层实际情况与地质报告是否一致，进而确定施工技术参数。开孔下钻速度应缓慢；钻进过程中，不宜反转或提升钻杆。

4.1.5 清底、夯实孔底：沉渣不得大于 100mm，并用不小于 35kg 的重锤将孔底夯实。如孔底出现少量地下水，可投入混凝土干料并将其夯实。

4.1.6 验孔：检查孔深及垂直度，填写隐蔽工程检查验收记录，并由监理签字。

4.1.7 混合料搅拌：如采用自拌，则施工前应按设计要求在试验室进行配合比试验；施工时，按确定的配合比配制混合料，控制好坍落度。

4.1.8 灌注混合料：采用导管泵送，桩顶标高宜高出设计桩顶标高不少于 0.5m。

4.1.9 振捣密实：边灌注边用插入式振捣器振捣密实。

4.1.10 成桩验收：检查桩位、桩垂直度、桩长等，填写 CFG 桩施工记录。

4.2 长螺旋钻孔中心压灌成桩操作工艺

4.2.1 工艺流程

定桩位 → 钻机就位 → 钻孔 → 混合料搅拌 → 压灌混合料 → 成桩验收

4.2.2 压灌混合料

1 钻至设计标高后，应先泵入混凝土并停顿 10～20s，再缓慢提升钻杆。提钻速度应根据土层情况确定，且应与混凝土泵送量相匹配，保证管内有一定高度的混凝土。桩身混凝土的泵送压灌应连续进行，当钻机移位时，混凝土泵料斗内的混凝土应连续搅拌，泵送混凝土时，料斗内混凝土的高度不得低于400mm。

2 桩顶标高宜高出设计桩顶标高不少于0.5m。

3 应根据桩径选择混凝土泵，混凝土输送泵管布置宜减少弯道，混凝土泵与钻机的距离不宜超过60m。泵送管宜保持水平，当长距离泵送时，泵管下面应垫实。

4.2.3 其他同本标准的4.1条。

4.3 振动沉管灌注成桩操作工艺

4.3.1 工艺流程

$$\boxed{定桩位} \rightarrow \boxed{钻机就位} \rightarrow \boxed{沉管} \rightarrow \boxed{混合料搅拌} \rightarrow \boxed{投料拔管} \rightarrow \boxed{成桩验收}$$

4.3.2 沉管：启动电机沉管，在沉管过程中每沉1m记录电流一次，并记录土层变化情况。

4.3.3 投料拔管

1 停机后立即向管内投料，直到混合料与进料口齐平。一般土层拔管速度宜为1.2～1.5m/min，如遇淤泥质土，拔管速度应适当减慢。

2 拔管方法根据承载力的要求．可采用分别单打法，即一次拔管：拔管时，先振动5～10s，再开始拔桩管，应边振边拔，每提升0.5m停拔，振5～10s后再拔管0.5m，再振5～10s，如此反复进行直至地面。拔管过程中严禁反插。混凝土施工时的坍落度宜为160～220mm，成桩后桩顶浮浆厚度不宜超过200mm。遇有松散饱和粉土、粉细砂或淤泥质土，当桩距较小时，宜采取隔桩跳打措施。

4.3.4 其他同本标准的4.1条。

5 质量标准

5.0.1 水泥粉煤灰碎石桩主控项目质量检验标准见表13-1。

水泥粉煤灰碎石桩主控项目质量检验标准　　　　表13-1

检查项目	允许偏差或允许值		检查方法
	单位	数值	
复合地基承载力	不小于设计值		静载试验
单桩承载力	不小于设计值		静载试验
桩长	不小于设计值		测桩管长度或用测绳测孔深
桩径	mm	+50 0	用钢尺量
桩身完整性	—		低应变检测
桩身强度	不小于设计要求		查28d试块强度

5.0.2 水泥粉煤灰碎石桩一般项目质量检验标准见表13-2。

水泥粉煤灰碎石桩一般项目质量检验标准　　　　表13-2

桩位	条基边桩轴线	mm	$\leqslant D/4$	全站仪或用钢尺量，D为设计桩径（mm）
	垂直轴线	mm	$\leqslant D/6$	
	其他情况	mm	$\leqslant 2D/5$	

续表

桩顶标高	mm	±200	水准测量，最上部 500mm 劣质桩体不计入
桩垂直度	%	≤1	用经纬仪测桩管
混合料坍落度	mm	160～220	坍落度仪
混合料充盈系数		≥1.0	实际灌注量与理论灌注量的比
褥垫层夯填度		≤0.9	水准测量

6　成品保护

6.1　桩头的保护

6.1.1　为了保证桩顶强度，桩顶的超灌高度不应小于 500mm。

6.1.2　桩体达到一定强度后（一般为桩体施工 3～7d 后），方可开挖。

6.1.3　对弃土和保护土层采用机械、人工联合清运，应避免机械设备超挖，并预留至少 200mm 用人工清除，防止造成桩头断裂和扰动桩间土层。

6.1.4　凿桩头时，用钢钎等工具沿桩周向桩中心逐次剔除多余的桩头直到设计桩顶标高，并把桩头找平。不可用重锤或重物横向击打桩体。

6.1.5　合理安排施工顺序，避免后续施工对已施工桩体造成破坏。

6.2　桩间土的保护

6.2.1　雨后钻机下应铺设方木，避免扰动地基土。

6.2.2　设计桩顶标高以上应预留 50～100mm 厚土层，待验槽合格后，方可由人工开挖至设计桩顶标高。

6.3　承载力的检验

检验宜在施工结束 28d 后进行，其桩身强度应满足试验荷载；复合地基静载荷试验的数量和单桩静载荷试验的数量不应少于总桩数的 1%，且每个单体工程的复合地基静载荷试验的试验数量不应少于 3 点。采用低应变动力试验检测桩身完整性，检查数量不低于总桩数的 10%。

7　注意事项

7.1　应注意的质量问题

7.1.1　泵压成桩工艺应控制提钻速度，选择合适的施工顺序，根据土层情况调整施工工艺。

7.1.2　应严格控制活瓣打开的宽度或提钻速度，防止混合料下落不充分使土与桩体材料混合，导致桩身掺土等缺陷。

7.1.3　长螺旋钻机钻进过程中，当遇到卡钻、钻机摇晃、偏斜或发生异常声响时，应立即停钻，查明原因，采取相应措施后方可作业。

7.2 应注意的安全问题

7.2.1 应做好孔口防护、防止人或异物坠入。

7.2.2 械设备的运转部位应有安全防护装置，电气设备安装操作应严格执行国家现行标准《施工现场临时用电安全技术规范》JGJ 46 的规定。

7.2.3 钻杆上的土应及时清理干净，防止坠下伤人。

7.2.4 严格执行安全操作规程，安全员负责安全教育和检查，有权制止不符合要求的操作。

7.2.5 机械设备运行时，特别是在制桩过程中，操作人员必须坚守岗位，夜间作业应有充分照明，登高作业要系安全带。

7.2.6 当气温高于30℃时，要在输送泵管上覆盖隔热材料，每隔一段时间洒水降温。

7.3 应注意的绿色施工问题

7.3.1 防止水土流失及污染，做好临时流水槽进行导流，修建一些有足够泄水断面的临时排水渠道，并与永久性排水设施相连接，且不引起淤积和冲刷。

7.3.2 对施工时产生的废水要及时导流至监理允许流入的地点，严防施工废水流入农田、耕地、饮用水源、灌溉渠道，以充分保护水资源，并防止废水对沿线环境的污染。

7.3.3 采取措施，以防止噪声扰民、废气污染。

7.3.4 施工期间，应随时保持现场整洁，施工装备和材料、设备应妥善存放和储存，废料、垃圾和不再需要的临时设施应从现场清除、拆除并运走。竣工交验后，也要将装备、剩余材料、垃圾和各种临时设施清理，以保持整个现场及工程整洁。

8 质量记录

8.0.1 水泥、粉煤灰、砂、石子、外加剂等出厂合格证、质量检验报告及进场复验报告。

8.0.2 混合料配合比通知单。

8.0.3 测量放线记录。

8.0.4 CFG桩施工记录。

8.0.5 桩身质量检测报告。

8.0.6 地基承载力检测报告。

8.0.7 水泥粉煤灰碎石桩复合地基工程检验批质量验收记录。

8.0.8 其他技术文件。

第14章　夯实水泥土桩

本工艺标准适用于处理地下水位以上的粉土、黏性土、素填土和杂填土等地基，处理深度不宜大于 15m。对于重要工程或缺乏经验的地区，施工前应按设计要求选择有条件有代表性的地段进行试验性施工。

1　引用文件

《建筑工程施工质量验收统一标准》GB 50300—2013；

《建筑地基工程施工质量验收标准》GB 50202—2018；

《建筑地基基础工程施工规范》GB 51004—2015；

《复合地基技术规范》GB/T 50783—2012；

《建筑地基处理技术规范》JGJ 79—2012。

2　术语

2.0.1　夯实水泥土桩：是用人工或机械成孔，选用土与水泥按一定配比，在孔外充分拌和均匀制成水泥土，分层向孔内回填并强力夯实，制成均匀的水泥土桩。

2.0.2　夯填度：指夯实后的褥垫层厚度与虚体厚度的比值。

3　施工准备

3.1　材料及机具

3.1.1　土料：土料宜选用黏性土、粉土、粉细砂或渣土，土料中有机质含量不得超过5％，且不得含有冻土或膨胀土，使用时应过 10～20mm 筛。

3.1.2　水泥：等级符合设计要求，宜用普通硅酸盐水泥和矿渣硅酸盐水泥。

3.1.3　混合料：混合料的配合比应根据工程要求、土料性质、施工工艺及采用的水泥品种、强度等级，由配合比试验确定，水泥与土的体积比宜取 1∶5～1∶8。土料与水泥应采用机拌，且拌和均匀，水泥用量不得少于按配比试验确定的重量。混合料含水量应满足最优含水量要求，允许偏差为±2％。

3.1.4　垫层材料：可采用粗砂、中砂或碎石等，垫层材料最大粒径不宜大于 20mm，褥垫层的夯填度不应大于 0.9。

3.1.5　洛阳铲、长螺旋钻机、夯机、搅拌机、专用量具、机动翻斗车或手推车、铁锹。

3.2　作业条件

3.2.1　岩土工程勘察报告，基础施工图纸，施工组织设计齐全。

3.2.2　明确场地工程地质及水文地质资料，查明土层的厚度和组成、土的含水量、有机质含量和地下水水位埋深及水的腐蚀性等。

3.2.3　已进行成孔，夯填工艺试验，确定有关的施工工艺参数（分层填料厚度，夯击次数和夯实后的干密度，打桩次序）。

3.2.4　施工机具应由专人负责使用和维护，操作者须经培训后，持有效的合格证书，主要作业人员已经过安全培训，并接受了施工技术交底（作业指导书）。

3.2.5 建筑场地地面上，地下及高空所有障碍物清除完毕，现场符合"三通一平"的施工条件。

3.2.6 桩顶设计标高以上预留覆盖土层厚度不宜小于0.3m。

4 操作工艺

4.1 工艺流程

桩位测放 → 钻机就位 → 钻进成孔 → 清理验孔 → 孔底夯实 → 混合料搅拌 →

夯填成桩 → 基坑开挖 → 桩头处理 → 褥垫层铺设

4.2 桩位测放

利用全站仪按照基础平面图测设轴线及桩位，将坐标一次性引至施工现场。桩位定位方法现场宜采用灌白灰点并插木质短棍表示，木质短棍入土深度不少于250mm。现场桩点位置经甲方和监理验收后方可进行下一道工序。

4.3 钻机就位

4.3.1 现场放线、抄平验收后，移动钻机至桩位，完成钻机就位。

4.3.2 钻机就位时，必须确保机身平稳，确保施工中不发生倾斜、位移。

4.3.3 使用双侧吊垂球的方法校正调整钻杆或夯锤垂直度，确保成孔垂直度容许偏差不大于1.5%。

4.4 钻进成孔

4.4.1 夯实水泥土桩的施工，应按设计要求选择成桩工艺，挤土成孔可选用沉管、冲击等方法，排土成孔可选用洛阳铲、长螺旋钻等方法。

4.4.2 钻孔开始向下移动钻杆至钻头触及地面时，启动马达钻进。一般应先慢后快，这样既能减少钻杆摇晃，又容易检查钻孔的偏差，以便及时纠正。

4.4.3 成孔应根据地层情况，合理选择和调整钻进参数，控制进尺速度。

4.4.4 钻进的深度取决于设计桩长，当钻头到达设计桩长预定标高时，于动力头底面停留位置相应的钻机塔身处作醒目标记，作为施工时控制桩长的依据。

4.4.5 在成孔过程中，如发现钻杆摇晃或难钻时，应放慢进尺。

4.5 清孔验孔

4.5.1 检查成孔垂直度、检查孔壁有无缩颈等现象。

4.5.2 用测绳测量孔深、孔径，成孔深度、孔径应符合设计要求。

4.5.3 钻出的土应及时清运走，不能及时运出的，要保证堆土距孔口0.5m以外。

4.5.4 钻至设计孔深时，由质检员进行终孔验收，检验孔深是否满足设计要求，桩尖是否进入持力层设计的长度。

4.5.5 待成孔检查合格后，填好成孔施工记录，并移至下一桩位成孔。

4.6　孔底夯实

钻孔至设计深度后，采用夯机夯实，夯击次数可现场试验确定。判定标准为听到"砰砰"的清脆声为准。

4.7　混合料搅拌

土料中有机质含量不得超过 5%，不得含有冻土和膨胀土，使用时应过 10～20mm 筛，混合料含水量应满足土料的最优含水量，其允许偏差不得大于 ±2%，土料和水泥应拌和均匀，水泥用量不得少于按配比试验确定的重量。

现场用机械搅拌时，搅拌时间不应少于 1min，混合料搅拌后应在 2h 内用于成桩。

4.8　夯填成桩

4.8.1　夯填桩孔时，宜选用机械夯实。

4.8.2　填料的频率与落锤的频率应协调一致，并应均匀填料，分段夯实时，夯锤的落距和填料厚度应根据现场试验确定。桩体的平均压实系数不应小于 0.97，压实系数最小值不应低于 0.93。

4.8.3　当夯至桩顶标高时，多填 300～500mm 作为保护桩头，之后再填素土夯至地表，确保桩头质量。

4.9　基坑开挖

4.9.1　采用人工配合机械的方法清运预留的保护土层，不可对设计桩顶标高以下的桩体造成损害；

4.9.2　采用人工配合机械的方法清运预留的保护土层，不可扰动桩间土；

4.9.3　采用人工配合机械的方法清运预留的保护土层，不可破坏工作面的未施工的桩位。

4.10　桩头处理

4.10.1　找出桩顶标高位置，在同一水平面按同一角度对称放置 2 个或 4 个钢钎，用大锤同时击打，将桩头截断。

4.10.2　桩头截断后，用钢钎、手锤将桩顶从四周向中间修平至桩顶设计标高。

4.10.3　如果在基坑开挖或剔除桩头时造成桩体断至桩顶设计标高以下，则须用 M10 水泥砂浆补齐。

4.11　褥垫层铺设

虚铺完成后采用静力或动力压实至设计厚度，对较干的砂石材料，虚铺后可适当洒水再行碾压或夯实。夯填度不得大于 0.9。

5　质量标准

5.0.1　夯实水泥土桩主控项目质量检验标准见表 14-1。

夯实水泥土桩主控项目质量检验标准 表 14-1

检查项目	允许偏差或允许值		检查方法
	单位	数值	
复合地基承载力	符合设计要求		静载试验
桩体填料平均压实系数	≥0.97		环刀法
桩长	不小于设计值		测绳测孔深度
桩身强度	不小于设计要求		28 天试块强度

5.0.2 夯实水泥土桩一般项目质量检验标准见表 14-2。

夯实水泥土桩一般项目质量检验标准 表 14-2

检查项目		允许偏差或允许值		检查方法
		单位	数值	
土料有机质含量		≤5%		灼烧减量法
含水量		最优含水量±2%		烘干法
土料粒径		mm	≤20	筛析法
水泥质量		符合设计要求		查产品质量合格证书或抽样送检
桩位	条基边线沿轴线	mm	≤D/4	全站仪或钢尺量
	垂直轴线	mm	≤D/6	
	其他情况	mm	≤2D/5	
桩径		mm	0~50	用钢尺量
桩顶标高		mm	±200	水准测量,最上部 500mm 劣质桩体不计入
桩孔垂直度		≤1%		用经纬仪测桩管
褥垫层夯填度		≤0.9		水准测量

6 成品保护

6.0.1 已施工完的夯实水泥土桩,避免铲车等大型车辆上去碾压,以免造成断桩,同时也易造成桩间土的扰动。清土时采用人工清除,手推车清运,不可用铲车清运。

6.0.2 施工顺序的选择应考虑对成品的保护,避免机械行走时碾压成品桩或桩孔,桩顶应留 100~200mm 厚保护桩长,垫层施工时应将多余桩体凿除。

6.0.3 冬期施工时,对已施工完的夯实水泥土桩及桩间土要用草帘或棉被盖好,避免受冻。

6.0.4 雨季防止雨水流入孔内,施工面不宜过大,按段逐片分项施工,重点做好材料防雨工作,设引水沟集水井。

7 注意事项

7.1 应注意的质量问题

7.1.1 填料时一定要分层填,分层夯,确保桩体密实。严禁用手推车或小翻斗车直接往孔内倒料。

7.1.2 雨期施工时,对已成孔未填料前,要及时覆盖,避免雨水灌入孔内造成坍塌。

7.1.3 桩顶夯填高度应大于设计桩顶标高 300mm，垫层施工时应将多余桩体凿除，桩顶面应水平。

7.1.4 施工过程中，应有专人监测成孔及回填夯实的质量，并做好施工记录。如发现地基土质与勘察资料不符时，应查明情况，采取有效处理措施。

7.1.5 处理桩头时，严禁用钢钎向斜下方向击打，或用一个钢钎单向击打桩身，或虽双向击打但不同时，以致桩头承受一定的弯矩，造成桩身断裂。

7.2　应注意的安全问题

7.2.1 钻机周围 5m 以内应无高压线路，作业区应有明显标志或围挡，严禁闲人入内。

7.2.2 卷扬机钢丝绳应经常处于润滑状态，防止干摩擦。

7.2.3 电缆尽量架空设置，钻机行走时一定要有专人提起电缆同行；不能架起的绝缘电缆通过道路时应采取保护措施，以免机械车辆压坏电缆，发生事故。

7.2.4 钻机启动前应将操作杆放在空挡位置，启动后应空档运转试验，检查仪表、制动等各项工作正常，方可作业。

7.2.5 在桩架上装拆维修机件进行高空作业时，必须系安全带。

7.2.6 已成的孔尚未填夯灰土前，应加盖板，以免人员或物件掉入孔内。

7.2.7 若遇机架晃动、移动、偏斜或钻头有节奏声响时，应立即停止施工，经处理后方可继续施工。

7.2.8 钻机安装前应详细检查各部件，安装后钻杆中心线偏斜应小于全长的 1%，10m以上的钻杆不得在地面上一次接好吊起安装。

7.2.9 遇有大雨、雪、雾和 6 级以上大风等恶劣天气时应停止作业。

7.3　应注意的绿色施工问题

7.3.1 水泥和其他易飞扬的细颗粒散体材料应在库内存放或严密遮盖。

7.3.2 运输易飞扬的颗粒散体材料或渣土时，必须封闭、包扎、覆盖，不得沿途泄露、遗撒，卸运时应采取有效措施，以防扬尘。

7.3.3 施工现场制定洒水降尘措施，配备洒水器具，指定专人负责现场洒水降尘和及时清理浮土。

7.3.4 夜间施工时，宜将钻机安排在远离居民区的一面施工，最大限度地减少扰民。

8　质量记录

8.0.1 夯实水泥土桩施工记录。

8.0.2 水泥出厂合格证及进场复验记录。

8.0.3 水泥土混合料配合比和检验记录。

8.0.4 地基承载力检测报告。

8.0.5 夯实水泥土桩桩体质量检测报告。

8.0.6 夯实水泥土桩地基工程检验批质量验收记录。

8.0.7 夯实水泥土桩地基工程分项质量验收记录。

8.0.8 其他技术文件。

第2篇 基 础

第15章 砖砌体基础

本工艺标准适用于工业与民用建筑中砖基础砌筑工程，且砌体施工质量控制等级为 B 级及其以上。

1 引用标准

《建筑工程施工质量验收统一标准》GB 50300—2013；
《建筑地基工程施工质量验收标准》GB 50202—2018；
《建筑地基基础工程施工规范》GB 51004—2015；
《砌体结构工程施工规范》GB 50924—2014；
《砌体结构工程施工质量验收规范》GB 50203—2011。

2 术语（略）

3 施工准备

3.1 作业条件

3.1.1 砖砌体基础工程施工前，应编写施工方案，并按方案进行技术交底。

3.1.2 基槽：混凝土或灰土垫层均已完成，并办理好隐检手续。

3.1.3 已弹出基础轴线及墙身线，立好皮数杆，皮数杆的间距不宜大于 15m，转角处均应设立。

3.1.4 砂浆配合比已经由试验室试配确定，现场准备好所用材料和砂浆试模（6 块一组）。

3.1.5 框架及剪力墙的混凝土基础已施工，需作填充处的垫层或地梁已浇完毕。

3.1.6 砖基础砌筑前必须用钢尺复核放线尺寸，复查无误或在允许偏差范围内方可砌筑，并办理验槽手续。

3.2 材料及机具

3.2.1 砖：品种、强度等级必须符合设计要求，并应规格一致，有出厂合格证和复试报告。

3.2.2 水泥：宜选用 32.5 级普通硅酸盐水泥或矿渣硅酸盐水泥，有出厂合格证和复试报告方可使用。水泥出厂日期超过 3 个月、快硬硅酸盐水泥超过 1 个月时，应复查试验确定其强度等级。不同品种的水泥不得混合使用。

3.2.3　砂：宜选用中砂，使用前过 5mm 孔径的筛，并不得含有草根等有害杂物。配制水泥砂浆时，砂的含泥量不应超过 5%。

3.2.4　水：应采用自来水或不含有害物质的洁净水。

3.2.5　其他材料：拉结筋、预埋件、防水粉等应符合设计要求。

3.2.6　砖砌体工程使用的预拌砂浆应符合设计要求及国家现行标准《预拌砂浆》GB/T 25181 和《预拌砂浆应用技术规程》JGJ/T 223 的规定。

3.2.7　机具：砂浆搅拌机、台秤、瓦刀、大铲、托线板、灰槽、线坠、钢卷尺、八字靠尺板、水平尺、皮数杆、小白线、砖夹子、扫帚、5mm 孔径筛子、铁锹、运灰车、运砖车。

4　操作工艺

4.1　工艺流程

砖浇水 → 基层找平 → 定组砌方法 → 排砖撂底 → 砂浆搅拌 → 砌筑 → 试验 → 抹防潮层

4.2　砖浇水

常温施工时，黏土砖应在砌筑前 1～2 天浇水湿润，一般以水浸入砖四个面各 15～20mm 为宜；冬期施工可适当增加砂浆稠度，不再浇水；雨期施工不得用含水率达到饱和状态的砖。

4.3　基层找平

根据皮数杆最下面一层砖的标高，拉线检查基础垫层表面标高，如第一层砖的水平灰缝大于 20mm 时，应用细石混凝土找平，不得用砂浆或砍砖找平，更不允许用两侧塞砖，中间补心的方法。

4.4　定组砌方法

4.4.1　一般采用满丁满条排砖法，竖缝要错开，里外应咬槎。

4.4.2　砌筑采用"三一"砌砖法（即一铲灰、一块砖、一挤揉），严禁用水冲砂浆灌缝的方法。

4.5　排砖撂底

4.5.1　基础大放脚的撂底尺寸及收退方法必须符合设计要求。如是一皮一收，里外均应砌丁砖；如是两皮一收，第一皮砌条砖，第二皮砌丁砖。

4.5.2　大放脚的转角处，应按规定放七分头，其数量为一砖厚墙放两块，一砖半厚墙放三块，依此类推。

4.6 砂浆搅拌应采用预拌砂浆，如现场搅拌时应满足：

4.6.1 砂浆应采用重量比并应严格计量，其精度为：水泥±2％，砂±5％，水±2％。

4.6.2 砂浆应采用机械搅拌，投料顺序应为砂→水泥→水，搅拌时间自投料完毕算起，不得少于 2min。

4.6.3 砂浆应随拌随用，一般水泥砂浆应在拌成后 3h 内用完；当施工环境温度超过 30℃时，应在 2h 内用完；不得使用过夜砂浆。

4.7 砌筑

4.7.1 砖基础砌筑前，基层表面应清扫干净，洒水湿润。如遇高低错台基础，应从最低处往上砌筑，并经常拉线检查，保持砌体平直通顺。当设计无具体要求时，高处向低处搭接长度不应小于基础底的高差，搭接长度范围内下层基础应扩大砌筑。

4.7.2 砌基础墙应对照皮数杆先砌转角及内外墙交接处部分砖，随砌随靠平吊直，并应挂线控制水平度，每次砌筑高度不应超过 5 皮砖，检查无误后，在其间拉线砌中间部分。无论是 240 墙还是 370 墙均应双面挂线。

4.7.3 基础大放脚砌至墙身时，应拉线检查轴线及边线，确保基础墙身位置准确；当砖层及标高出现高低差时，应以水平灰缝逐层调整，使墙体的层数与皮数杆相一致。

4.7.4 内外墙基础应同时砌筑，如不能同时砌筑时，应留置斜槎，斜槎的长度不应小于高度的 2/3。

4.7.5 基础墙上承托靠墙管沟盖板的挑砖及其上一层压砖，均应用丁砖砌筑；竖缝砂浆要严实饱满，挑出砖层面标高必须符合设计要求。

4.7.6 基础墙上的预留孔洞、埋件及接槎的拉结筋，均应按设计标高、位置或会审变更要求留置准确，避免事后凿墙打洞，影响墙体结构受力性能。

4.7.7 管沟和预留洞口的过梁，其标高、尺寸必须安装准确，坐浆严实，如坐浆厚度超过 20mm 时，采用细石混凝土找平。

4.7.8 凡设有构造柱的工程，在砌砖前，根据设计图纸弹出构造柱位置线，并把构造柱插筋处理顺直。与构造柱连结处砌成马牙槎，马牙槎应先退后进，每个马牙槎沿高度方向的尺寸不宜超过五皮砖，拉结筋按设计要求设置，无要求时，一般沿墙高 500mm 设置水平拉结筋，每 120mm 墙厚放置 1 根 $\phi6$ 拉结钢筋，240mm 厚墙应放置 2 根 $\phi6$ 拉结钢筋，每边伸入墙内不应小于 600mm（非抗震区）、1000mm（抗震区）。

4.8 试验

砂浆应按规定做稠度试验和强度试块，砂浆试样在搅拌机出料口或在湿拌砂浆的储存容器出料口随机取样制作，每组试样应在同一搅拌盘砂浆中制作。同一搅拌盘内砂浆不得制作一组以上的砂浆试块。湿拌砂浆稠度应在进场时取样检验。

每一检验批且不超过 250m³ 砌体中，每台搅拌机同一类型及强度等级砂浆应至少检验一次，如强度等级、配合比或原材料有变化时，还应制作试块。

4.9 抹防潮层

4.9.1 将墙顶活动砖重新砌好，清扫干净，浇水湿润，随即抹防水砂浆防潮层，设计无规定时，一般厚度为 15～20mm 厚 1∶2.5 水泥砂浆，加防水剂铺设，防水粉掺量为水泥重量的 3％～5％。

4.9.2　当室内地面垫层为不透水层时（如混凝土），通常在 −0.06m 标高处处设置。而且至少高于室外地坪 150mm，以防雨水溅湿墙身。

4.9.3　当室内地面垫层为透水层（如碎石，炉渣等）时，通常设置在 ＋0.06m 标高处。

4.9.4　当两相邻房间之间室内地面有高差时，应在墙身内设置高低两道水平防潮层，并在靠土壤一层设置垂直防潮层。

5　质量标准

5.1　主控项目

5.1.1　砖和砂浆的强度等级必须符合设计要求。

5.1.2　砌体灰缝砂浆应密实饱满，砖墙水平灰缝的砂浆饱满度不得低于 80％；砖柱水平灰缝和竖向灰缝饱满度不得低于 90％。

5.1.3　砖砌体的转角处和交接处应同时砌筑，严禁无可靠措施的内外墙分砌施工。在抗震设防烈度为 8 度及 8 度以上地区，对不能同时砌筑而又必须留置的临时间断处应砌成斜槎，普通砖砌体斜槎水平投影长度不应小于高度的 2/3，斜槎高度不得超过一步脚手架的高度。

5.1.4　非抗震设防及抗震设防裂度为 6 度、7 度地区的临时间断处，当不能留斜槎时，除转角处外，可留直槎，但直槎必须做成凸槎。且应加设拉结筋，拉结筋的数量为每 120mm 墙厚放置 1Φ6 拉结钢筋（120mm 厚墙放置 2Φ6 拉结钢筋），间距沿墙高不应超过 500mm，且竖向间距偏差不应超过 100mm；埋入长度从留槎处算起每边均不应小于 500mm，对抗震设防裂度 6 度、7 度的地区，不应小于 1000mm；末端应有 90°弯钩。

5.2　一般项目

5.2.1　砖砌体组砌方法应正确，内外搭砌，上、下错缝。混水墙中不得有长度大于 300mm 的通缝，长度 200～300mm 的通缝每间不超过 3 处，且不得位于同一面墙体上。砖柱不得采用包心砌法。

5.2.2　砖砌体的灰缝应横平竖直，厚薄均匀。水平灰缝厚度及竖向灰缝宽度宜为 10mm，但不应小于 8mm，也不应大于 12mm。

5.2.3　砖砌体尺寸、位置的允许偏差应符合表 15-1 的规定。

砖砌体尺寸、位置的允许偏差（mm）及检验方法　　　　　表 15-1

序号	项目	允许偏差	检验方法
1	轴线位移	10	用经纬仪和尺或用其他测量仪器检查
2	基础顶面标高	±15	用水准仪和尺检查
3	垂直度	5	用 2m 托线板检查
4	表面平整度	8	用 2m 靠尺和楔形塞尺检查
5	水平灰缝平直度	10	拉 5m 线和尺检查

6　成品保护

6.0.1　基础墙砌筑完成后，在有关人员复查前，应加强对轴线桩、水平桩的保护。

6.0.2　基础墙体两侧回填土方应同时进行，否则要在未回填土方的一侧设支撑加固。管沟墙内侧应加垫板支撑牢固，防止回填土将墙挤歪挤裂。

6.0.3　外露和预埋在基础里的各种管线及其他预埋件，应注意保护，不得碰撞损坏。

7　注意事项

7.1　应注意的质量问题

7.1.1　散装水泥和砂要逐车过秤，计量准确；砂浆搅拌应均匀，搅拌时间达到规定的要求。

7.1.2　抄平放线时要认真细致，承托皮数杆的木桩应防止碰撞松动；皮数杆竖立完成后，应进行水平标高的复验。

7.1.3　基础大放角两边收退要均匀，砌至基础墙身时必须拉准线校正墙轴线和边线，砌筑时保持墙身的垂直度。

7.1.4　盘角时灰缝要掌握均匀，每皮砖应与皮数杆对平；通准线时防止一层线松，一层线紧；砌体留槎处衔接不能高低不平。

7.1.5　埋入砌体中的拉结筋应按皮数杆标准放置正确、平直，其外露部分在施工中不得任意弯折。

7.1.6　湿拌砂浆宜采用专用搅拌车运输，除直接使用时，应储存在不吸水的专用容器内，并根据不同季节采取遮阳、保温和防雨、雪措施。

7.2　应注意的安全问题

7.2.1　停放机械场地的土质要坚实，雨期施工应有排水措施，防止地面下沉造成机械倾斜。

7.2.2　施工前必须检查操作环境是否符合安全要求，道路是否畅通，机具是否完好牢固，安全设施是否齐全，经检查符合要求后方可施工。

7.2.3　砍砖应面向内侧，防止碎砖跳出伤人。

7.2.4　禁止用手抛砖，人工传递时应稳递稳接。

7.2.5　基坑四周应设防护栏杆，防止人员坠落。当基础边有交通道路时应设红灯示警。

7.2.6　槽壁两侧1m内不得堆放土方和材料。当土方有塌方迹象时应及时加固。砌筑深基础时应有上下人坡道，不得站在墙上砌筑，防止踏空跌落。

7.3　应注意的绿色施工问题

7.3.1　施工现场应制定砌体结构工程施工的环境保护措施，并应选择清洁环保的作业方式，减少对周边地区的环境影响。

7.3.2　施工现场拌制砂浆及混凝土时，搅拌机应有防风、隔声的封闭围护设施，并宜安装除尘装置，其噪声限值应符合国家有关规定。

7.3.3　水泥、粉煤灰、外加剂等应存放在防潮且不易扬尘的专用库房。露天堆放的砂、石、水泥、粉状外加剂、石灰等材料，应进行覆盖。

7.3.4　对施工现场道路、材料堆场地面宜进行硬化，并应经常洒水清扫，场地应清洁。

7.3.5　运输车辆应无遗撒，驶出工地前宜清洗车轮。

7.3.6　在砂浆搅拌、运输、使用过程中，遗漏的砂浆应回收处理。砂浆搅拌及清洗机械所产生的污水，应经过沉淀池沉淀后排放。

7.3.7　施工过程中，应采取建筑垃圾减量化措施。作业区域垃圾应当天清理完毕，施工过程中产生的建筑垃圾，应进行分类处理。

7.3.8　不可循环使用的建筑垃圾，应收集到现场封闭式垃圾站，并应清运至有关部门指定的地点。可循环使用的建筑垃圾，应回收再利用。

7.3.9　机械、车辆检修和更换油品时，应防止油品洒漏在地面或渗入土壤。废油应回收，不得将废油直接排入下水管道。

7.3.10　切割作业区域的机械应进行封闭围护，减少扬尘和噪声排放。

8　质量记录

8.0.1　砌体施工质量控制等级确认记录。

8.0.2　砖、水泥、钢筋、砂、预拌砂浆等材料合格证书、产品性能检测报告。

8.0.3　有机塑化剂砌体强度型式检验报告。

8.0.4　砂浆配合比通知单。

8.0.5　砂浆试件抗压强度试验报告。

8.0.6　隐蔽工程检查验收记录。

8.0.7　施工记录。

8.0.8　砖砌体工程检验批质量验收记录。

8.0.9　砖砌体分项工程质量验收记录。

8.0.10　其他技术文件。

第 16 章　毛 石 基 础

本工艺标准适用于工业与民用建筑工程采用毛石基础砌体工程。

1　引用标准

《建筑工程施工质量验收统一标准》GB 50300—2013；
《建筑地基工程施工质量验收标准》GB 50202—2018；
《建筑地基基础工程施工规范》GB 51004—2015；

《砌体结构工程施工规范》GB 50924—2014；

《砌体结构工程施工质量验收规范》GB 50203—2011。

2 术语（略）

3 施工准备

3.1 作业条件

3.1.1 毛石基础施工前应编写施工方案，并进行技术交底。

3.1.2 基槽：土方已完成，并办完隐检手续。

3.1.3 已放好基础轴线及边线；因毛石基础不能用皮数杆，根据基础截面形状，做台阶形砌筑挂线架（一般间距15～20m，转角处均应设立），以此作为砌石依据，并办完预检手续。

3.1.4 基槽应清理干净，表面不能有浮土。

3.1.5 砂浆配合比已经试验室确定，现场准备好砂浆试模（6块为一组）。

3.2 材料及机具

3.2.1 石料：其品种、规格、颜色必须符合设计要求和有关施工规范的规定。毛石应呈块状，其中部厚度不宜小于150mm。风化石严禁使用。

3.2.2 砂：宜用粗、中砂。配制小于M5的砂浆，砂的含泥量不得超过10％；等于或大于M5的砂浆，砂的含泥量不得超过5％，不得含有草根等杂物。

3.2.3 水泥：宜选用32.5级的普通硅酸盐水泥或矿渣硅酸盐水泥，有出厂证明及复试单。如出厂日期超过3个月，应按复验结果使用。

3.2.4 水：应采用自来水或不含有害物质的洁净水。

3.2.5 其他材料：拉结筋，预埋件应做好防腐处理。

3.2.6 机具：应备有砂浆搅拌机、台秤、筛子、铁锨、小手锤、大铲、托线板、线坠、水平尺、钢卷尺、小白线、半截大桶、扫帚、工具袋、手推车、挂线架。

4 操作工艺

4.1 工艺流程

砌筑方法 → 砂浆拌制 → 毛石砌筑

4.2 组砌方法

砌筑前，应对弹好的线进行复查，位置、尺寸应符合设计要求，根据进场石料的规格、尺寸进行试排、摆底，确定组砌方法。

4.3 砂浆拌制

4.3.1 砂浆配合比应用重量比，水泥计量精度在±2%以内，砂，掺合料为±3%以内。

4.3.2 宜用机械搅拌，投料顺序为砂—水泥—掺合料—水，搅拌时间应符合下列规定：水泥砂浆和水泥混合砂浆不少于 2min；水泥粉煤灰砂浆和掺用外加剂的砂浆不少于 3min；掺用有机塑化剂的砂浆应为 3~5min。

4.3.3 砂浆应随拌随用，一般水泥砂浆和水泥混合砂浆须在拌成后 3h 和 4h 内使用完，不允许使用过夜砂浆。当施工气温最高超过 30℃时，应分别在拌成后 2h 和 3h 内使用完毕。

4.3.4 基础按一个检验批，且不超过 250m³ 砌体的各种砂浆，每台搅拌机至少做一组试块（6 块一组），如砂浆强度等级或配合比变更时，还应制作试块。

4.4 毛石砌筑

4.4.1 毛石基础第一皮石块及转角处、交接处、洞口处应采用较大的平毛石坐浆，并将大面朝下，最上面一皮宜选较大的毛石砌筑。阶梯形毛石基础的上部阶梯的石块应至少压砌下级阶梯的 1/2，相邻阶梯的毛石应相互错缝搭砌。

4.4.2 毛石基础水平灰缝厚度不宜大于 40mm，大石缝中，应先向缝内填灌砂浆并捣实，再用小石子、石片塞入其中，轻轻敲实。砌筑时，上下皮石间一定要用拉结石，把内外层石块拉接成整体，拉结石应均匀分布，相互错开毛石基础同皮宜每隔 2m 设置一块。当基础宽度不大于 400mm 时，拉结石长度应与基础宽度相同；当基础宽度大于 400mm 时，可用两块拉结石内外搭接，搭接长度不应小于 150mm，且其中一块的长度不应小于基础宽度的 2/3。

4.4.3 基础石墙长度超过设计规定时，应按设计要求设置变形缝，分段砌筑时，其砌筑高低差不得超过 1.2m。

4.4.4 毛石基础砌筑时应拉垂线和水平线。

4.4.5 毛石基础的转角处和交接处要同时砌筑，如不能同时砌筑，则应留成大踏步磋。当大放脚收台结束，需砌正墙时，该台阶面要用水泥砂浆和小石块大致找平，便于上面正墙的砌筑。

4.4.6 基础石墙每砌 3~4 皮为一个分层高度，每个分层度高应找平一次；外露面的灰缝厚度不得大于 40mm，两个分层高度间分层处的错缝不得小于 80mm。

5 质量标准

5.1 主控项目

5.1.1 石材及砂浆强度等级必须符合设计要求。

抽检数量：同一产地的同类石材抽检不应少于一组。砂浆试块的抽检数量执行规范的有关规定。

检验方法：料石检查产品质量证明书，石材、砂浆检查试块试验报告。

5.1.2 砌体灰缝的砂浆饱满度不应小于 80%。

抽检数量：每检验批抽查不应少于 5 处。

检验方法：观察检查。

5.2 一般项目

5.2.1 石砌体尺寸、位置的允许偏差及检验方法应符合表 16-1 的规定。

石砌体尺寸、位置的允许偏差及检验方法 表 16-1

项次	项目	允许偏差（mm） 毛石砌体基础	检验方法
1	轴线位置	20	用经纬仪和尺检查，或用其他测量仪器检查
2	基础砌体顶面标高	±25	用水准仪和尺检查
3	砌体厚度	+30	用尺检查

5.2.2 石砌体的组砌形式应符合下列规定：

① 内外搭砌，上下错缝，拉结石、丁砌石交错设置；

② 毛石墙拉结石每 $0.7m^2$ 墙面不应少于 1 块。

检验方法：观察检查。

6 成品保护

6.0.1 毛石基础砌筑完后，未经有关人员检查验收，轴线桩、水准桩、砌筑挂线架应加以保护，不得碰坏、拆除。

6.0.2 毛石基础中埋设的构造筋应注意保护，不得随意踩倒弯折。

6.0.3 毛石基础中预留洞应事先留出，禁止事后敲凿。

7 注意事项

7.1 应注意的质量问题

7.1.1 砂浆强度不稳定：材料计量要准确，搅拌时间要达到规定要求。试块的制作、养护、试压要符合规定。

7.1.2 水平灰缝不直：挂线架应立牢固，标高一致，砌筑时小线要拉紧，穿平墙面，砌筑跟线。

7.1.3 毛石质量不符合要求：对进场的毛石品种、规格、颜色验收时要严格把关。不符合要求的拒收、不用。

7.1.4 勾缝粗糙：应认真操作，灰缝深度一致，横竖缝交接平整，表面洁净。

7.1.5 当采用内外搭砌时，不得采用外面侧立石块，中间填心的砌筑方法。

7.2 应注意的安全问题

7.2.1 施工前必须检查操作环境是否符合安全要求，道路是否畅通，机具是否完好牢固，安全设施是否齐全，经检查符合要求后方可施工。

7.2.2 禁止用手抛石，人工传递时应稳递稳接。

7.2.3 基坑四周应设防护栏杆，防止人员坠落。当基础边有交通道路时应设红灯示警。

7.2.4 槽壁两侧 1m 内不得堆放土方和材料。当土方有塌方迹象时应及时加固。砌筑深基础时应有上下人坡道，不得站在墙上砌筑，防止踏空跌落。

7.3　应注意的绿色施工问题

7.3.1 施工现场应制定石砌体结构工程施工的环境保护措施，减少对周边地区的环境影响。

7.3.2 施工现场拌制砂浆及混凝土时，搅拌机应有防风、隔声的封闭围护设施，并宜安装除尘装置，其噪声限值应符合国家有关规定。

7.3.3 水泥、粉煤灰、外加剂等应存放在防潮且不易扬尘的专用库房。露天堆放的砂、石、水泥、粉状外加剂、石灰等材料，应进行覆盖。

7.3.4 对施工现场道路、材料堆场地面宜进行硬化，并应经常洒水清扫，场地应清洁。

7.3.5 运输车辆应无遗撒，驶出工地前宜清洗车轮。

7.3.6 在砂浆搅拌、运输、使用过程中，遗漏的砂浆应回收处理。砂浆搅拌及清洗机械所产生的污水，应经过沉淀池沉淀后排放。

7.3.7 施工过程中，应采取建筑垃圾减量化措施。作业区域垃圾应当天清理完毕，施工过程中产生的建筑垃圾，应进行分类处理。

7.3.8 不可循环使用的建筑垃圾，应收集到现场封闭式垃圾站，并应清运至有关部门指定的地点。可循环使用的建筑垃圾，应回收再利用。

7.3.9 机械、车辆检修和更换油品时，应防止油品洒漏在地面或渗入土壤。废油应回收，不得将废油直接排入下水管道。

7.3.10 切割作业区域的机械应进行封闭围护，减少扬尘和噪声排放。

8　质量记录

8.0.1 材料（毛石、水泥、砂等）出厂合格证及复试报告。

8.0.2 砂浆配合比通知单。

8.0.3 砂浆试块试验报告。

8.0.4 隐检、预检记录。

8.0.5 施工记录。

8.0.6 毛石砌体工程检验批质量验收记录。

8.0.7 毛石砌体工程分项质量验收记录。

8.0.8 其他技术文件。

第 17 章　钢筋混凝土独立柱基础

本工艺标准适用于建筑工程中现浇钢筋混凝土柱、预制钢筋混凝土柱和钢柱混凝土基础施工。

1　引用标准

《建筑工程施工质量验收统一标准》GB 50300—2013；

《建筑地基工程施工质量验收标准》GB 50202—2018；

《建筑地基基础工程施工规范》GB 51004—2015；

《混凝土结构工程施工规范》GB 50666—2011；

《混凝土结构工程施工质量验收规范》GB 50204—2015。

2　术语（略）

3　施工准备

3.1　作业条件

3.1.1　独立柱基础工程施工前应编写施工方案，并进行安全技术交底。

3.1.2　地基验槽合格并办理完地基验槽隐检手续。

3.1.3　办理完基槽验线手续。

3.1.4　按照已制定的降水、排水方案，降排水措施已经落实并保持基底干燥。

3.1.5　所需钢筋、模板已按要求的规格数量备齐，模板、钢筋、混凝土机械已安装就位并经过调试。浇筑混凝土用的脚手架等已搭设完毕。

3.1.6　有混凝土配合比通知单，已准备好试验用的工具和器具。

3.1.7　按照施工方案，做好技术交底、测量放线。

3.2　材料及机具

3.2.1　钢筋：钢筋的级别、规格必须符合设计要求，质量符合现行标准的要求。

3.2.2　模板：可用组合钢模板或木模板。木模所用的木质材质不宜低于三等材，不得采用有脆性、严重扭曲和受潮后容易变形的木材。木模板的厚度一般在 20～30mm。

3.2.3　辅助材料：铁丝（可采用 20 号～22 号铁丝或镀锌铁丝），钉子。

3.2.4　隔离剂：水质隔离剂。

3.2.5　水泥：水泥品种一般采用 42.5 级普通硅酸盐水泥，有出厂合格证、复验报告。

3.2.6　砂子、石子：根据结构尺寸、钢筋间距、混凝土施工工艺、混凝土强度等级的要求确定石子的粒径、砂子细度。砂石质量应符合现行标准。

3.2.7　水：应采用自来水或不含有害物质的洁净水。

3.2.8　外加剂：外加剂的质量及应用技术应符合有关标准和环境保护的规定。

3.2.9　掺合物：粉煤灰等，质量应符合现行规定。

3.2.10　机具设备

1　模板机具：圆锯、手锯、压刨、电钻、钉锤、大锤、水平尺、钢尺等。

2　混凝土施工机具：混凝土搅拌机、皮带输送机及其配套计量设备、混凝土泵、插入式和平板式振捣器、自卸翻斗汽车、散装水泥罐车、铁板、胶皮管、串桶或溜槽、储料斗、水桶、大小平锹、抹子、刮杠、胶皮手套等。

3　钢筋加工和绑扎机具：钢筋调直机、钢筋切断机、钢筋弯曲成型机，钢筋钩子、钢丝刷子、扳子、粉笔、尺子等。

4　操作工艺

4.1　工艺流程

清理和混凝土垫层施工 → 弹线 → 绑扎钢筋 → 相关专业预埋施工 →

支立模板 → 清理 → 混凝土现场搅拌或定好预拌混凝土 → 混凝土浇筑 →

混凝土振捣 → 混凝土养护 → 模板拆除 → 基础顶面结构细部处理和维护

4.2　清理和混凝土垫层施工

地基验槽完成后，清除表层浮土及扰动土，不留积水，立即进行垫层混凝土施工，严禁晾基土并防止地基土被扰动。垫层混凝土必须捣密实，表面平整。

4.3　弹线

在垫层混凝土上准确测设出基础中心和基础轴线。依此，划出基础模板边线和基础底层钢筋位置线。一般是按图纸标明的底层钢筋根数和钢筋间距，主靠近模板边的那根钢筋离模板边为 50mm，并依次弹出钢筋位置线。

4.4　绑扎钢筋

4.4.1　垫层混凝土强度达到 1.2MPa 后，即可开始绑扎钢筋。

4.4.2　按弹出的钢筋位置线，先铺下层钢筋，一般情况下，先铺短向钢筋，再铺长向钢筋。

4.4.3　钢筋绑扎可采用顺扣或八字扣，顺扣应交错变换方向，保证绑好钢筋不位移。必须将钢筋交叉点全部绑扎，不得漏扣。

4.4.4　摆放钢筋保护层用的砂浆垫块或塑料垫块，垫块厚度等于保护层厚度，按 1m 左右间距梅花型布置。垫块不能太稀以防漏筋。

4.4.5　若为双层钢筋时，绑完下层钢筋后接绑上层钢筋。先摆放钢筋马凳或钢筋支架（间距以 1m 左右为宜），在马凳上摆放纵横两个方向的钢筋，并安设计图纸插绑竖向钢筋。上层钢筋的上下顺序及绑扣方法与下层钢筋相同。

4.4.6　钢筋接头：如采用绑扎接头，钢筋的搭接长度及搭接位置应符合现行国家标准《混凝土结构工程施工质量验收规范》GB 50204 的规定，钢筋搭接处应用铁丝在中心及两端绑牢。如采用焊接接头，应按焊接规程规定抽取试样做试验。

4.4.7　当独立基础之上为现浇钢筋混凝土柱时，应将柱伸入基础的插筋绑扎牢固，插入基础深度符合设计要求。柱插筋底部弯钩底部部分必须与底板筋成 45°绑扎，连接点下必须全部绑扎。应在距底板 50mm 处绑扎第一个箍筋（下箍筋），距基础顶 50mm 处绑扎最后一个箍筋（上箍筋），在柱插筋最上部再绑扎一道定位箍筋。上下箍筋及定位箍筋扎入位后，将柱插筋调整到时准确位置，并用井字架（或用方木木架内撑外箍）临时固定，然后绑扎剩余箍筋，保证柱插筋不变形，插筋甩出长度不宜过大，其上端应垂直、不倾斜（图17-1）。

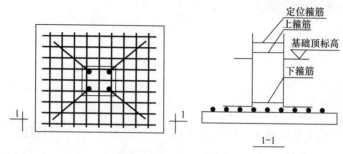

图 17-1　柱基础钢筋

4.4.8 当独立基础之上为钢柱时，在基础钢筋绑扎时应同时做好地脚螺栓的埋设。地脚螺栓的埋深和锚固措施以及上端留置长度按设计要求办理。为保证地脚螺栓位置正确，可将其上端穿过一带孔钢板（孔位即为地脚螺栓位置），位置调后固定在桩模上，并将带孔钢板点焊在钢筋骨架上。

4.4.9 当独立基础之上为预制钢筋混凝土柱时，杯口模板完成后，绑扎杯口钢筋。

4.5　相关专业预埋施工

应与钢筋绑扎协调配合进行。

4.6　支立模板

4.6.1 钢筋绑扎完毕，相关专业预理件安装完毕，并进行工程隐蔽验收后，即可开始支立模板。

4.6.2 模板可采用木模或小钢模、砖砌模等。本工艺标准介绍木模板用方木加固的方法，支模前，模板内侧涂刷隔离剂。

4.6.3 阶梯型基础模板：每一阶的模板由4块侧板拼钉而成，其中两块侧板的尺寸与相应的台阶侧尺寸相等，另两块侧板的长度大出150~200mm，4块侧板用木档拼成方框。上台阶模板有两块侧板的下部板加长，以使上台阶模板搁置在下台阶模板上（图17-2）。

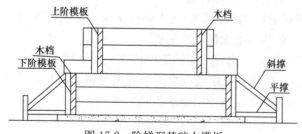

图 17-2　阶梯型基础木模板

支模前，先把截好尺寸的木板加钉木档拼成侧板，在侧板内侧弹出中线，再将各阶的侧板组拼成方框，并校正尺寸及角部方正。支模时，先把下阶模板放在基坑底，使侧板中线与基础中线对准，并用水平尺校正其平整度，再在模板四周钉上木桩，用平撑和斜撑将模板支顶牢固，然后再把上台阶模板搁置在下台阶模板上，两者中线相互对准，并用平撑和斜撑加以钉牢。

4.6.4　杯型基础模板：杯型基础模板安装方法与阶梯型基础模板相似，只是在杯口位置设置杯口芯模。杯口芯模用木板按设计尺寸拼钉而成，即没有上盖，上大下小、锥状四边形木斗，可在杯芯外面包白铁皮。杯芯模的调试应比柱子插入杯口内的设计深度大 30～50mm，杯芯模两侧钉上木轿杠（图 17-3），以便将杯芯模搁置在上阶模板上（对准中线，用木档固定）。

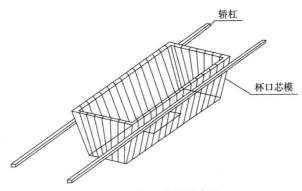

图 17-3　杯口芯模示意图

4.6.5　当独立柱基础为锥形且坡度大于 30°时，斜坡部分支模板，并用铁丝将斜模板与底板钢筋拉紧，防止浇筑混凝土时上浮，此时模板上部应设透气孔及振捣孔。当坡度小于等于 30°可不设斜撑，而采用钢丝网（间距 300mm）防止混凝土下滑。

杯口芯模支立：可利用平置于基坑上的井字木及固定在井字木上的竖向木方，将杯芯模按设计位置固定，并用水平撑支牢于坑壁上（图 17-4）。

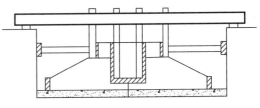

图 17-4　杯形基础木模板构造示意图

4.7　清理

清除模板内的木屑、泥土垃圾及其他杂物，清除钢筋上的油污，木模浇水湿润，堵严板缝及孔洞。

4.8　混凝土现场搅拌或定好预拌混凝土。

4.8.1　混凝土现场搅拌，应在每次浇筑前 1.5h 左右开始。

4.8.2　搅拌前，应现场测试砂石的含水率，并调整混凝土配合比中的材料用量，换算成每盘的材料用量。

4.8.3　搅拌混凝土的投料顺序为：石子→水泥→外加剂粉剂→掺合料→砂子→水（及外加剂液剂）。计量误差为±2％；砂、石料计量误差为±3％。

4.8.4　混凝土的搅拌时间，强制式搅拌机大于 90s（不掺外加剂时），大于 120s（掺外加剂时）；采用自落式搅拌机，搅拌时间在强制式搅拌时间基础上增加 30s。

4.8.5　当采用预拌混凝土时，其性能应符合设计要求。

4.9　混凝土浇筑

4.9.1　混凝土浇筑开始前复核基础轴线、标高、在模板上标好混凝土的浇筑标高。

4.9.2　混凝土浇筑前，垫层表面如干燥，应用水润湿，但不得积水。浇筑现浇钢筋混凝土基础时，应对称下混凝土，防止柱插筋位移和倾斜。

4.9.3　浇筑中混凝土的下料口距离所浇筑混凝土的表面高度不得超过 2m，如自由落下高度超过 2m 时应采取相应措施（如加串筒等）。

4.9.4　浇筑阶梯式独立柱基础，在每一层台阶高度内分层一次连续浇筑完成。分层厚度一般为振捣棒有效作用部分长度的 1.25 倍，最大厚度不超过 500mm。每层应摊铺均匀，振捣密实。每浇完一个台阶应适当停顿，待其下沉。浇筑完成后，铲除台阶外漏部分多余混凝土，并用原浆抹平。

4.9.5　浇筑钢柱混凝基础，必须保证基础顶面标高符合设计要求，一般根据柱脚类型和施工条件采用下面两种方法：

1　一次浇筑法：即将柱脚基础支撑面混凝土一次浇筑到比设计标高低 40～60mm 处，立即用细石混凝土精确找平到设计标高（图 17-5）。

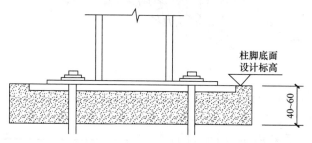

图 17-5　钢柱基础的一次浇筑法

2　二次浇筑法：第一次将混凝土浇筑到比设计高低 40～60mm 处，待校准标高后再浇筑细石混凝土，要求表面平整，标高准确。细石混凝土强度达到设计要求后安放垫板，并精确校准其标高，再将钢柱吊装就位，并校正位置，最后在柱脚钢板下用细石混凝土填塞严密（图 17-6）。

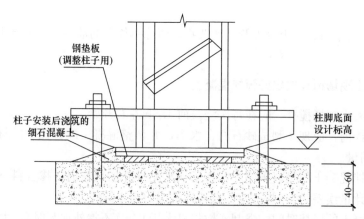

图 17-6　钢柱基础的二次浇筑法

4.9.6　混凝土浇筑应连续进行，间歇时间不得超过 2h，若因故使浇筑间歇时间超过 2h，则应设施工缝，按设计要求及施工质量验收规范的规定处理。浇筑混凝土时，应注意观察模板、螺栓、支撑木、预埋件、预留孔洞等有无位移。当发现有变形或位移时，应立即停止浇筑，及时加固和纠正，再继续进行混凝土浇筑。浇筑杯型基础混凝土时，应特别注意防止杯口芯模板移动，浇筑混凝土时，四侧应对称均匀进行，避免杯口芯模挤向一侧。

4.10 混凝土振捣

4.10.1 用插入式振捣器应快插慢拔，插点应均匀排列，逐点移动，顺序进行，不得遗漏。振捣中，应密切注视混凝土表面浮浆状况，合理掌握每一插点的振捣时间，做到既不欠振，也不过振。振捣棒的移动间距一般不大于振捣棒作用半径的 1.5 倍。振捣上一层混凝土时，应插入下层 50mm。

4.10.2 如采用无底的杯口模板施工，应先将杯底的混凝土振实，然后浇筑杯口四周的混凝土，此时宜采用低流动性混凝土，或适当缩短混凝土的振捣时间，或杯底混凝土浇完后停 0.5~1h，待混凝土沉实后再浇筑杯口四周的混凝土，以防混凝土从杯底溢出。基础浇灌，将杯口底冒出的少量混凝土掏出，使其与杯口模下口齐平。如用封底杯口模板施工，应注意将杯口模压紧，防止杯口模板上浮。

4.11 混凝土养护

混凝土浇筑完成并时行表面搓平后，应在 12h 内加以覆盖和浇水养护，浇水的次数视气温干燥程度以能保持混凝土有足够的湿润状态为宜，养护期一般不少于 7d，养护应设专人负责，防止因养护不善而影响混凝土质量。

4.12 模板拆除

4.12.1 拆除时应保证混凝土棱角（特别是杯口）不因拆模而引起损坏。

4.12.2 杯口芯模，可在基础混凝土初凝后拆除。整体式芯模可用倒链拔出；装配式芯模拆模时，可先抽出活动抽板，再拆除四个角模。阶梯型模板拆除时，先拆除斜撑与平撑，然后拆四侧模，拆除模板进，不得采用大锤或撬棍硬撬。

5 质量标准

5.1 主控项目

5.1.1 钢筋工程

1 钢筋进场时，应按现行国家标准《钢筋混凝土用钢 第 2 部分：热扎带肋钢筋》GB 1499.2 等的规定做力学性能检验。当发现钢筋脆断、焊接性能不良或力学性能显著不正常时，应对钢筋进行化学成分检验或其他专项检验。

2 受力钢筋和绑扎封闭箍筋弯钩的形状、尺寸、弯弧内径应符合现行国家标准《混凝土结构工程施工质量验收规范》GB 50204 规定。

3 钢筋的连接方式应符合设计要求，在施工现场按国家现行标准《钢筋机械连接技术规程》JGJ 107、《钢筋焊接及验收规程》JGJ 18 的规定抽取钢筋接头试件做力学性能检验，其性能必须符合标准规定。

4 钢筋安装时，受力钢筋的品种，级别，规格和数量必须符合设计要求。

5.1.2 模板工程

1 基础模板安装必须位置准确，结构牢固，施工中用的脚手架、踏板等不得支立或依托在模板上。

2　在模板上涂刷隔离剂时，不得沾污钢筋和混凝土接茬处。

3　模板拆除需待混凝土强度达到能保证混凝土棱角完整时方可进行。模板拆除方法应得当，确保不损坏杯口混凝土。

5.1.3　混凝土工程

1　混凝土所使用的水泥、外加剂等原材料的质量必须符合现行在有关规范标准的规定。并按规定方法进行现场抽样检查，确认无误。

2　混凝土应按国家现行标准《普通混凝土配合比设计规程》JGJ 55 的规定，根据混凝土的强度等级、耐久性和工作性等要求进行配合比设计。

3　配制混凝土所用原材料计量必须准确。现场搅拌时，原材料每盘称重的允许偏差，应符合现行国家标准《混凝土结构工程施工质量验收规范》GB 50204 的规定。

4　混凝土运输、浇筑及间歇的全部时间不应超过混凝土的初凝时间，混凝土应连续浇筑，当下层混凝土初凝后浇筑上一层混凝土时，应按施工要求进行处理。

5.2　一般项目

5.2.1　钢筋接头的设置（接头位置、数量、接头间的相互关系）应符合现行国家标准《混凝土结构工程施工质量验收规范》GB 50204 规定。

5.2.2　模板的接缝处不应漏浆；在浇筑混凝土前，木质模板应浇水湿润；但模板内不应有积水，杂物也应清理干净。模板与混凝土的接触面应清理干净并涂刷隔离剂，但不得采用影响结构的隔离剂。

5.2.3　混凝土所使用的粗、细骨料，矿物掺合料，拌合用水的质量必须符合现行有关规范标准的规定。

5.2.4　混凝土浇筑完毕后，应按施工方案采取养护措施，并符合下列规定：

1　应在浇筑完毕后 12h 内对混凝土加以覆盖并保湿养护。

2　混凝土浇水养护的时间不得少于 7d（对采用硅酸盐水泥，普通水泥或矿渣硅酸盐水泥制备的混凝土）或 14d（对掺有缓凝型外加剂的混凝土）。

3　浇水的次数应能保证混凝土处于足够的润湿状态，混凝土的养护用水与拌制用水相同。

5.3　独立柱基础施工允许偏差（表 17-1）

独立柱基础施工允许偏差　　　　　　　　　　　　　　　　　　表 17-1

项目			允许偏差（mm）	检查方法
钢筋加工	受力钢筋长度方向全长的净尺寸		±10	钢尺检查
	箍筋内净尺寸		±5	钢尺检查
钢筋绑扎	钢筋骨架长、宽、高		±5	钢尺检查
	受力钢筋	间距	±10	钢尺量两端中间，各一点取最大值
		排距	±5	
		保护层	±10	钢尺检查
	绑扎箍筋、横向钢筋间距		±20	钢尺量连续三档，取最大值

续表

项目			允许偏差（mm）	检查方法
模板	插筋	中心线位置	5	钢尺检查
		外露长度	+10，0	
	预埋螺栓	中心线位置	2	
		外露长度	+10，0	
	轴线位置		5	
	基础截面内部尺寸		±10	
混凝土	轴线位置		10	钢尺检查
	截面尺寸		+8，−5	
	预埋件中心		10	
	预埋螺栓中心		5	
	表面平整度		8	2m 靠尺和塞尺检查

6　成品保护

6.0.1　在未继续施工上部柱子或吊装上部柱子以前，对施工完毕的独立柱基础应采取适当防护措施，杯口混凝土不得损坏，插筋不得弯曲，地脚螺栓不得损坏。

6.0.2　支模板时，如已涂刷的隔离剂被雨水淋脱落，应及时补刷。

6.0.3　拆除模板时，要轻轻撬动，使模板缓缓脱离混凝土表面，严禁猛砸狠撬使混凝土表面遭到破坏。

6.0.4　拆下的模板及时清理干净，涂刷隔离剂，暂时不用时应遮荫覆盖，防止曝晒。

7　注意事项

7.1　应注意的质量问题

7.1.1　杯形基础施工时，应进行三次弹线，即基础中心线、杯口面中心线、杯口平水线，以防杯基位置不准。具体操作方法如下：

1　基础中心线。模板支好后，根据垫层上基础中心线的位置用两根十字相交的麻线及吊线坠的方法，将其标示到杯芯模板上，以校核杯口位置。

2　杯口面中心线。待杯形基础混凝土浇筑后，在杯口面上弹出杯口中心线，即柱子的中心线（图 17-7），作为柱吊装时临时固定及校正的依据。

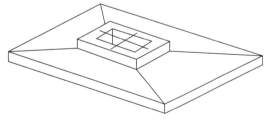

图 17-7　杯口面弹线

3　杯口平水线。待杯形基础混凝土浇筑后，在杯口内侧面弹出标高位置线，此线一般低于杯口面下 100mm，用以控制杯底找平（图 17-8）。

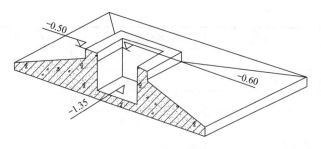

图 17-8 杯口水平线

7.1.2 为防止杯口芯模位移、上浮，应采用如下措施：

1 操作脚手板不应搁置在杯口模板上，以免引起模板下沉。模板体系本身应支顶牢固，结构合理。

2 杯口芯模表面涂好隔离剂，底部开孔，以便排气，减少浮力。

3 浇灌混凝土时，在杯口模板四周应均匀下料和振捣，以防杯口芯模移动。

7.1.3 应根据气温和混凝土凝固情况掌握拆模时间，一般在混凝土终凝前后即将芯模松动，然后用倒链等徐徐拔出，以防拆芯模起不来。

7.1.4 杯口芯模外侧混凝土应密实，也应注意基础角部混凝土密实。

7.1.5 钢柱的预埋螺栓应位置准确，固定牢固，涂抹黄油并用塑料膜加以包裹，防止破坏丝扣。

7.2 应注意的安全问题

7.2.1 施工中拆下的支撑、木档，要随即拔掉上面的钉子，并堆放整齐，以防伤人。

7.2.2 基坑较深时，周边应设置护栏及供施工人员上下的梯子。

7.2.3 地下水位较高，应采取降水措施，确保施工顺利进行。

7.3 应注意的绿色施工问题

7.3.1 施工过程中，应采取防尘、降尘措施，控制作业区扬尘。对施工现场的主要道路，宜进行硬化处理或采取其他扬尘控制措施。对可能造成扬尘的露天堆储材料，宜采取扬尘控制措施。

7.3.2 施工过程中，应对材料搬运、施工设备和机具作业等采取可靠的降低噪声措施。施工作业在施工场界的噪声级应符合现行国家标准《建筑施工场界环境噪声排放标准》GB 12523 的有关规定。

7.3.3 施工过程中，应采取光污染控制措施。对可能产生强光的施工作业，应采取防护和遮挡措施。夜间施工时，应采用低角度灯光照明。

7.3.4 对施工过程中产生的污水，应采取沉淀、隔油等措施进行处理，不得直接排放。

7.3.5 宜选用环保型隔离剂。涂刷模板隔离剂时，应防止洒漏。对含有污染环境成分的隔离剂，使用后剩余的隔离剂及其包装等不得与普通垃圾混放，并应由厂家或有资质的单位回收处理。

7.3.6 施工过程中，对施工设备和机具维修、运行、存储时的漏油，应采取有效的隔离措施，不得直接污染土壤。漏油应统一收集并进行无害化处理。

7.3.7 混凝土外加剂、养护剂的使用应满足环境保护和人身健康的要求。

7.3.8 进行挥发性有害物质施工时，施工操作人员应采取有效的防护方法，并应配备相应的防护用品。

7.3.9 对不可循环使用的建筑垃圾，应收集到现场封闭式垃圾站，并应及时清运至有关部门指定的地点。对可循环使用的建筑垃圾，应加强回收利用，并应做好记录。

8　质量记录

8.0.1 钢筋、水泥、外加剂的出厂合格证及复验报告、预拌混凝土出厂合格证。

8.0.2 砂子、石子的试验记录。

8.0.3 混凝土配合比通知单。

8.0.4 基础轴线标高测设记录。

8.0.5 钢筋预检记录。

8.0.6 模板预检记录。

8.0.7 混凝土施工记录。

8.0.8 混凝土试块 28d 标养抗压强度试验报告。

8.0.9 钢筋加工工程检验批质量验收记录。

8.0.10 钢筋安装工程检验批质量验收记录。

8.0.11 钢筋隐蔽工程检查验收记录。

8.0.12 钢筋分项工程质量验收记录。

8.0.13 现浇结构模板安装工程检验批质量验收记录。

8.0.14 模板拆除检验批质量验收记录。

8.0.15 模板分项工程质量验收记录。

8.0.16 混凝土原材料及配合比设计检验批质量验收记录（泵送混凝土出厂合格证等）。

8.0.17 混凝土配合比通知单。

8.0.18 混凝土坍落度检查记录。

8.0.19 混凝土施工工程检验批质量验收记录。

8.0.20 其他技术文件。

第 18 章　钢筋混凝土桩基承台

本工艺标准适用于桩基承台工程。

1　引用标准

《建筑桩基技术规范》JGJ 94—2008；

《混凝土结构工程施工规范》GB 50666—2011；

《混凝土结构工程施工质量验收规范》GB 50204—2015；

《建筑地基工程施工质量验收标准》GB 50202—2018。

2　术语（略）

3　施工准备

3.1　作业条件

3.1.1　桩基已全部施工完毕，按设计要求将土方挖到承台底标高，且桩基和承台基底验收记录已办理。

3.1.2　桩顶疏松混凝土全部剔完，如桩顶低于设计标高时，应用同级混凝土接高，在其达到桩强度 50% 以上后，将埋入承台内的桩顶部分用手锤和錾子剔凿，并用水冲净；如桩顶高于设计标高时，应予先剔凿，使桩顶伸入承台梁内长度符合设计要求。

3.1.3　对于冻胀地区，应按设计要求完成承台下防冻胀处理措施。

3.1.4　已将坑、槽底虚土、杂物等建筑垃圾彻底清除。

3.1.5　混凝土配合比已由试验室确定。

3.2　材料及机具

3.2.1　水泥：宜使用普通硅酸盐水泥或矿渣硅酸盐水泥，有出厂合格证明及强度和安定性复验报告。

3.2.2　砂：粗砂或中砂，混凝土强度等级低于 C30 时，含泥量不应大于 5%；高于 C30 时，含泥量不大于 3%。

3.2.3　石子：碎石或卵石，粒径一般为 5~40mm。混凝土强度等级低于 C30 时，含泥量不大于 2%；高于 C30 时，含泥量不大于 1%。

3.2.4　拌合水：宜用饮用水或不含有害物质的洁净水。

3.2.5　外加剂、掺合料：根据设计要求或施工的需要，通过试验确定掺量。

3.2.6　钢筋：应符合设计图纸规定的钢号和规格及品种，有出厂合格证明书及复验报告。

3.2.7　模板：定型钢模板或木模板和支撑杆件。

3.2.8　机具：

1　模板机具：圆锯或手锯、羊角锤、钳子、扳手、钢卷尺、墨汁、铅笔、撬棍等。

2　钢筋机具：钢筋切断机、弯曲机、电焊机、钢筋钩子、18~22 号钢丝、折尺、粉笔等。

3　混凝土机具：混凝土搅拌机、混凝土输送泵、插入式振捣器、台称、平锹、尖锹、胶皮管、翻斗车、铁板、木抹子、水桶等。

4　操作工艺

4.1　工艺流程

$$\boxed{整平拍底} \rightarrow \boxed{钢筋绑扎} \rightarrow \boxed{模板安装} \rightarrow \boxed{混凝土浇筑}$$

4.2　整平拍底

4.2.1　土方开挖完，拉线对基底进行平整，误差在 50mm 内，并用平锹拍打实。

4.2.2　有混凝土垫层时，应按设计的混凝土强度等级和厚度浇筑混凝土。

4.3　钢筋绑扎

4.3.1　按测量给定轴线，找出承台梁边框线，然后再分别找出纵横向钢筋的控制线。

4.3.2　钢筋绑扎前，应先按设计图纸核对加工成型的半成品（钢筋半成品）的规格、形状、型号、品种是否与设计一致，无误后堆放整齐，挂牌标识。

4.3.3　钢筋应按顺序绑扎，一般情况下先长轴后短轴，由一端向另一端依次进行。绑扎的钢丝扣应左右交错，八字型对称绑扎。

承台梁受力钢筋的接头位置应互相错开，接头位置应设受力较小处。接头的钢筋面积所占钢筋面积的百分比，应符合设计要求和规范的规定，所有受力钢筋和箍筋交错处全部绑扎。

4.3.4　预埋管线、铁件的位置必须正确。桩伸入承台梁的钢筋以及承台梁上的柱子或墙板插筋，均应按图绑扎牢固，采用十字扣或焊牢，其标高、位置、搭接锚固长度等应准确，不得遗漏或移位。

4.3.5　绑好砂浆垫块，双向间隔 1000mm，底部钢筋下的砂浆垫块厚度：有垫层 35mm，无垫层 70mm。侧面也用垫块与钢筋绑牢。

4.3.6　钢筋绑好后，应对钢筋的品种、规格、数量、位置等进行预检，发现问题及时处理。

4.4　模板安装

4.4.1　按测量放线给定的轴线，找出承台梁的边框线，做为支模的控制线。

4.4.2　按设计的断面尺寸，给出模板拼装组合图或方案，并经计算确定对拉螺栓的直径、纵横间距。

4.4.3　模板全部支完后，按测量给定的上口标高点，弹出混凝土浇筑高度的控制线。班组应对模板的整体刚度、几何尺寸、标高、轴线等进行预检，发现问题及时处理。

4.5　混凝土浇筑

4.5.1　在浇筑混凝土之前，应办理承台钢筋隐蔽验收记录，经监理工程师批准后，方可浇筑混凝土。大体积混凝土施工，应采取有效防止温度应力措施。

4.5.2　按配合比称出每盘水泥、砂、石子及外加剂的用量，计量允许偏差：水泥、掺合料±2%；粗、细骨料±3%；水、外加剂±2%。商品混凝土在浇筑前，应到搅拌站进行开盘鉴定，并按规范规定留置标准养护和同条件养护试件。

4.5.3　浇筑前，应将桩头、坑（槽）底及木模板浇水湿润；混凝土应连续浇筑完成，承台可分层浇筑，承台梁可直接将混凝土倒入模中，如甩搓超过初凝时间，应按施工缝要求处理（若用塔机吊斗直接卸料入模时，其料斗口距操作面高度以 0.3～0.4m 为宜，并不得集中一处倾倒）。浇筑时，应在混凝土浇筑地点，检查其坍落度是否与配合比一致。

4.5.4　振捣时，振捣棒与水平面倾角约 30°左右，棒头朝前进方向。插棒间距 500mm 左右，振捣时间以混凝土表面翻浆不出现气泡为宜。必须振捣密实，防止漏振。混凝土表面应随振随用铁锹配合控制标高线，并用木抹子搓平。

4.5.5 必须设置施工缝时，应留置在相邻两桩中间 1/3 范围内。纵横连接处和桩顶及独立承台一般不宜留槎。甩槎处应预先用模板，留成直槎，继续施工时，混凝土接槎处应用水湿润，并浇 30～50mm 厚与混凝土配合比同成分的砂浆，然后再进行混凝土浇筑。

4.5.6 混凝土浇筑后，在常温条件下，12h 后浇水养护，夏天应覆盖草帘浇水养护，养护时间一般不得少于 7d，浇水次数应能保持混凝土处于润湿状态，养护水应与拌制混凝土用水相同。当日平均气温低于 5℃时，不得浇水。

5 质量标准

5.1 钢筋工程

5.1.1 主控项目

1 钢筋安装时，受力钢筋的品种、级别、规格和数量必须符合设计要求。

2 钢筋应安装牢固。受力钢筋的安装位置、锚固方式应符合设计要求。

5.1.2 一般项目

钢筋安装及预埋件位置允许偏差和检验方法（表 18-1）。

钢筋安装及预埋件位置允许偏差和检验方法　　　　　　　　表 18-1

项目		允许偏差（mm）	检验方法
绑扎钢筋网	长、宽	±10	尺量
	网眼尺寸	±20	尺量连续三档，取其最大值
绑扎钢筋架	长	±10	尺量
	宽、高	±5	尺量
受力钢筋	锚固长度	−20	尺量
	间距	±10	尺量两端、中间各一点，取其最大偏差值
	排距	±5	
	保护层厚度	±10	尺量
绑扎箍筋、横向钢筋间距		±20	尺量连续三档，取其最大值
钢筋弯起点位置		20	尺量
预埋件	中心线位置	5	尺量
	水平高差	+3，0	塞尺量测

5.2 模板工程

5.2.1 主控项目

1 模板安装在基土上，基土必须坚实并有排水措施。

2 模板及其支架必须具有足够的强度、刚度和稳定性；其支架的支撑部分必须有足够的支承面积。

3 在涂刷模板隔离剂时，不得沾污钢筋和混凝土接槎处。

5.2.2 一般项目

1 模板与混凝土的接触面应清理干净，接缝处不应漏浆，浇筑混凝土前应对木模板浇水湿润。

2 固定在模板上的预埋件、预留孔和预留洞均不得遗漏，且应安装牢固。

3 模板安装的允许偏差和检验方法（表18-2）。

模板安装的允许偏差和检验方法 表18-2

项目	允许偏差（mm）	检验方法
轴线位移	5	尺量
底模上表面标高	±5	用水准仪或拉线、尺量
截面尺寸	±10	尺量
表面平整度	5	用2m靠尺和塞尺量测
预埋钢板中心线位移	3	拉线和尺量检查
预埋管预留孔中心线位移	3	拉线和尺量检查
预埋螺栓中心线位移	2	拉线和尺量检查
预埋螺栓外露长度	+10，0	拉线和尺量检查

注：检查中心线位置时，应沿纵、横两个方向量测，并取其中的较大值。

5.3 混凝土工程

5.3.1 主控项目

1 混凝土所用水泥、外加剂的质量、品种和级别，必须符合设计要求和国家现行有关标准的规定。

2 混凝土的配合比、原材料计量、施工缝处理必须符合施工规范的规定。

3 用于检验结构构件混凝土强度的试件，应按《混凝土结构工程施工质量验收规范》GB 50204 的规定取样、制作、养护和试验，其强度必须符合设计要求。

4 承台的外观质量不应有严重缺陷，且不应有影响结构性能和使用功能的尺寸偏差。

5.3.2 一般项目

1 混凝土所用粗、细料、拌制用水及掺合料，应符合国家现行有关标准的规定。

2 施工缝、后浇带的留置，应符合设计要求和技术方案规定，并按要求做好混凝土养护。

3 承台混凝土的外观质量不宜有一般缺陷。

4 混凝土允许偏差和检验方法（表18-3）。

混凝土允许偏差和检验方法 表18-3

项目	允许偏差（mm）	检验方法
轴线位移	15	经纬仪及尺量
标高	±10	用水准仪或拉线、尺量
截面尺寸	+8，-5	尺量
表面平整度	8	用2m靠尺和塞尺量测
预埋钢板中心线偏移	10	拉线和尺量检查

项目	允许偏差（mm）	检验方法
预埋管孔中心线偏移	5	拉线和尺量检查
预埋螺栓中心线偏移	5	拉线和尺量检查
预埋螺栓外露长度	+10，0	拉线和尺量检查

注：检查轴线、中心线位置时，应沿纵、横两方向量测，并取其中的较大值。

6 成品保护

6.0.1 基坑（槽）四周应挖排水沟，或设土坝防止雨水灌入。

6.0.2 对定位桩、水准点进行保护，并不定期进行检测复核。

6.0.3 安装模板和浇筑混凝土时，应注意保护钢筋，不得攀踩钢筋。

6.0.4 夏季施工时，混凝土初凝后应及时浇水养护，并做好防雨措施。刚浇筑完的混凝土，不得让雨水淋泡。

6.0.5 拆模时应注意避免硬撬重砸损伤混凝土。

6.0.6 填土时应注意防止机械损坏承台梁。

7 注意事项

7.1 应注意的质量问题

7.1.1 不应使用带有颗粒状或片状老锈的钢筋；钢筋运输和贮存时，应有标牌，以免造成进库的钢材材质不明。

7.1.2 不应使用过期（水泥出厂日期超过 3 个月，快硬水泥超过 1 个月）水泥或受潮结块水泥。

7.1.3 混凝土用的骨料粒径和含泥量应符合规范规定，避免粗骨料粒径过大，被钢筋卡住或造成施工质量问题。

7.1.4 混凝土浇筑时，应设有模板工、钢筋工看护，发现模板及钢筋变形或位移时，应及时修整处理。

7.1.5 混凝土应分层振捣密实，振捣时间以混凝土表现翻浆不出现气泡为宜；混凝土表面宜二次抹压，并加强养护。

7.2 应注意的安全问题

7.2.1 基坑周边应设置围栏。

7.2.2 施工中严禁乱拖乱拉电源线和随地拖移，电源线不得绑在钢筋、钢管、脚手架上，以防电源线损伤造成触电事故。

7.2.3 配电箱、开关箱实行"一机一闸一接地"制。

7.2.4 在潮湿环境中焊接作业，必须采取可靠绝缘措施，防止发生操作人员触电事故。

7.2.5 机械设备操作时，应按《建筑机械使用安全技术规程》JGJ 33 执行。

7.3　应注意的绿色施工问题

7.3.1　施工过程中，应采取防尘、降尘措施，控制作业区扬尘。对施工现场的主要道路，宜进行硬化处理或采取其他扬尘控制措施。对可能造成扬尘的露天堆储材料，宜采取扬尘控制措施。

7.3.2　施工过程中，应对材料搬运、施工设备和机具作业等采取可靠的降低噪声措施。施工作业在施工场界的噪声级应符合现行国家标准《建筑施工场界环境噪声排放标准》GB 12523 的有关规定。

7.3.3　施工过程中，应采取光污染控制措施。对可能产生强光的施工作业，应采取防护和遮挡措施。夜间施工时，应采用低角度灯光照明。

7.3.4　对施工过程中产生的污水，应采取沉淀、隔油等措施进行处理，不得直接排放。

7.3.5　宜选用环保型隔离剂。涂刷模板隔离剂时，应防止洒漏。对含有污染环境成分的隔离剂，使用后剩余的隔离剂及其包装等不得与普通垃圾混放，并应由厂家或有资质的单位回收处理。

7.3.6　施工过程中，对施工设备和机具维修、运行、存储时的漏油，应采取有效的隔离措施，不得直接污染土壤。漏油应统一收集并进行无害化处理。

7.3.7　混凝土外加剂、养护剂的使用应满足环境保护和人身健康的要求。

7.3.8　进行挥发性有害物质施工时，施工操作人员应采取有效的防护方法，并应配备相应的防护用品。

7.3.9　不可循环使用的建筑垃圾，应收集到现场封闭式垃圾站，并应及时清运至有关部门指定的地点。对可循环使用的建筑垃圾，应加强回收利用，并应做好记录。

8　质量记录

8.0.1　测量放线记录。

8.0.2　原材料合格证、出厂检验报告及进场复验报告。

8.0.3　钢筋接头力学性能试验报告。

8.0.4　钢筋加工工程检验批质量验收记录。

8.0.5　钢筋安装工程检验批质量验收记录。

8.0.6　钢筋隐蔽工程检查验收记录。

8.0.7　钢筋分项工程质量验收记录。

8.0.8　现浇结构模板安装工程检验批质量验收记录。

8.0.9　模板拆除检验批质量验收记录。

8.0.10　模板分项工程质量验收记录。

8.0.11　混凝土原材料及配合比设计检验批质量验收记录（泵送混凝土出厂合格证等）。

8.0.12　混凝土配合比通知单。

8.0.13　混凝土施工记录。

8.0.14　混凝土坍落度检查记录。

8.0.15　混凝土施工工程检验批质量验收记录。

8.0.16　混凝土试件强度试验报告。

8.0.17 混凝土抗渗试验报告。

8.0.18 混凝土结构外观及尺寸偏差检验批质量验收记录。

8.0.19 混凝土分项工程质量验收记录。

8.0.20 其他技术文件。

第19章　钢筋混凝土筏形基础

本工艺标准适用于房屋建筑中纵横墙较密集的筏形基础。

1　引用标准

《建筑地基基础工程施工规范》GB 51004—2015；

《建筑地基工程施工质量验收标准》GB 50202—2018；

《高层建筑筏形与箱形基础技术规范》JGJ 6—2011；

《混凝土结构工程施工规范》GB 50666—2011；

《混凝土结构工程施工质量验收规范》GB 50204—2015。

2　术语（略）

3　施工准备

3.1　作业条件

3.1.1 已编制施工组织设计或施工方案，包括土方开挖、地基处理、深基坑降水和支护、支模和混凝土浇灌程序方法以及对邻近建筑物的保护等。

3.1.2 基底土质情况和标高、基础轴线尺寸，已经过鉴定和检查，并办理隐蔽手续。

3.1.3 模板已经过检查，符合设计要求，并办完预检手续。

3.1.4 在槽帮或模板上做好混凝土浇筑高度标志，每隔3m左右钉上水平桩。

3.1.5 埋设在基础中的钢筋、螺栓、预埋件、暖卫、电气等各种管线均已安装完毕，各专业已经会签，并经质检部门验收，办完隐检手续。

3.1.6 混凝土配合比已由试验室确定，并根据现场材料调整复核，准备好试模。

3.1.7 施工临水供水、供电线路已设置。施工机具设备已进行安装就位，并试运转正常。

3.1.8 混凝土的浇筑程序、方法、质量要求，已进行详细的技术交底。

3.2　材料及机具

3.2.1 水泥：宜使用普通硅酸盐水泥或矿渣硅酸盐水泥，有出厂合格证明及强度和安定性复验报告。

3.2.2　砂子：用中砂或粗砂，混凝土低于 C30 时，含泥量不大于 5%；高于 C30 时，含泥量不大于 3%。

3.2.3　石子：卵石或碎石，粒径 5~40mm，混凝土低于 C30 时，含泥量不大于 2%，高于 C30 时，不大于 1%。

3.2.4　掺合料：采用 II 级粉煤灰，其掺量应通过试验确定。

3.2.5　减水剂、早强剂：应符合有关标准的规定，其品种和掺量应根据施工需要通过试验确定。

3.2.6　钢筋：品种和规格应符合设计要求，有出厂质量证明书及试验报告，并应取样机械性能试验，合格后方可使用。

3.2.7　机具：

1　模板机具：圆锯或手锯、羊角锤、钳子、扳手、钢卷尺、墨汁、铅笔、撬棍等。

2　钢筋机具：钢筋切断机、弯曲机、电焊机、钢筋钩子、18~22 号钢丝、折尺、粉笔等。

3　混凝土工具：插入式振动器、平板式振动器、混凝土搅拌运输车和输送泵车、大小平锹、串筒、溜槽、胶皮管、混凝土卸料槽、吊斗、手推车胶轮车、抹子等。

4　操作工艺

4.1　工艺流程

测量定位放线 → 垫层施工 → 测量定位放线 → 筏形基础钢筋绑扎 →
筏形基础侧模安装 → 柱插筋 → 验收 → 筏形基础混凝土浇筑 → 混凝土养护

4.2　测量定位放线

4.2.1　定位点依据：根据业主提供的控制点坐标、标高及总平面布置图、施工图纸进行定位。

4.2.2　场区内控制网布置：在各单体工程测量定位放线前，在场区内布置好测量控制点控制网（包括坐标控制点和高程控制点）。

4.2.3　测量工具：

1　场区内坐标控制点和高程控制点设置采用全站仪进行；

2　建筑物坐标点定位采用全站仪进行；

3　建筑物高程控制点设置采用水准仪进行；

4　建筑物轴线定位采用经纬仪进行；

5　其他辅助工具：50m 钢尺、木桩、钢筋桩、墨斗、油漆等。

4.2.4　建筑物轴线定位：根据已知轴线坐标控制点采用经纬仪进行建筑物轴线的定位，其他相应线采用钢尺进行排尺。

4.2.5　建筑物标高测量：根据已知高程控制点采用水准仪进行测量建筑物各工序的标高。

4.3　基坑工程

4.3.1　基坑开挖，如有地下水，应采用措施降低地下水位至基坑底 500mm 以下部位，保持在无水的情况下进行土方开挖和基础结构施工。

4.3.2　基坑土方开挖应注意保持基坑底土的原状结构，如采用机械开挖时，基坑底面以上 200~400mm 厚的土层，应采用人工清除，避免超挖或破坏基土。如局部有软弱土层工超挖，应进行换填，并夯实。基坑开挖应连续进行，如基坑挖好后不能立即进行下一道工序，应在基底以上留置 150~200mm 一层不挖，待下道工序施工时再挖至设计基坑底标高，以免基土被扰动。

4.4　模板施工

4.4.1　垫层施工时，沿筏形基础外为边线 400mm。

4.4.2　砖模在筏板垫层上砌筑，距筏形基础外边 30mm 砌筑。沿砖模砌筑完毕后，采用 10mm 厚 1:2 水泥砂浆粉刷砖模内壁，粉刷内壁后在做防水工程，防水工程施工完毕后，再做 15mm 厚 1:2 水泥砂浆防水保护层。

4.4.3　在浇筑筏形基础混凝土前，要对砖模板进行支护。

4.5　钢筋施工

4.5.1　绑扎筏板板底钢筋：筏板板底钢筋排列顺序应符合设计要求，一般为短方向在下长方向在上；筏板钢筋开始绑扎之前，基础底线必须验收完毕，特别再墙柱插筋位置、墙边线等位置线，应用油漆在墨线边及交角位置画出不小于 50mm 宽、150mm 长的标记；为保证地板钢筋保护层厚度准确，底板、墙、柱等部位均采用特制的混凝土垫块，垫块间距为 1 块/m²。

4.5.2　绑扎筏板板顶钢筋：筏板板顶钢筋排列顺序为短方向在上，长方向在下；绑扎板顶钢筋，先在马凳上绑架立筋，在架立筋上画好钢筋位置线，按图纸要求，顺序放置上层钢筋，要求接头在同一截面相互错开 50%，同一根钢筋尽量减少接头。

4.5.3　墙、柱插筋：底板钢筋绑扎完毕，绑扎柱子插筋和墙板插筋，先把定位箍筋焊接在筏板钢筋上，后插筋。柱子插筋应插到图纸设计位置，并应满足设计锚固长度，插筋位置要准确，固定要牢固，接头在同一截面上要错开，并不超过 50%。墙板插筋，插入底板内要满足设计锚固长度，内外排插筋要带线拉直，位置要准确，固定要牢固，接头在同一截面上要错开，但不超过 50%，在底板顶部内外绑扎水平筋与底板筋和插筋焊牢。

4.6　混凝土施工

可根据结构情况和施工具体条件及要求，采用以下两种方法之一：

4.6.1　先在垫层上绑扎底板、梁的钢筋和上部柱插筋，先浇筑底板混凝土，待达到 25% 以上强度后，再在底板上支梁侧模板，浇筑完梁部分混凝土；

4.6.2　采取底板和梁钢筋、模板一次同时支好，梁侧模板用混凝土支墩或钢支脚支承，并固定牢固，混凝土一次连续浇筑完成。以上两种方法都应注意保证梁位置和柱插筋位置正确，混凝土应一次连续浇筑完成。

4.6.3　当筏形基础长度很长（40m 以上）时，应考虑在中部适当部位留设贯通后浇缝带或采用跳仓法施工，以避免出现温度收缩裂缝和便于进行施工分段流水作业；对超厚的筏形基础，应考虑采取降低水泥水化热和浇筑入模温度的措施，以避免出现过大温度收缩应力，导致基础底板裂缝。

4.6.4 混凝土浇筑，应先清除地基或垫层上淤泥和垃圾，基坑内不得存有积水；木模应浇水湿润，板缝和孔洞应堵严。

4.6.5 浇筑高度超过2m时，应使用串筒、溜槽（管），以防离析，混凝土应分层连续进行，每层厚度为250～300mm。

4.6.6 浇筑混凝土时，应经常注意观察模板、钢筋、预埋铁件、预留孔洞和管道有无走动情况，发现变形或位移时，应停止浇筑，在混凝土初凝前处理完后，再继续浇筑。

4.6.7 混凝土浇筑振捣密实后，应用木抹子搓平或用铁抹子压实。

4.6.8 混凝土浇筑时表面泌水采用真空吸水，若发现表面泌水过多，应及时调整水灰比，混凝土浇至顶端时将泌水排除。

4.6.9 由底板面积大、表面会出现较厚的浆层，为保证板面平整度及防止表面出现微细裂缝，在混凝土浇筑结束后，要认真处理，约经2～4h，初步按标高用长刮尺刮平，初凝前用铁滚筒碾压数遍，再用木抹子收平压实，以闭合收水裂缝，约12h后，覆盖麻袋，充分浇水湿润养护。

4.6.10 在基础底板上埋设好沉降观测点，定期进行观测、分析，做好记录。

5 质量标准

5.1 主控项目

5.1.1 混凝土所用的水泥、水、骨料、外加剂等，必须符合施工规范和有关的规定。

5.1.2 混凝土的配合比、原材料计量、搅拌、养护和施工缝处理，必须符合施工规范的规定。

5.1.3 评定混凝土强度的试块，必须按《混凝土强度检验评定标准》GB/T 50107的规定取样、制作、养护和试验，其强度必须符合设计要求和评定标准的规定。

5.1.4 模板及支架应根据安装、使用和拆除工况进行设计，并应满足承载力、刚度和整体稳固性的要求。

5.1.5 模板及支架用材料的技术指标应符合国家现行有关标准的规定。进场时，抽样检验模板和支架材料的外观、规格和尺寸。

5.1.6 现浇混凝土结构模板及支架的安装质量，应符合国家现行有关标准的规定和施工方案的要求。

5.1.7 基础中钢筋的规格、形状、尺寸、数量、锚固长度、接头设置，必须符合设计要求和施工规范的规定。

5.1.8 钢筋进场时，应按国家现行相关标准的规定抽取试件做屈服强度、抗拉强度、伸长率、弯曲性能和重量偏差检验，检验应符合相应标准的规定。

5.1.9 钢筋安装时，受力钢筋的品种、级别、规格和数量必须符合设计要求。纵向受力钢筋的连接方式应符合设计要求。

5.2　一般项目

5.2.1　混凝土应振捣密实，无缝隙、夹渣层。

5.2.2　模板的接缝应严密；模板内不应有杂物、积水或冰雪等；模板与混凝土的接触面应平整、清洁。

5.2.3　用作模板的地坪、胎模等应平整、清洁，不应有影响构件质量的下沉、裂缝、起砂或起鼓。

5.2.4　钢筋表面应平直、无损伤，表面不得有裂纹、油污、颗粒状或片状老锈。

5.2.5　钢筋机械连接套筒、钢筋锚固板以及预埋件等的外观质量，应符合国家现行相关标准的规定。

5.2.6　钢筋的接头宜设置在受力较小处，同一纵向受力钢筋不宜设置两个或两个以上接头。

5.2.7　绑扎钢筋的缺扣、松扣数量不得超过绑扣数的 10%，且不应集中。弯钩的朝向应正确，绑扎接头应符合施工规范的规定，搭接长度不小于规定值。

5.2.8　直螺纹使用的钢筋下料时，其端头截面应与钢筋的轴线垂直，不能有翘曲。直螺纹的牙形和螺距必须与套筒一致。

5.3　允许偏差及检验方法（表 19-1～表 19-3）。

基础钢筋安装的允许偏差和检验方法　　　　　　　　　表 19-1

项次	项目		允许偏差（mm）	检验方法
1	绑扎钢筋网	长、宽	±10	尺量检查
		网眼尺寸	±20	尺量连续三档，取最大偏差值
2	纵向受力钢筋	锚固长度	-20	尺量检查
		间距	10	尺量检查
		排距	±5	尺量检查
3	纵向受力钢筋、箍筋的混凝土保护层厚度	基础	±10	尺量检查
4	绑扎箍筋、横向钢筋间距		±20	尺量连续三档取最大偏差值

基础模板安装的允许偏差和检验方法　　　　　　　　　表 19-2

项次	项目		允许偏差（mm）	检验方法
1	轴线位置		5	尺量检查
2	底模上表面标高		±5	水准仪或拉线、尺量检查
3	表面平整度		5	2m 靠尺和塞尺量测
4	模板内部尺寸	基础	±10	尺量检查
5	相邻两块模板表面高差		2	尺量检查

基础混凝土的允许偏差和检验方法　　　　表 19-3

项次	项目	允许偏差（mm）	检验方法
1	标高	±10	用水准仪或拉线尺量检查
2	上表面平整度	10	用水准仪或拉线尺量检查
3	基础轴线位移	15	尺量检查
4	基础截面尺寸	+15，−10	用经纬仪或拉线尺量检查

6　成品保护

6.0.1　模板拆除应在混凝土强度能保证其表面及棱角不同受损坏时，方可进行。

6.0.2　在已浇筑的混凝土强度达到 1.2MPa 以上，方可在其上行人或进行下道工序施工。

6.0.3　在施工过程中，对暖卫、电气、暗管等进行妥善保护，不得碰撞。

6.0.4　基础内预留孔洞、预埋螺栓、铁件，应按设计要求设置，不得后凿混凝土。

6.0.5　如基础埋深超过相邻建（构）筑物基础时，应有妥善的保护措施。

7　注意事项

7.1　应注意的质量问题

7.1.1　混凝土应分层浇灌，分层振捣密实，防止出现蜂窝、麻面和混凝土不密实；在吊帮（模、板）根部应待梁下底板浇筑完毕，停 0.5～1.0h，待沉实后再浇上部梁，以免在根部出现"烂脖子"现象。

7.1.2　在混凝土浇捣中应防止垫块移动，钢筋紧贴模板或振捣不实造成露筋。

7.1.3　为严格保持混凝土表面标高正确，要注意避免水平桩移动，或混凝土多铺过厚，小铺过薄；操作时要认真找平，模板要支撑牢固等。

7.1.4　对厚度较大的筏板浇筑，应采取预防温度收缩裂缝措施并加强养护，防止出现裂缝。

7.2　应注意的安全问题

7.2.1　基础施工时，应先检查基坑、槽帮土质、边坡坡度，如发现裂缝、滑移等情况，应及时加固，堆放材料应离开坑边 1m 以上，深基坑上下应设梯子或坡道，不得踩踏模板或支撑上下。

7.2.2　筏形基础浇灌，应搭设牢固的脚手平台、马道，脚手板铺设要严密，以防石子掉下；采用手推车、机动翻斗车、吊斗等浇灌，要有专人统一指挥、调度和下料，以保证不发生撞车事故；用串筒下料，要防堵塞，以免发生脱钩事故；泵送混凝土浇灌应采取措施，防堵塞和爆管。

7.2.3　操纵振动器的操作人员，必须穿胶鞋。接电要安全可靠，并设专门保护性接地导线，避免火线跑电发生危险。如出现故障，应立即切断电源修理；使用电线如已有磨损，应及时更换。

7.2.4 施工人员应戴安全帽、穿软底鞋；工具应放入工具袋内；向基坑内运送混凝土，传递物件，不得抛掷。

7.2.5 雨、雪、冰冻天施工，架子上应有防滑措施，并在施工前清扫冰、霜、积雪后才能上架子；五级以上大风应停止作业。

7.2.6 现场机械设备及电动工具应设置漏电保护器，每机应单独设置，不得共用，以保证用电安全；夜间施工，应装设足够的照明。

7.3 应注意的绿色施工问题

7.3.1 施工过程中，应采取防尘、降尘措施，控制作业区扬尘。对施工现场的主要道路，宜进行硬化处理或采取其他扬尘控制措施。对可能造成扬尘的露天堆储材料，宜采取扬尘控制措施。

7.3.2 施工过程中，应对材料搬运、施工设备和机具作业等采取可靠的降低噪声措施。施工作业在施工场界的噪声级应符合现行国家标准《建筑施工场界环境噪声排放标准》GB 12523 的有关规定。

7.3.3 施工过程中，应采取光污染控制措施。对可能产生强光的施工作业，应采取防护和遮挡措施。夜间施工时，应采用低角度灯光照明。

7.3.4 对施工过程中产生的污水，应采取沉淀、隔油等措施进行处理，不得直接排放。

7.3.5 宜选用环保型隔离剂。涂刷模板隔离剂时，应防止洒漏。对含有污染环境成分的隔离剂，使用后剩余的隔离剂及其包装等不得与普通垃圾混放，并应由厂家或有资质的单位回收处理。

7.3.6 施工过程中，对施工设备和机具维修、运行、存储时的漏油，应采取有效的隔离措施，不得直接污染土壤。漏油应统一收集并进行无害化处理。

7.3.7 混凝土外加剂、养护剂的使用应满足环境保护和人身健康的要求。

7.3.8 进行挥发性有害物质施工时，施工操作人员应采取有效的防护方法，并应配备相应的防护用品。

7.3.9 对不可循环使用的建筑垃圾，应收集到现场封闭式垃圾站，并应及时清运至有关部门指定的地点。对可循环使用的建筑垃圾，应加强回收利用并做好记录。

8 质量记录

8.0.1 测量放线记录。

8.0.2 原材料合格证、出厂检验报告及进场复验报告。

8.0.3 钢筋接头力学性能试验报告。

8.0.4 钢筋加工工程检验批质量验收记录。

8.0.5 钢筋安装工程检验批质量验收记录。

8.0.6 钢筋隐蔽工程检查验收记录。

8.0.7 钢筋分项工程质量验收记录。

8.0.8 现浇结构模板安装工程检验批质量验收记录。

8.0.9 模板（后浇带）拆除检验批质量验收记录。

8.0.10　模板分项工程质量验收记录。

8.0.11　混凝土原材料及配合比设计检验批质量验收记录。

8.0.12　混凝土配合比通知单。

8.0.13　混凝土施工记录。

8.0.14　混凝土坍落度检查记录。

8.0.15　混凝土施工工程检验批质量验收记录。

8.0.16　混凝土试件强度试验报告。

8.0.17　混凝土抗渗试验报告。

8.0.18　混凝土结构外观及尺寸偏差检验批质量验收记录。

8.0.19　混凝土分项工程质量验收记录。

8.0.20　其他技术文件。

第 20 章　钢筋混凝土预制桩

本工艺标准适用于淤泥、淤泥质土、黏性土、粉土、砂土和人工填土等地基处理。

1　引用文件

《建筑工程施工质量验收统一标准》GB 50300—2013；

《建筑地基工程施工质量验收标准》GB 50202—2018；

《混凝土结构工程施工质量验收规范》GB 50204—2015；

《混凝土结构工程施工规范》GB 50666—2011；

《建筑桩基技术规范》JGJ 94—2008；

《复合地基技术规范》GB/T 50783—2012；

《建筑地基处理技术规范》JGJ 79—2012；

《钢筋焊接及验收规程》JGJ 18—2012；

《钢筋机械连接技术规程》JGJ 107—2010；

《建筑地基基础工程施工规范》GB 51004—2015；

《建筑基桩检测技术规范》JGJ 106—2014；

《混凝土质量控制标准》GB 50164—2011；

《混凝土强度检验评定标准》GB/T 50107—2010；

《普通混凝土用砂、石质量及检验方法标准》JGJ 52—2006。

2　术语

2.0.1　贯入度

指打桩时每 10 击桩的平均入土深度，或振动沉桩时每分钟桩的平均入土深度。

2.0.2 最后贯入度

指预制桩施工打桩时，最后 30 击每 10 击桩的平均入土深度。

3 施工准备

3.1 作业条件

3.1.1 制桩

1 对提供的桩基布置图、桩基施工图进行会审，并进行技术交底。

2 各种原材料已经检验，并经试配提出混凝土配合比。

3 预制场地符合要求。

4 所有的工人经过培训且持证上岗。

3.1.2 沉桩

1 编制施工组织设计或施工方案，并做详细的技术交底。

2 提供建筑场地的工程地质勘查报告，必要时还需补充静力触探或标贯试验等原位测试资料。

3 清理地上和地下障碍物。打桩场地应平整，地面承载力应能适应桩机工作的正常运转；施工场地应保持排水沟畅通，注意施工中的防振问题。

4 预制桩强度达到起吊、运输、打设要求。

5 预制桩的检验资料齐全。

6 施工前，试验桩数量不少于两根。确定贯入度并核验打桩设备、施工工艺以及技术措施是否适宜。

7 预制桩施工，现场操作人员应经过理论学习并进行实际施工操作培训，考试合格后方可持证上岗。

3.2 材料及机具

3.2.1 水泥：宜采用强度等级不得低于 42.5 级的普通硅酸盐水泥或矿渣硅酸盐水泥。

3.2.2 砂：用中砂，级配均匀，含泥量不大于 3%。

3.2.3 石子：用于锤击预制桩的粗骨料，粒径直径宜为 5~40mm。

3.2.4 水：宜采用饮用水，当采用其他来源水时，水质必须符合国家现行标准《混凝土用水标准》JGJ 63 的规定。

3.2.5 钢筋级别、直径应符合设计要求。

3.2.6 外加剂、掺合料：根据气候条件、工期和设计要求等通过试验确定。

3.2.7 接桩材料：

焊接接桩，钢板宜采用低碳钢，焊条宜采用 E43，并应符合现行国家标准《钢结构焊接规范》GB 50661 要求。

3.2.8 所有材料应分批量进场，并经检验达到设计要求。

3.2.9 机具

1 制桩机具：钢筋调直机、弯曲机、切断机、对焊机、电焊机、混凝土搅拌机、翻斗车或手推车、插入式高频振捣器等。

2　运输机具：大型拖车、汽车起重机或履带式起重机、垫木等。

3　沉桩机械：柴油打桩机或振动沉桩机、静压桩机等。

4　接桩机具：电焊机等。

4　操作工艺

4.1　工艺流程

$$\boxed{\text{制桩}} \rightarrow \boxed{\text{起吊、运输、堆放}} \rightarrow \boxed{\text{试桩}} \rightarrow \boxed{\text{沉桩}}$$

4.2　制桩

4.2.1　制作程序：现场整平、压实→制作底模→支侧模→绑扎钢筋笼并入模→浇筑混凝土→养护→拆模→支设间隔仓端模→绑扎间隔仓钢筋笼并入模→浇筑间隔仓混凝土→养护→拆间隔仓端模→同法间隔重叠制作第 n 层桩。

4.2.2　现场整平、压实

制桩场地布置时应考虑吊桩设备的安装、拆卸和运桩的便利，并做好排水设计以防场地浸水变形。场地应平整、坚实、排水良好，不得产生不均匀沉降，满足地基承载力要求。

4.2.3　制作底模

制桩场地整平、压实后，用 C10 细石混凝土做 10cm 垫层，表面用水泥砂浆抹平、压光，用以做底模。底模必须平整、坚实。表面平整度不大于 3mm。

4.2.4　支侧模

模板采用竹胶组合木模板或钢模板，最外侧两排模板采用斜支撑加固，间隔 1m；中间的模板在间隔仓内竖向插短木板支撑加固，间隔 1m。模板支好后，应及时清理并刷好隔离剂。

4.2.5　绑扎钢筋笼并入模

1　当钢筋直径不小于 20mm 时，宜采用机械接头连接。主筋接头的配置在同一截面内的数量应符合下列规定：

1）当采用闪光对焊和电弧焊时，对于受拉钢筋，不得超过 50%；

2）相邻两根主筋接头截面的距离应大于 $35d$（d 为主筋直径），并不小于 500mm。

3）必须符合现行行业标准《钢筋焊接及验收规程》JGJ 18 和《钢筋机械连接技术规程》JGJ 107 的规定。

2　箍筋与主筋交接点采用点焊法，钢筋间距要画线，绑扎正确，相邻钢箍扣方向应相互错开、绑扎牢固，严格保证钢筋位置正确及桩的截面尺寸。

3　钢筋笼的焊接要牢固、尺寸正确，焊缝要饱满、均匀一致，对接头预埋件位置准确，与钢筋骨架可靠连接，符合规范或设计要求。

4　吊钩位置正确与桩主筋扎牢。

5　骨架入模时，用临时支架固定其位置，防止骨架挠曲，并垫设好 3cm 厚的细石混凝土垫块，保证其保护层厚度。要严格保证钢筋位置正确，桩尖应对准纵轴线。

4.2.6　浇筑混凝土

1　严格按设计要求提供合格的商品混凝土，现场坍落度控制在 130～150mm。

2 混凝土运输、浇筑及间歇的全部时间不应超过混凝土的初凝时间，同一根桩的混凝土应连续浇筑。

3 混凝土浇筑时严禁混入杂物，每根桩在浇筑时，混凝土应由桩顶向桩端连续进行，严禁中断。对桩顶和桩尖钢筋密集部分应加强振捣。

4 混凝土试块要求每班至少做 4 组（且混凝土用量不大于 $100m^3$）。2 组标养，2 组同条件养护。制桩时做好浇筑时期、混凝土强度、外观检查、质量鉴定记录。每根桩上标明编号、制作日期。

4.2.7 养护

1 自然养护：在自然温度下浇水进行养护。桩体混凝土在浇筑后 1～2h，应覆盖并浇水养护。浇水次数应能保持混凝土有足够的润湿状态。当温度较低时，应在桩身上覆盖草袋。并填好养护记录。养护时间以达到标准条件下养护 28d 强度的 30％左右时可拆模。

2 若采用蒸汽养护时，在蒸养后尚应适当增加自然养护天数。

4.2.8 拆侧模

1 侧模拆除时的混凝土强度应能保证桩表面及棱角不受损伤，拆除的模板和支架及时清理并整齐堆放。严禁将模板堆放在刚浇筑完毕的桩体上。

2 模板拆除后桩的外观质量应符合下列要求：表面平整，密实、掉角深度不应超过 10mm，局部蜂窝和掉角的缺损面积不超过全桩总表面积的 0.5％，且不得过分集中；混凝土的收缩裂缝深度不得大于 20mm，宽度不得大于 0.15mm，横向裂缝长度不得超过边长的 1/2。桩顶与桩尖处不得有蜂窝、麻面、裂缝或掉角。

4.2.9 支设间隔仓端模

1 端模采用木模或钢模，为使隔离和起桩方便，应使本次制桩与上次制桩前后错开 15cm 左右，用以起桩时放置千斤顶。

2 间隔仓的隔离剂用石灰水，应涂刷均匀，厚度 1mm，天阴下雨时，用塑料布盖好，防止雨水冲刷隔离剂，混凝土浇筑后造成桩粘结，影响起桩。

4.2.10 绑扎间隔仓钢筋笼并入模、浇筑间隔仓混凝土、养护

施工方法同绑扎钢筋笼并入模、浇筑混凝土、养护。只是浇筑混凝土时，振捣器棒头与（邻桩）下层桩的距离不得小于粗骨料的最大粒径，以防振伤已灌筑的桩。

4.2.11 拆间隔仓端模

养护时间以达到标准条件下养护 28d 强度的 30％左右时可拆模。

4.2.12 同法间隔重叠制作第 n 层桩

以下层桩体作为底模，依次制作第 2、3……层桩。桩的重叠层数，一般不宜超过 4 层。

4.3 起吊、运输、堆放

4.3.1 起吊

当桩的混凝土达到设计强度标准值的 70％后方可起吊，吊点应按设计规定设置。在吊索与桩间应加衬垫，起吊应平稳提升，采取措施保护桩身质量，防止撞击和受振动。

4.3.2 运输

1 桩运输时的强度应达到设计强度标准值的 100％。长桩运输可采用平板拖车、平台挂车或汽车后挂小炮车运输；短桩运输亦可采用载重汽车。

2 装载时桩支承应按设计吊钩位置或接近设计吊钩位置叠放平稳并垫实，支撑或绑扎

牢固，以防运输中晃动或滑动；桩的叠放层数不得超过三层。

3 行车应平稳，并掌握好行驶速度，防止任何碰撞和冲击。严禁在现场以直接拖拉桩体方式代替装车运输。

4.3.3 堆放

1 堆放场地应平整、坚实，排水良好。桩应按规格、桩号分层叠置，堆放层数不宜超过 4 层。

2 垫木与吊点应保持在同一纵断面上，且各层垫木应上、下对齐，最下一层的垫木应适当加宽加厚，或采用质地良好的枕木。以免因场地浸水，垫木下陷，使底层受弯曲作用而发生断裂。

3 桩的堆放应布置在打桩架附设的起重钩工作半径范围内，并考虑到起吊方向．避免转向。

4.4 试桩

试桩过程中，如发现实际地质情况与设计资料不符时应与有关单位研究处理并对不同截面、不同长度的桩每米锤击数、最终贯入度、总锤击数、桩顶标高、接桩就位所占时间、沉桩时间等详实记录，所得技术数据应存档保管。

4.5 锤击预制桩沉桩

4.5.1 沉桩程序

测量放线 → 就位桩机 → 起吊预制桩 → 稳桩 → 打桩 → 接桩 → 送桩 → 移桩机到下一桩位

4.5.2 测量放线

1 定位桩基的轴线，应从建设单位给定的基线开始，并与控制平面位置的基线网相连。在施工中经常对桩基轴线做系统的检查。在打桩区附近应设有水准基点，其位置应不受打桩影响，数量不宜少于两个。

2 单桩实际位置应先用钢钎垂直打入地下 200mm，抽出钢钎后，灌入白灰捣实。用以保证机械碾压后桩点不错位，桩位放完后经监理单位、施工单位技术负责人复核无误后办理交验手续，方准施工，每日打桩前测量工须复测桩位，发现问题立即纠正。

4.5.3 就位桩机

打桩机就位时，要对准桩位，保证垂直稳定，在施工中不发生倾斜、移动。

4.5.4 起吊预制桩

先拴好吊桩用的钢丝绳和索具，然后用索具捆住桩上端吊环附近处，一般不超过 30cm，再起动机器起吊预制桩，使桩尖垂直对准桩位中心，缓缓放下插入土中，位置要准确；再在桩顶扣好桩帽或桩箍，即可除去索具。

4.5.5 稳桩

桩尖插入桩位后，先用较小的落距冷锤 1～2 次，桩入土一定深度，再使桩垂直稳定。10m 以内短桩可目测或用线坠双向校正，10m 以上或打接桩必须用线坠或经纬仪双向校正，不得用目测。桩插入时垂直度偏差不得超过 0.5%。桩在打入前，要在桩的机面或桩架上设置标尺，以便在施工中观测、记录。

4.5.6 打桩

1 用柴油锤打桩时，要使锤跳动正常。

2 打桩要重锤低击，锤重的选择要根据工程地质条件、桩的类型、结构、密集程度及施工条件来选用。

3 桩开始打入时，桩锤落差宜小（油门控制），桩正常入土。桩尖不宜发生偏移时，可适当增大落距并逐渐提高到规定数值，继续锤击。

4 打桩的顺序，对于密集桩群，自中间向两个方向或向四周对称施打；当一侧毗邻建筑物时，由毗邻建筑物处向另一方向施打；根据基础的设计标高不同而确定沉桩顺序，宜先深后浅；根据桩的规格宜先大后小。

4.5.7 接桩

1 接桩时，接头宜高出地面 0.5～1.0m，不宜在桩端进入硬土层时停顿或接桩。单根桩的沉桩宜连续进行。

2 接桩方法有焊接、螺纹接头、机械啮合接头等。

3 焊接接桩的钢板宜采用低碳钢，焊条宜用 E43。焊接施工时，应注意以下要点：

1）上下节端头预埋件表面应保持清洁。

2）焊接前，要求端头钢板与桩的轴线垂直，钢板平整，以确保相连接后的两桩轴线重合，若上下两桩钢板间有间隙，应用垫铁填实焊牢。

3）焊接时，应先将四角点焊固定，然后对称施焊，确保焊缝高度且连续饱满。

4）桩接头焊接完后，焊缝应在自然条件下冷却 5～10min 方可继续沉桩。

5）上下两节桩之间的间隙应用厚薄适当、加工成楔形的铁片填实焊牢。

6）接桩时，一般在距地面 1m 左右时进行。上下桩节的平面偏差不得大于 10mm，节点弯曲矢高符合设计要求。

7）接桩处入土前，要对外露铁件，再次补刷防腐漆。

8）雨天焊接时，应采取防雨措施。

4 采用螺纹接头接桩应符合下列规定：

1）接桩前应检查桩两端制作的尺寸偏差及连接件，无受损后方可起吊施工；

2）接桩时，卸下上下节桩两端的保护装置后，应清理接头残物，涂上润滑脂；

3）应采用专用锥度接头对中，对准上下节桩进行旋紧连接；

4）可采用专用链条式扳手旋紧，锁紧后两端板尚应有 1～2mm 的间隙。

5 采用机械啮合接头接桩应符合下列规定：

1）上节桩下端的连接销对准下节桩顶端的连接槽口，加压使上节桩的连接销插入下节桩的连接槽内；

2）当地基土或地下水对管桩有中等以上的腐蚀作用时，端板应涂厚度为 3mm 的防腐材料。

4.5.8 送桩

当桩顶标高较低，须送桩入土时，应用钢制送桩器放于桩头上，锤击送桩器将桩送入土中。

4.5.9 移下一桩位

1 当桩顶标高和贯入度都达到设计要求后，桩机移位进行下一桩施工。

2 当桩已打到接近设计标高时，应检查以下内容：

1）桩帽的弹性垫层是否正常；

2）锤击是否偏心。

3）桩顶是否破坏。

3　贯入度的控制，应通过试桩或打桩试验确定；

1）当桩端（指桩的全断面）位于一般土层时（摩擦为主的桩），以控制桩端设计标高为主，贯入度可作参考。

2）当桩端达到坚硬～硬塑的黏性土、中密以上粉土、砂土、碎石类土、风化岩时（即端承桩），以贯入度控制为主，桩端标高可作参考。

3）摩擦桩和摩擦端承桩的控制入土深度，应以标高为主，贯入度作参考。

4）贯入度已达到而桩顶标高未达到时，应继续锤击 3 阵，按每阵 10 击的贯入度不大于设计规定的数值加以确认，必要时施工控制贯入度应与有关单位会商确定。

4.6　静压预制桩沉桩

4.6.1　沉桩程序

测量放线 → 就位桩机 → 起吊预制桩 → 稳桩、压桩 → 接桩 → 送桩 →
移桩机到下一桩位

4.6.2　起吊预制桩

启动门架支撑油缸，使门架作微倾 15°，以便吊插预制桩。起吊预制桩时先拴好吊装用的钢丝绳及索具，然后应用索具捆绑桩上部约 50cm 处，起吊预制桩，使桩尖垂直对准桩位中心缓缓插入土中，回复门架，在桩顶扣好桩帽，卸去索具，桩帽与桩顶之间应有相适应的衬垫，一般采用硬木板，其厚度为 10cm 左右。

4.6.3　稳桩、压桩

1　当桩尖插入桩位后，微微启动压桩油缸，待桩入土至 50cm 时，再次校正桩的垂直度和平台的水平度，使桩的纵横双向垂直偏差不超过 0.5%。然后再启动压桩油缸把桩徐徐压下，控制施压速度不超过 2m/min。

2　抱压式液压压桩机压桩应符合下列规定：

1）压桩机应保持水平；

2）桩机上的吊机在进行吊桩、喂桩过程中，压桩机严禁行走和调整；

3）压桩过程中应控制桩身垂直度偏差不大于 1/100；

4）压桩过程中严禁浮机。

4.6.4　静压桩的终压的控制标准应符合下列规定：

1　静压桩应以标高为主，压力为辅；

2　静压桩终压标准可结合现场试验结果确定；

3　终压连续复压次数应根据桩长及地质条件等因素确定，对于入土深度大于或等于 8m 的桩，复压次数可为 2～3 次，对于入土深度小于 8m 的桩，复压次数可为 3～5 次。

4　稳压压桩力不应小于终压力，稳定压桩时间宜为 5～10s。

4.6.5　其他施工方法同锤击预制桩

5　质量标准

5.0.1　预制桩钢筋骨架主控项目质量检验标准见表 20-1。

预制桩钢筋骨架主控项目质量检验标准　　　　表 20-1

检查项目	允许偏差或允许值		检查方法
	单位	数值	
主筋距桩顶距离	mm	±5	用钢尺量
多节桩锚固钢筋位置	mm	5	用钢尺量
多节桩预埋铁件	mm	±3	用钢尺量
主筋保护层厚度	mm	±5	用钢尺量

5.0.2　预制桩钢筋骨架一般项目质量检验标准见表 20-2。

预制桩钢筋骨架一般项目质量检验标准　　　　表 20-2

检查项目	允许偏差或允许值		检查方法
	单位	数值	
主筋间距		±5	用钢尺量
桩尖中心线		10	用钢尺量
箍筋间距		±20	用钢尺量
桩顶钢筋网片间距		±10	用钢尺量
多节桩锚固钢筋长度		±10	用钢尺量

5.0.3　锤击预制桩主控项目质量检验标准见表 20-3。

锤击预制桩主控项目质量检验标准　　　　表 20-3

检查项目	允许偏差或允许值		检查方法
	单位	数值	
承载力		不小于设计值	静载试验、高应变法等
桩身完整性		—	低应变法

5.0.4　锤击预制桩一般项目质量检验标准见表 20-4。

锤击预制桩一般项目质量检验标准　　　　表 20-4

检查项目			允许偏差或允许值		检查方法
			单位	数值	
成品桩质量			表面平整，颜色均匀，掉角深度小于10mm，蜂窝面积小于总面积的 0.5%		查产品合格证
桩位	带有基础梁的桩	垂直基础梁的中心线	mm	≤100+0.01H	全站仪或用钢尺量
		沿基础梁中心线	mm	≤150+0.01H	
	承台桩	桩数为 1~3 根桩基中的桩	mm	≤100+0.01H	
		桩数大于或等于4 根桩基中的桩	mm	≤1/2桩径+0.01H 或 1/2边长+0.01H	

续表

检查项目		允许偏差或允许值		检查方法
		单位	数值	
电焊条质量		设计要求		查产品合格证
接桩	焊缝咬边深度	mm	≤0.5	焊缝检查仪
	焊缝加强层高度	mm	≤2	焊缝检查仪
	焊缝加强层宽度	mm	≤3	焊缝检查仪
	焊缝电焊质量外观	无气孔、无焊瘤，无裂缝		目测法
	焊缝探伤检验	设计要求		超声波或射线探伤
	电焊结束后停歇时间	min	≥8(3)	用表计时
	上下节平面偏差	mm	≤10	用钢尺量
	节点弯曲矢高	同桩体弯曲要求		用钢尺量
收锤标准		设计要求		用钢尺量或查沉桩记录
桩顶标高		mm	±50	水准测量
垂直度		≤1%		经纬仪测量

注：括号中为采用二氧化碳气体保护焊时的数值。

5.0.5 静压预制桩主控项目质量检验标准见表 20-5。

静压预制桩主控项目质量检验标准　　　　　　表 20-5

检查项目	允许偏差或允许值		检查方法
	单位	数值	
承载力	不小于设计值		静载试验、高应变法等
桩身完整性	—		低应变法

5.0.6 静压预制桩一般项目质量检验标准见表 20-6。

静压预制桩一般项目质量检验标准　　　　　　表 20-6

检查项目			允许偏差或允许值		检查方法
			单位	数值	
成品桩质量			表面平整，颜色均匀，掉角深度小于 10mm，蜂窝面积小于总面积的 0.5%		查产品合格证
桩位	带有基础梁的桩	垂直基础梁的中心线	mm	≤100+0.01H	全站仪或用钢尺量
		沿基础梁中心线	mm	≤150+0.01H	
	承台桩	桩数为 1~3 根桩基中的桩	mm	≤100+0.01H	
		桩数大于或等于 4 根桩基中的桩	mm	≤1/2 桩径+0.01H 或 1/2 边长+0.01H	

续表

检查项目		允许偏差或允许值		检查方法
		单位	数值	
电焊条质量		设计要求		查产品合格证
接桩	焊缝咬边深度	mm	≤0.5	焊缝检查仪
	焊缝加强层高度	mm	≤2	焊缝检查仪
	焊缝加强层宽度	mm	≤3	焊缝检查仪
	焊缝电焊质量外观	无气孔、焊瘤、裂缝		目测法
	焊缝探伤检验	设计要求		超声波或射线探伤
	电焊结束后停歇时间	min	≥6(3)	用表计时
	上下节平面偏差	mm	≤10	用钢尺量
	节点弯曲矢高	同桩体弯曲要求		用钢尺量
终压标准		设计要求		现场实测或查沉桩记录
桩顶标高		mm	±50	水准测量
垂直度		≤1%		经纬仪测量
混凝土灌芯		设计要求		查灌注量

注：括号中为采用二氧化碳气体保护焊时的数值。

6　成品保护

6.0.1　混凝土预制桩达到设计强度的 70% 方可起吊；达到 100% 才能运输和打桩，30m 以上的长桩或锤击大于 500 击的桩，养护期应达到 28d，设计强度达到 100%，方可起吊、运输。

6.0.2　桩在起吊、运输时必须做到平稳并不得损坏。吊点须符合设计规定；钢丝绳与桩间应加衬垫。

6.0.3　混凝土桩堆放场地面要平整，坚实，垫木要稳，支点位置正确，雨期施工还应做好地面排水，并注意观察，以免桩体中间受力。

6.0.4　运输道路应注意修整与维护，保证运输车辆行驶平稳，特别是运输长桩更应注意维修道路。雨雪天路滑时不宜运桩。

6.0.5　桩由水平位置竖起直至立于桩架上的全部过程均要平稳地进行，防止碰撞、歪扭、快起、急停。

7　注意事项

7.1　应注意的质量问题

7.1.1　桩在出厂前，应在桩身用不易磨掉的颜色标明桩的断面尺寸、长度、编号、制作日期（无吊环时应标明吊点的位置），并有出厂合格证。

7.1.2　为避免实际施工中因地质差异和运输条件等意外情况，出现损坏而影响工程进度，故应制做一定数量的备用桩。

7.1.3 遇到下列情况，应暂停打桩，并及时与有关单位研究处理：贯入度剧变；桩身突然发生倾斜、移位或有严重回弹；桩身出现严重裂缝或破碎。

7.1.4 施工现场应配备桩身垂直度观测仪和观测人员，随时量测桩身垂直度。

7.1.5 沉桩顺序，应按先深后浅、先大后小、先长后短、先密后疏的次序进行。

7.1.6 静压桩机的型号和配重的选用应根据地质条件、桩型、桩的密集程度、单桩竖向承载力等再有施工条件等因素确定。设计压桩力不应大于机架和配重重量的 0.9 倍。边桩净空不能满足中置式压桩机施压时，宜选用前置式液压压桩机进行施工。

7.2 应注意的安全问题

7.2.1 邻近原有建筑物（构筑物）打桩时，应采取适当的隔振措施，如开挖隔振沟、打隔离板桩及砂井排水等，并宜采用预钻取土打桩。

7.2.2 软土地基或已有建筑物附近打桩，应采取相应的技术安全措施，以保证安全生产和建筑物的安全，否则易采用压桩法施工。

7.2.3 拔出送桩器后桩孔应立即回填。

7.2.4 坑下打桩必须设专人每日对边坡稳定进行检查，并根据打桩设备情况对桩机稳定进行核算，保证安全生产。

7.2.5 随时检查桩锤悬挂是否正确、牢靠，在移动打桩机、机架中途检修或其他原因而中途暂停打桩作业时，应将桩锤放下或临时加以固定，架上工作台、扶梯等应有保护栏杆。

7.2.6 施工作业要有统一指指挥，遵守安全操作规程，注意人身安全。

7.2.7 现场人员必须戴安全帽，机电操作人员必须穿绝缘鞋、戴绝缘手套。

7.2.8 电焊机应设置单独的开关箱，作业时应穿戴防护用品，施焊完毕，拉闸上锁。遇雨雪天，应停止露天作业。

7.3 应注意的绿色施工问题

7.3.1 施工过程环境保护应符合现行行业标准《建设工程施工现场环境与卫生标准》JGJ 146 的有关规定。

7.3.2 临时设施应建在安全场所，临时设施及辅助施工场所应采取环境保护措施，减少土地占压和生态环境破坏。

7.3.3 施工现场应在醒目位置设置环境保护标识。

7.3.4 打桩过程应注意施工噪音和对周围居民生活的影响，在居民住宅区附近施工，早 7：30 前，晚 7：00 后不得锤击桩作业。

7.3.5 机械维修时产生的污水、废油等排放对周围环进的影响，应及时对污水进行处理，对废油进行回收。

7.3.6 现场整平时弃土及废弃物对周围环境的影响，弃土按甲方指定路线运至弃土场地，并不得沿路抛洒，现场不得丢弃快餐盒、饮料瓶等生活垃圾。

8 质量记录

8.0.1 桩位测量放线图。

8.0.2 制作桩的材料试验记录。

8.0.3 桩的制作记录。

8.0.4 试桩、打桩施工记录。

8.0.5 接桩施工记录。

8.0.6 桩位竣工平面图。

8.0.7 桩的静载荷或动载荷试验资料和确定桩贯入度的记录。

8.0.8 桩的出场合格证。

8.0.9 打桩检验批、分项工程质量检验评定表。

8.0.10 静压桩检验批、分项工程质量检验评定表。

8.0.11 预制桩钢筋加工记录。

8.0.12 预制桩混凝土施工记录。

8.0.13 钢筋隐蔽工程检查验收记录。

8.0.14 混凝土强度试验报告。

8.0.15 地基承载力检测报告。

第21章　人工成孔灌注桩

本工艺标准适用于地下水位以上的黏性土、粉土、填土、中等密实以上的砂土及风化岩层等的人工成孔灌注桩工程。

1　引用标准

《建筑地基基础工程施工规范》GB 51004—2015；

《建筑桩基技术规范》JGJ 94—2008；

《建筑基桩检测技术规范》JGJ 106—2014；

《大直径扩底灌注桩技术规程》JGJ/T 225—2010；

《建筑地基工程施工质量验收标准》GB 50202—2018；

《混凝土结构工程施工规范》GB 50666—2011；

《混凝土结构工程施工质量验收规范》GB 50204—2015。

2　术语（略）

3　施工准备

3.1　作业条件

3.1.1 施工前，应具备施工场地的工程地质资料，会审施工图纸，编制施工组织设计或施工方案。

3.1.2　开挖前，场地完成三通一平，地上或地下障碍物已清除，照明、安全等设施准备就绪。

3.1.3　如雨期施工，应采取有效排水措施；在地下水位比较高的区域，应降低地下水位至桩底以下 0.5m 左右。

3.1.4　施工前，应复核测量基线、水准点及桩位。在不受桩基施工影响处，设置桩基轴线的定位控制点及施工所用水准点，并注意保护。

3.1.5　全面开挖之前，有选择地先挖两个试验桩孔，分析土质、水文等有关情况，并确定施工工艺。

3.2　材料及机具

3.2.1　水泥：宜采用普通硅酸盐或矿渣硅酸盐水泥。

3.2.2　砂：中砂或粗砂，含泥量不大于5％。

3.2.3　石子：粒径为10～40mm且不大于1/3钢筋主筋净距的卵石或碎石，含泥量不大于2％。

3.2.4　水：宜采用饮用水或不含有害物质的洁净水。

3.2.5　外加剂、掺合料：根据气候条件、工期和设计要求等，通过试验确定。

3.2.6　钢筋：钢筋的级别、规格应符合设计要求。

3.2.7　机具：卷扬机组、电动葫芦、辘轳、插入式振捣器、高扬程水泵、电焊机、钢筋切割机和制作平台，以及活动爬梯、短柄铁锹、镐、铲，测锤、支护模板、支撑、36V或12V变压器、照明设备、鼓风机和输风管等。

4　操作工艺

4.1　工艺流程

测量放线 → 开挖第一节桩孔土方 → 支模及浇筑第一节护壁混凝土 →
开挖第二节桩孔土方 → 拆第一节护壁模板 → 支第二节护壁模板 →
浇筑第二节护壁混凝土 → 逐层循环作业 → 成孔检查 → 制作、吊放钢筋笼 →
浇筑混凝土

4.2　测量放线

用施工前复测的基线或轴线控制桩，准确定出桩位，再在桩外不易损坏处设置龙门桩，用于恢复中心点，控制孔中心。

4.3　开挖第一节桩孔土方

开挖桩孔由人工从上到下逐层用镐、锹进行，遇到硬土层，用锤、钎破碎。挖土顺序为先挖中间，后挖周边，开挖深度一般为 1.0m。

4.4　支模及浇筑第一节护壁混凝土

4.4.1　护壁模板之间用卡具扣件连接固定，上下设两个半圆组成的钢圈顶紧，不另设支撑。

4.4.2　第一节井圈中心线与设计轴线偏差不得大于20mm，井圈顶面应比场地高出150～200mm，井圈壁厚应比下面井壁厚度增加100～150mm。

4.4.3　支好模板后，应立即浇筑混凝土，人工浇筑分层捣实。混凝土强度等级采用C25或C30，厚度一般取100～150mm，加配直径为6～8mm的钢筋。

4.5　开挖第二节桩孔土方

4.5.1　第一节护壁做好后，将桩控制轴线和标高测设在护壁上口，然后用十字线对中，吊线坠向井底投设。开挖第二节桩孔土方，并以护壁上口基准点测量孔深。

4.5.2　吊运土方时应注意安全，孔内人员必须戴好安全帽，孔口应设活动安全盖板。

4.6　拆第一节护壁模板，支第二节护壁模板

拆除第一节护壁模板，支第二节护壁模板，上下节护壁搭接长度不小于50mm。

4.7　浇筑第二节护壁混凝土

将拌制好的混凝土送至孔底后，由孔下人员浇筑并振捣密实。

4.8　逐层循环作业

4.8.1　逐层往下循环作业至设计深度。如挖扩底桩，应先将扩底部分桩身的圆柱体挖好，再挖扩底部位的尺寸、形状，自上而下削土达到设计要求。

4.8.2　每节护壁应在当日施工完毕，护壁模板宜在24h后拆除。

4.8.3　当挖孔时遇到局部或厚度不大于1.5m的流动性淤泥和可能出现涌土、涌砂时，护壁高度可减少到300～500mm，并随挖、随验、随浇混凝土。也可采用钢护筒或有效的降水措施。

4.8.4　护壁同一水平面的井圈，任意直径的极差不得大于50mm。

4.9　成孔检查

4.9.1　施工中每挖好一节桩孔，应吊中、轮圆一次。当挖好第一节桩孔时，应在距桩口500mm外测平并设测平桩，以控制桩孔的深度。

4.9.2　成孔以后，应对桩身直径、桩头尺寸、孔底标高、井壁垂直、虚土厚度进行全面检查，做好施工记录。

4.10　吊放钢筋笼

钢筋笼放入前应先绑好砂浆垫块，吊放钢筋笼时，要对准孔位，吊直扶稳，缓慢下沉，避免碰撞孔壁。钢筋笼放到设计位置时，应立即固定。遇有两段钢筋笼连接时，应采取焊

接，以确保钢筋的位置正确，保证层厚度符合要求。

4.11　浇筑混凝土

放溜筒浇筑混凝土，在放溜筒前应再次检查和测量钻孔内虚土厚度，浇筑混凝土时应连续进行，分层振捣密实，分层高度以捣固的工具而定，一般不得大于 1.5m。

混凝土浇筑到桩顶时，应适当超过桩顶设计标高，以保证在凿除浮浆后，桩顶标高符合设计要求。

5　质量标准

5.0.1　混凝土灌注桩钢筋笼质量检验标准

混凝土灌注桩钢筋笼质量检验标准及检查方法见表 21-1。

混凝土灌注桩钢筋笼质量检验标准及检查方法　　　表 21-1

项	序	检查项目	允许偏差或允许值（mm）	检查方法
主控项目	1	主筋间距	±10	用钢尺量
	2	长度	±100	用钢尺量
一般项目	1	钢筋材质检验	设计要求	抽样送检
	2	箍筋间距	±20	用钢尺量
	3	直径	±10	用钢尺量

5.0.2　混凝土灌注桩质量检验标准

混凝土灌注桩质量检验标准及检查方法见表 21-2。

干作业成孔灌注桩质量检验标准　　　表 21-2

项目	序号	检查项目	允许值或允许偏差		检查方法
			单位	数值	
主控项目	1	承载力	不小于设计值		静载试验
	2	孔深及孔底土岩性	不小于设计值		测钻杆套管长度或用测绳、检查孔底土岩性报告
	3	桩身完整性	—		钻芯法（大直径嵌岩桩应钻至桩尖下 500mm），低应变法或声波透射法
	4	混凝土强度	不小于设计值		28d 试块强度或钻芯法
	5	桩径	≥0		井径仪或超声波检测，于作业时用钢尺量，人工挖孔桩不包括护壁厚
一般项目	1	桩位	≤50+0.005H（mm）		全站仪或用钢尺量，基坑开挖前量护筒，开挖后量桩中心
	2	垂直度	≤1/200		经纬仪测量或线坠测量

续表

项目	序号	检查项目		允许值或允许偏差		检查方法
				单位	数值	
一般项目	3	桩顶标高		mm	+30 -50	水准仪测量
	4	混凝土坍落度		mm	90～150	坍落度仪
	5	钢筋笼质量	主筋间距	mm	±10	用钢尺量
			长度	mm	±100	用钢尺量
			钢筋材质检验	设计要求		抽样送检
			箍筋间距	mm	±20	用钢尺量
			笼直径	mm	±10	用钢尺量

注：H 为桩基施工面至设计桩顶的距离（mm）。

6 成品保护

6.0.1 钢筋笼在制作、运输及安装过程中，应采取防止变形措施。

6.0.2 成孔后，对孔应妥善保护，不得掉进土及其他杂物，不得在吊放钢筋笼时碰撞孔壁。

6.0.3 桩头达到设计强度的 70% 前，不得碰撞、碾压，以防桩头破坏。桩头外留主筋应妥善保护，不得任意弯折或切断。

6.0.4 开挖基础时，应预留桩顶标高以上 0.5～0.8m 土采用人工开挖，以防成桩受损。

6.0.5 灌注桩施工完毕进行基础开挖时，应制定合理的施工顺序和技术措施，防止桩的位移和倾斜，并应检查每根桩的纵横水平偏差。

7 注意事项

7.1 应注意的质量问题

7.1.1 如遇孔底积水，可在井底挖一积水坑，采用潜水泵排出地面。如遇上层滞水，可采取快凝混凝土护壁，也可局部采用钢套筒支护防止坍塌。

7.1.2 施工中如遇塌孔，一般可在塌孔处用砖砌成外模并配适量钢筋，再支模及浇筑混凝土护壁；也可采用钢套筒支撑防护，或采用短臂预制拼装式钢筋混凝土井圈。扩底时，为防止扩大头处塌方，可采取间隔挖土扩底施工，留一部分土方作为支撑，待浇筑混凝土前再挖除。

7.1.3 发现护壁有蜂窝、漏水现象时，应及时补强以防造成事故。

7.1.4 放置钢筋笼后且浇筑混凝土前，应再次测孔内虚土厚度，并及时进行处理。

7.2 应注意的安全问题

7.2.1 施工安全应符合现行行业标准《建筑施工安全检查标准》JGJ 59 的有关规定。

7.2.2　操作人员应经过安全教育后进场。施工过程中应定期召开安全工作会议及开展现场安全检查工作。

7.2.3　机电设备应由专人操作，并应遵守操作规程。

7.2.4　现场施工人员必须戴安全帽。井下人员工作时，井上配合人员不能擅离职守；孔口边 1m 范围内不得有任何杂物和机动车辆的通行。

7.2.5　桩孔内必须设应急软爬梯。供人员上下井使用的电葫芦、吊笼等应安全可靠，并配有自动卡紧保险装置，不得使用麻绳吊挂或脚踏井壁凸缘上下；电葫芦宜用按钮式开关，使用前必须检验其安全起吊能力。

7.2.6　每日开工前，必须检测井下的有毒有害气体，并应有足够的安全防护措施。桩孔开挖深度超过 10m 时，应有专门向井下送风的设备，风量不宜少于 25L/s。

7.2.7　孔口周围必须设置护栏，一般加 0.8m 高的围栏围护。

7.2.8　施工现场的一切电路的安装和拆除，必须由持证电工操作。电器应严格接地、接零和使用漏电保护器；各孔用电必须分闸，严禁一闸多用；孔外电缆应架空 2.0m 以上，严禁拖地和埋压土中，孔内电缆电线应有防磨损、防潮、防断等保护措施。照明应采用安全矿灯或 12V 以下的安全灯。

7.3　应注意的绿色施工问题

7.3.1　施工过程中，应采取防尘、降尘措施，控制作业区扬尘。对施工现场的主要道路，宜进行硬化处理或采取其他扬尘控制措施。对可能造成扬尘的露天堆储材料，宜采取扬尘控制措施。

7.3.2　施工过程中，应对材料搬运、施工设备和机具作业等采取可靠的降低噪声措施。施工作业在施工场界的噪声级应符合现行国家标准《建筑施工场界环境噪声排放标准》GB 12523 的有关规定。

7.3.3　施工过程中，应采取光污染控制措施。对可能产生强光的施工作业，应采取防护和遮挡措施。夜间施工时，应采用低角度灯光照明。

7.3.4　对施工过程中产生的污水，应采取沉淀、隔油等措施进行处理，不得直接排放。运送泥浆和废弃物时，应用封闭的罐装车。

7.3.5　施工过程中，对施工设备和机具维修、运行、存储时的漏油，应采取有效的隔离措施，不得直接污染土壤。漏油应统一收集并进行无害化处理。

7.3.6　施工过程的环境保护应符合现行行业标准《建设工程施工现场环境与卫生标准》JGJ 146 的有关规定。

7.3.7　施工现场应在醒目位置设环境保护标识。

8　质量记录

8.0.1　测量放线记录。

8.0.2　砂、石、水泥、钢材、电焊条等原材料合格证、出厂检验报告和进场复验报告。

8.0.3　钢筋接头力学性能试验报告。

8.0.4　钢筋加工检验批质量验收记录。

8.0.5　钢筋隐蔽工程检查验收记录。

8.0.6 混凝土灌注桩（钢筋笼）工程检验批质量验收记录。

8.0.7 混凝土配合比通知单。

8.0.8 混凝土原材料及配合比设计。

8.0.9 商品混凝土出厂合格证及配比单等。

8.0.10 混凝土施工检验批质量验收记录。

8.0.11 混凝土试件强度试验报告。

8.0.12 混凝土灌注桩工程检验批质量验收记录。

8.0.13 试桩记录。

8.0.14 人工成孔施工记录。

8.0.15 桩位竣工平面图。

8.0.16 地基承载力试验记录。

8.0.17 钢筋混凝土预制桩分项工程质量验收记录。

8.0.18 其他技术文件。

第22章　冲击钻成孔灌注桩

本工艺标准适用于黄土、黏性土、粉质黏土和人工杂填土层的泥浆护壁成孔灌注桩，特别适合有孤石的砂砾层、漂石层、坚硬土层、岩层中使用，对流砂层亦可克服，但对淤泥质土应慎重使用。

1　引用文件

《建筑桩基技术规范》JGJ 94—2008；

《建筑地基处理技术规范》JGJ 79—2012；

《建筑地基基础工程施工规范》GB 51004—2015；

《建筑地基工程施工质量验收标准》GB 50202—2018；

《建筑工程施工质量验收统一标准》GB 50300—2013。

2　术语

2.1　泥浆护壁：用机械进行成孔时，为了防止塌孔，在孔内用相对密度大于1的泥浆进行护壁的一种成孔施工工艺。

2.2　冲击钻成孔灌注桩

冲击钻成孔灌注桩是用冲击式钻孔架悬吊冲击钻头（冲锤）上下往复冲击，将土层或岩层破碎成孔，部分碎渣和泥渣挤入孔壁中，大部分成为泥渣，用泥浆循环带出成孔，然后再灌注混凝土成桩。

3　施工准备

3.1　材料及机具

3.1.1　钢筋：品种、规格符合设计要求，有出厂合格证及复试合格报告。

3.1.2　水泥：宜采用强度等级 32.5～42.5 级普通硅酸盐水泥或矿渣硅酸盐水泥。

3.1.3　砂：中砂或粗砂，含泥量符合设计要求。

3.1.4　石子：粒径为 10～40mm 且不大于 1/3 钢筋主筋净距的卵石或碎石，含泥量不大于 2%，针片状颗粒不超过 25%。

3.1.5　水：应用自来水或不含有害物质的洁净水。

3.1.6　黏土：宜选择塑性指数 $I_P \geqslant 17$ 的黏土。

3.1.7　外加剂：根据施工需要通过试验确定，外加剂应有产品出厂合格证。

3.1.8　泥浆又称稳定液，泥浆成分主要有水、塑性指数大于 17 的黏性土、膨润土、增粘剂、分散剂等。

3.1.9　泥浆制作材料主要有：膨润土、CMC，羧甲基纤维素钠盐、碱类（Na_2CO_3 及 $NaHCO_3$）、PHP 等。

3.1.10　泥浆的性能指标：相对密度 1.1～1.15；黏度 18～28s；含砂率≤8%。

3.1.11　机械设备及主要机具：冲击钻孔机、起重吊车、翻斗车或手推车、搅拌机、混凝土导管、储料斗、水泵、水箱、泥浆泵、铁锹、胶皮管、清孔设备、钢筋加工机械等。

3.2　作业条件

3.2.1　确定成孔机具的进行路线和成孔顺序，编制施工方案，做好施工技术交底。

3.2.2　架空线路、地下管线及构筑物等地上、地下障碍物已处理完毕，达到"三通一平"条件。

3.2.3　施工用的临时设施、泥浆循环系统，按平面布置图准备就绪。泥浆循环系统包括泥浆池、沉淀池、泥浆槽及泥浆泵等设施。

3.2.4　对不利于施工机械运行的松软场地需经夯实与碾压，场地应采取有效的排水措施。

3.2.5　正式施工前，应进行一次整体设备运转，做数量不少于两根的成孔试验，以核对地质资料，检验所选择的设备、机具、施工工艺及技术要求的合理性，指导整个施工。

3.2.6　基桩轴线的控制点和水准点经复测后要妥善保护。

3.2.7　操作人员应经过理论与实际施工操作的培训，并持证上岗。

4　操作工艺

4.1　工艺流程

放线定桩位 → 埋设护筒 → 置备泥浆 → 钻机就位 → 冲击成孔 → 清孔 →

钢筋笼制作 → 吊放钢筋笼 → 安放导管 → 二次清孔 → 浇筑混凝土 → 成桩

4.2　放线定桩位

根据图纸放出桩位点，定位后采取灌白灰和打入钢筋等措施，保证桩位标记明显准确，经现场监理工程师复核无误后施工。

4.3　埋设护筒

4.3.1　护筒：在孔口埋设圆形 4～8mm 钢板护筒，内径为桩径＋100mm；高度由地质条件确定，黏性土中不宜小于 1.2m，在砂土中不宜小于 1.7m。

4.3.2　在护筒的上部设两吊环，一为起吊用，二为绑扎钢筋笼吊筋，压制钢筋笼的上浮。同时，护筒顶端正交刻四道槽，以便挂十字线，以备验护筒、验孔之用。同时，在护筒顶端设置一溢浆口（高×宽＝200mm×300mm）。

4.3.3　护筒埋设

1　根据已确定桩位，按轴线方向设置控制桩并找出护筒中心。

2　将护筒竖直放入坑底整平后的预挖坑后，四周即用黏土回填、分层夯实，其位置偏差不宜大于 20mm，埋设好的护筒溢浆口应高出地面 0.1～0.3m。

3　当护筒采用挖埋式时，黏性土埋设深度不宜小于 1m，砂土中不宜小于 1.5m，并应保证孔内泥浆液面高于地下水位 1m 以上。松软地层中埋设护筒时可将松软土挖除 0.5m，换黏土分层夯实。当换土不能满足要求时，须将护筒加长，尽可能使筒落在硬土层上。

4　采用填筑式埋设护筒时，其顶面应高出施工水位 1.5m 以上或适当提高护筒顶面标高。

4.3.4　钢护筒的中心应与桩中心重合，中心偏差不大于 50mm，垂直度不大于 1/200。

4.4　制备泥浆

4.4.1　泥浆的配制应根据钻孔的工程地质情况、孔位、钻机性能等确定。泥浆材料的选定和基本配合比确定应以最容易坍塌的土层为主，初步确定泥浆的配合比，并通过试桩成孔做进一步的修正。

4.4.2　泥浆拌制的顺序：先注入规定数量的清水，边搅拌边放入膨润土，拌制 30min，然后加入纯碱、最后再均匀投入 CMC、PHP 等外加剂水解液，使其充分搅拌混合，静置 12h 后使用。

4.5　钻机就位

钻孔机应对准桩孔中心，必须保持平稳，不发生倾斜、位移。为准确控制钻孔深度，应在机架上或机管上做出控制的标尺，以便在施工中进行观测、记录。

4.6　冲击成孔

4.6.1　开机前护筒内填入足够的黏土和水，保证开机就能造出泥浆，使护壁和护筒连成整体。

4.6.2　在各种不同土层和岩层中钻进时，可按表 22-1 的施工要点进行。

不同土层冲击钻进施工要点　　　　　　表 22-1

适用土层	施工要点
在护筒刃脚下 2m 以内	泥浆相对密度 1.2～1.5，软弱层投入黏土块、小片石，小冲程 1m 左右
黏土或粉质黏土层	清水或稀泥浆，经常清除钻头上的泥块，中小冲程 1～2m
粉砂或中粗砂层	泥浆相对密度 1.2～1.5，投入黏土块，勤冲勤掏碴，中冲程 2～3m
砂、卵石层	泥浆相对密度 1.3，投黏土块，中高冲程 2～4m，勤捣碴
基岩	泥浆相对密度 1.3，高冲程 3～4m，勤掏碴
软弱土层或塌孔回填重钻	泥浆相对密度 1.3～1.5，小冲程反复冲击，加黏土块夹小片石

4.6.3 开始钻基岩时，可采用大冲程、低频率冲击，以免偏斜。如发现钻孔偏斜，应立即回填片石至偏孔上方 0.3～0.5m，重新钻进。

4.6.4 遇孤石时可预爆或采用高低冲程交替冲击，将孤石击碎或挤入孔壁。

4.6.5 必须准确控制松绳长度避免打空锤，一般不宜用高冲程，以免扰动孔壁，引起塌孔、扩孔或卡钻等。

4.6.6 每钻进 4～5m 应验孔一次，在更换钻头前或容易缩孔处理，也要验孔。

4.6.7 经常检查冲击钻头的磨损情况，卡扣松紧程度，转向装置的灵活性。

4.6.8 在岩层中成孔，桩端持力层应按每 100～300mm 清孔取样，非桩端持力层按每 300～500mm 清孔取样。

4.6.9 钻孔至设计深度，经现场监理复测后移走钻机。

4.7　清孔

4.7.1 冲孔桩，孔壁土质较好，不易塌孔者可用空气吸泥机清孔，孔壁土质较差者，可用泥浆循环或抽碴筒抽碴清孔。在黏土和粉质黏土中成孔时，排渣泥浆的相对密度应控制在 1.1～1.2。砂土和较厚的夹砂层控制在 1.1～1.3；砂夹卵石层或容易坍孔的土层控制在 1.3～1.5。

4.7.2 在清孔过程中，应不断置换泥浆，直到灌注水下混凝土。

4.8　钢筋笼制作

4.8.1 钢筋笼主筋的连接方式主要有焊接和机械连接，在同一截面内的钢筋接头数不得多于主筋总数的 50%，两个接头点间的距离不应小于 35d，且最小不得小于 500mm。

钢筋笼加劲筋通过制作定型模具，批量生产。加劲筋在组装钢筋笼前，接头只点焊，待和主筋组装好后，才可对接头进行单面或双面搭接施焊，以避免钢筋局部受热变形。

4.8.2 钢筋笼拼装

1 首先在钢筋笼骨架成形架上安放加劲筋，在加劲筋上标出主筋位置，然后将主筋依次点焊在加劲筋上，确保主筋与加劲筋相互垂直。当钢筋笼直径比较大时，应在加劲筋上焊接十字钢筋支撑，确保加劲筋不变形。

2 将骨架推至外箍筋滚动焊接器上，按规定的间距缠绕箍筋，并用电弧焊将主筋与箍筋固定。

3 将主筋与箍筋用绑丝跳点、双丝绑扎牢固。

4 当钢筋笼采用直螺纹套筒连接时，应将两节钢筋笼节段在一起加工，加工完毕，做好标记，将两节钢筋笼连接的直螺纹套筒用扳手拧开，将第一节钢筋笼吊至钢筋笼存放区存放；第三节钢筋笼的制作以第二节钢筋笼为基础进行制作，当第三节钢筋笼加工完毕，将第二、三节钢筋笼间的连接套筒拆开，做完标记后，吊装第二节钢筋笼至钢筋笼存放区存放；按照相同原理进行后序钢筋笼节段的加工。

4.8.3 为确保钢筋笼保护层厚度，沿主筋外侧，每 4m 设立一组钢筋笼定位器，同一截面上均匀地布置 3 个。

4.9 吊放钢筋笼

4.9.1 钢筋笼的吊放要对准孔位、扶稳、缓慢，避免碰撞孔位，到位后立即固定。当下放困难时，应查明原因，不得强行下放。

4.9.2 多节钢筋笼吊放时，应将钢筋笼在孔口接长后再放入孔内，利用先插入孔内的钢筋笼上部架立筋将笼体固定在护筒上，再利用吊装机械将上节钢筋笼临时吊住进行两节钢筋笼的对接和绑扎。

4.9.3 当采用焊接连接钢筋笼时，宜采用绑条焊。钢筋笼现场拼接完成后应经监理单位的确认后沉入孔内。

4.9.4 当钢筋笼对接主筋应采用机械连接。对于少数错位，无法进行丝扣对接，则可采用帮条焊的焊接方法解决，帮条焊要求焊缝平整、密实，焊缝长度符合规范规定，确保焊接强度质量。

4.9.5 钢筋笼的标高定位，可采用锁定式吊杆。吊杆吊环与护筒绑扎在一起，将钢筋笼固定，同时可防止灌注混凝土时钢筋笼的上浮。

4.10 安放导管

4.10.1 浇筑混凝土的导管宜按表 22-2 选用。

浇筑混凝土用导管参数表 表 22-2

桩径（mm）	导管直径（mm）	导管壁厚（mm）	通过能力（m³/h）
800～1250	200	2～5	10
1250～1750	250	3～5	17
＞1750	300	5	25

4.10.2 导管内壁应光滑、圆顺，第一节底管不宜小于 4m。孔口漏斗下，宜配置 0.5m 和 1m 的配套顶管。

4.10.3 导管连接应竖直，接头加橡胶圈予以密封，下端宜高出孔底沉渣面 300～500mm。

4.10.4 导管使用前进行拼装打压，以检查导管是否有砂眼、变形、密封不严的情况，试水压力为 0.6～1.0MPa。

4.11 二次清孔

4.11.1 导管安放工序结束后，检测孔底泥浆和孔底沉渣厚度，若两个条件同时满足要求，可直接灌注混凝土；如果不能同时满足要求，需进行二次清孔。

4.11.2 二次清孔采用正循环换浆法清孔，将泥浆泵的高压管和灌注导管连接密封，开启泥浆泵，进行泥浆循环，当孔底沉渣厚度小于设计要求后应再进行一段时间的泥浆循环，以置换泥浆降低泥浆相对密度，当泥浆相对密度＜1.20时，方可停止清孔，立即进行灌注，清孔完毕与灌注混凝土的间隔时间不超过45min，以防孔内沉渣再次沉淀及钻孔缩颈的发生。

4.11.3 灌注混凝土前，孔底500mm以内的泥浆相对密度应小于1.25；含砂率不得大于8%；黏度不得大于28s。

4.12 浇筑混凝土

4.12.1 混凝土浇筑前导管中应设置球、塞等隔水，浇筑时，首罐量应保证导管埋深不小于1m。

4.12.2 预拌混凝土应保证连续供应、连续浇灌。自制混凝土，各种原材料严格过秤，搅拌机必须运转正常并应有备用搅拌机一台。

4.12.3 每根桩的浇筑时间按初盘混凝土的初凝时间控制，桩的超灌高度为0.8～1.0m。

4.12.4 浇筑混凝土应连续施工，边灌注边拔导管并勤测混凝土顶面上升高度，导管底端必须保证埋入管外的混凝土面以下2～3m，且不得大于6m。

4.12.5 在灌注时应防止钢筋笼上浮。在混凝土面距钢筋笼底部1.0m左右时，应降低灌注速度。当混凝土面升至钢筋笼底口4.0m以上时，提升导管，使导管底口高于骨架底部2.0m以上，即可恢复正常速度灌注。

4.12.6 混凝土浇筑到桩顶时，应及时拔出导管并使混凝土标高大于设计标高500～700mm。

5 质量标准

5.0.1 钢筋笼制作允许偏差见表22-3。

钢筋笼质量检验标准　　　　　　　　表22-3

项	序	检查项目	允许偏差或允许值	检查方法
一般项目	1	主筋间距	±10mm	用钢尺量
	2	长度	±100mm	用钢尺量
	3	钢筋材质检验	设计要求	抽样送检
	4	箍筋间距	±20mm	用钢尺量
	5	笼直径	±10mm	用钢尺量

5.0.2 灌注桩施工的有关允许偏差见表22-4、表22-5。

灌注桩质量检验标准　　　　　　　　表22-4

项	序	检查项目	允许偏差或允许值		检查方法
			单位	数值	
主控项目	1	承载力	不小于设计值		静载试验
	2	孔深	不小于设计值		用测绳或井径仪测量
	3	桩身完整性	—		钻芯法、低应变法、声波透射法
	4	混凝土强度	不小于设计值		28d试块强度或钻芯取样送检
	5	嵌岩深度	不小于设计值		取岩样或超前钻孔取样

续表

项	序	检查项目		允许偏差或允许值		检查方法
				单位	数值	
一般项目	1	垂直度		见表 22-5		超声波或井径仪测量
	2	孔径		见表 22-5		超声波或井径仪测量
	3	桩位		见表 22-5		全站仪或用钢尺量（开挖前量护筒，开挖后量桩中心）
	4	泥浆指标	相对密度（黏土或砂性土中）	1.10～1.25		用比重计，清孔后在距孔底 50cn 处取样
			含砂率	%	≤8	洗砂瓶
			黏度	s	18～28	黏度计
	5	泥浆面标高（高于地下水位）		m	0.5～1	目测法
	6	沉渣厚度	端承桩	mm	≤50	用沉渣仪或重锤测量
			摩擦桩	mm	≤150	
	7	混凝土坍落度		mm	180～220	坍落度仪
	8	钢筋笼安装深度		mm	±100	用钢尺量
	9	混凝土充盈系数		≥1.0		实际灌注量与计算灌注量的比
	10	桩顶标高		mm	+30 −50	水准仪，需扣除桩顶浮浆层及劣质桩体
	11	后注浆	注浆终止条件	注浆量不小于设计要求		查看流量表
				注浆量不小于设计要求 80%，且注浆压力达到设计值		查看流量表，检查压力表读数
			水胶比	设计值		实际用水量与水泥等胶凝材料的重量比

泥浆护壁灌注桩的平面位置和垂直度的允许偏差　　　　　表 22-5

成孔方法		桩径允许偏差（mm）	垂直度允许偏差	桩位允许偏差（mm）
泥浆护壁钻孔桩	$D<1000mm$	≥0	≤1/100	≤70+0.01H
	$D≥1000mm$			≤100+0.01H

注：1. H 为桩基施工面至设计桩顶的距离（mm）；
　　2. D 为设计桩径（mm）。

5.0.3　混凝土的要求

1）配合比符合设计，水泥用量不少于 360kg/m³；

2）坍落度为 18～22cm；

3）混凝土具有良好的和易性、保水性，初凝时间应控制在 4h 以内；

4）严格控制水灰比；

5）搅拌时间不少于 3min；

6）材料允许偏差：水泥 2%，砂石 3%，水 2%；

7）直径大于 1m 或单桩混凝土量超过 25m³ 的桩，每根桩桩身混凝土应留有一组试件；直径不大于 1m 的桩或单桩混凝土量不超过 25m³ 的桩，每个灌注台班不得少于一组。

6　成品保护

6.0.1　钢筋笼在制作、运输和安装过程中，应采取措施防止变形。

6.0.2　混凝土灌注标高低于地面的桩孔，浇筑完毕应立即回填砂石至地面标高，严禁用大石、砖墩等大件物件回填桩孔。

6.0.3　桩头外留主筋、插铁要妥善保护，不得任意弯折或切断。

6.0.4　严禁把桩体作锚固桩用。

6.0.5　桩头强度未达 5MPa 时不得碾压以防桩头破坏。

6.0.6　灌注桩施工完毕进行基础开挖时，应制定合理的施工顺序和技术措施，防止桩的位移和倾斜，并应检查每根桩的纵横水平偏差。

7　注意事项

7.1　应注意的质量问题

7.1.1　钻进过程中应经常检查机架有无松动或移位防止桩孔移动或倾斜。

7.1.2　孔口附近严禁堆放重物且必须加盖，附近地面应随时察看有无开裂现象，防止护筒或机架发生倾斜或下沉。

7.1.3　在软硬变化较大的地层中钻进应注意穿透旧基础或大孤石等障碍物；在岩溶地区遇溶洞时应慎重操作，以防钻具突降造成人身和机具事故。

7.1.4　在靠河地段施工时，应经常检查护筒内水头的高度。当发生变化时及时调整，以防塌孔。

7.1.5　冲击成孔时应待邻孔混凝土达到其强度的 50% 方可开钻，成孔过程中须严防梅花孔。

7.1.6　施工中，应定期测定泥浆黏度、含砂率和胶体率。

7.1.7　钢筋笼在堆放、运输、起吊、入孔等过程中，必须加强对操作工人的技术交底，严格执行加固的技术措施。

7.1.8　成孔过程中，若发现斜孔、弯孔、缩颈、塌孔或沿护筒周围冒浆，以及地面沉陷应采取表 22-6 所列措施后方可继续施工。

成孔中对异常情况的措施表　　　　　　　　　　　　　　　　表 22-6

情况	措施
斜孔、缩孔、弯孔	停钻，抛填黏土块夹片石，至偏孔开始处以上 0.5～1m 重新钻进
塌孔	停钻，回填夹片石的黏土块，加大泥浆的相对密度，反复冲击。
护筒周围冒浆	护筒周围回填黏土并夯实；稻草拌黄泥堵塞漏洞，必要时叠压砂包

7.1.9　灌注导管使用后要及时用水清洗，管壁、接口处要经常检查，随时清除砂眼、接口变形等隐患，破损的胶垫和连接螺栓要及时更换。

7.2　应注意的安全问题

7.2.1　施工安全应符合现行行业标准《建筑施工安全检查标准》JGJ 59 的有关规定。

7.2.2　操作人员应经过安全教育后进场。

7.2.3　施工机械应经常检查其磨损程度，并应按规定及时更新。机械的使用应符合现行行业标准《建筑机械使用安全技术规程》JGJ 33 的规定。

7.2.4　施工临时用电应符合现行行业标准《施工现场临时用电安全技术规范》JGJ 46的规定。

7.2.5　焊、割作业点，氧气瓶、乙炔瓶、易燃易爆物品的距离和防火要求应符合有关规定。

7.2.6　施工前应制定保护建筑物、地下管线安全的技术措施，并应标出施工区域内外的建筑物、地下管线的分布示意图。

7.2.7　严格用电管理，施工现场的一切电源、电路的安装和拆除，必须由持证电工操作，电器必须严格接地、接零和漏电保护。现场电缆应架空，严禁拖地和埋压土中。

7.2.8　钻机因故停止钻孔时，应设专人值班补浆，防止塌孔事故。

7.2.9　钢筋骨架起吊时要平稳，严禁猛起、猛落并拉好尾绳。

7.2.10　混凝土灌注完后，及时抽干空桩部分的泥浆，回填素土并压实。

7.3　应注意的绿色施工问题

7.3.1　临时设施应建在安全场所，临时设施及辅助施工场所应采取环境保护措施，减少土地占有和生态环境破坏。

7.3.2　施工过程的环境保护应符合现行行业标准《建设工程施工现场环境与卫生标准》JGJ 146 的有关规定。

7.3.3　施工现场应在醒目位置设环境保护标识。

7.3.4　施工时应对文物古迹、古树名木采取保护措施。

7.3.5　危险品、化学品存放处应隔离，污物应按指定要求排放。

7.3.6　施工现场的机械保养、限额领料、废弃物再生利用等制度应健全。

7.3.7　施工期间应严格控制噪声，并应现行国家标准《建筑施工场界环境噪声排放标准》GB 12523 的规定。

7.3.8　施工现场应设置排水系统，排水沟的废水应经沉淀过滤达到标准后，方可排放市政排水管网。运送泥浆和废弃物时应用封闭的罐装车。

7.3.9　施工现场出入口处应设置冲洗设施、污水池和排水沟，由专人对进出车辆进行清洗保洁。

7.3.10　夜间施工应办理手续并采取措施，减少声、光的不利影响。

7.3.11　泥浆池在无桩位处设置。池的容量应大于计算泥浆数量，防止泥浆数量大而外溢，施工场地设置环形泥浆槽，泥浆池和泥浆槽均应用砖砌筑，池壁和池底用水泥砂浆抹面。

7.3.12　在运输砂石、水泥和其他易飞扬的细颗粒散体材料时，用篷布覆盖严密、并装量适中，不得超限运输，以减少扬尘。

8　质量记录

8.0.1　砂、石子、水泥、钢筋、电焊条等原材料合格证、出厂检验报告和进场复试报告；

8.0.2　预拌混凝土出厂合格证及复测报告；

8.0.3　钢筋接头力学性能试验报告；

8.0.4　混凝土配合比通知单；

8.0.5　试桩记录；

8.0.6 补桩平面图（必要时）；

8.0.7 混凝土灌注桩钢筋笼质量验收记录；

8.0.8 测量放线记录；

8.0.9 钻孔记录；

8.0.10 混凝土浇筑记录；

8.0.11 混凝土试件强度试验报告；

8.0.12 混凝土灌注桩质量验收记录；

8.0.13 桩基检测报告；

8.0.14 其他技术文件。

第 23 章　旋挖钻成孔灌注桩

本工艺标准适用于工业与民用建筑、道路桥梁及其他构筑物的淤泥、地下水位高的黏性土、粉土、砂土、人工填土及含有卵石、碎石的地层、软质岩和风化岩层的螺旋钻泥浆护壁成孔灌注桩，但不适用于含有强承压水的土层。

1　引用文件

《建筑桩基技术规范》JGJ 94—2008；

《建筑地基处理技术规范》JGJ 79—2012；

《建筑地基基础工程施工规范》GB 51004—2015；

《建筑地基工程施工质量验收标准》GB 50202—2018；

《建筑工程施工质量验收统一标准》GB 50300—2013。

2　术语

2.0.1 泥浆护壁：用机械进行成孔时，为了防止塌孔，在孔内用相对密度大于 1 的泥浆进行护壁的一种成孔施工工艺。

2.0.2 旋挖成孔灌注桩：旋挖钻孔施工是利用钻杆和钻斗的旋转，以钻斗自重并加液压作为钻进压力，把孔底原状土切削成条状载入钻斗提升出土。通过钻斗的旋转、挖土、提升、卸土和泥浆置换护壁，反复循环而成孔。

3　施工准备

3.1　作业条件

3.1.1 施工前应编制旋挖成孔泥浆护壁灌注桩施工方案，做好施工技术交底。

3.1.2　开钻前场地完成三通一平，铲除松软土层及建筑垃圾夯实。

3.1.3　根据钻孔的大小和桩位布局挖好相应体积的泥浆池或共用泥浆池。设置排水沟、集水坑，及时将桩孔范围内积水排走，确保场内无积水。必要时应降低地下水位。

3.1.4　钻头、钻杆以及钢丝绳长度的选取，依据地层条件不同选择不同钻头与钻杆，一般机锁式钻杆适用坚硬地层，而摩阻式钻杆适于一般较软地层。钢丝绳长度选择可按如下公式确定：钢丝绳长度＝孔深＋机高＋15～20m。

3.1.5　正式施工前应做好成孔试验，数量不少于两根。

3.1.6　基桩轴线的控制点和水准点经复测后要妥善保护。

3.1.7　操作人员应经过理论与实际施工操作的培训，并持证上岗。

3.2　材料及机具

3.2.1　预搅拌混凝土：坍落度一般要求为 180～220mm，和易性及强性等级符合设计要求，常用强性等级为 C30～C40。

3.2.2　钢筋：品种和规格均符合设计要求，并有出厂合格证及复试合格报告。

3.2.3　垫块：用 1∶3 水泥砂浆埋 22 号火烧丝提前预制或用水泥砂浆做成轻式预制块或采用塑料卡。

3.2.4　火烧丝：规格 18～22 号。

3.2.5　盖板：盖孔使用。

3.2.6　钻机耗材：液压油、齿轮油、润滑油、柴油、钢丝绳、斗齿、齿座、销垫等符合要求。

3.2.7　泥浆制备材料：膨润土、纯碱、外加剂等符合要求。

3.2.8　机械设备及主要机具

钻孔设备：旋挖钻机、钢护筒等。

配套设备：挖掘机、装载机、吊车、潜水泵、钻渣运输车等。

安全设备：防水照明灯、安全帽等。

混凝土灌注设备：商品混凝土准备工作、发电机、混凝土运输车、导管、下料斗等。

钢筋加工、安装设备：钢筋笼成套加工设备、电焊机、吊车、运笼车等。

4　操作工艺

4.1　工艺流程

放线定桩位 → 埋设护筒 → 置备泥浆 → 钻机就位 → 旋挖钻机成孔 → 清孔 →

钢筋笼制作 → 吊放钢筋笼 → 安放导管 → 二次清孔 → 浇筑混凝土 → 成桩

4.2　放线定桩位

根据图纸放出桩位点，定位后采取灌白灰和打入钢筋等措施，保证桩位标记明显准确，经现场监理工程师复核无误后进行施工。

4.3　埋设护筒

4.3.1　护筒：在孔口埋设圆形 4～8mm 钢板护筒，内径为桩径＋100mm；高度由地质条件确定，黏性土中不宜小于 1.2m，在砂土中不宜小于 1.7m。

4.3.2　在护筒的上部设两吊环，一为起吊用，二为绑扎钢筋笼吊筋，压制钢筋笼的上浮。同时，护筒顶端正交刻四道槽，以便挂十字线，以备验护筒、验孔之用。同时，在护筒顶端设置一溢浆口（高×宽＝200mm×300mm）。

4.3.3　护筒埋设

1　根据已确定桩位，按轴线方向设置控制桩并找出护筒中心。

2　将护筒竖直放入坑底整平后的预挖坑后，四周即用黏土回填、分层夯实，其位置偏差不宜大于 20mm，埋设好的护筒溢浆口应高出地面 0.1～0.3m。

3　当护筒采用挖埋式时，黏性土埋设深度不宜小于 1m，砂土中不宜小于 1.5m，并应保证孔内泥浆液面高于地下水位 1m 以上。松软地层中埋设护筒时可将松软土挖除 0.5m，换黏土分层夯实，当换土不能满足要求时，须将护筒加长，尽可能使筒脚落在硬土层上。

4　采用填筑式埋设护筒时，其顶面应高出施工水位 1.5m 以上或适当提高护筒顶面标高。

4.3.4　钢护筒的中心应与桩中心重合，中心偏差不大于 50mm，垂直度不大于 1/200。

4.4　制备泥浆

4.4.1　泥浆的配制应根据钻孔的工程地质情况、孔位、钻机性能等确定。泥浆材料的选定和基本配合比确定应以最容易坍塌的土层为主，初步确定泥浆的配合比，并通过试桩成孔做进一步的修正。

4.4.2　泥浆拌制的顺序：先注入规定数量的清水，边搅拌边放入膨润土，拌制 30min，然后加入纯碱，最后再均匀投入 CMC、PHP 等外加剂水解液，使其充分搅拌混合，静置 12h 后使用。

4.5　钻机就位

平整、压实场地，就位时使主机左右履带板处于同一水平面上，动力头方向应和履带板方向平行，开钻前调整好机身前后左右的水平。就位时，保证钻机钻具中心和护筒中心重合，偏差不应大于 20mm。

4.6　旋挖钻机成孔

4.6.1　成孔前及提出钻斗时均应检查钻头保护装置、钻头直径及钻头磨损情况，并应清除钻斗上的渣土。

4.6.2　钻孔过程中根据地质情况控制进尺速度：由硬地层钻到软地层时，可适当加快钻进速度；当软地层变为硬地层时，要减速慢进；在易缩径的地层中，应适当增加扫孔次数，防止缩径；对硬塑层采用快转速钻进，以提高钻进效率；砂层则采用慢转速慢钻进并适当增加泥浆密度和黏度。在较厚的砂层成孔宜更换砂层钻斗，并减少旋挖进尺。

4.6.3　钻机就位时，必须保持平整、稳固，不发生倾斜。钻进过程中经常检查钻杆垂度，确保孔壁垂直。

4.6.4　为准确控制孔深，应备有校核后百米钢丝测绳并观测自动深度记录仪，以便在施工中观测、记录。

4.6.5　钻进施工时，利用反铲及时将钻渣清运，保证场地干净整洁，利于下一步施工。钻进达到要求孔深停钻后，注意保持孔内泥浆的浆面高程，确保孔壁的稳定。

4.6.6 应注意提升钻头过快，易产生负压，造成孔壁坍塌。

4.6.7 成孔时桩距应控制在4倍桩径内，排出渣土距桩孔口距离应大于6m，并应及时清除。

4.7 清孔

旋挖钻机成孔，因渣土由钻斗直接从底部取出，一般情况下均能保证泥浆沉淀厚度小于规定值。若是泥浆相对密度过大，则可能出现泥浆沉淀过厚，此时应用钻机再抓一斗，且用钻斗上下搅动，同时抽换孔内浆液，保证泥浆含砂率小于2%。

若是下钢筋笼后出现孔底沉淀厚度超标，则可以采用混凝土导管附着水管搅动孔底，同时注水换浆，以达到清孔的目的。

4.8 钢筋笼制作

4.8.1 钢筋笼主筋的连接方式主要有焊接和机械连接，在同一截面内的钢筋接头数不得多于主筋总数的50%，两个接头点间的距离不应小于35d，且最小不得小于500mm。

钢筋笼加劲肋通过制作定型模具，批量生产。加劲筋在组装钢筋笼前，接头只点焊，待和主筋组装好后，才可对接头进行单面或双面搭接施焊，以避免钢筋局部受热变形。

4.8.2 钢筋笼拼装

1 首先，在钢筋笼骨架成形架上安放加劲筋，在加劲筋上标出主筋位置；然后，将主筋依次点焊在加劲筋上，确保主筋与加劲筋相互垂直。当钢筋笼直径比较大时，应在加劲筋上焊接十字钢筋支撑，确保加劲筋不变形。

2 将骨架推至外箍筋滚动焊接器上，按规定的间距缠绕箍筋，并用电弧焊将主筋与箍筋固定。

3 将主筋与箍筋用绑丝跳点、双丝绑扎牢固。

4 当钢筋笼采用直螺纹套筒连接时，应将两节钢筋笼节段在一起加工，加工完毕，做好标记，将两节钢筋笼连接的直螺纹套筒用扳手拧开，将第一节钢筋笼吊至钢筋笼存放区存放；第三节钢筋笼的制作以第二节钢筋笼为基础进行制作，当第三节钢筋笼加工完毕，将第二、三节钢筋笼间的连接套筒拆开，做完标记后，吊装第二节钢筋笼至钢筋笼存放区存放；按照相同原理进行后序钢筋笼节段的加工。

4.8.3 为确保钢筋笼保护层厚度，沿主筋外侧，每4m设立一组钢筋笼定位器，同一截面上均匀地布置3个。

4.9 吊放钢筋笼

4.9.1 钢筋笼的吊放要对准孔位、扶稳、缓慢，避免碰撞孔位，到位后立即固定。当下放困难时，应查明原因，不得强行下放。

4.9.2 多节钢筋笼吊放时，应将钢筋笼在孔口接长后再放入孔内，利用先插入孔内的钢筋笼上部架立筋将笼体固定在护筒上，再利用吊装机械将上节钢筋笼临时吊住，进行两节钢筋笼的对接和绑扎。

4.9.3 当采用焊接连接钢筋笼时，宜采用绑条焊。钢筋笼现场拼接完成后，应经监理单位确认后沉入孔内。

4.9.4 当钢筋笼对接主筋应采用机械连接。对于少数错位，无法进行丝扣对接，则可采用帮条焊的焊接方法解决，帮条焊要求焊缝平整密实，焊缝长度符合规范规定，确保焊接强度质量。

4.9.5　钢筋笼的标高定位，可采用锁定式吊杆。吊杆吊环与护筒绑扎在一起，将钢筋笼固定，同时可防止灌注混凝土时钢筋笼的上浮。

4.10　安放导管

4.10.1　浇筑混凝土的导管宜按表 23-1 选用。

灌混凝土用导管参数表　　　　　　　　　　表 23-1

桩径（mm）	导管直径（mm）	导管壁厚（mm）	通过能力（m³/h）
800～1250	200	2～5	10
1250～1750	250	3～5	17
>1750	300	5	25

4.10.2　导管内壁应光滑、圆顺，第一节底管不宜小于 4m。孔口漏斗下，宜配置 0.5m 和 1m 的配套顶管。

4.10.3　导管连接应竖直，接头加橡胶圈予以密封，下端宜高出孔底沉渣面 300～500mm。

4.10.4　导管使用前进行拼装打压，以检查导管是否有砂眼、变形、密封不严的情况，试水压力为 0.6～1.0MPa。

4.11　二次清孔

4.11.1　导管安放工序结束后，检测孔底泥浆和孔底沉渣厚度，若两个条件同时满足要求，可直接灌注混凝土。如果不能同时满足，需进行二次清孔。

4.11.2　二次清孔采用正循环换浆法清孔，将泥浆泵的高压管和灌注导管连接密封，开启泥浆泵，进行泥浆循环，当孔底沉渣厚度小于设计要求后应再进行一段时间的泥浆循环，以置换泥浆降低泥浆相对密度，当泥浆相对密度<1.20 时，方可停止清孔，立即进行灌注，清孔完毕与灌注混凝土的间隔时间不超过 45min，以防孔内沉渣再次沉淀及钻孔缩颈的发生。

4.11.3　灌注混凝土前，孔底 500mm 以内的泥浆相对密度应小于 1.25；含砂率不得大于 8%；黏度不得大于 28s。

4.12　浇筑混凝土

4.12.1　混凝土浇筑前导管中应设置球、塞等隔水，浇筑时，首罐量应保证导管埋深不小于 1m。

4.12.2　预拌混凝土应保证连续供应、连续浇灌。自制混凝土，各种原材料严格过秤，搅拌机必须运转正常并应有备用搅拌机一台。

4.12.3　每根桩的浇筑时间按初盘混凝土的初凝时间控制，桩的超灌高度为 0.8～1.0m。

4.12.4　浇筑混凝土应连续施工，边灌注边拔导管并勤测混凝土顶面上升高度，导管底端必须保证埋入管外的混凝土面以下 2～3m，且不得大于 6m。

4.12.5　在灌注时应防止钢筋笼上浮。在混凝土面距钢筋笼底部 1.0m 左右时，应降低灌注速度。当混凝土面升至钢筋笼口 4.0m 以上时，提升导管，使导管底口高于骨架底部

2.0m 以上，即可恢复正常速度灌注。

4.12.6 混凝土浇筑到桩顶时，应及时拔出导管并使混凝土标高大于设计标高 500～700mm。

5　质量标准

5.0.1 钢筋笼制作允许偏差见表 23-2。

钢筋笼质量检验标准　　　　　　　　　　　　　　　　表 23-2

项	序	检查项目	允许偏差或允许值	检查方法
一般项目	1	主筋间距	±10mm	用钢尺量
	2	长度	±100mm	用钢尺量
	3	钢筋材质检验	设计要求	抽样送检
	4	箍筋间距	±20mm	用钢尺量
	5	笼直径	±10mm	用钢尺量

5.0.2 灌注桩施工的有关允许偏差见表 23-3、表 23-4。

灌注桩质量检验标准　　　　　　　　　　　　　　　　表 23-3

项	序	检查项目		允许偏差或允许值		检查方法
				单位	数值	
主控项目	1	承载力		不小于设计值		静载试验
	2	孔深		不小于设计值		用测绳或井径仪测量
	3	桩身完整性		—		钻芯法、低应变法、声波透射法
	4	混凝土强度		不小于设计值		28d 试块强度或钻芯取样送检
	5	嵌岩深度		不小于设计值		取岩样或超前钻孔取样
一般项目	1	垂直度		见表 23-4		超声波或井径仪测量
	2	孔径		见表 23-4		超声波或井径仪测量
	3	桩位		见表 23-4		全站仪或用钢尺量（开挖前量护筒，开挖后量桩中心）
	4	泥浆指标	相对密度（黏土或砂性土中）	1.10～1.25		用比重计，清孔后在距孔底 50cm 处取样
			含砂率	%	≤8	洗砂瓶
			黏度	s	18～28	黏度计
	5	泥浆面标高（高于地下水位）		m	0.5～1	目测法
	6	沉渣厚度	端承桩	mm	≤50	用沉渣仪或重锤测量
			摩擦桩	mm	≤150	
	7	混凝土坍落度		mm	180～220	坍落度仪
	8	钢筋笼安装深度		mm	±100	用钢尺量
	9	混凝土充盈系数		≥1.0		实际灌注量与计算灌注量的比
	10	桩顶标高		mm	+30 −50	水准仪，需扣除桩顶浮浆层及劣质桩体
	11	后注浆	注浆终止条件	注浆量不小于设计要求		查看流量表
				注浆量不小于设计要求 80%，且注浆压力达到设计值		查看流量表，检查压力表读数
			水胶比	设计值		实际用水量与水泥等胶凝材料的重量比

表 23-4

泥浆护壁灌注桩的平面位置和垂直度的允许偏差

成孔方法		桩径允许偏差（mm）	垂直度允许偏差	桩位允许偏差（mm）
泥浆护壁钻孔桩	$D<1000$mm	$\geqslant 0$	$\leqslant 1/100$	$\leqslant 70+0.01H$
	$D\geqslant 1000$mm			$\leqslant 100+0.01H$

注：1. H 为桩基施工面至设计桩顶的距离（mm）；

2. D 为设计桩径（mm）。

5.0.3　混凝土的要求

1）配合比符合设计，水泥用量不少于 360kg/m^3；

2）坍落度为 $18\sim22$cm；

3）混凝土具有良好的和易性、保水性，初凝时间应控制在 4h 以内；

4）严格控制水灰比；

5）搅拌时间不少于 3min；

6）材料允许偏差：水泥 2%，砂石 3%，水 2%；

7）直径大于 1m 或单桩混凝土量超过 25m^3 的桩，每根桩桩身混凝土应留有一组试件；直径不大于 1m 的桩或单桩混凝土量不超过 25m^3 的桩，每个灌注台班不得少于一组。

6　成品保护

6.0.1　钢筋笼在制作、运输和安装过程中，应采取措施防止变形。

6.0.2　混凝土灌注标高低于地面的桩孔，浇筑完毕应立即回填砂石至地面标高，严禁用大石、砖墩等大件物件回填桩孔。

6.0.3　桩头外留主筋、插铁要妥善保护，不得任意弯折或切断。

6.0.4　严禁把桩体作锚固桩用。

6.0.5　桩头强度未达 5MPa 时不得碾压，以防桩头破坏。

6.0.6　灌注桩施工完毕进行基础开挖时，应制定合理的施工顺序和技术措施，防止桩的位移和倾斜，并应检查每根桩的纵横水平偏差。

7　注意事项

7.1　应注意的质量问题

7.1.1　钻进过程中，应经常检查机架有无松动或移位防止桩孔移动或倾斜。

7.1.2　在靠河地段施工时，应经常检查护筒内水头的高度。当发生变化时及时调整，以防塌孔。

7.1.3　始终控制钻斗在孔内的升降速度，因为如果快速地上下移动钻斗，那么水流将以较快的速度由钻斗外侧和孔壁之间的孔隙流过，导致冲刷孔壁，有时还会在其下方产生负压力导致孔壁坍塌，所以应按孔径的大小及土质情况来调整钻斗的升降速度。

7.1.4　施工中应定期测定泥浆黏度，含砂率和胶体率。

7.1.5　钢筋笼在堆放、运输、起吊、入孔等过程中，必须加强对操作工人的技术交底，严格执行加固的技术措施。

7.1.6　清孔过程中必须及时补给足够的泥浆，并保持浆面稳定，孔底沉碴应清理干净，保证满足规范要求和实际有效孔深的设计要求。

7.1.7　灌注导管使用后要及时用水清洗，管壁、接口处要经常检查，随时清除砂眼、接口变形等隐患，破损的胶垫和连接螺栓要及时更换。

7.2　应注意的安全问题

7.2.1　施工安全应符合现行行业标准《建筑施工安全检查标准》JGJ 59 的有关规定。

7.2.2　操作人员应经过安全教育后进场。

7.2.3　施工机械应经常检查其磨损程度，并应按规定及时更新。机械的使用应符合现行行业标准《建筑机械使用安全技术规程》JGJ 33 的规定。

7.2.4　施工临时用电应符合现行行业标准《施工现场临时用电安全技术规范》JGJ 46 的规定。

7.2.5　焊、割作业点，氧气瓶、乙炔瓶、易燃易爆物品的距离和防火要求应符合有关规定。

7.2.6　施工前应制定保护建筑物、地下管线安全的技术措施，并应标出施工区域内外的建筑物、地下管线的分布示意图。

7.2.7　严格用电管理，施工现场的一切电源、电路的安装和拆除，必须由持证电工操作，电器必须严格接地、接零和漏电保护。现场电缆应架空，严禁拖地和埋压土中。

7.2.8　钻机因故停止钻孔时，应设专人值班补浆，防止塌孔事故。

7.2.9　钢筋骨架起吊时要平稳，严禁猛起猛落，并拉好尾绳。

7.2.10　混凝土灌注完后，及时抽干空桩部分的泥浆，回填素土并压实。

7.3　应注意的绿色施工问题

7.3.1　临时设施应建在安全场所，临时设施及辅助施工场所应采取环境保护措施，减少土地占有和生态环境破坏。

7.3.2　施工过程的环境保护应符合现行行业标准《建设工程施工现场环境与卫生标准》JGJ 146 的有关规定。

7.3.3　施工现场应在醒目位置设环境保护标识。

7.3.4　施工时应对文物古迹、古树名木采取保护措施。

7.3.5　危险品、化学品存放处应隔离，污物应按指定要求排放。

7.3.6　施工现场的机械保养、限额领料、废弃物再生利用等制度应健全。

7.3.7　施工期间应严格控制噪声，并应现行国家标准《建筑施工场界环境噪声排放标准》GB 12523 的规定。

7.3.8　施工现场应设置排水系统，排水沟的废水应经沉淀过滤达到标准后，方可排放市政排水管网。运送泥浆和废弃物时应用封闭的罐装车。

7.3.9　施工现场出入口处应设置冲洗设施、污水池和排水沟，由专人对进出车辆进行清洗保洁。

7.3.10　夜间施工应办理手续，并采取措施减少声、光的不利影响。

7.3.11　泥浆池在无桩位处设置。池的容量应大于计算泥浆数量，防止泥浆数量大而外溢，施工场地设置环形泥浆槽，泥浆池和泥浆槽均应用砖砌筑，池壁和池底用水泥砂浆抹面。

7.3.12 在运输砂石、水泥和其他易飞扬的细颗粒散体材料时，用篷布覆盖严密、并装量适中，不得超限运输，以减少扬尘。

8 质量记录

8.0.1 砂、石子、水泥、钢筋、电焊条等原材料合格证、出厂检验报告和进场复试报告；

8.0.2 预拌混凝土出厂合格证及复测报告；

8.0.3 钢筋接头力学性能试验报告；

8.0.4 混凝土配合比通知单；

8.0.5 试桩记录；

8.0.6 补桩平面图（必要时）；

8.0.7 混凝土灌注桩钢筋笼质量验收记录；

8.0.8 测量放线记录；

8.0.9 钻孔记录；

8.0.10 混凝土浇筑记录；

8.0.11 混凝土试件强度试验报告；

8.0.12 混凝土灌注桩质量验收记录；

8.0.13 桩基检测报告；

8.0.14 其他技术文件。

第24章 正反循环钻成孔灌注桩

本工艺标准适用于黏性土、粉土、砂类土、碎石、卵石含量小于20%的碎石土及岩层中成孔的工业与民用建筑、道路桥梁及其他构筑物的泥浆护壁成孔灌注桩工程。反循环回转钻在卵石土层中钻进时，卵石粒径不应超过钻杆内径的2/3。

1 引用文件

《建筑桩基技术规范》JGJ 94—2008；

《建筑地基处理技术规范》JGJ 79—2012；

《建筑地基基础工程施工规范》GB 51004—2015；

《建筑地基工程施工质量验收标准》GB 50202—2018；

《建筑工程施工质量验收统一标准》GB 50300—2013。

2 术语

正循环回转钻孔：泥浆高压通过钻机的空心钻杆，从钻杆底部射出，底部的钻头（钻锥）在回转时将土层搅松成为钻渣，被泥浆浮悬。随着泥浆上升而溢出流到井外的泥浆溜槽，经过沉淀池沉淀净化，泥浆再循环使用。

反循环回转钻孔：泥浆通过钻杆外注入井孔，用真空泵或其他方法（如空气吸泥机）将钻渣从钻杆中吸出。

3　施工准备

3.1　作业条件

3.1.1　应编制正、反循环成孔泥浆护壁灌注桩施工方案。

3.1.2　熟悉现场的工程地质和水文地质资料，架空线路、地下管线及构筑物等地上、地下障碍物已处理完毕，达到"三通一平"条件。

3.1.3　施工用的临时设施、泥浆循环系统按平面布置图准备就绪。

3.1.4　对不利于施工机械运行的松软场地需经夯实与碾压，场地应采取有效的排水措施。

3.1.5　确定成孔机具的进行路线和成孔顺序，做好安全技术交底。

3.1.6　正式施工前应做好成孔试验，数量不少于2根。

3.1.7　基桩轴线的控制点和水准点经复测后要妥善保护。

3.1.8　操作人员应经过理论与实际施工操作的培训，并持证上岗。

3.2　材料及机具

3.2.1　钢筋：钢筋的级别、直径必须符合设计要求，有出厂合格证及复试合格报告。

3.2.2　水泥：宜采用强度等级32.5～42.5级普通硅酸盐水泥或矿渣硅酸盐水泥。

3.2.3　砂：中砂或粗砂，含泥量不大于3％。

3.2.4　石子：粒径为10～40mm且不大于1/3钢筋主筋净距的卵石或碎石，含泥量不大于2％，针片状颗粒不超过25％。

3.2.5　水：应用自来水或不含有害物质的洁净水。

3.2.6　黏土：宜选择塑性指数$I_P \geqslant 17$的黏土。

3.2.7　外加剂：根据气候条件、工期和设计要求等通过试验确定。

3.2.8　机械设备及主要机具

成孔机械、起重吊车、翻斗车或手推车、搅拌机、混凝土导管、储料斗、水泵、水箱、泥浆泵、铁锹、胶皮管、清孔设备等。

4　操作工艺

4.1　工艺流程

放线定桩位 → 埋设护筒 → 置备泥浆 → 钻机就位 → 成孔 → 清孔 →

钢筋笼制作 → 吊放钢筋笼 → 安放导管 → 二次清孔 → 浇筑混凝土 → 成桩

4.2　放线定桩位

根据图纸放出桩位点，定位后采取灌白灰和打入钢筋等措施，保证桩位标记明显准确，经现场监理工程师复核无误后进行施工。

4.3　埋设护筒

4.3.1　护筒：在孔口埋设圆形 4～8mm 钢板护筒，内径为桩径＋100mm；高度由地质条件确定，黏性土中不宜小于 1.2m，在砂土中不宜小于 1.7m。

4.3.2　在护筒的上部设两吊环，一为起吊用，二为绑扎钢筋笼吊筋，压制钢筋笼的上浮。同时，护筒顶端正交刻四道槽，以便挂十字线，以备验护筒、验孔之用。同时在护筒顶端设置 1-2 个溢浆口（高×宽＝200mm×300mm）。

4.3.3　护筒埋设

1　根据已确定桩位，按轴线方向设置控制桩并找出护筒中心。

2　将护筒竖直放入坑底整平后的预挖坑后，四周即用黏土回填、分层夯实，其位置偏差不宜大于 20mm，埋设好的护筒溢浆口应高出地面 0.1～0.3m。

3　当护筒采用挖埋式时，黏性土埋设深度不宜小于 1m，砂土中不宜小于 1.5m，并应保证孔内泥浆液面高于地下水位 1m 以上。松软地层中埋设护筒时可将松软土挖除 0.5m，换黏土分层夯实，当换土不能满足要求时，须将护筒加长，尽可能使筒脚落在硬土层上。

4　采用填筑式埋设护筒时，其顶面应高出施工水位 1.5m 以上或适当提高护筒顶面标高。

4.3.4　钢护筒的中心应与桩中心重合，中心偏差不大于 50mm，垂直度不大于 1/200。

4.4　制备泥浆

4.4.1　泥浆的配制应根据钻孔的工程地质情况、孔位、钻机性能等确定。泥浆材料的选定和基本配合比确定应以最容易坍塌的土层为主，初步确定泥浆的配合比，并通过试桩成孔做进一步的修正。

4.4.2　泥浆拌制的顺序：先注入规定数量的清水，边搅拌边放入膨润土，拌制 30min，然后加入纯碱、最后再均匀投入 CMC、PHP 等外加剂水解液，使之充分搅拌混合，静置12h 后使用。

4.5　钻机就位

平整、压实场地，开钻前调整机身使之水平，就位时保证钻机钻具中心和护筒中心重合，偏差不应大于 20mm。

4.6　成孔

4.6.1　对孔深较大的端承型桩和粗粒土层中的摩擦型桩，宜采用反循环成孔或清孔，也可根据土层情况采用正循环钻进，反循环清孔。

4.6.2　在硬土层或岩层中的钻进速度以钻机不发生跳动为准。在软土层中钻进时，应根据泥浆补给情况控制钻进速度。

4.6.3　潜水钻的钻头上应有不小于 3d 长度的导向装置。利用钻杆加压的正循环回转钻机，在钻具中应加设扶正器。

4.6.4 正循环应遵守下列原则

1 在黏性土层中钻进时，宜选用尖底钻头，中等转速，大泵量，稀泥浆。

2 在砂土或软土等易塌土层中，钻进时宜选用平底钻头，控制进尺、轻压、低档慢速，大泵量稠泥浆。

3 在坚硬土层中钻进时，宜采用优质泥浆，低档慢速，大泵量，两级钻进。

4.6.5 反循环成孔时，主要控制转速

1 硬性土层中，宜用一挡转速，自由进尺。

2 一般黏性土中，宜用二、三挡转速，自由进尺。

3 在地下水丰富、孔壁易塌的粉、细砂或粉土层中，宜用低档慢速钻进，并应加大泥浆密度和提高水头。

4 砂、卵石层中，宜采用钻进一段，稍停片刻再钻的方法。

5 当护筒底土质松软而出现漏浆时，应提起钻头，并向孔内投入黏土块，再放下钻头倒钻直至胶泥挤入孔壁堵住漏浆后方可继续钻进。

6 正常钻进时应根据不同地质条件，随时检查泥浆浓度。

7 钻孔直径应每钻进5～8m检查一次。

4.6.6 成孔过程中，若发现斜孔、弯孔、缩颈、塌孔或沿护筒周围冒浆，以及地面沉陷应采取表24-1所列措施后方可继续施工。

成孔中对异常情况的措施表 表 24-1

情况	措施
斜孔、缩颈、弯孔	往复修正，如纠正无效，应回填黏土或风化岩块至偏孔上部0.5m，再重新钻进
塌孔	停钻，回填黏土，待孔壁稳定后再轻提慢钻
护筒周围冒浆	护筒周围回填黏土并夯实；稻草拌黄泥堵塞漏洞，必要时叠压砂包

4.6.7 钻孔至设计深度，经现场监理复测后移走钻机。

4.7 清孔

4.7.1 正循环清孔

1 第一次清孔可利用成孔钻具直接进行，清孔时应先将钻头提离孔底0.2～0.3m，输入泥浆清孔。

2 孔深小于60m的桩，清孔时间宜为15～30min，孔深大于60m的桩，清孔时间宜为30～45min。

4.7.2 泵吸反循环清孔

1 泵吸反循环清孔时，应将钻头提离孔底0.5～0.8m，输入泥浆清孔。

2 清孔时，输入孔内泥浆量不应小于砂石泵的排量，应合理控制泵量，保持补量充足。

4.7.3 气举反循环清孔

1 排浆管底下放至距沉渣面30～40mm，气水混合器至液面距离宜为孔深的0.55～0.65倍。

2 开始送气时，应向孔内供浆，停止清孔时应先关气后断浆。

3 送气量应由小到大，气压应稍大于孔底水头压力，孔底沉渣较厚、块体较大或沉渣

板结，可加大气量。

4　清孔时应维持孔内泥浆液面的稳定。

4.8　钢筋笼制作

4.8.1　钢筋笼主筋的连接方式主要有焊接和机械连接，在同一截面内的钢筋接头数不得多于主筋总数的 50%，两个接头点间的距离不应小于 35d，且最小不得小于 500mm。

钢筋笼加劲肋通过制作定型模具，批量生产。加劲筋在组装钢筋笼前，接头只点焊，待和主筋组装好后，才可对接头进行单面或双面搭接施焊，以避免钢筋局部受热变形。

4.8.2　钢筋笼拼装

1　首先在钢筋笼骨架成形架上安放加劲筋，在加劲筋上标出主筋位置，然后将主筋依次点焊在加劲筋上，确保主筋与加劲筋相互垂直。当钢筋笼直径比较大时，应在加劲筋上焊接十字钢筋支撑，确保加劲筋不变形。

2　将骨架推至外箍筋滚动焊接器上，按规定的间距缠绕箍筋，并用电弧焊将主筋与箍筋固定。

3　将主筋与箍筋用绑丝跳点、双丝绑扎牢固。

4　当钢筋笼采用直螺纹套筒连接时，应将两节钢筋笼节段在一起加工，加工完毕，做好标记，将两节钢筋笼连接的直螺纹套筒用扳手拧开，将第一节钢筋笼吊至钢筋笼存放区存放；第三节钢筋笼的制作以第二节钢筋笼为基础进行制作，当第三节钢筋笼加工完毕，将第二、三节钢筋笼间的连接套筒拆开，做完标记后，吊装第二节钢筋笼至钢筋笼存放区存放；按照相同原理进行后序钢筋笼节段的加工。

4.8.3　为确保钢筋笼保护层厚度，沿主筋外侧，每 4m 设立一组钢筋笼定位器，同一截面上均匀地布置 3 个。

4.9　吊放钢筋笼

4.9.1　钢筋笼的吊放要对准孔位、扶稳、缓慢，避免碰撞孔位，到位后立即固定。当下放困难时，应查明原因，不得强行下放。

4.9.2　多节钢筋笼吊放时，应将钢筋笼在孔口接长后再放入孔内，利用先插入孔内的钢筋笼上部架立筋将笼体固定在护筒上，再利用吊装机械将上节钢筋笼临时吊住进行两节钢筋笼的对接和绑扎。

4.9.3　当采用焊接连接钢筋笼时，宜采用绑条焊。钢筋笼现场拼接完成后应经监理单位的确认后沉入孔内。

4.9.4　当钢筋笼对接主筋应采用机械连接。对于少数错位，无法进行丝扣对接，则可采用帮条焊的焊接方法解决，帮条焊要求焊缝平整密实，焊缝长度符合规范规定，确保焊接强度质量。

4.9.5　钢筋笼的标高定位，可采用锁定式吊杆。吊杆吊环与护筒绑扎在一起，将钢筋笼固定，同时可防止灌注混凝土时钢筋笼的上浮。

4.10　安放导管

4.10.1　浇筑混凝土的导管宜按表 24-2 选用。

浇筑混凝土用导管参数表　　　　　　　　　表 24-2

桩径（mm）	导管直径（mm）	导管壁厚（mm）	通过能力（m³/h）
800～1250	200	2～5	10
1250～1750	250	3～5	17
>1750	300	5	25

4.10.2　导管内壁应光滑圆顺，第一节底管不宜小于 4m。孔口漏斗下，宜配置 0.5m 和 1m 的配套顶管。

4.10.3　导管连接应竖直，接头加橡胶圈予以密封，下端宜高出孔底沉渣面 300～500mm。

4.10.4　导管使用前进行拼装打压，以检查导管是否有砂眼、变形、密封不严的情况，试水压力为 0.6～1.0MPa。

4.11　二次清孔

4.11.1　导管安放工序结束后，检测孔底泥浆和孔底沉渣厚度，若两个条件同时满足要求，可直接灌注混凝土。如果不能同时满足，需进行二次清孔。

4.11.2　二次清孔采用正循环换浆法清孔，将泥浆泵的高压管和灌注导管连接密封，开启泥浆泵，进行泥浆循环，当孔底沉渣厚度小于设计要求后应再进行一段时间的泥浆循环，以置换泥浆降低泥浆相对密度，当泥浆相对密度＜1.20 时，方可停止清孔，马上进行灌注，清孔完毕与灌注混凝土的间隔时间不超过 45min，以防孔内沉渣再次沉淀及钻孔缩颈的发生。

4.11.3　灌注混凝土前，孔底 500mm 以内的泥浆相对密度应在 1.10～1.25 之间；含砂率不得大于 8%；黏度不得大于 28s。

4.11.4　清孔后的沉渣厚度，端承桩不大于 50mm，摩擦型桩不大于 150mm。

4.12　浇筑混凝土

4.12.1　混凝土浇筑前导管中应设置球、塞等隔水，浇筑时，首罐量应保证导管埋深不小于 1m。

4.12.2　预拌混凝土应保证连续供应、连续浇灌。自制混凝土，各种原材料严格过称，搅拌机必须运转正常并应有备用搅拌机一台。

4.12.3　每根桩的浇筑时间按初盘混凝土的初凝时间控制，桩的超灌高度为 0.8～1.0m。

4.12.4　浇筑混凝土应连续施工，边灌注边拔导管并勤测混凝土顶面上升高度，导管底端必须保证埋入管外的混凝土面以下 2～3m，且不得大于 6m。

4.12.5　在灌注时应防止钢筋笼上浮。在混凝土面距钢筋笼底部 1.0m 左右时，应降低灌注速度。当混凝土面升至钢筋笼底口 4.0m 以上时，提升导管，使导管底口高于骨架底部 2.0m 以上，即可恢复正常速度灌注。

4.12.6　混凝土浇筑到桩顶时，应及时拔出导管并使混凝土标高大于设计标高 500～700mm。

5　质量标准

5.0.1　钢筋笼制作允许偏差见表 24-3。

钢筋笼质量检验标准　　　　　　　　表 24-3

项	序	检查项目	允许偏差或允许值	检查方法
一般项目	1	主筋间距	±10mm	用钢尺量
	2	长度	±100mm	用钢尺量
	3	钢筋材质检验	设计要求	抽样送检
	4	箍筋间距	±20mm	用钢尺量
	5	笼直径	±10mm	用钢尺量

5.0.2 灌注桩施工的有关允许偏差见表 24-4、表 24-5。

灌注桩质量检验标准　　　　　　　　表 24-4

项	序	检查项目	允许偏差或允许值		检查方法
			单位	数值	
主控项目	1	承载力	不小于设计值		静载试验
	2	孔深	不小于设计值		用测绳或井径仪测量
	3	桩身完整性	—		钻芯法、低应变法、声波透射法
	4	混凝土强度	不小于设计值		28d试块强度或钻芯取样送检
	5	嵌岩深度	不小于设计值		取岩样或超前钻孔取样
一般项目	1	垂直度	见表24-5		超声波或井径仪测量
	2	孔径	见表24-5		超声波或井径仪测量
	3	桩位	见表24-5		全站仪或用钢尺量（开挖前量护筒，开挖后量桩中心）
	4	泥浆指标　相对密度（黏土或砂性土中）	1.10～1.25		用比重计，清孔后在距孔底50cm处取样
		含砂率	%	≤8	洗砂瓶
		黏度	s	18～28	黏度计
	5	泥浆面标高（高于地下水位）	m	0.5～1	目测法
	6	沉渣厚度　端承桩	mm	≤50	用沉渣仪或重锤测量
		摩擦桩	mm	≤150	
	7	混凝土坍落度	mm	180～220	坍落度仪
	8	钢筋笼安装深度	mm	±100	用钢尺量
	9	混凝土充盈系数	≥1.0		实际灌注量与计算灌注量的比
	10	桩顶标高	mm	+30 / −50	水准仪，需扣除桩顶浮浆层及劣质桩体
	11	后注浆　注浆终止条件	注浆量不小于设计要求		查看流量表
			注浆量不小于设计要求80%，且注浆压力达到设计值		查看流量表，检查压力表读数
		水胶比	设计值		实际用水量与水泥等胶凝材料的重量比

成孔方法		桩径允许偏差（mm）	垂直度允许偏差	桩位允许偏差（mm）
泥浆护壁钻孔桩	$D<1000$mm	$\geqslant 0$	$\leqslant 1/100$	$\leqslant 70+0.01H$
	$D\geqslant 1000$mm			$\leqslant 100+0.01H$

注：1. H——桩基施工面至设计桩顶的距离（mm）；
　　2. D——设计桩径（mm）。

5.0.3　混凝土的要求

1）配合比符合设计，水泥用量不少于 360kg/m^3；

2）坍落度为 $18\sim 22$cm；

3）混凝土具有良好的和易性、保水性，初凝时间应控制在 4h 以内；

4）严格控制水灰比；

5）搅拌时间不少于 3min；

6）材料允许偏差：水泥 2%，砂石 3%，水 2%；

7）直径大于 1m 或单桩混凝土量超过 25m^3 的桩，每根桩桩身混凝土应留有一组试件，直径不大于 1m 的桩或单桩混凝土量不超过 25m^3 的桩，每个灌注台班不得少于一组。

6　成品保护

6.0.1　钢筋笼在制作、运输和安装过程中，应采取措施防止变形。

6.0.2　混凝土灌注标高低于地面的桩孔，浇筑完毕应立即回填砂石至地面标高，严禁用大石、砖墩等大件物件回填桩孔。

6.0.3　桩头外留主筋、插铁要妥善保护，不得任意弯折或切断。

6.0.4　严禁把桩体作锚固桩用。

6.0.5　桩头强度未达 5MPa 时，不得碾压，以防桩头破坏。

6.0.6　灌注桩施工完毕进行基础开挖时，应制定合理的施工顺序和技术措施，防止桩的位移和倾斜，并应检查每根桩的纵横水平偏差。

7　注意事项

7.1　应注意的质量问题

7.1.1　钢筋笼成形绑扎点焊引弧不得在主筋上进行。

7.1.2　在靠河地段施工时，应经常检查护筒内水头的高度，当发生变化时及时调整，以防塌孔。

7.1.3　施工中应定期测定泥浆黏度，含砂率和胶体率。

7.1.4　钢筋笼在堆放、运输、起吊、入孔等过程中，必须加强对操作工人的技术交底，严格执行加固的技术措施。对已变形的钢筋笼应修理后再使用。

7.1.5　清孔过程中必须及时补给足够的泥浆，并保持浆面稳定，孔底沉碴应清理干净，保证满足规范要求和实际有效孔深的设计要求。

7.1.6　灌注导管使用后要及时用水清洗，管壁、接口处要经常检查，随时清除砂眼、接口变形等隐患，破损的胶垫和连接螺栓要及时更换。

7.2 应注意的安全问题

7.2.1 施工安全应符合现行行业标准《建筑施工安全检查标准》JGJ 59 的有关规定。

7.2.2 操作人员应经过安全教育后进场。

7.2.3 施工机械应经常检查其磨损程度，并应按规定及时更新。机械的使用应符合现行行业标准《建筑机械使用安全技术规程》JGJ 33 的规定。

7.2.4 施工临时用电应符合现行行业标准《施工现场临时用电安全技术规范》JGJ 46 的规定。

7.2.5 焊、割作业点，氧气瓶、乙炔瓶、易燃易爆物品的距离和防火要求应符合有关规定。

7.2.6 施工前应制定保护建筑物、地下管线安全的技术措施，并应标出施工区域内外的建筑物、地下管线的分布示意图。

7.2.7 严格用电管理，施工现场的一切电源、电路的安装和拆除，必须由持证电工操作，电器必须严格接地、接零和漏电保护。现场电缆应架空，严禁拖地和埋压土中。

7.2.8 钻机因故停止钻孔时，应设专人值班补浆，防止塌孔事故。

7.2.9 钢筋骨架起吊时要平稳，严禁猛起猛落，并拉好尾绳。

7.2.10 混凝土灌注完后，及时抽干空桩部分的泥浆，回填素土并压实。

7.3 应注意的绿色施工问题

7.3.1 临时设施应建在安全场所，临时设施及辅助施工场所应采取环境保护措施，减少土地占有和生态环境破坏。

7.3.2 施工过程的环境保护应符合现行行业标准《建设工程施工现场环境与卫生标准》JGJ 146 的有关规定。

7.3.3 施工现场应在醒目位置设环境保护标识。

7.3.4 施工时应对文物古迹、古树名木采取保护措施。

7.3.5 危险品、化学品存放处应隔离，污物应按指定要求排放。

7.3.6 施工现场的机械保养、限额领料、废弃物再生利用等制度应健全。

7.3.7 施工期间应严格控制噪声，并应现行国家标准《建筑施工场界环境噪声排放标准》GB 12523 的规定。

7.3.8 施工现场应设置排水系统，排水沟的废水应经沉淀过滤达到标准后，方可排放市政排水管网。运送泥浆和废弃物时应用封闭的罐装车。

7.3.9 施工现场出入口处应设置冲洗设施、污水池和排水沟，由专人对进出车辆进行清洗保洁。

7.3.10 夜间施工应办理手续，并采取措施减少声、光的不利影响。

7.3.11 泥浆池在无桩位处设置。池的容量应大于计算泥浆数量，防止泥浆数量大而外溢，施工场地设置环形泥浆槽，泥浆池和泥浆槽均应用砖砌筑，池壁和池底用水泥砂浆抹面。

7.3.12 在运输砂石、水泥和其他易飞扬的细颗粒散体材料时，用篷布覆盖严密、并装量适中，不得超限运输，以减少扬尘。

8　质量记录

8.0.1　砂、石子、水泥、钢筋、电焊条等原材料合格证、出厂检验报告和进场复试报告；

8.0.2　预拌混凝土出厂合格证及复测报告；

8.0.3　钢筋接头力学性能试验报告；

8.0.4　混凝土配合比通知单；

8.0.5　试桩记录；

8.0.6　补桩平面图（必要时）；

8.0.7　混凝土灌注桩钢筋笼质量验收记录；

8.0.8　测量放线记录；

8.0.9　钻孔记录；

8.0.10　混凝土浇筑记录；

8.0.11　混凝土试件强度试验报告；

8.0.12　混凝土灌注桩质量验收记录；

8.0.13　桩基检测报告；

8.0.14　其他技术文件。

第 25 章　长螺旋钻成孔压灌桩

本标准适用于建（构）筑物基础桩，适用于黏性土、粉土、砂土和素填土地基，对噪声和泥浆污染要求严格的场地可优先选用。

1　引用文件

《建筑工程施工质量验收统一标准》GB 50300—2013；

《建筑地基工程施工质量验收标准》GB 50202—2018；

《建筑地基处理技术规范》JGJ 79—2012；

《复合地基技术规范》GB/T 50783—2012；

《混凝土质量控制标准》GB 50164—2011；

《混凝土强度检验评定标准》GB/T 50107—2010；

《建筑地基基础工程施工规范》GB 51004—2015。

2　术语

长螺旋钻成孔压灌桩是使用长螺旋钻机成孔，成孔后自空心钻杆向孔内泵压桩料（混凝土或 CFG 桩混合料），边压入桩料边提钻直至成桩的一种施工工艺。

3　施工准备

3.1　材料及机具

3.1.1　水泥：宜用普通硅酸盐水泥，水泥进场时就有出厂合格证，施工前对所用水泥应检验初终凝时间、安定性和强度，并有现场复检报告。必要时，应检验水泥的其他性能。

3.1.2　粉煤灰：宜用Ⅱ级或Ⅲ级粉煤灰，粉煤灰进场时就有出厂合格证，并有现场复检报告。

3.1.3　石子：宜用粒径不大于 30mm 坚硬的碎石或卵石，含泥量不大于 3%。

3.1.4　石屑：含泥量不大于 3%。

3.1.5　砂：宜用中砂或粗砂，含泥量不大于 3%，且泥块含量不大于 1%。

3.1.6　钢筋：有抽样试验合格报告。

3.1.7　外加剂：采用减水剂等，根据施工需要通过试验确定。

3.1.8　机具：长螺旋钻机、强制式搅拌机、混凝土输送泵、混凝土泵管、汽车吊、钢筋加工设施、小型挖掘机、振动器、机动翻斗车、小推车、重锤、水准仪、经纬仪等。

3.2　作业条件

3.2.1　岩土勘察报告，基础施工图纸，施工组织设计齐全。

3.2.2　地上、地上建筑物或障碍物全部拆除完毕，达到"三通一平"条件。

3.2.3　施工场地已平整，对桩机运行的松软场地已进行预压处理，周围已做好有效的排水措施。

3.2.4　轴线控制桩及水准基点桩已设置并编号，且经复核。

3.2.5　供水、供电、运输道路、现场小型临施设施已设置就绪。

3.2.6　现场操作人员应经过理论学习，并进行实际施工操作培训，考试合格后方可持证上岗。

3.2.7　施工前进行成孔试验，以校对地勘资料、检验设备及技术要求，试孔数量不少于 2 根。

4　操作工艺

4.1　工艺流程

测量放线 → 输送泵及管路的安设 → 钻机就位 → 钻孔至设计标高 →

泵送混合料与提升钻杆 → 成桩移机 → 钢筋笼下放

4.2　测量放线

根据基础轴线控制桩，定出各桩孔中心点，可用 ϕ20mm 钢钎插入土中 250mm，拔出后灌入石灰定点。

4.3　输送泵及管路的安设

混凝土泵型号应根据桩径选择，混凝土输送泵管布置应不影响钻机的就位，管道尽量少弯，混凝土泵与钻机的距离不宜超过 60m。泵送管宜保持水平，当长距离泵送时，泵管下面应垫实。

4.4　钻机就位

钻机就位必须平整、稳固，确保钻机在施工过程中不发生倾斜和偏移。在钻机双侧吊线坠，校正、调整钻杆的垂直度，确保钻杆垂直度不大于 1.5%。在桩架上设置控制深度的标尺，并在施工中进行观测记录。钻机定位后，应进行复检，钻头与桩位点偏差不得大于 20mm。

4.5　钻孔至设计标高

4.5.1　钻孔开始前检查钻头两侧阀门，应开闭自如。钻孔开始时，关闭钻头阀门，向下移动钻杆至钻头触及地面时，启动马达钻进。先慢后快，钻进的速度控制在 1～1.5m/min。根据钻机塔身上的进尺标记，当成孔达到设计标高时，停止钻进。

4.5.2　成孔时的钻压、转速和钻进速度要根据地质变化与动力头工作电流显示值进行合理调整，正常钻进的电流值一般为 100A 左右。在钻进时，应记录每米电流变化并记录电流突变位置的电流值，存档备案以作为地质复核情况的参考。

4.5.3　在成孔过程中发现钻杆摇晃或卡钻时，应停钻查明原因，采取纠正措施后方可继续钻进。

4.5.4　对成孔时钻出土及时清理，以保证场地道路通畅、平整。

4.6　泵送混合料与提升钻杆

4.6.1　当钻孔至设计深度后，启动混凝土输送泵向钻具内输送桩混合料，先停顿 10～20s，待桩料输送到钻具底端时，将钻具慢慢上提 0.1～0.3m，以观察混凝土输送泵压力有无变化，来判断钻头两侧阀门是否已经打开，输送桩料顺畅后，方可开始压灌成桩工作，严禁先提管后泵料。

4.6.2　提升钻杆的速度必须与泵入混合料的速度相匹配，而且不同土层中提拔的速度不一样。砂性土、砂质黏土、黏土中提拔的速度为 2～3m/min，在淤泥质土中应当放慢提升速度。保证管内有一定高度的混凝土，成桩过程中应连续进行。

4.6.3　边泵送桩料边提拔钻具。压灌成桩过程中提钻与输送桩料应自始至终密切配合，钻具底端出料口不得高于孔内桩料的液面。当提升钻杆接近地面时，应放慢提管速度并及时清理孔口渣土。

4.6.4　施工时设置专人监测成孔、成桩质量，并逐根做好成桩施工记录，班组长、项目技术负责人应对每班记录的《混凝土（混合料）工程施工记录表》、《钻孔压灌桩施工记录表》进行检验核实无误后签字。施工成孔时发现地层与勘察资料不符时，应查明情况，会同设计单位采取有效处理措施。

4.7　成桩移机

4.7.1　桩身混凝土的泵送压灌应连续进行，一根桩施工完成后，转移钻机到下一桩位。

当钻机移位时，混凝土泵料斗内的混凝土应连续搅拌。

4.7.2 压灌桩充盈系数宜为 1.0～1.2。桩顶标高宜高出设计桩顶标高不少于 0.5m。

4.7.3 桩机移机至下一桩位施工时，应根据轴线或周围桩的位置对需施工的桩位进行复核，保证桩位正确。

4.8　钢筋笼下放

4.8.1 混凝土压灌结束后，应立即将钢筋笼下放，插钢筋笼作业之前，要将振动锤的振杆插入钢筋笼，并与振动锤连接好，设置不少于三个连接点，分别置于钢筋笼的高中低三个位置，且在不同的方向。

4.8.2 长螺旋钻机起吊振动锤、钢筋笼，使钢筋笼对准桩位中心，启动振动锤，钢筋受振动向下插入桩孔混凝土中，同时控制钢筋笼顶标高，下笼过程中必须先使用振动锤及钢筋笼自重进行静力压入，压至无法压入时再启动振动锤，防止由振动锤振动导致的钢筋笼偏移，插入速度宜控制在 1.2～1.5m/min。下插到设计位置后关闭振动锤电源，最后摘下钢丝绳。

5　质量标准

5.0.1 长螺旋钻孔压灌桩主控项目质量检验标准见表 25-1。

长螺旋钻孔压灌桩主控项目质量检验标准　　　　　　表 25-1

检查项目	允许值或允许偏差		检查方法
	单位	数值	
地基承载力	不小于设计值		静载试验
混凝土强度	不小于设计值		28 天试块强度或钻心法
桩长	不小于设计值		施工中量钻杆长度，施工后钻心法或低应变法检测
桩径	不小于设计值		用钢尺量
桩身完整性	—		低应变法检测

5.0.2 长螺旋钻孔压灌桩一般项目质量检验标准见表 25-2。

长螺旋钻孔压灌桩一般项目质量检验标准　　　　　　表 25-2

检查项目	允许偏差或允许值		检查方法
	单位	数值	
混凝土坍落度	mm	160～220	坍落度仪
混凝土充盈系数	≥1.0		实际灌注量与理论灌注量的比
垂直度	≤1/100		经纬仪测量或线坠测量
桩位	≤100+0.01H（D≥500mm） ≤70+0.01H（D<500mm）		全站仪或用钢尺量
桩顶标高	mm	+30 −50	水准测量
钢筋笼笼顶标高	mm	±100	水准测量

注：1. H——桩基施工面至设计桩顶的距离（mm）。
　　2. D——设计桩径（mm）。

6　成品保护

6.0.1　为了保证桩顶强度，桩顶的超灌高度不应小于 500mm。

6.0.2　桩体达到一定强度后，方可开挖。

6.0.3　对弃土和保护土层采用机械、人工联合清运进，应避免机械设备超挖，并预留至少 200mm 用人工清除，防止造成桩头断裂和扰动桩间土层。

6.0.4　凿桩头时，用钢钎等工具沿桩周向桩中心逐次剔除多余的桩头直到设计桩顶标高，并把桩头找平。不可用重锤或重物横向击打桩体。

6.0.5　合理安排施工顺序，避免后续施工对已施工桩体造成破坏。

6.0.6　设计桩顶标高以上应预留 50～100mm 厚土层，待验槽合格后，方可由人工开挖至设计桩顶标高。

6.0.7　保护土层和桩头清除至设计标高后，应尽快进行褥垫层的施工，以防桩间土被扰动。

6.0.8　冬期施工时，保护土层和桩头清除至设计标高后，立即对桩间土和桩采用草帘、草袋等保温材料进行覆盖，防止桩间土冻胀而造成桩体拉断，同时防止桩间土受冻后复合地基承载力降低。

7　注意事项

7.1　应注意的质量问题

7.1.1　钻孔前测量员要对轴线桩位进行复核，确保每根桩的位置正确。

7.1.2　桩料质量检验应根据工程施工配合比要求进行，现场混凝土的坍落度应在 160～220mm 之间。

7.1.3　成桩过程中，应抽样做混合料试块，每台机械一天应做一组试块，进行标准养护，并测定其立方体抗压强度。

7.1.4　气温高于 30℃时，要在输送泵管上覆盖隔热材料，每隔一段时间洒水降温。

7.1.5　钻孔至设计孔深后，应边提钻杆边压灌混凝土，压灌应连续进行，不得停泵待料，以免造成混凝土离析、桩身缩径和断桩。压灌至设计桩顶时应缓慢提钻及压灌，避免造成混凝土的浪费。

7.1.6　混凝土压灌完成后，应在孔位口做一标记，避免下放钢筋笼时偏离孔位。首先应人工进行旋转下放，然后采取机械振动下放至设计标高。

7.1.7　钢筋笼在下放前应设置可靠的保护层控制支架。

7.2　应注意的安全问题

7.2.1　钻机、混凝土泵等必须由专职操作手按规程操作，设备定期检查维修，钢丝绳、轮滑、机械等传动部件应经常检查、维修、保养，使其运转正常，安全装置必须齐全、灵敏、可靠。

7.2.2　设备操作人员严格执行操作规程。

7.2.3 钻机在遇有六级以上大风、大雨时停止作业。

7.2.4 施工现场按平面布置图布置，做到布局合理，机械设备安置稳固，材料堆放整齐，用电设施安装触电保护器，场地平整，为安全生产创造良好环境。

7.3 应注意的绿色施工问题

7.3.1 作业现场路面干燥时应采取洒水措施、装卸时应轻放或喷水、现场粉煤灰、水泥和碎石临时堆放时应进行覆盖，避免产生粉尘及扬尘。

7.3.2 粉煤灰、水泥和碎石运输时应按要求进行覆盖，避免产生扬尘；翻斗车卸料避免产生粉尘；装车严禁太满、超载，避免遗撒、损坏及污染路面等现象发生。

7.3.3 水泥粉煤灰碎石桩机械施工时应选用符合噪声排放标准要求的设备，作业时应避开休息时间以减少对周围居民的噪声影响。

7.3.4 水泥粉煤灰碎石桩施工所用机械设备应选用节能型的，以节约油料消耗，尾气排放要符合标准。避免废油溢漏，对废油及油抹布油手套按规定处理。合理选用配套设备，节约电能消耗。

7.3.5 搅拌机械及机具清洗时应节约用水，现场应设置沉淀池，污水须经沉淀达标后，方可排放。

8　质量记录

8.0.1 试桩施工记录、检验报告；

8.0.2 混合料配合比、商品混合料合格证；

8.0.3 混合料抗压强度试验报告；

8.0.4 钢筋、水泥、砂、碎石等原材料产品合格整机试验报告；

8.0.5 长螺旋成孔灌注桩施工记录；

8.0.6 桩基承载力检验记录；

8.0.7 钢筋笼加工和安装检验批质量验收记录；

8.0.8 灌注桩质量检验批验收记录。

第 26 章　灌注桩后注浆

本工艺标准适用于各种地质土性条件下的泥浆护壁钻挖冲孔灌注桩和干作业钻挖孔灌注桩后注浆施工。

1　引用文件

《建筑桩基技术规范》JGJ 94—2008

《建筑地基工程施工质量验收标准》GB 50202—2018

《建筑工程施工质量验收统一标准》GB 50300—2013

《普通混凝土拌合物性能试验方法标准》GB/T 50080—2016

《通用硅酸盐水泥》GB 175—2007

《公路桥涵施工技术规范》JTG/T F50—2011

《建筑地基基础工程施工规范》GB 51004—2015

《混凝土结构工程施工质量验收规范》GB 50204—2015

2　术语

2.1　灌注桩后注浆：是指在灌注桩成桩后一定时间，通过预设在桩身内的注浆导管及与之相连的桩端、桩侧处的注浆阀以压力注入水泥浆的一种施工工艺。加固桩侧泥皮、桩端沉渣及地基土，以达到提高桩的侧阻力、端阻力和竖向承载力，减少沉降的目的。

2.2　低应变动测法：也叫小应变检测法是指采用低能量瞬态或稳态激振方式在桩顶激振，实测桩顶部的速度时程曲线或速度导纳曲线，通过波动理论分析或频域分析，对桩身完整性进行判定的检测方法。

3　施工准备

3.1　作业条件

3.1.1　应编制灌注桩后压浆施工方案。

3.1.2　熟悉现场的工程地质和水文地质资料，了解地下管线位置及建构筑物等地下障碍物是否已处理完毕，达到"三通一平"条件。

3.1.3　施工现场碾压平整就绪，临时设施、后压浆注浆系统按施工平面布置图准备就绪。

3.1.4　桩基础工程施工图纸，根据设计要求、钻孔工艺等确定压浆管理埋设方法、位置以及布置情况等就绪。

3.1.5　对不利于施工机械运行安置的松软场地，须经夯实或碾压，场地应采取有效的排水措施。

3.1.6　根据灌注桩成桩时间确定注浆的进行路线和顺序，对现场施工人员进行全面的施工技术交底。

3.1.7　正式施工前应做好压浆试验，数量不少于3根。

3.1.8　操作人员应经过理论与实际施工操作的培训，并持证上岗。

3.2　材料及机具

3.2.1　水泥：宜采用强度等级32.5～42.5级普通硅酸盐水泥或矿渣硅酸盐水泥，根据设计要求选择水泥的类型。

3.2.2　水：应用自来水或不含有害物质的洁净水，符合拌制混凝土用水要求，水中不应含有影响水泥正常凝结与硬化的有害物质、油脂、糖类和游离酸类。污水、pH值不小于

5 的酸性水及含硫酸盐量 SO_4^{2-} 计超过水的质量 $0.27mg/cm^3$ 的水不得使用。

3.2.3　外加剂：灌注桩后压浆水泥浆一般不掺加外加剂，当遇到特殊施工条件或特殊地质、水文情况时，可适当加入减水剂或速凝剂。外加剂掺入数量必须通过试验确定。

3.2.4　压浆导管：压浆导管如果设计采用声测管，桩端压浆阀宜采用开放式单向阀。如果采用闭式压浆，压浆导管一定要和注浆腔连接紧密，封闭严密，不能漏水。

3.2.5　水泥浆搅拌机：水泥浆搅拌机可采用双层搅拌设置或双筒高速搅拌机，搅拌机的拌和能力应与注浆泵的排浆量相适应，并应能保证均匀、连续地拌制浆液。

3.2.6　注浆泵：注浆泵应选用多缸往复式柱塞注浆泵，注浆泵性能应与浆液浓度相适应，容许工作压力应大于最大注浆压力 1.5 倍，并应有足够的排浆量和稳定的工作性能。注浆泵要安装防振压力表。压力表量程应大于最大注浆量 1.3 倍，精度应不低于 2.5 级。

3.2.7　其他辅助机具：电焊机、发电机、水泵、泥浆比重计、温度计、稠度仪、试模、压力机、吊车，运输车等设备。

4　操作工艺

4.1　工艺流程

压浆管、压浆阀（腔）制作 → 随钢筋笼下沉安放压浆装置 → 二次清孔 → 桩体混凝土灌注 → 开阀 → 水泥浆制备 → 压力注浆 → 稳压补浆及堵孔

4.2　制作压浆管、压浆阀（腔）

4.2.1　在制作钢筋笼的同时制作压浆管、压浆阀（腔）。压浆管采用直径为 25mm 的无缝钢管制作，接头采用丝扣连接，两端采用丝堵封严。压浆管上部比灌注桩打桩作业面高出 30～50cm，以灌注混凝土时不被碰撞损坏为宜，在桩底部长出钢筋笼 5cm。

4.2.2　设计采用开放式注浆时压浆管在最下部 20cm 制作成压浆喷头阀（俗称花管或压浆阀），在该部分采用钻头均匀钻出 4 排（每排 4 个）、间距 3cm、直径 3mm 的压浆孔作为压浆喷头，钻孔完毕应将管内铁屑清理干净后，用图钉将压浆孔堵严，外面套上同直径的自行车内胎并在两端用胶带封严，这样压浆喷头就形成了一个简易的单向装置：当注浆时压浆管中压力将车胎迸裂、图钉弹出，水泥浆通过注浆孔和图钉的孔隙压入碎石层中，而混凝土灌注时该装置又保证混凝土浆不会将压浆管堵塞。

4.2.3　设计采用闭式注浆时，使用压浆腔（也叫压浆胶囊），压浆腔平铺设置于钢筋笼最下端，压浆腔与钢筋笼接触处采用直径比钢筋笼直径大 6cm、厚度为 3～5mm 圆形钢板隔离，以免钢筋笼穿破压浆胶囊，压浆胶囊内对称设置 2 个弧形压浆喷阀，压浆腔内装填适量 1.5～3.0cm 级配的碎石填充，以保护压浆喷阀，弧形压浆喷阀通过"三通"与注浆管垂直连接。压浆腔随钢筋笼下沉时要采用铁丝捆绑固定好压浆胶囊。

4.3　随钢筋笼下沉安放压浆装置

4.3.1　当灌注桩钻孔深度达到设计要求后，钻机钻头留置在孔底空转清渣。重复几次进行清孔，清孔完毕提出钻头，由专职质量员和工程监理进行孔径、孔深、垂直度检测，验

收合格后，移走钻机，盖好盖板，进行下道工序钢筋笼的吊放，并安装注浆装置。

4.3.2　由于钢筋笼的安装与压浆装置的安装同时进行，钢筋笼安放过程务必要注意保护压浆装置。

4.3.3　钢筋笼的吊放要对准孔位、扶稳、缓慢，避免碰撞孔位，到位后立即固定。当下放困难时，应查明原因，不得强行下放，保护压浆装置。

4.3.4　多节钢筋笼吊放时，应将钢筋笼在孔口接长后再放入孔内，利用先插入孔内的钢筋笼上部架立筋将笼体固定在护筒上，再利用吊装机械将上节钢筋笼临时吊住进行两节钢筋笼的对接和绑扎。注浆管随着钢筋笼的分段下沉也分节安装，接头用密封带缠裹，通过管箍上下连接紧密，以免漏气。

4.3.5　当采用焊接连接钢筋笼或注浆管时。钢筋笼对接好或注浆管焊接好后要请质量员和工程监理对焊缝检查验收，冷却后再沉入孔内。

4.3.6　钢筋笼的标高定位，可采用锁定式吊杆。吊杆吊环与护筒绑扎在一起，将钢筋笼固定，同时可防止灌注混凝土时钢筋笼的上浮。

4.3.7　注浆管随钢筋笼位置固定，注浆管应露出地表，以不影响孔口水下混凝土的灌注又能保证不碰撞注浆管为宜，一般露出地表高度为60～100cm。

4.3.8　压浆管、压浆阀、注浆腔的设置及安装方法

灌注桩后压浆方式有三种：桩底压浆；桩测压浆；桩底、桩侧复式压浆。

1　后注浆导管采用标准尺寸的钢管，一般沿钢筋笼竖向设置3根，其中桩底注浆管通长设置2根，且应与钢筋笼加劲箍绑扎固定或焊接。另一根竖向注浆管连接桩侧注浆管阀。桩侧注浆管阀采用环形管阀，在距桩底5～15m以上、距桩顶8m以下，每隔6～12m设置一道。

2　压浆管随钢筋笼分段连接，下段钢筋笼上的压浆管可在下笼前用铁丝预先绑附牢固，上段钢筋笼的压浆管可先临时固定，在钢筋笼连接完毕后，将上下段压浆管用丝扣密闭连接，并再次捆绑加固在钢筋笼上。注浆管连接时要保证其密闭性，管口用堵丝并缠胶带拧紧，防止泥浆进入管中造成堵塞。钢筋笼下放完毕，进行第一次泵水清洗管路后，要及时用不同颜色堵头将注浆管封闭，以视区别。

3　钢筋笼下放安装注浆腔（阀）、注浆管时，钢筋笼吊放不得弯曲，并确认保证注浆腔、压浆阀完好无损，钢筋笼下放孔底后不得墩放、强行扭转、冲撞。注浆阀要能承受1MPa以上静水压力。

4　在安放导管及灌注混凝土等施工过程中，应采取措施加强对注浆腔、注浆管的保护，防止受到施工机具的碰撞而损坏。

4.4　开阀

钢筋笼加工时，在压浆管底部制作安装单项压浆阀，混凝土浇筑完毕、凝固前，必须采用注浆泵打开压浆管底部的压浆阀，否则混凝土凝固后，被包裹的压浆阀无法打开，无法顺利实现压浆。

4.5　水泥浆制备

4.5.1　水泥浆液水灰比按设计要求进行配制，现场施工时可根据地质水文情况及后压浆工艺适当调整。浆液的水灰比应根据土的饱和度、渗透性确定，一般水灰比宜为0.45～0.9。低水灰比浆液应掺入减水剂。

4.5.2　制浆时宜采用合适的度量方法进行配制，配料的允许误差为±5％；

4.5.3　水泥浆的搅拌时间：使用普通搅拌机时，搅拌时间不少于 3min；使用高速搅拌机时，搅拌时间不少于 30s。浆液在使用前要过筛。

4.5.4　季节性阶段制浆时：寒冷季节，水泥浆液的温度不应小于 5℃，拌和料应不含雪、冰和霜；寒冷季节如果采用热水制浆，水温不得超过 40℃。炎热季节制浆时，应采取防热和防晒措施，浆液温度不应超过 40℃。

4.5.5　制好的浆液，应安排试验人员制作水泥试件，并进行稠度试验，合格后方能注浆；水泥浆液从拌制至使用的最长保留时间由试验而定，一般不得超过 4h。

4.5.6　注浆量大而且比较集中时，可建立制浆站集中制浆输送。

4.6　压力注浆

4.6.1　注浆作业宜在成桩后 2～30d 内完成，混凝土强度达到设计值的 75％方可实施压浆作业。在桩基工程中，当基桩完整性检测（常采用小应变或声波检测法）合格后方可进行后压浆施工作业。

4.6.2　注浆前应对搅拌机、注浆泵等进行运转检查，对注浆管路等进行耐压试验。

4.6.3　注浆顺序应按设计规定执行，若设计文件没有明确，可根据地质、水文情况由有经验的后压浆施工技术人员确定。注浆顺序一般应遵循先桩侧后桩端、先上部后下部、先外围后中心的原则。

4.6.4　正式注水泥浆之前应先注入一定数量的清水。

4.6.5　注浆采用压浆量与压力双控的原则，以压浆量控制为主，压力控制为辅，工作压力一般为 1～3MPa；终止压力应按设计规定执行，若设计文件没有明确，可根据水文、地质情况由有经验的后压浆施工技术人员确定，注浆终止压力一般为 1.5～8.0MPa，非饱和土、细颗粒、密实的土层取高值，相反取低值。

4.6.6　注浆量按设计执行，若设计文件未明确，可根据《建筑桩基技术规范》JGJ 94、《公路桥涵施工技术规范》JTG/T F50 等相关规范的有关要求执行。

4.6.7　注浆过程中浆液流量要控制在 75L/min 以内，终止注浆时浆液流量不大于 30L/min。

4.6.8　注浆总量达到设计值的 75％，注浆压力超过设计注浆终止压力值，且注浆压力一直较大时，可终止注浆。注浆终止持压时间为 5min。

4.6.9　注浆过程出现异常情况时，应查明原因并进行相应处理后方可继续注浆。

4.7　稳压补浆及堵孔

压浆完毕后，不应立即拆除高压胶管，要稳压 5 左右，让浆液充分渗入桩侧或桩低土体，之后再复压几下，让压浆管内充满水泥浆，最后用木塞子将压浆管堵严实，此时压浆结束。

5　质量标准

5.1　主控项目

5.1.1　原材料试验符合相关规范要求。

5.1.2 注浆终止压力不小于设计压力且不大于 10MPa。

5.1.3 注浆量不小于设计注浆量最低限值。

5.2　一般项目

5.2.1 注浆工作在成桩 2～30d 内进行。

5.2.2 水泥浆温度不小于 5℃ 且不大于 40℃。

5.2.3 水泥浆水灰比符合设计要求。

5.2.4 异常情况处理得当、可靠。

5.2.5 施工记录完整、规范。

6　成品保护

6.0.1 露出地面的压浆管用堵头封住，采用不同的颜色对桩底、桩侧注浆管进行区别标注，在压浆管附近插小红旗警示，防止碰撞或挤压压浆管。

6.0.2 在施工部署中应考虑在有压浆管处尽量不留设临时道路，严禁机械设备碾压压浆管。

6.0.3 冬季施工时要及时掌握气温变化，气温低于 5℃ 对露在地面的压浆管进行包裹防冻，以免压浆管内结冰或冻裂压浆管，导致压浆无法实施。

6.0.4 压浆初凝前，应避免机械设备碰撞扰动压浆管，以免影响浆液强度的增长。

6.0.5 压浆完毕后，及时用木塞子将压浆管口堵严，防止浆液喷出或倒流。

7　注意事项

7.1　应注意的质量问题

7.1.1 若遇到压浆阀不能正常开启，可适当调高注浆泵压力，用脉冲法打通压浆阀，但最高压力不能超过 10MPa。

7.1.2 若地面出现冒浆，应根据具体情况采取堵塞冒浆通道、调整水灰比，降低注浆压力、间隙注浆等方法进行处理。

7.1.3 若注浆量达到设计注浆量的 75%，注浆压力还不足注浆终止压力的 70%，且注浆压力一直很小时，应采取调整水灰比、间隙注浆、掺入添加剂等方法进行处理。

7.1.4 若遇到特殊地层，如断裂带、流沙、软弱层、溶洞等，应召开技术专题会议研究处理。

7.1.5 注浆工作必须连续进行，若因故中断，应按一下原则进行处理：

1　尽可能缩短注浆中断时间，尽早恢复注浆工作。

2　中断时间超过 30min 时，应立即设法冲洗设备、管路等，以防水泥浆固化。

3　恢复注浆时，应先注入水灰比值较大的水泥浆，当管路、压浆阀畅通后再恢复到正常水灰比的水泥浆。

7.1.6 压浆阀全部堵塞不能实施注浆时，可在桩中心和桩周钻取引孔，重新安装压浆系统实施注浆。但必须注意不损伤桩基钢筋，按有关规范处理引孔。

7.1.7　注浆作业与成孔作业点的距离不宜小于 8～10m。

7.1.8　桩侧桩端注浆间隔时间不宜小于 2h。

7.2　应注意的安全问题

7.2.1　加强机械维护、检修、保养，机电设备专人操作。

7.2.2　严格用电管理，施工现场的一切电源、电路的安装和拆除，必须由持证电工操作，电器必须严格接地、接零和漏电保护。现场电缆应架空，严禁拖地和埋压土中。

7.2.3　高压注浆时，操作人员不要站在高压胶管接头的抛出方向。

7.2.4　注浆前及时抽干空桩部分的泥浆，回填素土并夯实或设安全盖（网片）盖严，防止坠孔掉落，井口位置要设明显的警示标志。

7.2.5　注浆泵运行中，勿将手伸入或防止其他物体掉入柱塞运动腔内。

7.2.6　注浆泵的高压胶管和压浆管要预先安装易于操作的安全双阀，保证安装和拆除接头时的安全。

7.3　应注意的绿色施工问题

7.3.1　施工废水、废弃的浆、渣应进行处理，不得直接排放污染环境，倒入规定地点。

7.3.2　水泥浆储存池（罐）在无桩位处设置。池（罐）的容量不小于搅拌机两次出浆数量，防止泥浆数量大而外溢，又可确保注浆连续需求的浆液。水泥浆储存池应用砖砌筑，池壁和池底用水泥砂浆抹面。

7.3.3　对油料等易挥发品的存放要密闭，并尽量缩短开启时间。

7.3.4　严禁在施工现场焚烧塑料包装、油毡、橡胶、塑料、皮革包装以及其他产生有毒有害气体的物质。

7.3.5　在运输水泥和其他易飞扬的细颗粒散体材料时，用篷布覆盖严密、并装量适中，不得超限运输，以减少扬尘。

7.3.6　在水泥浆搅拌作业时，作业人员配齐防尘罩等劳动保护用品。

7.3.7　驶出施工现场的车辆应进行清洗，避免携带泥土、水泥浆液等驶入市政道路。

8　质量记录

8.0.1　水泥、外加剂的出厂合格证及试验报告；

8.0.2　水泥浆配合比通知单；

8.0.3　灌注桩完整性检测报告；

8.0.4　钢筋笼及压浆系统安装验收记录；

8.0.5　注浆记录；

8.0.6　灌注桩承载力检测报告；

8.0.7　灌注桩后压浆施工隐蔽验收记录；

8.0.8　灌注桩质量验收记录；

8.0.9　其他技术文件。

第 27 章　机动洛阳铲成孔灌注桩

本工艺标准适用于地下水位以上的黄土及湿陷性黄土地区灌注桩施工。

1　引用文件

《公路桥涵施工技术规范》JTG/T F50—2011；
《建筑桩基技术规范》JGJ 94—2008；
《建筑地基处理技术规范》JGJ 79—2012；
《湿陷性黄土地区建筑规范》GB 50025—2004；
《建筑地基工程施工质量验收标准》GB 50202—2018；
《混凝土结构工程施工质量验收规范》GB 50204—2011；
《建筑地基基础工程施工规范》GB 51004—2015。

2　术语

2.0.1　机动洛阳铲成孔灌注桩：干作业成孔灌注桩的一种，系利用机动洛阳铲成孔，至设计深度后，进行孔底清理，然后下钢筋笼，浇筑混凝土成桩。

3　施工准备

3.1　作业条件

3.1.1　应编制机动洛阳铲灌注桩施工组织设计，应包括主要的施工方案、工艺控制标准、质量验收标准、进度计划、材料供应、机具配备、劳动力组织和安全文明施工等。

3.1.2　平整场地，清除打桩范围地上、地下障碍物（种植物、杂树等）、低洼处用黏性土进行回填、平整。修建临时施工道路，按施工需要配置供水、供电设施。

3.1.3　设置测量坐标，定位放线（并经过复检），布置桩位图。

3.1.4　施工机械安装完成，并进行满负荷运行试验合格，具备正常运行条件。

3.1.5　施工前应逐级进行技术交底，并且要有书面材料发至各方面各有关部门的相关人员手中。

3.1.6　一般由 2 人操作 1 台机动洛阳铲，即 1 人操纵卷扬机，1 人推小翻斗车运土。其工作效率是人工的 15 倍。还有一种是将铲头安装在拖拉机头上作业，便于搬运移动。

3.1.7　施工前根据工程量大小、施工难度合理配置施工作业人员。钢筋工、电工、电焊工、起重工、驾驶员、普工等，各工种具体人数由工程量大小、工期长短、施工环境确定。其中电工、电焊工、起重工、驾驶员属特殊工种范畴，上岗人员必须具有特种作业操作证。

3.2 材料及机具

3.2.1 水泥：优先选用普通硅酸盐或矿渣硅酸盐水泥，要求无结块。

3.2.2 砂：砂使用中砂或粗砂，含泥量小于 5%。

3.2.3 石子：采用卵石或碎石，粒径 5～40mm，含泥量不大于 3%.

3.2.4 水：宜采用饮用水或不含有有害物质的洁净水。

3.2.5 钢筋：钢筋品种和规格均符合设计要求，并有出厂合格证和复试报告。

3.2.6 外加剂、掺和剂：应根据施工需要通过试验确定，外加剂应有产品出厂合格证。

3.2.7 主要有机动洛阳铲、卷扬机、水准仪、三脚支架、交流焊机、汽车吊等。

4 操作工艺

4.1 工艺流程

场地平整 → 放线定桩位 → 设备就位 → 洛阳铲挖土到设计标高 → 钢筋笼制作 →
安放钢筋笼 → 浇筑混凝土

4.2 场地平整

开工前，首先应对施工场地进行场地平整。清除施工区域内的垃圾、旧建（构）筑物、地下遗留管线等杂物。

4.3 放线定桩位

4.3.1 场地平整后，进行施工区域方格网测设，并进一步放出所有桩位纵横轴线。

4.3.2 设置定位龙门桩或木桩，用素混凝土固定定位桩，四周立上简易三脚钢筋防护架，保护定位桩，要求钢筋上涂刷红白相间的油漆，以示警诫作用。

4.4 设备就位

4.4.1 放线后，及时安装井口机具。主要包括三脚架、卷扬机、洛阳铲、小推车等。

4.4.2 安装完机具后，再次进行洛阳铲就位的复合测量。保证桩基不偏位。

4.5 洛阳铲挖土到设计标高

4.5.1 定位后，开挖桩孔土方。

4.5.2 机动洛阳铲由卷扬机、三脚架、钢丝绳、铲头等主要部件组成。铲头的制作比较特殊，呈圆柱体，上半部为配重，下半部为刃，由左右两片合围成圆筒形，利用铲头自重下落吃土，提起后电控开合铲刃，闭合抓土至地面卸土，依次循环成孔。

4.6 钢筋笼制作

4.6.1 钢筋笼主筋的连接方式主要有焊接和机械连接，在同一截面内的钢筋接头数不得多于主筋总数的 50%，两个接头点间的距离不应小于 35d，且最小不得小于 500mm。

4.6.2　主筋连接可采用对焊、搭接焊、绑条焊等，当主筋采用搭接焊时，单面焊时焊接长度≥10d，双面焊时焊接长度≥5d。钢筋笼焊接时不得从主筋上引弧，以免损伤主筋。焊缝表面应连续、光滑、饱满，不得有夹渣、气孔现象，焊缝余高应平缓过渡，弧坑应填满。搭接焊接头中心应与主筋轴心一致。

4.6.3　机械连接方式主要为挤压套筒连接、锥螺纹连接、直螺纹连接。当采用直螺纹连接时主要工序为：钢筋切头、加工丝头、戴帽保护、连接施工。

4.6.4　加劲筋制作，加劲筋一般采用单面或双面搭接焊，制作时，首先制作加劲筋模具，用钢尺校核模具尺寸后，批量生产。加劲筋在组装钢筋笼前，接头只点焊，待和主筋组装好后，才可对接头进行单面或双面搭接施焊，以避免钢筋局部受热变形。

4.6.5　螺旋箍筋制作螺旋筋加工前用卷扬机进行拉伸，提高钢筋的抗拉强度，并用圆筒卷成半成品挂标识牌存放。

4.6.6　钢筋笼拼装

1　首先在钢筋笼骨架成形架上安放加劲筋，在加劲筋上标出主筋位置，然后将主筋依次点焊在加劲筋上，要确保主筋与加劲筋相互垂直。当钢筋笼直径比较大时，应在加劲筋上焊接十字钢筋支撑，确保加劲筋不变形。

2　将骨架推至外箍筋滚动焊接器上，按规定的间距缠绕箍筋，并用电弧焊将主筋与箍筋固定。

3　将主筋与箍筋用绑丝跳点、双丝绑扎牢固。

4　钢筋笼制作成型检查合格后挂标牌于钢筋笼堆放场地，用垫木垫放整齐，防止钢筋笼。

5　钢筋笼定位器的设置，为确保钢筋笼保护层厚度，沿主筋外侧，每4m设立一组钢筋笼定位器，同一截面上均匀地布置3个。

4.7　安放钢筋笼

4.7.1　钢筋笼就位用小型吊运机具或履带起重机进行，吊放钢筋笼前应再次复查孔深、孔径、孔壁、垂直度及孔底虚土厚度。符合要求后再进行下步施工，否则应采取处理措施，直至符合要求。

4.7.2　吊放钢筋笼时，要对准孔位，吊直扶稳，缓慢下沉，避免碰撞孔壁。钢筋笼放到设计位置时，应立即固定。遇有两段钢筋笼连接时，宜采用机械连接，以确保钢筋的位置正确，保护层厚度符合要求。

4.8　浇筑混凝土

4.8.1　浇筑混凝土必须使用导管或串桶。导管内径200～300mm，每节长度为2～2.5m，最下一端一节导管长度应为4～6m，检查合格后方可使用。

4.8.2　导管或串桶距孔底不大于2m。

4.8.3　浇筑混凝土，注意落差不得大于2m，应边浇灌混凝土边分层振捣密实，分层高度按捣固的工具而定，一般不大于1.5m。

4.8.4　浇灌桩顶以下5m范围内的混凝土时，每次浇筑高度不得大于1.5m。

4.8.5　灌注混凝土至桩顶时，应适当超过桩顶设计桩顶标高500mm以上，以保证在凿除浮浆后，桩标高能符合设计要求。

5 质量标准

5.0.1 主控项目

机动洛阳铲成孔灌注桩主控项目质量检验标准见表 27-1。

机动洛阳铲成孔灌注桩主控项目质量检验标准 表 27-1

检查项目	允许偏差或允许值		检查方法
	单位	数值	
承载力	不小于设计值		静载试验
孔深及孔底岩性	不小于设计值		测钻杆长度或用测绳测孔深，检查孔底土岩性报告
桩身完整性	—		钻芯法，低应变法或声波透射法
混凝土强度	符合设计要求		28d 试块强度或钻芯法
桩径	≥0		井径仪或超声波检测，或钢尺量

5.0.2 一般项目

机动洛阳铲成孔灌注桩一般项目的质量检验标准应符合表 27-2。

机动洛阳铲成孔灌注桩一般项目的质量检验标准 表 27-2

检查项目		允许偏差或允许值		检查方法
		单位	数值	
桩位		mm	$\leqslant 70+0.01H$	全站仪或钢尺量，基坑开挖前量护筒，开挖后量桩中心
垂直度			≤1%	经纬仪测量或线坠测量
混凝土坍落度		mm	90～150	坍落度仪
桩顶标高		mm	+30～−50	水准测量
钢筋笼质量	主筋间距	mm	±10	用钢尺量
	长度	mm	±100	用钢尺量
	钢筋材质检验	设计要求		抽样送检
	箍筋间距	mm	±20	用钢尺量
	笼直径	mm	±10	用钢尺量

6 成品保护

6.0.1 桩头预留的主筋插筋，应妥善保护，不得任意弯折或压断。

6.0.2 已完桩的软土基坑开挖，应制定合理的施工顺序和技术措施，防止造成桩位移和倾斜，并检查每根桩的纵横水平偏差，采取纠正措施。

6.0.3 桩头部分挖土时采用人工剥土，防止机械开挖破坏桩头。

7 注意事项

7.1 应注意的质量问题

7.1.1 开始成孔或穿过软硬互层交界时，应缓慢进尺，保证垂直度。

7.1.2 成孔完毕应及时盖好孔口，并防止在盖板上过车和行走。操作中应及时清理虚土。

7.1.3 要严格按操作工艺边灌混凝土边振捣的规定执行。严禁把土及杂物和混凝土一起灌入孔中。防止桩身混凝土质量差，有缩颈、空洞、夹土等。

7.1.4 混凝土灌倒桩顶时，应随时测量顶部标高，以免过多截桩。

7.1.5 冬季当温度低于0℃浇灌混凝土时，应采取加热保温措施。浇灌时，混凝土的温度按冬施方案规定执行。在桩顶未达到设计强度50％以前不得受冻。当气温高于30℃时，应根据具体情况对混凝土采取缓凝措施。

7.1.6 雨季严格坚持随钻随打混凝土的规定，以防遇雨成孔后灌水造成塌孔。雨天不能进行钻孔施工。现场必须采取有效的排水措施。

7.2 应注意的安全问题

7.2.1 加强机械维护、检修、保养，机电设备专人操作，并应遵守操作规程。

7.2.2 严格用电管理，施工现场的一切电源、电路的安装和拆除，必须由持证电工操作，电器必须严格接地、接零和漏电保护。现场电缆应架空，严禁拖地和埋压土中。

7.2.3 焊、割作业点，氧气瓶、乙炔瓶、易燃易爆物品的距离和防火要求应符合有关规定。

7.2.4 相邻桩施工时，应协调施工进度，避免造成相互影响。

7.3 应注意的绿色施工问题

7.3.1 废弃的浆、渣应进行处理，不得直接排放污染环境。

7.3.2 对油料等易挥发品的存放要密闭，并尽量缩短开启时间。

7.3.3 严禁在施工现场焚烧塑料包装、油毡、橡胶、塑料、皮革包装以及其他产生有毒有害气体的物质。

7.3.4 在运输砂石、水泥和其他易飞扬的细颗粒散体材料时，用篷布覆盖严密、并装量适中，不得超限运输，以减少扬尘。

7.3.5 施工前应制定保护建筑物、地下管线安全的技术措施。

7.3.6 施工前应在醒目位置设环境保护标识。

7.3.7 驶出施工现场的车辆应进行清洗，避免携带泥土。

8 质量记录

8.0.1 原材料合格证明检验试验报告。

8.0.2 钢筋隐蔽工程验收记录。

8.0.3 钢筋笼加工和安装质量检查记录。

8.0.4 钢筋接头力学性能试验报告。

8.0.5 成孔灌注桩施工记录。

8.0.6 混凝土抗压强度试验报告。

8.0.7 桩体质量检查记录。

8.0.8 桩承载力检验记录。

8.0.9 灌注桩质量检验批验收记录。

8.0.10　测量放线复核验收记录。

8.0.11　其他技术文件。

第 28 章　螺旋钻成孔灌注桩

本工艺标准适用于工业与民用建筑的处于地下水位以上的一般黏性土、密实状态的砂土及人工填土地基的螺旋成孔灌注桩工程。

1　引用文件

《建筑地基工程施工质量验收标准》GB 50202—2018

《建筑桩基技术规范》JGJ 94—2008

《建筑地基处理技术规范》JGJ 79—2012

《建筑工程施工质量验收统一标准》GB 50300—2013

《建筑机械使用安全技术规程》JGJ 33—2012

《建筑地基基础工程施工规范》GB 51004—2015

2　术语

螺旋成孔灌注桩：干作业成孔灌注桩的一种，系利用电动机带动带有螺旋叶片的钻杆钻动，使钻头螺旋叶片旋转削土，土块随螺旋叶片上升排出孔口，至设计深度后，进行孔底清理，然后下钢筋笼，浇筑混凝土成桩。

3　施工准备

3.1　作业条件

3.1.1　依据现场条件确定施工方法，编制施工方案，按审核批准的施工方案进行技术交底。

3.1.2　要选择和确定钻孔机的进出路线和钻孔顺序，做好安全技术交底。

3.1.3　场地经夯实与碾压，场地应采取有效的排水措施。

3.1.4　根据设计图纸放出轴线及桩位，抄平，并经过复核验证后，办理签字手续。

3.1.5　正式施工前应做好成孔试验，数量不少于 2 根，复核地质资料以及设备、工艺是否适宜，核定选用的技术参数。

3.1.6　分段制作好钢筋笼，其长度以 5～8m 为宜。

3.1.7　根据设计要求，经试验确定混合料配合比。

3.1.8　开工前所有的施工人员经过培训考核，做好进场人员的进场教育和上岗前的岗位培训；专业技术人员及特殊工种必须持证上岗。

3.1.9 熟悉现场的工程地质和水文地质资料，地上、地下障碍物均应处理完善，达到"三通一平"条件。

3.2　材料及机具

3.2.1 水泥：宜采用普通硅酸盐水泥，具有出厂合格证和检测报告。

3.2.2 砂：宜为中砂，有机质含量符合设计要求。

3.2.3 碎石：碎石粒径为 20～40mm，有机质含量符合设计要求。

3.2.4 水：宜用饮用水或不含有害物质的洁净水。

3.2.5 钢筋：品种和规格均符合设计要求，并有出厂合格证及试验报告。

3.2.6 混凝土：符合设计及相关验收规范要求。

3.2.7 外加剂、掺合料，根据施工需要通过试验确定。

3.2.8 主要机具

螺旋钻孔机：有直径 400～1000mm 多种规格，根据设计桩径选用。常用螺旋钻孔机械的主要技术参数，见表 28-1。

常用螺旋钻孔主机的主要技术参数表　　　　　　　　　　表 28-1

机械名称	电机功率 （kW）	动力头转速 （r/min）	动力头最大扭矩 （kN·m）	最大拔钻力 （kN）	行走速度 （m/min）
ZLB 步履式螺旋钻机	2×55	14.5 固定	48	400	0～5.2

3.2.9 其他机具：振捣器、混凝土运输车、三级配电箱、小型挖掘机、钢筋系列加工设备、吊车等。

4　操作工艺

4.1　工艺流程

测量放线 → 埋设护筒 → 钻机就位 → 钻孔 → 孔底清理 → 测量孔深、垂直度 →

盖好孔口盖板移桩机至下一桩位 → 安放钢筋笼 → 安放混凝土导管或串桶 →

浇筑混凝土（随浇随振）

4.2　测量放线

4.2.1 根据复测的导线点、水准点成果对桩基础进行中桩和高程放样，并做标示桩。

4.2.2 根据放样的位置填筑或搭设螺旋钻施工平台。

4.3　护筒埋设

4.3.1 可采用挖坑埋设护筒，使护筒平面位置中心与桩设计中心一致，护筒顶宜高出原地面 30～50cm。

4.3.2 护筒埋设深度，在黏性土中不宜小于 1m，在砂土中不宜小于 1.5m，在人工填土地基应根据具体情况确定。

4.4　钻机就位

4.4.1　钻机就位时，必须保持垂直、平稳，不发生倾斜、移位。钻头中心对准桩位中心，开钻应缓慢，钻进过程中，不宜反钻或提升钻杆。

4.4.2　为准确控制钻孔深度，应在桩架上或桩管上作出控制的标尺，以便在施工中进行观测、记录及控制钻杆深度。

4.5　钻孔

4.5.1　调直机夹挺杆，对好桩位（用对位圈），合理选择和调整钻进参数，以电流表控制进尺速度，开动机器钻进、出土。

4.5.2　钻孔直径、垂直度，应每钻进 3～5m 检查一次，发现问题及时纠正。

4.5.3　达到设计深度后使钻具在孔内空转数圈，清除虚土，然后停钻、提钻，会同相关部门检查验收后，方可移动钻机。

4.6　孔底清理

钻到设计标高（深度）后，必须进行空转清土，然后停止转动，提钻杆，不得回转钻杆。

4.7　测量孔深、垂直度

4.7.1　用测绳（锤）或手提灯测量孔深、垂直度及虚土厚度。虚土厚度等于测量深度与钻孔深的差值，虚土厚度一般不应超过 100mm。

4.7.2　孔底的虚土厚度超过质量标准时，要分析原因，采取处理措施。进钻过程中散落在地面上的土，必须随时清除运走。

4.8　盖好孔口盖板，移桩机至下一桩位

4.8.1　经过成孔质量检查后，应按表逐项填好桩孔施工记录，然后盖好孔口盖板。

4.8.2　然后移走钻孔机到下一桩位，禁止在盖板上行车走人。

4.9　安放钢筋笼

4.9.1　吊放钢筋笼前应再次复查孔深、孔径、孔壁、垂直度及孔底虚土厚度。符合要求后再进行下步施工，否则应采取处理措施，直至符合要求。

4.9.2　钢筋笼制作应有限位措施，吊放钢筋笼时，要对准孔位，吊直扶稳，缓慢下沉，避免碰撞孔壁。钢筋笼放到设计位置时，应立即固定。遇有两段钢筋笼连接时，宜采用机械连接，以确保钢筋的位置正确，保护层厚度符合要求。

4.9.3　钢筋笼在堆放、运输、起吊、入孔等过程中，应严格按操作规定执行。必须加强对操作工人的技术交底，严格执行加固的质量措施，防止钢筋笼变形。

4.10　安放混凝土导管或串桶

4.10.1　浇筑混凝土必须使用导管或串桶。导管内径 20～300mm，每节长度为 2～2.5m，最下一端一节导管长度应为 4～6m，检查合格后方可使用。

4.10.2 导管或串桶距孔底不大于2m。

4.11 浇筑混凝土

4.11.1 浇筑混凝土,当孔深在3m以内时,清槽进行浇筑;当孔深超过3m时,应安放串筒进行浇筑。串筒离孔底的距离不得大于2m,应边浇灌混凝土边分层振捣密实,分层高度按捣固的工具而定,一般不大于1.5m。

4.11.2 浇灌桩顶以下5m范围内的混凝土时,每次浇筑高度不得大于1.5m,应连续灌注。

4.11.3 灌注混凝土至桩顶时,应适当超过桩顶设计桩顶标高500mm以上,以保证在凿除浮浆后,桩标高能符合设计要求。

5 质量标准

5.0.1 主控项目

螺旋钻孔灌注桩主控项目质量检验标准见表28-2。

螺旋钻孔灌注桩主控项目质量检验标准 表28-2

检查项目	允许偏差或允许值		检查方法
	单位	数值	
承载力	不小于设计值		静载试验
孔深及孔底岩性	不小于设计值		测钻杆长度或用测绳测孔深,检查孔底土岩性报告
桩身完整性	—		钻芯法,低应变法或声波透射法
混凝土强度	符合设计要求		28d试块强度或钻芯法
桩径	≥0		井径仪或超声波检测,或钢尺量

5.0.2 一般项目

螺旋钻孔灌注桩一般项目的质量检验标准应符合表28-3。

螺旋钻孔灌注桩一般项目的质量检验标准 表28-3

检查项目		允许偏差或允许值		检查方法
		单位	数值	
桩位		mm	≤70+0.01H	全站仪或钢尺量,基坑开挖前量护筒,开挖后量桩中心
垂直度		≤1%		经纬仪测量或线坠测量
混凝土坍落度		mm	90~150	坍落度仪
桩顶标高		mm	+30~−50	水准测量
钢筋笼质量	主筋间距	mm	±10	用钢尺量
	长度	mm	±100	用钢尺量
	钢筋材质检验	设计要求		抽样送检
	箍筋间距	mm	±20	用钢尺量
	笼直径	mm	±10	用钢尺量

6　成品保护

6.0.1　桩头混凝土强度未达到设计强度的 70％时不得碾压，以防桩头破坏。

6.0.2　灌注桩施工完毕进行基础开挖时，应制定合理的施工顺序和技术措施，防止桩的位移和倾斜，并应检查每根桩的纵横水平偏差。

6.0.3　钢筋笼制作、运输和安装过程中，应采取措施防止变形。

6.0.4　钢筋笼在吊放入孔时，不得碰撞孔壁。灌注混凝土时应采取措施固定其位置。

7　注意事项

7.1　应注意的质量问题

7.1.1　孔径控制：开始钻孔或穿过软硬互层交界时，应缓慢进尺，保证钻具垂直，钻进遇有石块较多的土层时，必须防止钻杆晃动引起孔径扩大，致使孔壁附着扰动土和孔底增加回落土。钻进不稳定地层时应采用低转速钻进，提钻前上下活动钻具，挤实孔壁。

7.1.2　孔底虚土过多：钻孔完毕应及时盖好孔口，并防止在盖板上过车和行走。操作中应及时清理虚土。

7.1.3　桩身混凝土质量差，有缩颈、空洞、夹土等，要严格按操作工艺边灌混凝土边振捣的规定执行。严禁把土及杂物和混凝土一起灌入孔中。

7.1.4　当出现钻杆跳动、机架摇晃、钻不进尺等异常情况时，应立即停车检查。

7.1.5　混凝土灌到桩顶时，应随时测量顶部标高，以免过多截桩。

7.1.6　冬季当温度低于 0℃浇灌混凝土时，应采取加热保温措施。浇灌时，混凝土的温度按冬施方案规定执行。在桩顶未达到设计强度 50％以前不得受冻。当气温高于 30℃时，应根据具体情况对混凝土采取缓凝措施。

7.1.7　雨季严格坚持随钻随打混凝土的规定，以防遇雨成孔后灌水造成塌孔。雨天不能进行钻孔施工。现场必须采取有效的排水措施。

7.2　应注意的安全问题

7.2.1　加强机械维护、检修、保养，机电设备专人操作，并应遵守操作规程。

7.2.2　严格加强临时用电管理，施工现场的一切电源、电路的安装和拆除，必须由持证电工操作，电器必须严格接地、接零和漏电保护。

7.2.3　施工现场悬挂安全标牌，设置安全标志，在主要施工部位、作业地点等处悬挂安全标语和安全警示牌，不准擅自拆除。

7.2.4　进入现场工人作业必须戴安全帽，严禁酒后操作机械和上岗工作。

7.2.5　灌注桩井口设安全盖，防止掉物和塌孔。

7.3　应注意的绿色施工问题

7.3.1　对废油、废水、废渣，按指定地点存放，避免污染空气和水源，并不得直接排放污染环境。

7.3.2 施工现场应在醒目位置设置环境保护标识。

7.3.3 严禁在施工现场焚烧塑料包装、油毡、橡胶、塑料、皮革包装以及其他产生有毒有害气体的物质。

7.3.4 在运输砂石、水泥和其他易飞扬的细颗粒散体材料时，用篷布覆盖严密、并装量适中，不得超限运输，并经常洒水，以减少扬尘。

7.3.5 在搅拌站设置沉淀池，废水经沉淀处理，达标后排放。

7.3.6 驶出施工现场的车辆应进行清洗，避免携带泥土。

7.3.7 夜间施工应办理手续，并应采取相应措施减少声、光的不利影响。

8 质量记录

8.0.1 原材料合格证明，检验试验报告。

8.0.2 钢筋接头力学性能试验报告。

8.0.3 钢筋隐蔽工程检查验收记录。

8.0.4 商品混凝土出厂合格证。

8.0.5 螺旋成孔灌注桩施工记录。

8.0.6 混凝土抗压强度试验报告。

8.0.7 桩体质量检查记录。

8.0.8 测量放线复核验收记录，桩位施工平面图。

8.0.9 其他技术文件。

第29章 沉管灌注桩

本工艺标准适用于工业与民用建筑采用沉管灌注桩的工程。

1 引用文件

《建筑桩基技术规范》JGJ 94—2008；

《建筑工程施工质量验收统一标准》GB 50300—2013；

《建筑地基工程施工质量验收标准》GB 50202—2018；

《建筑地基基础工程施工规范》GB 51004—2015。

2 术语

沉管灌注桩：指利用振动打桩法，将带有活瓣式桩尖或预制钢筋混凝土桩靴的钢套管沉入土中，然后边浇筑混凝土（或先在管内放入钢筋笼），边锤击或振动边拔管而成的桩，称为振动沉管灌注桩。

3　施工准备

3.1　作业条件

3.1.1　根据现场的地质资料及设计施工图纸，编制切实可行的施工组织设计。

3.1.2　施工场地范围内的地上、地下障碍物均已排除或处理。场地已完成三通一平工作，对影响施工机械运行的松软场地已进行适当处理（如铺设硬骨料），并有排水措施。

3.1.3　施工用水、用电、道路及临时设施均已就绪。

3.1.4　现场已设置测量基准线，水准基点，并妥加保护，施工前已按施工图纸放出轴线、定位点，并已复核桩位。

3.1.5　在复杂土层施工时，应事先进行成孔试验，数量一般不小于 2～3 个。

3.1.6　施工前对施工人员进行安全和技术培训，并进行技术安全交底。

3.2　材料及机具

3.2.1　水泥：用 32.5 级普通硅酸盐水泥或矿渣硅酸盐水泥。

3.2.2　砂：中砂或粗砂，含泥量不大于 5%。

3.2.3　石子：卵石粒径不大于 50mm；碎石粒径不大于 40mm；配筋桩石子粒径均不宜大于 30mm，并不宜大于钢筋最小净距的 1/3。

3.2.4　水：用自来水或不含有害物质的洁净水。

3.2.5　钢筋：品种和规格按设计要求采用，有出厂合格证及复检报告。

3.2.6　振动沉桩设备

振动沉桩设备有 DZ60 或 DZ90 型振动锤、ZJB25 型步履式桩架、卷扬机、加压装置、桩管、桩尖等、桩管直径为 220～370mm、长 10～28m。

3.2.7　配套机具设备

配套机具设备有下料斗、强制式混凝土搅拌机、钢筋加工机械、交流电焊机、氧割装置、50 型装载机等。

4　操作工艺

4.1　工艺流程

桩位放线 → 桩机就位 → 将桩尖压入土中 → 沉管 → 安放钢筋笼 → 灌注混凝土 → 拔管 → 成桩、移位

4.2　桩位放线

根据基础轴线控制桩，定出各桩孔中心点，可用 ϕ20mm 钢钎插入土中 200mm，拔出后灌入石灰定点。

4.3　桩机就位

打沉桩机就位时，应垂直、平稳架设在打（沉）桩部位。桩锤（振动箱）对准工程桩位的同时，在桩架或套管上标出控制深度的标记，以便在施工中进行套管深度观测。

4.4　将桩尖压入土中

4.4.1　采用活瓣式桩尖时，应先将桩尖活瓣用麻绳或铁丝捆紧合拢，活瓣间隙应紧密。当桩尖对准桩基中心，并核查桩管垂直度后，利用桩管自重将桩尖压入土中。

4.4.2　采用预制混凝土桩尖时，应先在桩基中心预埋好桩尖，在套管下端与桩尖接触处垫好缓冲材料。桩机就位后，吊起套管，对准桩尖，使套管、桩尖、桩锤在一条垂直线上，利用锤重及套管自重将桩尖压入土中。

4.5　沉管

4.5.1　成桩施工顺序一般从中间开始，向两侧边或四周进行，对于群桩基础或桩的中心距≤3.5d（d 为桩径）时，应间隔施打，中间空出的桩，须待邻桩混凝土达到设计强度的50%后，方可施打。

4.5.2　开始沉管时应慢振，当水或泥浆有可能进入桩管时，应事先在管内灌入 1.5m 左右的封底混凝土。

4.5.3　应按设计要求和试桩情况，严格控制沉管最后贯入度，振动沉管应测量最后两个 2min 贯入度。

4.5.4　在沉管过程中，如出现套管快速下沉或套管沉不下去的情况，应及时分析原因，进行处理。如快速下沉是因桩尖穿过硬土层进入软土层引起的，则应继续沉管作业。如沉不下去是因桩尖顶住孤石或遇到硬土层引起的，则应放慢沉管速度，待越过障碍后再正常沉管。如仍沉不下去或沉管过深，最后贯入度不能满足设计要求，则应核对地质资料，会同建设单位研究处理。

4.6　安放钢筋笼

4.6.1　沉管沉到设计深度，对于通长的钢筋笼，检查成孔质量合格后，开始安放钢筋笼。对短钢筋笼可在混凝土灌至设计标高时再埋设。

4.6.2　埋设钢筋笼时要对准管孔，垂直缓慢下降。在混凝土桩顶采取构造连接插筋时，必须沿周围对称均匀垂直插入。

4.7　灌注混凝土

4.7.1　向套管内灌注混凝土时，如用长套管成孔短桩，则一次灌足；如成孔长桩，则第一次应尽量灌满，混凝土坍落度宜为 80～100mm。

4.7.2　灌注时充盈系数（实际灌注混凝土量与理论计算量之比）应不小于 1。一般土质为 1.1；软土为 1.2～1.3。在施工中可根据不同土质的充盈系数，计算出单桩混凝土需用量，折算成料斗浇灌次数，以核对混凝土实际灌注量。

4.7.3　桩顶混凝土一般宜高于设计标高 500mm 左右，待以后施工承台时再凿除。如设计有规定，应按设计要求施工。

4.8　拔管

4.8.1　每次拔管高度应以能容纳吊斗一次所灌注混凝土为限，并边拔边灌。在任何情况下，套管内应保持不少于 2m 高度的混凝土，并按沉管方法不同分别采取不同的方法拔管。在拔管过程中，应有专人用测锤或浮标检查管内混凝土下降情况，一次不应拔得过高。

4.8.2　振动沉管拔管方法可根据地基土具体情况，分别选用单打法或反插法进行。单打法：适用于含水量较小土层。系在套管内灌入混凝土后，再振再拔，如此反复，直至套管全部拔出，在一般土层中拔管速度宜为 1.2～1.5m/min，在软弱土层中不宜大于 0.8～1.0m/min。反插法：适用于饱和土层。当套管内灌入混凝土后，先振动再开始拔管，每次拔管高度为 0.5～1m，反插深度 0.3～0.5m，同时不宜大于活瓣桩尖长度的 2/3。拔管过程应分段添加混凝土，保持管内混凝土面始终不低于地表面，或高于地下水位 1～1.5m 以上。拔管速度控制在 0.5m/min 以内。在桩尖接近持力层处约 1.5m 范围内，宜多次反插，以扩大桩底端部面积。当穿对淤泥夹层时，适当放慢拔管速度，减少拔管和反插深度。反插法易使泥浆混入桩内造成夹泥桩，施工中应慎重采用。

4.8.3　套管成孔灌注桩施工时，就随时观测桩顶和地面有无水平位移及隆起，必要时应采取措施进行处理。

4.8.4　桩身混凝土浇筑后有必要复打时，必须在原桩混凝土未初凝前在原桩位上重新安装桩尖，第二次沉管。沉管后每次灌注混凝土应达到自然地面高，不得少灌。拔管过程中应及时清除桩管外壁和地面上的污泥。前后两次沉管的轴线必须重合。

4.9　成桩、移位

沉管混凝土按要求灌筑、拔管至设计标高以上 20cm 后，即成桩，将桩机移至下一桩位进行施工。

5　质量标准

5.0.1　主控项目

沉管灌注桩主控项目的质量检验标准应符合表 29-1 要求。

沉管灌注桩主控项目的质量检验标准　　　　　表 29-1

检查项目	允许偏差或允许值		检查方法
	单位	数值	
承载力	符合设计要求		静载试验
混凝土强度	符合设计要求		28d 试块强度或钻芯法
桩身完整性	—		低应变法
桩长	不小于设计值		施工中量钻杆或套管长度，施工后钻芯法或低应变法

5.0.2　一般项目

沉管灌注桩一般项目的质量检验标准应符合表 29-2。

沉管灌注桩一般项目的质量检验标准 表 29-2

检查项目		允许偏差或允许值		检查方法
		单位	数值	
桩位	$D<500$mm	mm	$\leqslant 70+0.01H$	全站仪或钢尺量
	$D\geqslant 500$mm	mm	$\leqslant 100+0.01H$	
桩径		mm	$\geqslant 0$	钢尺量
混凝土坍落度		mm	$80\sim 100$	坍落度仪
垂直度		$\leqslant 1\%$		经纬仪测量
拔管速度		m/min	视土层情况而定，一般土层 $1.2\sim 1.5$	用钢尺量及秒表
桩顶标高		mm	$+30\sim -50$	水准测量
钢筋笼顶标高		mm	± 100	水准测量

6 成品保护

6.0.1 对于中心距 $\leqslant 3.5d$（d 为桩径）的群桩基础，采用沉管法成孔时，应采用间隔施工，以避免影响已灌注混凝土的相邻桩质量。

6.0.2 承台施工时，在凿除高出设计标高的桩顶混凝土时，必须自上而下凿，不能横凿，以免桩受水平力冲击遭到破坏。

6.0.3 施工完毕进行基础开挖时，应制定合理的开挖方案和技术措施，防止桩的位移和倾斜。

6.0.4 桩头外留的钢筋应妥善保护，不得任意弯折或压断。

6.0.5 冬期施工在桩顶混凝土未达到设计强度前，应进行保温护盖，防止受冻。

7 注意事项

7.1 应注意的质量问题

7.1.1 冬期施工，当气温低于 0℃时，桩灌注混凝土要采取保温措施，拌和水要加热，混凝土入模温度不应低于 50℃。桩顶要保盖保温，防止受冻。

7.1.2 雨期施工，当砂、石含水量增大时，应按现场实测数据随时调整混凝土配合比。同时要注意测定地下水位的变化，决定是否进行封底防水。特别要注意与回填层接触的软弱土层，在地表水的浸泡下，会变成软塑状态，在此段应进行反插，防止发生缩颈。

7.1.3 夏季施工当气温高于 30℃时，混凝土应掺加缓凝剂。

7.1.4 在软土层孔段采取反插；在拔管时一定要使管内混凝土面始终高于自然地面 0.2m 以上；反插时要添加混凝土，混凝土坍落度要严格控制在 $80\sim 100$mm。

7.1.5 施工中如出现悬桩，主要是地下水渗入桩管，使桩底出现一松软层。一般预防措施是：在有水位地层施工，尽量不使用活瓣桩尖，应使用预制桩尖；增加桩管内封底混凝土量。

7.2 应注意的安全问题

7.2.1 施工安全应符合现行行业标准《建筑施工安全检查标准》JGJ 59 的有关规定。

7.2.2 机电设备由专人操作并应遵守操作规程。

7.2.3 施工机械应经常检查其磨损程度，并应按规定及时更新。

7.2.4 焊、割作业点，氧气瓶、乙炔瓶、易燃易爆物品的距离和防火要求应符合有关规定。

7.2.5 桩机操作人员应了解桩机性能、构造，并熟悉操作保养方法，方能操作。

7.2.6 在桩架上装拆维修机件进行高空作业时，必须系安全带。

7.2.7 桩机行走时，应先清理地面上的障碍物和挪动电缆，挪动电缆应戴绝缘手套，注意防止电缆磨损漏电。

7.2.8 混凝土搅拌和钢筋笼制作人员作好全面安全防护。

7.2.9 振动沉管时，若用收紧钢丝绳加压，应根据桩管沉入度，随时调整离合器，防止抬起桩架，发生事故。

7.2.10 施工过程中如遇大风，应将桩管插入地下嵌固，以确保桩机安全。

7.2.11 高空作业，所有施工人员均戴安全帽，并进行安全教育。

7.3 应注意的绿色施工问题

7.3.1 施工前应制定保护建筑物、地下管线安全的技术措施，并应标出施工区域内外的建筑物、地下管线的分布示意图。

7.3.2 临时设施应建在安全场所，临时设施及辅助施工场所应采用环境保护措施，减少土地占压和生态环境破坏。

7.3.3 砂石料进场、垃圾出场，应覆盖运输车。道路要经常维护和洒水，防止造成粉尘污染。

7.3.4 混凝土搅拌污水排放应设置沉淀池，清污分流。

7.3.5 施工现场应设合格的卫生环保设施，施工垃圾集中分类堆放，严禁垃圾随意堆放和抛撒。

7.3.6 施工现场使用和维修机械时，应有防滴漏措施，严禁将机油等滴漏于地表，造成土地污染。

7.3.7 应注意施工现场的噪声控制，工作时间一般安排在白天进行，避免扰民。

8 质量记录

8.0.1 水泥出厂合格证及复检报告；

8.0.2 钢筋出厂合格证以及原材、焊件检验报告；

8.0.3 石子、砂的检验报告，焊件合格证；

8.0.4 试桩的试压记录；

8.0.5 沉管灌注桩施工记录；

8.0.6 混凝土试配中清单和试验室签发的配合比通知单；

8.0.7 混凝土试块 28d 标养抗压强度试验报告；

8.0.8　桩位平面布置图；

8.0.9　各工序取样见证记录；

8.0.10　沉管灌注桩工程检验批质量验收记录；

8.0.11　沉管灌注桩分项工程质量验收记录；

8.0.12　其他技术文件。

第30章　预应力管桩（锤击）

本标准规定了预应力管桩打桩的施工要求、方法和质量标准等，适用于工业与民用建筑、铁路、公路与桥梁、港口、水利、市政、构筑物等工程的陆上施工的桩基础。

1　引用文件

《建筑桩基技术规范》JGJ 94—2008；

《建筑地基工程施工质量验收标准》GB 50202—2018；

《建筑地基基础设计规范》GB 50007—2002；

《建筑工程施工质量验收统一标准》GB 50300—2013；

《建筑地基基础工程施工规范》GB 51004—2015。

2　术语

2.0.1　管桩

本标准所称的管桩是指采用离心成型的先张法预应力混凝土的环形截面桩。

2.0.2　管桩基础

由打入土（岩）层中的管桩和连接于桩顶的承台共同组成的建（构）筑物基础。

2.0.3　收锤标准

将桩端打至预定深度附近时终止锤击的控制条件。

2.0.4　预应力管桩代号

PHC——预应力高强混凝土管桩。

PC——预应力混凝土管桩。

PTC——预应力混凝土薄壁管桩。

3　施工准备

3.1　作业条件

3.1.1　应编制预应力管桩打桩施工方案并报审。

3.1.2 进行施工技术交底（包括技术、质量、安全环境各方面）。

3.2 材料及机具

3.2.1 材料要求：

1 管桩的制作、吊装、运输及验收应符合产品标准《先张法预应力混凝土管桩》GB 13476、《先张法预应力混凝土薄壁管桩》JC 888 的规定。

2 管桩的混凝土必须达到设计强度及龄期（常温养护为 28d，蒸压养护为 1d）。

注：采用常温养护生产的如有其他有效措施且有试验数据表明混凝土抗压强度及抗拉强度能达到与标准养护 28d 龄期之强度时可不受龄期的限制，但采用本标准的锤击法沉桩时管桩的混凝土龄期仍不得小于 14d。

3 管桩出厂时，应有出厂合格证。

4 焊条（接桩用）：型号、性能必须符合设计要求和有关标准规定。

5 钢板（接桩用）材质、规格符合设计要求，采用低碳钢。

3.2.2 施工机具

1 主要施工机具可按常用施工设备表配置（表 30-1）。

常用施工机具表 表 30-1

序号	机具名称	规格/型号	用途	备注
1	履带式打桩机	根据需要选择	打桩	根据施工需要配备
2	筒式柴油锤	根据需要及附表选择	打桩	附特制透气桩帽
3	起重机	根据需要选择	喂桩	扒杆长度根据桩长确定
4	电焊机		接桩	每台桩机配备 2~3 台
5	路基箱	2m×6m	桩机站位	
6	送桩器	5~8m	送桩	一套备用

2 主要监视测量装置可按常用测量仪器表配置（表 30-2）。

常用测量仪器表 表 30-2

序号	机具名称	规格型号	数量	说明
1	经纬仪或全站仪	J_2级以上	1	测量放样
2	经纬仪	J_6级	2	垂直度控制，附脚架
3	水准仪	DS_3型	1	标高控制，附脚架
4	钢卷尺	50m	1	测量放线，须标定比对
5	钢卷尺	5m	1	测桩位偏差

3.3 作业条件准备

3.3.1 根据勘察报告、图纸资料等编制锤击管桩的施工方案，并进行详细的技术交底。

3.3.2 施工现场具备三通一平。

3.3.3 施工人员到位，机械设备进场完毕。

3.3.4　测量基准已交底，复测、验收完毕。

3.3.5　管桩、焊条等材料已进场并验收合格。

3.4　测量准备

3.4.1　熟悉施工坐标系统及标高系统，必要时进行正确换算；

3.4.2　编制现场测控方案，与业主/监理进行测量控制点交接，建立本工程测量控制网，以便准确、方便地测放桩位及控制桩顶标高；

3.4.3　建立本工程测量控制网时应在距最外排桩 20m 以外设置半永久性控制点，用来在沉桩过程中对控制网进行校正；

3.4.4　准备石灰、小木桩及铁钉等放线需用物。

4　操作工艺

4.1　施工工艺流程

第 n 节桩起吊，对桩调直

测量定位 → 桩机就位 → 第一节桩就位调直 → 打桩 → 接桩 → 打桩至设计要求

移至下一位 ← 送桩 ← 中间检查验收

4.2　测量定位

在打桩施工区域附近设置控制桩与水准点，不少于 2 个，其位置以不受打桩影响为原则（距离操作地点 40m 以外），轴线控制桩应设置在距最外桩 5～10m 处，以控制桩基轴线和标高。

4.3　桩机就位

按照打桩顺序将桩机移至桩位上面并对准桩位。

4.4　第一节桩就位调直

喂桩时，利用辅助吊机将桩送至打桩机桩架下面，桩机吊桩并送进桩帽内。

4.5　打桩

4.5.1　锤重的选择可根据设计要求和工程地质勘察报告或根据试桩资料选择合适的锤型；在没有规定和资料的情况下，可根据附录 D 选择。

4.5.2　管桩打入时应符合下列规定：

1　桩帽或送桩器与管桩周围的间隙应为 5～10mm；桩锤与桩帽、桩帽与桩顶之间加设弹性衬垫，衬垫厚度应均匀，且经锤击压实后的厚度不宜小于 120mm，在打桩期间经常检查，及时更换和补充。

2　第一节管桩插入地面时的垂直度偏差不得超过 0.5%；桩锤、桩帽或送桩器应与桩身在同一中心线上。

3　打桩过程中应经常观测桩身的垂直度（采用经纬仪在两垂直方向进行校测），若桩身垂直度偏差超过 1% 时，应找出原因并设法纠正；当桩尖进入较硬土层后，严禁用移动桩架等强行回扳的方法纠偏。

4　桩帽和送桩器应与管桩匹配做成圆筒形，并应有足够的强度、刚度和耐打性；桩帽和送桩器下端面应开孔，孔径不宜小于管桩内径的 1/5～1/3，应使管桩内腔与外界接通。

5　每一根桩应一次性连续打到底，接桩、送桩应连续进行，尽量减少中间停歇时间。

6　打桩顺序按下列规定执行：

1）打桩顺序一般情况应根据施工现场的特点及桩基础平面布置而定。对于密集桩，自中间向两个方向或向四周对称施工。当一侧毗邻建（构）物、地下管线等时，宜从毗邻建（构）物、地下管线等的一侧由近到远施工。

2）根据桩长和桩顶标高，宜先长后短，先深后浅施工。

3）根据管桩的规格，宜先大后小施工。

4）根据建筑物设计的主次，先主后辅施工。

5）打桩过程中，出现贯入度反常、桩身倾斜、位移、桩身或桩顶破损等异常情况时，应立即停止沉桩，待查明原因并进行必要的处理后，方可继续施工。

6）在桩身上标出以米为单位的长度标记，及时记录入土深度和每米锤击数。

7　终锤标准：

1）桩端位于一般土层以控制设计桩长和标高为主，贯入度作参考。

2）桩端达到坚硬、硬塑的黏性土、中密以上粉土、砂土、极软岩～软岩时，以贯入度为主，控制桩长和标高为辅。

3）贯入度达到标准而设计标高未达到时，应连续锤击 3 阵，按每阵 10 击得贯入度小于设计规定的数值加以确定，必要时通过试验与有关单位会审商定。

8　桩端持力层为极软岩～软岩时宜采用封闭型桩尖，桩尖焊接时要连续饱满不渗水，在打入一节桩后宜用 C20 细石混凝土灌注 1.5～2.0m 作为封底；如地下水对混凝土有腐蚀性宜采用封闭型桩尖。

在开始打桩时利用两台经纬仪成 90° 将桩架、桩校直成一条线，开始施打时要不间断地校正，直到桩稳定为止，然后施打并进行记录。

4.6　接桩

4.6.1　待桩顶距地面 0.5～1m 时接桩，接桩宜采用端板焊接连接或机械快速接头连接，接头连接强度应不小于管桩桩身强度。

4.6.2　管桩用作受拉（抗拔）桩时，宜优先采用机械快速接头连接。

4.6.3　接桩时，其入土部分管桩的接头宜高出地面 0.5～1m；下节桩的桩头处宜设导向箍，以便于上节桩就位，接桩时上下节桩段应保持对直，错位偏差不宜大于 2mm。

4.6.4　采用焊接连接时，焊接前应先确认管桩接头是否合格，上下端板表面应用铁刷子等清理干净，坡口处应刷至露出金属光泽，并清除油垢和铁锈。

4.6.5　焊接时宜先在坡口圆周上对称点焊 4 点～6 点，待上下节桩固定后拆除导向箍再分层施焊，施焊宜对称进行。

4.6.6 焊接层数宜为三层，不得少于二层，内层焊渣必须清理后再施焊外一层。

4.6.7 焊接接头应在自然冷却后才可继续沉桩，冷却时间不宜少于 8min，严禁用水冷却或焊好后立即沉桩。

5　质量标准

5.0.1 施工前应检查进入现场的成品桩，接桩用电焊条等产品质量。

5.0.2 施工过程中应检查桩的贯入情况、桩顶完整状况、电焊接桩质量、桩体垂直度、电焊后的停歇时间。重要工程应对电焊接头做 10% 的焊缝探头检查。

5.0.3 施工结束后，应做承载力检验及桩体质量检验。

5.0.4 管桩的质量检验标准见表 30-3。

管桩质量检验标准　　　　　　　　　　　　　　　　表 30-3

项目	序号	检查项目		允许偏差或允许值		检查方法
				单位	数值	
主控项目	1	桩体质量检验		按《建筑基桩检测技术规范》JGJ 106 的规定值		按《建筑基桩检测技术规范》JGJ 106 的规定
	2	桩位偏差		见方桩要求		用钢尺量
	3	承载力		按《建筑基桩检测技术规范》JGJ 106 的规定值		按《建筑基桩检测技术规范》JGJ 106 的规定
一般项目	1	成品桩质量	外观	无蜂窝、露筋、颜色均匀密实、裂缝、桩顶处无孔隙		直观
	2		桩径	mm	±5	用钢尺量
			管壁厚度	mm	±5	用钢尺量
				mm	<2	用钢尺量
			桩尖中心线	mm	10	用钢尺量
	3	接桩：焊接质量		见钢桩要求		见钢桩要求
		电焊结束后停歇时间		min	>1.0	秒表测定
		上下节平面偏差		mm	<10	用钢尺量
		节点弯曲矢高			<L/1000	用钢尺量，L 为桩长
	4	停压标准		设计要求		现场实测或检查压桩记录
	5	桩顶标高		mm	±50	水准仪

5.0.5 管桩的桩位允许偏差见 30-4。

桩位的允许偏差　　　　　　　　　　　　　　　　表 30-4

项	项目	允许偏差（mm）
1	盖有基础梁的桩：（1）垂直基础梁的中心线；（2）沿基础梁的中心线	100+0.01H 150+0.01H
2	桩数为 1～3 根桩基中的桩	100
3	桩数为 4～6 根桩基中的桩	1/2 桩径或边长
4	桩数大于 6 根桩基中的桩：（1）最外边的桩；（2）中间桩	1/3 桩径或边长 1/2 桩径或边长

注：H—施工现场地面标高与桩顶设计标高的距离。

5.0.6 电焊接桩焊缝检验标准见 30-5。

电焊接桩焊缝检验标准 表 30-5

项	检查项目	允许偏差或允许值		检查方法
		单位	数值	
1	上下节端部错口 外径≥700mm 外径<700mm	mm mm	≤3 ≤2	用钢尺量
2	焊缝咬边深度	mm	≤0.5	焊缝检查仪
3	焊缝加强层高度	mm	2	焊缝检查仪
4	焊缝加强层宽度	mm	2	焊缝检查仪
5	焊缝电焊质量外观	无气孔，无焊瘤，无裂缝		直观
6	焊缝探伤检验	满足设计要求		设计要求

6 成品保护

6.0.1 对现场测量控制网的保护。

6.0.2 已进场的管桩堆放整齐，注意防止滚落及施工机械碰撞。

6.0.3 送桩后的孔洞应及时回填，以免发生意外伤人事件。

6.0.4 对地下管线及周边建（构）筑物应采取减少振动和挤土影响的措施，并设点观测，必要时采取加固措施；在毗邻边坡打桩时，应随时注意观测打桩对边坡的影响。

7 注意事项

7.1 管桩起吊、运输和现场堆放

7.1.1 管桩在吊运过程中应轻吊轻放，严禁碰撞、滚落。

7.1.2 吊点位置按图 30-1 布置。

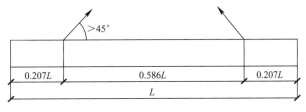

图 30-1

如桩长<15m，符合直接钩吊，如桩长>20m，采用多点起吊，必须进行验算。

7.1.3 施工时管桩的吊立吊点位置如图 30-2 所示。

7.1.4 管桩的堆放应保证场地的平整，堆放时应设垫枕；垫枕应平直稳固和有一定的宽度，垫枕中心位置离桩

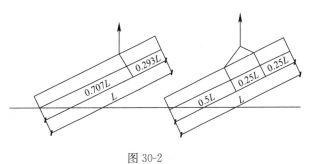

图 30-2

两端 $0.207L$ 处，设置防滑、防滚措施。

7.1.5 管桩应按规格、类型分别堆放，堆放层数不宜超过以下规定：

$\phi 400\text{mm}$ ≤5 层

$\phi 400 \sim \phi 450\text{mm}$ ≤4 层

$\phi 500 \sim \phi 600\text{mm}$ ≤3 层

$\phi 700 \sim \phi 800\text{mm}$ ≤2 层

7.2 应注意的质量问题

7.2.1 截桩

如需截桩，应采取有效措施以确保截桩后管桩的质量。截桩宜采用锯桩器，严禁采用大锤横向敲击截桩或强行扳拉截桩。

7.2.2 管桩工程的基坑开挖应符合下列规定：

1 严禁边打边开挖基坑；

2 饱和性黏土、粉土地区的基坑开挖宜在打桩全部完成 15d 后进行；

3 挖土宜分层均匀进行，且桩周土体高差不宜大于 1m。

7.2.3 对于饱和性黏土或与其类似的地质情况打桩，要控制打桩速率，以防止打桩过快，土壤中的空隙水压力急剧上升，造成浮桩，甚至将桩身拉断、桩的偏位等质量事故，或采取其他消除空隙水压力的措施如设置袋装砂井、塑料排水板和预钻孔等。

7.2.4 冬期施工宜选用混凝土有效预压应力值较大且采用压蒸养护工艺生产的 PHC 桩。

7.2.5 冬期施工的管桩工程应根据地基的主要冻土性能指标，按《建筑工程冬期施工规程》JGJ/T 104 的有关规定采取相应措施。

7.3 应注意的安全问题

7.3.1 施工安全应符合现行行业标准《建筑施工安全检查标准》JGJ 59 的有关规定。

7.3.2 操作人员应经过安全教育后进场。施工过程中应定期召开安全工作会议及开展现场安全检查工作。

7.3.3 机电设备应由专人操作，并应遵守操作规程。

7.3.4 所有施工人员必须持证上岗，现场施工人员必须戴安全帽，特种作业人员佩戴专用的防护用具。

7.3.5 所有施工人员必须遵守安全技术操作规程，严禁违章作业和违章指挥，严禁酒后上岗。

7.3.6 所有施工设备应根据《建筑机械使用安全技术规程》JGJ 33 经常进行检查，定期保养，确保完好和使用安全。

7.3.7 施工作业区域内严禁非操作人员进入，高空作业要戴安全带，穿防滑鞋，吊机吊桩时要平稳，严禁猛起猛落。

7.4 应注意的绿色施工问题

7.4.1 施工过程中，应采取防尘、降尘措施，控制作业区扬尘。对施工现场的主要道路，宜进行硬化处理或采取其他扬尘控制措施。对可能造成扬尘的露天堆储材料，宜采取扬尘控制措施。

7.4.2 施工过程中，应对材料搬运、施工设备和机具作业等采取可靠的降低噪声措施。施工作业在施工场界的噪声级应符合现行国家标准《建筑施工场界环境噪声排放标准》GB 12523 的有关规定。

7.4.3 施工过程中，应采取光污染控制措施。对可能产生强光的施工作业，应采取防护和遮挡措施。夜间施工时，应采用低角度灯光照明。

7.4.4 对施工过程中产生的污水，应采取沉淀、隔油等措施进行处理，不得直接排放。运送泥浆和废弃物时应用封闭的罐装车。

7.4.5 施工过程中，对施工设备和机具维修、运行、存储时的漏油，应采取有效的隔离措施，不得直接污染土壤。漏油应统一收集并进行无害化处理。

7.4.6 施工过程的环境保护应符合现行行业标准《建设工程施工现场环境与卫生标准》JGJ 146 的有关规定。

7.4.7 施工现场应在醒目位置设环境保护标识。

8 质量记录

8.0.1 工程测量、定位放线记录。

8.0.2 施工组织设计。

8.0.3 图纸会审记录。

8.0.4 技术交底资料。

8.0.5 管桩的进场验收记录。

8.0.6 管桩的接桩隐蔽验收记录。

8.0.7 管桩的沉桩施工记录。

8.0.8 预应力管桩工程检验批质量验收记录。

8.0.9 管桩的出厂合格证。

8.0.10 桩基载荷试验报告和桩身质量检测报告。

8.0.11 管桩的焊接材料合格证和检验报告。

8.0.12 桩基工程竣工图。

8.0.13 其他技术文件见表 30-6。

柴油锤重选择表　　　　表 30-6

锤型		柴油锤重（t）						
		20	25	35	45	60	72	80
锤的动力性能	冲击部分重（t）	2.0	2.5	3.5	4.5	6.0	7.2	8.0
	总重（t）	4.5	6.5	7.2	9.6	15.0	18.0	18
	冲击力（kN）	2000	2000～2500	2500～4000	4000～5000	5000～7000	7000～10000	7000～10000
	常用冲程（m）	1.8～2.3						
管桩截面尺寸	管桩口径（cm）	≤35	35～40	40～45	45～50	50～55	55～60	60～100
持力层 粉土黏性土	一般进入深度（m）	1～2	1.5～2.5	2～3	2.5～3.5	3～4	3～5	3～7
	静力触探比贯入阻力 P_s 平均值（MPa）	3	4	5	>5	>5	>5	>5

续表

锤型			柴油锤重（t）						
			20	25	35	45	60	72	80
持力层	砂土	一般进入深度（m）	0.5～1	0.5～1.5	1～2	1.5～2.5	2～3	2.5～3.5	2～3.5
		标准贯入击数 N 值（未修正）	15～25	20～30	30～40	40～45	45～50	50	0.5～1.5
	极软岩	一般进入深度（m）		0.5	0.5～1.0	1～2	1.5～2.5	2～3	2.5～3.5
	软岩	一般进入深度（m）				0.5	0.5～1.0	1～2	1.5～2.5
锤的常用控制贯入度（cm/10 击）			2～3			3～5	4～8	4～8	4～8
设计单桩极限承载力（kN）			400～1200	800～1600	2500～4000	3000～5000	5000～7000	7000～10000	7000～10000

注：1. 表中数据仅供选锤用，适用于管桩长 16～60m，且桩尖进入硬土层一定深度，不适用桩尖在软土层的情况。
　　2. 极软岩和软岩的鉴定可参照《岩土工程勘察规范》GB 50021—2001。

第 31 章　预应力管桩（静力压桩）

本工艺标准适用于普通混凝土预制桩、预应力混凝土管桩静压施工的基础工程。

1　引用标准

《建筑地基基础工程施工规范》GB 51004—2015；
《建筑桩基技术规范》JGJ 94—2008；
《建筑基桩检测技术规范》JGJ 106—2014；
《建筑地基工程施工质量验收标准》GB 50202—2018；
《混凝土结构工程施工质量验收规范》GB 50204—2015。

2　术语（略）

3　施工准备

3.1　作业条件

3.1.1　根据勘察报告、施工图纸等编写施工方案，并进行技术交底。

3.1.2　静压桩施工现场三通一平，处理静压桩地基场地上面障碍物，清理：整平时要有雨水排出沟渠，附近有建筑物的要挖隔震沟，预先充分了解桩场地，清理障碍：桩的高空和地下障碍物。

3.1.3　静压桩场地整平用压路机碾压平整，并在地表铺 10～20cm 厚石子使地基承载力达到 0.2～0.3MPa。

3.1.4 控制点的设置应尽可能远离施工现场，以减少施工土体扰动对基准点的影响。

3.1.5 施工现场的轴线、水准控制点、桩基布点必须经常检查，妥善保护，设控制点和水准点的数量不应少于 2 个。

3.1.6 测量放线使用的全站仪、经纬仪、水准仪、钢盘尺、线坠应计量检查合格，多次使用应为同一计量器具。

3.1.7 桩位布点与验收：按基础纵横交点和设计图的尺寸确定桩位，用小方木桩入并在上面用小圆钉做中心套样桩箍，然后在样箍的外侧撒石灰，以示桩位标记。测量误差±10mm。

3.1.8 按总图设置的水、电、汽管线不应与桩相互影响，特别是供水、汽管线和地下电缆要防止桩土体隆起的破坏作用。

3.2 材料及机具

3.2.1 预应力管桩不得有环缝和纵向裂纹。

3.2.2 桩的混凝土强度必须大于设计强度。

3.2.3 桩的材料（含接桩及其他半成品）进场后，应按规格、品种、牌号堆放，抽样检验，检验结果与合格证相符者方可使用，未经进货检验或未经检验合格的物资不得投入使用。

3.2.4 管桩允许偏差值见表 31-1。

管桩允许偏差值 表 31-1

序号	项目	允许偏差（mm）	检查方法	备注
1	横截面边长	±5	钢尺量	
2	桩顶对角线之差	≤5	钢尺量	
3	保护层厚度	±5	钢尺量	预制过程检查
4	桩尖中心线	10	钢尺量	
5	桩身弯曲矢高	不大于 1‰的桩长，且不大于 20	钢尺量	
6	桩顶平面对桩中心线的倾斜	≤3	钢尺量	
7	锚筋预留孔深	0～+20	钢尺量	
8	浆锚预留孔位置	5	钢尺量	
9	浆锚预留孔径	±5	钢尺量	
10	锚筋预留孔的垂直度	≤1%	钢尺量	

3.2.5 预应力混凝土管桩的允许偏差值见表 31-2。

预应力混凝土管桩的允许偏差值 表 31-2

序号	项目	允许偏差（mm）	检查方法
1	直径	±5	钢尺量
2	管壁厚度	−5	钢尺量
3	桩尖中心线	10	钢尺量
4	抽芯圆孔平面位置对称中心线	5	钢尺量
5	上下或下节桩的法兰对中心线的倾斜	2	钢尺量
6	中节桩二个的法兰对中心线的倾斜之和	3	钢尺量

3.2.6 机具：

1 机械设备：

WJY 型、ZYJ 型或 YZY 型（1200～2000KN）全液压静力压桩机、轮胎式起重机、运输载重汽车、电焊机、送桩器、压力表，见表31-3。

ZYJ 系列液压静力压桩机主要技术参数　　　　　　　　　　　　　表 31-3

参数＼型号		ZYJ120	ZYJ180	ZYJ240	ZYJ380	ZYJ420	ZYJ680
额定压桩力（t_f）		120	180	240	380	420	600
压桩速度（m/min）	高速	2.2	2.7	2.76	2.3	2.8	1.8
	1.2	1.1	0.9	0.8	0.95	0.75	0.6
一次压桩行程（m）		1.5	1.5	2.0	2.0	2.0	2.0
压桩能力	方桩（mm）	300	400	500	500	550	600
	圆桩 ϕ（mm）	300	400	500	500	550	600
起吊重量（t）		3.0	12	12	12	12	12
功率（kV）	压桩	22	37	44	60		
	起重	37					

2 主要工具：

钢丝绳吊索、卡环、撬杠、砂浴锅、铁盘、长柄勺、浇灌壶、扁铲、台秤、温度计。

4　操作工艺

4.1　工艺流程

测量桩位 → 桩机就位 → 吊桩插桩 → 桩身对中 → 静压沉桩 → 接桩 →

再静压沉桩 → 终止压桩 → 切割桩

4.2　测量桩位：施工前，样桩的控制应按设计原图，并以轴线为基准对样桩逐根复核，作好测量记录，复核无误后方可试桩、压桩施工。

4.2.1　采用静压沉桩时，场地地基承载力不应小于压桩机接地压强的 1.2 倍，且场地应平整。

4.2.2　静力压桩宜选择液压式和绳索式压桩工艺；宜根据单节桩的长度选用顶压式液压压桩机和抱压式液压压桩机。

选择压桩机的参数应包括下列内容：

1　压桩机型号、桩机质量（不含配重）、最大压桩力等；

2　压桩机的外形尺寸及拖运尺寸；

3　压桩机的最小边桩距及最大压桩力；

4　长、短船型履靴的接地压强；

5　夹持机构的形式；

6 液压油缸的数量、直径，率定后的压力表读数与压桩力的对应关系；

4.3 桩机就位：压桩机的安装，必须按有关程序及说明书进行。压桩机就位时应对准桩位，启动平台支腿油缸，校正平台处于水平状态。

4.4 吊桩插桩：起吊预制桩。用索具捆绑住桩上部 50cm 处，启动机器起吊预制桩，使桩尖对准桩位中心，缓慢下插入土中，回复门架在桩顶上扣好桩帽，可卸去索具，桩帽与桩周围应有 5～10mm 的间隙，桩帽与桩顶之间要有相应的硬木衬垫，厚度 10cm 左右。起动门架支撑油缸，使门架作微倾 15°，以便吊插预制桩。压桩施工应连续进行，同一根桩的中间停歇时间不宜超过 30min。设计要求送桩时，送桩的工具中心线应与桩身的中心线一致方可进行送桩，送桩深度一般不宜超过 2m。

4.5 桩身对中：稳桩和压桩当桩尖插入桩位，扣好桩帽后，微微启动压桩油缸，当桩入土 50cm 时，再次校正桩的垂直度和平台的水平度，保证桩的纵横双向垂直偏差不得超过 0.5%。然后启动压桩油缸，把桩缓慢下压，控制压桩速度，一般不宜超过 2m/min。单排桩的轴线误差应控制在 10mm 以内，待桩压平于地面时，必须对每根桩的轴线进行中间验收，符合允许标准偏差范围的方可送桩到位。

4.6 静压沉桩：压桩的顺序要根据地质及地形桩基的设计布置密度进行，在亚黏土及黏土地基施工，应尽量避免沿单一方向进行，以避免其向一边挤压造成压入深度不一，地基挤密程度不均。

4.7 再静压沉桩：当压桩力已达到设计荷载的两倍或桩尖已达到持力层时，应随限进行稳压。当桩长大于 15m 或密实砂土持力层时，宜取两倍设计荷载作为最后的稳压力，并稳压不少于三次每次 1min；当桩长小于 15m 或黏土持力层时宜，取两倍设计荷载作为最后的稳压力，并稳压不少于五次，每次 1min。测定其最后各次稳压的贯入度。如设计有要求按设计要求执行。

4.8　终止压桩：终压条件应符合下列规定

1 应根据现场试压桩的试验结果确定终压力标准；

2 终压连续复压次数应根据桩长及地质条件等因素确定。对于入土深度大于或等于 8m 的桩，复压次数可为 2～3 次；对于入土深度小于 8m 的桩，复压次数可为 3～5 次；

3 稳压压桩力不得小于终压力，稳定压桩的时间宜为 5～10s。

4.9　压桩施工时，应有专人或开启自动记录仪作好施工记录。

5　质量标准

5.0.1 施工前应检查进入现场的成品桩，接桩用电焊条等产品质量。

5.0.2 施工过程中应检查桩的贯入情况、桩顶完整状况、电焊接桩质量、桩体垂直度、电焊后的停歇时间。重要工程应对电焊接头做 10% 的焊缝探头检查。

5.0.3 施工结束后，应做承载力检验及桩体质量检验。

5.0.4 预应力管桩质量标准见表 31-4。

预应力管桩质量标准　　　　　　　　　　　　　　　表 31-4

项目	序号	检查项目		允许偏差或允许值		检查方法
				单位	数值	
主控项目	1	桩体质量检验		按《建筑基桩检测技术规范》JGJ 106 的规定值		按《建筑基桩检测技术规范》JGJ 106 的规定
	2	桩位偏差		见方桩要求		用钢尺量
	3	承载力		按《建筑基桩检测技术规范》JGJ 106 的规定值		按《建筑基桩检测技术规范》JGJ 106 的规定
一般项目	1	成品桩质量	外观	无蜂窝、露筋、颜色均匀密实、裂缝、桩顶处无孔隙		直观
	2		桩径	mm	±5	用钢尺量
			管壁厚度	mm	±5	用钢尺量
				mm	<2	用钢尺量
			桩尖中心线	mm	10	用钢尺量
	3	接桩：焊接质量		见钢桩要求		见钢桩要求
		电焊结束后停歇时间		min	>1.0	秒表测定
		上下节平面偏差		mm	<10	用钢尺量
		节点弯曲矢高			<L/1000	用钢尺量，L 为桩长
	4	停压标准		设计要求		现场实测或检查压桩记录
	5	桩顶标高		mm	±50	水准仪

6　成品保护

6.0.1　压桩完后应测量复核，在每根桩顶至少投设三个标高点。桩坑回填砂，清理现场施工用料。

6.0.2　对桩后的休止期实施定期观测，特别是超静孔隙水压力对深层土体的位移的影响，应制定有效的预控措施，桩身出现 30mm 位移时，应会同设计采取有效治理措施。

6.0.3　对桩后的休止期，应在桩区域内设置明显的标识。

6.0.4　基坑开挖，应制定合理的开挖顺序和采取一定的技术措施，防止桩倾斜或位移。

6.0.5　在凿出高于设计标高的桩顶混凝土时，要自上而下进行，不横向凿打，以免桩受水平冲击而破坏或松动。

7　注意事项

7.1　应注意的质量问题

7.1.1　桩体开裂

制作桩尖的偏心大、遇障碍物、稳桩不垂直、两节桩不同心、混凝土强度不够、桩身有裂纹、清理地下障碍物、校正桩架、接桩时保持上下桩节同心、检验强度，运输吊装时防止开裂。

7.1.2　压桩达不到设计要求深度

地质资料不明确致使设计选择桩长有误，地质详探，正确选择持力层或标高。

7.1.3　桩身倾斜

遇大块硬障碍物、两节桩不同心、土体密度不匀，及时纠正桩的垂直度、清理地下障碍物、调整压桩顺序。

7.1.4　接桩处松脱开裂

接合面未清理干净、焊接质量不好、硫磺胶泥强度不够、两节桩不同心，清理干净接合面、焊缝应连续饱满、硫磺胶泥保证达到设计强度、两节桩在同轴线上。

7.1.5　漏桩及桩位偏差

应加强施工管理采取预防措施。对桩位放样桩应多级复核，对定位插桩实行逐根检查防止漏桩，打桩完毕应进行一次全面复核，确认无误方可撤离。

7.2　应注意的安全问题

7.2.1　对桩帽及垫木、焊接物体加固检查，高空作业必须带安全带、安全帽，钢丝绳、扣件使用前必须经过检查，并定期保养。

7.2.2　地面桩坑、井、孔洞和沟槽均应铺设与地面平齐的固定盖板或设围栏、警告标志牌。危险处夜间设置警示红灯。

7.2.3　施工机具裸露部分（轴、风扇、传动部分、滑动机构等）应装设安全保护罩。

7.2.4　起重机吊桩时钢丝绳必须绑牢，起吊离地面 100mm，停止起吊进行全面检查，确认良好后，方可起吊。

7.2.5　电气设备要经常检查，机械检修要拉闸断电挂警告牌，电气作业要有监护人，漏电保护器，接地线及二次接地必须牢固可靠（三相五线制）接地电阻应小于 10Ω。机械检修用的行灯电压不得超过 24V。

7.2.6　氧气、乙炔气瓶、电焊机、消防器材及安全防护设施不得随意搬动，现场动火必须有动火证，操作时有人监护。

7.3　应注意的绿色施工问题

7.3.1　施工前按规定办理环保有关手续，施工噪声遵守《建筑施工场地噪声限值》，工程施工期间，注意操作，以免噪声扰民。

7.3.2　现场污水先经沉淀池沉淀，然后排入城市污水系统。生活垃圾统一运至环保部门指定场所。

7.3.3　施工现场要设排水沟，以便雨水能够集中排入市政管网。

7.3.4　未做硬地化的场地，要定期压实地面和洒水，减少灰尘对周围环境的污染。

7.3.5　土方外运或在施工现场弃土区采用清扫洒水等措施，减少扬尘的产生。

8　质量记录

8.0.1　原材料、半成品出厂合格证、产品质量检验报告、试验报告。

8.0.2　桩位测量放线记录。

8.0.3　分项工程质量验收记录。

8.0.4　隐蔽工程检查验收记录。

8.0.5　试配及施工配合比、硫磺胶泥抗压、试验报告。

8.0.6　焊接工艺评定、焊接试验报告。

8.0.7　接桩焊接 X 射线探伤报告。

8.0.8　抽样质量检验报告。

8.0.9　沉桩质量检查报告。

8.0.10　单桩承载力报告。

8.0.11　其他技术文件。

第 32 章　沉井和沉箱基础

本工艺标准适用于工业与民用建筑中不稳定含水层、黏性土、砂土、砂砾石等地基中的深坑、地下室、水泵房、设备基础等工程。

1　引用标准

《建筑地基工程施工质量验收标准》GB 50202—2018；

《混凝土结构工程施工质量验收规范》GB 50204—2015；

《地下防水工程施工质量验收规范》GB 50208—2011；

《建筑工程施工质量验收统一标准》GB 50300—2013；

《建筑地基基础工程施工规范》GB 51004—2015；

《混凝土结构工程施工规范》GB 50666—2011；

2　术语

2.1　沉井：是井筒状的结构物，它是以井内挖土，依靠自身重力克服井壁摩阻力后下沉到设计标高，然后经过混凝土封底并填塞井孔，使其成为桥梁墩台或其他结构物的基础。

2.2　沉箱：深基础的一种。是一个有顶无底的箱型结构（沉箱工作室）。顶盖上部有气闸，便于人员、材料、土进出工作室，同时保持工作室的固定气压。

3　施工准备

3.1　作业条件

3.1.1　施工方案要求

1　在沉井施工地点进行钻孔，了解地质、水文、地下埋设物和障碍物等情况。

2　根据工程结构特点、地质水文情况、施工设备条件及技术的可行性，编制切实可行的施工方案或施工技术措施。

3　沉井（箱）分节制作时按高的稳定性已作计算。

4　按施工方案的要求整平场地。拆迁施工区范围内的障碍物，修建临时施工用道路、临时设施、围墙、水电线路、安装施工设备等。

5　进行技术交底，使施工人员了解并熟悉施工沉井的工艺过程，掌握技术要点、质量要求以及可能发生的问题和处理方法。

3.1.2　上道工序具备的条件

1　基槽必须经过相关单位（建设单位、施工单位、监理单位、设计单位）检验验收合格并签字确认。

2　基槽内松土已清除，并清除填方范围内的草皮，树根，淤泥，积水抽除，局部松软土层，或孔洞挖除并分层夯填处理，平整压实，经监理工程师检查认可，实测开挖前标高后，方能施工。

3.2　材料及机具

3.2.1　材料

1　水泥：用普通硅酸盐水泥或矿渣硅酸盐水泥。

2　砂：宜用粗砂或中砂，含泥量不大于 5%。

3　水：宜用饮用水或不含有害物质的洁净水。

4　外加剂、掺合料：根据气候条件、工期和设计要求，通过试验确定。

5　钢筋：钢筋级别、直径符合设计要求。

6　其他：砖、石、钢板、型钢、防水材料应符合设计要求。

3.2.2　机具

1　机具设备：风动工具、挖土机械、排水机械、起重吊车、翻斗车或手推车、搅拌机、水力吸泥机、钢筋加工机械、电焊机；

2　主要工具：模板、脚手架、铁锹、扳手。

4　操作工艺

4.1　工艺流程

$$\boxed{测量放线} \rightarrow \boxed{沉井制作} \rightarrow \boxed{沉井下沉} \rightarrow \boxed{沉井封底}$$

4.2　测量放线

4.2.1　按施工平面图和沉井（箱）平面布置，设置测量控制网和水准基点，定出沉井中心轴线和基坑轮廓线。在原有建筑物附近下沉的沉井（箱），应定期对原建筑物进行沉降观测。

4.2.2　根据设计图纸显示：地下管线距顶管井比较近，因此施工前应摸清地下管线的详细情况和地质资料，提出相应的防范及应急措施，施工时应加强对周边建筑物和地下管线监测和保护。

4.3　沉井制作

4.3.1　沉井可采用砖、石、混凝土和钢筋混凝土等材料,沉箱大多是钢筋混凝土。在软弱地基上制作沉井,应采用砂、砂砾、碎石和混凝土等垫层,用打夯机夯实使之密实。垫层厚度视地基土质情况计算确定。

4.3.2　沉井下部刃脚的支设,可视沉井重量,施工荷载和地基承载力情况,采用砖垫架、木垫架或土底模等方法,其大小、间距应根据第一节沉井荷重计算确定。安设钢刃脚要时,其外侧应与地面垂直。

4.3.3　沉井井壁宜在基坑中制作,基坑应比沉井宽 2～3m,保证工人有足够的工作面,地下水位降至基坑底下 0.5m 以下。沉井高度大于 12m 时宜分节制作,在沉井下沉过程中,继续加高井身。

4.3.4　沉井制作的外模应采用钢模或刨光木模,模板应竖向支设。第一节沉井井壁应按设计尺寸周边加大 10～15mm,第二节相应缩小一些,以减少下沉摩阻力。有防水要求时,穿墙螺栓应加焊止水钢板。在井壁水平施工缝处,应设凸缝或钢板止水带。

4.3.5　沉井井壁的混凝土应分成若干段,同时对称、分层均匀浇筑,防止地基由于承载不均衡下沉发生倾斜。每节混凝土应一次连续浇筑完成,第一节混凝土强度达到设计要求的 70%,方可浇筑第二节。如有隔墙应与井壁同时浇筑,且隔墙底模板宜比刃脚上口高一些,保证沉井底板的整体性。分节水平缝宜做成凸型,并应清理干净,混凝土浇筑前施工缝应充分湿润。

4.3.6　井壁混凝土应浇筑密实,外表面应平整光滑,凸出表面物应在拆模时铲平,以利下沉。混凝土振捣时有专人用木槌轻击模板外侧以检查混凝土密实度,若发现模板有漏浆走动、变形、垫块脱落等现象,应停止操作,进行处理后方可继续施工。混凝土浇捣时施工人员操作平台不得与模板、钢筋连接。

4.3.7　混凝土浇捣后的 12h 以内应及时养护,对混凝土进行覆盖保湿养护。养护期间应防止阳光暴晒,温度骤变。对普通水泥拌制的混凝土不得少于 7 昼夜,如用矿渣水泥拌制的混凝土不得少于 14 昼夜,对于有抗渗要求的混凝土不得少于 14 昼夜。

4.4　沉井下沉

4.4.1　下沉前应检查沉井的外观,以及混凝土强度等级和抗渗等级;计算沉井下沉的分段摩阻力和分段的下沉系数,确定下沉的方法和措施。

4.4.2　在下沉前应分区(组)对称、同步地抽除刃脚下的垫架,每抽出一根垫木后,在刃脚下立即用砂、卵石或砾砂填实。沉井下沉前应分区对称凿除混凝土垫层。

4.4.3　沉井下沉常用明沟集水井排水方法。即在沉井内离刃脚 2～3m 挖一圆排水明沟,设 3～4 个集水井,深度比开挖面底部低 1.0～1.5m,沟和井底深度随沉井挖土而不断加深;在井壁上设离心式水泵或井内设潜水泵,将地下水排出井外。当地质条件较差或有流砂发生的情况时,可在沉井周围采用轻型井点、深井井点或井点与明沟排水相结合的方法进行降水。

4.4.4　沉井挖土多采用人工或风动工具进行,或在井内采用小型反铲挖土机挖掘。挖土应对称、分层、均匀地进行,一般是由中间挖向四周,每层土厚 0.4～0.5m,沿刃脚周围保留 1.0～1.5m 宽的台阶,然后再沿井壁每 2～3m 为一段向刃脚方向对称、均匀地削薄土层，每次削 50～100mm 厚。为不产生过大的倾斜，井内各仓的土面高度不超过 500mm。沉井内土方采用塔式起重机或履带式起重机吊出井外，汽车运走，不可堆在沉井附近。

4.4.5　在沉井外部地面上及井壁顶部四周，设置纵横十字中心线和水平基点，控制沉井位置与标高，在井壁内按 4 等分或 8 等分标出垂直轴线，各吊线坠一个分别对准下部标板，控制沉井的垂直度。每班观测两次，做好记录。如有倾斜、位移和扭转等情况，应及时通知施工管理人员，采取措施并使偏差控制在允许范围之内。

4.4.6　井壁下沉时，外侧土会随之下陷而与筒壁间形成空隙，一般应在筒壁外侧填砂，保持不少于 300mm 高，随下沉灌入空隙中，减少下沉的摩阻力，并减少以后的清淤工作。

4.4.7　沉井下沉接近设计标高时，应每 2h 观测一次，如果超沉，可在四周或筒壁与底梁交接处砌砖垛或垫枕木，使沉井稳定。

4.4.8　沉箱开始下沉至填筑作业室完毕，应用输气管不断地向沉箱作业室供给压缩空气，供气管路应装有逆止阀，以保证安全和正常施工。

4.4.9　在沉箱下沉过程中，作业室内应设置枕木垛或采取其他安全措施，作业室内土面距顶板的高度不得小于 1.8m。

4.4.10　如沉箱自重小于下沉阻力，采取降压强制下沉时，箱内所有人员均应出闸；沉箱内压力的降低值不得超过原有工作压力的 50%，每次强制下沉量不得超过 0.5m。

4.4.11　沉箱下沉到设计标高后，应按要求填筑作业室，并采取压浆方法填实顶板与填筑物之间的缝隙。

4.5　沉井封底

4.5.1　沉井沉至设计标高，经过 2～3d 稳定，或经观测在 8h 之内累计下沉量不大于 10mm，即可进行封底。

4.5.2　排水封底的方法是先将刃脚处新旧混凝土接触面冲洗干净或凿毛，对井底进行修整使之成为锅底形，由刃脚向中心挖放射形排水沟，填以卵石做为滤水盲沟，在中部设 2～3 个集水井与盲沟连通，使井底地下水汇集于集水井中，用潜水电泵排出，保持水位低于基底面 0.5m 以下。

4.5.3　封底一般铺一层 150～500mm 厚的卵石或碎石层，再在其上浇一层混凝土垫层，在刃脚下切实填严、振捣密实，保证沉井的最后稳定。垫层混凝土达到 50% 强度后，在垫层上铺卷材防水层及混凝土保护层，绑钢筋时钢筋两端应伸入刃脚或凹槽内，最后浇筑底板混凝土。

4.5.4　底板混凝土应分层浇筑，由四周向中央推进，每层厚 300～500mm，振捣棒振实。如井内有隔墙，应前后左右对称的逐孔浇筑。

4.5.5　待底板混凝土强度达到 70% 后，集水井逐个停止抽水，逐个封堵。封堵的方法是将集水井井水抽干，在套管内迅速用干硬性混凝土填塞并捣实。然后上法兰螺栓拧紧或四周焊牢封死，上部用混凝土垫实捣平。

5　质量标准

质量标准见表 32-1。

沉井（箱）工程质量检验标准 表 32-1

项目	序	检查项目			允许值		检查方法
					单位	数值	
主控项目	1	混凝土强度			不小于设计值		28d 试块强度或钻芯法
	2	井（箱）壁厚度			mm	±15	用钢尺量
	3	封底前下沉速率			mm/8h	≤10	水准测量
	4	终沉后	刃脚平均标高	沉井	mm	±100	测量计算
				沉箱	mm	±50	
	5		刃脚中心线位移	沉井 $H_3≥10m$	mm	$≤1\%H_3$	测量计算
				沉井 $H_3<10m$	mm	≤100	
				沉箱 $H_3≥10m$	mm	$≤0.5\%H_3$	
				沉箱 $H_3<10m$	mm	≤50	
	6		四角中任何两角高差	沉井 $L_2≥10m$	mm	$≤1\%L_2$ 且≤300	测量计算
				沉井 $L_2<10m$	mm	≤100	
				沉箱 $L_2≥10m$	mm	$<0.5\%L_2$ 且≤150	
				沉箱 $L_2<10m$	mm	≤50	
一般项目	1	平面尺寸	长度		mm	$±0.5\%L_1$ 且≤50	用钢尺量
			宽度		mm	$±0.5\%B$ 且≤50	用钢尺量
			高度		mm	±30	用钢尺量
			直径（圆形沉箱）		mm	$±0.5\%D_1$ 且≤100	用钢尺量（互相垂直）
			对角线		mm	≤0.5%线长 且≤100	用钢尺量（两端中间各取一点）
	2	垂直度				≤1/100	经纬仪测量
	3	预埋件中心线位置			mm	≤20	用钢尺量
	4	预留孔（洞）位移			mm	≤20	用钢尺量
	5	下沉过程中	四角高差	沉井		$≤1.5\%L_1～2.0\%L_1$ 且≤500mm	水准测量
				沉箱		$≤1.0\%L_1～1.5\%L_1$ 且≤450mm	水准测量
	6		中心位移	沉井		$≤1.5\%H_2$ 且≤300mm	经纬仪测量
				沉箱		$≤1\%H_2$ 且≤150mm	经纬仪测量

注：L_1—设计沉井与沉箱长度（mm）；L_2—矩形沉井两角的距离，圆形沉井为互相垂直的两条直径（mm）；B—设计沉井（箱）宽度（mm）；H_1—设计沉井与沉箱高度（mm）；H_2—下沉深度（mm）；H_3—下沉总深度，系指下沉前后刃脚之高差（mm）；D_1—设计沉井与沉箱直径（mm）；检查中心线位置时，应沿纵、横两个方向测量，并取其中较大值。

6 成品保护

6.0.1 沉井制作时，待第一节混凝土强度达到 70% 之后方可浇筑第二节混凝土。在第一节混凝土强度达到设计要求的 100%，而其上各节达到 70% 之后，方可开始下沉。

6.0.2 沉井下沉时，遇雨季施工应在外壁填砂，外侧做挡水堤，阻止雨水进入空隙，防止出现井壁与土体摩阻力为零而导致沉井突沉或倾斜。

6.0.3 在井壁上设水泵抽水时，应采取在井壁上预埋铁件，焊钢操作平台安设水泵，用草垫或橡皮垫，避免震动。

6.0.4 沉井下沉过程中，应始终对周围影响范围内的建筑物进行沉降观测，如有突发情况，应及时采取措施。

6.0.5 沉井外壁应平滑，砖石砌筑的沉井（箱）的外壁应抹一层水泥砂浆。

6.0.6 沉井（箱）混凝土可采用自然养护。如需加快拆模下沉，冬期可用防雨帆布覆盖模板外侧，通蒸汽加热养护或采用抗冻早强混凝土浇筑。

7　注意事项

7.1　应注意的质量问题

7.1.1 沉井的垫架拆除、下沉系数、封底厚度和封底的抗浮稳定性，均应通过计算并满足设计要求。

7.1.2 沉井壁上的预留洞在下沉前应堵塞封闭，防止下沉过程中泥土或地下水流入，影响施工操作或造成沉井重心偏移。

7.1.3 当地质勘察报告中揭示有流沙可能的地层时，沉井下沉中的挖土应采取先从刃脚挖起，每层厚 300mm，待沉井下沉后再挖中间部分，防止周边土向井中涌起。

7.1.4 沉井（箱）下沉困难时，可采取继续浇筑混凝土或在井顶加载；挖除刃脚下的土或在井内继续进行第二层碗形破土；在井外壁装排水管冲刷井外周围土，或在井壁与土间灌入触变泥浆或黄土等措施。

7.1.5 沉井（箱）下沉速度过快，出现异常情况时，可采取木垛在定位垫架处给以支撑，并重新调整挖土；在刃脚下不挖或部分不挖；在井外壁填粗糙材料，或将井外壁土夯实，加大摩阻力。如果井外壁的土液化发生虚坑时，可填碎石处理，或减少每一节井深的高度。

7.1.6 沉井（箱）下沉过程中，发生倾斜或位移应及时纠偏，当沉井垂直度出现歪斜超过允许限度，可采取在刃脚高的一侧加强取土，低的一侧少挖土或不挖土，待正位后再均匀分层取土；或在刃脚较低的一侧适当回填砂石或石块，延缓下沉速度；或在井外面深挖倾斜反面的土，回填到倾斜一面，增加倾斜面的摩阻力等措施。

7.1.7 沉井（箱）在施工前应对钢筋、电焊条及焊接成形的钢筋半成品进行检验。如不用商品混凝土，则应对现场的水泥、骨料做检验。

7.1.8 多次制作和下沉的沉井（箱），在每次制作接高时，应对下卧层作稳定复核计算，并确定确保沉井接高的稳定措施。

7.2　应注意的安全问题

7.2.1 沉井施工前，应掌握 2m 以内周围地质水文及地下障碍物情况，摸清对邻近建筑物、地下管道等设施的影响情况，并采取有效措施，防止施工中出现问题，影响正常和安全施工。

7.2.2 严格按照施工方案中确定的沉井垫架拆除和土方开挖程序，控制均匀挖土速度，防止突发性下沉和严重倾斜现象，导致人身事故。

7.2.3 沉井坑边及沉井土方吊运时，应认真制定并实施安全防护措施，所有参加施工人员必须进行安全教育，并认真佩戴防护用具。

7.2.4　沉井下沉中应做好降水排水工作，保证在挖土过程中不出现大量涌水、涌泥和流沙现象，避免淹井事故。

7.2.5　沉井内土方吊运，应由专人操作和专人指挥，统一信号，防止发生碰撞或脱钩；起重机吊运土方和材料，靠近沉井边行驶时，应加强对地基稳定性的检查，防止发生塌陷、倾翻事故。

7.2.6　沉井挖土应分层、分段、对称、均匀地进行，达到破土下沉时，操作人员应离开刃脚一定距离，防止突发性下沉发生事故。

7.2.7　加强机械设备维护、检查和保养；机电设备由专人操作，认真遵守用电安全操作规程，防止超负荷作业，并设漏电保护器；夜间作业，沉井内、外应有足够的照明，沉井内应采用 36V 安全电压。

7.2.8　沉井采用排水封底，应确保终沉时，井内不发生管涌、涌土及沉井止沉稳定。如不能保证时，应采取水下封底。

7.3　应注意的绿色施工问题

7.3.1　施工机械尽量采用低噪声机械，做好机械噪声的防护，同时做好排污水的沉淀处理。

7.3.2　施工时做好基坑周围临边的防护。

7.3.3　施工现场两侧沿线设置排水沟，将场地内的积水排至现有的排水系统，保证施工现场道路畅通，场地平整，无大面积积水。

7.3.4　废弃的塑料薄膜、保温材料应及时回收。

7.3.5　对易产粉尘、扬尘的作业面和装卸、运输过程，应制定具体的操作规程和洒水降尘制度。水泥等易飞扬细颗粒散物料尽量安排简易库仓存放，堆土场、散装物料露天堆放要压实、覆盖。

7.3.6　对施工中产生的弃土和余泥渣土应及时清运，选择有资质的运输单位并建立登记制度，防止中途倾倒事件发生并做到运输途中不散落。

7.3.7　每天排专人负责施工便道和现场机动车的保湿工作，以减少工地的扬尘。

7.3.8　施工场地硬地化，制定洒水降尘制度，指定专人负责洒水降尘，减少灰尘对周围环境的污染。

7.3.9　屑粒与多尘物料周围均封盖以减少扬尘，如需经常取料而无法封盖时，则应洒水、减速减少扬尘。

7.3.10　设置污水沉淀池，生活污水必须经过沉淀处理后才能排入附近的市政管网，施工污水即由井内集水后，集中排放到附近的市政管网，严禁将含有污染物质或可见悬浮物的水直接排入市政管网。

8　质量记录

8.0.1　测量放线记录。

8.0.2　原材料合格证、出厂检验报告及进场复验报告（商品混凝土出厂合格证等）。

8.0.3　隐蔽工程验收记录。

8.0.4　混凝土施工记录。

8.0.5 混凝土抗渗试验报告。

8.0.6 沉井（箱）施工记录。

8.0.7 沉井（箱）周围建筑物的沉降观测记录。

8.0.8 沉井（箱）的纠偏记录。

8.0.9 沉井（箱）工程检验批质量验收记录。

8.0.10 沉井（箱）分项工程质量验收记录。

8.0.11 混凝土、砂浆试件强度实验报告。

8.0.12 钢筋接头力学性能实验报告。

8.0.13 钢筋加工、安装检验批质量验收记录。

8.0.14 现浇结构模板安装工程检验批质量验收记录。

8.0.15 其他文件记录。

基坑支护与地下水控制工程施工工艺

前　　言

本书是山西建设投资集团有限公司《建筑安装工程施工工艺标准系列丛书》之一。该书经广泛调查研究，认真总结工程实践经验，参考有关国家、行业及地方标准规范，在 2007 版基础上经广泛征求意见修订而成。

该书编制过程中主要参考了《建筑工程施工质量验收统一标准》GB 50300—2013、《建筑地基基础工程施工质量验收规范》GB 50202—2018、《建筑基坑支护技术规程》JGJ 120—2012 等标准规范。每项标准按引用标准、术语、施工准备、操作工艺、质量标准、成品保护、注意事项、质量记录八个方面进行编写。

本标准修订的主要内容是：

1. 将基坑人工开挖、机械开挖合并为土方开挖；将人工回填、机械回填合并为土方回填。

2. 新增加了钻孔咬合桩围护墙支护、型钢水泥土搅拌桩围护墙支护、混凝土内支撑施工、高压喷射扩大头锚索施工、高压喷射注浆帷幕、逆作法施工。

3. 将原来的排桩墙支护分为钢板桩围护墙支护、混凝土灌注桩排桩支护。

4. 将原来的土层预应力锚杆、土钉喷锚网支护中的锚管部分合并为锚杆支护。原来的土钉喷锚网支护中的土钉部分改为土钉墙支护。

5. 取消了水位观测，其内容合并到各种降水的内容中。

本书可作为地基与基础工程施工生产操作的技术依据，也可作为编制施工方案和技术交底的蓝本。在实施工艺标准过程中，若国家标准或行业标准有更新版本时，应按国家或行业现行标准执行。

本书在编制过程中，限于技术水平，有不妥之处，恳请提出宝贵意见，以便今后修订完善。随时可将意见反馈至山西建设投资集团公司技术中心（太原市新建路 9 号，邮政编码 030002）。

目　　录

第1章 基坑（槽）内明排水

本工艺标准适用于工业与民用建筑、市政基础设施基坑（槽）内采用明排水降低地下水的施工。适用于不易产生流沙、流土、管涌、淘空、塌陷等现象的黏性土、粉土和碎石地层，且含水土层的渗透系数宜小于5~20m/d，降水深度不大于5m。

1 引用标准

《建筑地基基础工程施工规范》GB 51004—2015
《建筑地基基础工程施工质量验收规范》GB 50202—2018
《建筑与市政工程地下水控制技术规范》JGJ 111—2016
《施工现场临时用电安全技术规范》JGJ 46—2005
《建筑基坑支护技术规程》JGJ 120—2012

2 术语

2.0.1 明排水：在开挖基坑（槽）的周围、一侧、两侧或基坑（槽）中部设置排水明沟，每隔20~30m设一集水井，使地下水汇流于集水井内，再用水泵排出基坑（槽）外。

3 施工准备

3.1 作业条件

3.1.1 基坑（槽）施工前应编制详细的施工方案，已确定明沟位置、宽度、深度和构造做法、沟底坡度、集水井位置和尺寸等，并对施工人员进行技术安全交底，进行现场试验，取得各项参数，以便验证是否满足要求。

3.1.2 现场地质测试工作已完成，并根据测试结果确定了施工技术参数。施工前应对区域内的地上（下）障碍物进行清除，具备岩土工程勘察报告和基坑工程设计施工方案，已查明含水层的岩土种类、厚度、地下水类别和水位等。

3.1.3 开工前必须水通、路通、电通，材料已准备齐全，机具设备已运到现场维修、保养、就位、试运转。

3.1.4 机械操作人员必须经过专业培训，并取得相应资格证书。主要作业人员已经过安全培训，并接受了施工技术交底。

3.1.5 场地平整，对松软场地进行了预处理，周围已挖好排水沟，并能确保安全施工。

3.1.6 基坑（槽）土方已开挖至地下水位以上500mm。

3.2 材料及机具

3.2.1 滤料：粒径为 10～20mm 的卵石或碎石。

3.2.2 滤网：40～80 目的尼龙丝网、钢丝网或铜丝网。

3.2.3 滤管：直径为 50～200mm 的水泥过滤管、塑料管或波纹塑料管。

3.2.4 集水井管：无砂井管或钢制滤管。

3.2.5 集水井壁、排水沟壁：砌体、木板、竹笼或钢筋笼等。

3.2.6 排水管：直径 38～55mm 的胶皮管、塑料透明管或消防水带等。

3.2.7 机具：铁锹、镐。

3.2.8 机械设备：小型挖土机、备用发电机、离心泵、自吸泵、潜水泵或污水泵等。

4 操作工艺

4.1 工艺流程

放线定位 → 布设排水系统和沉淀池 → 设置排水沟和集水井 → 安放水泵抽水

4.2 放线定位

根据施工方案规定位置放出集水井和排水沟位置及轮廓线。集水井和排水沟宜布置在距基础边 0.4m 以外，排水沟边距边坡坡脚不应小于 0.3m，集水井宜布置在基坑（槽）四角或每隔 20～30m 布置一个。集水井平面尺寸一般为 0.6m×0.6m～0.8m×0.8m。

4.3 布设排水系统和沉淀池

按施工方案的规定在基坑周边铺设排水管路，集中排走各集水井抽出的地下水；抽出的水应经分级沉淀，再排入城市雨水管网或其他排水系统。集中排水管道的直径应根据排水量确定，并设置清淤孔。

4.4 设置排水沟和集水井

4.4.1 排水沟和集水井采用人工或小型机械开挖。排水沟底面应比挖土面低 300～400mm，集水井底面应比沟底低 500mm 以上。明沟与盲沟的坡度不宜小于 0.3%；采用管道排水时，排水管的坡度不宜小于 0.5%。

4.4.2 应先挖集水井，用污水泵临时排水，排水沟可从集水井处开始向上游开挖。

4.4.3 当降水深度较深时，应先在拟设置集水井的附近布设临时集水井，轮换作业，最后完成正式集水井；也可采用沉管法施工，按沉管→抽水→挖土→沉管的方法逐级开挖。

4.4.4 当集水井坑挖到规定深度后，安放集水井系统，集水井系统由滤管、滤网和滤料组成。或是采用砖砌、木板、竹笼或钢筋笼等方法对井壁加固，井底应铺设滤料，防止井底土扰动。

4.4.5 排水沟有梯形或 V 形明沟。有内置滤料的排水明沟或暗沟，根据需要在暗沟内埋设金属、塑料或混凝土排水滤管将地下水引入集水坑。

4.5 安放水泵抽水

在集水井处安放水泵抽水，常用污水潜水泵。水泵的扬程和排水量宜大于要求值。

5 质量标准

5.0.1 明排水施工质量检验标准应符合表 1-1 的规定。

明排水施工质量检验标准   表 1-1

检查项目	允许偏差	检查方法
排水沟坡度	≥3‰	尺量、目测：坑内不积水，沟内排水畅通

6 成品保护

6.0.1 排水沟、集水井和集中排水管道应进行日常维护，防止明沟内有杂物堵塞，集水井内沉淀物应及时清理。明沟、集水井和集中排水管道应设警示标志，防止机械撞坏。

6.0.2 当明沟内有滤料时，滤料应填至与沟平，防止沟边坍塌。

6.0.3 集水井井口宜加盖，防止异物掉入井内。

6.0.4 水泵电缆应埋地或架空设置。

6.0.5 雨季期间应采取有效防雨施工措施，防止雨水浸泡基坑（槽）。

7 注意事项

7.1 应注意的质量问题

7.1.1 集水井井管外要包裹 1～2 层 60 目滤网并填滤料，防止排水含泥量大，延长水泵使用寿命。

7.1.2 排水盲沟内埋设滤水管道排水时，滤水管应采用滤网包裹，盲沟内填滤料。

7.1.3 当边坡出现分层渗水时，可按不同层次设置导水管、导水沟等构成分层明排系统，或采用插钢板、砌砖或草袋墙等辅助措施。当边坡渗水量过大时，可采用水平导水降水法，应选用有足够排水能力和扬程的水泵，以防集水井中积水不能及时排出，造成基坑浸泡。

7.1.4 对降水运行的水泵应做好运行记录，发现异常及时更换维修。

7.1.5 对基坑（槽）抽排出的地下水须做有效疏导，排出基坑（槽），避免向基坑（槽）回流、回渗。

7.1.6 当发生流泥，明沟不能保持其形状时，应边挖边填入卵石或碎石滤料。

7.1.7 当明沟坡度小或过滤层材料渗透性差不能顺利排水时，应加大明沟沟底坡度，选择渗透性良好的滤料或在滤层中埋设引水管。

7.1.8 应有备用电源，发生停电时启用。

7.2 应注意的安全问题

7.2.1 禁止违章作业，未经允许不得擅自离开工作岗位。明沟排水设施完成后，应安排专人管理，定期巡查，及时开停潜水泵。

7.2.2 整个基坑（槽）排水期间，应对降排水系统加强维修，避免影响结构安全和施工安全。

7.2.3 水泵用导线应采用防水绝缘电缆，应一机一闸，设有漏电保护器，做好接零保护，并随时检查绝缘情况。

7.2.4 潜水泵放入水中或提出水面时，应先切断电源，严禁拉拽电缆或出水管。

7.2.5 降排水期间，安全人员必须详细检查基坑（槽）周围地面，防止塌方；基坑（槽）须设置围挡和警示标志。

7.2.6 坑边的排水、热力、给水系统等均认真检查维护，防止漏水而影响边坡稳定。

7.2.7 雨季排水时，应采取截水、导水措施，防止雨水从坑外回灌；采取覆盖保护边坡措施，防止雨水冲刷边坡。

7.3 应注意的绿色施工问题

7.3.1 抽出的水经过沉淀后，方可排入城市污水管网，或用于现场洒水降尘或洗车轮胎、浇花草。

8 质量记录

8.0.1 滤管、井管、排水管等的出厂合格证。

8.0.2 降水与排水施工质量检查记录。

8.0.3 测量放线记录。

8.0.4 施工记录。

8.0.5 其他技术文件。

第2章 管井降水

本工艺标准适用于工业与民用建筑和市政基础设施基坑（槽）管井降水施工。适用于渗透系数大于 1m/d 的粉质黏土、粉土、砂土、碎石土、岩石等地层。

1 引用标准

《建筑地基基础工程施工规范》GB 51004—2015

《管井技术规范》GB 50296—2014

《建筑地基基础工程施工质量验收规范》GB 50202—2018

《建筑与市政工程地下水控制技术规范》JGJ 111—2016

《施工现场临时用电安全技术规范》JGJ 46—2005

《建筑基坑支护技术规程》JGJ 120—2012

《机井井管标准》SL 154—2013

2 术语

2.0.1 管井降水：在地下工程施工时，为降低地下水位而设置的抽水管井，一般由井壁管、过滤管、沉淀管、吸水管和抽水设备等组成的降水方法。

3 施工准备

3.1 作业条件

3.1.1 具有岩土工程勘察报告、各层土的渗透性能、已查明含水层的厚度、流向、地下水类别和水位等。

3.1.2 已编制经审批的降水工程设计方案和施工方案，向有关人员进行技术交底。

3.1.3 施工现场已达到三通一平，并完成了对场地内地上、地下各种管网、构筑物的拆除、改移和保护工作。

3.1.4 对现场地面标桩、基槽开挖线等进行检查核对，并办理交接手续。

3.1.5 现场临时用电方案审批手续齐全，验收合格。

3.2 材料及机具

3.2.1 井管：可选用管径大于200mm的钢管、球墨铸铁管、PVC-U管和混凝土管。其规格尺寸和质量标准应符合现行行业标准《机井井管标准》SL 154—2013的规定。

3.2.2 滤料：一般粉土层采用中粗砂，砂性土层采用2～4mm砾石，碎石土地层采用3～7mm砾石，滤料的含泥量应小于3%。

3.2.3 黏土：黏土或黏土球。

3.2.4 钻孔机械：一般采用冲击钻机、回转钻机成孔。井孔成孔常用钻机型号见表2-1。

井孔成孔常用钻机型号　　　　　　　　　　　　表2-1

钻机类型	钻机型号	直径（mm）	深度（m）
回转钻机	GJD—1500	600～2000	50
	QJ—250	600～2500	100
	SPS—600	350～650	600
	GQ—12	500～1200	50～300
冲击钻机	YKC—30	400～1500	40～200
	CZ—22	600	300

3.2.5 水泵：清水或污水潜水泵，并宜用下泵式。

3.2.6 备用发电机（或电源）。

3.2.7 排水设备和管材：胶皮水管、集水总管、沉淀箱等。

3.2.8 其他附属设备：电缆、闸箱、护筒、铁锹、手推车、抽筒等。

3.2.9 观测仪表：密度计、测绳、钟表、水准仪等。

4 操作工艺

4.1 工艺流程

测量放线 → 挖泥浆池 → 钻机就位钻孔 → 清孔换浆 → 安放井管 → 填滤料 → 洗井 →

安装水泵 → 铺设排水管网 → 试抽、验收 → 降水及水位观测

4.2 测量放线

根据降水工程设计施工方案规定的井位测设管井位置，用水准仪测出管井所在位置地面标高，做出井位标记。

4.3 挖泥浆池

泥浆池的大小按钻孔机械类型、井深、井数、排浆量综合确定，泥浆池可多井一池。泥浆池的选定与开挖应避开地下管网，防止跑浆、漏浆排入城市管网。泥浆池的开挖深度不应大于基坑开挖深度。

4.4 钻机就位钻孔

4.4.1 按降水工程设计施工方案选用钻机，将钻机运至指定井位处调平，机座下用枕木支垫平稳，冲击钻机用缆风绳固定牢靠。

4.4.2 按规定的井孔直径选用合适的钻具。

4.4.3 井孔护壁：

1 根据地层条件、水源情况和技术要求合理性，采用制备泥浆或地层自造浆护壁。

2 在钻进或停钻时，井孔内泥浆面应高于护筒下口至少 0.5m。如果泥浆漏失严重，应将钻具迅速提到安全孔段，及时查明原因，处理后再继续钻进。

3 采用地层自造浆护壁时，必须有充足的水源，水位应高于护筒下口 0.5m。

4 护筒外径一般应比钻具直径大 50～100mm，下入深度可根据地层及水位具体情况确定。护筒应固定于地面，筒身保持垂直，其中心与钻具中心一致。护筒外壁与井孔壁之间的间隙应用黏土填实。

4.4.4 冲击钻机成孔应符合下列规定：

1 对中井位，开挖井坑，压入或埋设护筒。

2 下钻前，应检查钻头的外径和出刃、抽筒肋骨片的磨损情况、钻具连接丝扣和法兰连接螺栓松紧度，如磨损过多应及时修补，丝扣松动应及时上紧。

3 下钻时，应将钻头吊稳后，再导正下入井孔。进入井孔后，不得全松刹车、高速下放。

4 钻进放绳应准确适量，以保持垂直冲击。在钻具未全部进入护筒前，应采用小冲程单次冲击，以防钻具摆动造成孔斜或伤人。缆风绳在钻进中不得轻易变动。

5　提钻时，应缓慢提离孔底数米，确认未遇阻力后，再按正常速度提升；如发现有阻力，应将钻具下放，钻头转动方向后再提，不得强行提拉。提钻时，应注意观察或测量钻进钢丝绳的位移，如偏差较大，应查找原因，及时纠正。

6　钻进时，发现塌孔、斜孔时，应及时处理。发现缩孔时，应经常提动钻具修扩孔壁，每次冲击时间不宜过长，以防卡钻。

7　钻进过程中适时用抽筒掏渣。

4.4.5　回旋钻机成孔应符合下列规定：

1　开钻前，应按井孔直径、地层岩性及深度选择钻具。在砾石岩层及软硬交互等复杂地层中钻进，钻塔有效高度宜适当加大。

2　开挖井坑，压入或埋设护筒，移动钻机使钻具对准井孔中心。

3　每次下入钻具前，应检查钻具，如发现脱焊、裂口、严重磨损等情况，应及时补焊或更换。

4　每次开钻前，应先将钻具提离孔底，开动泥浆泵，等浆液流畅后，再用慢速回转至孔底，然后开始正常钻进。

5　在主动钻杆上端加导向装置，并采用慢转速、轻钻压钻进，防止钻杆晃动造成孔斜。

6　钻进过程中，如发现钻具回转阻力增加、负荷增大、泥浆泵压力不足等反常现象，应立即停止钻进，检查原因。

4.5　清孔换浆

当钻至规定深度后，应及时向井孔内送入稀泥浆，以替换稠泥浆。冲击钻进用抽渣筒将孔底稠泥浆掏出，换入稀泥浆或加清水稀释，送入井孔内的泥浆，要求黏度为 16～18Pa·s，比重为 1.05～1.10g/cm³。换浆过程中，应使泥浆逐渐由稠变稀，不得突变。当孔口返上泥浆与送入孔内泥浆性能接近一致时，换浆达到标准。

4.6　安放井管

4.6.1　管井中沉淀管、滤水管和井壁管的竖向排列布置应符合降水设计要求，沉淀管应封底。

4.6.2　下管方法应根据管材强度、下置深度和起吊能力等因素确定。悬吊下管法宜用于井管自重（或浮重）小于井管允许抗拉力和起重设备的安全负荷；托盘（或浮板）下管法宜用于井管自重超过井管允许抗拉力和起重设备的安全负荷。

4.6.3　井管为铸铁管或钢管时，将预制好的井管按设计要求排序，用吊车分段下入孔内，分段焊接或用管箍连接牢固，直下到孔底。

4.6.4　井管为无砂混凝土管时，将井管放在木制或混凝土预制托底上，四周捆绑 8 号铁丝，缓缓下放。井管接头处用玻璃丝布粘贴（以免挤入泥沙淤塞井管），竖向用 4～6 条 30mm 宽竹条固定进管。

4.6.5　吊放井管时应垂直，并保持在井孔中心。井管要高出地面 200mm，井口加盖，以防雨水、泥沙或异物流入井中。

4.7　填滤料

4.7.1　填滤料前应换浆完毕，井孔中泥浆比重应达到 1.05～1.10g/cm³。

4.7.2 井深小于 30m 的井孔，滤料可由孔口直接填入。深度大于 30m 的井孔，宜用井管处返水填料法或抽水填料法。采用井管外返水填料法时，中途不宜停止；采用抽水填料法时，必须随时向井管与井壁之间的间隙内补充优质稀泥浆。

4.7.3 填滤料宜用铁锹均匀连续下料，并随时测量填砾深度，不得用装载机直接填料，防止滤料不匀或冲击井壁。

4.7.4 洗井后，如滤料下沉量过大，还应补填至设计要求高度。

4.8 洗井

4.8.1 洗井应在填滤料后及时进行。洗井的质量标准是：抽水稳定后，水中细砂含量应小于万分之一（体积比）。

4.8.2 常用的洗井方法有活塞洗井、压缩空气洗井、水泵抽水或压水洗井，应根据含水层特性、井孔结构、井管材质、井孔中水力特征及含泥沙情况选择。

4.8.3 活塞洗井：

活塞洗井适用于井管为钢管或铸铁管。井管为 PVC-U 管、无砂混凝土管、钢筋混凝土管时，不应使用活塞洗井。

洗井活塞可用木制，也可用铁制。木制活塞外包胶皮，活塞外径可比井管内径小 8～12mm，使用前应先在水中浸泡 8h 以上。铁制活塞用法兰夹层横向橡胶垫片制成，垫片外径可比井管内径大 5～10mm。

洗井应从上向下逐层进行，不得一次把活塞放至井底。活塞下放时应平稳，上升速度应均匀（宜控制在 0.6～1.2m/s），中途受阻不应硬拉猛墩。

用回转钻机钻孔时，还可用下述方法洗井：

泥浆泵配合活塞洗井：在钻杆下段加活塞，可在钻杆下端连接一特制短管，管外加 1～2 个活塞，短管的下端接注水喷头。用泥浆泵通过钻杆向井孔内送水，同时拉动活塞洗井。

空气压缩机配合活塞洗井：在钻杆下段加活塞，钻杆上端接空气压缩机输气胶管，用空气压缩机送风抽水，同时拉动活塞洗井。

4.8.4 压缩空气洗井：

风、水管的安装可采用同心式或并列式两种形式。

风管没入水中部分的长度，不应超过空气压缩机额定最大风压相当的水柱高度。

洗井可采用正冲洗和反冲洗两种作业方法。正冲洗：风、水管同时下放，并使水管底端高出风管底端 2m 左右，送风吹洗，由水管出水；反冲洗：将风管下入井孔内足够深度，然后送风，便可进行反冲洗。

洗井时如大量涌沙应立即停止运转，提升风、水管，以免风、水管被泥沙淤埋。

4.8.5 水泵抽水或压水洗井：

水量大、水位浅的井孔，可用水泵抽水洗井。当水中明显含砂时，应使用混水泵。

在富水性较差、稳定性较好的松散层中进行泥浆钻进时，出水量小的井孔可采用封闭管口，以水泵或泥浆泵向井孔内压送清水，分段冲洗滤水管的洗井方法。

4.9 安装水泵

4.9.1 下泵时不应使电缆受力，应用绳索将电缆拴在水泵耳环上缓慢下放。下入到设计深度后，应将水泵用绳索吊住。

4.9.2　安装并接通电源、铺设电缆和电闸箱，电缆应悬空吊住不得与井孔壁接触和摩擦。

4.10　铺设排水管网

排水管采用铸铁管、钢管或 PVC-U 管，直径应满足基坑总出水量的要求，可采用单向或多向排水。排水管应接至沉淀池及指定排水点。

4.11　试抽、验收

管井系统安装完毕，应及时进行试抽水，核验水位降深、泵组工作情况、出水量、出沙量等，试抽后应组织现场验收。

4.12　降水及水位观测

4.12.1　抽水应连续进行，不应中途间断。

4.12.2　降水期间应按降水设计施工方案的规定进行水位观测，具体要求如下：

1　应设水位观测井并应在基坑的典型部位布置水位观测井，观测井宜与降水管井结构一致。

2　抽水应进行静止水位的观测，抽水初期每天观测 3 次，当水位达到设计降水深度且趋于稳定时，可每天观测 1 次，水位观测精度为±20mm。

3　受地表水体补给影响的地区或雨季时，观测次数宜每日 2～3 次。

4.12.3　随时整理水位、水量监测记录，分析水位下降趋势。

4.12.4　当基础防水工程验收合格并回填土后，且基础的抗浮稳定性符合要求时，降水方可停止。

5　质量标准

5.0.1　管井降水施工质量检验标准应符合表 2-2 的规定。

管井降水施工质量检验标准　　　　　　　　　　　表 2-2

检查项目	允许偏差	检查方法
井管垂直度（%）	1	插管时目测
井管间距（与设计相比）（mm）	≤150	尺量检查
井管插入深度（与设计相比）（mm）	≤200	水准仪测量
过滤砂砾料填灌（与计算值相比）（%）	≤5	检查滤料用量

6　成品保护

6.0.1　为防止异物掉入井中，井口应加盖保护。

6.0.2　基坑开挖时应派专人值班，配合移动抽水管和电缆；挖土应在井管周边同步进行，且控制每步挖深，防止井管因土压倾倒，并避免挖掘机碰撞井管。

7 注意事项

7.1 应注意的质量问题

7.1.1 钻（冲）井孔时，应根据水文地质条件和土层物理力学性质合理选择钻孔设备，正确制备泥浆，准确控制孔内泥浆高度和钻速度，以防塌孔。

7.1.2 当孔口土层较松软时，应设护筒，必要时增加护筒长度。

7.1.3 井管接头应对正不留孔隙。混凝土管的强度应符合要求，无破裂处，且必须有良好的渗水性能。滤料应填实，填灌厚度不得小于设计要求；滤网应包严密，捆扎牢固。

7.1.4 水泵的出水量应与井孔的涌水量相适应。根据井孔内水位的变化，适时调整水泵的位置。水泵不得露出水面，也不得陷入淤泥中运转。

7.1.5 应经常观察出水量、电压、电流值和井孔中响声，如发现水量减少、中断或其他异常现象，应立即停泵检修处理。

7.1.6 应采用双路供电或备用发电机。

7.1.7 冬期施工应做好保温防冻工作，并保持抽水连续、管路严密，以防止抽水管路、排水管路受冻阻塞。

7.2 应注意的安全问题

7.2.1 安装、移动、拆卸钻机时，必须明确分工、统一指挥。

7.2.2 机械设备应由专人操作，并做好日常维护、检修和保养工作。

7.2.3 施工现场的配电线路应由持证电工安装、维护和拆除，机电设备必须安设漏电保护器，做好接零保护。潜水泵的负荷线应采用防水橡皮护套铜芯软电缆。

7.2.4 潜水泵放入水中或提出水面时，应先切断电源，严禁拉拽电缆或出水管。

7.2.5 降水期间应对周边的建筑物、道路管线等进行监测。发现异常及时分析原因，采取措施。

7.3 应注意的绿色施工问题

7.3.1 抽出的水经过沉淀后方可排入城市污水管网，或用于现场洒水降尘或洗车轮胎、浇花草。

8 质量记录

8.0.1 测量放线记录。

8.0.2 滤料、井管、排水管等产品合格证。

8.0.3 施工记录。

8.0.4 管井降水记录。

8.0.5 管井降水施工质量检查记录。

8.0.6 管井降水运行维护记录。

8.0.7　降水影响范围内建（构）筑物变形观测记录。

8.0.8　其他技术文件。

第 3 章　轻型井点降水

本工艺标准适用于工业与民用建筑、市政基础设施工程基坑（槽）轻型井点降水的施工。适用于渗透系数 $k=0.01\sim20.0\text{m/d}$ 的人工填土、粉质黏土、粉土和砂土的土层；适用的降水深度为单级井点不大于 6m，多级井点不大于 20m。

1　引用标准

《建筑地基基础工程施工规范》GB 51004—2015

《建筑地基基础工程施工质量验收规范》GB 50202—2018

《建筑与市政工程地下水控制技术规范》JGJ 111—2016

《建筑基坑支护技术规程》JGJ 120—2012

2　术语

2.0.1　轻型井点降水：沿基坑（槽）四周、中部或一侧将直径较细的井管沉入基底下的含水层内，井管上端与总管连接，通过总管利用专用抽水设备将地下水从井管内不断抽出，使地下水位降低到基底以下的降水方法。

3　施工准备

3.1　作业条件

3.1.1　已编制经审批的降水工程设计施工方案，向有关管理操作人员进行技术交底。

3.1.2　施工场地达到三通一平，施工作业范围内的地上、地下障碍物及管线已改移或保护完毕。

3.1.3　具有岩土工程勘察报告及基础部分的施工图纸。

3.1.4　现场临时用电方案审批手续齐全，验收合格。

3.2　材料及机具

3.2.1　滤料：一般采用粒径为 0.4～0.6mm 的中粗砂，宜选用磨圆度较好的圆形、亚圆形硬质砂。应洁净无杂质，无风化，颗粒均匀（不均匀系数 $\eta < 2$）。

3.2.2　成孔设备：钻孔法成孔采用长螺旋钻机或回旋钻机；冲孔法成孔采用三脚架和冲水机具，其冲水机具名称、性能规格见表 3-1。

冲孔法冲水机具的名称、性能规格　表 3-1

名称	性能规格	备注
冲管	直径 50～70mm、长 9m 的钢管，底部安装 4 个直径 5～8mm 的冲嘴	用于冲刷土层成孔
高压胶管	长度为 12～15m，直径与冲管和高压水泵相匹配	连接高压水泵和冲管
高压水泵	额定压力不小于 1.5MPa	/

3.2.3　洗井设备：用空气压缩机，其型号及技术参数见表 3-2。

空气压缩机型号及技术参数　表 3-2

型号	电机功率（kW）	排量（m³/min）	工作压力（MPa）
V—0.67/7	5.5	0.67	0.7
W—0.67/10	5.5	0.67	1.0

3.2.4　降水管道

1　井点管：管径为 38～110mm，常用 42～50mm 的金属管或 PVC-U 管，管长 6～10m。

2　过滤管：长 1.2～2.0m 钢管或 PVC-U 管，与井管用螺纹套头连接，管面上钻直径为 14～15mm、呈梅花形分布的滤孔，滤孔面积一般为滤管表面积的 15%～20%。外壁垫筋，包裹镀锌铅丝，间隙 0.5～1.0mm，外包 1～2 层 60～80 目的尼龙网、铜丝网或土工布滤网，或包 1～2 层棕皮，用铅丝捆扎牢固。

3　连接软管：应为高压软管，长度为 1～2m，直径与井点管和集水总管相匹配。

4　集水总管：根据出水量大小选用直径 75～150mm 的钢管，在管壁一侧每隔 0.8～2.0m 设一个与井点管的连接接头，总管之间用法兰连接。

5　排水管：一般采用直径 100～250mm 的钢管或塑料管，采用螺纹连接、法兰连接或粘接。

3.2.5　抽水机组：常用干式真空泵机组、射流泵机组。

干式真空泵机组：以 W 型为例，机组主要设备性能见表 3-3。

W 型抽水设备主要性能　表 3-3

名称	规格型号	数量（台）	性能	用途	备注
真空泵	W₄	1	真空度 99.992kPa，抽气速率 379m³/h，功率 10kW	真空抽水	
离心式水泵	3BL-9 或 3BA-9	2	流量 45m³/h，扬程 32.6m，功率 7.5kW	排送主水气分离器中的水	备用一台
	1 (1/2) BL-6	1	流量 11m³/h，扬程 17.4m，功率 3.0kW	供真空泵冷却水	

射流泵机组：常用 QJD 型、JSJ 型射流泵的技术性能见表 3-4、表 3-5。

QJD 型常用射流泵的技术性能　表 3-4

项目	射流泵型号		
	QJD—45	QJD—60	QJD—90
最大抽吸深度（m）	9.6	9.6	9.6
最大排气量（m³/h）	45	60	90
工作水压力（MPa）	≥0.25	≥0.25	≥0.25
电机功率（kW）	7.5	7.5	7.5
外形尺寸（mm）	1500×1010×850	2227×600×850	1900×1680×1030

| | | | JSJ 型射流泵的技术性能 | 表 3-5 |

型号	最大排水量 (m³/h)	最大抽吸深度 (m)	配用离心泵	
			型号	功率（kW）
JSJ60	60	9.6	3BL-9	7.5
JSJ70	70	9.6	IS65-40-200	7.5

4　操作工艺

4.1　工艺流程

测设井位 → 铺设集水总管 → 钻（冲）井孔 → 沉入井点管 → 投放滤料 → 洗井 →

封填孔口 → 与集水总管连接 → 安装抽水机组 → 安装排水管道 → 试抽验收 →

正式抽水 → 井点拆除

4.2　测设井位

根据降水工程设计施工方案规定的井位测设井点位置，用水准仪测出井点所在位置地面标高。

4.3　铺设集水总管

根据降水工程设计施工方案规定的位置安设集水总管。为增加降深，集水总管安装标高应尽量放低，当低于地面时，应挖沟后铺设集水总管，沟宽 1.0～1.5m。当地下水位降深小于 6m 时，宜用单级真空井点；当降深为 6～12m 时，宜用多级井点，集水总管的标高差为 4～5m。

4.4　钻（冲）井孔

4.4.1　硬质土采用长螺旋钻机、回旋钻机机械成孔时，钻机应安装在测设的孔位上，使其钻杆轴线垂直对准钻孔中心位置，用双侧吊线坠的方法校正调整钻杆垂直度。钻孔深度应低于井点管底 0.5m。

4.4.2　一般土采用水冲法成孔时，将三脚架安装在测设的孔位上，用高压胶管连接冲管与高压水泵，起吊冲管对准钻孔中心，开动高压水泵边冲边沉，并将冲管上下左右摆动，以加速土体松动。冲水压力根据土层的坚实程度确定：砂土层采用 0.5～1.25MPa，黏性土采用 0.25～1.5MPa。冲孔深度应低于井点管底 0.5m。

4.5　沉入井点管

当井孔达到预定深度后，立即降低冲水压力，迅速拔出冲管，沉入井点管。井点管应位于井孔正中位置，严防剐蹭井壁和插入井底，井点管顶应高于地面 300mm，管口应临时封闭以免杂物进入。

4.6　投放滤料

滤料应均匀地从管周围投放，保持井点管居中，并随时探测滤料深度，以免堵塞或架空。滤料顶面距地面应为 2m 左右，滤料填好后，保护孔口，防止异物掉入。

4.7 洗井

投放滤料后应及时洗井。应采取措施防止洗出的浑水回流入孔内，洗井后如滤料下沉应补投。洗井方法有：

4.7.1 清水循环法：可用集水总管连接供水水源和井点管，将清水通过井点管循环洗井，浑水从管外返出，水清后停止。

4.7.2 空压机法：采用直径为 20～25mm 的风管将压缩空气送入井点管底部过滤器位置，利用气体反循环的原理将滤料空隙中的泥浆洗出。宜采用洗、停间隔进行的方法洗井。

4.8 封填孔口

每个井孔洗好后应立即用黏性土将管周顶部 2m 范围填实封平。

4.9 与集水总管连接

井点管施工完成后应用高压软管与集水总管连接，接口必须密封。各集水总管之间宜设置阀门，以便对井点管进行维修。各集水总管宜稍向管道水流下游方向倾斜，然后将集水总管固定。

4.10 安装抽水机组

按降水工程设计施工方案规定的位置，将抽水机组稳固地安装在平整、坚实、无积水的地坪上，水箱吸水口与集水总管处于同一高程。机组宜设置在集水总管中部，各接口必须密封。

4.11 安装排水管道

将排水管从抽水机组出水口接至规定的沉淀池和排水点，管口要连接严密。

4.12 试抽验收

各组井点系统安装完毕，应及时进行试抽水，核验水位降深、出水量、管路连接质量、井点出水和泵组工作水压力、真空度及运转情况等。试抽后应组织验收，当发现出水浑浊时，应查明原因，及时处理，严禁长期抽吸浑水。验收合格后应在观测孔内观测静止水位高程。

4.13 正式抽水

4.13.1 降水期间应按规定观测记录地下水的水位、流量、降水设备的运转情况以及天气状况。雨季降水应增加观测频率。

4.13.2 水位、水量监测记录应及时整理，绘制水量 Q 与时间 t 和水位降深值 S 与时间 t 过程曲线图，分析水位下降趋势并查明降水过程中的不正常状况及其产生的原因，及时采取调整补充措施，确保降水顺利进行。

4.13.3 当基础防水工程验收合格并回填土后，且基础的抗浮稳定性符合要求，降水方可停止。

4.14 井点拆除

井点管拆除可用三脚架导链或吊车拔管。多层井点拆除应先下层后上层，逐层向上进行，在下层井点拆除时，上层井点应继续降水。井点管拔除后，应及时用砂将井孔回填密实。如井孔位于建筑物或构筑物基础以下，且设计对地基有特殊要求时，应按设计要求回填。

5 质量标准

5.0.1 轻型井点施工质量检验标准见表3-6。

轻型井点施工质量检验标准

表3-6

检查项目		允许偏差	检查方法
井点管垂直度（％）		1	插管时目测
井点管间距（与设计相比）（mm）		≤150	用钢尺量
井点管插入深度（与设计相比）（mm）		≤200	水准仪测量
过滤砂砾料填灌（与计算值相比）（％）		≤5	检查滤料用量
井点管真空度（kPa）	轻型井点	＞60	真空度

6 成品保护

6.0.1 降水期间应对抽水设备的运行情况及管路的完好情况进行检查维护，每天不应少于3次，并做好记录。

6.0.2 降水期间应避免碰撞、挤压集水总管、井点管、连接管和排水管。

7 注意事项

7.1 应注意的质量问题

7.1.1 轻型井点抽水时应保持要求的真空度，除降水系统做好密封外，还应采取保护边坡面的措施，避免因土方开挖使井点管暴露造成漏气。

7.1.2 排水管出水中含泥沙量突然增大时，应立即查明原因进行处理。

7.1.3 当发现井点管不出水时，应判别井点管是否淤塞。当影响降水效果时，应及时拔除废管、布设新管。

7.1.4 检查抽水设备时，除采用仪器仪表量测外，也可采用摸、听等方法并结合经验对井点出水情况逐个进行判断。

7.2 应注意的安全问题

7.2.1 应采用双路供电或备用发电机。

7.2.2 钻（冲）井孔时，应及时清运泥浆弃土，保持地面平整坚硬，防止人员跌伤。

7.2.3 现场用电应符合国家现行标准《施工现场临时用电安全技术规范》JGJ 46 的规定，确保安全。

7.2.4 周边地下管线漏水、地表水渗入时，应及时采取断水、堵漏、隔水等措施进行治理。

7.2.5 现场机械操作人员必须持证上岗，各种机械设备必须由专人负责维护保养。

7.2.6 雨期施工应有防雨、防潮措施；冬期施工应有避风、防冻、防滑措施；停泵后应及时放空管道和水泵内的存水。

7.2.7 降水期间应对周边的建筑物、道路管线等进行监测，发现异常及时分析原因，采取措施。

7.3 应注意的绿色施工问题

7.3.1 抽出的水经过沉淀后，方可排入城市雨水管网或其他管道；或也可用于现场洒水降尘或洗车轮胎、浇花草。

7.3.2 泥浆、弃土外运时必须覆盖，避免产生扬尘和遗撒。

8 质量记录

8.0.1 滤料、井点管、过滤器、连接软管、集水总管、排水管和管件等产品合格证。

8.0.2 轻型井点降水记录。

8.0.3 轻型井点施工质量验收记录。

8.0.4 降水影响范围内建（构）筑物变形监测记录。

第 4 章　土石方爆破

本工艺标准适用于工业与民用建筑、市政基础设施工程场地平整、基坑（槽）挖土中岩石炸除、旧基础障碍物清除以及冻土破碎的土石方爆破等。

1　引用标准

《土方与爆破工程施工及验收规范》GB 50201—2012

《工程测量规范》GB 50026—2007

《建筑工程施工质量验收统一标准》GB 50300—2013

《建筑边坡工程技术规范》GB 50330—2013

《爆破安全规程》GB 6722—2014

《岩土工程勘察规范》GB 50021—2001［2009 版］

《建筑施工土石方工程安全技术规范》JGJ 180—2009

《建筑机械使用安全技术规范》JGJ 33—2012

2 术语

2.0.1 爆破有害效应：爆破时对爆区附近保护对象可能产生的有害影响。如爆破引起的振动、个别飞散物、空气冲击波、噪声、水中冲击波、动水压力、涌浪、粉尘、有毒气体等。

2.0.2 爆破安全监测：采用仪器设备等手段对爆破施工过程及爆破引起的有害效应进行测试与监控。

3 施工准备

3.1 作业条件

3.1.1 爆破施工前应编制详细的爆破专项施工方案，方案依据有关规定进行安全评估，并报经所在地公安部门批准后，再进行爆破作业。施工前必须进行现场试爆，取得各项参数，以便验证是否满足爆破效果要求。

3.1.2 建立爆破指挥机构，明确爆破作业及相关人员的分工和职责；爆破前发布爆破作业通告。

3.1.3 划定爆破作业范围，在警戒区的边界设立警戒岗哨和警示标志。

3.1.4 场地清理：开挖前应做好堑顶和场内临时排水，对场地内的植被和其他建筑物进行清理；爆破影响范围内的地上、地下障碍物，如供电、通信、照明线路、电缆、供水、供热、供气管线、树木、坟墓等均已拆除、迁移或改线。

3.1.5 爆破作业单位应有相应的资质，爆破作业人员必须是经过上岗培训，并取得相关资格。

3.1.6 覆盖材料：在采用控制爆破法时，为防止飞石，常采用覆盖的方法。常用材料有草袋、草垫、荆笆、铁丝网、尼龙绳、橡胶管帘、废轮胎及废旧钢板等。

3.2 材料与机具

3.2.1 材料

1 炸药：硝铵炸药、铵油炸药、水胶炸药、乳化炸药等。
2 电雷管：火雷管、电雷管、导爆管雷管、电子雷管等。
3 火具：导火索、导爆索、塑料导爆管等。
4 导线。
5 起爆器。
6 测量仪表。

3.2.2 机具

1 潜孔钻机、手持风镐、各种动力凿岩机、凿岩钻车、装药机、空压机、装载机、推土机、挖掘机。
2 人工凿孔机具：钢钎、铁锤。

3 检测仪表：万能表、爆破电桥、小型欧姆计、伏特计、安培计等。

4 其他机具：掏勺、木质炮棍等。

4 操作工艺

4.1 工艺流程

放线定位 → 凿孔 → 药卷（包）制作及起爆雷管安放 → 装药与堵塞 → 连接爆破网络 →

防震、防护覆盖 → 起爆 → 检查效果、处置瞎炮

4.2 放线定位

4.2.1 炮眼的位置、深度和方向应符合爆破专项施工方案的规定。

4.2.2 炮眼布置应选择在有较大、较多的临空面上。如没有这种条件，可以有计划地改造地形创造临空面，一般在有两个以上的临空面地形的情况下，炮位距各临空面的距离最好相等。

4.2.3 为避免削弱爆破效果，炮孔应避免选择在岩石裂隙处或石层变化的分界线上。

4.2.4 根据岩层的地形及性质，选择合理的最小抵抗线。一般爆破的最小抵抗线长度不宜超过炮眼的深度。在平缓坡地采用多排炮眼爆破时，为使爆破均匀，排距之间应做成梅花形交错布置。爆破开挖管沟（坑、槽）时，炮眼深度不得超过沟（坑、槽）宽的 0.5 倍。如超过，应采用分层爆破。

4.2.5 炮眼深度一般可根据凿岩机能力、岩石坚固性以及出渣方式等确定。也可参照表 4-1。

炮眼深度参考表　　　　　　　　　　　　表 4-1

开掘方法	炮孔深度（m）
人工凿孔，人工出渣	0.8～1.2
轻型凿岩机凿孔，人工出渣	1.5～1.8
重型凿岩机凿孔，人工出渣	1.8～2.0
轻型凿岩机凿孔，机械出渣	2.0～2.5
重型凿岩机凿孔，机械出渣	2.5～3.0

4.2.6 炮眼直径根据土石的坚固性、凿岩机能力、炸药性能等确定。应符合爆破专项施工方案的规定。

4.3 凿孔

4.3.1 人工凿孔

当凿孔量不大、缺乏凿孔设备或受施工现场条件限制时，常使用人工凿孔方法。凿孔前，先将孔位的松动土石清除干净，将钢钎垂直置于孔位上。开始锤击时，应先轻击，以使钢钎温度稍升高后再猛击，以免钢钎断裂。凿孔操作应稳、准、狠，锤要击在钢钎中心，使刃口受力均匀，禁止对面击锤。锤击过程中，钢钎应随时稍提转动，刃口的宽度应随钢钎的

长度不同而改变，一般浅孔打眼刃口可加大到 40mm；深孔打眼（3～5m），刃口可加大到 45mm。随孔深的增加，刃口要逐渐减小，但孔底应保持 35mm 直径，以防卡钎。炮眼打到设计深度后，用掏勺或皮老虎将孔内石粉清除干净，再用废纸将炮眼堵塞。

4.3.2 机械凿孔

先清除孔位的松动土石，将空压机的压缩空气量和气压调到规定标准。开凿时，先用开门短钻杆，一般每凿 500mm 深更换一次长钻杆，炮眼较深时应凿成口大底小的孔眼，以防卡钻。如遇松软石质或穿过土夹层，为防卡钻可反复转动钻杆，同时吹出石粉。如遇卡钻太死而钻杆不能转动，可向孔内加水浸泡，使钻杆上、下自由活动为止。凿孔时，应扶稳钻杆并与孔眼保持在一条直线上。炮眼凿到设计深度后，应将孔内的石粉吹干净，随即用废纸堵塞。

4.4 药卷（包）制作及起爆雷管安放

4.4.1 检查爆破材料

1 雷管的检查：除外观应符合要求外，对电雷管应用万能表测量电阻值，并根据不同电阻值选配分组，分别放置，分组使用。在串联网路中，必须采用同厂、同批、同牌号的电雷管，各电雷管之间的电阻差不应超过：康铜桥丝的铁脚线 0.3Ω；铜脚线 0.25Ω；镍铬桥丝的铁脚线 0.8Ω，铜脚线 0.3Ω。

2 导火索的检查：除外观应符合要求外，还应做耐水性试验，即把导火索的两端露出水面 120mm，浸入深度 1m 的常温静水中（水温 10～30℃），耐水时间不低于 2h，此时如燃烧发生有熄火或燃速不正常者，可用于干燥部位起爆，但不能用于潮湿的工作面。

4.4.2 制作火药雷管：应按照起爆所需导火索的长度（根据爆破员在点完最后一炮并进入安全地点所需的时间确定，但不小于 1m），用锋利小刀切齐导火索，一端切成直角，另一端切成斜角。将直角端插入雷管，接触到大帽为止。如为金属壳雷管，可用雷管钳夹紧上部管口 50mm 的边缘，不能用力过猛或转动，严禁用硬物敲击；如为纸壳雷管，可用麻绳或用胶布缠缚。导火索与雷管的连接见图 4-1。

4.4.3 制作起爆药卷（包）：解开药卷的一端，将药卷捏松，然后用直径 5mm、长 100～120mm 的圆棍轻轻插入药卷中央，形成一小孔后抽出，然后将火药雷管或电雷管插入孔中，埋在药卷中部。火药雷管插入孔内的深度因炸药种类不同而有差异，如为硝化甘油类炸药，只需将雷管全部放在药卷内即可；如为其他类炸药，则将雷管插入药卷的 1/3～1/2，最后收拢包皮纸，用麻绳或胶布扎牢。制作起爆药包见图 4-2。

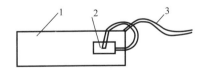

图 4-1 导火索与雷管的连接图
1—导火索；2—火雷管；3—导火索或脚线

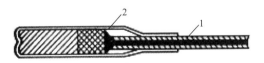

图 4-2 制作起爆药包
1—药包；2—雷管

如用于潮湿处，则应进行防潮处理，对起爆间隔时间不同的起爆药包，应做出标记分别放置，以防装药时混淆。

4.5 装药与堵塞

4.5.1 装药前依据爆破专项施工方案核实每个炮眼的装药量。

4.5.2 装药前，应检查炮眼的位置、深度及方向是否符合要求，炮眼内的石粉、泥浆及水是否已清除干净；潮湿的炮眼可在孔底放油纸防潮或使用经防潮处理的炸药。

4.5.3 装药形式按爆破设计要求选用。当炮眼深度大于最小抵抗线的 1.5 倍时，应采用间隔分层装药，分层一般不超过四层。下层药量应占整个炮眼的 60%，装散药时最好用勺子或漏斗分层装入，每装一次应用木制炮棍轻轻压紧。如装卷药，也应用木炮棍送入轻轻压紧；起爆药卷（雷管）按不同的电阻值分组使用，放置在装药全长的 1/3 处～1/2 处。

4.5.4 炮眼装药后应进行堵塞，一般用 3∶1 的黏土和砂的混合物，加水拌和成适当稠度，以手握成团、松手不散为最佳状态。然后随堵塞随用木炮棍捣实。堵塞长度一般为最小抵抗线的 1.3～1.5 倍。堵塞时应注意保护导火索或电雷管的脚线。炮眼堵塞后，将电雷管的两根脚线接成短路。洞室、竖井药室填塞时，可在炸药上面铺三层水泥袋纸，然后在上面铺干砂，距药室不少于 1m，余下部分用石渣或黏性土与碎石的混合物回填，堵塞长度不小于抵抗线长度。

4.6 连接爆破网路

4.6.1 电力起爆网路连接：连接方法、形式及适用条件见表 4-2。一般多采用串并联法和并串联法，这两种方法可靠保证安全准爆。连接时首先按组连接，将每个雷管的脚线解开，然后将一个雷管的一根脚线与另一根雷管的一根脚线连接，一组连接完后，用万用表测量该组线路是否通路，依次连接完各组。最后将各组连接成整个网路与区域导线连接，至电源主线形成整个爆破网路。

电爆网路连接方法、形式及适当条件   表 4-2

连接方法	连接形式	优缺点及适用条件
串联法：将电雷管的脚线一个接一个地连在一起，并将两端的两根脚线接至主线，通向电源		优点：线路简单，计算和检查线路较易，导线消耗较少，需准爆电流小。 缺点：整个网路可靠性较差，如一个雷管发生故障或敏感度有差别时，易发生拒爆现象。 适用于爆破数量不多，炮孔分散并相距较远，电源、电流不大的小规模爆破。可用放炮器、干电池、蓄电池做起爆电源
并联法：将所有雷管的两根脚线分别接至两根主线上，或将所有雷管的其中一根脚线集合在一起，然后接在一根主线上，把另一根脚线也集合在一起，接在另一根主线上		优点：各雷管的电流互不干扰，不易发生拒爆现象，当一个雷管有故障时，不影响整个起爆。 缺点：导线电流消耗大，需较大截面主线，连接较复杂，检查不便；当分支线电阻相差较大时，可能不同时起爆或拒爆。 适用于炮孔集中，电源容量较大及起爆少量雷管。各分支线路的电阻最好基本相同

续表

连接方法	连接形式	优缺点及适用条件
串并联法：将所有雷管分成几组，同一组的电雷管串联在一起，然后组与组之间并联在一起	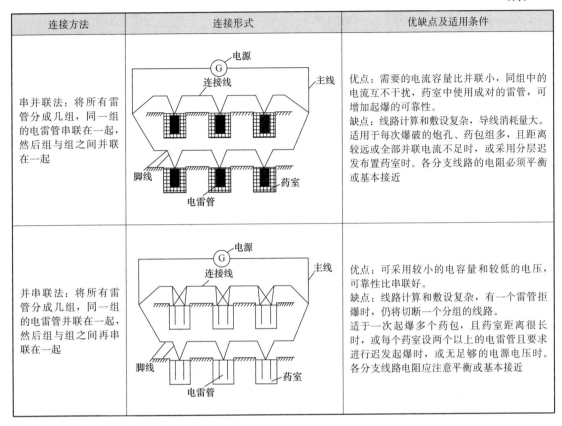	优点：需要的电流容量比并联小，同组中的电流互不干扰，药室中使用成对的雷管，可增加起爆的可靠性。 缺点：线路计算和敷设复杂，导线消耗量大。适用于每次爆破的炮孔、药包组多，且距离较远或全部并联电流不足时，或采用分层迟发布置药室时。各分支线路的电阻必须平衡或基本接近
并串联法：将所有雷管分成几组，同一组的电雷管并联在一起，然后组与组之间再串联在一起		优点：可采用较小的电容量和较低的电压，可靠性比串联好。 缺点：线路计算和敷设复杂，有一个雷管拒爆时，仍将切断一个分组的线路。适于一次起爆多个药包，且药室距离很长时，或每个药室设两个以上的电雷管且要求进行迟发起爆时，或无足够的电源电压时。各分支线路电阻应注意平衡或基本接近

4.6.2　导爆索起爆网路及连接：这种起爆是用导爆索直接引爆药包爆炸，不用雷管。电爆网络的连接线不应使用裸露导线，与电源开关之间应设置中间开关。所有导线接头均应按电工接线法连接，并确保对外绝缘；导线接头应避免接触潮湿地面或浸泡在水中。起爆电源能量应能保证全部电雷管准爆。电爆网络的导通和电阻值应使用专用导通器和爆破电桥检查。流经每个电雷管的电流：一般爆破交流电不小于 2.5A，直流电不小于 2.0A。

1　导爆线路的连接方式、形式及应用见表 4-3，为了安全起爆，常用分段并联法。

导爆线路的连接方式、形式及应用　　　　　　　　　　　表 4-3

连接方法	连接形式	优缺点及适用条件
串联法：在每个药包之间直接用导爆索连接起来		连接方便，线路简单，接头少；但连接可靠性差，在整个线路中，如有一个药包拒爆，将影响到后面所有药包。工程上较少采用
分段并联法：将连接每个药包的每段导爆索线与另一根导爆索主线连接起来		各药包爆破互不干扰，一个药包拒爆，不影响整个线路起爆，对准确起爆有可靠保证，导爆索消耗量少；但连接较复杂，检查不便，如连接不好，个别会产生拒爆。在爆破工程中应用较广

续表

连接方法	连接形式	优缺点及适用条件
并联法：将连接每个药包的每段导爆索线捆成一捆，然后与另一根导爆索主线连接起来	雷管　导爆主线　药室　导爆支线　100~150　起爆束	连接简单，可靠性比串联好；但导爆索消耗量大，不够经济。在洞室工程药包集中时应用

2 导爆索连接时的搭接应严格按出厂说明书的规定执行。如无说明书，导爆索的搭接长度一般采用 200~300mm，但不得小于 150mm。连接时，支线的端头应朝着主线的起爆方向即雷管点燃导爆索的方向，且沿传爆方向支线与主线的夹角应小于 90°。导爆索应避免交叉敷设，必要时应用厚度不小于 150mm 的衬垫物隔开；平行敷设时，间距应大于200mm。在药包的一端应卷绕成起爆束，以增加起爆能力。

3 当外界气温高于30℃时，要用土或纸遮盖起爆索。起爆导爆索时应用两个雷管，在一个网路上设两组导爆索时，必须同时起爆。

4.6.3 塑料导爆管起爆系统及连接：导爆管起爆是利用导爆管传爆起爆药的能量引爆雷管，然后使药包爆炸。该系统由击发元件（雷管或击发枪）、传爆元件（塑料导爆管）、起爆元件（瞬发雷管、毫秒延期、半秒延期及秒延期雷管）、连接元件（每根导爆管与雷管用蜂窝形连接块、12位连接块构成的连接体）等部分组成。网路敷设可采用串联、并联、复式网路和多发起爆式连接。大型爆破应采用可靠性高的复式网路。塑料导爆管起爆网路见图 4-3。

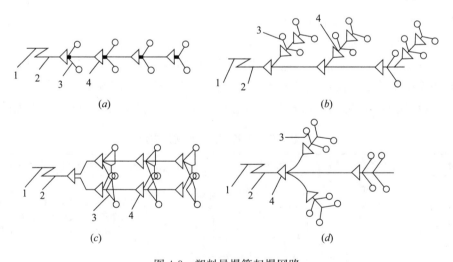

图 4-3　塑料导爆管起爆网路

（a）串联；（b）并联；（c）复式网路连接；（d）多发起爆式连接

1—击发元件；2—传爆元件；3—起爆元件；4—连接元件

导爆管网络中不应有死结，炮孔内不应有接头，孔外相邻传爆雷管之间应留有足够距离，起爆导爆管的雷管与导爆捆扎端头的距离应不小于 150mm；导爆管应均匀分布在雷管周围并用胶布等捆扎牢固。

4.7　防震、防护覆盖

4.7.1　防震技术措施：

1　采用分散爆破点及分段爆破的方法，减弱或部分消除地震波对附近建筑物的影响。

2　对地下构筑物的爆破可采用在一侧或多侧挖隔震沟的方法，减弱地震波的影响。

4.7.2　防护覆盖措施：常采用的方法是在爆破部位覆盖湿草袋、铁丝爆破防护网，或用废汽车轮胎编成排的橡胶防护垫以及荆笆、废钢板等。

4.8　起爆

4.8.1　检查爆破网路：起爆前应认真检查爆破网路连接是否正确，有无遗漏炮眼。连接是否牢靠，电源电压、电流等参数是否满足要求。

4.8.2　发出警报信号：让在警戒区的人员全部撤至安全地点，安排警戒人员以防外人误入。放炮人员待得到准确的命令后方准起爆。

4.8.3　火花起爆应指定专人计算响炮数。如响炮数与点火数不一致，检查人员应在最后一炮响后间隔不少于 20min 方可进入爆破作业区。

4.8.4　电力起爆如发生拒爆，应立即切断电源，并将主线短路。如使用即发雷管时，应在短路后不少于 5min 方可进入现场；如使用延期雷管时，应在短路后不少于 15min 方可进入现场。

4.9　检查效果、处理盲炮

4.9.1　爆破时遇盲炮，应由原装炮人员当班处理。如不可能时，原装炮人员应在现场将装炮的详细情况交代给处理人员。

4.9.2　如发现炮眼外的电线电阻、导火索或电爆线路不符合要求，可在纠正后重新起爆。

4.9.3　当炮眼不深时（500mm 以内），可用裸露爆破法处理；当炮眼较深时，可用木制工具小心将上部的堵塞物掏出，如是硝铵类炸药，可用水泥浸泡并冲洗出整个药包，并将拒爆的雷管销毁，也可将上部炸药掏出部分后，再重新装入起爆药包起爆。

4.9.4　在炮眼旁约 600mm 处，可采用平行炮眼的方法将盲炮的堵塞物掏出，插入一木制炮棍作为炮眼方向的标志。

4.9.5　如炮眼孔内还有剩药，可在原炮眼内重装起爆。在处理瞎炮时，不得把带有雷管的药包从炮眼内拉出来，也不得拉住导线把雷管从药包里提出来。

5　质量标准

5.0.1　主控项目

1　施爆后，爆裂面应较规则地出现在预定设计位置。

2　邻近建（构）筑物未受到损坏，无人员伤亡。

5.0.2　一般项目

爆破工程外形尺寸的允许偏差应符合表 4-4 的规定。

爆破工程外形尺寸的允许偏差

表 4-4

项目	允许偏差		
	柱基、基坑、基槽、管沟	场地平整	水下爆破
标高	+0，－200	+100，－300	+0，－100
长度、宽度	+200，－0	+400，－100	+1000，－0
边坡偏陡	不允许	不允许	不允许

注：柱基、基坑、基槽、管沟和水下爆破应将炸松的石渣清除后检查。场地平整应在平整完毕后检查。

6 成品保护

6.0.1 对定位标准桩、轴线引桩、标准水准点等，爆破时应予加保护；定位标准桩和标准水准点应定期复测和检查是否正确。

6.0.2 爆破作业应防止邻近建构筑物、道路、管线等受伤或损坏，必要时应采取有效的保护措施。并在施工中定期观测和检查。

6.0.3 将打好的炮孔用稻草或塞子塞孔避免泥块等掺入。

6.0.4 爆破材料应储存在干燥、通风的库房内，以防受潮降低爆破威力或产生剧爆，运输、保管使用中要防潮和防撞击。

7 注意事项

7.1 应注意的质量问题

7.1.1 通过试爆优选爆破参数，根据每次爆破的特点不断优化，提高爆破效率。

7.1.2 准确布孔，所有孔位准确测定，保证岩石块度的均匀性，保证边坡位置准确。

7.1.3 浅孔爆破钻孔采用托架支撑风钻，并用测尺测定钻孔角度，保证钻孔定位和钻孔角度准确。

7.1.4 预裂孔和光爆孔均采用测尺控制钻孔角度，确保爆后坡面平顺。

7.1.5 炮孔钻好后用水泥纸堵住孔口，防止因机械和人员活动导致钻渣落入钻好的炮孔内。

7.1.6 起爆网络采用非电毫秒雷管起爆系统，合理确定微差间隔时间。

7.1.7 采用孔底起爆技术，即选择较长的雷管脚线将起爆雷管安放在距孔底较近的位置，减少爆破残药的可能性。

7.2 应注意的安全问题

7.2.1 各种爆破作业机械要有专人负责维修、保养，并经常对机械的关键部位进行检查，预防机械故障及机械伤害的发生。

7.2.2 石方爆破施工应指派专人负责，爆破作业人员必须由受过爆破技术培训、熟悉爆破器材性能和安全规则，必须取得爆破资格证的人员担任。

7.2.3 爆破施工过程中，必须严格遵守国家爆破安全规程的有关规定。发生盲炮必须立即处理，然后才能继续施工，严禁在盲炮留存或未处理就继续施工。

7.2.4 炸材存放必须将雷管和炸药分开存放，并设专人看守，当天当次未用完的炸材必须经爆破员、押运员、安全员以及机场相关部门和施工、监理单位等确认进行炸材退库。

7.2.5 禁止在雷雨天、大雾天、七级以上风天、黄昏、夜晚进行露天爆破作业。

7.2.6 施工爆破区域应有明显的警戒标志，起爆前必须撤离所有的人员和需保护的设备到警戒范围以外。

7.3　应注意的绿色施工问题

7.3.1 应按《爆破安全规程》GB 6722—2014 的相关规定，进行爆破震动、爆破噪声、飞散物、有害气体等的监测。

7.3.2 居民区尽量安排在白天施工，避免夜间施工噪声影响居民休息。

7.3.3 严格施工平面管理，实行封闭作业，防护设施标准化，施工设备、材料统一规划布置，并配足安全警示标志。

8　质量记录

8.0.1 炮眼定位测量放线记录。

8.0.2 石方竣工图。

8.0.3 质量检验和验收记录。

8.0.4 爆破安全监测报表。

8.0.5 施工记录。

第5章　土　方　开　挖

本工艺标准适用于工业与民用建筑、市政基础设施工程深基坑（槽）、管沟、路堑以及大面积平整场地等机械挖土工程和浅基坑（槽）和管沟等人工挖土工程。

1　引用标准

《土方与爆破工程施工及验收规范》GB 50201—2012

《建筑基坑工程监测技术规范》GB 50497—2009

《建筑地基基础工程施工规范》GB 51004—2015

《建筑地基基础工程施工质量验收规范》GB 50202—2018

《建筑基坑支护技术规程》JGJ 120—2012

《建筑施工土石方工程安全技术规范》JGJ 180—2009

《建筑机械使用安全技术规程》JGJ 33—2012

2 术语

2.0.1 路堑：是指从原地面向下开挖而成的路基形式。

3 施工准备

3.1 作业条件

3.1.1 土方开挖前已编制详细的施工方案，超过一定规模的危大工程专项方案已经论证并经相关部门审核批准。

3.1.2 开挖前应清除开挖区域内地上和地下障碍物，对靠近基坑（槽）的原有建筑物及电杆、塔架等应采取防护或加固措施。

3.1.3 建筑物或构筑物的位置及场地的平面控制线（桩）和水准控制点，应经过复测和检查，并办完预检手续。对场地平整应进行方格网桩的布置和标高测设，计算挖、填方量，并完成土方调配计划。

3.1.4 场地平整已完成，并有一定的排水方向，同时挖好临时性的排水沟，以保证边坡不被雨水冲刷塌方，基土不被地面浸泡而遭到破坏。排水沟应做成不小于 0.2％的坡度，使场地内不积水。在坡度较大地区进行挖土施工时,.应在距上方开口线 5～6m 处设置截水沟或排洪沟，阻止山坡雨水流入开挖基坑区域内。

3.1.5 根据工程地质、水文资料应采取措施降低地下水位，且基坑支护结构和隔渗结构的强度必须达到设计要求。一般地下水应降至低于开挖面 0.5m，然后再开挖。

3.1.6 选择土方机械，应根据作业区域面积的大小、机械性能、作业条件、土的类别与厚度、总土方量以及工期等因素综合考虑，以能发挥机械设备的最大效率进行优化配置，并根据土方调配计划确定最优机械运行路线。

3.1.7 施工机械进入现场所经过的道路、桥梁和卸车设施等均应事先经过检查，必要时应进行加固或加宽等准备工作。有支护结构的深基坑开挖应按施工组织设计（方案）要求，设计好机械上下基坑的坡道，必要时应对坡道本身及挖土结束部位的支护结构适当加固。

3.1.8 熟悉图纸，做好安全技术交底工作。了解现场的水文地质情况，对于山区或坡度较大地区施工，应事先了解场地地层岩土性质、地质构造及水文、地形、地貌等。如因土石方施工可能产生滑坡时，应采取必要的措施。在山坡脚下施工，应事先检查山坡坡面情况，如有危岩、孤石、崩塌体、大滑坡体等不稳定迹象时，应做妥善处理。

3.1.9 完成必需的临时设施，包括生产设施、生活设施、临时供水、供电线路等。如夜间施工时，应有足够的照明设施；在危险地段应有明显标志，以保证安全施工。

3.2 材料及机具

3.2.1 挖土机械：反铲挖掘机、装载机、推土机、铲运机、平地机、自卸汽车、洒水车等。

3.2.2 一般机具：尖、平头铁锹、手锤、撬棍、手推车、梯子、铁镐、钢卷尺、坡度尺、小线或 20 号铅丝、钢卷尺、坡度尺等。

4 操作工艺

4.1 工艺流程

确定坡度→选择挖土方式→机械设备的配置→选择合理开挖顺序→分层分段依次开挖→修边与清底

4.2 确定坡度

4.2.1 土方开挖坡度应符合施工方案的要求。

4.2.2 挖土深度在 5m 以内时，边坡不加支护的基坑（槽）和管沟应根据土质和施工具体情况进行放坡，边坡值应按表 5-1 确定。

深度在 5m 以内边坡值   表 5-1

土的类别		边坡值（高：宽）
砂土（不包括细砂、粉砂）		1：1.25～1：1.50
一般性黏土	硬	1：0.75～1：1.00
	硬、塑	1：1.00～1：1.25
	软	1：1.50 或更缓
碎石类土	充填坚硬、硬塑黏性土	1：0.50～1：1.00
	充填砂土	1：1.00～1：1.50

4.3 选择挖土方式

当挖土深度小于 300mm、管沟宽度小于 400mm 时，可采用人工开挖。一般均采用机械开挖，以提高作业效率。

4.4 机械设备的配置

4.4.1 机械开挖土方，应根据工程规模、土质情况、地下水位、机械设备条件以及工期要求等合理配置挖土机械。

1 一般的基坑（槽）、路堑开挖，宜采用推土机推土、装载机装车、自卸汽车运土。

2 大面积场地平整和开挖，宜用铲运机铲土；土质较硬时，可配推土机助铲，平地机平整。

3 地下水位以下且无排水时，宜采用拉铲或抓铲挖掘，作业效率较高。

4 在设有多层内支撑的基坑或在挖土结束部位，可采用抓铲、长臂式反铲或小型反铲下坑作业，人工清边清底吊运出土。

4.4.2 自卸汽车数量应能保证挖掘或装载机连续作业，汽车载重量宜为挖掘机斗容量的 3～5 倍。作业效率较高。

4.5 选择合理开挖顺序

依据建筑及市政设施的总体施工顺序、场内及场外运输道路布置、出土方向等合理选择土方开挖顺序及流向，并符合施工方案的要求。

4.6 分段分层依次开挖

4.6.1 当大面积基坑底板标高不一时，机械开挖次序一般为先整片挖至最浅标高，然后再挖其他较深部位。在采用分层挖土法时，可在基坑一侧修不大于 15% 的坡道，作为挖土机械和运土汽车进出的通道。基坑开挖到最后再将坡道挖掉。

4.6.2 无支护基坑及道路应分区、分段、分层开挖，分区范围应符合总体施工计划规定。分层开挖深度按照挖土机械能力确定。

4.6.3 采用内支撑支护、锚杆支护或土钉支护的深基坑，应按支撑、锚杆和土钉的设计层次分层开挖。施工顺序应做到先安装支撑、锚杆或土钉，后开挖下部土方。应在内支撑、锚杆或土钉达到设计要求后再开挖。采用锚杆和土钉支护的基坑可采用盆式开挖或岛式开挖。基坑周边土方应分段开挖，分段长度不宜大于 30m。

4.6.4 按施工方案留出出土坡道。出土坡道坡率宜为 1∶7，坡道两侧坡率应符合施工方案要求。

4.6.5 各种机械应采用其生产效率较高的作业方法进行施工。

1 推土机作业多采用在基坑（槽）的一端或两端出土。特殊情况下也可多方向出土。出土马道坡度应不大于 15%。推土机常采用槽形推土法，即重复连续多次在一条作业线上切土、推土，利用逐渐形成的浅槽，进行推土，减少土从铲刀两侧散漏。

2 铲运机应视挖填区的分布不同，合理安排铲土与卸土的相对位置，一般采取环形或 8 字形路线。作业时多采用下坡铲土、间隔铲土、预留土埂等方法。

3 正铲挖掘机作业多采用正向开挖和侧向开挖两种方法，运土汽车布置于挖掘机侧面或后面。当开挖宽度小于两倍的挖土机最大挖掘半径时，可采取正向全断面开挖，即正铲向前进方向挖土。当开挖宽度大于两倍的挖土机最大挖掘半径时，挖掘机可采取工作面侧向开挖。开挖工作面的台阶高度一般不宜超过 4m，同时应注意边坡稳定。

4 反铲挖掘机作业常采用沟端开挖和侧向开挖两种方法。沟端开挖即挖掘机从基坑（槽）或管沟的端头以倒退行驶的方法进行开挖；侧向开挖即挖掘机沿着基坑（槽）或管沟的一侧移动，自卸汽车在另一侧装运土。当开挖深度超过最大挖掘深度时，可采用分层挖掘法。对于大型软土基坑，为减少分层挖运土方的复杂性，亦可利用多台挖掘机，避免载重汽车进基坑作业。

5 装载机作业与铲运机、推土机等基本相同，包括铲装、转运、卸料、返回等四道操作工序，多用于大面积且要求基底承载力较高的浅基坑（槽）。

4.6.6 开挖基坑（槽）和管沟，不得破坏基底土的结构，亦不得挖至设计标高以下。如不能准确地挖至设计标高时，可在设计标高以上暂留一层土不挖，以便抄平后由人工挖出。设计无规定时，一般暂留土层厚度：铲运机、推土机不小于 200mm，挖掘机不小于 300mm。

4.6.7 在开挖过程中，应随时检查边坡或槽壁的状态。深度大于 1.5m 时，应根据土质变化情况做好支护准备，以防塌陷。深基坑土方开挖时，如土质为淤泥或淤泥质土，分层开挖厚度宜为 800~1000mm。

4.6.8 在开挖过程中，应检查基坑（槽）的中心线和几何尺寸，发现问题及时纠正。开挖距基底设计标高约 1m 时应进行抄平，并在两侧边坡上每隔 15m 测设一水平桩控制标高，以防超挖。

4.6.9　机械施工挖不到的土方，应随时配合人工进行挖掘，并用手推车将土运到机械能挖到的地方，以便能及时运走。面积较大的基坑可配以推土机进行清边平底、送土，以提高工效。人工挖土时，对于一般黏性土可从上向下分层开挖，每层深度以 300～600mm 为宜，从开挖端向后倒退退台踏步型挖掘；开挖碎石类土时，坚硬土先用镐刨松，再向前挖掘，每层深度视翻土厚度而定，每层应清底和出土，然后逐步挖掘。

4.7　修边和清底

4.7.1　由两端轴线（中心线）桩位拉通线，用尼龙丝或细铁丝检查距基坑（槽）边的尺寸，对其边壁进行修整。在距坑（槽）底设计标高 500mm 处，抄出水平线，并钉上小木橛，然后用人工将暂留土层挖走，最后清除基坑（槽）底浮土。

4.7.2　基坑（槽）底经人工清理铲平后，应进行质量检查验收。发现问题及时处理。

4.7.3　开挖的基坑一旦边坡土体出现裂缝，应立即修整边坡坡度、卸载或叠置土包护坡，并加强基坑排水。地下水较高、有流沙土层或软弱下卧层的基坑，如出现流沙或基坑隆起，应立即停止明沟排水，抛投土包反压坡脚叠置护坡，并宜采取降水或有效的边坡加固措施。

5　质量标准

5.0.1　主控项目

1　原状地基土不得扰动、受水浸泡及受冻。

2　开挖形成的边坡坡度及坡脚位置应符合设计要求。

3　开挖区的标高允许偏差值（mm）：0～－50。

4　开挖区的平面尺寸应符合设计要求，允许偏差值（mm）：－50～＋200。

5.0.2　一般项目

1　一般项目的质量检验标准见表 5-2。

土方开挖一般项目的质量检验标准　　　　　　　　　　　　表 5-2

序号	项目	允许偏差
1	表面平整度（mm）	±20
2	分级放坡边坡平台宽度（mm）	－50～＋100
3	分层开挖的土方工程，除最下面一层土方外的其他各层土方开挖区表面标高（mm）	±50

2　湿陷性黄土场地施工时，在满堂开挖的基坑内，宜设排水沟和集水井。

3　雨期开挖基坑（槽）或管沟时，应在坑（槽）外侧围筑或开挖排水沟，防止地面水冲塌边坡，流入坑（槽）引起湿陷。

6　成品保护

6.0.1　对测量用控制桩、龙门板和基坑监测用监测点应注意保护，挖土、运土机械行驶时不得碰撞，并应定期复测检查是否移位。

6.0.2 基坑（槽）开挖设置的降水系统、支护结构或放坡，在施工的全过程中应做好保护，不得随意拆除或损坏。有立柱的内支撑体系，在开挖至立柱附近时，应用人工清除立柱周围的土体，避免立柱受到附加的侧向压力。

6.0.3 在挖土过程中应核实工程桩、复合地基刚性桩的桩位。采用小型挖掘机或人工开挖桩间土时防止损伤、碰断桩身。

6.0.4 施工中如发现有文物或古墓等应妥善保护，并及时报请当地有关部门处理。

6.0.5 在敷设地下管线、电缆、通信光缆的地段进行土方施工时，应事先取得有关管理部门的书面同意，施工中应采取有效措施严加保护，以防损坏。

6.0.6 基坑（槽）开挖后，若不能及时浇筑垫层时，应预留 200～300mm 厚土层，在施工下一道工序前再挖至设计标高。

6.0.7 排水沟应畅通，防止淤积堵塞。

7 注意事项

7.1 应注意的质量问题

7.1.1 开挖基坑（槽）、管沟时，应控制好坑底标高，并在坑底预留 200～300mm 厚的余土，最好用人工清理。基底超挖时，应取得设计单位同意后再行处理。已挖好的基坑应及时清边平底，施工垫层以保护基底。

7.1.2 基坑（槽）开挖后，应尽量减少对基土的扰动。如遇基础不能及时施工，可在基底标高以上预留 200～300mm 土层不挖，待做基础前再挖。

7.1.3 挖土时应分层进行。内支撑、锚杆和土钉支护必须按支护设计工况要求分层开挖，不得超挖。

7.1.4 挖土完成后，应对地基进行详细检查，应将暗浜、坑穴及地下埋物应清除干净。

7.2 应注意的安全问题

7.2.1 基坑开挖应按先支护后开挖、限时、对称、分层、分区等的开挖方法确定开挖顺序、严禁超挖，减少基坑无支撑暴露时间。下一层土方开挖时，混凝土支撑、锚杆、土钉注浆强度，锚杆预应力张拉，钢支撑预加力及质量验收等应满足要求。内支撑结构上除设计允许外，不得增加任何荷载。

7.2.2 中部留置岛状土体、盆边开挖形成的临时边坡稳定性应经验算确定。

7.2.3 基坑边堆载不得超过支护设计规定的堆载值和范围。

7.2.4 基坑（槽）应架设上下人通道，深度超过 2m 基坑（槽）边应设防护栏杆。

7.2.5 开挖施工不得采取掏挖方式。

7.2.6 夜间施工时，现场应有充足的施工照明。

7.2.7 挖掘机装车时，汽车驾驶室内不得坐人，挖掘机作业时，机下施工人员禁止在挖掘机作业回转半径内停站。

7.2.8 当基坑监测和巡视检查达到报警情况时，应立即停止挖土作业，启动应急预案。

7.3　应注意的绿色施工问题

7.3.1　土方开挖时，应避免大风天气作业，防止扬尘。裸露土体应采用密目防尘网覆盖。

7.3.2　土方作业区距离住宅小区较近时，应设置隔离护栏，防止施工噪声扰民。

8　质量记录

8.0.1　工程定位测量记录。

8.0.2　基坑工程结构监测记录。

8.0.3　土方开挖工程检验批质量验收记录。

8.0.4　土方开挖分项工程质量验收记录。

8.0.5　其他技术文件。

第6章　基土钎探

本工艺标准适用于工业与民用建筑、市政基础设施工程基础、坑（槽）底以下土层的钎探检查。当基坑不深处有承压水层、触探可造成冒水涌砂时，或持力层为砾石层或卵石层且其厚度符合设计要求时，可不进行钎探。

1　引用标准

《建筑地基基础工程施工质量验收规范》GB 50202—2018

2　术语（略）

3　施工准备

3.1　作业条件

3.1.1　施工方案要求

基土钎探施工前已依据岩土工程勘察报告编制详细的施工方案，进行现场试验，取得各项施工参数，以便验证是否满足要求。

3.1.2　基坑（槽）已开挖至规定标高，位置和平面尺寸符合要求。

3.1.3　绘制钎探孔平面布置图，并逐点按钎钉操作顺序编号。

3.1.4　钎杆上预先刻痕，即从下留出钎尖长度后，往上每 300mm 刻痕一道，并描红色与白色相间的油漆，以便观测。

3.2 材料及机具

3.2.1 材料

1 砂：一般中砂，过孔径为 5mm 的筛之后使用。

2 素土：黏土，含水率宜在 19％～23％，过孔径 5mm 的筛之后使用，用于湿陷性黄土地区。

3 灰土：按石灰：土＝3：7 或 2：8（体积比），过孔径 5mm 的筛，拌和后手握成团，落地开花即可，用于湿陷性黄土地区。

3.2.2 主要施工机具

1 电动钎探机：电源 380V，击锤重 10kg，击锤落高 500mm。探杆直径 25mm，杆长度 2.5m/3.0m。

2 人工钎探：直径为 $\phi22～\phi25$mm 的光圆钢筋或钢钎，钎长 1.8～2.5m，穿心锤 10kg。

3 其他：麻绳或铅丝，梯子（凳子），手推车，撬棍（拔钢钎用）和钢卷尺等。

4 操作工艺

4.1 工艺流程

测出钎探点位 → 打钎 → 灌砂 → 整理资料

4.2 测出钎探点位

按钎探孔平面布置图放线，逐个测出钎探点位置，并平放砖块，写上编号。

4.3 打钎

4.3.1 在需要钎探的地方将机器放平。接通电源，确定链条的运动方向与控制按钮的关系。

4.3.2 用脚踏下撬杆，提起升降系统，装入探杆锁牢。对准钎探点将钎探机垫平。打开开关，钎探机开始工作，同时专人记录每 300mm 的锤击数据。

4.3.3 锤击到设计钎探深度后，关闭锤击开关，打开拔探杆开关，拔出探杆。

4.3.4 将钎探机移至下一个钎探点。重复以上工作。

4.3.5 如设计无规定时，钎探深度宜按表 6-1 控制。

钎探孔布置方式及深度 表 6-1

槽宽（m）	排列方式及图形		间距（m）	钎探深度（m）
<0.8	中心一排	· · · · · ·	1.5	1.5
0.8～2.0	两排错开 1/2 钎孔间距，每排距槽边 0.2m	· · · · · · · · · · · ·	1.5	1.5
>2.0	梅花形	· · · · · · · · · · · · · · · · · ·	1.5	2.0

槽宽（m）	排列方式及图形		间距（m）	钎探深度（m）
柱基	梅花形	· · · · ·	1.5～2.0	≥1.5m，并不浅于短边

4.4 灌砂

4.4.1 打完的钎孔经对孔深与记录检查无误后，即可进行填孔。填孔一般用中砂，每填入 300mm 左右可用木棍或钢筋棒捣实一次。

4.4.2 每孔打完或几孔打完后应及时填孔，或在每天打完后统一填孔一次。当基土具有湿陷性时，应用素土或灰土回填，方法同填砂。

4.5 整理资料

及时收集、保存原始钎探记录，按钎孔顺序编号，将锤击数填入统一表格内。字迹要清楚，再经过打钎人员和技术人员签字后归档。

5 质量标准

5.0.1 主控项目
钎探深度必须符合设计要求和施工规范规定，锤击数记录准确无误。

5.0.2 一般项目
1 钎位应符合钎探平面布置图，钎孔不得遗漏。
2 钎孔灌砂填孔应捣实。

6 成品保护

6.0.1 钎探完成后，应做好标记，未经检查验收的探孔不得堵塞或填孔，应将其做好标记并保护好。

6.0.2 打钎时，注意保护已经挖好的基槽，不得破坏已经成型的基槽边坡。

7 注意事项

7.1 应注意的质量问题

7.1.1 当钢钎打不下去时，应请示有关技术人员确定是否取消该点或是移位打钎，不得随意填写锤击数。

7.1.2 钎探记录和探孔平面布置图应一致。检查无误后方可开始打钎，如发现错误应及时修改或补打。

7.1.3 在钎探记录表上应用有色铅笔或符号将不同锤击数的钎孔分开。

7.1.4 在钎探孔平面布置图上应注明过硬或过软的孔号位置，把坑穴等尺寸画上，以便勘察、设计人员或有关部门验槽时分析处理。

7.1.5 同一工程中，钎探时应严格控制穿心锤的落距，不得忽高忽低，以免造成钎探不准，使用钎杆的直径必须统一。

7.1.6 钎探孔平面布置图绘制要有建筑物外边线、主要轴线及各线尺寸关系，外圈钎点要超出垫层边线 200～500mm。

7.1.7 基土受雨后，不得进行钎探。

7.1.8 基土在冬季钎探时，每打几孔后及时掩盖保温材料一次，不得大面积掀盖，以免基土受冻。

7.2 应注意的安全问题

7.2.1 在钎探机工作时，不得将手伸至锤下，不得用手去触摸链条。

7.2.2 操作人员专心施工，扶锤人员和扶钎杆人员要密切配合，以防发生意外事故。

7.3 应注意的绿色施工问题

7.3.1 当钎探的基坑周边有居民小区时，应避免夜间作业噪声扰民。

7.3.2 钎探过程中，应采取有效的扬尘措施。

8 质量记录

8.0.1 钎探孔位平面布置图。

8.0.2 钎探记录表。

8.0.3 钎孔灌砂记录。

8.0.4 其他技术文件。

第7章 土 方 回 填

本工艺标准适用于工业与民用建筑、市政基础设施工程大面积平整场地、大型基坑、管沟等的机械回填土工程和基坑（槽）、室内地坪及室外散水等人工回填土工程。

1 引用标准

《建筑地基基础工程施工规范》GB 51004—2015

《建筑地基基础工程施工质量验收规范》GB 50202—2018

《建筑机械使用安全技术规程》JGJ 33—2012

2　术语（略）

3　施工准备

3.1　作业条件

3.1.1　回填土前，应对基础、防水层、保护层、管道进行检查，并办理隐蔽工程验收手续。

3.1.2　应根据工程特点、填料种类、压实系数、施工条件等，通过击实试验确定填料最佳含水率、每层铺土厚度及压实遍数等参数。设计无要求时，土的最佳含水量和最大干密度可按表7-1选用。

土的最佳含水率和最大干密度　　　　　　　　　　　表7-1

土的种类	最佳含水率（%）	最大干密度（kg/m³）	土的种类	最佳含水率（%）	最大干密度（kg/m³）
砂土	8～12	1.80～1.88	粉质黏土	12～15	1.85～1.95
黏土	19～23	1.58～1.70	粉土	16～22	1.61～1.80

3.1.3　回填土前，应将基底上的杂物及淤泥清除干净，并在四周设排水沟或截洪沟，防止地面水流入填方区。在耕植土或松土上回填时，应对基底土压（夯）实后方可铺土。

3.1.4　做好水平及高程标志，控制回填土的平整度和标高。在基坑（槽）边坡上，宜每隔3m钉上水平木桩；在室内和散水的边墙上，宜弹出0.5m标高线。

3.1.5　应在混凝土或砖石基础具有一定的强度后，方可进行回填土。

3.1.6　土方挖运设备进场前，土方机械及运土车辆行走的路线，应进行必要的加固及加宽处理。

3.2　材料及机具

3.2.1　土料：宜采用基坑（槽）中挖出的原土。回填土料应符合设计要求。土料不得采用淤泥和淤泥质土，有机物质含量不大于5%。使用前应过筛，其粒径不大于50mm。Ⅰ类民用建筑采用异地土时，土壤中氡浓度应符合《民用建筑工程室内环境污染控制规范》GB 50325—2010的规定。

3.2.2　碎石类土、砂土和爆破石渣可用于表层以下的填料，其最大粒径不应超过每层铺土厚度的2/3（当使用振动碾时，不得超过每层铺填厚度的3/4）。使用细、粉砂时，应取得设计单位的同意，并应掺入一定数量的碎石或卵石。

3.2.3　运土机械：铲运机、推土机、装载机、自卸汽车。

3.2.4　压实机械、机具：光轮压路机、羊足碾、振动压路机、冲击压路机及振动冲击夯、木夯、蛙式打夯机等。

3.2.5　辅助机具：洒水车、手推车、铁锹、胶皮管、钢尺、尼龙绳、20号镀锌铁丝筛子（孔径40～60mm）、耙子、2m靠尺、胶皮管、小线、木折尺、测杆等。

4 操作工艺

4.1 工艺流程

基底清理 → 检验土质 → 分层摊铺 → 分层夯压密实 → 分层检测 → 修整找平

4.2 基底清理

4.2.1 清理回填基底上的洞穴、树根、草皮、垃圾等，当填方基底为松土或耕植土时，应先清理有机物质含量超标的表层土，然后将基底充分夯实或碾压密实。

4.2.2 在池塘、沟渠上回填土时，应采用围堰排水疏干、挖除淤泥或抛填块石、砾石、矿渣等方法进行处理，然后填土。

4.2.3 回填管沟时，应人工先将管道周围填土夯实，并从管道两边同时进行，直至管顶0.5m以上。在不损坏管道的情况下，可采用机械回填及压实。在管道接口处、防腐绝缘层或电缆周围，应使用细粒土料回填。

4.3 检验土质

4.3.1 检验回填土有无杂物，粒径是否符合要求，含水率是否适合夯填要求。土料含水率一般以手握成团、落地开花为宜。

4.3.2 当土料的含水率偏高时，可采取翻松、晾晒或均匀掺入干土等措施；当土料的含水率偏低时，可采取预先洒水湿润、增加压实遍数或使用较大功率的压实机械等措施。

4.4 分层摊铺

4.4.1 回填土应分层摊铺，每次铺土厚度和压实遍数应根据土质、压实系数和机械性能而定。一般铺土厚度应由现场压（夯）实试验确定。当无设计要求时可按表7-2选用。

铺土厚度和压实遍数 表7-2

压实机具	每层厚度（mm）	每层压实遍数
光轮压路机	250～300	6～8
振动压路机	250～350	3～4
蛙式打夯机	200～250	3～4
羊足碾	200～350	8～16
冲击压路机	800～1200	20～40
振动冲击夯、人工打夯	<200	3～4

4.4.2 填方应从最低处开始，从下向上整个宽度水平分层均匀铺填土料并压（夯）实。

4.4.3 采用铲运机大面积铺填土时，铺填土区段长度宜大于20m，宽度宜大于8m。铺土应分层进行，每次铺土厚度为300～500mm；每次铺土后，利用空车返回将地表面刮平。填土程序应尽量采用纵向或一次横向分层卸土，以利行驶时初步压实。

4.4.4 路堤填筑时，应严格按设计要求的铺土厚度回填并压实，保证其足够的强度和稳定性。如采用两种透水性不同的土类填筑，应将透水性较大的土层置于透水性较小的土层之下，不得混杂使用，边坡应用透水性较大的土封闭，避免在填方内形成水囊和产生滑动现象。

4.5　分层夯压密实

4.5.1 压实机械碾压土方时，一般应控制行驶速度：光轮压路机 2km/h，羊足碾 3km/h，振动压路机 2km/h，冲击压路机 10km/h。

4.5.2 基坑（槽）面积较大时，填土宜分段进行。在碾压前，先用轻型推土机推平，低速预压 4～5 遍使表面平实，避免压路机碾轮下陷。采用振动压路机压实爆破石渣或碎石类土时，应先静压、后振压。

4.5.3 用压路机碾压时，应采用"薄填、慢驶、多次"的方法。碾压应从两边逐渐压向中心，每次碾压应有 150～250mm 重叠。边坡、边角边缘碾压不到之处，应辅以小型夯实机械夯实。用光轮压路机碾压时，每碾压完一层后，应用人工或机械（推土机）将表面拉毛，以利于两层土之间的结合。

4.5.4 用羊足碾碾压时，碾压应从填土区的两侧逐渐压向中心，每次碾压应有 150～200mm 的重叠，同时应随时清除粘在羊足之间的土料。羊足碾碾压后，宜再辅以光轮压路机压平。

4.5.5 冲击压路机碾压时，碾压宽度不宜小于 6m，工作面较窄时需设置转弯车道。冲击最短直线距离不宜小于 100m，冲压边角及转弯区域应用其他措施压实。施工时，地下水位应降低到碾压面以下 1.5m。

4.5.6 填方超出基底表层时，应保证边缘部位的压实重量。如设计不要求边坡修整，宜将填方边缘加宽 0.5m。如设计要求边坡修平拍实时，可加宽填 0.2m。

4.5.7 用蛙式打夯机夯打最少三遍；人工用木夯打夯时，一夯压半夯，压实遍数为 3～4 遍。无论用机夯还是人工用木夯，夯打的遍数最终应由现场检测控制干密度确定。

4.5.8 回填深浅两基坑（槽）相连处时，应先填夯深基坑，填至浅基坑标高处，再全面分层夯实。如必须分段填夯，交接处应填成阶梯形，其高宽比一般为 1:1，且上下层错缝距离不小于 1000mm。

4.5.9 基础及管沟回填时，两侧应对称同时回填，两侧高差不超过 300mm。管道两侧及管顶 500mm 以内用木夯夯实，超过管顶 500mm 以上时，方可用机械打夯。

4.6　分层检测

4.6.1 素土、灰土回填取样采用环刀法。一般基槽或管沟回填土，每层按长度每 20～50m 取一组样，基坑和室内填土按每层 100～500m² 取一组样，室外回填每层场地平整填土按 400～900m² 取一组样，柱基回填，每层抽样柱基总数的 10%，且不少于 5 组。取样部位应在每层压实土表面下的 2/3 深度处，回填土干密度达到设计要求后，方能进行上一层的铺土。

4.6.2 级配碎石回填取样采用灌砂法，即在已压（夯）实的级配砂石中，挖 0.3m×0.3m×0.2m（长×宽×高）的小坑，取尽坑内砂石，不得撒漏。然后用量器徐徐灌入干砂，灌至小坑满平。累计灌砂数量，可得出实挖小坑之体积。烘干坑内所取出的砂石，并称得质量，即可计算出砂石干密度，计算公式如下：

$$干密度 = \frac{小坑内取出的烘干砂石质量（kg）}{灌入取样坑内干砂的体积（m^3）}$$

采用灌砂法，其取样数量可较环刀法适当减少，取样部位应为每层压实后的全部深度。

4.6.3 级配砂、石的干密度测定也可采用钢筋贯入法，其贯入度值应通过现场试验确定。

4.7 修整找平

土方回填全部完成后，应对其表面进行拉线找平。凡超过或低于基础垫层底设计标高处，均应及时依线铲平或用土补平夯实。

5 质量标准

5.0.1 主控项目

1 填料应符合设计要求，不同填料不应混填。

2 土方回填应填筑压实，且压实系数应满足设计要求。当采用分层回填时，应在下层的压实系数经试验合格后，才能进行上层施工。

3 土方回填形成的边坡坡度及坡脚位置应符合设计要求。

4 标高允许偏差值（mm）：0～－50。

5.0.2 一般项目

1 表面平整度允许偏差值（mm）：±20。

2 分层回填厚度符合设计要求。冬期回填每层铺料压实厚度应比常温施工时减少20%～25%，预留沉陷量应由设计单位确定。

3 基础施工完毕应及时用素土分层回填，夯实至散水垫层底，如设计无要求时，压实系数不宜小于0.93，并形成排水坡度。

4 雨期回填施工取料、运料、铺填、压实等各道工序应连续进行，雨前应及时压完已填土层或将表面压光，并做成一定坡度。雨后应排除回填表层积水，进行晾晒，或除去表面受浸泡部分。

6 成品保护

6.0.1 土方回填工程中，定位桩、水准点、龙门板等应设有明显标志牌。填运土时不得碰撞，并定期检查这些桩点是否移动和下沉，发现问题及时处理。

6.0.2 在回填土前，管沟中的管道以及各种管线均应妥善保护，不得损坏。

6.0.3 严禁运土机械直接进入基槽内倒土，以免挤坏基础。

6.0.4 在基坑（槽）或管沟中，现浇混凝土及砌体应达到一定强度，防止因回填土侧压力造成挤动或损伤。

7 注意事项

7.1 应注意的质量问题

7.1.1 按规定对每层土夯实后的干密度进行检测，符合要求后方可铺摊上层土。回填土全部施工完后，应按每层（步）土的检测记录填写回填土干密度试验报告。

7.1.2　管道下部应按规定分层夯填密实，防止造成管道折断而渗漏。

7.1.3　回填土料过干时，应洒水湿润后再夯打，防止夯打不实，越打越松散。

7.1.4　回填土料过湿时，应晾晒或采取其他措施后再夯打，防止越打越软、呈"橡皮土"状态。

7.1.5　地形、工程地质复杂地区，且对填方密实度要求较高时，应采取排水暗沟、护坡桩等措施，以防填方土粒流失，造成不均匀下沉和坍塌等事故。当填方基土为杂填土时，应按设计要求加固地基，并对基底下的软（硬）点、空洞、旧基础以及暗塘等妥善处理。

7.1.6　填方应按设计要求预留沉降量。如设计无要求，可根据工程性质、填方深度、填料种类、密实度要求等情况，沉降量一般不超过填方深度的 3%。

7.1.7　回填土施工中，出现以下问题应及时纠正：

1　虚铺土超过规定厚度，导致虚铺土层下部难以压（夯）实。

2　冬季施工时有较大的冻土块且比较集中，消解后导致回填土下沉。应注意冬期施工措施的采取。

3　压（夯）实时未按设计规定施工，压（夯）实遍数不够甚至出现漏压（夯）现象。

4　填土中有机物质过多，或垫层中渗入施工用水等。

7.2　应注意的安全问题

7.2.1　回填土前，应检查坑（槽）、沟壁有无塌方迹象，操作人员应戴安全帽。在填土压（夯）实的过程中，应随时注意边坡土的变化，对坑（槽）、沟壁有松土掉落或塌方的危险时，应采取适当的支护措施。基坑（槽）边上不得堆放重物。

7.2.2　回填土的过程中，应随时观察基坑（槽）土壁的上口是否有塌方迹象，严禁盲目操作。一旦发生塌方，应采取必要措施果断处理。

7.2.3　使用蛙式打夯机时，操作者必须戴绝缘手套，且有专人跟机移动胶皮电源线。下班后，打夯机应用防水材料覆盖并垫高，防止电动机内进水而发生触电事故。

7.2.4　用小车向坑（槽）内倒土时，上口应设车挡，且操作者应招呼下方施工人员躲开，防止发生翻车伤人事故。

7.2.5　内支撑支护基坑（槽）回填土时，应按照支护设计规定的换撑条件进行回填，从下向上逐层拆除。更换支撑时，必须先装新支撑、再拆旧支撑，避免在更换的过程中发生边坡失稳。

7.2.6　认真执行《建筑机械使用安全技术规程》JGJ 33—2012 的规定，进行回填机械的使用、维护和保养。

7.3　应注意的绿色施工问题

7.3.1　土方回填时，应避免大风天气作业，防止扬尘。裸露土体应采用密目防尘网覆盖。

7.3.2　使用挖土机械和压实机械时，防止机械的噪声和振动对附近住宅小区的干扰。

8　质量记录

8.0.1　土壤击实试验报告。

8.0.2 土壤干密度试验报告。

8.0.3 隐蔽工程检查验收记录。

8.0.4 土方回填工程检验批质量验收记录。

8.0.5 土方回填分项工程质量验收记录。

8.0.6 其他技术文件。

第8章 钢筋混凝土灌注桩排桩支护

本工艺标准适用于工业与民用建（构）筑物、市政基础设施基坑采用混凝土灌注桩排桩支护的施工；其中泥浆护壁的内容仅适用于湿法作业的混凝土灌注桩施工。

1 引用标准

《建筑基坑工程监测技术规范》GB 50497—2009

《建筑地基基础工程施工规范》GB 51004—2015

《混凝土结构工程施工质量验收规范》GB 50204—2015

《建筑地基基础工程施工质量验收规范》GB 50202—2018

《钢筋焊接及验收规程》JGJ 18—2012

《建筑基坑支护技术规程》JGJ 120—2012

《山西省建筑基坑工程技术规范》DBJ04/T 306—2014

2 术语（略）

3 施工准备

3.1 作业条件

3.1.1 已编制施工组织设计或专项施工方案，确定各项技术质量安全措施。开挖深度超过5m（含5m）的基坑（槽）的排桩支护工程专项施工方案经专家论证通过。

3.1.2 平整施工场地，修筑临时施工道路，接通水源、接通电源。

3.1.3 修筑泥浆池、循环槽、钢筋加工场等，合理进行施工平面布置。

3.1.4 开钻前选定施工测量定位点，对地质情况进行详细分析，并按设计要求制作钢护筒。

3.2 材料及机具

3.2.1 做好钢筋计划，并按计划进场，原材料应送检，并经检验合格后使用。

3.2.2　商品混凝土，根据设计要求，向供应商提出所需混凝土的强度、坍落度、供货到现场的时间和数量等要求，使其满足缓凝、抗渗的要求。

3.2.3　在有较厚的砂、碎石土等原土不能造浆的场地施工时，应备足黏土或膨润土。

3.2.4　主要机具

使用机械：旋挖机、回转钻机、冲击钻机、砂石泵、泥浆泵、双腰合金钻头、扩底钻头、冲击钻头、电焊机、气焊机、钢筋切割机、护筒、导管、储料斗、灌注斗、泥浆比重计、试块模、泥浆、废渣运输车。

检测设备：全站仪、水准仪、经纬仪、坍落度计、孔径检测仪、孔深检测器具。

4　操作工艺

4.1　工艺流程

测设桩位 → 埋设护筒 → 钻机就位 → 成孔 → 清孔及排渣 → 制作、吊放钢筋笼 →
安混凝土导管 → 浇筑混凝土 → 灌注桩检测 → 冠梁施工

4.2　测设桩位

根据基坑设计平面图放出桩位点，采取灌白灰或打入钢筋等定位措施，保证桩位标记明显准确。

4.3　埋设护筒

4.3.1　护筒一般用 4～8mm 厚钢板制成，高度为 1.5～3m，钻孔桩护筒内径应比钻头直径大 100mm，冲孔桩护筒应比钻头直径大 200mm，护筒顶部应开设溢浆口。

4.3.2　护筒埋设时，根据地下水位选用挖埋式或填筑式。

1　根据已确定桩位，按轴线方向设置控制桩并找出护筒中心，保证其中心与桩中心对正，并保持垂直。

2　护筒顶端宜高出地面 200～300mm，护筒周围应回填黏土并夯实。

4.4　钻机就位

钻机就位时，必须保持平稳，不得发生倾斜。回旋钻、旋挖钻等钻机的钻架应垂直。转盘孔中心、钻具中心、钻架上吊滑轮和护筒中心应在同一铅锤线上。冲击钻的起重钢丝绳及吊起的冲抓锥及钻头应在护筒中心位置。机架机管或钢丝绳上应作出控制标尺，以便施工中进行观测、记录以及控制钻孔深度等。

4.5　成孔

正循环回转钻适用于黏性土、粉土、砂类土及岩层中成孔，碎石、卵石含量小于 20%；反循环回转钻在卵石土层中钻进时，卵石粒径不应超过钻杆内径的 2/3；冲击钻适用于各类土层及风化岩层。潜水钻适用于淤泥、淤泥质土、黏性土、砂类土、强风化岩层中成孔，但不适用于碎石土。旋挖式钻机，适用用于填土、黏性土、粉土、砂土、碎石土、软岩及风化岩等各类土层。钻进过程中必须保证泥浆的供给，使孔内浆液面稳定。

4.5.1 钻机钻进时，应根据土层类别、孔径大小及供浆量确定相应的钻进速度。初钻时，应低档慢速钻进，钻至护筒刃脚下 1m 并形成坚固的泥皮护壁后，根据土质情况可按正常速度钻进。回转钻及潜水钻开始钻孔时，宜先在护筒内放入一定数量的泥浆或黏土块，空钻不进尺，并从钻杆中压入清水搅拌成浆，开动泥浆泵循环，待泥浆拌匀后开始钻进。旋挖式钻机，应提前制备泥浆。

1 在淤泥、淤泥质土中，应根据泥浆的补给情况，严格控制进尺，一般不宜大于 1m/min，松散砂层中进尺不宜超过 3m/h。

2 在硬土层或岩层中的钻进速度，以钻机不发生跳动为准。

4.5.2 冲击成孔应符合以下规定：

1 开孔时应低锤密击。如表土为淤泥、松散细沙等软弱土层，可加黏土块、小石片，反复冲击造孔壁，保护护筒稳定。

2 在各种不同土层和岩层中钻进时，可按表 8-1 施工要点进行。

不同土层冲击钻进施工要点 表 8-1

试用土层	施工要点	效果
在护筒刃脚下 2m 以内	泥浆比重 1.2～1.5，软弱层投入黏土块、小片石，小冲程 1m 左右	造成坚实孔壁
黏土或粉质黏土层	清水或稀泥浆，经常清除钻头上的泥块，中小冲程 1～2m	提高钻进效率
粉砂或中粗砂层	泥浆比重 1.2～1.5，投入黏土块，勤冲勤掏渣，中冲程 2～3m	防止塌孔
砂、卵石层	泥浆比重 1.3，投入黏土块，中高冲程 2～4m，勤掏渣	提高效率
基岩	泥浆比重 1.3，高冲程 3～4m，勤掏渣	提高效率
软弱土层或塌孔回填重钻	泥浆比重 1.3～1.5，小冲程反复冲击，加黏土块夹小片石	造成坚实孔壁

3 开始钻基岩时，应低锤密击或间断冲击。如发现钻孔偏斜，应立即回填片石至偏孔处上部 0.3～0.5m，重新钻进。

4 遇孤石时可适当抛填硬度相似的片石，高锤钻进。

5 准确控制松绳长度避免打空锤，一般不宜用高冲程，以免扰动孔壁，引起塌孔、扩孔或卡钻等。

6 经常检查冲击钻头的磨损情况、卡扣松紧程度、转向装置的灵活性。

4.5.3 正循环回转钻应符合以下规定：

1 在黏性土层中钻进时，宜选用尖底钻头，中等转速，大泵量，稀泥浆。

2 在砂土或软土等易塌土层中，钻进时宜采用平底钻头，控制进尺，轻压、低档慢速，大泵量稠泥浆。

3 在坚硬土层中钻进时，宜采用优质泥浆，低档慢速，大泵量，两级钻进。

4.5.4 反循环回转钻应符合以下规定：

1 硬性土层中，宜用一挡转速，自由进尺。

2 一般黏性土中，宜用二、三挡转速，自由进尺。

3 在地下水丰富、孔壁易塌的粉、细砂或粉土层中，宜用低档慢速钻进，并应加大泥浆比重和提高水头。

4.5.5 当护筒底土质松软而出现漏浆时，应提起钻头，并向孔内投入黏土块，再放下钻头倒钻，直至胶泥挤入孔壁堵住漏浆后方可继续钻进。

4.5.6　正常钻进时应根据不同地质条件，随时检查泥浆浓度。钻孔直径应每钻进 5～8m 检查一次。

4.5.7　成孔过程中，若发现斜孔、弯孔、缩颈、塌孔或沿护筒周围冒浆时，应采取表 8-2 所列措施后方可继续施工。

成孔中对异常情况的措施

表 8-2

异常情况	回旋、旋挖	冲击钻
斜孔 缩孔 弯孔	往复修正，如纠正无效，应回填黏土或风化岩块至偏孔上部 0.5m，再重新钻进	停钻，抛填黏土块夹片石，至偏孔开始处以上 0.5～1m 重新钻进
塌孔	停钻，回填黏土，待孔壁稳定后再轻提慢钻	停钻，回填夹片石的黏土块，加大泥浆比重，反复冲击
护筒周围冒浆	护筒周围回填黏土并夯实；稻草拌黄泥堵塞漏洞，必要时叠压砂包	护筒周围回填黏土并夯实；稻草拌黄泥堵塞漏洞，必要时叠压砂包

4.5.8　钻孔至设计深度后，应会同有关部门对孔深、孔径、垂直度、桩位以及其他情况进行验收，符合设计要求后，方可移走钻机。

4.5.9　相邻桩应间隔施工，当已施工桩混凝土终凝后，方可进行相邻桩的成孔施工。

4.6　清孔及排渣

4.6.1　回转钻成孔后，可使钻头空转不进尺，循环泥浆。

4.6.2　旋挖钻机成孔后，应安放导管并连接泥浆泵，循环泥浆清孔或清孔钻头清孔。

4.6.3　孔壁土质较好、不易塌孔者，可用空气吸泥机清孔；孔壁土质较差者，可用泥浆循环或抽渣筒抽渣清孔。

4.6.4　清孔后泥浆比重对于黏性土，应控制在 1.1 左右；对于土质较差的砂、土层和夹砂卵石层宜控制在 1.15～1.25。孔内排出或抽出的泥浆，用手触摸应无颗粒感，含砂量不大于 4%。

4.6.5　清孔后的沉渣厚度，端承桩不大于 50mm，摩擦端承桩不大于 100mm，单排桩应不大于 150mm，双排桩应不大于 50mm。

4.7　制作及吊放钢筋笼

4.7.1　灌注桩钢筋笼制作时应符合以下规定：

1　钢筋笼分段制作时，接头位置不宜设在内力较大处，且按规定错开设置，入孔时应进行焊接，焊接方法和接头长度应符合设计要求或有关规范的规定。

2　为防止钢筋笼吊放时扭曲变形，一般在主筋外侧每 2m 加设一道加强箍。

3　混凝土灌注桩钢筋笼质量检验标准应符合表 8-3 的规定。

混凝土灌注桩钢筋笼质量检验标准

表 8-3

检查项目	指标或允许偏差（mm）
主筋间距	±10
长度	±100
钢筋材质检验	设计要求
箍筋间距	±20
直径	±10

4.7.2 钢筋笼吊放前，宜在上中下部的同一横截面上，对称或间隔 120°绑好砂浆垫块或设置钢筋耳环，吊放时应对准孔位，采用对称吊筋，吊直扶稳，缓慢下沉，钢筋笼放到设计位置时应立即固定。钢筋笼吊放到位后应再次测量沉渣厚度，当不满足要求时应再次清孔，符合要求后再浇筑混凝土。

4.8 安放混凝土导管

4.8.1 浇筑混凝土的导管宜按表 8-4 选用。

浇筑混凝土导管参数表 表 8-4

桩径（mm）	导管直径（mm）	导管壁厚（mm）	通过能力（m³/h）
800～1250	200	2～5	10
1250～1750	250	3～5	17
>1750	300	5	25

4.8.2 导管内壁应光滑圆顺，导管的分节长度可视工艺要求确定，第一节底管不宜小于 4m。浇筑混凝土漏斗下，宜配置 0.5m 和 1m 的配套顶管。

4.8.3 导管连接应竖直，接头加橡胶圈予以密封，下端宜高出孔底沉渣面 300～500mm。

4.9 浇筑混凝土

4.9.1 清孔完毕经现场监理工程师验收后，应立即浇筑混凝土。浇筑前应复测沉渣厚度，超过规定者，必须重新清孔，合格后方可浇筑混凝土。

4.9.2 混凝土浇筑前，导管中应设置球、塞等隔水；浇筑时，首罐量应保证导管埋深不小于 1m。

4.9.3 浇筑混凝土应连续施工，边浇筑边拔导管，并随时掌握导管埋入深度确保导管埋入混凝土深度为 2～6m。

4.9.4 混凝土浇筑到桩顶时，应及时拔出导管，并使混凝土标高大于设计标高 500～700mm。混凝土浇筑完毕后，应拔出护筒，并用素土把桩坑填埋。

4.9.5 混凝土抗压强度试块应按每浇筑 50m³ 至少留置一组；单桩不足 50m³ 的，每连续浇筑 12h 必须至少留置一组。有抗渗等级要求的灌注桩尚应留置抗渗等级检测试件，一个级配不宜少于 3 组。

4.10 灌注桩检测

4.10.1 根据基坑设计要求对灌注桩进行承载力检测，检测合格后进行下一道工序施工。

4.10.2 灌注桩应采用低应变动测进行桩身完整性检测，检测桩数不宜少于总桩数的 20%，且不得少于 5 根。当根据低应变动测法判定的桩身完整性为 III 类或 IV 类桩时，应采用钻芯法进行验证，并应扩大低应变动测法检测的数量。

4.11 冠梁施工

4.11.1 按设计要求开挖土方，将桩顶浮浆、低强度混凝土及破碎部分清除，拉线对基底进行平整，平整后浇筑混凝土垫层。

4.11.2 弹出冠梁边框线。

4.11.3 钢筋绑扎的铅丝扣应左右交错，八字形对称绑扎。受力钢筋的接头位置应互相错开，接头位置应设置在受力较小处。接头面积百分率应符合设计要求和规范规定。所有受力钢筋和箍筋交错处应全部绑扎。

4.11.4 按设计要求和冠梁边框线支设模板并加固牢固。检查合格后浇筑混凝土。

4.11.5 浇筑冠梁混凝土并按方案要求进行覆盖养护。浇筑后在常温条件下，12h 后浇水养护，养护时间不得少于 14d，浇水次数应能保持混凝土处于湿润状态。养护水应满足养护要求。当日平均气温低于 5℃时，不得浇水养护并应采取保温措施。

5 质量标准

5.0.1 混凝土灌注桩钢筋笼质量检验标准见表 8-3 的规定。

5.0.2 混凝土灌注桩排桩主控项目的检验标准，应符合表 8-5 的规定。

混凝土灌注桩排桩主控项目的检验标准　　　　　　　　　表 8-5

项目	指标或允许偏差
孔深	不小于设计值
桩身完整性	设计要求
混凝土强度	不小于设计值

5.0.3 混凝土灌注桩排桩一般项目的检验标准应符合表 8-6 的规定。

混凝土灌注桩排桩一般项目的检验标准　　　　　　　　　表 8-6

项目	允许偏差或允许值
垂直度	≤1/100
桩位（mm）	≤50
桩顶标高（mm）	±50
桩径	不小于设计值

6 成品保护

6.0.1 钢筋笼在制作、运输和安装过程中，应采取措施防止变形。

6.0.2 混凝土浇筑标高低于地面的桩孔，浇筑完毕应立即回填砂石至地面标高，严禁用大石、砖块等物回填桩孔。

6.0.3 桩头外留主筋应妥善保护，不得任意弯折或切断。

6.0.4 桩头达到设计强度的 70％前，不得碰撞、碾压，以防桩头破坏。桩头外留主筋应妥善保护，不得随意弯折或切断。

7 应注意的问题

7.1 应注意的质量问题

7.1.1 钻进过程中，应经常检查机架有无松动或移位，防止桩孔移动或倾斜。

7.1.2 冲击成孔时，应待邻孔混凝土达到其强度的 50% 方可开钻，成孔过程中严禁采用梅花孔。

7.1.3 施工中应定期测定泥浆黏度、含砂率和胶体率。

7.1.4 钢筋笼在堆放、运输、起吊、入孔等过程中，严格执行加固的技术措施。对已变形的钢筋笼，应修理后再使用。

7.1.5 清孔过程中应及时补给足够的泥浆并保持浆面稳定，孔底沉渣应清理干净，满足实际有效孔深的设计要求和规范规定。

7.1.6 钻机安装、移位及钢筋笼运输、混凝土浇筑时，均应保护好现场的轴线、高程点。

7.2 应注意的安全问题

7.2.1 加强机械维护、检修、保养，机电设备应由专人操作。

7.2.2 严格用电管理，施工现场的一切电路的安装和拆除，必须由持证电工操作，电器必须严格接地、接零和漏电保护。现场电缆应架空或埋地，严禁拖地和埋压土中。

7.2.3 现场工人作业必须戴安全帽，严禁酒后操作机械和上岗工作。

7.2.4 大直径灌注桩井口应设安全盖，防止掉物和塌孔。

7.2.5 混凝土浇筑完后，应及时抽干空桩部分的泥浆，回填素土并压实。

7.3 应注意的绿色施工问题

7.3.1 合理布置施工现场的临时设施、临时道路、排水系统和泥浆池、循环沟等。施工材料和机械设备应摆放整齐有序。

7.3.2 施工废水、生活污水必须过滤沉淀，符合要求后才可排入市政排水管网。施工泥浆应及时用专用泥浆车外运出场地，含油及有毒有害废液必须统一收集，用固体容器收集盛装，送有关单位处理。

7.3.3 对机械排放的噪声宜采取封闭的原则控制噪声的扩散。对车辆产生的噪声采取低速慢行的方法控制。对搬运材料和安装机械设备等人为噪声，采取对作业人员专门培训教育，提高人的环境保护素质，自觉遵守噪声控制规定，做到轻拿轻放，严禁大锤敲打，降低噪声污染。

8 质量记录

8.0.1 设计图纸会审记录和设计变更通知单。

8.0.2 技术交底记录和安全交底记录。

8.0.3 施工测量记录。

8.0.4 钢筋、电焊条等原材料合格证、出厂检验报告和进场复验报告。

8.0.5 商品混凝土配合比通知单。

8.0.6 钻孔成孔施工记录。

8.0.7 泥浆质量检查记录。

8.0.8 混凝土灌注桩验收记录。

8.0.9 混凝土灌注桩排桩支护分项工程验收记录。

8.0.10 混凝土试块强度报告。

8.0.11 灌注桩承载力检测报告和桩身完整性检测报告。

8.0.12 其他技术文件。

第9章 钢板桩围护墙支护

本工艺标准适用于市政、建筑工程的基坑为钢板桩围护墙支护的工程。

1 引用标准

《建筑基坑工程监测技术规范》GB 50497—2009

《钢结构焊接规范》GB 50661—2011

《钢结构工程施工质量验收规范》GB 50205—2001

《建筑地基基础工程施工规范》GB 51004—2015

《建筑地基基础工程施工质量验收规范》GB 50202—2018

《建筑基坑支护技术规程》JGJ 120—2012

《建筑深基坑工程施工安全技术规范》JGJ 311—2013

《建筑机械使用安全技术规程》JGJ 33—2012

《山西省建筑基坑工程技术规范》DBJ04/T 306—2014

2 术语

2.0.1 钢板桩：是带有锁口的一种型钢，其截面有直线型、帽型、U 型、H 型及 Z 型等，有各种大小尺寸及联锁形式。

2.0.2 打桩导向架：在钢板桩打入时应设置，用于保证钢板桩沉桩的位置、垂直度及施打钢板桩墙面的平整度。导向支架由围檩及围檩桩组成。

2.0.3 单独打入法：从钢板桩墙的一角开始，逐块夯打，直到工程结束。这种方法简便迅速不需辅助支架，但易使板钢桩间一侧倾斜，误差积累后不易纠正。适用于要求不高，钢板桩长度较小的情况。

2.0.4 屏风式打入法：将 10～20 根钢板桩成排插入导架内，呈屏风状，然后再分批施打。这种打入方法可减少误差积累和倾斜，易于实现封闭合拢，保证施工质量。但插桩的自立高度较大，必须注意插桩的稳定和施工安全，较单独打入法施工速度较慢。是目前常采用的一种打入方法。

2.0.5 大锁扣夯打法：从钢板桩墙的一角开始，逐块夯打，每块之间的锁扣并没有扣死。该法仅适用于强度较好透水性差、对围护系统要求精度低的工程。

2.0.6 小锁扣夯打法：从钢板桩墙的一角开始，逐块夯打，且每块之间的锁扣要求锁好。能保证施工质量，止水较好，支护效果较佳，钢板桩用量亦较少。但夯打速度较缓慢。

2.0.7 静力拔桩法：可采用独脚拔杆或人字拔杆，并设置缆风绳以稳定拔杆。拔杆顶端固定滑轮组，下端设导向滑轮，钢丝绳通过导向滑轮引至卷扬机，也可采用倒链用人工进行拔出。拔杆常采用钢管或格构式钢结构，对较小、较短的钢板桩也可采用大拔杆。

2.0.8 振动拔桩法：振动拔桩是利用振动锤对钢板桩施加振动力，扰动土体，破坏其与钢板桩间的摩阻力和吸附力并施加吊升力将桩拔出。这种方法效率高、操作简便，是广泛采用的一种拔桩方法。振动拔桩主要选择拔桩振动锤，一般拔桩振动锤均可作打、拔桩之用。

3 施工准备

3.1 作业条件

3.1.1 施工前已进行岩土工程勘察。

3.1.2 编制钢板桩围护墙支护施工方案。基坑支护设计完成，经过强度、稳定性和变形计算。钢板桩采用振动沉拔桩时，应评估对周边环境的不利影响，施工前应进行工艺试验，确认该工艺的合理性。

3.1.3 钢板桩的设置位置应便于基础施工，即在基础结构边缘之外并留有支、拆模板的施工作业面。特殊情况下如利用钢板桩作为箱基底板或桩基承台的侧模，则必须以使用纤维板（或油毛毡）等隔离材料，以利钢板桩的拔除。

3.1.4 钢板桩的平面布置，应尽量平直整齐，避免不规则的转角以便充分利用标准钢板桩，便于设置支撑。

3.1.5 做好测量放线工作，在基坑边做好轴线标高桩。

3.2 材料及机具

3.2.1 材料：热轧型钢、U 型钢板桩、Z 型钢板桩、H 型钢板桩、帽型钢板桩、直线型钢板桩。

3.2.2 机械：冲击式打桩机、油压式压桩机、柴油锤、蒸汽锤、落锤、振动锤、QNY38 液压履带起重机、交流弧焊机气割等设备。

4 操作工艺

4.1 工艺流程

钢板桩进场检验及矫正 → 定位放线 → 导向架的安装 → 钢板桩焊接 → 夯打钢板桩 → 围檩施工 → 支撑施工 → 拔桩 → 桩孔处理

4.2 钢板桩进场检验及矫正

用于基坑支护的成品钢板桩如为新桩，可按出厂标准进行检验。重复使用的钢板桩在使用前，应对外观质量进行检验，包括长度、宽度、厚度、高度等是否符合设计要求，有无表面缺陷、端头矩形比、垂直度和锁口形状等是否符合要求。当不满足要求时，应矫正或报废。

4.3　定位放线

弹出建筑物或构筑物的边线,从边线每边按钢板桩围护墙设计图纸的要求预留一定的施工作业面,作为打桩的内边线。

在内边线以外挖宽 0.5m、深 0.8m 的沟槽,在沟的两端用木桩将定位线引出,在施工过程中随时校核,保证桩打在一条直线上,开挖后方便围檩和支撑的施工。

4.4　导向架的安装

导向架可以是双面,也可以是单面,可以双面布置,也可以单面布置,一般下层围檩可设在离地约 500mm 处,双面导向架之间的净距应比插入板桩宽度多 8～10mm。

导向支架一般用型钢组成,如 H 型钢、工字钢、槽钢等。导向架内侧边紧靠打桩内边线,并与桩位重叠放置。

4.5　钢板桩焊接

由于钢板桩的长度是设计定长的,在施工中多需要焊接。为了保证钢板桩强度,在同一平面上接桩头数不超过 50%,应按相隔一根长短桩颠倒焊接的接桩方法施工。

4.6　夯打钢板桩

4.6.1　选用吊车将钢板桩吊至插桩点处进行插桩,插桩时锁口要对准,每插一块即套上桩帽,并轻轻地加以锤击。

4.6.2　在打桩过程中,用两台经纬仪在两个方向控制钢板桩的垂直度。在导向架上预先计算出每一块板桩的位置,随时检查校正。

4.6.3　钢板桩应分阶段几次打入,待导向架拆除后再打至设计标高。开始夯打的第一块、第二块钢板桩的打入位置和方向要确保精度,起样板导向的作用,一般每打入 1m 就应测量一次。

4.7　钢板桩的转角和封闭

为了解决钢板桩墙的最终封闭合拢施工问题,转角处或封闭时可采用异型板桩法、连接件法、骑缝搭接法、轴线调整法进行调整。

4.8　围檩施工

围檩和支撑的中心标高按图纸设计标高控制,围檩下方用厚 14mm 以上的钢板做牛腿,间距不大于 3m。围檩与钢板桩的空隙用碎钢板垫实。围檩采用 H 型钢或槽钢。

4.9　支撑的施工

支撑采用 H 型钢或钢管支撑的形式,支撑着力处的围檩应局部焊加劲板。

4.10　拔桩

4.10.1　钢板桩的拔出仍用履带式液压拔桩机。对于封闭式钢板桩墙,拔桩的开始点离开桩角 5 根以上,必要时还可间隔拔除。拔桩顺序一般与打桩顺序相反。

4.10.2 拔桩时，可先用振动锤将板桩锁口振活以减少土的阻力，然后边振边拔。对较难拔出的板桩可先用柴油锤将桩振打下 100～300mm，再与振动锤交替振打、振拔。有时，为及时回填拔桩后的土孔，在把板桩拔至此基础底板略高时（如 500mm）暂停引拔，用振动锤振动几分钟，尽量让土孔填实一部分。

4.10.3 起重机应随振动锤的启动而逐渐加荷，起吊力一般小于减振器弹簧的压缩极限。

4.10.4 供振动锤使用的电源应为振动锤本身电动机额定功率的 1.2～2.0 倍。

4.10.5 对引拔阻力较大的钢板桩，采用间歇振动的方法，每次振动 15min，振动锤连续工作不超过 1.5h。

4.11 桩孔处理

4.11.1 钢板桩拔除后留下的土孔应及时回填处理，特别是周围有建筑物、构筑物或地下管线的场所。

4.11.2 土孔回填材料常用砂子，也有采用双液注浆（水泥与水玻璃）或注入水泥砂浆。回填方法可采用振动法、挤密法、填入法及注入法等，回填时应做到密实并无漏填之处。

5 质量标准

5.0.1 所用材料质量应满足设计和规范要求，桩顶标高应满足设计标高的要求，悬臂桩其嵌固长度必须满足设计要求。

5.0.2 钢板桩围护墙支护工程主控项目检验标准见表 9-1。

钢板桩围护墙支护工程主控项目检验标准   表 9-1

序号	项目	指标及允许偏差
1	桩长度（mm）	不小于设计值
2	桩身弯曲度（mm）	$<2\%L$
3	桩顶标高（mm）	±100

5.0.3 钢板桩围护墙支护工程一般项目检验标准见表 9-2。

钢板桩围护墙支护工程一般项目检验标准   表 9-2

序号	检查项目	允许偏差或允许值
1	齿槽平直度及光滑度	无电焊渣或毛刺
2	沉桩垂直度	$<1\%L$
3	轴线位置（mm）	±100
4	齿槽咬合程度	紧密

6 成品保护

6.0.1 钢板桩施工过程中应注意保护周围道路、建筑物和地下管线的安全。

6.0.2　基坑开挖施工过程对排桩墙及周围土体的变形、周围道路、建筑物以及地下水位情况进行监测。

6.0.3　基坑、地下工程在施工过程中不得伤及板桩墙体。

7　注意事项

7.1　应注意的质量问题

7.1.1　钢板桩嵌固深度必须由计算确定，挖土机、运土车不得在基坑边作业，如必须施工，则应将该项荷载增加计算入设计中。

7.1.2　施工过程中，应注意钢板桩倾侧，基坑底土隆起，地面裂缝。

7.1.3　施工中，采取信息施工的方法对基坑施工的全过程进行监测。

7.2　应注意的安全问题

7.2.1　司机与起重工必须进行考核并取得合格证。

7.2.2　严禁司机酒后上机操作。有物品悬挂在空中时，司机与起重工不得离开工作岗位。

7.2.3　司机必须认真做好起重机的使用、维修、保养和交接班的记录工作。并且机械不得超负荷运转。

7.2.4　打桩施工时，桩机外缘与外电架空线路的最小距离应符合《建设工程施工现场供用电安全规范》GB 50194—2014 的规定。

7.2.5　焊接时，电焊机外壳，必须接地良好，其电源的装拆应由电工进行。电焊机要设单独的开关，开关应放在防雨的闸箱内，拉合时应戴手套侧向操作。在潮湿地点工作，应站在绝缘胶板或木板上。焊接预热工件时，应有石棉布或挡板等隔热措施。

7.2.6　把线、地线、禁止与钢丝绳接触，更不得用钢丝绳或机电设备代替零线。所有地线接头，必须连接牢固。更换场地移动把线时，应切断电源，并不得手持把线爬梯登高。

7.2.7　基坑支护施工及使用过程中，应进行基坑监测和安排专人进行巡视检查。监测过程中发现有异常情况必须及时通知施工单位及设计人员，施工单位应有应急措施，以防发生工程事故。

7.3　应注意的绿色施工问题

7.3.1　调整好打桩机的喷油量、按季节选择柴油标号以减少噪声和废气，在居民住宅区附近施工，早 7：30 前，晚 10 点后不得打桩作业，用来消除施工噪声和废气对周围居民生活的影响。

7.3.2　对污水进行处理，对废油进行回收，消除对周围环境的影响。

7.3.3　弃土按甲方指定路线运至弃土场，并不得沿路抛洒。现场不得丢弃快餐盒、饮料瓶等垃圾，减少弃土及废弃物对周围环境的影响。

8　质量记录

8.0.1　钢板桩围护墙打桩施工记录。

8.0.2 型钢检查记录表。

8.0.3 钢板桩验收记录表。

8.0.4 钢板桩、型钢合格证、焊条合格证、焊接试验报告、操作焊工上岗证。

8.0.5 施工日志。

8.0.6 检验试验及见证取样文件。

8.0.7 基坑及周围建（构）筑物变形监测记录。

8.0.8 其他必须提供的文件和记录。

第10章　钻孔咬合桩围护墙支护

本工艺标准适用于风化石灰石岩层、砂砾石层及软土地层深基坑的挡墙结构、止水帷幕的施工，桩身直径为 0.8m、1.0m、1.2m 和 1.5m，深度在 45m 以内。

1　引用标准

《建筑基坑工程监测技术规范》GB 50497—2009

《建筑地基基础工程施工规范》GB 51004—2015

《建筑地基基础工程施工质量验收规范》GB 50202—2018

《建筑桩基技术规范》JGJ 94—2008

《建筑基坑支护技术规程》JGJ 120—2012

《建筑机械使用安全技术规程》JGJ 33—2012

《山西省建筑基坑工程技术规范》DBJ04/T 306—2014

2　术语

2.0.1　钻孔咬合桩：采用机械钻孔施工，桩与桩之间相互咬合排列的一种基坑围护结构，素混凝土桩与钢筋混凝土桩间隔设置。钢筋混凝土桩施工时，利用套管钻机切割掉相邻素混凝土桩相交部分的混凝土，则实现咬合。

2.0.2　导墙：为了提高钻孔咬合桩桩位准确度，在咬合桩施工前，在桩位处顺着桩的咬合方向预先挖沟，在沟两侧作两道素混凝土或钢筋混凝土墙。用于挡土、储存泥浆、支承施工机械等，还可作为测量的基准。

3　施工准备

3.1　作业条件

3.1.1　已编制施工组织设计或施工方案，确定各项技术质量安全措施。

3.1.2 平整施工场地，修筑临时施工道路，接通水源、电源。

3.1.3 修筑泥浆池、循环槽、钢筋加工场地等，合理进行施工平面布置。

3.1.4 导墙的材料一般为混凝土或钢筋混凝土，应根据土质，提前确定导墙厚度。

3.1.5 开钻前选定施工测量定位点，对地质情况进行详细分析，并按设计要求制作钢套筒，采用全站仪测出桩的中心线，在操作平台上标明桩号。

3.2　材料及机具

3.2.1　材料

1　做好钢筋、水泥、砂、石备料计划，并按计划进场，原材料应送检，并经检验合格后使用。

2　商品混凝土，根据设计要求向供应商提出所需混凝土的强度、坍落度、供货到现场的时间和数量等要求，使其满足缓凝、抗渗的要求。

3　在有较厚的砂、碎石土等原土不能造浆的场地施工时，应备足黏土或膨润土。

3.2.2　主要机具

1　旋挖机、回转钻机、冲击钻机、砂石泵、泥浆泵、双腰合金钻头、扩底钻头、冲击钻头、电焊机、气焊机、钢筋切割机、护筒、导管、储料斗、灌注斗、泥浆、废渣运输车。

2　全站仪、水准仪、经纬仪、泥浆比重计、试模、坍落度计、孔径检测仪、孔深检测器具。

4　操作工艺

4.1　工艺流程

平整场地 → 测量放线 → 导墙施工 → 套管钻机就位 → 钻进取土 → 吊放钢筋笼 → 放入混凝土灌注导管 → 灌注混凝土 → 拔管成桩

4.2　平整场地

清除地表杂物，平整场地，填平碾压地面、管线迁移的沟槽。

4.3　测量放线

根据设计图纸提供的排桩中心线坐标，采用全站仪根据地面导线控制点进行实地放样，放出桩位中心线，导墙内侧线（基坑边线）、导墙外侧线，设置控制桩。

4.4　导墙施工

导墙施工参照地连墙的导墙施工方法进行施工。

4.5　套管钻机就位

4.5.1　待导墙强度达到要求后，拆除模板，重新定位放样排桩中心位置，将点返至导墙面上，作为钻机定位控制点。

4.5.2 移动套管钻机至正确位置，使套管钻机抱管器中心对应定位在导墙孔位中心。

4.6 钻进取土

4.6.1 在桩机就位后，吊装第一节套管在桩机钳口中，找正桩管垂直度后，摇动下压桩管，压入深度约为 1.5～2.5m，然后用抓斗从套管内取土（旋挖机取土），一边抓土、一边继续下压套管，始终保持套管底口超前于开挖面的深度。

4.6.2 第一节套管全部压入土中后（地面上要留 1.2～1.5m，以便于接管），检测垂直度，如不合格则进行纠偏调整，如合格则安装第二节套管继续下压取土，如此继续，直至达到设计孔底标高。

4.7 清孔

4.7.1 在灌注桩浇混凝土之前，对已钻成的桩孔必须进行清孔。

4.7.2 清孔采用正循环为主，当部分地段圆砾含量较多，颗粒较大，正循环清孔有困难时采用反循环或气矩法清孔。

4.7.3 当钻孔终孔后，清孔工作要及时进行，清孔指标见表 10-1。

清孔指标 表 10-1

指标	相对密度（kg/m³）	含砂率（%）	黏度（Pa·s）	备注
数值	1.10～1.20	4%～6%	20～22	

4.8 吊放钢筋笼

4.8.1 对于钢筋混凝土桩，成孔检测合格后才可进行钢筋笼的吊放。

4.8.2 用吊车将加工成型的钢筋笼吊入桩孔内。

4.8.3 钢筋笼吊运时应防止扭转、弯曲，缓慢下放，避免碰撞钢套管壁，安装钢筋笼时应采取有效措施可以保证钢筋笼标高的正确。

4.9 灌注混凝土

4.9.1 利用导管灌注，导管口距混凝土表面的高度保持在 2m 以内，施工中要连续灌注，中断时间不得超过 45min。导管提升时不得碰撞钢筋笼，距套管口 8m 以内时每 1m 捣固一次。

4.9.2 如孔内有水时即需要采用水下混凝土灌注法施工。水下混凝土灌注采用导管法，导管为 φ250mm 的法兰式钢管，埋入混凝土的深度宜保持在 2～6m 之间，最小埋入深度不得小于 1m，一次拔出高度不得超过 4m。

4.10 拔管成桩

4.10.1 钢套管随混凝土灌注逐段上拔，起拔套管应摇动慢拔，保持套管顺直，严禁强拔。

4.10.2 拔管时，应注意始终保持套管底低于混凝土面。

5　质量标准

5.0.1　咬合桩主控项目质量检验标准见表 10-2。

咬合桩主控项目质量检验标准　　　　　　　表 10-2

序号	检查项目	允许偏差或允许值（mm）
1	桩长度	+10 0
2	桩身弯曲度	<0.1%L
3	桩身完整性	Ⅰ Ⅱ类

5.0.2　咬合桩一般项目质量检验标准见表 10-3。

咬合桩一般项目质量检验标准　　　　　　　表 10-3

序号	检查项目	允许偏差或允许值（mm）
1	偏转角度（°）	≤5
2	保护层厚度	±5
3	横截面相对两面之差	5
4	桩厚度（mm）	+10，0
5	搭接（mm）	>200
6	桩垂直度（%）	<0.3%L

6　成品保护

6.0.1　轴线控制点应设置在距外墙桩 5~10m 处，用水泥桩固定，桩位施放后用木桩固定，套管钻孔就位时，应保护好桩位中心点位置。

6.0.2　钢筋笼应按编号分节在平地上用方木铺垫存放，存放时，小直径桩钢筋笼堆放层数不能超过两层，大直径桩钢筋笼不允许叠层堆放。存放的钢筋笼应用雨布覆盖，防止生锈及变形。吊装在孔内的钢筋笼，经检查安装位置及高程后，如果符合规范和设计要求后，应立即固定。

6.0.3　对已浇灌完毕的桩，应按规定做好养护工作。

7　注意事项

7.1　应注意的质量问题

7.1.1　施工时先施工素混凝土桩后施工钢筋混凝土桩，施工必须在素混凝土桩混凝土初凝之前完成钢筋混凝土桩的施工。

7.1.2　每台机组分区独立作业，可多台机组跟进作业。单桩成桩时间约 12 小时，保证钢筋混凝土桩在素混凝土桩混凝土初凝前顺利切割成孔。

7.1.3 为了提高咬合桩的防渗效果可预置二次灌浆导管。在预置灌浆导管时，在桩的咬合相交部分，还应布置直径为 50mm 左右的 PVC 导管（二次灌浆导管），当桩的混凝土强度达到设计强度的 40％后进行桩身压密注浆。

7.1.4 冬季施工时应采取保温措施。桩顶混凝土强度未达到设计强度的 40％时不得受冻。

7.2 应注意的安全问题

7.2.1 根据工作需要，配备齐全劳动防护用品。所有现场施工人员必须佩戴安全帽，高空作业要系安全带，特殊工种必须持证上岗，作业中应严格遵守安全操作技术规程，集中精力、谨慎工作，严禁酒后上岗。

7.2.2 大型机械移位时，要有专人负责指挥，小心、缓慢、平衡移动，确保人员及机械安全。

7.2.3 各种施工机械设备经常维修保养，维修时，必须切断电源，严禁设备带病工作，始终保持设备良好运转，施工中要经常检查卷扬机、钢丝绳、滑轮及其他活动体、紧固件，确保施工安全。

7.2.4 施工电器必须严格接地、接零和使用漏电保护器。

7.3 应注意的绿色施工问题

7.3.1 合理布置施工现场的临时设施、临时道路、排水系统和泥浆池、循环沟等。施工材料和机械设备应摆放整齐有序。

7.3.2 进行产生扬尘的作业时，应采取下列措施控制粉尘对大气的污染：

1 土方装载运输应覆盖封闭，以防沿途遗散、扬尘。

2 施工现场经常清扫洒水，大门口设洗车台及沉淀池，车辆出入使用高压水清洗轮胎，避免携带泥土上路。

3 施工产生的废浆废渣要及时清理并用专车外运至指定地点。

7.3.3 施工废水、生活污水必须过滤沉淀，符合要求后才可排入市政排水管网。施工泥浆应及时用专用泥浆车外运出场地，含油及有毒有害废液必须统一收集，用固体容器收集盛装，送有关单位处理。

7.3.4 固体废弃物按不同性质及有害无害分类存放不同的收集箱内，并统一运至指定地点处理。

7.3.5 对机械排放的噪声宜采取封闭的原则控制噪声的扩散。对车辆产生的噪声采取低速慢行的方法控制。对搬运材料和安装机械设备等人为噪声，采取对作业人员专门培训教育，提高人的环境保护素质，自觉遵守噪声控制规定，做到轻拿轻放，严禁大锤敲打，降低噪声污染。

8 质量记录

8.0.1 设计图纸会审记录和设计变更通知单。

8.0.2 技术交底记录和安全交底记录。

8.0.3 施工测量控制点交接记录。

8.0.4 建筑轴线及桩位施放测量资料。

8.0.5 商品混凝土配合比设计报告。

8.0.6 钻孔成孔施工记录。

8.0.7 泥浆质量检查记录。

8.0.8 钻孔桩隐蔽验收记录。

8.0.9 钢筋笼制作、安装验收记录。

8.0.10 灌注质量检测报告。

8.0.11 竣工桩径桩位复核记录。

第 11 章　型钢水泥土搅拌桩围护墙支护

本工艺标准适用于建筑物（构筑物）和市政工程基坑（槽）的止水帷幕墙及基坑围护结构工程支护施工。适用于填土、淤泥质土、黏性土、粉土、砂性土、饱和黄土等。型钢水泥土搅拌桩也可作为内支撑的独立支柱，通常水泥土搅拌桩的长度可达到 30～35m。

1　引用标准

《建筑基坑工程监测技术规范》GB 50497—2009

《钢结构工程施工规范》GB 50755—2012

《钢结构工程施工质量验收规范》GB 50205—2001

《建筑地基基础工程施工规范》GB 51004—2015

《建筑地基基础工程施工质量验收规范》GB 50202—2018

《钢结构焊接规范》GB 50661—2011

《型钢水泥土搅拌墙技术规程》JGJ/T 199—2010

《建筑基坑支护技术规程》JGJ 120—2012

《建筑机械使用安全技术规程》JGJ 33—2012

《山西省建筑基坑工程技术规范》DBJ04/T 306—2014

2　术语

2.0.1 型钢水泥土搅拌墙：在连续套接的三轴水泥土搅拌桩内插入型钢形成的复合挡土截水结构。

2.0.2 减摩材料：当型钢水泥土搅拌墙中型钢需回收时，为减少拔除时的摩阻力而涂抹在内插型钢表面的材料。

2.0.3 套接一孔法施工：在三轴水泥土搅拌桩施工中，先施工的搅拌桩与后施工的搅拌桩有一孔重复搅拌搭接的施工方式。

3 施工准备

3.1 作业条件

3.1.1 施工前应具备岩土工程勘察资料,根据设计要求通过成桩试验,确定搅拌桩的配合比和施工工艺。

3.1.2 施工现场应先平整,清除地上和地下一切障碍物。遇到有明滨、池塘及洼地时,应抽水或清淤,回填黏性土料并予以压实,不得回填杂填土或生活垃圾。

3.1.3 施工所测放的轴线经复核后妥善保护,并根据图纸放出桩位点。

3.1.4 施工前,应标定灰浆泵输送量、灰浆经输浆管到达搅拌机喷浆口的时间和机头提升速度等施工参数。

3.2 材料及机具

3.2.1 水泥宜采用强度等级不低于 42.5 级的普通硅酸盐水泥。材料用量和水灰比应结合土质条件和机械性能,通过现场试验确定。搅拌桩 28d 龄期无侧限抗压强度不应小于设计要求且不宜小于 0.5MPa,其抗渗性能应满足墙体自防渗要求,在砂性土中搅拌桩施工宜外加膨润土。

3.2.2 内插型钢宜采用 Q235B 级钢和 Q345B 级钢。

1 当搅拌桩直在为 650mm 时,内插 H 型钢截面宜采用 H500×300、H500×200。

2 当搅拌桩直在为 850mm 时,内插 H 型钢截面宜采用 H700×300。

3 当搅拌桩直径为 1000mm 时,内插 H 型钢截面宜采用 H800×300、H850×300。

3.2.3 机具:深层搅拌机、起重机、挖掘机、灰浆搅拌机、灰浆泵、导向架、贮浆桶、磅秤、提速测定仪、电气控制柜、铁锹、手推车等。

4 操作工艺

4.1 工艺流程

平整场地 → 定位放线 → 开挖导向沟、设置定位型钢 → 桩机就位 → 制备水泥浆 → 搅拌下沉 → 喷浆搅拌提升 → 桩机移位 → 涂抹减摩剂 → 插入型钢 → 拔出型钢

4.2 平整场地

清除搅拌桩施工区域的表层硬物和地下障碍物,将场地平整至机械工作面高度并适当压实,保证机械移动不沉陷,满足机械钻杆垂直度要求。

4.3 定位放线

确定支护桩中轴线,测定水准桩用于桩深搅拌依据。

4.4　开挖导向沟、设置定位型钢

4.4.1　在沿水泥土搅拌桩墙体方向使用挖掘机在搅拌桩桩位上预先开挖沟槽，沟槽宽约 1.2m，深 1.5m，用于施工导向及存放置换出来的泥浆，并设置定位型钢或混凝土导墙。

4.4.2　钢筋混凝土导墙施工方法和地连墙导墙施工方法一样，座在密实的土层上，高出地面 100mm，导墙净距应比水泥土搅拌桩设计直径宽 40～60mm；如果采用型钢，在平行沟槽方向放置两根 H 型定位型钢，规格为 300mm×300mm，长约 8～12m，在垂直沟槽方向放置两根 H 型定位型钢，规格为 200mm×200mm，长约 2.5m，并在导墙或型钢上面做好桩心位置标记。

4.5　桩机就位

4.5.1　根据设计放线，在桩的中轴线上安放桩机轨道。

4.5.2　桩架在轨道上移动并将桩机的中心对准中轴线。

4.5.3　中轴线放样应分段给出标桩的位置，其数量必须满足桩施工定位的需要。

4.5.4　桩定位力求准确，要保证水泥土搅拌桩间搭接符合设计要求。

4.6　制备水泥浆

待钻掘搅拌机下沉时，即开始按设计确定的配合比拌制水泥浆，压浆前将水泥浆通过滤网倒入具有搅拌设备的贮浆桶或贮浆池中。制备好的浆液不得离析，拌制水泥浆液的水、水泥和外加剂用量以及泵送浆液的时间由专人记录。

4.7　搅拌下沉

4.7.1　待搅拌桩机钻杆下沉到桩的设计桩顶标高时，开动灰浆泵，待纯水泥浆到达搅拌头后，按 0.5～1m/min 的速度下沉搅拌头，边注浆（注浆泵出口压力控制在 0.4～0.6MPa）、边搅拌、边下沉，使水泥浆和原地基土充分拌和，通过观测钻杆上桩长标记，达到设计桩底标高。

4.7.2　浆液泵送量应与搅拌下沉和提升速度相匹配，保证搅拌桩中水泥掺量的均匀性。

4.8　搅拌提升

4.8.1　钻掘搅拌机下沉到设计深度后，稍上提 100mm，再开启灰浆泵，边喷浆、边旋转搅拌钻头、边提升，泵送必须连续。同时严格按照设计确定的提升速度提升钻掘搅拌机，提升速度宜控制在 1～2m/min。

4.8.2　喷浆量及搅拌深度必须采用监测仪器进行自动记录。

4.8.3　钻杆在下沉和提升时均需注入水泥浆液。提升时不应在孔内产生负压造成周边土体的过大扰动，搅拌次数和搅拌时间应能保证水泥土搅拌桩的成桩质量。

4.8.4　在正常情况下，搅拌机头应上下各一次对土体进行喷浆搅拌，对含砂量大的土层，宜在搅拌桩底部 2～3m 范围内上下充分搅拌一次。型钢水泥土搅拌桩主要施工技术参数见表 11-1。

序号	项目	技术指标
1	水泥掺量	不小于22％
2	下沉速度	0.5～1.0m/min
3	提升速度	1.0～2.0m/min
4	搅拌转速	30～50r/min
5	浆液流量	40L/min

型钢水泥土搅拌桩主要技术参数表　　　　　　　　　　　表 11-1

4.9　桩机移位

将深层搅拌机移位，重复以上步骤，进行下一根桩的施工。

4.10　涂抹减摩剂

4.10.1　减摩剂要严格按试验配合比及操作方法并结合环境温度制备。

4.10.2　将减摩剂均匀涂抹到型钢表面 2 遍以上，厚度控制在 3mm 左右，型钢表面不能有油污、老锈或块状锈斑。

4.11　插入型钢

4.11.1　在插入型钢前，安装由型钢组合而成的导向架。

4.11.2　每搅拌 1～2 根桩，便及时将型钢插入，停止搅拌至插桩时间宜控制在 30min 内，不能超过 1h。

4.11.3　型钢依靠自重难以插入到位时，使用锤压机具。

4.11.4　型钢水泥土搅拌墙中型钢的间距和平面布置形式应根据计算和设计图纸确定，常用的型钢布置型式有"密插、插二跳一和插一跳一"三种，如图 11-1 所示：

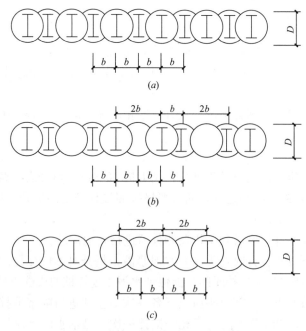

图 11-1　搅拌桩和内插型钢的平面布置

(a) 密插型；(b) 插二跳一型；(c) 插一跳一型

4.11.5　定位型钢及型钢定位卡的安装如图 11-2 所示：

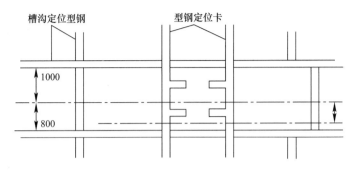

图 11-2　定位型钢及型钢定位卡示意图

4.11.6　型钢起吊前在型钢顶端 150mm 处开一中心圆孔，孔径约 100mm，装好吊具和固定钩，根据引设的高程控制点及现场定位型钢标高选择合理的吊筋长度及焊接点。

4.11.7　型钢采用吊车吊装就位下沉。

4.11.8　型钢应一次起吊垂直就位，型钢定位卡牢固、水平，将 H 型钢底部中心对准桩位中心沿定位卡靠自重垂直插入水泥搅拌桩内。

4.11.9　当型钢插到设计标高时，孔口通过定向装置，用 φ8 吊筋将型钢固定。当 H 型钢不能靠自重完全下插到位时，采取搅拌桩机钻管头部静压或采用振动锤进行振压。

4.11.10　H 型钢留置长度为高出顶圈梁 500mm，以便型钢回收时拔出。

4.12　拔出型钢

4.12.1　在围护结构完成使用功能后，根据基坑周围的基础形式及其标高，确定型钢拔出的区块和顺序。先拔较远处型钢，后拔紧靠基础的型钢；先短边后长边的顺序对称拔出型钢。

4.12.2　拔桩用振动拔桩机夹住型钢顶端进行振动，待其与搅拌桩体脱开后，边振动边向上提拔，直至型钢拔出。场地狭小区域或环境复杂部位应利用液压顶升机具拔出。

4.12.3　型钢拔出后留下的空隙应及时注浆填充。

5　质量标准

5.0.1　主控项目

1　水泥、外加剂质量应符合产品标准和设计要求。

2　水泥用量应符合设计要求。

3　桩体强度应符合设计要求。

4　内插型钢截面高度允许偏差（mm）：±5。

5　内插型钢截面宽度允许偏差（mm）：±3。

6　型钢长度允许偏差（mm）：±10。

5.0.2　一般项目

水泥土搅拌桩一般项目质量检验标准应符合表 11-2 的规定。

型钢水泥土搅拌桩一般项目质量检验标准　　　　　　表 11-2

序号	检查项目		允许偏差值（mm）
1	桩径		$<0.04D$
2	桩位偏差		<50
3	桩顶标高		$+100，-50$
4	桩底标高		±200
5	垂直度（%）		$\leqslant1$
6	型钢厚度（腹板、翼缘板）		$\geqslant-1$
7	型钢挠度		$\leqslant L/500$
8	型钢顶标高		±50
9	型钢形心转角（°）		$\leqslant3$
10	型钢插入平面位置	平行于基坑边线	$\leqslant50$
		垂直于基坑边线	$\leqslant10$

6　成品保护

6.0.1　桩顶以上应预留 0.7～1.0m 厚土层，待施工结束后，将表层挤松的土挖除，或分层夯压密实后，立即进行下道工序施工。

6.0.2　雨期或冬期施工，应采取防雨防冻措施，防止水泥土受雨水淋湿或冻结。

6.0.3　基坑开挖时，应制定合理的开挖顺序及技术措施，防止破坏桩体。

6.0.4　型钢水泥土搅拌桩达到一定强度后，方可进行下道工序施工。

7　注意事项

7.1　应注意的质量问题

7.1.1　停浆（粉）面一般宜高出设计标高 0.5m。

7.1.2　桩架和搅拌轴应与地面垂直，保证桩位准确。

7.1.3　在整个成桩过程中，钻机与供浆（粉）的操作工、记录员应密切配合，注意孔内喷浆（粉）情况，如发现异常立即调整。

7.1.4　严格控制钻进深度和提升速度，保证浆（粉）达到要求处理的深度和喷浆（粉）的均匀度。

7.1.5　湿法作业时，应按规定的水灰比拌制水泥浆。制备好的水泥浆，不得离析或放置时间过长；浆液倒入集料斗时，应加筛过滤，以免浆内结块损坏泵体。

7.1.6　当浆液达到出浆口后，应喷浆座底 30s，使浆液完全到达桩端；当喷浆口到达桩顶标高时，应停止提升，再搅拌 1～2min，以保证桩头均匀密实。

7.1.7　壁状加固时，桩与桩的搭接时间不应大于 24h，如间歇时间过长，应采取钻孔留出榫头或局部补桩注浆等措施进行处理。

7.1.8　深层搅拌机和钻机周围必须做好排水工作，防止泥浆或污水灌入已施工完的桩位处。

7.1.9 冬期施工应对水、水泥浆、输浆管路及储浆设施进行有效保温的措施，防止冻结。

7.2　应注意的安全问题

7.2.1 施工机械、电气设备等在确认完好后方准使用。

7.2.2 电网电压低于 360V 时，应暂停施工，以保护电机。

7.2.3 泵送水泥浆前，管路应保持湿润，以利输浆。

7.2.4 施工时因故停浆超过 3h，宜先拆卸输浆管道，并清洗干净，防止水泥浆硬结堵管。

7.3　应注意的绿色施工问题

7.3.1 现场粉尘应洒水，产生的泥浆土及时清理外运。

7.3.2 挖土及产生出的土方按指定地点集中堆放，封闭外运。

7.3.3 施工机械设备作业安排应遵守城市噪声控制要求。

7.3.4 水泥等细颗粒散体材料，应遮盖存放。水泥堆放必须有防雨、防潮措施，不得污染。

8　质量记录

8.0.1 型钢合格证、焊条合格证、焊接试验报告、操作焊工上岗证。

8.0.2 H 型钢检查记录。

8.0.3 水泥合格证及复检报告。

8.0.4 检验试验及见证取样文件。

8.0.5 型钢水泥土搅拌桩质量验收记录。

8.0.6 型钢水泥土搅拌桩施工记录。

8.0.7 施工日志。

8.0.8 其他必须提供的文件和记录。

第 12 章　锚 杆 支 护

本工艺标准适用于工业与民用建筑建（构）筑物、市政基础设施的基坑边坡和永久性边坡采用锚杆支护的工程施工。

1　引用标准

《复合土钉墙基坑支护技术规范》GB 50739—2011

《岩土锚杆与喷射混凝土支护工程技术规范》GB 50086—2015

《建筑边坡工程技术规范》GB 50330—2013

《建筑基坑工程监测技术规范》GB 50497—2009

《建筑地基基础工程施工规范》GB 51004—2015

《地基基础工程施工质量验收规范》GB 50202—2018

《建筑基坑支护技术规程》JGJ 120-2012

《建筑深基坑工程施工安全技术规范》JGJ 311—2013

《山西省建筑基坑工程技术规范》DBJ04/T 306—2014

2 术语

2.0.1 锚杆：由杆体（钢绞线、普通钢筋、预应力螺纹钢筋或钢管）、注浆形成的固结体、锚具、套管、连接器所组成的一端与支护结构构件连接，另一端锚固在稳定岩土体内的受拉杆件。杆体采用钢绞线时，亦可称为锚索。

2.0.2 腰梁：设置在挡土构件侧面的连接锚杆或内支撑的钢筋混凝土或型钢梁式构件。

3 施工准备

3.1 作业条件

3.1.1 有经审查合格或专家论证满足要求的设计图纸。有已编制并经审批的施工组织设计或施工方案。

3.1.2 当施工预应力锚杆时，张拉设备已进行配套标定，有千斤顶张拉力与油泵压力表读数关系表和曲线图。

3.1.3 当设计要求或施工需要进行预应力锚杆的基本试验时，应按国家现行标准《岩土锚杆与喷射混凝土支护工程技术规范》GB 50086、《建筑边坡工程技术规范》GB 50330 和《建筑基坑支护技术规程》JGJ 120 等的规定在正式施工前进行，以验证设计参数，完善施工工艺，做出必要的修改。

3.2 材料及机具

3.2.1 水泥：应使用普通硅酸盐水泥或矿渣硅酸盐水泥，其质量应分别符合《通用硅酸盐水泥》GB 175 的规定，有出厂合格证和材料性能检验报告。用于永久边坡支护时，应有主要性能复试报告。不得使用高铝水泥。

3.2.2 钢绞线质量应符合国家现行标准《预应力混凝土用钢绞线》GB/T 5224 的规定，锚具的质量应符合国家现行标准《预应力筋用锚具、夹具和连接器》GB/T 14370 的规定。钢绞线和锚具有出厂合格证和材料性能检验报告。锚具和连接锚杆杆体的受力部件，均应能承受 95% 的杆件极限抗拉力。用于永久边坡支护时，应有主要性能复试报告。

3.2.3 水：宜使用饮用水。当采用其他水源时，水质应符合国家现行标准《混凝土拌和用水标准》JGJ 63 的规定。

3.2.4 外加剂：应符合国家现行标准《混凝土外加剂》GB 8076、《混凝土外加剂应用技术规范》GB 50119 的规定。严禁使用含氯化物的外加剂。

3.2.5 塑料管：内外表面应光滑、清洁，无裂缝、针孔、气泡、破裂和其他缺陷，塑料成分中不应含有能引起杆体表面腐蚀的物质。

3.2.6　钢管、防腐材料及其他材料质量应符合设计要求和相关国家现行规范的规定。

3.2.7　成孔机具：洛阳铲、螺旋钻机、套管跟进钻机、回旋钻机、气动冲击钻机、潜孔钻机等。根据岩土类型、地下水位、孔深、现场环境和地形条件、经济性和施工进度等因素，按施工组织设计选用。

3.2.8　其他机具：搅拌机、贮浆机、注浆泵、穿心式千斤顶、油泵、位移测量仪表、电焊机、空压机等。

4　操作工艺

4.1　工艺流程

4.1.1　锚杆支护工艺流程

确定孔位 → 钻机就位钻孔 → 清孔 → 锚杆安放 → 制浆 → 一次注浆 → 二次高压注浆 → 混凝土承载力浇筑或型钢腰梁制作 → 锚杆张拉锁定 → 外锚头防护

4.1.2　当支护结构设计方案有喷射混凝土面层时，喷射混凝土的工艺参照土钉墙部分的喷射混凝土施工。

4.2　确定孔位

根据设计规定的位置定出孔位，做出标记。

4.3　钻机就位钻孔

钻机就位，按设计要求的孔径选钻头、套管，调整钻具对准孔位，并符合设计规定的倾角及方位角。开机，钻杆钻入地层；当钻进 200～300mm 时，校准角度，在钻进中及时测量孔斜并及时纠偏；钻孔深度应超过锚杆设计长度的 300～500mm。采用套管跟进式钻进时，护壁套管与钻杆同时钻进，冲洗介质通过中空钻杆和钻头输入，废渣沿钻杆和套管间排出。泥浆护壁湿法成孔时，可采用回旋钻机等；干法成孔时，可采用螺旋钻机、冲击式钻机、潜孔钻机、洛阳铲或其他成孔方法。

成孔应间隔进行，成孔后应及时插入杆体及注浆。

4.4　清孔

钻成孔后安放锚杆前，湿法成孔应用清水冲洗干净，干法成孔应用压缩空气吹或洛阳铲等手工方法将依附在孔壁上的土屑或松散土清除干净。

4.5　钢绞线下料制作编束

4.5.1　钢绞线应清除油污、锈蚀，其下料长度应包括孔深、混凝土承载墩或型钢腰梁厚度、垫板厚度、锚具长度、千斤顶长度及张拉需要的预留长度。

4.5.2　钢绞线用砂轮切割机下料，严禁用电弧或乙炔焰切割。同一根锚杆的各根钢绞线的下料长度应相同，偏差不应大于 10mm。

4.5.3 钢绞线自由段抹黄油，套蛇皮塑料管保护套，用塑料胶带缠绕塑料管保护套与钢绞线锚固段相交处。永久性边坡钢绞线的自由段应刷沥青船底漆，沥青玻纤布缠裹不少于两层，然后装入套管中，在套管两端 100～200mm 范围内用黄油充填，外绕扎工程胶布固定。

4.5.4 钢绞线按设计要求的根数整齐排列、间距均匀编束。不得扭结，用隔离支架定位，绑扎牢固，隔离支架间距保持在 1.5～2.0m。隔离支架的规格尺寸和间距应能确保锚杆的水泥浆保护层厚度：永久性护坡用锚杆不少于 20mm，临时性护坡用锚杆不少于 10mm。

4.5.5 当采用二次高压注浆时，二次注浆宜用 DN20 钢管，采用丝扣连接，在锚杆自由段范围内不打孔，其余部位钻 6mm 对口孔，间距为 500～600mm，孔口用多层胶带缠绕封口，末端用丝堵封口。二次注浆管置于钢绞线束中间，即穿入隔离支架中心孔内。一次注浆管可用 DN20 塑料管，置于隔离支架中心外侧。注浆管距孔底宜为 100～200mm。

4.5.6 当采用一次注浆时，注浆管用 DN20 塑料管，置于钢绞线束中间，即穿入隔离支架中心孔内。注浆管距孔底宜为 100～200mm。

4.5.7 注浆管与锚杆应绑在一起，与隔离支架固定牢固，整齐排列。绑扎材料不宜用镀锌材料，注浆管口均应临时封闭。

4.6 锚杆安放

4.6.1 当锚杆杆体选用 HRB400、HRB500 钢筋时，其连接宜采用机械连接、双面搭接焊、双面帮条焊；采用双面焊时，焊缝长度不应小于杆体钢筋直径的 5 倍。杆体制作和安放时，应除锈、除油污、避免杆体弯曲。

4.6.2 锚杆应在清孔后及时安放。

4.6.3 锚杆在搬运和安放过程中应防止明显的弯曲、扭转，并不得破坏隔离支架、防腐套管、注浆管及其他附件。

4.6.4 锚杆的安放位置应与钻孔同心，其端部应到达设计规定的位置。

4.7 制浆

4.7.1 注浆浆体应按设计配制。当岩土为土层时，一次注浆水泥浆的水灰比宜为 0.45～0.50，二次注浆水泥浆的水灰比宜为 0.45～0.55；当为岩层时，宜取较低水灰比。

4.7.2 制浆用强制式搅拌机完成。水泥浆经搅拌后，注入贮浆机并不断搅拌。水泥浆注入注浆泵前要过滤，水泥浆混合好后，应在 30min 内完成。

4.8 一次注浆

4.8.1 一次注浆采用低压注浆，注浆压力一般宜为 0.4～0.6MPa，并在锚固段和自由段全长度范围内注浆。

4.8.2 当采用套管跟进钻孔时，应一次将水泥浆注满，再分次拆卸套管、分次补浆，最后拔出注浆管，再补浆。注意控制套管拔出速度。

4.8.3 注浆应慢、稳、连续进行，直到孔内的液体和气泡全部排出孔外，出口处溢出的泥浆与新浆相同后，再延续 1min 即可停止。

4.9 二次高压注浆

4.9.1 采用二次压力注浆工艺时，注浆管应在注浆管末端（1/4～1/3）锚固端长度范围内设置注浆孔，孔间距宜取 500～800mm，每个注浆截面的注浆孔宜取 2 个。

4.9.2　二次注浆应在一次注浆体强度达到 5MPa 时进行。二次注浆采用高压劈裂注浆，注浆压力宜控制在 2.0～3.0MPa。

4.9.3　二次注浆量可根据注浆工艺及锚固体的体积确定，一般不宜少于一次注浆量。

4.10　混凝土承载墩浇筑或型钢腰梁制作

按设计要求制作混凝土承载墩或制作型钢腰梁，注意钢垫板应与锚杆轴线保持垂直，钢垫板孔位与锚杆中心一致，钢垫板下的混凝土应密实。

4.11　锚杆张拉锁定

4.11.1　锚杆张拉时，锚固体与台座混凝土强度应达到设计规定的数值。当设计无规定时，锚固体的强度应大于 15MPa 或达到设计强度的 75％以上，混凝土腰梁承载墩的强度应达到设计强度的 75％以上。

4.11.2　锚杆张拉顺序应考虑邻近锚杆的相互影响，一般采用跳拉法。

4.11.3　锚杆的张拉力和锁定力均应符合设计规定。当设计无规定时，土体控制张拉力取设计荷载的 0.9～1.0 倍，岩体支护采用超张拉，控制张拉力取设计荷载的 1.05～1.10 倍。达到规定的张拉力后，稳压 10min 卸荷至锁定力锁定。

4.11.4　采用非分级张拉时，先进行单根钢绞线顶紧，再进行整束张拉，顶紧应力宜为 $0.2\delta_{con}$～$0.3\delta_{con}$。

4.11.5　当设计有要求或施工需要时，应分级加载。分级张拉力分别取 0.20、0.25、0.50、0.75、1.0 倍控制张拉力，每级张拉后持荷 2～5min。也可采用其他分级张拉力。

4.11.6　锚杆加载、卸载均应缓慢平稳，加载速率不宜超过 $0.1\delta_{con}$，卸载速率不宜超过 $0.2\delta_{con}$。

4.11.7　锚杆张拉时，应测量其伸长值，弹性变形不应小于自由段长度变形计算值的 80％，且不应大于自由段长度与 1/2 锚固段长度之和的弹性变形计算值。

4.12　外锚头防护

永久性支护的外锚头应按设计要求进行防护，通常采用混凝土结构封锚或金属（塑料）防护罩封锚。

5　质量标准

5.0.1　主控项目
1　锚杆长度不应小于设计长度。
2　锚杆预加力应符合设计要求。
3　锚杆抗拔承载力应符合设计要求。
4　锚固体强度应符合设计要求。

5.0.2　一般项目
1　钻孔孔位的允许偏差：≤100mm。
2　锚杆直径应不小于设计值。

3 钻孔倾斜度的允许偏差：≤3°。

4 水胶比应符合设计要求。

5 注浆量应大于理论计算浆量。

6 自由段的套管长度允许偏差：±50mm。

7 注浆压力应符合设计要求。

6 成品保护

6.0.1 钢绞线应存放在干燥、通风的场地，并架空放置，避免接触有害物质，防止锈蚀。

6.0.2 锚杆体系搬运安装时应谨慎操作，防止过度弯曲和扭曲。

6.0.3 锚杆作业完成后进行土方开挖时，挖土设备不得碰撞锚具。

7 注意事项

7.1 应注意的质量问题

7.1.1 湿陷性黄土层中应采用干作业成孔，注浆液水灰比应严格控制。

7.1.2 地下水较高的土层中应采用套管跟进成孔，避免水土流失。

7.2 应注意的安全问题

7.2.1 预应力锚杆张拉作业前，必须在张拉端设置有效的防护措施。张拉过程中，操作人员应站在千斤顶侧面操作。严禁采用敲击方法调整施力装置，不得在锚杆端部悬挂重物或碰撞锚具。

7.2.2 环境较复杂场地进行锚杆施工时，应密切关注基坑及周边环境监测信息，出现报警情况时立即启动应急预案。

7.3 应注意的绿色施工问题

7.3.1 空压机处应搭设防噪声棚，四周封闭，防止噪声影响周围人员。

7.3.2 搅拌机应搭设防噪声、防粉尘污染棚。

7.3.3 基坑施工的噪声、振动等对周边环境和居民应采取防干扰措施。

8 质量记录

8.0.1 水泥、钢绞线、锚具出厂合格证、进场验证记录和复试记录。

8.0.2 水泥浆强度试验记录。

8.0.3 支护测量放线记录。

8.0.4 锚杆成孔记录。

8.0.5 锚杆安装记录。

8.0.6 预应力锚杆张拉与锁定施工记录。

8.0.7 基坑支护变形监控记录。

8.0.8　基本试验记录和验收试验记录。

8.0.9　锚杆支护工程检验批质量验收记录。

8.0.10　锚杆支护分项工程质量验收记录。

8.0.11　其他技术文件。

第 13 章　土钉墙支护

本工艺标准适用于工业与民用建筑建（构）筑物、市政基础设施工程基坑边坡采用土钉墙支护的工程施工。

1　引用标准

《建筑地基基础工程施工规范》GB 51004—2015

《复合土钉墙基坑支护技术规范》GB 50739—2011

《建筑地基基础工程施工质量验收规范》GB 50202—2018

《建筑基坑支护技术规程》JGJ 120—2012

《喷射混凝土应用技术规程》JGJ/T 372—2016

《山西省建筑基坑工程技术规范》DBJ04/T 306—2014

2　术语

2.0.1　土钉：设置在基坑侧壁土体内的承受拉力与剪力的杆件。例如：成孔后植入钢筋杆体并通过孔内注浆在杆体周围形成固结体的钢筋土钉；将设有出浆孔的钢管直接击入基坑侧壁土中并在钢管内注浆的钢管土钉。

2.0.2　土钉墙：由随基坑开挖分层设置的、纵横向密布的土钉群、喷射混凝土面层及原位土体所组成的支护结构。

3　施工准备

3.1　作业条件

3.1.1　具备三通（道路、给水、电）一平（场地）条件。

3.1.2　干法喷射混凝土施工的供水设施应保证喷头处有适宜的水压。

3.2　材料及机具

3.2.1　水泥：普通硅酸盐水泥或矿渣硅酸盐水泥，其质量应分别符合现行标准《通用硅酸盐水泥》GB 175 的规定，有出厂合格证和材料性能检验报告。

3.2.2 砂：中粗砂，细度模数宜大于 2.5。其质量应符合现行标准《普通混凝土用砂、石质量及检验方法标准》JGJ 52 的规定，有进场试验报告。

3.2.3 石子：卵石或碎石，最大粒径不宜大于 15mm。其质量应符合现行标准《普通混凝土用砂、石质量及检验方法标准》JGJ 52 的规定，有进场试验报告。

3.2.4 水：宜使用饮用水。当采用其他水源时，水质应符合国家现行标准《混凝土用水标准》JGJ 63 的规定。

3.2.5 钢筋、钢管：种类、规格应符合设计要求。土钉宜采用 HRB400、HRB500 热轧带肋钢筋，钢筋直径宜为 16～32mm；网片宜采用 HPB300 圆钢或 CRB550 级冷轧带肋钢筋；钢管宜采用 Q235 焊接钢管或无缝钢管，其外径不宜小于 48mm，壁厚不宜小于 3.0mm。其质量应分别符合现行标准《钢筋混凝土用钢 第 2 部分：热轧带肋钢筋》GB/T 1499.2、《低碳钢热轧圆盘条》GB/T 701、《钢筋混凝土用钢 第 1 部分：热轧光圆钢筋》GB/T 1499.1、《冷轧带肋钢筋》GB/T 13788 或《低压流体输送用焊接钢管》GB/T 3091、《直缝电焊钢管》GB/T 13793、《输送流体用无缝钢管》GB/T 8163 的规定。

3.2.6 速凝剂：其质量应符合现行标准《喷射混凝土用速凝剂》JC 477 的规定。

3.2.7 其他材料：电焊条、外加剂的品种、性能应符合设计要求和相应标准的规定。

3.2.8 空压机：排气量不应小于 9m³/min。

3.2.9 喷射混凝土机：干法喷射混凝土机的生产能力为 3～5m³/h，混合料输送距离，水平不小于 100m，垂直不小于 30m；湿法喷射混凝土机的生产率应大于 5m³/h，混凝土输送距离，水平不小于 30m，垂直不小于 20m。

3.2.10 搅拌机：强制式混凝土搅拌机、砂浆搅拌机，宜选用小型、便于移动的机械。

3.2.11 注浆机：注浆工作压力不宜小于 1MPa，灰浆流量不宜小于 0.6 m³/h。

3.2.12 造孔机械：洛阳铲、回旋钻机、冲击钻机、回旋冲击钻机、螺旋钻机、套管跟进钻机等，根据工程规模、环境条件、土质水文情况选用，应能钻小直径斜孔和水平孔。

3.2.13 其他机具：电焊机，二次电流不宜小于 200A；输浆管宜采用耐压橡胶管或耐压 PE 管，管径应满足灌浆量要求；喷射混凝土输料管应能承受 0.8MPa 以上的压力，并应有良好的耐磨性能；钢筋弯曲机和切断机；切割机。

4 操作工艺

4.1 工艺流程

挖土 → 成孔 → 土钉或锚管制作 → 土钉置入或锚管打入 → 注浆 → 铺设钢筋网 →

喷射混凝土 → 养护

4.2 挖土

4.2.1 土方必须分层分段开挖，每层开挖深度不应超过锚孔下 0.5m。

4.2.2 开挖要到位。机械开挖后，应及时对坑壁进行人工修整。坑壁平面位置及坡度应符合设计规定。

4.2.3 特殊情况下的开挖，应符合专门的施工技术措施要求。

4.3　成孔

4.3.1　开挖出的坑壁经修整、检查位置坡度符合要求后，根据设计位置测量放线、定出孔位，做出标记，孔位位置偏差为 100mm。

4.3.2　成孔方法有人工和机械两种。在地下设施较多或地下管线分布复杂、位置不清的情况下，一般土层、孔深不大于 15m 时，可选用洛阳铲造孔，在遇到地下障碍物时能及时发现并立即停止。洛阳铲直径应与锚孔孔径相适应，一般比锚孔小 20mm 左右，成孔直径应符合设计要求。

4.3.3　当选用机械钻孔时，孔深不大于 15m 的一般土层可用螺旋钻机钻孔；饱和土和易塌孔的土层，宜选用带护壁套管的专用钻机；砂卵石土层宜选用冲击钻机或潜孔钻机；也可根据土层情况选用回旋钻机等。机械钻孔的钻杆直径应与锚孔孔径相适应，机械支架及导向架应调整到与锚孔的倾斜度相适应。成孔与水平面夹角应符合设计规定。

4.3.4　锚孔的孔位偏差为 100mm；孔深应大于设计长度；孔径允许偏差为－5mm。

4.3.5　成孔过程中发现水量较大时，预留导水孔泄水或当土钉墙后存在滞水时，应在含水层部位的墙面设置泄水孔或采取其他疏水措施。

4.3.6　干式造孔，要将孔内的虚土用洛阳铲清除或用压缩空气冲吹干净；湿式造孔，要用清水置换孔内的泥浆，直至孔口流出清水。

4.3.7　采用锚管时，不造孔，仅放出孔位线，做出标记。

4.4　土钉或锚管制作

4.4.1　土钉钢筋或锚管制作前，先除锈去油污。

4.4.2　土钉钢筋连接时，宜采用双面搭接焊或双面帮条焊。HRB400、HRB500 热轧钢筋，帮条长度和搭接长度均不小于 5 倍钢筋直径。

4.4.3　土钉钢筋应沿全长设置对中支架。对中支架间距根据钢筋直径确定，一般沿钢筋每隔 1.5～2.5m 设置一组，每组不少于 3 个，下部一个，两侧各一个。对中支架用 $\phi6$、$\phi8$ 圆钢制作，长 100～150mm，弯成弧形，其高度应使土钉钢筋居中，一般下部支架高度略高，根据土质软硬程度确定，支架钢筋两端与土钉钢筋焊接牢固。

4.4.4　锚管靠近孔底的端部应轧扁呈楔形焊接封死。钢管的注浆孔应设置在钢管末端 $(1/2～1/3)L$ 范围内，L 为钢管土钉的总长度，每个注浆面的注浆孔宜取 2 个，且应对称布置，注浆孔的孔径宜取 5～8mm。软弱土层出浆孔处应倒扣焊接长约 60mm 的 $\angle30×3$ 防护，注浆孔外设置保护倒刺。开口方向朝孔外，里侧焊接封闭。

4.4.5　钢管土钉的连接采用焊接时，可采用数量不少于 3 根、直径不小于 16mm 的钢筋沿截面均匀分布拼焊，双面焊接时钢筋长度不应小于钢管直径的 2 倍。

4.5　土钉置入或锚管打入

4.5.1　插入土钉钢筋时，未设对中支架的一面朝下，到位后旋转 180°，使未设对中支架一面朝上。底部注浆的注浆管应随土钉一同放入锚孔，注浆管端部距孔底一般为 150～200mm。压力注浆需配 $\phi10$ 左右塑料排气管，与土钉钢筋一同放入锚孔，排气管底部绑扎透气的海绵，外端比锚杆长 1m 左右。注浆管与排气管均应放在土钉正上方，用绑丝或尼龙扎带与土钉绑在一起，土钉应安放到位。

4.5.2 锚管用锤击或冲击钻击入土层中，其位置、方位、倾角、深度应符合设计要求。当锚管注浆有串浆可能时，锚管应分批间隔打入，与注浆进程协调一致。

4.6 注浆

4.6.1 注浆用砂浆时，配合比（重量比）为水泥：砂＝1：0.5～1：1，水灰比为0.40～0.45；注浆用纯水泥浆时，水灰比为0.50～0.55；需要时添加早强剂。

4.6.2 注浆砂浆或纯水泥浆用搅拌机拌合，随拌随用，必须在初凝前用完，并严防杂物混入砂浆中。

4.6.3 注浆开始、中途停止超过30min或注浆结束，应用清水清洗或湿润注浆泵及管路。

4.6.4 土钉钢筋注浆，既可用砂浆，又可用纯水泥浆，由设计或现场确定。向下倾斜的锚孔可采用底部注浆方式，在注浆的同时将注浆管从孔底匀速缓慢撤出，且在注浆过程中注浆管口应始终埋在浆体中，以保证孔中气体全部逸出，浆液以满孔为准，注浆压力保持0.5MPa，在浆体初凝前补浆1～2次。水平孔可采用低压注浆方式，在孔内设排气孔，孔口设置止浆塞，注满后保持压力3～5min，注浆压力不得小于0.6MPa。

4.6.5 锚管注浆采用低压管口注浆方式，宜用纯水泥浆，注浆压力不得小于0.6MPa，并增加稳压时间，使浆液从锚管壁外溢出。如久注不满，在排除浆液渗入下水管道、冒出地面、从其他锚管溢出等可能后，可采用间歇注浆。

4.7 铺设钢筋网

4.7.1 根据施工作业面分层分段铺设钢筋网，钢筋保护层不宜小于30mm。HPB300钢筋网搭接可采用焊接或绑扎，焊接搭接长度应不小于5倍钢筋直径，绑扎搭接长度不应小于40倍钢筋直径。冷轧带肋钢筋采用绑扎搭接，搭接长度不应小于300mm。

4.7.2 土钉的锚固可采用土钉钢筋向上弯折（弯折长度不小于10倍钢筋直径）、井字形钢筋架等方式，按设计确定，并将直径不小于 $\phi16$ 的HRB400通长水平钢筋压在锚杆锚固装置内侧，再敷设竖向或斜向通长钢筋组成的网格，然后将钢筋网压在网格钢筋内侧。钢管土钉采用2根L形钢筋与钢管和加强筋焊接锚固。

4.7.3 最顶上的钢筋网应延伸到地表面，宽度不宜小于1m。

4.8 喷射混凝土

4.8.1 喷射混凝土的配合比根据设计要求确定，一般采用水泥：砂：石＝1：(2～2.5)：(2～2.5)，水灰比宜为0.40～0.45；湿法喷射混凝土的坍落度宜为80～120mm，速凝剂的掺量通常为水泥重量的3%左右，特殊情况下可减少或增大比例。

4.8.2 混合料应搅拌均匀，颜色一致，随拌随用。不掺速凝剂时，存放时间不应超过2h；掺速凝剂时，存放时间不应超过20min。

4.8.3 喷射时，喷头处的工作风压应保持在0.10～0.12MPa，喷射流与受喷面应垂直，保持0.6～1.0m的距离。

4.8.4 喷射应分段自下而上进行，喷头应均匀缓慢移动。喷射混凝土厚度可在坑壁上打入垂直短钢筋作为厚度标志，一次喷射厚度宜取30～80mm。喷射混凝土厚度允许偏差为±10mm。

4.8.5 喷射混凝土接槎应斜交搭接，搭接长度一般为喷射厚度的2倍以上。

4.8.6 局部小塌方或低凹部位，应先用砖砌体补齐补平，或增加短锚杆及铺钢筋网，再喷射混凝土。

4.8.7 松散土层应分两次喷射混凝土，先喷射 30mm 厚，待钢筋网铺设完后，再喷射其余混凝土。分层喷射混凝土时，应待前一层混凝土终凝后，再喷射后一层混凝土。

4.8.8 冬期施工时，一般应保持喷射作业区温度不低于 5℃，混合料进入喷射机的温度不应低于 5℃，采取混凝土表面覆盖保温材料的措施，使混凝土在达到规定的临界强度前不受冻。

4.9 养护

喷射混凝土终凝后 2h，喷水或覆盖塑料薄膜养护。气温低于 5℃时，不得喷水养护。

5 质量标准

5.0.1 主控项目
1 土钉长度不小于设计值。
2 土钉抗拔承载力不小于设计值。
3 分层开挖厚度允许偏差：±200mm。

5.0.2 一般项目
1 土钉位置（mm）：±100。
2 土钉直径不小于设计值。
3 土钉孔倾斜度（°）：≤3。
4 水胶比符合设计要求。
5 注浆量不小于设计值。
6 注浆压力符合设计要求。
7 浆体强度不小于设计值。
8 钢筋网间距（mm）：±30。
9 土钉墙面厚度（mm）：±10。
10 面层混凝土强度不小于设计值。

6 成品保护

6.0.1 钢筋下料后应分类整齐堆放，避免碰撞、压扭弯曲。
6.0.2 挖土时，避免挖斗拉挂土钉、锚管或钢筋网而造成塌方。
6.0.3 土钉成孔范围内有地下管线等设施时，应在查明其位置并避开后，再进行成孔作业。

7 注意事项

7.1 应注意的质量问题

7.1.1 湿陷性黄土层中钢筋土钉应采用干作业成孔，水泥浆水灰比不宜大于 0.50，水泥砂浆水灰比不宜大于 0.45。

7.1.2 按设计进行土钉端头的锚固。

7.2 应注意的安全问题

7.2.1 严格按设计要求跳孔分批进行土钉作业，及时注浆。严禁成排集中注浆。

7.2.2 上层土钉墙完成后，应按设计要求或间隔不小于 48h 后开挖下层土方。

7.3 应注意的绿色施工问题

7.3.1 土钉墙施工中应加强环境和水土保护方面的工作，在施工前应做详细调查，确定合理的施工方案，制定切实可行的环保措施；土钉墙施工要提前做好降排水，在水位下降过程不能过急，避免影响周围建筑物发生沉降危害。

7.3.2 在喷射作业时发生风、水、输料管路堵塞或爆裂时，必须依次停风、水、料的输送，防止对周边环境造成污染；施工作业人员要戴好口罩、防护镜等加强自身劳动保护。

8 质量记录

8.0.1 原材料出厂合格证明文件、进场验收记录、试验报告。

8.0.2 土钉成孔施工记录。

8.0.3 土钉安装记录。

8.0.4 钢筋隐蔽工程检查验收记录。

8.0.5 土钉注浆及护坡混凝土施工记录。

8.0.6 注浆浆体试块报告和喷射混凝土试块报告。

8.0.7 土钉拉拔试验报告和锚固力试验报告。

8.0.8 基坑支护变形监控记录。

8.0.9 土钉墙支护工程检验批质量验收记录。

8.0.10 土钉墙分项工程质量验收记录。

第14章 地下连续墙施工

本工艺标准适用于工业与民用建（构）筑物、市政基础设施的地下连续墙施工。

1 引用标准

《建筑基坑工程监测技术规范》GB 50497—2009

《建筑地基基础工程施工规范》GB 51004—2015

《建筑地基基础工程施工质量验收规范》GB 50202—2018

《混凝土结构工程施工质量验收规范》GB 50204—2015

《钢筋焊接及验收规程》JGJ 18—2012
《建筑基坑支护技术规程》JGJ 120—2012
《山西省建筑基坑工程技术规范》DBJ04/T 306—2014

2　术语

2.0.1　地下连续墙：利用各种挖槽机械，借助于泥浆的护壁作用，在地下挖出窄而深的沟槽，并在其内浇注适当的材料而形成一道具有防渗（水）、挡土和承重功能的连续的地下墙体。

2.0.2　导墙：导墙也叫槽口板，是地下连续墙槽段开挖前沿墙两侧构筑的临时性挡墙结构。

2.0.3　泥浆：泥浆是地下连续墙施工中成槽槽壁稳定的关键。在地下连续墙挖槽时，泥浆起到护壁、携渣、冷却机具和切土滑润作用。

3　施工准备

3.1　作业条件

3.1.1　施工前应具备工程地质勘察报告，查明地质、土质以及水文情况，为选择挖槽机具、泥浆循环工艺、槽段长度等提供可靠的技术数据，摸清工程范围内的地下障碍物情况及周边环境状况。

3.1.2　根据设计图纸和地质勘察报告，编制施工组织设计或施工方案，确定各项技术质量安全措施。

3.1.3　按照施工方案的要求平整场地，拆迁施工区域内的障碍物，做好通讯、电力以及上、下水管道和道路的设施，保证施工机械正常运行。

3.1.4　按照施工方案做好平面布置，组织落实施工机具设备、材料、劳动力的进场计划，进行培训教育。

3.1.5　按平面图及工艺要求，设置导墙、安装挖槽、泥浆制备及钢筋加工等；施工场地应设置集水井或排水沟，防止地表水流入泥浆池内。

3.1.6　施工前应通过成槽试验，确定合适的护壁泥浆配比、成槽机的型号、施工工艺、槽壁稳定等技术参数，并复核地质资料。

3.2　材料及机具

3.2.1　材料要求

1　商品混凝土：混凝土强度等级、坍落度等应符合设计要求。

2　钢筋：按设计要求选用，品种、规格应符合要求，有出厂合格证书和复试报告。

3　膨润土：应进行矿物成分和化学成分的检验。有未处理膨润土、钻井级膨润土和OCMA 级膨润土三种。一般连续墙可采用未处理膨润土；地质条件复杂时宜用钻井级膨润土或 OCMA 级膨润土。膨润土的技术指标应符合《钻井液材料规范》GB/T 5005—2010 的规定。

4 黏土：应进行物理、化学分析和矿物质鉴定，其黏粒含量应大于45%，塑性指数大于20，含砂量小于5%，二氧化硅与三氧化铝含量的比值宜为3~4。掺和物有分散剂纯碱增粘剂（CMC）等，其配方需经试验确定。

5 水：饮用水或符合《混凝土用水标准》JGJ 63—2006。

3.2.2 主要机具

1 成槽设备：多头回转或抓斗式成槽机、冲击钻、砂泵或空气吸泥机（包括空压机）、轨道转盘等。

2 混凝土设备：混凝土搅拌机、储料斗、电动葫芦、吊车或卷扬机、金属导管和运输设备等。

3 制浆设备：泥浆搅拌机、泥浆泵、泥浆净化器、空压机、水泵、CMC（增粘剂）软轴搅拌器、旋流器、惯性振动筛、泥浆密度秤、漏斗黏度计、秒表、量筒与量杯、失水量仪、静切力计、含沙量测定器和pH试纸等。

4 接头设备：金属接头管、顶升架（包括机架、大行程千斤顶和油泵）或振动拔管机等。

5 其他机具：履带式或轮胎式起重、钢筋切断机、对焊机、弯曲机、电焊机、铁锹、手推车、模板、脚手架、电钻、扳手等。

4 操作工艺

4.1 工艺流程

测量放线 → 导墙设置 → 泥浆的配置和使用 → 开挖槽段 → 槽壁检测 → 清槽 →
吊放接头管 → 钢筋笼制作及吊放 → 沉渣检测 → 浇筑水下混凝土 → 接头施工

4.2 测量放线

根据设计图纸提供的坐标计算出地下连续墙中心线角点坐标，用全站仪实地放出地下连续墙角点，并做好护桩。

4.3 导墙设置

4.3.1 在槽段开挖前，沿连续墙纵向轴线方向两侧构筑导墙，作为挖槽机的导向，贮存泥浆，并防止地表土坍塌。

4.3.2 导墙深度一般为1~2m，其顶面略高于地面50~100mm，以防止地表水流入导沟。导墙的厚度一般为100~200mm，内墙面应垂直，内壁净距应为连续墙设计厚度加施工余量（一般为40~60mm）。墙面与纵轴线距离的允许偏差为±10mm，内外导墙间距允许偏差±5mm，导墙顶面应保持水平。

4.3.3 导墙宜筑于密实的地层上，一般采用混凝土和钢筋混凝土浇筑，外墙面宜以土壁代模，避免用回填土。如需用回填土，应用黏性土分层夯实，以防漏浆。每个槽段内的导墙应设一个溢浆孔。

4.3.4 导墙顶面应高出地下水位1m以上，以保证槽内泥浆液面高于地下水位0.5m以上，且不低于导墙顶面0.3m。

4.3.5 导墙混凝土强度应达 70％以上方可拆模。拆模后，应立即在两片导墙间加木支撑，直至槽段开挖时拆除。在导墙混凝土养护期间，严禁重型机械通过停置或作业，以防导墙开裂或变形。

4.4　泥浆的配制和使用

4.4.1 施工前应对造浆黏土进行认真选择，并进行造浆率和造浆性能试验。

4.4.2 泥浆的性能和技术指标，应根据成槽方法、地质情况、用途而定，一般可按表 14-1 采用。

泥浆的性能和技术指标　　　　　　　　　　　　　　　表 14-1

序号	项目			性能指标	检验方法
1	新拌制泥浆	比重		1.03～1.10	比重计
		黏度（Pa·s）	黏性土	20～25	黏度计
			砂土	25～35	
2	循环泥浆	比重		1.05～1.25	比重计
		黏度（Pa·s）	黏性土	20～30	黏度计
			砂土	30～10	
3	清槽后的泥浆	比重	黏性土	1.10～1.15	比重计
			砂土	1.10～1.20	
		黏度（Pa·s）		20～30	黏度计
		含砂率		≤7%	洗砂瓶

4.4.3 在施工过程中，应经常检查和控制泥浆的性能，随时调整泥浆配合比，使其适应不同地层的钻进要求，并做好以下泥浆质量检测记录：

1 新浆拌制后静止 24h，测一次全项目（含砂量除外）。

2 在成槽过程中，每进尺 3～5m 或每 4h 测定一次泥浆密度和黏度。在清槽结束前测一次密度和黏度；浇灌混凝土前测一次密度。两次取样位置均应在槽底以上 200mm 处。

3 失水量和 pH 值应在每槽孔的中部和底部各测一次。

4 含砂量可根据实际情况测定。

5 稳定性和胶体率一般在循环泥浆中不测定。

6 如地下水含盐或泥浆受到污染，应采取措施保证泥浆质量。

4.4.4 泥浆必须经过充分搅拌，常采用低速卧式搅拌机搅拌、螺旋桨式搅拌机搅拌、压缩空气搅拌和离心泵重复循环等方法。泥浆搅拌后，应在贮浆池内静置 24h 以上或加分散剂，使膨润土和黏土充分水化后方可使用。

4.4.5 泥浆应进行净化回收重复使用，一般采用重力沉降法，利用泥浆和土渣的密度差，使土渣沉淀，沉淀后的泥浆进入贮浆池．尽量采用泥浆净化器，用机械方法净化泥浆回收利用，提高效率。如用原土造浆循环，应将高压水通过导管从钻头孔射出，不得将水直接注入槽孔中。

4.4.6 在容易产生泥浆渗漏的土层施工时，宜适当提高泥浆黏度和增加储备量，并备堵漏材料。如发生泥浆渗漏，应及时补浆或堵漏，使槽内泥浆保持正常。

4.5 槽段开挖

4.5.1 挖槽前应预先将连续墙划分若干个单元槽段，其长度一般为 3～7m，每个单元槽段由若干个开挖槽段组成。在导墙的顶面画好槽段的控制标记，如有封闭槽段，必须采用两段式成槽，以免导致最后一个槽段无法钻进。单元槽段的划分应考虑现场水文地质条件、混凝土的施工能力、钢筋的重量、吊运方法、工程结构要求及尽量减少接头数量和简化施工条件等因素。

4.5.2 应根据施工组织设计确定挖槽机械、切实可行的挖槽方法和施工顺序。对钻机进行全面检查，各部位是否连接可靠，特别是钻头螺栓不得有松动现象，以防金属物件掉入槽孔内，影响切削进行或打坏钻头。

4.5.3 钻机就位后机架应平稳，必要时以千斤顶找平、经纬仪找正，使悬挂中心点和槽段中心一致。钻机调好后应用夹轨器固定牢靠。

4.5.4 挖槽过程中，应保持槽内始终充满泥浆，泥浆的使用应根据挖槽方式的不同而定。软土地基宜选用抓斗式挖槽机械，采用泥浆静置方式，随着挖槽深度的增大，不断向槽内补充新鲜泥浆；硬土地基宜选用回转式或冲击式挖槽机械。使用钻头或切削刀具挖槽时，应采用泥浆循环方式，用泵把泥浆通过管道压送到槽底，土渣随泥浆上浮至槽顶面排出（称为正循环）；或泥浆自然流入槽内，土渣被泵管抽吸到地面上（称为反循环）。当采用砂泵排渣时，一般采用泵举式反循环方式，开始先用正循环钻进，待潜水泵电机潜入泥浆中后，再改用反循环排渣。

4.5.5 当遇到坚硬地层或局部岩层时，可采用冲击钻将其破碎，用空气吸泥机或砂泵将土渣吸出地面。

4.5.6 成槽时应随时掌握槽孔的垂直度，利用钻机的测斜装置观测偏斜情况，并利用纠偏装置来调整下钻偏斜。

4.5.7 如槽壁发生较为严重的局部塌落，应及时回填并妥善处理。槽段开挖结束后，应检查槽深、槽位、槽宽及槽壁垂直度是否符合设计要求，合格后方可清槽换浆。

4.6 清槽

4.6.1 当挖槽达到设计深度后，应停止钻进，仅使钻头空转，将槽底残留的土打成小颗粒，然后开启砂泵，利用反循环抽浆，持续吸渣 10～15min，将槽底钻渣清除干净。也可用空气吸泥机进行清槽。

4.6.2 当采用正循环清槽时，将钻头提高槽底 100～200mm，空转并保持泥浆正常循环，以中速压入泥浆，把槽孔内的浮渣置换出来。

4.6.3 对采用原土造浆的槽孔成槽后可使钻头空转不进尺，同时射水，待排出泥浆密度降到 1.1 左右，即认为清槽合格。但当清槽后至浇灌混凝土间隔时间较长时，为防止泥浆沉淀和保证槽壁稳定，应用符合要求的新泥浆将槽孔的泥浆全部置换出来。

4.6.4 清理槽底和置换泥浆结束 1h 后，槽底沉渣厚度不得大于 200mm；浇混凝土前槽底沉渣厚度不得大于 200mm（承重墙不大于 100mm）、槽内泥浆密度为 1.1～1.25、黏度为 20～30Pa·s、含砂量应小于 8%。

4.7 钢筋笼制作及安放

4.7.1 钢筋笼的规格尺寸应考虑结构要求、单元槽段、接头形式、加工场地、起吊能力等因素，按连续墙配筋设计图分节制作。为保证钢筋笼在安装过程中具有足够的刚度，还应考虑增设斜拉补强钢筋，使纵向钢筋形成骨架，并加适当起吊附加钢筋。斜拉筋与附加钢筋必须与设计主筋焊牢。钢筋笼的质量检验标准应符合表 14-2 的规定。

钢筋笼的质量检验标准（mm）　　　　　　　　　表 14-2

项目	序号	检验项目		允许偏差或允许值
主控项目	1	主筋间距		±10
	2	钢筋笼长度		±100
	3	钢筋笼宽度		0，−20
	4	钢筋笼安装标高	临时结构	±20
			永久结构	±15
一般项目	1	分布筋间距		±20
	2	预埋件及槽底注浆管中心位置	临时结构	≤10
			永久结构	≤5
	3	预埋钢筋和接驳器中心位置	临时结构	≤10
			永久结构	≤5

4.7.2　钢筋笼的主筋保护层，临时性结构不小于 50mm，永久性结构不小于 70mm。为防止在吊放钢筋笼时擦伤槽面，并确保钢筋保护层厚度，应在钢筋笼上设置定位钢筋环。纵向钢筋底端应距槽底 100～200mm，当采用接头管时，水平钢筋的端部至接头管或混凝土接头面应留有 100～500mm 间隙。纵向钢筋底端宜稍向内弯折，钢筋笼的内空尺寸应比导管连接处的外径大 100mm 以上。

4.7.3　为保证钢筋笼的几何尺寸和相对位置准确，钢筋笼应在制作平台上成型。钢筋笼每棱边（横向及纵向）钢筋的交点处应全部点焊，其余交点处采用交错点焊。成型时临时绑扎的铁丝，应将线头弯向钢筋笼的内侧。钢筋笼的接头采用搭接时，为使接头能够承受吊入时的下部钢筋笼自重，接头应焊牢。

4.7.4　每节钢筋笼的主筋连接，可采用电焊接头，压接接头或套筒接头。钢筋的净距应大于 3 倍粗骨料粒径，并预留插放混凝土导管的位置。

4.7.5　钢筋笼的吊放应使用起吊架，采用双索或四索双机抬吊，以防起吊时因钢索的收紧力而引起钢筋笼变形；同时，应注意在起吊时不得拖拉钢筋笼，以免造成弯曲变形。为避免钢筋笼吊起后在空中摆动，应在钢筋笼下端系上溜绳，用人力加以控制。

4.7.6　钢筋笼需要分段入接长时，不得使钢筋笼变形；下段钢筋笼入槽后，临时穿钢管搁置在导墙上，再接长上段钢筋笼。钢筋笼吊入槽内时，吊点中心必须对准槽段中心，竖直缓慢放至设计标高，再用吊筋穿管搁置在导墙上。如钢筋笼不能顺利地插入槽内，应吊出并查明原因，采取措施加以解决，不得强行插入。

4.7.7　为防止浇筑混凝土时钢筋笼上浮，应在导墙上预埋钢板与钢筋笼焊接固定，所有用于内部结构连接的预埋件、预埋钢筋等，应与钢筋笼焊接牢固。

4.8　水下浇筑混凝土

4.8.1　混凝土配合比应符合下列要求：混凝土的实际配置强度等级应比设计强度等级高一级；水泥用量不宜少于 370kg/m³，水灰比不应大于 0.6；坍落度宜为 180～220mm，并应有一定的流动保持率；坍落度降低至 150mm 的时间，一般不宜小于 1h，扩散度宜为 340～

380mm；混凝土拌合物含砂率不小于45%；混凝土的初凝时间，应能满足混凝土浇灌和接头施工工艺要求，一般不宜低于3~4h。

4.8.2 接头管和钢筋就位后，应检查沉渣厚度并在4h以内浇灌混凝土。浇灌混凝土必须使用导管，其内径一般选用250mm，每节长度一般为2.0~2.5m。导管要求连接牢靠，接头用橡胶圈密封，防止漏水。导管接头若用法兰连接，应设锥形法兰罩，以防拔管时挂住钢筋。导管在使用前要注意认真检查和清理，使用后要立即将粘附在导管上的混凝土清除干净。

4.8.3 在单元槽段较长时，应使用多根导管浇灌，导管内径与导管间距的关系一般是：导管内径为150mm、200mm、250mm时，其间距分别为2m、3m、4m，且距槽段端部均不得超过1.5m。为防止泥浆卷入导管内，导管在混凝土内必须保持适宜的埋置深度，一般应控制在2~4m为宜。在任何情况下，不得小于1.5m或大于6m。

4.8.4 导管下口与槽底的间距，以能放出隔水栓和混凝土为度，一般比隔水栓长100~200mm。隔水栓应放在泥浆液面上，为防止粗骨料卡住隔水栓，在浇筑混凝土前宜先灌入适量的水泥砂浆。隔水栓用铁丝吊住，待导管上口贮斗内混凝土的存量满足首次浇筑，导管底端能埋入混凝土中0.8~1.2m时，才能剪断铁丝，继续浇筑。

4.8.5 混凝土浇灌应连续进行，槽内混凝土面上升速度一般不宜小于2m/h，中途不得间歇。当混凝土不能畅通时，应将导管上下提动，慢提快放，但不宜超过300mm。导管不能作横向移动，提升导管应避免碰挂钢筋笼。

4.8.6 随着混凝土的上升，要适时提升和拆卸导管，导管底端埋入混凝土以下一般保持2~4m，严禁把导管底端提出混凝土面。

4.8.7 在一个槽段内同时使用两根导管灌注混凝土时，其间距不宜大于3.0m，导管距槽段端头不宜大于1.5m，混凝土应均匀上升，各导管处的混凝土表面的高差不宜大于0.3m，混凝土浇筑完毕，混凝土面应高于设计要求0.3~0.5m，此部分浮浆层以后凿去。

4.8.8 在浇灌过程中应随时掌握混凝土浇灌量，应有专人每30min测量一次导管埋深和管外混凝土标高。测定应取三个以上测点，用平均值确定混凝土上升状况，以决定导管的提拔长度。

4.9 接头施工

4.9.1 连续墙各单元槽段间的接头形式，一般常用的为半圆形接头。方法是在未开挖一侧的槽段端部先放置接头管，后放入钢筋笼，浇灌混凝土，根据混凝土的凝结硬化速度，徐徐将接头管拔出，最后在浇灌段的端面形成半圆形的接合面，在浇筑下段混凝土前，应用特制的钢丝刷子沿接头处上下往复移动数次，刷去接头处的残留泥浆，以利新旧混凝土的结合。

4.9.2 接头管一般用10mm厚钢板卷成。槽孔较深时，做成分节拼装式组合管，各单节长度为6m、4m、2m不等，便于根据槽深接成合适的长度。外径比槽孔宽度小10~20mm，直径误差在3mm以内。接头管表面要求平整、光滑，连接紧密、可靠，一般采用承插式销接。各单节组装好后，要求上下垂直。

4.9.3 接头管一般用起重机组装、吊放。吊放时要紧贴单元槽段的端部和对准槽段中心，保持接头管垂直并缓慢地插入槽内。下端放至槽底，上端固定在导墙或顶升架上。

4.9.4　提拔接头管宜使用顶升架（或较大吨位吊车），顶升架上安装有大行程（1～2m）、起重量较大（50～100t）的液压千斤顶两台，配有专用高压油泵。

4.9.5　提拔接头管必须掌握好混凝土的浇灌时间、浇灌高度，混凝土的凝固硬化速度，不失时机地提动和拔出，不能过早、过快和过迟、过缓。如过早、过快，则会造成混凝土壁塌落；过迟、过缓，则由于混凝土强度增长，摩阻力增大，造成提拔不动和埋管事故。一般宜在混凝土开始浇灌后 2～3h 即开始提动接头管，然后使管子回落。以后每隔 15～20min 提动一次，每次提起 100～200mm，使管子在自重下回落，说明混凝土尚处于塑性状态。如管子不回落，管内又没有涌浆等异常现象，宜每隔 20～30min 拔出 0.5～1.0m，如此重复。在混凝土浇灌结束后 5～8h 内将接头管全部拔出。

5　质量标准

5.0.1　主控项目

地下连续墙主控项目的检验标准应符合表 14-3 的规定。

地下连续墙主控项目的检验标准　　　　表 14-3

项目		允许偏差或允许值
墙体强度		不小于设计值
槽壁垂直度	永久结构	1/300
	临时结构	1/200
槽段深度		不小于设计值

5.0.2　一般项目

地下连续墙一般项目的检验标准应符合表 14-4。

地下连续墙一般项目的检验标准　　　　表 14-4

项目		指标或允许偏差
导墙尺寸	宽度（设计墙厚＋40mm）（mm）	±10
	导墙顶面平整度（mm）	±5
	导墙平面定位（mm）	≤10
	垂直度	≤1/500
	导墙顶标高	±20
沉渣厚度	永久结构（mm）	≤100
	临时结构（mm）	≤150
槽段宽度	永久结构	不小于设计值
	临时结构	不小于设计值
槽段位	永久结构（mm）	≤30
	临时结构（mm）	≤50
混凝土坍落度（mm）		180～220
地下连续墙表面平整度	永久结构（mm）	±100
	临时结构（mm）	±150
永久结构的渗漏水		无渗漏、线流，且≤0.1L/(m²·d)

6 成品保护

6.0.1 钢筋笼制作和吊放过程中，应采取技术措施防止变形。吊放入槽时，不得擦伤槽壁。

6.0.2 挖槽完毕应尽快清槽、换浆、下钢筋笼，并在 4h 之内灌注混凝土。在灌注过程中，应固定钢筋笼和导管位置，并采取措施防止泥浆污染。

6.0.3 注意保护外露的主筋和预埋件不受损坏。

6.0.4 施工过程中，应注意保护现场的轴线桩和水准基点桩，不变形、位移。

7 注意事项

7.1 应注意的质量问题

7.1.1 地下连续墙施工，应制定出切实可行的挖槽工艺方法、施工程序和操作规程，并严格执行。挖槽时应加强检测，确保槽位、槽深、槽宽和垂直度等要求。遇有槽壁坍塌事故，应及时分析原因，妥善处理。

7.1.2 钢筋笼加工尺寸，应考虑结构要求、单元槽段、接头形式、长度、加工场地、起重机起吊能力等情况，采取整体制作或整体式分节制作，同时应具有必要的刚度，以保证在吊放时不致变形或散架，一般应加设斜撑和横撑补强。钢筋笼的吊点位置、起吊方式和固定方法应符合设计和施工要求。在吊放钢筋笼时，应对准槽段中心并注意不要碰伤槽壁壁面，不能强行插入钢筋笼，以免造成槽壁坍塌。

7.1.3 施工过程中，应注意保证护壁泥浆的质量，彻底进行清底换浆，严格按规定灌注水下混凝土，以确保墙体混凝土的质量。

7.1.4 槽底沉渣过厚：护壁泥浆不合格或清底换浆不彻底，均可导致大量沉渣积聚于槽底。灌注水下混凝土前，应测定沉渣厚度，符合设计要求后，才能灌注水下混凝土。

7.1.5 槽孔偏斜：当出现槽孔偏斜时，应查明钻孔偏斜的位置和程度，对偏斜不大的槽孔，一般可在偏斜处吊住钻机，上下往复扫钻，使钻孔正直；对偏斜严重的钻孔，应回填砂与黏土混合物到偏孔处 1m 以上，待沉积密实后再重复施钻。

7.2 应注意的安全问题

7.2.1 做好施工准备，查清地质和地下埋设物做好施工准备，查清地质和地下埋设物情况，清除 3.0m 以内的地下障碍物、电缆、管线等，保证安全操作。

7.2.2 各种成槽和施工机械设备性能良好，安全保护装置完善，施工操作人员应培训上岗，技术熟练并能严格执行各专业设备的使用规定和操作规程，专人专机，发现故障和异常现象应及时排除。

7.2.3 水下用电设备应有安全保险装置，严防漏电。电缆收放应与钻进同步进行，防止拉断电缆造成事故。应控制钻进速度和电流大小，严禁超负荷钻进。

7.2.4 挖槽施工中应严格控制泥浆的密度和质量，防止由于漏浆、泥浆液面下降、地下水位上升过快、地面水流入槽内等原因，使槽壁坍塌。

7.2.5　钻机成孔时，如遇塌方或孤石卡住，应边缓慢旋转边提钻，不可强制拔出，以免损坏钻机和机架，造成安全事故。

7.2.6　钢筋笼吊放时应加固，并使用铁扁担均匀起吊、缓慢下放，使其在空中不晃动，避免钢筋笼变形、脱落。

7.2.7　钢筋笼吊放安装时，吊装司机必须听从现场专职人员指挥，吊运钢筋笼时吊臂下方严禁有人停留、工作或通过。

7.2.8　槽孔挖好后，应立即下钢筋笼和灌筑混凝土，如有间歇，槽孔应用盖板覆盖防护。

7.3　应注意的绿色施工问题

7.3.1　合理布置施工现场，施工材料、机械设备及加工区摆放整齐。

7.3.2　施工废水、生活污水必须经过沉淀，符合要求后才可排入市政管网。施工泥浆应及时用专用泥浆车运出场地。

7.3.3　土方装载运输应覆盖封闭，以防沿途遗撒、扬尘。

7.3.4　施工产生的废浆、废渣要及时清理并用专车外运至指定地点。

7.3.5　固体废弃物应按不同性质及有害、无害分类存放，并统一处理。

7.3.6　夜间施工，防止照明光源对周围居住人群的影响。

8　质量记录

8.0.1　测量放线记录。

8.0.2　原材料合格证、出厂检验报告和进场复验报告。

8.0.3　钢筋接头力学性能试验报告。

8.0.4　钢筋加工检验批质量验收记录。

8.0.5　钢筋笼工程检验批质量验收记录。

8.0.6　钢筋隐蔽工程检查验收记录。

8.0.7　地下连续墙施工记录、地下连续墙工程检验批质量验收记录。

8.0.8　验槽记录。

8.0.9　商品混凝土出厂合格证、坍落度检查记录。

8.0.10　混凝土试件强度检验报告、抗渗试验报告。

8.0.11　混凝土施工检验批质量验收记录。

8.0.12　隐蔽工程检查验收记录。

第 15 章　混凝土内支撑施工

本工艺标准适用于工业与民用建（构）筑物、市政设施深基坑（槽）支护结构混凝土内支撑的施工。

1 引用标准

《建筑地基基础工程施工规范》GB 51004—2015

《混凝土结构工程施工规范》GB 50666—2011

《钢结构焊接规范》GB 50661—2011

《建筑基坑工程监测技术规范》GB 50497—2009

《地基与基础工程施工质量验收规范》GB 50202—2018

《混凝土结构工程施工质量验收规范》GB 50204—2015

《钢结构工程施工质量验收规范》GB 50205—2001

《建筑基坑支护技术规程》JGJ 120—2012

《钢筋焊接及验收规程》JGJ 18—2012

《山西省建筑基坑工程技术规范》DBJ04/T 306—2014

2 术语（略）

3 施工准备

3.1 作业条件

3.1.1 具有岩土工程勘察报告、地下管线及周边环境情况资料、基坑支护设计。

3.1.2 基坑支护围护结构已施工，具备承载能力。

3.1.3 施工方案已编审。

3.2 材料及机具

3.2.1 商品混凝土强度等级、工作性能符合支护设计和施工方案要求。

3.2.2 钢筋：种类、规格尺寸符合支护设计要求，有产品合格证和复试报告。

3.2.3 主要施工机具及设备有：挖掘机，运土车辆，空压机，风管，起重机，手推斗车，钢筋弯曲机，钢筋切断机，电焊机，混凝土振动棒、内支撑拆除工具等。

3.2.4 模板支架用材料、构配件的种类、规格尺寸、外观质量以及质量证明文件、复试报告等符合相关规范规定和设计文件。

4 操作工艺

4.1 工艺流程

4.1.1 单层支撑施工工艺流程

测量放线 → 支撑立柱施工 → 土方开挖至支撑（冠）梁底的垫层底面 → 支撑立柱清理 →

支撑梁垫层施工 → 支撑（冠）梁钢筋、模板、混凝土 → 检查验收 → 分层开挖至设计标高 →

地下结构施工至换撑标高 → 外围回填、浇混凝土换撑 → 内支撑拆除、清理

4.1.2　多道支撑施工工艺流程

第一道钢筋混凝土支撑施工：开挖至第一道（冠）梁垫层底 →

凿开支护桩及支撑立柱桩头并清理 → 支撑梁垫层施工 → 支撑（冠）梁钢筋、模板 →

浇筑混凝土 → 养护、拆模、清理 → 以下各道支撑施工 → 开挖至设计标高 →

地下结构施工至换撑标高 → 外围回填换撑 → 内支撑拆除、清理

4.2　测量放线

边梁上预埋钢筋头，以便其他工序施工时再进行梁的变形测量。土方开挖期间每日测量一次，遇异常变形加密测量。

4.3　支撑立柱施工

4.3.1　对于平面尺寸较大的基坑，在支撑交叉点设置立柱，在垂直方向支顶平面支撑构件。立柱可以是四个角钢组成的格构式钢柱、圆钢管或型钢柱、混凝土灌注桩。

4.3.2　钢立柱下端插入混凝土灌注桩内，插入深度不宜小于 2m。格构式钢柱的平面尺寸，要与灌注桩的直径相匹配。

4.3.3　立柱穿过主体结构底板以及支撑结构穿越主体结构地下室外墙的部位，应采取止水构造措施。

4.3.4　支护桩施工时，应考虑支撑点的位置，当支撑点设在支护桩顶时，桩顶必须预留冠梁的锚固钢筋；支撑点设在支护桩身上，一般应预埋钢筋，在挖土暴露后，剔凿清理干净该标高处混凝土，将预埋钢筋拉出并伸直，锚入水平支撑腰梁内。

4.4　土方开挖

4.4.1　在先施工的支撑范围内的土方先进行开挖，由远至近的进行。

4.4.2　分层挖土深度应符合内支撑设计工况要求，每一层土方开挖都要待支撑混凝土强度满足设计要求时，才能往下继续开挖。

4.4.3　支撑梁底挖空前，运土车辆需要在支撑梁上通过时，应先用土将支撑梁覆盖形成过道，覆盖土厚度不小于 500mm，以保护支撑梁免受车辆压坏，但应尽量避开。随着挖土深度加深，内支撑梁支撑点凿毛也应同时进行。

4.4.4　有多道钢筋混凝土支撑时，应按支撑的道数分层开挖，按照第一层土方→支撑→第二层土方→支撑→底层土方进行。

每一层土方开挖深度必须按照设计的深度逐层进行，控制在支撑梁底下面的垫层底，不得超深。

4.4.5　对于多层支撑的深基坑，如要挖掘机站在支撑上进行挖土时，则设计支撑时要考虑这部分荷载。施工时要设计专用行走道路，不得直接压在支撑构件上，防止支撑构件位移变形。

4.5　支撑梁垫层施工

4.5.1　土方开挖至支撑梁垫层及冠梁底标高时，要进行测量放线，而且测量必须准确，

保证支撑梁的位置准确，按中心受压构件要求控制纵向轴线的偏差。各梁中轴线弯曲矢高不超过 20mm。

4.5.2 梁垫层施工，可根据地质情况，采用直接铺彩条布、铺油毡、铺模板或浇筑素混凝土垫层的方法。

4.5.3 当采用支撑底模，则可不设置支撑梁垫层。支撑底模地基应具有一定强度、刚度和稳定性。跨度较大时，按照设计和规范要求预起拱。

4.6 支撑（冠）梁施工

4.6.1 支撑梁和腰（冠）梁混凝土浇筑应同时进行，保证支撑体系的整体性。

4.6.2 支撑梁和腰梁的侧模利用对拉螺杆固定，支撑梁应按设计要求预起拱。

4.6.3 支撑（腰、冠）梁钢筋按受拉筋要求焊接，钢筋搭接及锚固长度必须满足钢筋混凝土施工规范抗拉钢筋要求。

4.6.4 混凝土浇筑、拆模和养护按照有关规范进行，保证混凝土后期强度顺利增长。

4.6.5 混凝土支撑应达到设计强度的 70％后，方可进行下方土方的开挖。

4.7 支撑拆除

4.7.1 支撑拆除应在可靠换撑形成并达到设计要求后进行，先拆除水平构件，再拆除竖向构件。

4.7.2 钢筋混凝土支撑拆除可采用机械拆除或爆破拆除。

4.7.3 钢筋混凝土支撑的拆除，应根据支撑及施工特点、永久结构的施工顺序、现场平面布置等确定拆除顺序。

4.7.4 钢筋混凝土支撑采用爆破拆除的，爆破孔宜在钢筋混凝土支撑施工时预留，支撑关于围护结构或主体结构相连的区域宜先行切断。

5 质量标准

5.0.1 混凝土内支撑主控项目的检验标准应符合表 15-1 的规定。

表 15-1

混凝土内支撑主控项目的检验标准

序号	项目		允许偏差
1	支撑位置	标高（mm）	30
		平面（mm）	30
2	混凝土强度		符合设计要求
3	临时立柱平面位置（mm）		50
4	临时支柱垂直度		1/150
5	受拉杆件长细比		≤200
6	钢支撑构件的长细比		≤150
7	预加顶力（kN）		±50

5.0.2 混凝土内支撑一般项目的检验标准应符合表 15-2 的规定。

混凝土内支撑一般项目的检验标准 表 15-2

序号	项目		允许偏差
1	围檩标高（mm）		±30
2	立柱位置	标高（mm）	±30
		平面（mm）	50
3	开挖超深（mm）		<200
4	支撑安装时间		符合设计要求

6 成品保护

6.0.1 支撑拆除时应设置安全、可靠的防护措施和作业空间，并应对永久结构采取保护措施。

6.0.2 挖机开挖土方时，严禁碰撞和扒挖围护桩体、混凝土冠梁、腰梁、支撑梁、支撑立柱等。

6.0.3 挖土前，应预先在支护结构上设置变形、位移的观测点，并做好原始数据的记录，随着施工的进展过程，定期、随时检查，及时发现问题并立即向有关部门汇报，采取相应的预防措施。

6.0.4 挖土时应根据基坑土质情况留有一定的安全坡度，防止塌方而造成事故。

6.0.5 为了保证施工人员在支撑梁上行走的安全，支撑梁两侧预埋用于焊接栏杆的铁埋件。

6.0.6 支撑梁拆除采用爆破方法，应注意保护地下室楼板的安全，如铺设砂包等。同时，防止爆破碎石飞溅伤人。

6.0.7 当要在支撑梁堆放材料时，应符合设计要求。

6.0.8 要注意土体及地下水的变化情况，遇有异常情况及时上报。

6.0.9 混凝土施工时应安排专人观察模板的变形，以防胀模、漏浆。

7 注意事项

7.1 应注意的质量问题

7.1.1 混凝土腰梁与围护结构应按设计要求进行可靠连接。

7.1.2 混凝土内支撑采用满堂红支撑架时，应按相关施工安全技术规范进行设计计算，编制安全施工专项方案。

7.2 应注意的安全问题

7.2.1 混凝土内支撑结构上除设计允许外，不得堆放任何荷载。

7.2.2 换撑施工应严格按设计规定进行。

7.2.3 采用爆破拆除时，应严格执行现行国家标准《爆破安全规程》GB 6722 的规定。

7.3 应注意的绿色施工问题

7.3.1 混凝土内支撑施工拆除时可能产生的粉尘、有毒有害气体、建筑垃圾、废水、噪声、振动等环境因素，应结合现场实际情况，制定相应措施。

8 质量记录

8.0.1 混凝土结构支撑系统质量检验批验收记录。

8.0.2 支撑系统设计计算书及施工图纸。

8.0.3 材料合格证或复试报告。

8.0.4 钢筋及混凝土结构支撑系统施工记录。

第 16 章 高压喷射扩大头锚索

本工艺标准适用于工业与民用建筑、市政基础设施采用高压喷射扩大头锚索的施工。扩大头不宜设在有机质土、淤泥和淤泥质土、未经压实或改良的填土中。

1 引用标准

《建筑地基基础工程施工规范》GB 51004—2015

《建筑基坑工程监测技术规范》GB 50497—2009

《建筑地基基础工程施工质量验收规范》GB 50202—2018

《高压喷射扩大头锚杆技术规程》JGJ/T 282—2012

《建筑基坑支护技术规程》JGJ 120—2012

《山西省建筑基坑工程技术规范》DBJ04/T 306—2014

2 术语

2.0.1 高压喷射扩大头锚索：采用液体对锚孔底部一段长度范围内的锚孔孔壁土体进行高压喷射切割置换实现扩孔，并灌注水泥浆或水泥砂浆，在锚杆底部形成具有较大直径和一定长度的圆柱形注浆体的锚索。

3 施工准备

3.1 作业条件

3.1.1 已编制施工组织设计或施工方案。

3.1.2 已平整场地，进行了工艺性试验，对工艺参数进行了验证确认。

3.1.3 基坑边坡土方开挖已到位，满足高压喷射扩大头锚索施工条件。

3.1.4 已进行测量定位。

3.2　材料及机具

3.2.1　预应力锚索：钢绞线、环氧涂层钢绞线、无粘结钢绞线。

3.2.2　水泥：普通硅酸盐水泥，强度等级不应低于 42.5 级。

3.2.3　砂：宜采用清洁、坚硬的中细砂，粒径不宜大于 2mm。

3.2.4　钻孔设备：锚杆钻机、钻杆。

3.2.5　锚杆加工设备：切割机。

3.2.6　砂浆拌和设备：搅拌池（桶）、储浆池（桶）、高压水泵、高压注浆泵。

3.2.7　张拉设备：油泵、千斤顶。

4　操作工艺

4.1　施工工艺流程

放线定孔位 → 钻机就位 → 校正孔位、调整角度 → 钻进成孔 → 高压扩孔 → 安放锚索 → 注浆 → 拔套管 → 装腰梁、锚头锚具 → 张拉锁定

4.2　放线定孔位

开挖后的基坑壁经过修整，按设计要求的标高和水平间距，用水准仪和钢尺定出孔位，做好标记。

4.3　钻机就位

将专用锚杆钻机，对准已放好的孔位，调整好角度，验收合格后准许开钻。

4.4　钻孔

4.4.1　锚索成孔施工时应采用套管钻进。

4.4.2　钻孔应符合下列规定：

1　锚杆钻孔的深度不应小于设计长度，也不宜大于设计长度 500mm。

2　水平方向、垂直方向孔距误差不大于 100mm。

3　钻孔角度偏差不应大于 2°。

4　锚孔的孔径不小于设计的孔径。

4.5　扩孔

4.5.1　高压旋转钻头（喷头）的高压水泥浆在高压泵的压力作用下，从底部钻头和侧翼喷嘴向外喷射，喷射过程中同步对周侧的土体或砂层进行切割；高压旋转钻头和侧翼喷嘴在动力推动下逐渐向前推进，直至达到设计深度和直径，获得形成的锚杆孔。

4.5.2　扩孔施工符合下列要求：

1　扩孔的高压喷射压力应大于 20MPa，可取 20～40MPa；喷嘴移动速度 10～20r/min。

2　高压喷射注浆的水泥宜采用强度等级不小于 42.5 级的普通硅酸盐水泥，水灰比宜为

0.5，水泥掺量宜取土的天然质量的 25%～40%。

3 连接高压注浆泵和钻机的输送高压喷射液体的高压管长度不宜大于 50m。

4 采用水泥浆液扩孔工艺，应至少上下往返扩孔两遍。

5 高压旋转钻头（喷头）应均匀旋转，均匀提升或下沉，由上而下或由下而上进行高压喷射扩孔，喷射管分段提升或下沉的搭接长度不得小于 100mm。

6 在高压喷射扩孔过程中出现压力骤然上升或下降时，应查明原因并及时采取措施。

7 施工中严格按照施工参数进行施工，如实做好各项记录。

4.6 锚索制作与安放

4.6.1 钢绞线严格按设计尺寸用切割机下料，每股长度误差不大于 50mm。钢绞线按一定规律平直排列，锚索每隔 1.0～1.5m 设置一个定位器。锚索自由段按设计要求（用塑料管包裹）进行处理，与锚固段相交处的塑料管管口用防水胶布封住。

4.6.2 注浆管应放置在定位器正中，与锚索体绑扎牢固。注浆管距孔底的距离不应大于 300mm。

4.6.3 组装好的锚索（包括注浆管）在扩孔结束后拔出钻杆立即放入套管及扩孔内，安放时，防止杆体锚索扭压、弯曲，并确保锚索处于钻孔中心位置，插入孔内深度不小于设计深度。

4.7 注浆

4.7.1 注浆时，将配制好的浆液用注浆泵通过胶管压入一次注浆管中，浆液从注浆管底端喷出，随着浆液的灌入，逐步上拔注浆管，上拔注浆管底端必须始终埋入浆液。当注浆到套管段时，应随注浆随拔套管，当孔口溢出浆液与注入浆液的颜色和浓度一致时，方可停止注浆。

4.7.2 注浆注意事项

1 灌注的水泥浆要取样做室内抗压试验，以复核其强度指标。

2 浆液应随搅随用，并在初凝前用完。注浆作业开始时，先用稀水泥浆循环注浆系统 1～2min，确保注浆时浆液畅通。

3 对于一次注浆，当浆液硬化后，若发现浆液没有充满钻孔时补浆。

4 同一批锚孔注浆结束后，要清洗注浆管道循环系统。

4.8 张拉与锁定

锚索的张拉与施加预应力（锁定）应符合以下规定：

1 预应力锚索张拉前，对张拉设备进行标定。

2 预应力锚索张拉应在同批次锚索验收合格后且承载构件注浆体强度满足设计要求后进行，张拉应按相关规范分级张拉。

3 锁定 48h 内，应力损失超过 10% 时应进行补偿张拉。

4 锚索张拉顺序采用隔一拉一。

5 锚索正式张拉前，取 20% 的设计张拉荷载，对其预张拉 1～2 次，使其与锚具接触紧密，钢绞线完全平直。

5　质量标准

5.0.1　主控项目

材料进场前，严格检查锚索材质，测其抗拉强度；对砂、水泥等材料进行检查，并做出记录。

锚索支护主控项目质量标准应符合表 16-1。

锚索支护主控项目质量标准　　　　表 16-1

项目	序号	检查项目	允许偏差或允许值	检查方法
主控项目	1	锚杆杆体索插入长度（mm）	+100-30	用钢尺量
	2	锚索拉力特征值（kN）	设计要求	现场抗拔试验
	3	扩孔压力（MPa）	±10%	钻机自动监测记录或现场监测
	4	喷嘴给进和提升速度（cm/min）	±10%	钻机自动监测记录或现场监测
	5	扩大头长度（mm）	±100	钻机自动监测记录或现场监测
	6	扩大头直径（mm）	≥1.0 倍设计直径	钻机自动监测记录

5.0.2　锚索支护一般项目质量标准应符合表 16-2 要求。

锚索支护一般项目质量标准　　　　表 16-2

项目	序号	检查项目	允许偏差或允许值	检查方法
一般项目	1	锚索位置（mm）	100	用钢尺量
	2	转孔倾斜度（°）	±2	测斜仪等
	3	浆体强度（MPa）	设计要求	试样送检
	4	注浆量（L）	大于理论计算浆量	检查计量数据
	5	锚索总长度（m）	不小于设计长度	用钢尺量

6　成品保护

6.0.1　锚索安装后，不得随意敲击，不得悬挂重物。

6.0.2　土方开挖时，禁止挖土机械碰撞冠梁、腰梁和锚索头锚固构造。

7　注意事项

7.1　应注意的质量问题

7.1.1　注浆时必须密切注意压力表，发现压力过高，可能发生堵管，必须立即检查，排除堵塞。

7.1.2　发生串浆现象及浆液从其他孔流出时，采用多台泵注浆或堵塞串浆孔注浆。

7.1.3　注浆完成后，及时清洗机具。

7.2　应注意的安全问题

7.2.1　注浆管不准对人放置，注浆管在未打开风阀前，不准搬动，关闭密封盖，防止高压喷出物伤人。

7.2.2 张拉过程中，锚孔的正前方以及张拉油泵的油管接头正前方严禁站人，以防飞锚或油管爆裂伤人。

7.2.3 施工人员要戴安全帽、挂安全带，台座四周和张拉平台外侧设置安全网。

7.3 应注意的绿色施工问题

7.3.1 材料运输中采用棚布遮盖，所经过的施工场地道路经常洒水。

7.3.2 钻孔注浆排出的废水、废浆经过过滤池，沉淀后再利用，并将沉渣运至指定的弃渣场所堆放。

8 质量记录

8.0.1 原材料出厂合格证，材料现场抽检试验报告，水泥浆（砂浆）试块抗压强试验报告。

8.0.2 锚索施工记录。

8.0.3 锚索基本试验报告。

8.0.4 锚索验收试验报告。

8.0.5 隐蔽工程检查验收记录。

8.0.6 设计变更报告。

8.0.7 工程重大问题处理文件。

8.0.8 竣工图。

第17章 高压喷射注浆帷幕

本工艺标准适用于工业与民用建（构）筑物、市政基础设施基坑（槽）高压喷射注浆帷幕施工。适用的土层有淤泥、淤泥质土、黏性土、粉土、黄土、砂土和人工填土。对于砾石直径大于60mm以上，砾石含量过多以及含有大量纤维的腐殖土，喷射质量差，一般不宜采用。

1 引用标准

《建筑基坑工程监测技术规范》GB 50497—2009

《建筑地基基础工程施工质量验收规范》GB 50202—2018

《建筑基坑支护技术规程》JGJ 120—2012

《水利水电工程高压喷射灌浆技术规范》DL/T 5200—2004

《高压喷射灌浆施工操作技术规程》HG/T 20691—2006

《山西省建筑基坑工程技术规范》DBJ04/T 306—2014

2 术语

2.0.1 高压喷射注浆桩：利用高压设备使喷嘴以一定的压力把浆液喷射出去，以高压射流冲击切割土体，使一定范围内的土体破坏，置换出一部分土体，浆液与剩余土体搅拌混合固化。随着注浆管的提升、摆动形成桩体。根据喷射方法的不同，喷射注浆可分为单管法、二重管法和三重管法。

2.0.2 单管法：单层喷射管，仅喷射水泥浆。

2.0.3 二重管法：又称浆液气体喷射法，是用二重注浆管同时将高压水泥浆和空气两种介质喷射流横向喷射出，冲击破坏土体。在高压浆液和它外圈环绕气流的共同作用下，破坏土体的能量显著增大，最后在土中形成较大的固结体。

2.0.4 三重管法：是一种浆液、水、气喷射法，使用分别输送水、气、浆液三种介质的三重注浆管，在以高压泵等高压发生装置产生高压水流的周围，环绕一股圆筒状气流，进行高压水流喷射流和气流同轴喷射冲切土体，形成较大的空隙。再由泥浆泵将水泥浆以较低压力注入被切割、破碎的土体中，喷嘴作旋转和提升运动，使水泥浆与土混合，在土中凝固，形成较大的固结体。

2.0.5 高压喷射注浆帷幕：通过连续施工高压喷射注浆，桩凝固后在土中形成有一定强度、相邻桩体相互咬合成帷幕形式的固结体。

2.0.6 旋喷法：喷嘴一面喷射一面旋转并提升，固结体呈圆柱状。

2.0.7 定喷法：施工时，喷嘴一面喷射一面提升，喷射的方向固定不变，固结体形如板状或壁状。

2.0.8 摆喷法：施工时，喷嘴一面喷射一面提升，喷射的方向呈一定角度来回摆动，固结体形成扇形断面柱体。

3 施工准备

3.1 作业条件

3.1.1 提前进行试验性施工，验证喷射注浆帷幕参数，确定施工方案。

3.1.2 工程地质资料齐全。

3.1.3 为了解喷射注浆后帷幕可能有的强度和决定浆液合理配合比，必须取现场各层土样，在室内按不同的含水量和配合比进行配方试验，优选出最合理的浆液配方。

3.1.4 根据估算喷射直径来选用喷射注浆的种类和喷射方式。

3.1.5 喷射间距的布置形式按工程需要提前确定。

3.2 材料及机具

3.2.1 泥浆材料：以水泥为主材，加入不同外加剂后，可具有速凝、早强、抗冻等性能。一般选用普通硅酸盐 42.5 级水泥。

3.2.2 早强剂：对地下水丰富的工程需要在水泥浆中掺入速凝早强剂，通常有氯化钙、水玻璃及三乙醇胺等。

3.2.3 水玻璃：对于有抗渗要求的喷射固体，不宜使用矿渣水泥，如仅要求抗渗而无抗冻要求的可使用火山灰水泥，在水泥浆中掺入 2‰～4‰ 的水玻璃，注浆用的水玻璃模数要求在 2.4～3.4 较为合适，浓度要在 30～45 波美度为宜。

3.2.4 膨润土：对改善型，在水泥浆中掺入膨润土，使浆液悬浮性增加，微减小水泥颗粒沉淀量，以至浆液的析水率减小，稳定性强。

3.2.5 高压泥浆泵：是用于输送水泥系浆液的主要设备。在单管法和二重管法中，必须使用高压泥浆泵作为泵送设备，三重管法喷射施工则允许使用一般灌浆施工中常用的泥浆泵。

3.2.6 高压水泵：是施工机械供水系统的重要组成部分，要求压力和流量稳定并能在一定范围内调节。高压喷射一般要求喷水口的压力达到 15～25MPa，出口流量为 50～100L/min。

3.2.7 高压喷射钻机：在软弱黏性土中，钻孔可选用小型钻机，但在砾砂土和硬黏土的地层中钻孔，选择质量大一点的钻机。要求钻机的钻进能力为 100m，钻孔直径为 110～150mm。钻机除有一般钻机的功能外，还要求具有带动注浆管以 10～20r/min 慢速转动和以 5～25cm/min 慢速提升的功能，如所用钻机不具备上述两项功能，则需改制或配备具有上述两项功能的旋喷机和钻机的配合使用。

3.2.8 普通泥浆泵：主要用于三重管、多重管的施工中。

3.2.9 空气压缩机：空气压缩机和流量计、输气管组成供气系统，主要提供水气或水浆复合喷射流的气流。压力要求为 0.7MPa 以上，风量一般为 8～10m³/min，宜选用低噪声空压机。

3.2.10 泥浆搅拌机：泥浆搅拌机和上料机、浆液贮存桶（简称贮浆桶）共同组成制浆系统。单机高压喷射注浆时，泥浆搅拌机的容积宜在 1.2m³ 左右，搅拌翼的旋转速度宜在 30～40r/min 之间。

3.2.11 喷射注浆管：包括单管、二重管和三重管等。各种喷射注浆管均由导流器（即送液器）、注浆管（即钻杆）和喷头三部分组成。

3.2.12 高压胶管：高压胶管是钻机和高压泵或空气压缩机之间的软性连接管路。包括输送浆液高压胶管和输送压缩空气胶管。

3.2.13 高压喷射注浆施工监测仪器：对各种喷射介质的压力和流量及喷头的旋转速度和提升速度某项参数用仪器记录。

3.2.14 高喷台车：在三重管的高压喷射注浆中，承载高压注浆管的机架台车。

4 操作工艺

4.1 工艺流程

试验确定施工参数 → 场地平整 → 测量定位 → 浆液配置 → 钻机就位及钻进 →
插注浆管 → 喷射注浆 → 冲洗 → 补浆

4.2 试验确定施工参数

4.2.1 在有代表性的地段进行试验，以确定施工参数。

4.2.2　施工前应确定喷射参数（速度、提升速度、喷嘴直径）。尤其深层长桩，应根据不同深度、不同土质情况变化，选择合适的参数。旋喷桩施工参数可参考表 17-1。

旋喷桩施工参数参考表　　　　　　　　　　　　　　表 17-1

项目			单管法	二重管法	三重管法
旋喷速度（r/min）			15～20	10～20	7～14
提升速度（m/min）			15～20	10～20	11～18
机具性能	高压泵	压力（MPa）	—	—	20～30
		流量（L/min）			80～120
	空压机	压力（MPa）	—	0.5～0.7	0.5～0.7
		流量（L/min）	—	1～2	0.5～2.0
	泥浆泵	压力（MPa）	20～40	20～40	4
		流量（L/min）	60～120	60～120	80～150

4.3　场地平整

4.3.1　先进行场地平整，清除桩位处地上、地下的一切障碍物，场地低洼处用黏性土料回填夯实。

4.3.2　根据施工现场实际情况，施作临时排、截水设施，并在施工范围以外开挖废泥浆池以及施工孔位至泥浆池间的排浆沟。

4.4　测量定位

4.4.1　施工前用全站仪测定旋喷桩桩点，保证桩孔中心移位偏差小于 2mm。

4.4.2　如果施工的是高压旋喷注浆帷幕桩，则采用二序孔或三序孔施工，以保证相邻孔喷射时间不小于 72h。全部钻孔统一编号，标明次序。

4.5　浆液配制

4.5.1　桩机就位时，即开始按设计确定的配合比拌制水泥浆。

4.5.2　首先，将水加入桶中，再将水泥和外掺剂倒入，开动搅拌机搅拌 10～20min，而后拧开搅拌桶底部阀门，放入第一道筛网（孔径为 0.8mm）过滤后流入浆液池，然后通过泥浆泵抽进第二道过滤网（孔径为 0.8mm）过滤后流入浆液桶中，待压浆时备用。

4.6　钻机定位及钻进

4.6.1　单管法

1　移动喷射钻机至设计孔位，使钻头对准旋喷桩设计中心，钻孔的倾斜度不得大于 1.5%。

2　钻机就位后，首先进行低压（0.5MPa）射水试验，用以检查喷嘴是否畅通，压力是否正常。

3　启动钻机，同时开启高压泥浆泵低压输送清水，使钻杆沿导向架旋转、射流下沉成孔，直到桩底设计标高，观察工作电流不应大于额定值。射水压力由 0.5MPa 增至 1MPa，作用是减少摩擦阻力，防止喷嘴被堵。

4　接长钻杆。当第一根钻杆钻进后，停止射水，此时压力降为零，接长钻杆，再继续射水、钻进，直到钻至桩底设计标高。

4.6.2 双重管法

1 移动喷射钻机到设计孔位，调整好垂直度后进行高压浆、气管路试验。

2 试验合格后，启动钻机，并用较小压力（0.5～1.0MPa）边钻进边射水，至设计标高后停止钻进，观察工作电流不应大于额定值。

4.6.3 三重管法

1 一般采用地质钻机，钻机就位后，调整垂直度，使其符合要求。

2 钻孔采用泥浆护壁钻进，泥浆比重为 1.1～1.25t/m³，孔径为 130mm。

3 开孔时要轻压慢钻，在钻进过程中随时检测钻杆的垂直度，以确保钻孔垂直。

4 孔深达到设计深度后，提钻前要换入新浆液进行清孔约 30min，以减少孔内沉淀，保证高喷管插入深度。

4.7 插注浆管

4.7.1 当采用单管法和二重管法时，钻杆也就是注浆管，钻孔和插管二道工序可合而为一。

4.7.2 三重管法

1 钻机成孔后，拔出钻杆，撤走钻机，高喷台车就位，再插入高喷管，高喷台车就位必须牢固平稳。

2 高喷管下孔前，必须在地面进行试喷，检查各种机械系统是否正常，管路是否畅通。然后用胶带纸密封水嘴和气嘴。

3 高喷管下到设计高程后，有定喷或摆喷要求的，由技术员确定喷射方向（定喷），和调整好摆角（摆喷），喷射过程中每换管一次，技术员必须校核喷射方向和角度。

4.8 喷射注浆

4.8.1 单管法

1 钻孔至桩底设计标高后，停止射水，拧下上面第一根钻杆，放入钢球，堵住射水孔，再将钻杆装上，即可向钻机送高压水泥浆，坐底喷浆 30s 后，等浆液从孔底冒出地面后，按设计的工艺参数，钻杆开始旋转和提升，自下而上进行喷射注浆。

2 中间拆管时，停止压浆，待压力下降后，迅速拆除钻杆，并将剩余钻杆下沉进行搭接，搭接长度不小于 200mm，然后继续压浆，等压力上升至设计压力时，重新开始提升钻杆喷浆。

4.8.2 双重管法

1 钻杆下沉到达设计深度后，停止钻进，旋转不停，同时关闭水阀，开启浆阀，高压泥浆泵压力增到施工设计值，然后送气，坐底喷浆 30s 后，等浆液从孔口冒出地面后，按设计的工艺参数，边喷浆，边旋转，边提升，直至设计标高。

2 中间拆管时，应先停气，后停浆；重新开始，应先给浆再给气，喷射注浆的孔段与前段搭接不小于 200mm，防止固结体脱节。

4.8.3 三重管法

1 高喷管达到设计深度后，依次开启高压水泵、空压机和泥浆泵进行旋转喷射，并用仪表控制压力、流量和风量，坐底喷浆 30s 后，等浆液从孔口冒出地面后，按设计的工艺参数开始提升，直至达到预期的加固高度后停止。

2　中间拆管时，应先停气，后停高压水；重新开始，应先给水再给气，喷射注浆的孔段与前段搭接不小于 100mm。

4.9　冲洗

当喷浆结束后，立即清洗高压泵、输浆管路、注浆管及喷头。管内、机内不得残存水泥浆，通常将浆液换成水，在地面上喷射，以便把泥浆泵、注浆管以及软管内的浆液全部排除。

4.10　补浆

喷射注浆作业完成后，由于浆液的析水作用，一般均有不同程度的收缩，使固结体顶部出现凹穴，要及时用水灰比为 1.0 的水泥浆补灌。

5　质量标准

5.0.1　主控项目

1　水泥及外掺剂质量符合设计要求。

2　水泥用量符合设计要求。

3　桩体强度及完整性检验符合设计要求。

5.0.2　一般项目

1　钻孔位置允许偏差不大于 50mm。

2　钻孔垂直度允许偏差不大于 $1.5\%H$。

3　孔深允许偏差 ±200mm。

4　注浆压力符合设定参数。

5　桩体搭接长度不小于 200mm。

6　桩体直径允许偏差不大于 50mm。

7　桩体中心允许偏差不大于 $0.2D$。

6　成品保护

6.0.1　高压喷射注浆施工完成后，不能随意堆放重物，防止喷射注浆帷幕变形。

6.0.2　成桩完成 4～6 周后，才可以进行基坑开挖。

6.0.3　由于高压旋喷桩桩体强度较低，开挖桩头时必须采用人工开挖，切不可利用机械野蛮施工，以免造成桩身质量问题。

6.0.4　破除桩头不得采用重锤等横向侧击桩体，以防造成桩顶标高以下桩身质量问题。

7　注意事项

7.1　应注意的质量问题

7.1.1　钻机就位后应进行水平、垂直校正，钻杆应与桩位吻合，偏差控制在 10mm 内。

7.1.2 冒浆处理，在喷射过程中往往有一定数量土粒随着一部分浆液沿着注浆管冒出地面，通过对冒浆观察，冒浆量小于注浆量 20％为正常现象，超过 20％或完全不冒浆者，应查明原因，采取相应的措施：

1 地层中有较大的空隙而引起不冒浆，则可在浆液中掺加适量的速凝剂，缩短固结时间，使浆液在一定范围内凝固。另外，还可在空隙地段增大注浆量，填满空隙，再继续正常旋喷。

2 冒浆量过大是有效喷射范围与注浆量不适应所致，可采取提高喷射压力；适当缩小喷嘴直径；加快提升和旋喷速度等措施，减小冒浆量。

3 冒出地面浆液应经过滤、沉淀和调整浓度后才能回收利用，但回收难免没有砂粒，故仅有二重管旋喷法可利用回收的冒浆再注浆。

7.1.3 在插管旋喷过程中，要注意防止喷嘴被堵，水、气、浆、压力和流量必须符合设计值，否则要拔管清洗，再重新进行插管和旋喷。使用双喷嘴时，若一个喷嘴被堵，则用复喷方法继续施工。单管法和双重管法钻孔过程中，为防止泥砂堵塞，可边射水边插管，水压力控制在 1MPa；三重管法插管过程中，高压水喷嘴、气嘴要用胶带包裹，以免泥土堵塞。

7.1.4 水泥浆液搅拌后不得超过 4h，当超过时应经专门试验，证明其性能符合要求方可使用。

7.1.5 钻杆的旋转和提升必须连续不中断，拆卸钻杆要保持钻杆有 0.2m 以上搭接长度，以免使旋喷固结体脱节，中途机械发生故障，且在桩底部 1m 范围内应采取较长持续时间的措施。

7.1.6 当桩头凹陷量大对土加固及防渗影响大时，应采取静压注浆补强。

7.1.7 浆液材料不要受潮或变质，不得使用受潮、结块或过期的水泥，各种外加剂要分别存放。浆液材料及外加剂均应采用无毒材料。

7.2 应注意的安全问题

7.2.1 高压胶管不能超过压力范围使用，使用时屈弯不小于规定的弯曲半径，防止高压胶管破裂。

7.2.2 施工时，对高压泥浆泵要全面检查和清洗干净，防止泵体的残渣和铁屑存在；各密封圈应完整无泄漏，安全阀中的安全销要进行试压检验。确保能在额定最高压力时断销卸压；压力表应定期检查，保证正常使用，一旦发生故障，要停泵停机排除故障。

7.2.3 高压喷射旋喷注浆是在高压下进行，高压射流的破坏较强，浆液应过滤，使颗粒不大于喷嘴直径；高压泵必须有安全装置，当超过允许泵压后，应能自动停止工作；因故需较长时间中断喷射时，应及时地用清水冲洗输送浆液系统，以防硬化剂沉淀管路内。

7.2.4 操纵钻机人员要有熟练的操作技能，了解注浆全过程及钻机旋喷注浆性能严禁违章操作。

7.3 应注意的绿色施工问题

7.3.1 施工中产生的废弃泥浆必须经过沉淀池沉淀处理后，方可排入市政污水管，严禁直接排入市政污水管。废浆沉渣必须用密封的槽车外运，送到指定地点处置。

7.3.2 在水泥搅拌过程中，水泥添加作业应规范，搅拌设施应保持密闭，防止添加、搅拌过程中，大量水泥扬尘外逸。

7.3.3 由于施工产生的扬尘可能影响周围正常居民生活、道路交通安全的，应设置防护网，以减少扬尘及施工渣土影响。

7.3.4 施工场地硬化时，洒水防止扬尘，遇大风天气，场地内渣土应覆盖。

7.3.5 根据施工项目现场环境的实际情况，合理布置机械设备及运输车辆进出口，搅拌机等高噪声设备及车辆进出口应安置在离居民区域相对较远的方位。

7.3.6 对于高噪声设备附近加设可移动的简易隔声屏，尽可能减少设备噪声对周围环境的影响。

7.3.7 运输、施工作业的车辆在离开施工作业场地前，应对车辆轮胎、车厢、车身进行全面清洗，防止泥浆在车辆行驶过程对外界道路及空气质量，造成污染。

7.3.8 施工过程中注意现场的浆液存放，避免浆液四溢，做到工完场清。

8　质量记录

8.0.1 测量放线记录。

8.0.2 水泥、外加剂及掺合料出厂合格证、质量检验报告及进场复验报告。

8.0.3 高压喷射注浆施工记录。

8.0.4 桩体帷幕强度检验报告。

8.0.5 高压喷射注浆帷幕工程检验批质量验收记录。

8.0.6 高压喷射注浆帷幕工程分项质量验收记录。

8.0.7 隐蔽工程检验记录。

8.0.8 设计变更报告。

8.0.9 工程重大问题处理文件。

8.0.10　其他技术文件。

第 18 章　逆作法施工

本工艺标准适用于工业与民用建（构）筑物、市政基础设施基坑采用逆作法施工。

1　引用标准

《钢结构工程施工质量验收规范》GB 50205—2001

《建筑基坑工程监测技术规范》GB 50497—2009

《建筑地基基础工程施工质量验收规范》GB 50202—2018

《钢结构焊接规范》GB 50661—2011

《地下建筑工程逆作法技术规程》JGJ 165—2010

《建筑基坑支护技术规程》JGJ 120—2012

《山西省建筑基坑工程技术规范》DBJ04/T 306—2014

2 术语

2.0.1 逆作法：利用主体结构的全部或一部分作为支护结构，自上而下施工地下结构并与基坑开挖交替实施的施工方法。

2.0.2 立柱桩：逆作法中，结构水平构件的竖向支承立柱和立柱桩可采用临时立柱与主体结构工程桩相结合的立柱桩（一柱多桩），或与主体地下结构柱及工程桩相结合的立柱和立柱桩（一柱一桩），即为立柱桩。当采用临时立柱时，可在地下室结构施工完成后拆除临时立柱，完成主体结构柱的托换。

3 施工准备

3.1 作业条件

3.1.1 具备完整的工程地质资料，提供周边环境资料及保护要求。

3.1.2 施工前进行了设计交底，主体建筑、结构设计及基坑支护设计齐全。

3.1.3 编写了施工组织设计及专项施工方案，经过专家论证后施工。

3.1.4 完成了工程桩以及地基加固施工。

3.2 材料及机具

3.2.1 混凝土、钢筋、型钢以及配套辅助材料；施工用脚手管、扣件、方木、模板等。

3.2.2 加长臂挖掘机、挖掘机、装载机、自卸汽车、取土架、钢筋弯曲机、钢筋切断机、钢筋套丝机、电焊机、混凝土输送泵、混凝土振捣棒、空压机、手提风镐、潜水泵、注浆机、柴油发电机。

4 操作工艺

4.1 工艺流程

围护结构、竖向支撑桩柱施工 → 降水 → 分层进行土方开挖 → 分层进行水平支撑结构层 → 分层进行墙柱结构和外墙防水施工 → 底板结构及防水施工 → 出入口施工

4.2 围护结构、竖向支撑桩柱施工

4.2.1 围护结构种类由设计确定，根据地质情况设计一般有地下连续墙、排桩支护等。排桩支护的桩种类较多，有灌注桩、高压水泥旋喷桩等等，具体支护施工按照相应工艺标准施工。

4.2.2 施工时，不单纯考虑帷幕支护作用，必须考虑与地下结构连接部位的构造。比如与楼层外侧梁板、基础相连接处设预埋钢筋或直螺纹套筒，需要措施到位，控制位置准确。

4.2.3　施工支撑水平结构的竖向构件即立柱桩时，需要将立柱与工程桩一体施工，立柱可以是格构柱，也可以是灌注桩，现场成孔，将桩钢筋笼和柱放入桩孔，浇筑混凝土。具体施工时，按照立柱桩的工艺标准进行施工。

4.3　降水

如工程部分结构在地下水位以下，为施工安全考虑应提前进行降水。降水方案的选择视工程地质条件而定，具体参照基坑降水施工工艺标准。

4.4　分层进行土方开挖

4.4.1　土方开挖前，应对取土口的位置、大小以及施工道路进行设计排布。出土口是地下土方的出口，其留置将对地下施工产生直接影响。出土口的布置要遵循以下原则：

1　出土口要尽量减少对正常交通的影响。出土口可设在较宽的人行道上，也可在马路上靠边设置，但占道宽度要尽量小。

2　出土口要在道路两侧布置，地下施工可多点、多面同时施工。

3　取土口平面布置应分布均匀，充分考虑施工行车路线，平均每 $1000m^2$ 布置一个取土口，间距约为 25m，以便地下通道尽快连通。

4　取土口大小应充分考虑施工机械及材料运输需要，尺寸不小于 $2.5m×5m$，以便挖掘机站在地面向下取土。

4.4.2　土方开挖先进行第一层土方开挖，开挖从自然地坪至地下一层地面标高，进行一层结构施工，并按方案留设出土口。

4.4.3　出土口结构形成后，以出土口为起点进行地下土方开挖。开始时采用人工挖土，逐渐扩大地下空间。当地下空间扩大后，可向地下吊运小型挖掘机，利用机械进行挖土。

4.4.4　开挖时，多根立柱可以同时开挖，柱采用间隔"跳挖"施工。地下土方通过机械转运到各出土口，在地面上采用加长臂挖掘机将土方挖出装车外运。

4.4.5　挖土深度由基坑围护结构的刚度决定，刚度小，可挖至每层的梁板下可供支设梁底模板，板采用排架支撑；围护刚度较好可挖至每层地面标高，可整层支撑体系施工；围护刚度非常高时，可根据安全系数一次可开挖二层及两层以上土方，再开始正作结构。

4.5　分层进行水平支撑结构施工

4.5.1　第一层结构采用正作法施工，当开挖至地下一层结构以下后进行支撑架的搭设，搭设前应检查地基承载力的符合性，若不满足架体支设承载力的要求，可通过加混凝土垫层的方式进行地基加固。

4.5.2　梁板按照从上到下分层施工，直到基础底板位置。施工顺序为：挖上层土方→绑扎墙柱钢筋，竖向钢筋下插入土→支设梁板模板，梁板外侧以直立围护结构作外模→绑扎梁板钢筋→浇筑梁板混凝土→重复以上工序，依次完成以下各层梁板施工。

4.5.3　每层墙柱钢筋都要和上层预留钢筋可靠连接，并在土内向下插入钢筋，以便和下层墙柱连接。

4.5.4　墙柱下层内模板支设时要设置"喇叭口"，在对应的上层板上预留 $100\sim150mm$ 浇筑孔，可将泵管穿过。将混凝土从"喇叭口"灌注，墙柱拆模后，"喇叭口"混凝土要剔凿修平。

4.6 分层进行墙柱结构及外墙防水施工

4.6.1 逆作法施工的梁板结构竖向支撑主要是立柱桩，立柱桩为后期加工成墙柱结构，操作方法与常规施工基本相同。

4.6.2 支柱桩为混凝土灌注桩的要剔凿修整桩身（至少剔除粘结的泥浆层），使外包钢筋内外保护层不小于 25mm 或环境类别规定的保护层厚度；若支柱桩为钢格构柱，要剔凿干净泥浆，并用钢丝刷清理干净附着在格构柱上泥浆。

4.6.3 基础底板施工后，再施工墙、柱身，墙、柱身和顶板预留下接墙、接柱通过"喇叭口"连接。

4.6.4 外围内衬墙根据设计而定，在上下层梁板施工时，要预留钢筋和止水带，可用围护结构作为外侧模板，内侧模板做好支撑，可与外围护结构拉结，防止胀模，通过楼板预留孔和墙模上的簸箕等措施浇筑混凝土。

4.6.5 按设计要求进行外墙防水施工。

4.7 底板结构施工

4.7.1 一定区域内柱子、墙板完成后，应及时浇筑底板，以增大底面受力面积，共同承担顶板载荷。一般顶板暴露面积达到 150m²，将底板连成整体。

4.7.2 施工垫层及防水及保护层后，绑扎基础钢筋，施工时注意要与立柱桩或周围围护结构的预埋钢筋或套筒连接，形成整体。在与立柱桩和周围围护结构交界处，设止水装置，防止底板接缝处渗水。

4.8 出入口施工

待全部土方挖完和基础施工完成后，按照从下到上依次支设模板、绑扎钢筋，与四周梁板伸出的预留筋或连接套筒连接，最后浇筑混凝土，施工时要处理好四周的施工缝。

5 质量标准

5.0.1 主控项目

1 补偿收缩混凝土的原材料、配合比及坍落度，必须符合设计要求。

2 内衬墙接缝用遇水膨胀止水条或止水胶和预埋注浆管，必须符合设计要求。

3 逆注结构渗漏水量必须符合设计要求。

5.0.2 一般项目

1 逆筑结构地下连续墙的施工要求：

1）连续墙墙面应凿毛、清洗干净，并宜做水泥砂浆防水层。

2）地下连续墙与顶板、中楼板、底板接缝部位应凿毛处理，施工缝的施工应按施工缝工程检验批质量验收。

3）钢筋接驳器宜涂刷水泥基渗透结晶型防水材料。

2 逆筑结构地下连续墙与内衬构成复合式衬砌逆筑法的施工要求：

1）顶板及中楼板下部 500mm 内衬墙应同时浇筑，内衬墙下部应做斜坡形，斜坡形下部应预留 300～500mm 空间，并应待先浇混凝土施工下 14d 后再行浇筑。

2）浇筑混凝土前，内衬墙的接缝面应凿毛、清洗干净，并应设置遇水膨胀止水条或止水胶和预埋注浆管。

3）内衬墙的后浇带混凝土应采用补偿收缩混凝土，浇筑口宜高于斜坡顶端 200mm 以上。

3　遇水膨胀止水条：

1）应具有缓膨胀性能。

2）止水条与施工缝基面应密贴，中间不得有空鼓、脱离等现象。

3）止水条应牢固地安装在缝表面或预留凹槽内。

4）止水条采用搭接连接时，搭接宽度不得小于 30mm。

4　遇水膨胀止水胶：

1）应采用专用注胶器挤出，粘结在施工缝表面，并做到连续、均匀、饱满，无气泡和孔洞，挤出宽度及厚度应符合设计要求。

2）挤出成形后，固化期内应采取临时保护措施。

3）固化前不得浇筑混凝土。

5　预埋注浆管：

1）应设置在施工缝断面中部，注浆管与施工缝基面应密贴并固定牢靠，固定间距宜为 200～300mm。

2）与注浆管的连接应牢固、严密，导管埋入混凝土内的部分应与结构钢筋绑扎牢固，导管的末端应临时封堵严密。

6　成品保护

6.0.1　土方开挖时，临近降水系统、支护结构、建筑结构、竖向立柱桩部分，应采用人工开挖并设警示标志。

6.0.2　预埋插筋、连接件等应有防护措施。

7　注意事项

7.1　应注意的质量问题

7.1.1　土石方采用机械开挖时，边坡位置应预留 200mm 厚土做边坡的保护层，然后用人工修整坡面。

7.1.2　楼面梁板结构应支立支架后铺设模板，模板拼缝处内贴胶带，防止漏浆。

7.1.3　逆作法接槎、施工缝较多，剔凿在混凝土强度达到 50% 以上方可进行，同时做好施工缝接槎处理工作，需要时预埋专用注浆管注浆处理。

7.1.4　竖向立柱桩在施工过程中应采用专用调垂架控制平面位置、垂直度和转向偏差，进行垂直度检测，确保其位置和垂直度满足设计要求。

7.2　应注意的安全问题

7.2.1　土方应按设计工况分块、分层、均衡、对称开挖，严防超挖。

7.2.2　对于挖出的泥土要按规定运输出场，不得随意沿围墙和水平结构上堆放。

7.2.3 挖掘机停靠、挖土位置和汽车运土路线应符合施工方案规定。

7.2.4 凡作业层以下无安全防护设施作业时，施工作业人员必须佩戴安全带或安全绳，凡未使用防护用品用具的不准作业，以防止坠落事故的发生。

7.2.5 所有各种机械设备进场后，必须经设备负责人会同安全员和使用机械的人员，共同对该机械设备进行进场验收。

7.2.6 接触粉尘作业的施工作业人员，在施工中应尽量降低粉尘的浓度，在施工中采取适当措施降低扬尘，作业人员正确佩戴防尘口罩。

7.2.7 土石方开挖时，两人操作间距应大于 2.5m；多台机械开挖，挖土机间距应大于 10m。在挖土机工作范围内，不许进行其他作业。

7.2.8 对于楼板支撑跨度较大的模板支撑拆除必须在混凝土强度达到 100% 后方能拆除，以免发生安全事故。

7.2.9 逆作法期间第三方和施工单位均应进行基坑监测，及时反馈监测信息。

7.2.10 应根据环境及施工方案要求设置通风、排气及照明设施。

7.3 应注意的绿色施工问题

7.3.1 施工现场应配备有效的降尘设施和设备，对施工地点和施工机械进行降尘。

7.3.2 废浆、渣土外运和排放、污水排放应符合环境保护的有关规定。

7.3.3 合理选用施工机械，采用围挡措施，控制噪声。

8 质量记录

8.0.1 岩土工程勘察报告、图纸会审记录、设计变更文件。

8.0.2 桩位测量放线图及工程桩位线复核签证单。

8.0.3 桩身完整性检测报告及单桩承载力检测报告。

8.0.4 原材料出厂合格证和进场复试报告。

8.0.5 混凝土强度试验报告。

8.0.6 钢筋接头试验报告。

8.0.7 预应力筋用锚具、连接器的合格证和进场复试报告。

8.0.8 混凝土工程施工记录。

8.0.9 隐蔽工程验收记录。

8.0.10 分项工程验收记录。

8.0.11 预应力筋安装、张拉及灌浆记录。

8.0.12 其他必要的文件和记录。

8.0.13 竖向构件垂直度验收应提交下列记录：

    1 有效断面设计交底记录。

    2 垂直度验收记录。

地下、外墙和室内防水工程施工工艺

前　　言

本书是山西建设投资集团有限公司《建筑安装工程施工工艺标准系列丛书》之一。该标准经广泛调查研究，认真总结工程实践经验，参考有关国家、行业及地方标准规范，在2007版基础上经广泛征求意见修订而成。

该书编制过程中主要参考了《建筑工程施工质量验收统一标准》GB 50300—2013、《地下工程防水技术规范》GB 50108—2008、《地下防水工程质量验收规范》GB 50208—2011等标准规范。每项标准按引用标准、术语、施工准备、操作工艺、质量标准、成品保护、注意事项、质量记录八个方面进行编写。

本标准修订的主要内容是：

1　2007版的9篇地下防水工程工艺标准归属在《地基与基础工程施工工艺标准》中，为便于广大读者查阅，这一次修订时将地下防水与外墙防水独立成册。

2　此次修订增加了施工缝防水处理、变形缝防水处理、后浇带防水处理。施工缝始终是防水薄弱部位，常因处理不当而在该部位产生渗漏，因此将施工缝防水处理单独成节。变形缝的设计是考虑结构沉降、伸缩的可变性，应充分考虑其在变化中的密闭性，不产生渗漏水现象，故将其独立成节。后浇带应设在受力和变形较小的部位，后浇带处的渗漏也是地下工程常见的质量通病之一，为做好后浇带处的防水处理，单独编写了后浇带防水处理一节。

3　卷材防水层这一节是在上一版改性沥青卷材防水层基础上修改的，是在原有的基础上拓展的卷材的种类。目前，国内地下工程使用的卷材品种有：高聚物改性沥青类防水卷材有SBS、APP、自粘聚合物改性沥青等防水卷材；高分子类防水卷材有三元乙丙、聚氯乙烯、聚乙烯丙纶、高分子自粘胶膜等。

4　外墙防水是本次新增的内容，外墙工程的渗漏也受到社会越来越多的关注，此次增加外墙防水施工工艺标准，旨在能为现场施工提供更多的帮助。

本书可作为地下防水及外墙防水工程施工生产操作的技术依据，也可作为编制施工方案和技术交底的蓝本。在实施工艺标准过程中，若国家标准或行业标准有更新版本时，应按国家或行业现行标准执行。

本书在编制过程中，限于技术水平，有不妥之处，恳请提出宝贵意见，以便今后修订完善。随时可将意见反馈至山西建设投资集团有限公司技术中心（太原市新建路9号，邮政编码030002）。

目　录

第1篇 地 下 防 水

第1章 防水混凝土结构

本工艺标准适用于抗渗等级不小于P6的地下混凝土结构。不适用于环境温度高于80℃的地下工程。

1 引用标准

《地下工程防水技术规范》GB 50108—2008
《地下防水工程质量验收规范》GB 50208—2011
《建筑工程施工质量验收统一标准》GB 50300—2013
《混凝土质量控制标准》GB 50164—2011
《混凝土结构工程施工质量验收规范》GB 50204—2015
《混凝土结构工程施工规范》GB 50666—2011
《普通混凝土配合比设计规程》JGJ 55—2011
《建筑工程冬期施工技术规程》JGJ/T 104—2011

2 术语

2.0.1 胶凝材料：用于配制混凝土的硅酸盐水泥及粉煤灰、磨细矿渣、硅粉等矿物掺合料的总称。

2.0.2 水胶比：混凝土配置时的用水量与胶凝材料总量之比。

3 施工准备

3.1 作业条件

3.1.1 编制防水混凝土专项施工方案，确定施工工艺、浇筑方法，并做好技术交底工作。

3.1.2 施工期间地下水位已降至基础工程底部标高以下500mm，基坑中无积水、淤泥，必要时应采取降水措施。

3.1.3 完成钢筋、模板及管道预埋件等上道工序的质量检查和隐蔽工程验收工作。固定模板的螺栓必须穿过混凝土墙时，应采取止水措施。钢筋及绑扎铁丝不得接触模板。迎水面结构钢筋保护层不应小于50mm。

3.1.4 防水混凝土所用原材料已经检验，并由试配提出混凝土配合比。

3.1.5 混凝土结构施工宜采用预拌混凝土，混凝土输送宜采用泵送方式。

3.1.6 施工缝和后浇带的留设位置，应由设计或在混凝土浇筑前确定。施工缝和后浇带宜留设在结构受剪力较小且便于施工的位置。

3.1.7 基坑边坡稳固或已采取了加固措施，无坍塌危险。基坑内周边应设排水沟和集水井。

3.1.8 防水混凝土施工的环境气温宜为 5～35℃，混凝土冬期、高温和雨期施工，应符合国家现行有关标准的规定。

3.1.9 防水混凝土结构不得在雨天、雪天和五级及以上大风时施工。

3.2 材料及机具

3.2.1 水泥：宜采用普通硅酸盐水泥或硅酸盐水泥，采用其他品种水泥时应经试验确定；在受侵蚀性介质作用时，应按介质的性质选用相应的水泥品种；不得使用过期或受潮结块的水泥，并不得将不同品种或强度等级的水泥混合使用。

3.2.2 砂、石：砂宜选用中粗砂，含泥量不应大于 3.0%，泥块含量不宜大于 1.0%。石子用碎石或卵石，粒径宜为 5～40mm，含泥量不应大于 1.0%，泥块含量不应大于 0.5%；泵送时其最大粒径不应大于输送管径的 1/4；对长期处于潮湿环境的重要结构混凝土用砂、石，应进行碱活性检验。

3.2.3 矿物掺合料：采用粉煤灰、硅粉或粒化高炉矿渣粉等，粉煤灰的级别不应低于Ⅱ级，烧失量不应大于 5%，粉煤灰掺量宜为胶凝材料总量的 20%～30%；硅粉的比表面积不应小于 15000m²/kg，SiO_2 含量不应小于 35%，硅粉的掺量宜为胶凝材料总量的 2%～5%；粒化高炉矿渣粉的品质要求应符合国家现行有关标准的规定。

3.2.4 外加剂：采用减水剂、引气剂、防水剂及膨胀剂等，其技术性能应符合国家现行有关标准的质量要求。

3.2.5 水：饮用水，不含有害物质的洁净水，水质应符合《混凝土拌合用水标准》JGJ 63 的规定。

3.2.6 机具：混凝土搅拌机、搅拌运输车、输送泵、布料机、机动翻斗车、手推车、混凝土吊斗、插入式振动棒、串桶、溜槽、铁板、水桶、胶皮管、铁锹、磅秤、抹子、试模、容器（盛外加剂）等。

4 操作工艺

4.1 工艺流程

防水混凝土配合比 → 混凝土搅拌 → 混凝土运输 → 混凝土浇筑 → 混凝土振捣 → 混凝土养护 → 混凝土缺陷修整

4.2 防水混凝土配合比

4.2.1 试配要求的抗渗水压值应比设计值提高 0.2MPa。

4.2.2 混凝土胶凝材料总量不宜小于 $320kg/m^3$，其中水泥用量不宜小于 $260kg/m^3$，粉煤灰掺量宜为胶凝材料总量的 $20\%\sim30\%$，硅粉的掺量宜为胶凝材料总量的 $2\%\sim5\%$。

4.2.3 水胶比不得大于 0.50，有侵蚀性介质时水胶比不宜大于 0.45。

4.2.4 砂率宜为 $35\%\sim40\%$，泵送时可增至 45%。

4.2.5 灰砂比宜为 $1:1.5\sim1:2.5$。

4.2.6 掺加引气剂或引气减水剂时，混凝土含气量应控制在 $3\%\sim5\%$。

4.2.7 预拌混凝土的初凝时间宜为 $6\sim8h$。

4.2.8 混凝土拌合物的氯离子含量不应超过胶凝材料总量 0.1%；混凝土中各类材料的总碱量即 Na_2O 当量不得大于 $3kg/m^3$。

4.2.9 在设计许可的情况下，掺粉煤灰混凝土设计强度等级的龄期宜为 60d 或 90d。

4.3 混凝土搅拌

4.3.1 当粗细骨料的实际含水量发生变化时，应及时调整粗细骨料和拌合用水量。

4.3.2 混凝土搅拌时应对原材料用量准确计量，原材料的计量应按重量计，水和外加剂可按体积计，其允许偏差应符合表 1-1 规定。

混凝土组成材料计量结果的允许偏差（％）　　　　　　　　表 1-1

组成材料品种	每盘计量	累计计量
水泥、掺合料	±2	±1
粗、细骨料	±3	±2
水、外加剂	±2	±1

注：累计计量仅适用于微机控制计量的搅拌站。

4.3.3 采用分次投料搅拌方法时，应通过试验确定投料顺序、数量及分段搅拌的时间等工艺参数。矿物掺合料宜与水泥同步投料，液体外加剂宜滞后于水和水泥投料，粉状外加剂宜溶解后再投料。

4.3.4 混凝土搅拌应搅拌均匀，宜采用强制式搅拌机搅拌。混凝土搅拌的最短时间不宜小于 2min，也可按设备说明书的规定或经试验确定。

4.3.5 混凝土在浇筑地点的坍落度，每工作班至少应检查两次。混凝土坍落度允许偏差应符合表 1-2 的规定。

混凝土坍落度允许偏差（mm）　　　　　　　　表 1-2

规定坍落度	允许偏差
$\leqslant40$	±10
$50\sim90$	±15
>90	±20

4.3.6 泵送混凝土在交货地点的入泵坍落度，每工作班至少应检查两次。混凝土入泵时的坍落度允许偏差应符合表 1-3 的规定。

混凝土入泵时的坍落度允许偏差（mm）　　　　　　　　表 1-3

所需坍落度	允许偏差
$\leqslant100$	±20
>100	±30

4.3.7 混凝土采用预拌混凝土时,入泵坍落度宜控制在 120～160mm,坍落度每小时损失不应大于 20mm,坍落度总损失值不应大于 40mm。

4.4 混凝土运输

4.4.1 混凝土从搅拌机卸料后,应及时运至浇灌地点。

4.4.2 当混凝土拌合物在运输后出现离析时,在入模前必须进行二次搅拌。经检查当坍落度损失不能满足施工要求时,应加入原水胶比的水泥浆或掺加同品种的减水剂进行搅拌,严禁直接加水。

4.4.3 对运输至现场的混凝土,应采用输送泵、溜槽、吊车配备斗容器、升降设备配备小车等方式送至浇筑地点。

4.5 混凝土浇筑

4.5.1 浇筑混凝土前,应清除模板内或垫层上的杂物,表面干燥的模板或垫层上应洒水湿润,但不得有明水。

4.5.2 防水混凝土宜一次连续浇筑,若基础大体积混凝土因设计或施工需求留设施工缝或后浇带,则分隔后的施工段应采取一次连续浇筑方法。

4.5.3 混凝土应分层连续浇筑,上层混凝土应在下层混凝土初凝前浇筑完毕。混凝土分层厚度的确定应与采用的振捣设备相匹配,混凝土分层振捣的最大厚度为振捣棒作用部分长度的 1.25 倍。

4.5.4 混凝土由高处倾落时,粗骨料粒径大于 25mm 时,混凝土倾落高度≤3m,粗骨料粒径小于等于 25mm 时,混凝土浇筑倾落高度≤6m,应用串筒、溜管、溜槽等装置下落,以防混凝土产生离析。

4.5.5 混凝土浇筑后,在混凝土初凝前和终凝后,应分别对混凝土裸露表面进行抹面处理和两次压光。

4.5.6 在混凝土结构中的管道、埋设件或钢筋稠密处,浇筑混凝土有困难时,应采用相同强度等级、相同抗渗性能的细石混凝土浇筑。

4.5.7 预埋大管径的套管或面积较大的金属板时,应在其底部开设浇筑孔,以便浇筑、振捣和排气。

4.5.8 在混凝土浇筑地点随机取样后,制作抗压、抗渗混凝土试件。

4.6 混凝土振捣

4.6.1 混凝土振捣应能使模板内各个部位混凝土密实、均匀,不应漏振、欠振、过振。

4.6.2 混凝土振捣应采用插入式振捣棒。必要时可采用人工辅助振捣。

4.6.3 振捣棒应按分层浇筑厚度分别进行振捣,振捣棒的前端应插入前一层混凝土中,插入深度应不小于 50mm,振捣棒应垂直于混凝土表面并快插慢拔均匀振捣。当混凝土面无明显塌陷,有水泥浆出现、不再冒气泡时,应结束该部位振捣,振捣棒与模板的距离不应大于振捣棒作用半径的 50%,振捣棒振点间距不应大于振捣棒作用半径的 1.4 倍。

4.6.4 对预留洞底部区域,后浇带及施工缝边角处,钢筋密集区域、基础大体积混凝土浇筑流淌形成的坡脚等特殊部位,均应采取加强振捣措施。

4.7 混凝土养护

4.7.1 混凝土浇筑后应及时进行保温养护,保温养护可采用洒水、覆盖、喷涂养护剂等方式。当日最低温度低于 5℃时,不应采用洒水养护。

4.7.2 防水混凝土的养护时间不应少于 14d。

4.7.3 基础大体积混凝土裸露表面应采用覆盖养护方式,当混凝土浇筑体表面以内 40～100mm 位置的温度与环境温度的差值小于 20℃时,可结束覆盖养护。覆盖养护结束但尚未达到养护时间要求时,可采用洒水养护方式直至养护结束。

4.7.4 基础墙板带模养护时间不应小于 3d,带模养护结束后,可采用洒水、覆盖、喷涂养护剂养护。

4.7.5 混凝土强度达到 1.2MPa 前,不得在其上踩踏,堆放物料、安装模板及支架。

4.7.6 同条件养护试件的养护条件应与实体结构部位养护条件相同,并应妥善保管。

4.7.7 施工现场应具备混凝土标准试件制作条件,并应设置标准试件养护室或养护箱,标准试件养护应符合国标现行有关标准。

4.8 混凝土缺陷修整

4.8.1 拆模后应将固定模板用工具式螺栓加堵头去除凹槽内用干硬性 1:2 水泥砂浆封堵密实,并应用聚合物水泥砂浆抹平。

4.8.2 混凝土结构缺陷可按尺寸偏差及外观质量分为严重缺陷和一般缺陷。对严重缺陷施工单位应制定专项修整方案,方案应经建设单位或监理同意后实施,不得擅自处理。

4.8.3 混凝土结构尺寸偏差一般缺陷可结合装饰工程进行修整,混凝土结构尺寸偏差严重缺陷应会同设计单位共同制定专项修整方案,结构修整后应重新检查验收。

4.8.4 对混凝土结构露筋、蜂窝、麻面、孔洞、酥松等一般缺陷,应凿除凝结不牢固部分的混凝土,清理表面,洒水湿润后应用 1:2 水泥砂浆抹平,养护时间不应少于 3d,对少量不影响结构性能或使用功能的裂缝,应作封闭处理。

4.8.5 对混凝土结构露筋蜂窝、麻面、孔洞、酥松等严重缺陷,应凿除凝结不牢固部分的混凝土至密实部位,清理表面,支设模板,洒水湿润,涂抹混凝土界面剂,应采用比原混凝土强度高一级的细石混凝土浇筑密实,养护时间不应少于 7d。对有影响结构性能或使用功能的裂缝,应采用注浆封闭处理。

5 质量标准

5.1 主控项目

5.1.1 防水混凝土原材料、配合比、坍落度必须符合设计要求。

5.1.2 防水混凝土的抗压强度和抗渗性能必须符合设计要求;后浇带采用掺膨胀剂的补偿收缩混凝土的抗压强度、抗渗性能和限制膨胀率必须符合设计要求。

5.1.3 防水混凝土结构的施工缝、变形缝、后浇带、穿墙管、埋设件等设置和构造必须符合设计要求。

5.2　一般项目

5.2.1　防水混凝土结构表面应坚实、平整，不得有露筋、蜂窝等缺陷；埋设件位置应准确。

5.2.2　防水混凝土结构表面的裂缝宽度不应大于0.2mm，且不得贯通。

5.2.3　防水混凝土结构厚度不应小于250mm，其允许偏差为+8mm、-5mm；主体结构迎水面钢筋保护层厚度不应小于50mm，其允许偏差为±5mm。

6　成品保护

6.0.1　混凝土浇筑前，不得踩踏钢筋和碰坏模板支撑，保证钢筋、模板的位置正确。

6.0.2　雨期施工时，混凝土终凝后应及时浇水养护，并做好防雨措施。刚浇筑完的混凝土，不得让雨水浸泡。

6.0.3　外墙混凝土浇筑后3d后松开模板固定螺栓，5d后开始拆模，拆模后应及时做外防水并回填土方，尽量减少外墙混凝土在空气中暴露时间。

6.0.4　施工缝、后浇带留设界面宜采用定制模板，快易收口板、钢板网材料封挡，施工缝、后浇带的钢筋应采取防锈或阻锈措施。

7　注意事项

7.1　应注意的质量问题

7.1.1　编制防水及大体积混凝土施工方案，采取材料选择，温度控制、保温保湿等技术措施。在设计许可的条件下，掺粉煤灰混凝土的龄期宜为60d或90d。

7.1.2　墙模板固定应避免采用穿铁丝拉结，钢筋及绑扎铁丝不得接触模板，以免造成渗漏水通路。

7.1.3　穿墙主管外带有止水环的套管，应在浇筑混凝土前预埋固定，止水环周围混凝土应振捣密实，主管与套管的迎水面结合处应密封严。

7.1.4　基础大体积混凝土宜采用斜面分层、全面分层、分块分层等浇筑方法，层与层之间混凝土浇筑的间隙时间应能保证混凝土浇筑连续进行。

7.1.5　泵送混凝土应根据粗骨料粒径大小，严格控制混凝土浇筑倾落高度。当不能满足要求时，应加设串筒、溜管、溜槽等措施，防止混凝土离析。

7.2　应注意的安全问题

7.2.1　混凝土搅拌机等机械作业前，应进行无负荷试运转，运转正常后再开机工作。

7.2.2　搅拌机、卷扬机应有专用开关箱，并装有漏电保护器；停机时应拉断电闸，下班时应上锁。

7.2.3　振捣棒的电源胶皮线要经常检查，防止破损。操作时应穿绝缘鞋、戴绝缘手套。振捣棒应有防漏电装置，不得挂在钢筋上操作。

7.2.4 夜间施工时，运输道路及施工现场应架设照明设备。

7.2.5 基坑边坡必须稳固，如有坍塌危险时，应立即停止作业并及时采取坡顶卸载等有效措施。

7.3 应注意的绿色施工问题

7.3.1 严格按施工组织设计要求合理布置施工现场的临时设施，做到材料堆放整齐，标识清楚，办公环境文明，施工现场每日清扫，严禁在施工现场及其周围随地大小便，确保工地文明卫生。

7.3.2 做好安全防火工作，严禁在工地现场吸烟或其他不文明行为。

7.3.3 注意施工废水排放，防止造成下水管道堵塞。

7.3.4 施工产生的废弃物质要及时清理，外运至指定地点，避免污染环境。

8 质量记录

8.0.1 防水混凝土的原材料合格证、质量检验报告及现场抽样复验报告。

8.0.2 防水混凝土配合比通知单。

8.0.3 混凝土坍落度检查记录。

8.0.4 混凝土试件抗压、抗渗试验报告。

8.0.5 隐蔽工程检查验收记录。

8.0.6 细部构造检验批质量验收记录。

8.0.7 防水混凝土检验批质量验收记录。

8.0.8 防水混凝土分项工程质量验收记录。

8.0.9 其他技术文件。

第2章 水泥砂浆防水层

本工艺标准适用于地下工程主体结构的迎水面或背水面。不适用于受持续振动或环境温度高于80℃的地下工程。

1 引用标准

《地下工程防水技术规范》GB 50108—2008

《地下防水工程质量验收规范》GB 50208—2011

《建筑工程施工质量验收统一标准》GB 50300—2013

《聚合物水泥防水砂浆》JC/T 984—2011

《建筑防水涂料用聚合物乳液》JC/T 1017—2006

2 术语（略）

3 施工准备

3.1 作业条件

3.1.1 水泥砂浆防水层应在防水混凝土结构或砌体结构验收合格后施工。

3.1.2 防水砂浆施工前，相关的设备预埋件和穿墙管等应安装固定完毕。

3.1.3 防水砂浆施工前，基层混凝土强度或砌体用砂浆强度，均不得低于设计值的80%。

3.1.4 防水砂浆所用原材料已经检验，并由试配提出防水砂浆配合比。

3.1.5 防水砂浆宜采用由专业厂家生产的湿拌或干拌防水砂浆，预拌砂浆的施工及质量验收，应符合国家或行业现行有关标准的规定。

3.1.6 混凝土结构或砌体结构的迎水面，外观质量有一般缺陷或严重缺陷时，施工单位应制定施工技术方案有关规定进行缺陷修整。

3.1.7 水泥砂浆防水层的施工环境温度宜为5～35℃。砂浆冬期、高温和雨期施工，应符合国家现行有关标准的规定。

3.1.8 水泥砂浆防水层不得在雨天、雪天和五级及以上大风时施工。

3.2 材料及机具

3.2.1 水泥：应使用普通硅酸盐水泥、硅酸盐水泥或特种水泥，不得使用过期或受潮结块水泥。

3.2.2 砂：宜采用中砂，含泥量不应大于1.0%，硫化物和硫酸盐含量不应大于1.0%。

3.2.3 水：应采用饮用水、不含有害物质的洁净水。

3.2.4 聚合物乳液：外观质量为均匀液体，无杂质、无沉淀、不分层。

3.2.5 外加剂：减水剂、防水剂、膨胀剂等其技术性能应符合国家或行业有关标准的质量要求。

3.2.6 机具：砂浆搅拌机、灰板、铁抹子、阴阳角抹子、钢丝刷、软毛刷、靠尺板、尖凿子、捻凿、铁锹、扫帚、木抹子、刮杠、喷壶、小水桶等。

4 操作工艺

4.1 工艺流程

基层处理 → 配制防水砂浆 → 防水砂浆涂抹 → 防水砂浆收头 → 防水砂浆养护

4.2 基层处理

4.2.1 防水砂浆施工时基础混凝土或砌筑砂浆抗压强度均不应低于设计值的80%。

4.2.2　基层表面应平整、坚实、清洁，并应充分湿润，无明水。当基层平整度超出允许偏差时，宜采用适宜材料补平或剔平。

4.2.3　基层宜采用界面砂浆进行处理，当采用聚合物水泥防水砂浆时，界面可不做处理。

4.2.4　当结构外墙设有埋设件、穿墙管时，应先将埋设件及穿墙管根部预留凹槽内嵌填密封材料，再进行防水砂层施工。

4.3　配制防水砂浆

4.3.1　防水砂浆配合比应经试验确定。试配时，除符合防水砂浆的主要性能外，还应满足砂浆的稠度和分层度的要求。

4.3.2　防水砂浆宜用机械搅拌，或人工拌制。防水砂浆的配置，应按所掺材料的技术要求准确计量

4.3.3　防水砂浆应随拌随用，拌制好的防水砂浆，当气温为 5～20℃时，使用时间不应超过 45min。

4.3.4　聚合物水泥防水砂浆按聚合物改性材料的状态分为干粉类和乳液类，聚合物水泥防水砂浆的配制应按产品使用说明书进行。

4.3.5　防水砂浆的粘结强度和抗渗性，试件应在施工地点制作。聚合物水泥防水砂浆还应提供耐水性指标，即砂浆浸水 168h 后材料的粘结强度和抗渗性的保持率。

4.3.6　防水砂浆主要性能应符合表 2-1 规定：

防水砂浆主要性能　表 2-1

防水砂浆种类	粘结强度（MPa）	抗渗性（MPa）	抗折强度（MPa）	干缩率（%）	吸水率（%）	冻融循环（次）	耐碱性	耐水性（%）
掺外加剂、掺合料的防水砂浆	>0.6	≥0.8	同普通砂浆	同普通砂浆	≤3	>50	10% NaOH 溶液浸泡 14d 无变化	—
聚合物水泥防水砂浆	>1.2	≥1.5	≥8	≤0.15	≤4	>50	—	≥80

4.4　防水砂浆涂抹

4.4.1　防水砂浆宜采用抹压方法、涂刮法施工，且宜分层铺抹，抹时应压实、抹平，最后一层表面应提浆压光。

4.4.2　掺减水剂、掺合料的防水砂浆，应采用多层抹压法施工，并应在前一层砂浆凝结后再涂抹后一层砂浆。砂浆总厚度宜为 18～20mm。

4.4.3　聚合物水泥防水砂浆厚度单层宜为 6～8mm，双层施工宜为 10～12mm。

4.4.4　水泥砂浆防水层各层应紧密粘合，每层宜连续施工；当需留施工缝时，应采用阶梯坡形槎，且离阴阳角处不得小于 200mm。防水层的阴阳角处宜做成圆弧形。

4.4.5　不同材料基体的交接处，应在接缝处表面采用防止开裂的加强措施，当采用加强网时，加强网与基体的搭接长度不应小于 100mm。

4.4.6 水泥砂浆防水层的厚度测量，应在砂浆终凝前用钢针插入进行尺量检查，不允许在已硬化的防水砂浆层表面任意钻孔破坏。

4.5 防水砂浆收头

4.5.1 全埋式地下工程顶板与外墙转角处，外墙的防水砂浆应先涂抹至顶板不小于250mm，顶板的防水砂浆再涂抹至外墙不小于250mm。

4.5.2 附建式全地下室或半地下室的外墙防水层，应高出室外地坪标高不小于500mm以上，立面防水砂浆收头的端部，应用密封材料封严。

4.6 防水砂浆养护

4.6.1 防水砂浆终凝后应及时进行养护，养护温度不宜低于5℃，并应保持砂浆表面湿润，养护时间不得少于14d。

4.6.2 聚合物水泥防水砂浆未达到硬化状态时，不得浇水养护或直接受雨水冲刷，硬化后应采用干湿交替的养护方法。在潮湿环境中，可在自然条件下养护。

4.6.3 防水砂浆凝结硬化前，不得直接受水冲刷。储水结构应待砂浆强度达到设计要求后再注水。

5 质量标准

5.1 主控项目

5.1.1 防水砂浆的原材料及配合比必须符合设计规定。

5.1.2 防水砂浆的粘结强度和抗渗性能必须符合设计规定。

5.1.3 水泥砂浆防水层与基层之间应粘结牢固，无空鼓现象。

5.2 一般项目

5.2.1 水泥砂浆防水层表面应密实、平整，不得有裂纹、起砂、麻面等缺陷。

5.2.2 水泥砂浆防水层施工缝留槎位置应正确，接槎应按层次顺序操作，层层搭接紧密。

5.2.3 水泥砂浆防水层的平均厚度应符合设计要求，最小厚度不得小于设计厚度的85%。

5.2.4 水泥砂浆防水层表面平整度的允许偏差应为5mm。

6 成品保护

6.0.1 抹灰脚手架应离开墙面200mm，拆除脚手架要轻拆轻放，不得碰撞墙面及墙角。

6.0.2 防水砂浆在凝结前，应防止快干、水冲、撞击、振动和受冻，在凝结后应在湿润条件下养护，并应采取措施防止沾污和损坏。

6.0.3 结构预埋件应事先埋好，已完成的水泥砂浆防水层不允许剔凿孔洞。

6.0.4 地面养护期间，不准车辆行走或堆压重物。

7 注意事项

7.1 应注意的质量问题

7.1.1 防水砂浆所用原材料的品种和性能应符合设计要求；水泥的凝结时间和安定性复验应合格；防水砂浆的配合比应符合设计要求。

7.1.2 抹砂浆时应严格控制水胶比，不得随意加大砂浆的稠度；当稠度过大时，可加同配合比较干硬的砂浆压抹，不得撒干水泥，以防造成起皮。

7.1.3 抹砂浆前，混凝土基层充分湿润，油污用氢氧化钠洗净，并刷界面剂一遍，保证砂浆与基层粘结牢固。

7.1.4 防水砂浆涂抹时各层时间应掌握恰当，分层刮涂时应压实、抹平最后一层表面压光。

7.1.5 水泥砂浆防水层施工缝清理时，应用钢丝刷将表面玷污物刷净，边刷边用水冲洗干净和保持湿润，然后涂刷水泥净浆或界面砂浆，并及时接槎。施工缝留槎位置应正确，接茬应采用阶梯坡形槎，其搭接宽度宜为 400mm。

7.1.6 防水砂浆终凝后应及时养护，养护条件应符合所用材料的有关规定，以防水泥砂浆早期脱水而产生裂缝。

7.1.7 聚合物水泥防水砂浆的保质期为 6 个月，干粉类产品可用袋装或塑料桶包装；乳液类的产品用密封性较好的塑料桶或内衬塑料袋密封的塑料桶包装。运输过程中要防止雨淋、防冻、防包装破损，储存时严格防潮防冻。

7.1.8 聚合物水泥防水砂浆施工时，应严格按照产品使用说明书中写明的配合比、推荐用水量、施工注意事项等内容。

7.2 应注意的安全问题

7.2.1 配制砂浆掺用外加剂时，操作人员应戴防护用品，对有毒的外加剂应按有关规定严格控制和管理。

7.2.2 上班前必须检查脚手架板，发现问题时应立即修理。脚手板上的工具材料应分散放置稳当，不得超载。

7.2.3 临时照明及动力配电线路敷设，应绝缘良好并符合有关规定。

7.2.4 基坑边坡必须稳固，如有坍塌危险时，应立即停止作业并及时采取坡顶卸载，加设支撑等有效措施。

7.3 应注意的绿色施工问题

7.3.1 严格按施工组织设计要求合理布置施工现场的临时设施，做到材料堆放整齐、标识清楚，办公环境文明，施工现场每日清扫，严禁在施工现场及其周围随地大小便，确保工地文明卫生。

7.3.2 做好安全防火工作，严禁工地现场吸烟或其他不文明行为。

7.3.3 施工场地应平整，夜间施工照明应有保证。

7.3.4 注意施工废水排放，防止造成下水管道堵塞。

7.3.5 施工产生的废弃物质要及时清理，外运至指定地点，避免污染环境。

8 质量记录

8.0.1 防水砂浆的原材料出厂合格证、质量检验报告及现场抽样试验报告。

8.0.2 防水砂浆配合比通知单。

8.0.3 隐蔽工程检查验收记录。

8.0.4 水泥砂浆防水层检验批质量验收记录。

8.0.5 水泥砂浆防水层分项工程质量验收记录。

8.0.6 其他技术文件。

第3章 卷材防水层

本工艺标准适用于经常处在地下水环境，且受侵蚀性介质或受振动作用的地下工程。

1 引用标准

《氯化聚乙烯防水卷材》GB 12953—2003

《高分子防水材料 第1部分：片材》GB 18713.1—2012

《高分子防水卷材胶粘剂》JC/T 863—2011

《丁基橡胶防水密封胶粘带》JC/T 942—2004

《地下工程防水技术规范》GB 50108—2008

《地下防水工程质量验收规范》GB 50208—2011

《建筑工程施工质量验收统一标准》GB 50300—2013

《弹性体改性沥青防水卷材》GB 18242—2008

《自粘聚合物改性沥青防水卷材》GB 23441—2009

《改性沥青聚乙烯胎防水卷材》GB 18967—2009

《带自粘层的防水卷材》GB/T 23260—2009

《沥青基防水卷材用基层处理剂》JC/T 1069—2008

2 术语

2.0.1 外防外粘法：待钢筋混凝土外墙施工完毕后，直接把卷材防水层粘贴在钢筋混凝土的外墙上（即迎水面），最后做卷材防水层保护层的施工方法。

2.0.2 外防内粘法：在结构外墙施工前先砌筑永久性保护墙，将卷材防水层粘贴在保护墙上，再浇筑钢筋混凝土的施工方法。

3　施工准备

3.1　作业条件

3.1.1 防水工程应有施工方案及技术交底。

3.1.2 防水层施工期间，必须保持地下水位稳定在基底 0.5m 以下，必要时应采取降水措施。

3.1.3 防水层的基层表面应平整、牢固，不空鼓、不起砂。施工前，应将基层清扫干净。

3.1.4 防水材料及机具已准备就绪，可满足施工要求。

3.1.5 防水施工人员应经过理论与实际施工操作的培训，并持证上岗。

3.1.6 卷材防水层外防外贴法的施工顺序：

混凝土垫层施工 → 砌筑永久性保护墙 → 砌筑临时性保护墙 →

内墙面抹灰浇筑钢筋混凝土底板和墙体 → 拆除临时保护墙 →

外墙面找平层施工 → 涂刷基层处理剂 → 铺贴外墙面卷材 →

卷材保护层施工 → 基坑回填土

3.1.7 卷材防水层外防内贴法施工顺序：

混凝土垫层施工 → 外墙保护墙施工 → 平立面找平层施工 →

涂刷平立面基层处理剂 → 加强层施工 → 铺贴平立面卷材 →

卷材保护层施工 → 钢筋混凝土结构施工

3.1.8 卷材运输与贮存：

1 不同类型、规格的产品应分别堆放，不得混杂。

2 避免日晒雨淋、受潮、注意通风，贮存温度不应高于 45℃。

3 改性沥青防水卷材平放贮存不宜超过 5 层，立放贮存不宜超过 2 层。

4 高分子防水卷材平放贮存不宜超过 5 层，立放贮存应单层堆放，禁止与酸碱、油类及有机溶剂接触。

5 防水卷材的贮存期为一年。

3.2　材料及机具

3.2.1 防水卷材

1 改性沥青防水卷材宜采用弹性改性沥青卷材、改性沥青聚乙烯胎防水卷材、自粘聚合物改性沥青防水卷材等。卷材外观质量、品种规格应符合国家现行标准规定。改性沥青防水卷材的主要物理性能应符合表 3-1 的要求。

2 高分子防水卷材宜采用三元乙丙橡胶防水卷材和聚氨酯防水卷材，物理性能应符合表 3-1 的要求。

改性沥青防水卷材的主要物理性能 表 3-1

项目		指标				
		弹性体改性沥青防水卷材			自粘聚合物改性沥青防水卷材	
		聚酯毡胎体	玻纤毡胎体	聚乙烯膜胎体	聚酯毡胎体	无胎体
可溶物含量（g/m²）		3mm 厚≥2100 4mm 厚≥2900			3mm 厚≥2100	—
拉伸性能	拉力（N/50mm）	≥800（纵横向）	≥500（纵横向）	≥140（纵向） ≥120（横向）	≥450（纵横向）	≥180（纵横向）
	延伸率（%）	最大拉力时≥40（纵横向）	—	断裂时≥250（纵横向）	最大拉力时≥30（纵横向）	断裂时≥200（纵横向）
低温柔度（℃）		—25，无裂纹				
热老化后低温柔度（℃）		—20，无裂纹		—22，无裂纹		
不透水性		压力 0.3MPa，保持时间 120min，不透水				

3.2.2 基层处理剂：基层处理应与卷材及胶粘剂的材性相容。

1 沥青基防水卷材基层处理剂的主要物理性能应符合表 3-2 的要求。

沥青基防水卷材基层处理剂的主要物理性能 表 3-2

项目		技术指标	
		W	S
黏度（Pa·s）		规定值±30%	
表干时间（h）	>	4	2
固体含量（%）	>	40	30
剥离强度（N/mm）	≥	0.8	
浸水后剥离强度（N/mm）	≥	0.8	

2 高分子防水卷材一般采用生产厂家配套的基层处理剂。

3.2.3 卷材胶粘剂

1 胶粘剂应与粘贴的卷材材性相容。改性沥青防水胶粘剂的粘结剥离强度不应小于 8N/10mm。

2 高分子防水卷材胶粘剂的主要物理性能见表 3-3。

高分子防水卷材胶粘剂的主要物理性能 表 3-3

序号	项目				技术指标	
					基底胶 J	搭接胶 D
1	黏度（Pa·s）				规定值±20%	
2	不挥发物含量				规定值±2	
3	适用期（min）			≥	180	
4	剪切状态下的粘合计	卷材—卷材	标准试验条件（N/mm）	≥	—	3.0 或卷材破坏
			热处理后保持率（%）80℃，168h	≥	—	70
			碱处理后保持率（%）10%Ca(OH)，168h	≥	—	70
		卷材—基层	标准试验条件（N/mm）	≥	2.5	—
			热处理后保持率（%）80℃，168h	≥	70	—
			碱处理后保持率（%）10%Ca(OH)，168h	≥	70	—
5	剥离强度	卷材—卷材	标准试验条件（N/mm）		—	1.5
			浸水后保持率（%）168h	≥	—	70

3.2.4　卷材胶粘带：采用丁基橡胶防水密封胶粘带，主要物理性能见表3-4。

采用丁基橡胶防水密封胶粘带主要物理性能

表 3-4

序号	检测项目			技术指标
1	持黏性（min）		≥	20
2	耐热性，80℃，2h			无流淌、龟裂、变形
3	低温柔性，−40℃			无裂缝
4	剪切状态下的粘合性（N/mm）	防水卷材	≥	2.0
5	剥离强度	防水卷材	≥	0.4
		水泥砂浆板	≥	0.6
		彩钢板	≥	
6	剥离强度保持率，%	热处理，80℃，168h	防水卷材	≥	80
			水泥砂浆板	≥	
			彩钢板	≥	
		碱处理，饱和氢氧化钙溶液、168h	防水卷材	≥	80
			水泥砂浆板	≥	
			彩钢板	≥	
		浸水处理，168h	防水卷材	≥	80
			水泥砂浆板	≥	
			彩钢板	≥	

注：1. 第4项仅测试双面胶粘带；
　　2. 第5和第6项中，测试R类试样时采用防水卷材和水泥砂浆板基材，测试M类试样时采用钢板基材。

3.2.5　密封材料：采用改性沥青密封材料及合成高分子密封材料。

3.2.6　汽油、二甲苯或乙酸乙酯：用于稀释或清洗工具。

3.2.7　机具：喷涂机、电动搅拌机、小平铲、钢丝刷、笤帚、油漆刷、铁桶、胶皮刮板、单双筒火焰加热器、手持压辊、手推车、防护用品、消防器材、裁剪刀、钢卷尺、钢管或铁锹把（长1.5m）、粉笔等。

4　操作工艺

4.1　工艺流程

基层处理	→	涂刷基层处理剂	→	卷材防水铺贴	→	防水卷材收头	→	卷材保护层

4.2　基层清理

4.2.1　铺贴防水卷材前，基层表面的杂物和凸出物应清除干净。

4.2.2　基面应坚实、平整、清洁。基层阴阳角处应做成圆弧或45°坡角，圆弧直径应根据卷材品种确定。

4.3　涂刷基层处理剂

4.3.1　基层处理剂应按有关规定或说明书的配合比要求准确计量，混合后应搅拌3～

5min，使其充分均匀。

4.3.2　铺贴卷材前应在基面上涂刷基层处理剂，当基面潮湿时，应涂刷湿固化型胶粘剂或潮湿界面处理剂。

4.3.3　基层处理剂可选用喷涂或涂刷施工工艺，涂层应均匀一致，干燥后手触不粘手应及时铺贴卷材。

4.4　卷材防水层铺贴

4.4.1　在转角处、变形缝、施工缝、穿墙管等部位应铺贴卷材加强层，加强层宽度不应小于 500mm。

4.4.2　铺贴卷材应采用搭接法，上下两层和相邻两幅卷材的接缝应错开 1/3～1/2 幅宽，且上下两层两幅卷材不得相互垂直铺贴。卷材的搭接宽度符合表 3-5 的要求。

防水卷材的搭接宽度 表 3-5

卷材品种	搭接宽度（mm）
弹性体改性沥青防水卷材	100
改性沥青聚乙烯胎防水卷材	100
自粘聚合物改性沥青防水卷材	80
三元乙丙橡胶防水卷材	100/60（胶粘剂/胶粘带）
聚氯乙烯防水卷材	60/80（单焊缝/双焊缝），100（胶粘剂）

4.4.3　底板垫层混凝土平面部位的卷材宜采用空铺法或点粘法；其他与混凝土结构相接触的部位，应采用满粘法。

4.4.4　冷粘法

1　将卷材放在弹出的基准线位置上，一般在基层上和卷材背面均涂刷胶粘剂，根据胶粘剂的性能，控制胶粘剂涂刷与卷材铺贴的间隔时间，边涂边将卷材滚动铺贴。

2　胶粘剂应涂刷均匀，不得漏底、堆积。

3　铺贴时不得用力拉伸卷材，排除卷材下面的空气，辊压粘贴牢固。

4　铺贴卷材应平整、顺直，搭接尺寸准确，不得扭曲、皱折。

5　接缝部位采用专用胶粘剂或胶粘带满粘，接缝口用密封材料封严，其宽度不应小于 10mm。

4.4.5　热溶法

1　将卷材放在弹出的基准线位置上，并用火焰加热烘烤卷材底面，火焰加热器加热卷材应均匀，不得加热不足或烧穿卷材。

2　卷材表面热熔后立即滚铺，排除卷材下面的空气，并粘结牢固。

3　铺贴卷材应平整、顺直，搭接尺寸准确，不得扭曲、皱折。

4　卷材接缝部位应溢出热熔的改性沥青胶料，并粘贴牢固，封闭严密。

4.4.6　自粘法

1　将卷材有黏性的一面朝向主体结构，直接粘贴于弹出基准线的位置上。

2　外墙、顶板铺贴时，排除卷材下面的空气，辊压粘贴牢固。

3　铺贴卷材应平整、顺直，搭接尺寸准确，不得扭曲、皱折和起泡。

4 立面卷材铺贴完成后，应将卷材端头固定，并应用密封材料封严。

5 低温施工时，宜对卷材和基面采用热风适当加热，然后铺贴卷材。

4.4.7 焊接法

1 直接将卷材放在弹出的基准线位置上，卷材按要求进行搭接；

2 单焊缝搭接宽度应为60mm，有效焊接宽度不应小于30mm；

3 双焊缝搭接宽度应为80mm，中间应留设10～20mm的空腔，有效焊接宽度不宜小于10mm；

4 焊接缝的结合面应清理干净，焊接要严密；

5 焊接时控制热风加热温度和时间，滚压、排气、焊接严密，应先焊长边搭接缝，后焊短边搭接缝。

4.4.8 卷材防水层外防外贴法施工

1 铺贴卷材应先铺平面，后铺立面，平立面交接处应交叉搭接。

2 临时性保护墙应用石灰砂浆砌筑，内表面宜做找平层。

3 从底面折向立面的卷材与永久保保护墙的接触部位，应采用空铺法施工；卷材与临时性保护墙或围护结构模板搭接处部位，应将卷材临时贴附在该墙上或模板上，并应将顶端临时固定。

4 当不设保护墙时，从底面折向立面的卷材接槎部位，应采取可靠的保护措施。

5 混凝土结构完成，铺贴立面卷材时，应先将接槎部位的各层卷材揭开，并将其表面清理干净，如卷材有局部损伤，应及时进行修补；高分子卷材接槎的搭接宽度为100mm，聚物改性沥青卷材接槎的搭接长度为150mm；当使用两层卷材时，卷材应错槎接缝，上层卷材应盖过下层卷材。

4.4.9 卷材防水层外防内贴法施工

1 混凝土结构的保护墙内表面应抹厚度为20mm厚的1：3水泥砂浆找平层，然后铺贴卷材。

2 卷材宜先铺立面，后铺平面。铺贴立面时，应先铺转角，后铺大面。

4.5　防水卷材收头

4.5.1 全埋式地下工程顶板与外墙转角处，外墙的卷材应先铺贴至顶板不小于250mm，顶板卷材再铺贴至外墙不小于250mm，且卷材收头应采用密封材料封严。

4.5.2 附建式全地下室或半地下室的外墙防水层，应高出室外地坪高程500mm以上，立面卷材收头的端部应裁齐，塞入预留的凹槽内，用金属压条钉压固定，并用密封材料封严。

4.6　卷材保护层

4.6.1 卷材防水层完工并经检查合格后，应按设计要求及时做保护层。

4.6.2 顶板卷材防水层上的细石混凝土保护层：采用机械碾压回填土时，保护层厚度不宜小于70mm；采用人工回填土时，保护层厚度不宜小于50mm；防水层与保护层之间宜设置隔离层。

4.6.3 底板卷材防水层上的细石混凝土保护层厚度不应小于50mm，防水层与保护层之间应设置隔离层。

4.6.4 侧墙卷材防水层宜采用软质保护材料或铺抹 20mm 厚 1∶2.5 水泥砂浆层。

5 质量标准

5.1 主控项目

5.1.1 卷材防水层所用卷材及其配套材料必须符合设计要求。

5.1.2 卷材防水层在转角处、变形缝、施工缝、穿墙管、埋设件等部位做法必须符合设计要求。

5.2 一般项目

5.2.1 卷材防水层的搭接缝应粘结或焊接牢固，密封严密，不得有扭曲、折皱、翘边和起泡等缺陷。

5.2.2 采用外防外贴法铺贴卷材防水层时，立面卷材接槎的搭接宽度，高聚物改性沥青防水卷材应为 150mm，合成高分子类卷材应为 100mm，且上层卷材应盖过下层卷材。

5.2.3 侧墙卷材防水层的保护层与防水层应结合紧密，保护层厚度应符合设计要求。

5.2.4 卷材搭接宽度的允许偏差为 −10mm，用尺量检查。

6 成品保护

6.0.1 卷材运输及或保管时平放不得高于 4 层，不得横放、斜放，应避免日晒、雨淋、受潮。

6.0.2 穿过墙面的管道、埋设件等，不得碰坏或造成变位。

6.0.3 卷材防水层铺贴完成后，应及时做好保护层或砌筑保护墙。

6.0.4 卷材防水层施工，不得在防水层上堆置材料，操作人员不得穿带钉的鞋作业。

6.0.5 卷材防水层施工后，进行下道工序施工时，应采取有效措施，防止卷材受损。

7 注意事项

7.1 应注意的质量问题

7.1.1 防水卷材的品种繁多，性能各异，铺贴时应使用相配套的基层处理剂和卷材胶粘剂。

7.1.2 卷材铺贴时，应注意墙面基层干燥，铺压严实，将空气排除干净，使卷材粘贴牢固。

7.1.3 热熔法铺贴卷材时，火焰加热器加热卷材应均匀，不得过分加热或烧穿卷材；厚度小于 3mm 的改性沥青卷材严禁采用热熔法施工。

7.1.4 阴阳角、穿墙管道等细部的卷材附加层，裁剪时应与构造形状相符合，并粘贴压实严密。

7.2　应注意的安全问题

7.2.1　所用的卷材、胶粘剂、二甲苯等属易燃品，存放与施工时应注意防火，并备有防火器材。

7.2.2　热熔法施工，操作人员应防止烫伤、烧伤。

7.2.3　使用过的工具，应及时用二甲苯、汽油有机溶剂清洗干净，同时应防止有机溶剂中毒。

7.3　应注意的绿色施工问题

7.3.1　基层表面砂浆硬块及突出物清理产生的噪声、扬尘应有效控制；报废的扫帚、砂纸、钢丝刷、防水和密封材料包装物等应及时清理。

7.3.2　胶粘剂、基层处理剂应用密封筒包装，防止挥发、遗洒；防水材料应储存在阴凉通风的室内，避免雨淋、日晒或受潮变质，并远离火源、热源。

7.3.3　防水材料的边角料应回收处理。

8　质量记录

8.0.1　卷材及主要配套材料出厂合格证、质量检验报告和现场抽样试验报告。

8.0.2　隐蔽工程检查验收记录。

8.0.3　细部构造检验批质量验收记录。

8.0.4　卷材防水层检验批质量验收记录。

8.0.5　卷材防水层分项工程质量验收记录。

8.0.6　其他技术文件。

第 4 章　涂料防水层

本工艺标准适用于受侵蚀性介质作用或受振动作用的地下工程；有机防水涂料宜用于主体结构的迎水面，无机防水涂料宜用于主体结构的迎水面或背水面。

1　引用标准

《地下工程防水技术规范》GB 50108—2008

《地下防水工程质量验收规范》GB 50208—2011

《建筑工程施工质量验收统一标准》GB 50300—2013

《水泥基渗透结晶型防水材料》GB 18445—2012

《聚氨酯防水涂料》GB/T 19250—2013

《聚合物乳液建筑防水涂料》JC/T 864—2008

《聚合物水泥防水涂料》GB/T 23445—2009

《建筑防水涂料用聚合物乳液》JC/T 1017—2006

2 术语

2.0.1 有机防水涂料：主要包括反应性、水乳型、聚合物水泥等涂料，固化后形成柔性防水层。用于主体结构的迎水面做防水层。

2.0.2 无机防水涂料：主要包括掺外加剂、掺合料的水泥基防水涂料或水泥基渗透结晶型防水涂料，可改善水泥固化后的物理力学性能。用于主体结构的迎水面或背水面做防水层。

2.0.3 胎体增强材料：聚酯无纺布、化纤无纺布或玻纤无纺布等纤维材料，在两层涂膜之间铺贴用以提高涂膜的抗拉强度和改善其延伸率，使涂膜具有较好的力学性能。

3 施工准备

3.1 作业条件

3.1.1 防水工程应有施工方案及技术交底。

3.1.2 防水层施工期间，必须保持地下水位稳定在基底0.5m以下，必要时应采取降水措施。

3.1.3 防水层的基层表面应平整、牢固，不空鼓、不起砂。施工前，应将基层清扫干净。

3.1.4 防水材料及机具已准备就绪，可满足施工要求。

3.1.5 防水施工人员应经过理论与实际施工操作的培训。并持证上岗。

3.1.6 同第3章卷材防水层3.1.6（外防外涂法）。

3.1.7 同第3章卷材防水层3.1.7（外防内涂法）。

3.1.8 涂料的运输和贮存：

1 不同类型、规格的产品应分别堆放，不应混杂。

2 避免日晒雨淋，注意通风、贮存温度宜为5～40℃。

3 聚氨酯防水涂料禁止接近火源，防止碰撞。

4 防水涂料的贮存期为半年。

3.1.9 有机防水涂料及五级防水涂料的施工环境温度为5～35℃。

3.2 材料及机具

3.2.1 防水涂料：有机防水涂料应采用反应性、水乳型、聚合物水泥等涂料。无机防水涂料应采用掺外加剂、掺合料的水泥基防水涂料或水泥基渗透结晶型防水涂料。有机防水涂料和无机防水涂料主要物理性能见表4-1、表4-2。

有机防水涂料主要物理性能表 表 4-1

涂料种类	可操作性（min）	潮湿基层粘结强度（MPa）	抗渗性涂膜（30min）	砂浆迎水面	砂浆背水面	耐水性（%）	表干（h）	实干（h）
反应型	≥20	≥0.3	≥0.3	≥0.6	≥0.2	≥80	≤8	≤24
水乳型	≥50	≥0.2	≥0.3	≥0.6	≥0.2	≥80	≤4	≤12
聚合物水泥	≥30	≥0.6	≥0.3	≥0.8	≥0.6	≥80	≤4	≤12

无机防水涂料主要物理性能表 表 4-2

涂料种类	抗折强度（MPa）	粘结强度（MPa）	抗渗性（MPa）	冻融循环
水泥基防水涂料	≥4	＞1.0	＞0.8	＞D50
水泥基渗透结晶防水涂料	≥3	≥1.0	＞0.8	＞D50

3.2.2 基层处理剂：

1 反应型涂料可直接用相应的溶剂稀释后的涂料薄涂。

2 水乳型涂料可直接用聚合物乳液与水泥在施工现场随配随用。

3 聚合物水泥涂料、水泥渗透结晶型涂料可直接用水稀释后的涂料外观薄涂应均匀，无团状。

3.2.3 乙酸乙酯：工业纯，用于清洗手上凝胶。

3.2.4 二甲苯：工业纯，用于稀释和清洗工具。

3.2.5 胎体增强材料：聚酯无纺布、化纤无纺布平整无皱折。胎体增强材料的主要物理性能见表 4-3。

胎体增强材料的主要物理性能 表 4-3

项目		质量要求		
		聚酯无纺布	化纤无纺布	玻纤网布
外观		均匀无团状，平整无折皱		
拉力（N/50mm）	纵向	≥150	≥45	≥90
	横向	≥100	≥35	≥50
延伸率（%）	纵向（100%）	≥10	≥20	≥3
	横向（100%）	≥20	≥25	≥3

3.2.6 机具：垂直运输机具、作业面水平运输机具、电动搅拌器、搅拌桶、小铁桶、小平铲、塑料或橡胶刮板、滚动刷、毛刷、小抹子、笤帚、磅秤等。

4 操作工艺

4.1 工艺流程

基层清理 → 喷涂基层处理剂 → 涂料防水层施工 → 防水涂料收头 → 涂料防水层

4.2 基层清理

4.2.1 施工前，基层表面凸出物应铲除干净。无机防水涂料基层表面应干净、平整、无浮浆和明显积水。有机防水涂料基层表面应基本干燥，不应有气孔、凹凸不平、蜂窝麻面等缺陷。

4.2.2　采用有机涂料时，基层阴阳角处应做成圆弧，阴角的圆弧直径宜为 50mm。阳角圆弧直径宜为 10mm。

4.3　喷涂基层处理剂

4.3.1　涂料施工前应在基层上涂刷基层处理剂，当基面较潮湿时，应涂刷湿固化型胶粘剂或潮湿界面隔离剂。

4.3.2　基层处理剂可选用喷涂或涂刷施工工艺，涂层应均匀一致，干燥后（手触不粘时）应及时施工涂料防水层。

4.3.3　涂刷时宜用长把滚刷均匀将底胶涂刷在基层表面，并使涂料尽量刷进基层表面毛细孔中。

4.4　涂料防水层施工

4.4.1　在转角处、变形缝、施工缝、穿墙管等部位应增设涂料附加层，加强层宽度不应小于 500mm，涂料加强层应平铺，胎体增强材料其同层相邻的搭接宽度不应小于 100mm。上下两层的接缝应错开 1/3 幅宽，且上下两层胎体不得相互垂直铺贴。胎体层应充分浸透防水涂料，不得有露白及褶皱。

4.4.2　双组分或多组分涂料应按配合比准确计量，应采用电动机具搅拌均匀，并应根据有效时间确定每次配置的用量。

4.4.3　涂料涂刷或喷涂时应薄涂多遍完成，涂层总厚度应符合设计要求。涂布顺序应先立面、后平面，先阴阳角及细部节点后大面，每遍涂刷时应交替改变涂层的涂刷方向，同遍涂料的先后搭压宽度宜为 30～50mm。待前一遍涂料实干后（即触手不粘时）再进行后一遍涂料的施工。

4.4.4　涂料防水层的甩槎处接槎宽度不应小于 100mm，接涂前应将其甩槎表面处理干净。

4.4.5　涂料防水层外防外涂法施工

在浇筑混凝土底板和结构墙体之前，先做混凝土垫层，在垫层的四周临时砌保护墙，再涂防水层，然后浇筑底板和墙身混凝土。拆除侧模后，继续涂刷结构外墙防水涂料。

4.4.6　涂料防水外防内涂法施工

在地下建筑墙体施工前先砌筑保护墙，然后将防水涂料涂刷在保护墙上，最后施工地下建筑墙体。

4.5　防水涂料收头

4.5.1　全埋式地下工程与顶板与外墙转角处，外墙的涂料应先涂刷至顶板不小于 250mm，顶板的涂料再涂刷至外墙不小于 250mm，且涂料收头应用防水涂料多遍涂刷。

4.5.2　附建式全地下室或半地下室的外墙防水层高出室外地坪 500mm 以上，立面涂料应用防水涂料多遍涂刷。

4.6　涂料保护层

4.6.1　涂料防水层施工完并经验收合格后，按设计要求做保护层。

4.6.2 顶板的细石混凝土保护层与防水层之间宜设置隔离层。细石混凝土保护层厚度：机械碾压回填土时不宜小于 70mm，人工回填土时不宜小于 50mm。

4.6.3 底板的细石混凝土保护层厚度不应小于 50mm。

4.6.4 侧墙宜采用软质保护材料或铺抹 20mm 厚 1：2.5 水泥砂浆层。

5 质量标准

5.1 主控项目

5.1.1 涂料防水层所用的材料及配合比必须符合设计要求。

5.1.2 涂料防水层的平均厚度应符合设计要求，最小厚度不得小于设计厚度的 90%。

5.1.3 涂料防水层在转角处、变形缝、施工缝、穿墙管、桩头等部位做法必均须符合设计要求。

5.2 一般项目

5.2.1 涂料防水层应与基层粘结牢固，涂刷均匀，不得流淌、鼓泡、露槎。

5.2.2 涂层间夹铺胎体增强材料时，应使防水涂料浸透胎体覆盖完全，不得有胎体外露现象。

5.2.3 侧墙涂料防水层的保护层与防水层应结合紧密，保护层厚度应符合设计要求。

6 成品保护

6.0.1 操作人员应按顺序作业，避免在未固化的涂料防水层上行走；严禁在防水层上堆放物品。

6.0.2 穿过墙面的管道、预埋件、变形缝处，涂料施工时不得碰损、变位。

6.0.3 防水涂料固化后，应及时做保护层。

6.0.4 涂料防水层施工时应经常检查，发现鼓泡或破损应及时处理。

6.0.5 涂膜固化前如有降雨可能时，应及时做好已完涂层的保护工作。

7 注意事项

7.1 应注意的质量问题

7.1.1 多组分防水涂料配比应准确，搅拌要充分、均匀，掌握适当的稠度、黏度和固化时间，以保证涂刷质量。多组分防水涂料操作时必须做到各组分的容器、搅拌棒、取料勺等不得混用，以免产生凝胶。

7.1.2 控制胎体增强材料铺设的时机、位置，铺设时要做到平整、无皱折、无翘边，搭接准确。涂层间夹铺胎体增强材料时，应使防水涂料浸透胎体覆盖完全，不得有胎体外露现象。

7.1.3 严格控制防水涂膜层的厚度和分遍涂刷厚度及间隔时间，涂刷应厚薄均匀，表面平整。如发现涂膜层有破损或不合格之处，应用小刀将其割掉，重新分层涂刷防水涂料。

7.1.4　转角处、变形缝、施工缝、穿墙管等部位，应加铺胎体增强材料附加层，一般先涂刷一遍涂料，随即铺贴事先剪好的胎体增强材料，用毛刷反复刷匀，贴实不皱折，干燥后再涂刷一遍涂料。

7.2　应注意的安全问题

7.2.1　防水涂料应贮存在阴凉、远离火源的地方，贮仓及施工现场应严禁烟火。

7.2.2　施工现场应通风良好，在通风条件差的地下室作业，应采取通风措施，操作人员每隔 1～2h 应到室外休息 10min。

7.2.3　现场操作人员应戴防护手套，避免污染皮肤。

7.2.4　高温天气施工，应做好防暑降温措施。

7.3　应注意的绿色施工问题

7.3.1　涂料应达到环保要求，应选用符合环保要求的溶剂。

7.3.2　基层表面砂浆硬块及突出物清理产生的噪音、扬尘应有效控制；报废的扫帚、砂纸、钢丝刷、防水和密封材料包装物等应及时清理。

7.3.3　基层处理剂应用密封筒包装，防止挥发、遗洒。

7.3.4　防水材料的边角料应回收处理。

8　质量记录

8.0.1　涂料防水层所用材料出厂合格证、质量检验报告和现场抽样试验报告。

8.0.2　隐蔽工程检查验收记录。

8.0.3　细部构造检验批质量验收记录。

8.0.4　涂料防水层检验批质量验收记录。

8.0.5　涂料防水层分项工程质量验收记录。

8.0.6　其他技术文件。

第5章　聚乙烯丙纶防水层

本工艺标准适用于经常处在地下水环境，且受侵蚀性介质或受振动作用的地下工程。

1　引用标准

《地下工程防水技术规范》GB 50108—2008
《地下防水工程质量验收规范》GB 50208—2011

《建筑工程施工质量验收统一标准》GB 50300—2013

《高分子防水材料　第 1 部分：片材》GB 18173.1—2012

2　术语

2.0.1　聚乙烯丙纶卷材：是由聚乙烯与助剂等组合热熔而挤出，两面热覆丙纶纤维无纺布形成的卷材。

2.0.2　聚合物水泥防水粘结材料：是以聚合物乳液或聚合物再分散性粉末等聚合物材料和水泥为主要材料，掺加外加剂、添加料等混合组成。产品分为乳液和干粉类两种。

3　施工准备

3.1　作业条件

3.1.1　防水工程应有施工方案及技术交底。

3.1.2　防水层施工期间，必须保持地下水位稳定在基底 0.5m 以下，必要时应采取降水措施。

3.1.3　防水层的基层表面应平整、牢固，不空鼓、不起砂。施工前，应将基层清扫干净。

3.1.4　防水材料及机具已准备就绪，可满足施工要求。

3.1.5　防水施工人员应经过理论与实际施工操作的培训，并持证上岗。

3.1.6　聚乙烯丙纶防水层应由聚乙烯丙纶卷材与聚合物水泥防水粘结材料复合使用。防水粘结材料应与聚乙烯丙纶卷材配套提供。

3.1.7　冷粘法的施工环境温度不宜低于 5℃。

3.1.8　铺贴卷材严禁在雨天、雪天、五级及以上大风时施工。

3.2　材料及机具

3.2.1　聚乙烯丙纶卷材：卷材外观质量、品种规格应符合国家现行标准规定；聚乙烯丙纶卷材的主要物理性能应符合表 5-1 的要求。

聚乙烯丙纶防水卷材的主要物理性能　　　　表 5-1

项目	指标
断裂拉伸强度（N/10mm）	≥60
断裂伸长率（%）	≥300
低温弯折性（℃）	−20，无裂纹
不透水性（0.3MPa；120min）	不透水
撕裂强度（N/10mm）	≥20
复合强度（N/mm）（表层与芯层）	≥1.2

3.2.2　聚合物水泥防水粘结材料，其主要物理性能应符合表 5-2 的要求。

聚合物水泥防水粘结材料的主要物理性能 表5-2

项目		指标
与水泥基面的粘结 拉伸强度（MPa）	常温28d	≥0.6
	耐水性	≥0.4
	耐冻性	≥0.4
可操作时间（h）		≥2
抗渗性（MPa，7d）		≥1.0
剪切状态下的粘合性 （N/mm，常温）	卷材与卷材	≥2.0或卷材断裂
	卷材与基面	≥1.8或卷材断裂

3.2.3 聚乙烯丙纶卷材在运输与贮存时，应注意勿时包装损坏，放置于通风、干燥处，贮存垛高不应超过平放五个卷材高度。堆放时应衬垫平整的木板，离地面200mm，并应避免阳光直射，禁止与酸、碱油类及有机溶剂等接触且隔离热源。卷材的贮存期为一年。

3.2.4 聚合物水泥防水粘结材料的液体组分应用密封的容器包装，固体组分包装应密封防潮。产品应在干燥、通风、阴凉的场所贮存，液体组分贮存温度不应低于5℃。产品的贮存期为半年。

3.2.5 机具：喷涂机、电动搅拌器、小平铲、钢丝刷、笤帚、铁桶、滚刷、油漆刷、压辊、刮板、防护用品、钢卷尺、粉笔、裁剪刀、台秤等。

4 操作工艺

4.1 工艺流程

基层清理 → 配制防水粘结材料 → 防水加强层铺贴 → 大面卷材铺贴 → 卷材保护层施工

4.2 基层清理

4.2.1 铺贴防水卷材前，基层表面的凸出物应铲除，灰尘、油脂及杂物应清扫干净。

4.2.2 基面应坚实、平整、清洁。基层阴阳角处应做成圆弧或45°坡角，圆弧半径为70mm。不符合基层条件时，应及时进行修补。

4.2.3 基层应保持湿润，但不得有积水。

4.3 配制防水粘结材料

4.3.1 与卷材配套的聚合物水泥防水粘结材料，应按生产厂家的产品使用说明书配制，计量应准确，搅拌应均匀，搅拌时应采用电动搅拌器。拌制好的防水粘结材料，应在规定的时间内用完。

4.3.2 现场配制聚合物水泥防水粘结材料，应按聚合物乳液（或胶粉）和水泥配比，先使聚合物材料放入准备好的容器内，用搅拌器边搅拌边加水泥，加入水泥搅拌后无凝块、无沉淀时即可使用。一般气温不大于25℃时，配制的材料应在2h内用完。

4.3.3 铺贴卷材前，应在基面上涂刷基层处理剂，当基面潮湿时，应涂刷湿固化型胶粘剂或潮湿界面处理剂。

4.4 防水加强层铺贴

4.4.1 在转角处、变形缝、施工缝、穿墙管等部位，应铺贴防水加强层，加强层宽度不应小于 500mm。

4.4.2 防水加强层宜采用聚乙烯丙纶卷材或聚合物水泥防水涂料。

4.4.3 卷材加强层用满粘，不得扭曲、皱折、空鼓、涂料加强层应夹铺胎体增强材料，涂料总厚度不应小于 1.5mm。

4.5 大面卷材铺贴

4.5.1 卷材铺贴应顺水流方向搭接，并从防水层最低处开始向上铺贴。上下两层和相邻两幅卷材的接缝应错开 1/3～1/2 幅宽，且上下两层卷材不得相互垂直铺贴。

4.5.2 铺贴卷材前，应在基层上弹出基准线，或在铺好卷材边量取规定的搭接宽度弹出控制线，卷材的长边和短边搭接宽度均不应小于 100mm。

4.5.3 卷材铺贴

1 将配制好的聚合物水泥防水粘结材料，均匀地批刮或抹压在基层上，粘结材料应批抹均匀，不得有露底和堆积现象，用量不应小于 2.5kg/m²，施工固化厚度不应小于 1.3mm。

2 在铺设部位将卷材预放约 5～10m，找正方向后中间固定，将卷材卷回至固定处，批抹粘结材料后即将预放的卷材重新展开至粘贴的位置。同时边批抹边铺贴卷材，卷材铺贴时不得拉紧，应保持自然状态。

3 铺贴卷材时，应用刮板向两边抹压，赶出卷材下面的空气，接缝部位应挤出粘结材料并批刮封口。搭接缝表面应涂刷 1.3mm 厚，50mm 宽的防水粘结材料。

4 地下工程聚乙烯丙纶防水层的厚度，卷材应为（7＋7）mm，粘结材料应为（1.3＋1.3)mm。

4.6 卷材保护层施工

4.6.1 卷材防水层经检查合格后，应按设计要求及时做保护层。

4.6.2 顶板卷材防水层上的细石混凝土保护层：采用机械碾压回填土时，保护层厚度不宜小于 70mm；采用人工回填土时，保护层厚度不宜小于 50mm；防水层与保护层之间宜设置隔离层。

4.6.3 底板卷材防水层上的细石混凝土保护层厚度不应小于 50mm。防水层与保护层之间宜设置隔离层。

4.6.4 侧墙卷材防水层宜采用软质保护材料或铺抹 20mm 厚 1：2.5 水泥砂浆层。

5 质量标准

5.1 主控项目

5.1.1 聚乙烯丙纶卷材及聚合物水泥防水粘结材料必须符合设计要求。

5.1.2 卷材防水层在转角处、变形缝、施工缝、穿墙管等部位做法必须符合设计要求。

5.2 一般项目

5.2.1 卷材防水层的搭接缝应粘结牢固，密封严密，不得有扭曲、折皱、翘边和起泡等缺陷。

5.2.2 卷材与基层粘贴应采用满粘法；单层卷材的粘结材料厚度不应小于1.3mm，卷材的粘结面积不应小于90%。

5.2.3 采用外防外贴法铺贴卷材防水层时，防水卷材立面卷材接槎的搭接宽度应为100mm，且上层卷材应盖过下层卷材。

5.2.4 侧墙卷材防水层的保护层与防水层应结合紧密，保护层厚度应符合设计要求。

5.2.5 卷材搭接宽度的允许偏差为−10mm，用尺量检查。

6 成品保护

6.0.1 卷材施工时，不得在防水层上堆置材料，操作人员不得穿带钉的鞋作业。损坏的卷材应及时修补。

6.0.2 防水层施工完成后，应及时做好保护层或砌筑保护墙。

6.0.3 卷材防水层施工后24h内，不得在其上行走或进行后续作业。

7 注意事项

7.1 应注意的质量问题

7.1.1 聚乙烯丙纶卷材应采用聚乙烯成品原生料和一次复合成型工艺生产，卷材厚度不应小于0.5mm，聚合物水泥防水粘结材料应与聚乙烯丙纶卷材配套提供，不得使用水泥原浆或水泥与聚乙烯醇混合物混合的材料。

7.1.2 现场配制聚合物水泥防水粘结材料，其物理性能应符合本标准第3.2.2条的规定。配比应准确，搅拌应均匀，拌制好的材料应在规定时间内用完。

7.1.3 卷材铺贴时，应根据气温情况适当调整基层干湿度，铺压应严实，将空气排除干净，使卷材粘贴牢固。

7.1.4 阴阳角、穿墙管道等细部的卷材附加层，裁剪时应与构造形状相符合，并粘贴压实严密。

7.2 应注意的安全问题

7.2.1 防水层所用的卷材、胶粘剂、二甲苯等均属易燃品，存放和操作应远离火源并备有防火器材。

7.2.2 地下室通风不良时，铺贴卷材应采取通风措施，防止有机溶剂挥发，使操作人员中毒。

7.2.3 每次用完的施工工具，应及时用二甲苯等有机溶剂清洗干净，同时要防止有机溶剂中毒。

7.3　应注意的绿色施工问题

7.3.1　基层表面砂浆硬块及突出物清理产生的噪声、扬尘应有效控制；报废的扫帚、砂纸、钢丝刷、防水和密封材料包装物等应及时清理。

7.3.2　胶粘剂、基层处理剂应用密封筒包装，防止挥发、遗洒；防水材料应储存在阴凉通风的室内，避免雨淋、日晒或受潮变质，并远离火源、热源。

7.3.3　防水材料的边角料应回收处理，避免污染环境。

7.3.4　高温天气施工，要有防暑降温措施。

8　质量记录

8.0.1　卷材及主要配套材料出厂合格证、质量检验报告和现场抽样试验报告。

8.0.2　隐蔽工程检查验收记录。

8.0.3　细部构造检验批质量验收记录。

8.0.4　卷材防水层检验批质量验收记录。

8.0.5　卷材防水层分项工程质量验收记录。

8.0.6　其他技术文件。

第 6 章　施工缝防水处理

本工艺标准适用于地下混凝土结构外墙的施工缝防水处理。

1　引用文件

《地下工程防水技术规范》GB 50108—2008

《地下防水工程质量验收规范》GB 50208—2011

《混凝土结构工程施工规范》GB 50666—2011

《高分子防水材料　第 2 部分：止水带》GB 18173.2—2000

《膨润土橡胶遇水膨胀止水条》JG/T 141—2001

《遇水膨胀止水胶》JG/T 312—2011

《混凝土接缝防水用预埋注浆管》GB/T 31538—2015

《混凝土界面处理剂》JC/T 907—2002

2　术语

2.0.1　施工缝：按设计要求或施工需要分段浇筑，在地下混凝土结构外墙中，先浇筑混凝土达到一定强度后连续浇筑混凝土形成具有防水抗渗要求的接缝。

2.0.2　橡胶止水带：是以天然橡胶与各种合成橡胶为主要原料，掺加各种助剂及填充料，经塑炼、混炼、压制成型。适用于全部或部分浇捣于混凝土中的橡胶密封止水带和具有钢边的橡胶密封止水带。

2.0.3　遇水膨胀止水条：是将膨润土与橡胶混炼而制成的有一定形状的制品，主要应用于各种建筑物、构筑物的缝隙止水防渗。

2.0.4　遇水膨胀止水胶：是以聚氨酯预聚体为基础，含有特殊接枝的脲烷膏状体。固化成形后具有遇水体现膨胀密封止水作用。

2.0.5　混凝土界面处理剂，用于水泥混凝土界面，改善新表混凝土之间粘结性能的界面处理剂。

2.0.6　注浆管系统：是由注浆管、连接管及导浆管固定夹、塞子、接线盒等组成。混凝土结构施工时，将具有单透性，不易变形的注浆管预埋在接缝处，当接缝渗漏时，向注浆管系统的导浆管端口中注入灌浆液，即可密封接缝区域的任何缝隙和孔洞，并终止渗漏。

3　施工准备

3.1　作业条件

3.1.1　施工缝防水处理应编写施工方案，并向操作人员进行技术交底。

3.1.2　防水混凝土应连续浇筑，宜少留施工缝，一般只设水平施工缝。

3.1.3　施工缝的留设位置应在防水混凝土浇筑之前确定。

3.1.4　混凝土浇筑过程中，因特殊原因需临时设置施工缝时，施工缝留设应规整，并宜垂直于构件表面，必要时可采取增加插筋，事后修凿等技术措施。

3.1.5　地下工程迎水面主体结构施工缝应遵守本标准的有关规定。地下工程中无防水抗渗的结构构件，其施工缝的留设应符合现行国家标准《混凝土结构工程施工规范》的有关规定。

3.1.6　在施工缝处连续浇筑混凝土时，已浇筑混凝土抗压强度不应小于1.2MPa。

3.2　材料及机具

3.2.1　橡胶止水带和钢边橡胶止水带物理性能见表6-1。

橡胶止水带和钢边橡胶止水带物理性能　　　　　表6-1

序号	项目			指标		
				B	S	J
1	硬度（邵尔A）（度）		≥	60±5	60±5	60±5
2	拉伸强度（MPa）		≥	15	12	10
3	拉断伸长率（%）		≥	380	380	300
4	压缩永久性变形	70℃×24h（%）	≤	35	35	35
		23℃×168h%	≤	20	20	20
5	撕裂强度（kN/m）		≥	30	25	25
6	脆性温度（℃）		≤	−45	−40	−40

序号	项目			指标		
				B	S	J
7	热空气老化	70℃×168h	硬度变化（邵尔 A）（度）　≤	+8	+8	—
			拉伸强度（MPa）　≥	12	10	
			扯断伸长率（%）　≥	300	300	
		100℃×168h	硬度变化（邵尔 A）（度）　≤	—	—	+8
			拉伸强度（MPa）　≥			9
			扯断伸长率（%）　≥			250
8	臭氧老化 50×10³：20%，48h			2 级	2 级	0 级
9	橡胶与金属粘合			断裂在弹性体内		

3.2.2 钢板止水带：低碳钢，厚度宜为 2～3mm，宽度宜为 250～350mm。

3.2.3 遇水膨胀止水条物理性能见表 6-2。

遇水膨胀止水条物理性能　　　　　　　　　　　表 6-2

序号	项目		指标			
			PZ-150	PZ-250	PZ-400	PZ-600
1	硬度（邵尔 A）（度）		42±7		45±7	48±7
2	拉伸强度（MP）　≥		3.5		3	
3	扯断伸长率（%）　≥		450		350	
4	体积膨胀倍率（%）　≥		150	250	400	600
5	反复浸水试验	拉伸强度（MPa）　≥	3		2	
		扯断伸长率（%）　≥	350		250	
		体积膨胀率（%）　≥	150	250	300	500
6	低温弯折（−20℃×2h）		无裂纹			

3.2.4 遇水膨胀止水胶物理性能见表 6-3。

遇水膨胀止水胶物理性能　　　　　　　　　　　表 6-3

序号	项目		指标	
			PJ-220	PJ-400
1	固含量（%）		≥85	
2	密度（g/cm³）		规定值±0.1	
3	下垂度（mm）		≤2	
4	表干时间（h）		≤24	
5	7d 拉伸粘结强度（MPa）		≥0.4	≥0.2
6	低温柔度		−20℃，无裂纹	
7	拉伸性能	拉伸强度（MPa）	≥0.5	
		断裂伸长率（%）	≥400	
8	体积膨胀倍率（%）		≥220	≥400
9	长期浸水体积膨胀率保持率（%）		≥90	
10	抗水压（MPa）		1.5，不渗水	2.5，不渗水
11	实干厚度（mm）		≥2	

续表

序号	项目		指标	
			PJ-220	PJ-400
12	浸泡介质后体积膨胀倍率保持率（%）	饱和 Ca(OH) 溶液	≥90	
		5%NaCl 溶液	≥90	
13	有害物质含量	VOC (g/L)	≤200	
		游离甲苯二异氰酸酯 TDI (g/kg)	≤5	

3.2.5 预埋注浆管物理性能见表 6-4、表 6-5。

不锈钢弹簧骨架注浆管物理性能 表 6-4

序号	项目	指标
1	注浆管外径偏差（mm）	±1.0
2	注浆管内径偏差（mm）	±1.0
3	不锈钢弹簧钢丝直径（mm）	≥1.0
4	滤布等效孔径 O_{35}（mm）	<0.074
5	滤布渗透系数 K_{20}（mm/s）	≥0.05
6	抗压强度（N/mm）	≥70
7	不锈钢弹簧钢丝间距（圈/10cm）	≥12

硬质塑料或硬质橡胶骨架注浆管的物理性能 表 6-5

序号	项目	指标
1	注浆管外径偏差（mm）	±1.0
2	注浆管内径偏差（mm）	±1.0
3	出浆孔间距（mm）	≤20
4	出浆孔直径（mm）	3~5
5	抗压变形量（mm）	≤2
6	覆盖材料扯断永久变形（%）	≤10
7	骨架低温弯曲性能	−10℃，无脆裂

3.2.6 遇水膨胀止水条和止水胶以及橡胶止水带和钢边橡胶止水条，应有出厂合格和质量检验报告。进出场后的材料应进行外观检验和物理性能检验的现场抽样复验，待复验合格后方可使用。

3.2.7 橡胶止水带应有不得影响其质量的适宜物品进行包装。止水带在运输与贮存时，应注意勿使包装损坏。放置于通风，干燥处，并应避免阳光直射，禁止与酸、碱、油类及有机溶剂等接触；且隔离热源，应保存于室内，并不得重压。

3.2.8 遇水膨胀止水条以防粘纸条作衬垫，卷或圆盘状，用包装箱包装。产品在运输与贮存时，要防潮防湿，堆放应整齐，避免挤压变形，堆码不超过 4 箱。贮存期为 1 年。

3.2.9 遇水膨胀止水胶应采用包装箱包装，并有防雨、防潮标志。产品按非危险品运输，运输时应防止日晒、雨淋，防止撞击，挤压，产品应贮存在干燥、通风、阴凉处，防止阳光直接照射，冬季时应采取适当的防冻措施。贮存期为 9 个月。

3.2.10 机具：剪刀、扳手、錾子、铁抹子、铲刀、小桶、钢尺、砂轮机、高压冲毛机、空气压缩机、毛刷、钢丝刷等。

4 操作工艺

4.1 施工缝防水措施的四种基本构造

4.1.1 施工缝防水构造（一）止水条或止水胶。

4.1.2 施工缝防水构造（二）中埋止水带。

4.1.3 施工缝防水构造（三）外贴止水带。

4.1.4 施工缝防水构造（四）预埋注浆管。

4.2 施工缝防水构造（一）

4.2.1 工艺流程

施工缝留设 → 基层清理 → 安装止水条或挤压止水胶 → 界面处理 → 后浇混凝土

4.2.2 施工缝留设

1 墙体水平施工缝不应留在剪力最大处或底板与侧墙的交接处，应留在高出底板表面不小于 300mm 的墙体上（板与墙结合的水平施工缝，宜留在板与墙交接处以下 150～300mm 处）；墙体有预留的孔洞时，施工缝距孔洞边缘不应小于 300mm。

2 竖向施工缝应避开地下水和裂隙水较多地段，并宜与变形缝后浇带相结合。

3 墙体水平施工缝宜采用平缝形式。

4 施工缝应采取钢筋防锈或阻锈措施。

4.2.3 基层清理

1 已浇筑混凝土的抗压强度不应小于 1.2MPa。

2 在接缝处应清除松动的石子，用钢丝刷将混凝土表面的浮浆刷净，边刷边用水冲洗干净，并保持湿润。

3 施工缝部位应将积水及时排除干净。

4.2.4 安装止水条

1 安装止水条时，应将止水条的防粘纸完全撕净。直接安装在混凝土表面的中间。必要时，止水条与混凝土边缘距离不得小于 70mm。

2 止水条应连续顺直，不间断、不扭曲，每隔 0.8～1.2m 采用水泥钉固定，将止水条钉固定在已浇筑混凝土表面。

3 竖向施工缝宜在已浇筑混凝土表面预留凹槽，凹槽尺寸视止水条规格而定，将止水条嵌入槽内，用滚筒滚压止水条表面，使止水条与混凝土表面密粘牢固，并用水泥钉固定，水泥钉间距不应大于 0.8m。

4 选用的止水条 7d 的膨胀率应不大于最终膨胀率的 60%。当不符合时，应采取表面涂缓膨胀剂等措施。

5 止水条接头处严禁采取平头对接处理。

6 止水条接头处应采取坡形接头或搭接接头。坡形接头是将两根止水条端头 30mm 范围内用刀切成坡面或用平压扁 1/2，上下重叠后用水泥钉固定；搭接接头是将两根止水条平行搭接 30mm，搭接部位止水条不得有空隙，并用水泥钉固定。

4.2.5   挤注止水胶

1   止水胶应采用注胶器挤出粘结在施工缝表面。

2   止水胶挤注时应做到连续、均匀、饱满、无气泡和孔洞。

3   止水胶挤出宽度及厚度应符合设计要求。

4   止水胶挤出成形后，固化期内应采取成品保护措施。

5   止水胶固化前不得浇筑混凝土。

4.2.6   界面处理

1   水平施工缝浇筑混凝土前，施工缝应先涂刷水泥净浆或混凝土界面处理剂，再铺 30～50mm 厚的与混凝土浆液成分相同的水泥砂浆接浆层。粗骨料最大粒径为 25mm 时，接浆层厚度不应大于 30mm，粗骨粒最大粒径为 40mm 时，接浆层厚度不应大于 50mm。

2   竖向施工缝浇筑混凝土前，施工缝处应涂刷水泥净浆或混凝土界面处理剂。

3   涂刷水泥净浆或混凝土界面处理剂后，应待其表面达到触手不粘状态时及时浇筑混凝土。

4.2.7   后浇混凝土

1   混凝土施工前，施工缝处安设的止水条或挤注的止水胶应予以保护，防止落入杂物和由于降雨或施工用水等使止水条或止水胶过早膨胀。

2   浇筑混凝土时，不准碰坏止水条或止水胶。

4.3   施工缝防水构造（二）

4.3.1   工艺流程

$\boxed{\text{界面处理}} \rightarrow \boxed{\text{中埋止水带安装}} \rightarrow \boxed{\text{基层清理}} \rightarrow \boxed{\text{施工缝留设}} \rightarrow \boxed{\text{后浇筑混凝土}}$

4.3.2   施工缝留设同本标准 4.2.2。

4.3.3   中埋止水带安装

1   中埋止水带应在先浇筑混凝土施工前埋设。

2   钢板止水带、橡胶止水带和钢边橡胶止水带应位于结构主断面的中央。止水带的埋入部分应为止水带宽度的一半。

3   中埋止水带与结构钢筋应用钢板焊接固定或用铁丝绑扎牢固。

4   钢板止水带接头宜采用电弧焊接，橡胶止水带和钢边橡胶止水带接头宜采用垫压焊接。

4.3.4   基层清理同本标准 4.2.3。中埋止水带的外露部分，应及时清除止水带表面粘污的水泥浆或油脂等杂物。

4.3.5   界面处理同本标准 4.2.6。

4.3.6   后浇混凝土

1   混凝土浇筑前，施工缝处安装的中埋止水带应予以保护。

2   中埋止水带的外露部分，应保证止水带位置准确和固定牢靠。

3   混凝土浇筑时不得碰坏中埋止水带。

4.4   施工缝防水构造（三）

4.4.1   工艺流程

$\boxed{\text{界面处理}} \rightarrow \boxed{\text{基层清理}} \rightarrow \boxed{\text{外贴止水带安装}} \rightarrow \boxed{\text{施工缝留设}} \rightarrow \boxed{\text{后浇筑混凝土}}$

4.4.2   施工缝留设同本标准 4.2.2。

4.4.3 外贴止水带安装

（1）外贴止水带应在浇筑混凝土之前埋设。

（2）外贴止水带应位于施工缝上下各为止水带宽度的一半。

（3）橡胶止水带应与结构模板固定牢靠，并应保证钢筋保护层厚度。

（4）橡胶止水带宜采用热压焊接。接缝应平整、牢固。

（5）外贴止水带不宜单独使用，应与施工缝防水构造（一）或（二）复合使用。

4.4.4 基层清理同本标准4.2.3，外贴止水带的外露部分，应及时清除止水带表面的玷污的水泥或油脂等杂物。

4.4.5 界面处理用本标准4.2.6。

4.4.6 后浇混凝土同本标准4.3.6。

4.4.7 外涂防水涂料和外抹防水砂浆。

1 涂料宜采用聚氨酯防水涂料和聚合物水泥防水涂料；砂浆宜采用聚合物水泥防水砂浆。

2 防水涂料施工应符合本标准涂料防水的规定；防水砂浆施工应符合本标准水泥砂浆防水层的规定。

3 外涂防水涂料和外抹防水砂浆不宜单独使用，应与施工缝防水构造（一）或（二）复合使用。

4.5 施工缝防水构造（四）

4.5.1 工艺流程

基层处理 → 界面清理 → 设预埋注浆管系统 → 施工缝留设 → 注浆施工 → 后浇筑混凝土

4.5.2 施工缝留设同本标准4.2.2。

4.5.3 预埋注浆管系统

1 预埋注浆管系统应包括注浆管、连接管、导浆管、固定夹、塞子、接线盒等。注浆管分为一次性注浆管和可重复注浆管两种。

2 预埋注浆管应位于结构主断面的中央。导浆管与注浆管的连接必须牢固、严密。预埋注浆管的固定间距应为200～300mm，导浆管设置间距应为300～500mm。

3 在注浆之前应对导浆管末端进行临时封堵。

4.5.4 基层清理同本标准4.2.3。

4.5.5 界面处理同本标准4.2.6。

4.5.6 后浇带混凝土

1 混凝土施工前，施工缝处安装的预埋注浆管应予以保护。

2 预埋注浆管的位置应准确，固定应牢靠。

3 浇筑混凝土时，不得碰坏预埋注浆管。

4.5.7 注浆施工

1 混凝土结构出现宽度大于0.2mm的静止裂缝，贯穿性裂缝，应采用堵水注浆。

2 注浆宜采用普通硅酸盐水泥、超细水泥等浆液或聚氨酯丙烯酸盐等化学浆液。

3 注浆材料及其配合比必须符合设计要求。

4 注浆各阶段的控制压力和注浆管应符合设计要求。

5　施工缝处注浆应待结构基本稳定和混凝土强度达到设计要求后或装饰施工前进行。

5　质量标准

5.1　主控项目

5.1.1　施工缝用止水带，遇水膨胀止水条和止水胶和预埋注浆管必须符合设计要求。

5.1.2　施工缝防水构造必须符合设计要求。

5.2　一般项目

5.2.1　施工缝的留设应符合本标准第4.1.2条的规定。

5.2.2　在施工缝处连续浇筑混凝土时，已浇筑混凝土抗压强度不应小于1.2MPa。

5.2.3　水平施工缝和竖向施工缝的基层清理应符合4.2.3条的规定。

5.2.4　中埋止水带及外贴止水带预埋位置应准确，固定应牢靠。

5.2.5　遇水膨胀止水条施工应符合本标准4.2.4条的规定。

5.2.6　遇水膨胀止水胶施工应符合本标准4.2.5条的规定。

5.2.7　预埋注浆施工应符合本标准4.5.3条的规定。

5.2.8　施工缝注浆施工应符合本标准4.5.7条的规定。

6　成品保护

6.0.1　遇水膨胀止水条安装后，应及时进行混凝土浇筑。如浇筑间隔时间较长，对止水条应及时覆盖塑料膜，防止污染和阳光长时间照射，并避免雨淋或水泡。

6.0.2　浇筑混凝土时，应避免混凝土直接冲击止水条，导致止水条位移、脱落。

6.0.3　混凝土浇筑前，施工缝部位和止水条、止水带、预埋注浆管等应采取保护措施。

6.0.4　施工缝防水措施宜选用预埋注浆管系统在不破坏结构的前提下，确保接缝处不渗漏水，是一种先进、有效的接缝防水措施。

7　注意事项

7.1　应注意的质量问题

7.1.1　施工缝处混凝土不得用砂浆再次找平，基层清理时应剔除扰动的石子至坚实面，刷涂水泥砂浆，并用水冲洗干净。

7.1.2　施工缝基层应坚实、干净，并保持湿润，但不得有积水。施工缝基层应涂刷水泥净浆或混凝土界面剂，并铺设与混凝土成分相同的水泥砂浆接缝层，保证新旧混凝土结合牢固。

7.1.3　整个施工缝处的止水条要连续不间断，止水条接头应满足搭接长度要求。止水条应固定牢靠。

7.1.4　中埋止水带或外贴止水带的埋设位置应准确，固定应牢靠。

7.1.5　施工缝部位的模板拼缝应严密，不得有漏浆，施工缝处后浇混凝土应振捣密实，插入式振动器不得破坏止水条或止水带。

7.2 应注意的安全问题

7.2.1 橡胶止水带、遇水膨胀止水条等属易燃品，存放和操作应远离火源并备有防火器材。

7.2.2 上班前必须坚持操作架，发现问题应立即修理。脚手板上的工具材料应分散放置稳当，不得超载。

7.2.3 严格遵守施工现场各项安全生产制度和操作规程，做好上岗前的安全技术交底及安全教育工作，做好个人防护用品的购置与发放管理，严禁穿拖鞋和酒后上岗作业。

7.3 应注意的环境问题

7.3.1 施工中所用的材料应具有产品合格证，检验试验合格，符合环保要求。

7.3.2 施工中严格执行国家相关环保方面的法律法规制度，保护现场环境卫生，实现文明施工。

7.3.3 报废的止水带、密封材料包装物等应及时清理。

7.3.4 止水带、止水条材料应储存在阴凉通风的室内，避免雨淋、日晒或受潮变质，并远离火源、热源。

7.3.5 材料进场应码放整齐，保持现场文明。

7.3.6 止水带、止水条材料的边角料应回收处理，避免污染环境。

7.3.7 高温天气施工，要有防暑降温措施。

7.3.8 根据现场情况做好环境因素的评价，填写《环境因素清单》和《重要环境因素清单》。

8 质量记录

8.0.1 遇水膨胀止水条、橡胶止水带等所用材料出厂合格证、质量检验报告和现场抽样试验报告。

8.0.2 隐蔽工程检查验收记录。

8.0.3 细部构造检验批质量验收记录。

8.0.4 施工缝检验批质量验收记录。

8.0.5 施工缝分项工程质量验收记录。

8.0.6 其他技术文件。

第7章 变形缝防水处理

本标准适用于地下混凝土结构底板、侧墙和顶板的变形缝防水处理。

1　引用标准

《地下工程防水技术规范》GB 50108—2008

《地下防水工程质量验收规范》GB 50208—2011

《绝热用挤塑聚苯乙烯泡沫塑料（XPS）》GB/T 10801.2

《混凝土建筑接缝密封胶》JC/T 881—2017

《混凝土结构工程施工规范》GB 50666—2011

《高层建筑混凝土结构技术规程》JGJ 3—2010

《高分子防水材料第二部分止水带》GB 18173.2—2000

2　术语

2.0.1　变形缝：为适应环境温度变化、混凝土收缩或结构不均匀沉降等因素影响，防止产生变形而导致结构破坏，将地下混凝土结构底板、侧墙和顶板按适当的位置或一定间距予以分离，且具有防水抗渗要求的伸缩缝或沉降缝。

2.0.2　橡胶止水带：以天然橡胶与各种合成橡胶为主要原料，掺加各种助剂及填充料，经塑炼、混炼、压制成型。适用于全部或部分浇捣于混凝土中的橡胶密封止水带和具有钢边的橡胶密封止水带。

2.0.3　中埋式止水带：这是一种主要用于在混凝土变形缝、伸缩缝等混凝土内部设置的止水带产品，具有以橡胶材料弹性和结构形式来适应混凝土伸缩变形的能力。本产品是利用橡胶的高弹性和压缩变形性，在各种荷载下产生弹性变形，从而起到紧固密封作用，有效地防止建筑构件的漏水、渗水，并起到减震缓冲作用，可确保工程建筑物的使用寿命。

2.0.4　外贴式止水带：又称背贴式止水带或外置式止水带，是一种在地下构筑物混凝土变形缝、沉降缝壁板外侧（迎水面）设置的一种止水构造，具有以止水带的材料弹性和结构形式来适应混凝土伸缩变形的能力。

2.0.5　可卸式止水带：可卸式橡胶止水带可作为后期补救的一种防水措施，若伸缩缝漏水，可后期补入一层可卸止水带，若出现可卸式止水带也被破坏，可将原来的卸掉，再重新安装一层。可卸式止水带是利用橡胶的高弹性和压缩变形性，在各种荷载下产生弹性变形，从而起到紧固密封有效地防止建筑构件的漏水，渗水，并起到减震缓冲作用，可确保工程建筑物的使用寿命。

2.0.6　挤压聚苯乙烯泡沫塑料（XPS）：它是以聚苯乙烯树脂为原料加上其他的原辅料与聚合物，通过加热混合同时注入催化剂，然后挤塑压出成型而制造的硬质泡沫塑料板。它的学名为绝热用挤塑聚苯乙烯泡沫塑料（简称XPS），XPS具有完美的闭孔蜂窝结构，这种结构让XPS板有极低的吸水性（几乎不吸水）、低热导系数、高抗压性、抗老化性（正常使用几乎无老化分解现象）。

2.0.7　混凝土建筑接缝用密封胶：是指应用于混凝土建筑接缝用弹性和塑性密封胶。

3 施工准备

3.1 作业条件

3.1.1 变形缝施工期间，必须保持地下水位稳定在基底 0.5m 以下，必要时应采取降水措施。

3.1.2 变形缝应满足密封防水、适应变形、施工方便、检修容易等要求。

3.1.3 用于伸缩的变形缝宜少设，可根据不同的工程结构类别及工程地质情况采用后浇带等替代措施；用于沉降的变形缝最大允许沉降差值不应大于 30mm。变形缝的宽度宜为 20～30mm。

3.1.4 对于全埋式地下防水工程的变形缝应为环状；附建式半地下室或全地下室的变形缝应为 U 字形，U 字形变形缝的设计高度应高出室外地坪标高 500mm 以上。

3.1.5 变形缝处混凝土结构厚度应不小于 300mm，宽度应不小于 700mm。

3.1.6 变形缝防水处理应有施工方案和技术交底。

3.2 材料及机具

3.2.1 中埋式止水带和外贴式止水带、橡胶止水带的外观质量、尺寸偏差及物理性能，应符合现行国家标准《高分子防水材料 第 2 部分：止水带》GB 18173.2 的有关规定。橡胶止水带的材质是以氯丁橡胶、三元乙丙橡胶为主。

3.2.2 中埋式金属止水带：对环境温度高于 50℃处的变形缝，宜采用 20mm 厚的不锈钢片或紫铜片 Ω 形止水带，接缝应采用焊接方式，焊接应严密平整。

3.2.3 可卸式止水带：止水带是由预埋钢板、紧固件压板、预埋螺栓、螺母、垫圈、紧固件压块、Ω 形止水带、紧固件圆钢等组装而成。

3.2.4 填缝材料：选用挤压聚苯乙烯泡沫塑料（XPS），压缩的强度宜为 150～250kPa，吸水率（V/V）不应大于 1.5%。

3.2.5 密封材料：选用混凝土接缝用密封胶，密封胶按位移能力分为 25 和 20 两个级别，按拉伸模量分为低模量（LM）和高模量（HM）两个次级别。背水面宜采用高模量的密封材料。

3.2.6 机具：手推车、溜槽、铁锹、活动扳手、电焊机、剪刀、锤头、压力钳、橡胶热压焊设备、錾子、木抹子、铁抹子、尺杆、刷子、灰斗、小桶等。

4 操作工艺

4.1 变形缝防水措施的四种基本构造。

4.1.1 变形缝防水构造（一）：中埋式止水带。

4.1.2 变形缝防水构造（二）：外贴式止水带与中埋式止水带复合使用。

4.1.3 变形缝防水构造（三）：可卸式止水带与中埋式止水带复合使用。

4.1.4 变形缝防水构造（四）：密封材料与中埋式止水带复合使用。

4.2　变形缝防水构造（一）

4.2.1　工艺流程

变形缝留设 → 绑扎结构钢筋 → 支设结构模板 → 中埋止水带翼边固定 →

放置墙缝材料 → 固定墙模 → 浇筑一侧混凝土 → 拆除墙模 →

中埋式止水带另一翼边固定 → 浇筑另一侧混凝土

4.2.2　变形缝留设

1　底板混凝土垫层施工完成后，根据设计图纸的要求，用墨线将变形缝的位置弹在混凝土垫层上。

2　底板防水层施工前，应先将底板垫层在变形缝断开，并抹带有圆弧的找平层。

3　底板防水层应速成整体，变形缝处应设置隔离层和卷材加强层，加强层的宽度不应小于1000mm，并应在防水层上放置 $\phi40\sim\phi60$ 的聚乙烯泡沫棒。

4　变形缝两侧应采用木模板或钢模板支撑牢固。

4.2.3　绑扎结构钢筋及支设结构模板，用混凝土结构施工。

4.2.4　埋设中埋式止水带

1　在支模结构的模板时，应将止水带的中部夹于端模上，同时将XPS板钉在端模上，端模应与侧模固定，并支撑牢固。

2　止水带的翼端应与结构钢筋使用钢筋套或扁钢焊接固定。

3　底板及顶板内止水带应成盆式安设。

4　止水带的接缝应设在边墙较高位置上，不得设在结构转角处。接头宜采用垫压焊接，接缝应平整、牢固，不得有裂口和脱胶现象。

5　止水带在转弯处应做成圆弧形，钢边橡胶止水带的转角半径不应小于200mm，转角半径应随止水带的密度增大而相应加大。

4.2.5　浇筑混凝土

1　接触变形缝处的混凝土，不应出现粗骨料集中或漏浆现象。

2　底板及顶板内止水带底面下的接缝应插捣严密，赶出气泡。

3　浇捣混凝土时不得碰坏止水带。

4.3　变形缝防水构造（二）

4.3.1　变形缝留设、中埋式止水带及浇筑混凝土，应符合本标准第4.2节的有关规定。

4.3.2　变形缝用外贴式止水带的转向部位宜采用直角配件，变形缝与施工缝均用外贴式止水带时，其相交部位应采用十字配件。

4.3.3　底板及顶板用外贴式止水带时，止水带应位置准确，固定牢靠，并应保证结构钢筋保护层厚度；侧墙用外贴式止水带时，止水带应固定在侧墙的外模板上。

4.3.4　外贴式止水带应与固定止水带的基层密贴，不得出现起鼓、翘边等现象。

4.4　变形缝防水构造（三）

4.4.1　变形缝留设、中埋式止水带及浇筑混凝土，应符合本标准第4.2节的有关规定。

4.4.2　可卸式止水带应位于地下混凝土结构背水面的变形缝处，浇筑混凝土墙时，应预留沟槽，凹槽的宽度不应小于 90mm，凹槽的深度不应小于 70mm。

4.4.3 混凝土结构预留凹槽的变形缝两侧，应预埋角钢（45mm×45mm×3mm），预埋件的平整度和平直度符合设计要求。预埋件应做防锈处理。

4.4.4 可卸式止水带应采用丁基密封胶带（"几"字形）安设，并用紧固件压板和预埋件螺栓固定。

4.4.5 可卸式止水带所需配件应一次配齐，转角处应做成 45°坡角，并应增加紧固件的数量。

4.5 变形缝防水构造（四）

4.5.1 变形缝留设、中埋式止水带及浇筑混凝土，应符合本标准第 4.2 节的有关规定。

4.5.2 密封材料应选用 20 级及以上的混凝土接缝用密封胶，背水面应采用高模量的密封胶。

4.5.3 嵌填密封材料的缝内两侧基层应平整、洁净、干燥，并应涂刷基层处理剂；嵌缝底部应设置背衬材料；密封材料嵌缝应严密、饱和，粘胶牢固。

5 质量标准

5.1 主控项目

5.1.1 变形缝用止水带、填缝材料、密封材料，必须符合设计要求。

5.1.2 变形缝防水构造必须符合设计要求。

5.1.3 中埋式止水带埋设位置应准确，其中间空心圆环与变形缝的中心线应重合。

5.2 一般项目

5.2.1 中埋式止水带的接缝应设在边墙较高位置上，不得设置在结构较高处；接头应采用热压焊接，接缝应平整、牢固，不得有裂口和脱胶现象。

5.2.2 中埋式止水带在较高处应做成圆弧形；顶板、底板内止水带应安装成盆状，并应采用专用钢筋套或钢板固定。

5.2.3 外贴式止水带在变形缝与施工缝相交部位应采用十字配件；外贴式止水带在变形缝转角部位应采用直角配件。止水带埋设位置应准确，固定应牢靠，并应与固定止水带的基层密贴，不得出现气鼓、翘边等现象。

5.2.4 安设于结构内侧的可卸式止水带所需配件应一次配齐，转角处应做或 45°坡角，并应增加紧固件的数量。

5.2.5 嵌填密封材料的缝内两侧基层应平整、洁净、干燥，并应涂刷基层处理剂；嵌缝底部应设置背衬材料；密封材料嵌缝应严密、联系、饱和，粘胶牢固。

5.2.6 变形缝处表面粘贴卷材或涂刷涂料前，应在缝上设置隔离层和加强层。

6 成品保护

6.0.1 橡胶止水带在施工过程中应经严格检查，如止水带有破损，必须经修补后方可使用。金属止水带的焊缝应满焊严密。

6.0.2　中埋式止水带安装时，止水带与结构钢筋应采专用钢筋套或钢板焊接固定，确保止水带的位置准确和固定牢靠。

6.0.3　变形缝一侧混凝土浇筑完后，因特殊原因需临时中断变形缝另一侧混凝土浇筑时，应对外露的止水带、预埋件以及填缝材料、模板予以保护，复工前应加强变形缝部位的质量检查。

6.0.4　变形缝中不得夹有砂浆、块材碎屑和杂物等。

6.0.5　密封材料固化前，不得在其上进行后续施工，密封材料表面宜采用卷材保护。

7　注意事项

7.1　应注意的质量问题

7.1.1　为了保证止水带与混凝土牢固浇筑，除混凝土的水灰比和水的用量严格控制外，接止水带处的混凝土不应出现粗骨料集中现象，当钢筋较密集时，可用同等级细混凝土浇筑，并用振动棒振捣密实。

7.1.2　混凝土结构底板及顶板止水带的下侧混凝土应振捣密实，侧墙上止水带内外侧混凝土应同步浇筑，止水带应位置准确，无卷曲。

7.1.3　在支设模板，固定止水带以及浇筑混凝土时，不得碰坏止水带。

7.1.4　地下结构混凝土浇筑后，应及时进行保湿、养护，养护时间不应少于28d。

7.1.5　橡胶止水带应采用氯丁橡胶或三元二丙橡胶制成，进场后应对止水带进行抽样交验，检验外观质量、尺寸偏差及物理性能。钢边橡胶止水带具有加强止水带与混凝土的锚固作用，多在重要的地下工程中使用。

7.1.6　可卸式止水带施工时，变形浇筑两侧预埋角钢应在同一水平面上，不得高低不平，底板和侧墙的转角处其水平和垂直方向的预埋螺栓位置应紧靠转角；止水带应按实际螺栓间隔打孔，打成左角，防止拐角处造成空隙和压紧空档。压紧螺母应当拧紧，以防变形后松动。

7.1.7　密封材料嵌填时，背水面处的嵌填深度应为变形缝宽度的1.2倍，密封材料嵌填应严密，连续饱满，粘结牢固。

7.2　应注意的安全问题

7.2.1　橡胶止水带属易燃品，存放和操作应远离火源并备有防火器材。

7.2.2　上班前必须坚持操作架，发现问题应立即修理。脚手板上的工具材料应分散放置稳当，不得超载。

7.2.3　严格遵守施工现场各项安全生产制度和操作规程，做好上岗前的安全技术交底及安全教育工作，做好个人防护用品的购置与发放管理，严禁穿拖鞋和酒后上岗作业。

7.3　应注意的环境问题

7.3.1　施工中所用的材料应具有产品合格证，检验试验合格，符合环保要求。

7.3.2　施工中严格执行国家相关环保方面的法律法规制度，保护现场环境卫生，实现文明施工。

7.3.3 报废的止水带、密封材料包装物等应及时清理。

7.3.4 材料进场应码放整齐，保持现场文明。

7.3.5 止水带的边角料应回收处理，避免污染环境。

7.3.6 高温天气施工，要有防暑降温措施。

7.3.7 根据现场情况做好环境因素的评价，填写《环境因素清单》和《重要环境因素清单》。

8 质量记录

8.0.1 止水带、密封材料等出厂合格证、质量检验报告和现场抽样试验报告。

8.0.2 隐蔽工程检查验收记录。

8.0.3 细部构造检验批质量验收记录。

8.0.4 变形缝工程检验批质量验收记录。

8.0.5 变形缝工程分项工程质量验收记录。

8.0.6 其他技术文件。

第8章　后浇带防水处理

本工艺标准适用于地下混凝土结构底板、侧墙和顶板的后浇带处理。

1 引用标准

《地下工程防水技术规范》GB 50108—2008

《地下防水工程质量验收规范》GB 50208—2011

《混凝土结构工程施工规范》GB 50666—2011

《高分子防水材料　第 2 部分：止水带》GB 18173.2—2014

《膨润土橡胶遇水膨胀止水条》JG/T 141—2001

《遇水膨胀止水胶》JG/T 312—2011

《混凝土界面处理剂》JC/T 907—2002

《普通混凝土配合比设计规范》JGJ 55—2011

《混凝土外加剂应用技术规范》GB 50119—2013

《高层建筑混凝土结构技术规程》JGJ 3—2012

2 术语

2.0.1 后浇带：为适应环境温度变化、混凝土收缩、结构不均匀沉降等因素影响，在地下混凝土结构的底板、侧墙和顶板中，预留一定宽度且经过一定时间再浇筑混凝土，形成具有防水抗渗要求的混凝土带。

2.0.2 补偿收缩混凝土：在混凝土中加入一定量的膨胀剂，使混凝土产生微膨胀，在有配筋的情况下，能够补偿混凝土的收缩，提高混凝土的抗裂性和抗渗性。

2.0.3 限制膨胀率：采用掺膨胀剂的混凝土，经试验确定膨胀剂的最佳掺量，达到控制结构裂缝的效果。

3　施工准备

3.1　作业条件

3.1.1 后浇带施工期间，必须保持地下水位稳定在基底 500mm 以下，必要时采取降水措施。

3.1.2 后浇带的留设位置应在混凝土浇筑前确定。后浇带应设在受力和变形较小的部位，后浇带间距宜为 30～60m，后浇带宽度宜为 700～1000mm。

3.1.3 对于全埋式地下防水工程的后浇带应为环状；附建式半地下室或全地下室的后浇带应为 U 字形，U 字形后浇带的设计高度应高出室外地坪标高 500mm 以上。

3.1.4 后浇带的两侧宜采用直平缝形式。结构主筋不宜在缝中断开，如必须断开，则主筋搭接长度应大于 45 倍主筋直径。

3.1.5 后浇带应在其两侧先浇筑混凝土的龄期达到 42d 后再施工，高层建筑的后浇带施工，应在地基变形基本稳定情况下进行。

3.1.6 后浇带需超前止水时，后浇带部位混凝土应局部加厚，并增设外贴止水带或中埋止水带。后浇带防水构造和超前止水构造如图 8-1～图 8-4 所示。

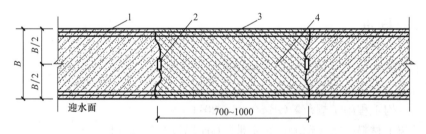

图 8-1　后浇带防水构造（一）

1—先浇混凝土；2—遇水膨胀止水条（胶）；3—结构主筋；4—后浇补偿收缩混凝土

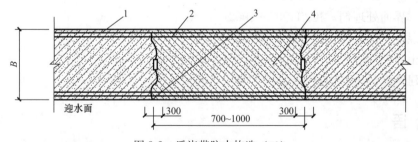

图 8-2　后浇带防水构造（二）

1—先浇混凝土；2—结构主筋；3—外贴式止水带；4—后浇补偿收缩混凝土

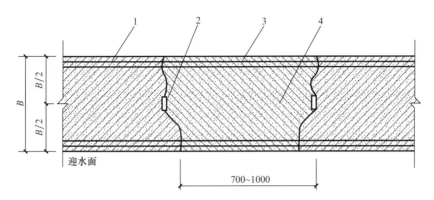

图 8-3 后浇带防水构造（三）

1—先浇混凝土；2—遇水膨胀止水条（胶）；3—结构主筋；4—后浇补偿收缩混凝土

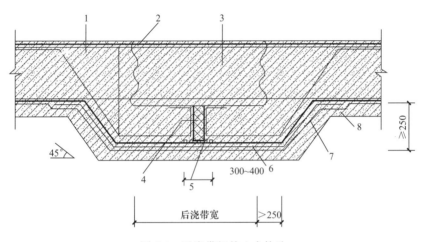

图 8-4 后浇带超前止水构造

1—混凝土结构；2—钢丝网片；3—后浇带；4—填缝材料；5—外贴式止水带；
6—细石混凝土保护层；7—卷材防水层；8—垫层混凝土

3.1.7 补偿收缩混凝土的施工环境湿度宜为 5～35℃。

3.1.8 后浇带防水处理应有施工方案和技术交底。

3.2 材料及机具

3.2.1 遇水膨胀止水条：采用腻子型遇水膨胀止水，其性能应符合现行行业标准《膨润土标准遇水膨胀止水带》JG/T 141 的有关规定。

3.2.2 中埋止水带和外贴止水带：橡胶止水带的外观质量、尺寸偏差及物理性能应符合现行行业国家标准《高分子防水材料 第 2 部分：止水带》GB 1813.2 的有关规定。

3.2.3 补偿收缩混凝：在防水混凝土中掺一定比例的膨胀剂，使混凝土的自由膨胀率达到 0.05%～0.1%，膨胀剂的掺量应经试验确定。

3.2.4 钢板网：用于后浇带两侧的混凝土的隔断措施。

3.2.5 机具：空压机（6m³/min）混凝土搅拌机、插入式振动棒、平板振动器、坍落度筒、钢涂刷、扣条、盒尺、锤子、錾子、铁锹、抹子、模板等。

4　操作工艺

4.1　后浇带防水措施的三种基本构造

4.1.1　后浇带防水构造（一）：止水条。

4.1.2　后浇带防水构造（二）：中埋止水带。

4.1.3　后浇带防水构造（三）：外贴止水带。

4.2　底板后浇带防水处理

4.2.1　工艺流程

1　后浇带防水构造（一）

后浇带留设 → 基层清理 → 安装止水条 → 界面处理 → 后浇带混凝土施工 →
混凝土养护

2　后浇带防水构造（二）

后浇带留设 → 中埋止水带安装 → 基层清理 → 界面处理 → 后浇带混凝土施工 →
混凝土养护

3　后浇带防水构造（三）

后浇带留设 → 外贴止水带安装 → 基层清理 → 界面处理 → 后浇带混凝土施工 →
混凝土养护

4.2.2　后浇带留设

1　底板防水保护层施工完成后，根据设计图纸要求，用墨线将后浇带的位置弹在保护层上。

2　后浇带两侧可用木模板支撑或用钢板网分隔。

3　浇筑底板垫层混凝土应按照底板混凝土施工方案进行。

4.2.3　后浇带采用安装遇水膨胀止水条

1　后浇带两侧可用木模板支撑，在底板板厚的 1/2 处的模板上钉木条。留置止水条定位凹槽。

2　凹槽深度以止水条厚度的 1/2 为宜，凹槽宽度以止水条宽度的（1.2～1.5）倍为宜，凹槽留置应顺直。

3　选用的止水带应具有缓膨胀性能，当不符合要求时，应采取表面涂缓膨胀剂等措施。

4　止水条接头处应采取坡形或搭接形式，搭接宽度不应小于 30mm。

5　止水条应牢固地安装在预留凹槽内并用水泥钉固定，止水条与后浇带两侧基面应密贴，中间不得有空鼓、脱离等记录。

4.2.4　后浇带采用中埋钢板止水带和外贴橡胶止水带

1　中埋或外贴止水带应在先浇混凝土施工前埋设。

2　将止水带按后浇带伸展方向安装，每条止水带伸入先浇混凝土 1/2 宽，止水带的中心线应与所弹黑线重合。中埋止水带应位于结构主断处的中央。

3　后浇带用外贴止水带的转角部位，宜采用直角配件，后浇带与施工缝均用外贴止水带时其相交部位宜采用十字配件。

4　橡胶止水带的接缝，应设在边墙较高位置上，不得设在转角处，接头宜采用热压焊接。钢板止水带应用电弧焊接。

5　中埋或外贴止水带应与结构楼板固定牢靠。底板及顶板的中埋止水带应成盆状安设，外贴止水带应保证钢筋保护层厚度。

4.2.5　基层清理

1　用钢丝刷将钢筋表面的铁锈和浮浆清理干净，同时检查钢筋有无弯曲变形并进行调整。

2　接缝处应清除松动的石子，用钢丝刷将混凝土表面浮浆刷除，边刷边用水清洗干净，并保持湿润。

3　接缝处理完后，将中埋式、外贴止水带露出部分清理干净，如有损坏，应先用配套材料进行修补。

4　后浇带部位应将积水及时排除干净。

4.2.6　界面处理

后浇带混凝土施工前，接缝处应涂刷水泥净浆或混凝土界面处理剂，待触手不粘时应及时浇筑混凝土。

4.2.7　后浇混凝土施工

1　混凝土施工前，后浇带部位和中埋或外贴止水带应予以保护，防止落入杂物和损伤止水带。

2　后浇混凝土应采用补偿收缩混凝土浇筑，其抗渗和抗压等级不应低于两侧先浇混凝土。

3　补偿收缩混凝土应按配合比准确计量，膨胀剂应与水泥同时加入，混凝土搅拌时间不应高于 3min。

4　后浇混凝土应一次浇筑，不得留设施工缝；浇筑混凝土时，不准碰坏止水条或止水带。

4.2.8　混凝土养护

1　后浇带混凝土浇筑完后，应及时覆盖，并在终凝后进行浇水养护。

2　后浇混凝土的养护时间不得少于 28d。

4.3　**侧墙后浇带防水处理**

4.3.1　侧墙后浇带防水处理，参照本标准中 4.2 的规定。

4.3.2　先做侧墙防水层的模板安装

1　利用水泥纤维板或钢板做后浇带的外侧永久模板，后浇带部位的外墙防水与周围墙体防水一起施工。

2　水泥纤维板应与外墙连接牢固，阴阳角处应按防水基层的要求用水泥砂浆抹成钝角。

3　钢模板应与墙体构造钢筋焊接，便于固定。

4　模板外表面应处理到满足防水基层的要求。

4.3.3　后做侧墙防水层的模板安装

1　利用钢模板或竹胶板，按照后浇带宽度进行配模。

2 支模前，宜在接缝两边 3~5mm 处贴海绵条，防止漏浆。

3 穿墙拉杆应采用止水穿墙螺栓，模板拆除后进行防水基层处理。

4.3.4 防水层施工应在侧墙后浇带混凝土达到防水基层要求后进行。

4.4 顶板后浇带防水处理

4.4.1 顶板后浇带防水处理，参照本标准中 4.2 的规定。

4.4.2 防水层施工应在顶板后浇带混凝土施工完后进行。

5 质量标准

5.1 主控项目

5.1.1 后浇带用遇水膨胀止水条、钢板止水带、橡胶止水带必须符合设计要求。

5.1.2 补偿收缩混凝土的原材料及配合比，必须符合设计要求。

5.1.3 后浇带的防水构造，必须符合设计要求。

5.1.4 采用掺膨胀剂的补偿收缩混凝土，其抗压强度、抗渗性能和限制膨胀率，必须符合设计要求。

5.2 一般项目

5.2.1 后浇混凝土浇筑前，后浇带部位和中埋或外贴止水带应采取保护措施。

5.2.2 后浇带两侧的接缝表面应先清理干净，再涂刷水泥净浆或混凝土界面处理剂并应及时浇筑混凝土，后浇混凝土的浇筑时间，应符合设计要求。

5.2.3 遇水膨胀止水条的施工应符合本标准第 4.2.3 条的规定。

5.2.4 中埋钢板止水带的施工应符合本标准第 4.2.4 条的规定。

5.2.5 外贴橡胶止水带的施工应符合本标准第 4.2.4 条的规定。

6 成品保护

6.0.1 结构底板后浇带留设后，应用板遮盖保护，防止钢筋变形和杂物落入。

6.0.2 后浇带部位的钢筋，应及时采取防锈或阻锈措施。

6.0.3 剔凿后浇带两侧混凝土界面时，不得损坏或弯折外伸的钢筋。

6.0.4 遇水膨胀止水条安装后，应及时浇筑混凝土，避免污染、日晒雨冲或水泡。

6.0.5 后浇带部位浇筑混凝土时，不能碰坏止水条或止水带。

6.0.6 后浇混凝土浇筑后，应及时进行养护，养护时间不得少于 28d。

7 注意事项

7.1 应注意的质量问题

7.1.1 后浇带采用遇水膨胀止水条时，底板、侧墙和顶板均应预留止水条的定位凹槽，防止止水条安装位置偏移。

7.1.2　遇水膨胀止水条安装前，应掌握产品性能及使用要求，严格按说明书要求施工。

7.1.3　后浇混凝土浇筑时，现场应派专人检查模板是否牢固，钢筋是否错位。

7.1.4　后浇混凝土应振捣密实，插入式振动器不得碰坏止水条或止水带。

7.1.5　后浇带部位混凝土出现蜂窝，孔洞，露筋、夹渣等缺陷时，应分析产生原因，及时采取有效措施处理。

7.1.6　后浇带应连续浇筑，不得留设施工缝。必须留设施工缝时，应按照施工缝防水处理的有关规定。

7.2　应注意的安全问题

7.2.1　橡胶止水带、遇水膨胀止水条等属易燃品，存放和操作应远离火源并备有防火器材。

7.2.2　上班前必须坚持操作架，发现问题应立即修理。脚手板上的工具材料应分散放置稳当，不得超载。

7.2.3　严格遵守施工现场各项安全生产制度和操作规程，做好上岗前的安全技术交底及安全教育工作，做好个人防护用品的购置与发放管理，严禁穿拖鞋和酒后上岗作业。

7.3　应注意的环境问题

7.3.1　施工中所用的材料应具有产品合格证，检验试验合格，符合环保要求。

7.3.2　施工中严格执行国家相关环保方面的法律法规制度，保护现场环境卫生，实现文明施工。

7.3.3　报废的止水带、密封材料包装物等应及时清理。

7.3.4　止水带、止水条材料应储存在阴凉通风的室内，避免雨淋、日晒或受潮变质，并远离火源、热源。

7.3.5　材料进场应码放整齐，保持现场文明。

7.3.6　止水带、止水条材料的边角料应回收处理，避免污染环境。

7.3.7　高温天气施工，要有防暑降温措施。

7.3.8　根据现场情况做好环境因素的评价，填写《环境因素清单》和《重要环境因素清单》。

8　质量记录

8.0.1　止水条、止水带、密封材料、补偿收缩混凝土等出厂合格证、质量检验报告和现场抽样试验报告。

8.0.2　隐蔽工程检查验收记录。

8.0.3　细部构造检验批质量验收记录。

8.0.4　后浇带工程检验批质量验收记录。

8.0.5　后浇带工程分项工程质量验收记录。

8.0.6　其他技术文件。

第9章　钠基膨润土防水材料防水层

本工艺标准适用于pH为4～10的地下环境中，地下工程主体结构的迎水面，防水层两侧应具有一定的夹持力。

1　引用标准

《地下工程防水技术规范》GB 50108
《地下防水工程质量验收规范》GB 50208
《钠基膨润土防水毯》JG/T 193

2　术语

2.0.1　针刺法钠基膨润土防水毯：是由两层土工布包裹钠基膨润土颗粒针刺而成的毯状材料。

2.0.2　针刺覆膜法钠基膨润土防水毯：是在针刺法钠基膨润土防水毯非织造土工布外表面上复合一层高密度聚乙烯薄膜。

2.0.3　膨润土防水粉：使用100％的钠基膨润土颗粒或打成包状，作为膨润土防水系统的辅助产品。

2.0.4　膨润土密封膏：是钠基膨润土和丁基橡胶的合成物，具有和涂料相似的延性膏状材料，作为膨润土防水系统的辅助产品。

3　施工准备

3.1　作业条件

3.1.1　施工前施工单位应编制施工方案，并应向操作人员进行技术交底。

3.1.2　防水层施工期间，必须保持地下水位稳定在基底0.5m以下，必要时应采取降水措施。

3.1.3　膨润土颗粒的品种应选用天然钠基膨润土和人工钠化膨润土，不得选用钙基膨润土。

3.1.4　防水层采用外防内贴时，基层混凝土强度等级不得低于C15，水泥砂浆强度等级不得低于M7.5；防水层采用外防外贴时，回填土夯实密实度应大于85％。

3.1.5　防水施工人员应经理论与实际施工操作的培训，并持证上岗。

3.1.6　防水材料及机具已准备就绪，可满足施工要求。

3.1.7　膨润土防水毯及其配套材料应贮存在干燥、通风的库房内；未正式施工铺设前严禁拆开包装。贮存和运输过程中，必须注意防潮、防水、防破损漏土。

3.1.8 膨润土防水毯的施工环境温度宜为 5～35℃。

3.1.9 膨润土防水毯严禁在雨天、雪天、五级及以上大风时施工。

3.2 材料及机具

3.2.1 钠基膨润土防水毯：钠基膨润土防水毯的外观质量为表面平整，针刺均匀，厚度均匀，无破洞和破边，且无断针残留；长度和短边尺寸允许偏差为 −1%。其主要物理性能应符合表 9-1 的规定。

钠基膨润土防水毯的主要物理性能　　　　　　　　　　　表 9-1

项目		GCL-NP	GCL-OF
膨润土防水毯单位面积质量（g/m²）		≥4000 且不小于规定值	
膨润土膨胀指数（mL/2g）		≥24	
吸蓝量（g/100g）		≥30	
拉伸强度（N/100mm）		≥600	≥700
最大负荷下伸长率（%）		≥10	
剥离强度（N/100mm）	非织造布与编织布	≥40	
	PE 膜与非织造布	—	≥30
渗透系数（m/s）		≤5.0×10⁻¹¹	≤5.0×10⁻¹²
耐静水压		0.4MPa，1h，无渗漏	0.6MPa，1h，无渗漏
滤失量（mL）		≤18	
膨润土耐久性（mL/2g）		≥20	

3.2.2 钠基膨润土密封膏：用于膨润土防水毯的接缝处封闭。破损处修补及管线穿透防水毯处的补强等。

3.2.3 钠基膨润土防水粉（颗粒）：用于穿墙管根部、阴角等处的补强等。

3.2.4 固定材料：水泥钉（长度≥40mm）、金属垫片（30mm×30mm×0.5mm）、金属压条（30mm×1.0mm）。

3.2.5 机具：铲机、吊装工具、锤子、笤帚、压辊、裁剪刀具、卷尺、粉笔等。

4 操作工艺

4.1 工艺流程

基面处理 → 防水毯铺设 → 管道及桩柱穿透部位铺设 → 收口处理 → 破损部位修补

4.2 基面处理

4.2.1 基面允许潮湿，但不得有点状或线状漏水现象，基面低洼处的积水应清除。

4.2.2 基层应坚实、平整、圆顺、清洁，平整度应符合 $D/L ≤ 1/6$ 的要求（D——基面相邻两凸面之间凹进去的深度，L——基面相邻两凸面间的距离）；基面有尖锐突起物应去除，有凹坑应用砂浆填平。

4.2.3 基面阴阳角应用水泥砂浆做成 ϕ50mm 的圆弧或做成 50mm×50mm 的钝角。

4.2.4 膨润土防水毯铺设前，应将基面清扫干净。

4.3　防水毯铺设

4.3.1　基面处理完成后，根据量好的尺寸直接铺设膨润土防水毯，防水毯的织布面应与结构外表面密贴。

4.3.2　膨润土防水毯应采用搭接法连接，搭接宽度应大于100mm；搭接缝应涂抹100mm宽、5mm厚膨润土密封膏，水平面搭接缝可干撒100mm宽、12mm厚膨润土防水粉（用量约为5kg/m²）搭接缝应用水泥钉和垫片按300mm间距固定。

4.3.3　地下结构的垂直面和倾斜面除了搭接缝抹膏和固定以外，垂直面和倾斜面也需固定，并按间距500mm呈梅花形布置。

4.3.4　阴角部位应按规范要求做300mm宽的膨润土防水毯附加层，并采用膨润土防水粉进行加强。

4.3.5　膨润土防水毯铺设时，相邻两幅防水毯搭接缝应错开500mm，避免十字通缝。

4.3.6　膨润土防水毯分段铺设后，应采取临时保护措施。

4.4　管道及桩柱穿透部位铺设

4.4.1　基面应清理干净，沿管道或桩柱四周撒100mm宽、12mm厚膨润土粉。

4.4.2　裁切好膨润土防水毯管道或桩柱孔洞，将防水毯铺设平顺、服帖，并沿管道或桩柱周围涂抹膨润土密封膏做成30mm×30mm倒角。

4.4.3　群管穿透部位应符合4.4.2的规定，若群管周围不便于涂抹倒角，可涂抹适量宽度、30mm厚膨润土密封膏。

4.5　甩槎与接槎部位

4.5.1　膨润土防水毯甩槎的预留长度应大于500mm。

4.5.2　立面上甩槎（如施工缝处）应采用塑料膜或利用材料包装膜作U形包裹，并将上下端用水泥钉固定在侧壁基面上，固定间距不大于300mm。

4.5.3　平面上甩槎应采用塑料薄膜作U形包装，并做30mm厚砂浆临时甩槎保护层或用砂袋临时覆盖保护。

4.5.4　膨润土防水毯接槎时，应将临时保护膜去除，搭接部位应清理干净，涂抹膨润土密封膏和搭接固定。严禁对甩槎反复揉搓、挤压，而致使膨润土水化凝胶破坏或损失。

4.5.5　膨润土防水毯与其他防水材料过渡时，过渡搭接宽度应大于400mm，搭接范围内应涂抹膨润土密封膏或铺撒膨润土防水粉。

4.6　收口处理

4.6.1　膨润土防水毯铺设至立面顶部应作收口处理。

4.6.2　收口做法：（1）先在膨润土防水毯顶部涂抹30mm宽、3mm厚膨润土密封膏，再用30mm宽、1.0mm厚的金属压条收口，收口用水泥钉固定，固定间距不大于300mm；（2）防水毯顶端用膨润土密封膏封口，做成30mm×30mm倒角，最后采用700mm宽、20mm厚细钢丝网防水砂浆保护将收口覆盖。

4.7　破损部位修补

4.7.1　底板垫层表面铺设膨润土防水毯时，由于后续绑扎、焊接钢筋对防水毯破坏较多，应对防水毯破损部位进行修补。

4.7.2　破损部位应采用与膨润土防水毯相同的材料进行修补，补丁边缘与破损部位边缘的距离不应小于 100mm，并应采用涂膏和固定。

4.7.3　防水毯表面膨润土颗粒损失严重时，应涂抹膨润土密封膏。

5　质量标准

5.1　主控项目

5.1.1　膨润土防水材料必须符合设计要求。

5.1.2　膨润土防水材料防水层在转角处和变形缝、施工缝、后浇带、穿墙管等部位做法，必须符合设计要求。

5.2　一般项目

5.2.1　膨润土防水毯的织布面，应朝向工程主体结构的迎水面。

5.2.2　立面或斜面铺设的膨润土防水毯应上层压住下层，防水层与基层、防水层与防水层之间应密贴，并应平整、无折皱。

5.2.3　膨润土防水毯的搭接和收口部位应符合规范规定。

5.2.4　膨润土防水毯搭接宽度的允许偏差应为 -10mm。

6　成品保护

6.0.1　膨润土防水毯施工时，操作人员不得穿带钉的鞋，并应避免车辆碾压和其他损伤现象。

6.0.2　膨润土防水毯铺设完后应及时绑扎钢筋和浇筑混凝土；如膨润土长期暴露在外，应采取遮挡措施避免日晒雨淋。

6.0.3　浇筑混凝土前，应对膨润土防水毯防水层进行检查，对于受损伤部分必须进行补强处理。

6.0.4　侧墙采用外防外贴法施工回填时，应注意不要损伤防水层，并应分层进行夯实，密实度不应小于 85%。

7　注意事项

7.1　应注意的质量问题

7.1.1　膨润土防水材料进场后应检查产品合格证和质量检验报告，并按规定对膨润土防水毯进行抽样复验，复验项目包括外观质量、尺寸偏差、单位面积质量、膨润土膨胀指数、浸透系数、滤失量。

7.1.2　膨润土防水毯在贮存和运输时，必须注意防潮、防水、防破损漏土。

7.1.3　膨润土防水毯自重较大，宜选用铲机并配合吊装工具进行搬运及铺设。吊装工具应与防水毯两端的卷轴连接，使得防水毯滚动铺设，保证防水毯铺设平整、服帖。

7.1.4 膨润土防水毯的织布面应朝向主体结构迎水面，保证防水毯织布面与主体结构表面密贴。

7.1.5 膨润土防水毯的搭接宽度不应小于100mm，搭接缝应涂抹膨润土密封膏，并辊压使接缝平整、无折皱。针刺覆膜法钠基膨润防水毯铺设时，其接缝部位的聚乙烯薄膜必须去除。

7.1.6 在膨润土防水毯施工过程中，遇到雨水或施工用水等情况，只要在初期水化的防水毯上简单设置木板、竹筏作业通道，是不会影响防水效果的。

7.1.7 膨润土防水毯铺设完后，不应在其上部浇筑50mm厚细石混凝土保护层。膨润土防水毯水化膨胀后，具有修补混凝土微小裂隙和防止窜水的特点。如果在其上加了一层细石混凝土保护层，则适得其反。

7.1.8 膨润土防水毯比较耐用，具有自我修补的功能。对施工过程中的微小损伤（孔洞直径小于5mm），材料遇水后可以自我愈合；而对于损伤较大的部位（孔洞直径大于5mm），应用同材质的材料修补也很简单。

7.2 应注意的安全问题

7.2.1 钠基膨润土防水材料的储运应防水、防潮、防强烈阳光暴晒。储存时地面应采取架空方法垫起，且钠基膨润土防水材料属易燃品，存放和操作应远离火源并备有防火器材。

7.2.2 上班前必须检查操作架，发现问题应立即修理。脚手板上的工具材料应分散放置稳当，不得超载。

7.2.3 施工不允许使用没有保护的剃刀或者"快速刀"，以防损伤钠基膨润土防水毯原材。

7.2.4 严格遵守施工现场各项安全生产制度和操作规程，做好上岗前的安全技术交底及安全教育工作，做好个人防护用品的购置与发放管理，严禁穿拖鞋和酒后上岗作业。

7.3 应注意的环境问题

7.3.1 施工中所用的材料应具有产品合格证，检验试验合格，符合环保要求。

7.3.2 施工中严格执行国家相关环保方面的法律法规制度，保护现场环境卫生，实现文明施工。

7.3.3 报废的钠基膨润土防水材料、密封材料包装物等应及时清理。

7.3.4 钠基膨润土防水材料的边角料应回收处理，避免污染环境。

7.3.5 高温天气施工，要有防暑降温措施。

7.3.6 根据现场情况做好环境因素的评价，填写《环境因素清单》和《重要环境因素清单》。

8 质量记录

8.0.1 膨润土防水材料出厂合格证和质量检验报告。

8.0.2 隐蔽工程检查验收记录。

8.0.3 检验批质量验收记录。

8.0.4 膨润土防水材料防水层分项工程质量验收记录。

第 2 篇 外 墙 防 水

第 10 章 外墙砂浆防水

本工艺标准适用于新建、改建和扩建的以砌体或混凝土作为围护结构的建筑外墙防水工程。

1 引用标准

《建筑工程施工质量验收统一标准》GB 50300—2013
《建筑装饰装修工程质量验收标准》GB 50210—2018
《建筑外墙防水工程技术规程》JGJ/T 235—2011
《建筑防水工程技术规程》DBJ 04-249-2007

2 术语

2.0.1 建筑外墙防水：阻止水渗入建筑外墙，满足墙体使用功能的构造及措施。

2.0.2 普通防水砂浆：将水泥砂浆里掺入适量的防水剂而制成，是属特殊类砂浆。

2.0.3 聚合物水泥防水砂浆：是以水泥、细骨料为主要材料制作的。主要用于地下室防渗及渗漏处理，建筑物屋面及内外墙面渗漏的修复，各类水池和游泳池的防水防渗，人防工程、隧道、粮仓、厨房、卫生间、厂房、封闭阳台的防水防渗。

3 施工准备

3.1 作业条件

3.1.1 外墙砂浆防水工程施工前，应编制专项施工方案并进行技术交底。

3.1.2 主体结构验收合格，外墙所有预埋件、嵌入墙体内的各种管道已安装完毕，水、煤管道已做好压力试验，阳台栏杆已装好。

3.1.3 门窗安装合格，框与墙间的缝隙已经清理干净，并用砂浆分层分遍堵塞严密。

3.1.4 砖墙凹凸过大处，已用1∶3水泥砂浆填平或已剔凿平整，脚手孔洞已经堵严填实，墙面污物已经清理干净，混凝土墙面如有蜂窝及松散混凝土要剔掉，用水冲刷干净，然后用1∶3水泥砂浆抹平或用1∶2干硬性水泥砂浆填实。表面油污应用掺有10%的火碱水溶液刷洗干净。混凝土表面光滑，用1∶0.5水泥中砂加108胶喷浆处理，喷点要均匀，不得漏喷，终凝后养护，直到水泥砂浆疙瘩全部粘到混凝土表面上，用手搬不动为止。

3.1.5 外墙防水工程严禁在雨天、雪天和五级风及其以上时施工；施工的环境气温宜为 5～35℃。施工时应采取安全防护措施。

3.2 材料与机具

3.2.1 水泥：采用 42.5 级及以上的普通硅酸盐水泥，具备厂家的生产许可证、出厂检验报告、合格证和复试合格。

3.2.2 中砂：使用前需过筛，不得含有黏土、草根、树叶、碱质及其他有机物等有害杂质，含泥量<3％，且应复试合格。

3.2.3 防水材料：

1 普通防水砂浆

普通防水砂浆的主要性能应符合表 10-1 要求：

普通防水砂浆的主要性能 表 10-1

项目		指标
稠度（mm）		50，70，90
终凝时间（h）		≥8，≥12，≥24
抗渗压力（MPa）	28d	≥0.6
拉伸粘结强度（MPa）	14d	≥0.20
收缩率（％）	28d	≤0.15

2 聚合物水泥复合防水涂料

为乳液胶（特定的聚合物乳液辅以多种助剂），进场的材料乳液外观应无凝絮状、沉淀物。抽样复试同一规格、品种的材料每 10t 为一批，抽检其固体含量应≥65％，检查拉伸强度（≥1.2MPa）、断裂延伸率（≥100％）、柔性、粘结强度（≥1.0MPa）、不透水性（持续时间≥30min，压力≥0.3MPa）。

3 聚合物水泥防水砂浆改性剂

进场的材料乳液外观应无凝絮状、沉淀物。复试应同一规格、品种的材料每 5t 为一批，抽检其固体含量应≥45％，聚合物砂浆应抽检粘结强度、抗弯强度和抗压强度。

4 防水剂

技术性能和标准应符合设计要求和国家、行业现行有关规范规定的标准。

4 操作工艺

4.1 工艺流程

清理基层→找规矩，做灰饼、标筋→砂浆或浆液搅拌→涂底胶→抹底层灰→弹分格线→抹面层灰→细部节点处理→起分格条→养护

4.2 清理基层

清扫墙面上的浮灰污物，检查门窗洞口位置尺寸，打凿不平墙面，基层充分润湿且无积水。

4.3 找规矩、做灰饼、标筋

先在墙面上部拉横线，做上面四周大角的灰饼，再用托线板按灰饼厚度吊垂直线，做下

面两角的灰饼，然后拉线水平方向按 1.2～1.5m 补做灰饼，再拉竖向通线，按间隔一步架的距离补做竖向灰饼，将灰饼面连接，做出横向水平或竖向垂直标筋。

4.4　涂底胶

在基体表面先刷一遍聚合物乳液胶。

4.5　抹底层灰

按乳液胶：水泥：砂＝1：2：(4～6) 的重量比或按材料要求的配合比拌和聚合物水泥砂浆，用机械搅拌，先将水泥和砂搅拌后，再加入聚合物和助剂，并充分搅拌均匀。在标筋间薄抹一层 5～8mm 厚的底灰，用力将砂浆挤入钢丝网内，应用大杠刮平找直，然后用木抹子或扫帚扫毛；待第一遍 6～7 成干时，即可抹第二遍水泥砂浆，厚度约 8～12mm。随即用木杠刮平、木抹搓毛，终凝后浇水养护。

4.6　分格线、嵌分格条

待底灰 6～7 成干后，按要求弹出分格线，分格缝的纵横间距不宜大于 3m，宽度宜为 10mm，深度为防水层的厚度，并嵌填 5～8mm 的高弹性密封材料。分格条两侧黏稠素水泥浆（掺 108 胶）与墙面抹成 45°角，要求横平竖直、接头平直。

4.7　抹面层灰

根据底层灰的干湿程度浇水润湿，面层灰涂抹厚度为 5～8mm，应比分格条稍高。面层聚合物砂浆配合比同底灰。抹灰后，先用刮板刮平，紧接着用木抹子搓磨出平整、粗糙、均匀的表面。

4.8　细部节点处理

砂浆防水层在门窗洞口、阳台、变形缝、伸出外墙管道、预埋件、分格缝及收头等部位的节点做法符合图 10-1～图 10-6 的要求。

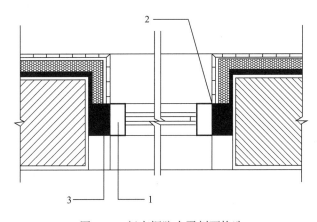

图 10-1　门窗框防水平剖面构造

1—窗框；2—密封材料；3—聚合物水泥
防水砂浆或发泡聚氨酯

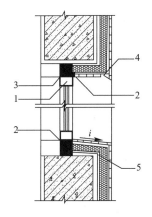

图 10-2　门窗框防水立剖面构造

1—窗框；2—密封材料；3—聚合物水泥防水砂
浆或发泡聚氨酯；4—滴水线；5—外墙防水层

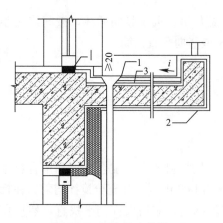

图 10-3　阳台防水构造

1—密封材料；2—滴水线；3—防水层

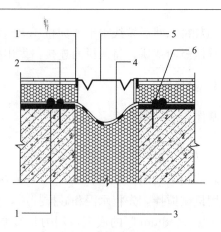

图 10-4　变形缝防水构造

1—密封材料；2—锚栓；3—衬垫材料；4—合成
高分子防水卷材（两端粘结）；5—不锈钢板；6—压条

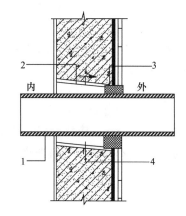

图 10-5　伸出外墙管道防水构造

1—伸出外墙管道；2—套管；3—密封材料；
4—聚合物水泥防水砂浆

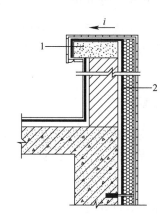

图 10-6　混凝土压顶女儿墙防水构造

1—混凝土压顶；2—防水层

4.9　起分格条、勾缝

面层抹好后即可拆除分格条，并用素水泥浆将分格缝勾平整。

4.10　养护

面层施工完 24h 后应浇水养护。养护时间应根据气温条件而定，一般不少于 7d。

5　质量标准

5.1　主控项目

5.1.1　砂浆防水层所用砂浆品种及性能，应符合设计要求及国家现行标准的有关规定。
应对防水砂浆的粘结强度和抗渗性能进行复验。

5.1.2 砂浆防水层在变形缝、门窗洞口、穿外墙管道和预埋件等部位的节点做法应符合设计要求。

5.1.3 砂浆防水层不得有渗漏现象。

5.1.4 砂浆防水层与基层之间及防水层各层之间应结合牢固，不得有空鼓。

5.2 一般项目

5.2.1 砂浆防水层表面应密实、平整，不得有裂纹、起砂和麻面等缺陷。

5.2.2 砂浆防水层施工缝位置及施工方法应符合设计及施工方案要求。

5.2.3 砂浆防水层厚度应符合设计要求。

6　成品保护

6.0.1 为防止抹灰层的污染和锻凿损坏，抹灰应待各安装专业水电、煤气管道等安装完毕后进行（散热器等除外）。

6.0.2 外墙抹灰必须待安装门窗框、阳台栏杆、预埋件等完成后再进行，认真检查是否错漏，必须隐蔽验收后方可进行，以免外墙成活后破损。

6.0.3 抹灰砂浆在凝结前防止暴晒、淋雨、水冲、搓击、振动。抹灰层应在湿润条件下养护。

6.0.4 抹灰时及时清理门窗上残存砂浆，拆除架子时要小心仔细，对易碰撞部位要加以保护，其他工种作业时要防止污染墙面。

7　注意事项

7.1 应注意的质量问题

7.1.1 如出现渗漏，应查找原因及部位并修整，确保验收无渗漏现象。

7.1.2 设计无规定时，应采用柔性密封、防排结合、材料防水和结构做法相结合，采用多道设防等加强措施。

7.1.3 应严格控制抹灰砂浆配合比，宜用过筛中砂（含泥量＜5%），保证砂浆有良好的和易性与保水性。采用预拌砂浆时，应由设计单位明确强度及品种要求。

7.1.4 抹灰前墙面应浇水，浇水量应根据墙体材料和气温不同分别控制，并同时检查基体抗裂措施实施情况。

7.1.5 墙面抹灰应分层进行，抹灰总厚度超过 35mm 时，应采取加设钢丝网等抗裂措施。

7.1.6 不同基体材料交接处应采取钉钢丝网等抗裂措施。

7.2 应注意的安全问题

7.2.1 脚手架搭设及吊篮安装完成经检查合格后方可使用。

7.2.2 脚手板不得少于两块，且不得留有探头板，其上最多不得超过两人作业。

7.2.3 如在夜间作业，照明线路应架空。

7.2.4 刮杠应顺着脚手板平放在上面，不得随便乱放。

7.2.5 推小车时，在过道拐弯及门口等处，避免手受伤。

7.3 应注意的绿色施工问题

7.3.1 在开工前，有关人员编制控制措施，纳入环境管理方案，确保满足相关法律法规要求。方案经审批后，应逐级传递到相关责任人员。

7.3.2 脚手架支设、拆除、搬运、修理噪声的控制：必须轻拿轻放，上下、左右有人传递；项目部必须在施工场界设立钢管修理房场所。修理时，禁止用大锤敲打；切割钢管时，及时在锯片上刷油，并且锯片送速不能过快。

7.3.3 应修建沉淀池，将搅拌砂浆产生的污水排入沉淀池内，进行沉淀处理。

7.3.4 严把进货的外包装关，对散装或包装不严的粉状材料拒绝进场。对水泥等粉状材料进场后的二次搬运中，防止人为造成水泥等粉状材料外包装的破损。

7.3.5 应注意施工时间性，以防砂浆搅拌机的噪声扰民。

7.3.6 水泥库房应及时覆盖，易扬尘施工工场所应洒水，保证现场扬尘排放达标。

7.3.7 落地砂浆应及时收回，回收时不得夹杂杂物，并应及时运至拌合地点，提高回收率。

8 质量记录

8.0.1 外墙防水工程的施工图、设计说明及其他设计文件。

8.0.2 材料的产品合格证书、性能检验报告、进场验收记录和复验报告。

8.0.3 施工方案及安全技术措施文件。

8.0.4 雨后或现场淋水检验记录。

8.0.5 隐蔽工程验收记录。

8.0.6 施工记录和施工质量检验记录。

8.0.7 施工单位的资质证书及操作人员的上岗证书。

8.0.8 其他技术文件。

第 11 章　外墙涂膜防水

本工艺标准适用于新建、改建和扩建的以砌体或混凝土作为围护结构的建筑外墙防水工程。

1 引用标准

《建筑工程施工质量验收统一标准》GB 50300—2013
《建筑装饰装修工程质量验收标准》GB 50210—2018
《建筑外墙防水工程技术规程》JGJ/T 235—2011

2　术语

2.0.1　涂膜防水：是在自身有一定防水能力的结构层表面涂刷一定厚度的防水涂料，经固化后，形成一层具有一定坚韧性的防水涂膜的防水方法。

3　施工准备

3.1　作业条件

3.1.1　外墙涂膜防水工程施工前应编制专项施工方案，并按方案进行技术交底。

3.1.2　涂刷防水层的基层表面应将尘土、杂物清扫干净，表面残留的灰浆硬块及突出部分应刮平、扫净、压光，阴阳角处应抹成圆弧或钝角。

3.1.3　基层表面应保持干燥，含水率不大于 9%，其简单测定方法是将面积约 1m²，厚度约 1.5～2mm 的橡胶板覆盖在基层面上，放置 2～3h，如覆盖的基层表面无水印，紧贴基层一侧的橡胶板又无凝结水印，根据经验说明可以满足施工要求。同时基层要平整、牢固，不得有空鼓、开裂或起砂等缺陷。

3.1.4　突出墙面的管根、排水口、阴阳角变形缝等处易发生渗漏的部位，应预先做完附加层等增补处理，刷完聚氨酯底胶后，经检查验收办理完隐蔽工程验收。

3.1.5　防水层施工所用的各类材料、基层处理剂、着色剂及二甲苯等均为易燃物品。储存和保管要远离火源。施工操作时，应严禁烟火。

3.1.6　外墙防水工程严禁在雨天、雪天和五级及以上风施工；施工的环境气温宜为 5～35℃。施工时应采取安全防护措施。

3.2　材料及机具

3.2.1　磷酸或苯磺酰氯化学纯凝固过快时，作缓凝剂用。

3.2.2　二月桂酸二丁基锡化学纯或工业纯凝固过慢时，作促凝剂用。

3.2.3　修补基层用水泥 32.5 级。

3.2.4　粘结过渡层用中砂含泥量不大于 3%。

3.2.5　涂膜防水材料的性能符合《建筑外墙防水工程技术规程》JGJ/T 235—2011 中第 4.2.4、4.2.5 条款的要求。

3.2.6　机具：磅秤、油漆刷、滚动刷、小抹子、油工铲刀、墩布、扫帚、高压吹风机。

4　操作工艺

4.1　工艺流程

清理基层 → 涂刷基层处理剂 → 配置涂膜防水材料 → 涂膜防水施工 → 隔离层施工

4.2　清扫基层

把基层表面的尘土、杂物认真清扫干净。

4.3　涂刷基层处理剂

4.3.1　此工序相当于沥青防水施工涂刷冷底子油。其目的是隔断基层潮气，防止防水涂膜起鼓脱落；加固基层，提高基层与涂膜的粘结强度，防止涂层出现针眼、气孔等缺陷。

4.3.2　聚氨酯底胶的配制：将聚氨酯甲料与专供底涂用的乙料按 1∶3～1∶4（重量比）的比例配合，搅拌均匀即可使用。

4.3.3　涂布施工：小面积的涂布可用油漆刷进行；大面积的涂布，可先用油漆刷蘸底胶在阴阳角、管子根部等复杂部位均匀涂布一遍，再用长把滚刷进行大面积涂布施工；涂胶要均匀，不得过厚或过薄，更不允许露白见底；一般涂布量以 $0.15～0.2kg/m^2$ 为宜。底胶涂布后要干燥固化 12h 以上，才能进行下道工序施工。

4.4　涂膜材料的配制

聚氨酯涂膜防水材料应随用随配，配制好的混合料宜在 1h 内用完。配制方法是将聚氨酯甲、乙组分和二甲苯按 1∶1.5∶（0～0.1）的比例配合，倒入拌料桶中，用转速为 100～500r/min 的电动搅拌器搅拌 5min 左右，即可使用。

4.5　涂膜防水层施工

4.5.1　正式涂刷聚氨酯涂膜前，先在立墙与平面交界处用密纹玻璃网格布或聚酯纤维无纺布作附加处理。附加层施工，应先将密纹玻璃网格布或聚酯纤维无纺布用聚氨酯涂膜粘铺在拐角平面（宽 300～500mm），平面部位必须用聚氨酯涂膜与垫层混凝土基面紧密粘牢，然后由下而上铺贴玻璃网格布或聚酯纤维无纺布，并使网格布紧贴阴角，避免吊空。

4.5.2　垫层混凝土平面与模板墙立面聚氨酯涂膜防水施工，可用长把滚刷蘸取配制好的混合料，顺序均匀地涂刷在基层处理剂已干燥的基层表面，涂刷时要求厚薄均匀一致，对平面基层以涂刷 3～4 遍为宜，每遍涂刷量为 $0.6～0.8kg/m^2$；对立面模板墙基层以涂刷 4～5 遍为宜，每遍涂刷量为 $0.5～0.6kg/m^2$，防水涂膜的总厚度宜大于 2mm。

4.5.3　涂完第一遍涂膜后一般需固化 12h 以上，至指触基本不粘时，再按上述方法涂刷第 2～5 遍涂膜。对平面的涂刷方向，后一遍应与前一遍的涂刷方向相垂直。凡遇到底板与立墙相连接的阴角，均应铺设密纹玻璃网格布或聚酯纤维无纺布进行附加增强处理。

4.6　隔离层施工

平面部位铺贴油毡保护隔离层。当平面部位最后一遍涂膜完全固化，经检查验收合格后，即可虚铺一层纸胎石油沥青油毡作保护隔离层，铺设时可用少许聚氨酯混合料或氯丁橡胶类胶粘剂点粘固定。

5　质量标准

5.1　主控项目

5.1.1　涂膜防水层所用防水涂料及配套材料的品种及性能应符合设计要求及国家现行标准的有关规定。应对防水涂料的低温柔性和不透水性进行复验。

5.1.2 涂膜防水层在变形缝、门窗洞口、穿外墙管道、预埋件等部位的做法应符合设计要求。

5.1.3 涂膜防水层不得有渗漏现象。

5.1.4 涂膜防水层与基层之间应粘结牢固。

5.2　一般项目

5.2.1 涂膜防水层表面应平整，涂刷应均匀，不得有流坠、露气、气泡、皱折和翘边等缺陷。

5.2.2 涂膜防水层的厚度应符合设计要求。

6　成品保护

6.0.1 已涂刷好的涂膜防水层，应及时采取保护措施，不得损坏，操作人员不得穿带钉子鞋进行作业。

6.0.2 穿过墙面等处的管根等不得碰损、变位。

6.0.3 涂层施工完毕，尚未达到完全固化时，不允许进行下道工序施工，否则将损坏防水层，影响防水工程质量。

6.0.4 涂膜防水层施工时，应注意保护门洞口、墙等成品，防止污染。

7　应注意的问题

7.1　应注意的质量问题

7.1.1 空鼓：防水层空鼓，发生在找平层与涂膜防水层之间以及接缝处，其原因是基层潮湿，找平层未干，含水率过大，使涂膜空鼓，形成鼓泡；施工时要控制基层含水率，接缝处应认真操作，使其粘结牢固。

7.1.2 渗漏：防水层渗漏水，发生在穿过墙面的管根和伸缩缝处，其原因是伸缩缝等处由于建筑物不均匀下沉，撕裂防水层，造成渗漏；其他部位由于管根松动或粘结不牢，接触面清理不干净，产生空隙、接槎、封口处搭接长度不够、粘贴不严密等原因。因此，施工过程中应加强责任心，认真仔细操作。

7.2　应注意的安全问题

7.2.1 严格遵守安全标准、规范进行施工操作，脚手架、吊篮等严禁超载使用。

7.2.2 施工用吊篮或外脚手架计算准确，搭设牢固，安全验收合格后方可使用，作业时人员不得悬空俯身；吊篮操作人员必须适合高处作业，经培训考核合格后持证上岗。

7.2.3 作业人员必须佩戴安全帽、系好安全带，安全带不允许连接在吊篮平台上，必须通过自锁器连接在专用安全绳上。

7.2.4 搭拆现场以及使用阶段必须设专人看管，严禁非施工人员进入作业区域内；应设专人对脚手架时常进行检查，发现隐患及时处理，避免事故的发生。

7.2.5 严禁将拆卸下来的材料和杆件向地面抛掷，已掉至地面的材料应及时运出拆卸区域；禁止将杂物到处乱抛。

7.2.6 严格遵守施工现场各项安全生产制度和操作规程，做好上岗前的安全技术交底及安全教育工作；做好个人防护用品的购置与发放管理；有恐高症、高血压、心脏病的操作人员禁止进行高处作业；严禁穿拖鞋和酒后上岗作业。

7.3　应注意的绿色施工问题

7.3.1 施工中所用的材料应具有产品合格证，检验试验合格，符合环保要求。

7.3.2 施工中严格执行国家相关环保方面的法律法规制度，保护现场环境卫生，实现文明施工。

7.3.3 施工时拆下的包装袋不得随手乱扔，集中起来打成捆，以便废品回收，避免造成现场及周边环境污染。

7.3.4 材料进场应码放整齐，保持现场文明。

7.3.5 根据现场情况做好环境因素的评价，填写《环境因素清单》和《重要环境因素清单》，采取相应的防护措施保护环境。

8　质量记录

8.0.1 外墙防水工程的施工图、设计说明及其他设计文件。

8.0.2 材料的产品合格证书、性能检验报告、进场验收记录和复验报告。

8.0.3 施工方案及安全技术措施文件。

8.0.4 雨后或现场淋水检验记录。

8.0.5 隐蔽工程验收记录。

8.0.6 施工记录和施工质量检验记录。

8.0.7 施工单位的资质证书及操作人员的上岗证书。

8.0.8 其他技术文件。

第 12 章　外墙透气膜防水

本工艺标准适用于新建、改建和扩建的以砌体或混凝土作为围护结构的建筑外墙防水工程。

1　引用标准

《建筑工程施工质量验收统一标准》GB 50300—2013

《建筑装饰装修工程质量验收标准》GB 50210—2018

《建筑外墙防水工程技术规程》JGJ/T 235—2011

《外墙外保温工程技术规程》JGJ 144—2004

2　术语

2.0.1　防水透气膜：具有防水和透气功能的合成高分子膜状材料。

3　施工准备

3.1　作业条件

3.1.1　外墙透气膜防水工程施工前应编制专项施工方案，并按方案进行技术交底。

3.1.2　主体结构验收合格，外墙所有预埋件、嵌入墙体内的各种管道已安装完毕，水、煤管道已做好压力试验，阳台栏杆已装好。

3.1.3　墙体保温层施工完毕。

3.1.4　外墙防水工程严禁在雨天、雪天和五级风及其以上时施工；施工的环境气温宜为 $5\sim35℃$。施工时应采取安全防护措施。

3.2　材料与机具

3.2.1　涂膜防水材料的性能符合《建筑外墙防水工程技术规程》JGJ/T 235—2011 中第 4.2.6 条款的要求。

3.2.2　防水透气膜、柔性密封胶粘带、刮杠等。

4　操作工艺

4.1　工艺流程

基层清理 → 铺设防水透气膜

4.2　基层清理

基层表面应干净、牢固，不得有尖锐凸起物。

4.3　铺设防水透气膜

4.3.1　铺设宜从外墙底部一侧开始，沿建筑立面自下而上横向铺设，并应顺流水方向搭接。

4.3.2　防水透气膜横向搭接宽度不得小于 100mm，纵向搭接宽度不得小于 150mm，相邻两幅膜的纵向搭接缝应相互错开，间距不应小于 500mm，搭接缝应采用密封胶粘带覆盖密封。

4.3.3　防水透气膜应随铺随固定，固定部位应预先粘贴小块密封胶粘带，用带塑料垫片的塑料锚栓将防水膜固定在基层上，固定点不得少于 3 处/m^2。

4.3.4　铺设在窗洞或其他洞口处的防水透气膜，应以工字形裁开，并应用密封胶粘带固定在洞口内侧；与门、窗框连接处应使用配套密封胶粘带满粘密封，四角用密封材料封严。

4.3.5　穿透防水透气膜的连接件周围应用密封胶粘带封严。

5　质量标准

5.1　主控项目

5.1.1　透气膜防水层所用透气膜及配套材料的品种及性能应符合设计要求及国家现行标准的有关规定。应对防水透气膜的不透水性进行复验。

5.1.2　透气膜防水层在变形缝、门窗洞口、穿外墙管道和预埋件等部位的做法应符合设计要求。

5.1.3　透气膜防水层不得有渗漏现象。

5.1.4　防水透气膜与基层应固定牢固。

5.2　一般项目

5.2.1　透气膜防水层表面应平整，不得有皱折、伤痕、破裂等缺陷。

5.2.2　防水透气膜的铺贴方向应正确，纵向搭接缝应错开，搭接宽度应符合设计要求。

5.2.3　防水透气膜的搭接缝应粘结牢固，密封严密；收头应与基层粘结固定牢固，缝口应严密，不得有翘边现象。

6　成品保护

6.0.1　抹灰时及时清理门窗上残存砂浆，拆除架子时要小心仔细，对易碰撞部位要加以保护，其他工种作业时要防止污染墙面。

6.0.2　露天作业在烈日下或雨天均不宜施工。

7　注意事项

7.1　应注意的质量问题

7.1.1　防水透气膜应铺设平整、固定牢固，不得有皱折、翘边等现象。

7.1.2　搭接宽度应符合要求，搭接缝和节点部位应密封严密。

7.1.3　进场的防水材料应抽样复验。

7.1.4　不合格的材料不得在工程中使用。

7.2　应注意的安全问题

7.2.1　严格遵守安全标准、规范进行施工操作，脚手架、吊篮等严禁超载使用。

7.2.2　施工用吊篮或外脚手架计算准确，搭设牢固，安全验收合格后方可使用，作业时人员不得悬空俯身；吊篮操作人员必须适合高处作业，经培训考核合格后持证上岗。

7.2.3 作业人员必须佩戴安全帽、系好安全带，安全带不允许连接在吊篮平台上，必须通过自锁器连接在专用安全绳上。

7.2.4 搭拆现场以及使用阶段必须设专人看管，严禁非施工人员进入作业区域内；应设专人对脚手架时常进行检查，发现隐患及时处理，避免事故的发生。

7.2.5 严禁将拆卸下来的材料和杆件向地面抛掷，已掉至地面的材料应及时运出拆卸区域；禁止将杂物到处乱抛。

7.2.6 严格遵守施工现场各项安全生产制度和操作规程，做好上岗前的安全技术交底及安全教育工作；做好个人防护用品的购置与发放管理；有恐高症、高血压、心脏病的操作人员禁止进行高处作业；严禁穿拖鞋和酒后上岗作业。

7.3　应注意的绿色施工问题

7.3.1 施工中所用的材料应具有产品合格证，检验试验合格，符合环保要求。

7.3.2 施工中严格执行国家相关环保方面的法律法规制度，保护现场环境卫生，实现文明施工。

7.3.3 施工时拆下的包装袋不得随手乱扔，集中起来打成捆以便废品回收，避免造成现场及周边环境污染。

7.3.4 材料进场应码放整齐，保持现场文明。

7.3.5 根据现场情况做好环境因素的评价，填写《环境因素清单》和《重要环境因素清单》，采取相应的防护措施保护环境。

8　质量记录

8.0.1 外墙防水工程的施工图、设计说明及其他设计文件。

8.0.2 材料的产品合格证书、性能检验报告、进场验收记录和复验报告。

8.0.3 施工方案及安全技术措施文件。

8.0.4 雨后或现场淋水检验记录。

8.0.5 隐蔽工程验收记录。

8.0.6 施工记录和施工质量检验记录。

8.0.7 施工单位的资质证书及操作人员的上岗证书。

8.0.8 其他技术文件。

混凝土和钢-混凝土组合结构工程施工工艺

前　　言

本书是山西建设投资集团有限公司《建筑安装工程施工工艺标准系列丛书》之一。该标准经广泛调查研究，认真总结工程实践经验，参考有关国家、行业及地方标准规范，在2007版基础上经广泛征求意见后修订而成。

该书编制过程中主要参考了《建筑工程施工质量验收统一标准》GB 50300—2013、《混凝土结构工程施工质量验收规范》GB 50204—2015、《钢结构工程施工质量验收规范》GB 50205—2001、《混凝土结构工程施工规范》GB 50666—2011、《钢结构工程施工规范》GB 50755—2012等标准规范。每项标准按引用标准、术语、施工准备、操作工艺、质量标准、成品保护、注意事项、质量记录八个方面进行编写。

本标准修订的主要内容是：

1　增加了清水混凝土；将泵送、高强混凝土合并到混凝土配合比设计与试配，并在该项中增加了自密实混凝土的内容。

2　增加了铝合金模板安装与拆除、筒仓倒模、液压爬升模板（爬模）、BDF现浇混凝土空心楼盖等；取消了钢筋锥螺纹连接。

3　取消了预应力圆孔板制作、预制框架结构安装、预应力整间大楼板安装、预制楼梯阳台雨棚安装、预制外墙安装等，将结合装配式混凝土建筑技术的发展另行组织编制。

4　增加了钢-混凝土组合结构工程钢构件加工、安装、混凝土浇筑、钢管混凝土柱施工和楼承板施工。

本书可作为混凝土结构工程和钢-混凝土组合结构工程施工生产操作的技术依据，也可作为编制施工方案和技术交底的蓝本。在实施工艺标准过程中，若国家标准或行业标准有更新版本时，应按国家或行业现行标准执行。

本书在编制过程中，限于技术水平，有不妥之处，恳请提出宝贵意见，以便今后修订完善。随时可将意见反馈至山西建设投资集团公司技术中心（太原市新建路9号，邮政编码030002）。

目　　录

第1篇　混凝土结构工程

第1章　定型组合钢模板安装与拆除

本工艺标准适用于工业与民用建筑现浇钢筋混凝土框架、剪力墙结构、钢筋混凝土构筑物的模板施工。

1　引用标准

《混凝土结构工程施工规范》GB 50666—2011
《组合钢模板技术规范》GB/T 50214—2013
《建筑施工扣件式钢管脚手架安全技术规范》JGJ 130—2011
《建筑施工承插型盘扣式钢管支架安全技术规程》JGJ 231—2010
《建筑工程施工质量验收统一标准》GB 50300—2013
《混凝土结构工程施工质量验收规范》GB 50204—2015
《建筑施工安全检查标准》JGJ 59—2011
《建筑施工模板安全技术规范》JGJ 162—2008

2　术语

2.0.1　现浇结构：系现浇混凝土结构的简称，是在现场原位支模并整体浇筑而成的混凝土结构。

2.0.2　定型组合钢模板：一种用于定型的组合式钢模板，由定型钢模板和配件两部分组成。

3　施工准备

3.1　作业条件

3.1.1　模板工程应根据工程结构形式、特点及现场施工条件进行模板及支架设计，确定模板平面布置位置、纵横龙骨规格、数量、排列尺寸和穿墙螺栓的位置和规格、柱箍选用的形式及间距和支撑系统的形式、间距和布置，连接节点大样。选择具有代表性和受力较大的梁、板、柱、墙单元体的支撑系统进行设计计算，保证具有足够的强度和稳定性，绘制支撑系统图和节点大样图。施工前应编制专项施工方案，高大模板支架工程（搭设高度8m及以上；搭设跨度18m及以上；施工总荷载15kN/m² 及以上；集中线荷载20kN/m 及以上）的专项施工方案应进行专家论证。

3.1.2　钢模板、连接配件和支撑系统按计划数量进场，按区段进行编号，并涂刷隔离剂，分规格堆放。

3.1.3　放好建筑轴线、模板边线及控制线、楼层 0.5m 标高控制线。

3.1.4　钢筋绑扎完毕后，水电管线、预埋件、预留洞口已安装，绑好钢筋保护层垫块，并办理完隐蔽验收记录。

3.1.5　模板及支撑系统采用垫板堆放，基土必须夯实，并有较好的排水措施，防止模板变形。

3.1.6　按图纸要求和施工方案、操作工艺标准向管理人员和班组进行安全和技术交底。

3.2　材料及机具

3.2.1　定型组合钢模板

1　钢模板：（由面板和肋条组成，采用 Q235 钢板制作。面板厚 2.3mm 或 2.5mm，肋条上设有 U 形卡孔，）长度为 450mm、600 mm、750 mm、900mm、1200mm、1500mm，宽度为 100mm、150mm、200mm、250mm、300mm；异形钢模板根据需要定制加工。

2　钢角模：阴角模板（150mm×150mm、100mm×150mm）、阳角模板、连接模板（50mm×50mm）。

3　连接配件：U 形卡、L 形插销、3 形扣件、蝶形扣件、对拉扁铁、钩头螺栓、（止水）对拉螺栓、紧固螺栓等。

3.2.2　支撑系统：柱箍、梁卡具、圈梁卡、钢管脚手架、门式脚手架、可调钢桁架、可调钢支柱等。

3.2.3　嵌缝材料：木条、橡皮条、海棉条等。

3.2.4　其他材料：方木、花篮螺丝、8～10 号铁丝、木楔、直径 8～12mm 定位钢筋、塑料套管、隔离剂等。

3.2.5　机具及仪器：电钻、经纬仪、水准仪、倒链、手锤、扳手、撬棍、斧子、千斤顶、力矩扳手、墨斗、线坠、钢卷尺、方尺、靠尺、铁水平尺、木锯等。

3.2.6　钢材应符合现行国家标准《碳素结构钢》GB/T 700 的规定，模板及配件制作质量应符合现行国家标准《组合钢模板技术规范》GB/T 50214 的规定。

4　操作工艺

4.1　基础模板安装

4.1.1　工艺流程如下：

$$\boxed{找平定位} \rightarrow \boxed{安装基础模板} \rightarrow \boxed{安装龙骨及支撑}$$

4.1.2　找平定位：基础模板底边抹好 1∶3 水泥砂浆找平层，根据放线位置，在离地 50～80mm 处放置定位支杆，定位支杆要固定牢固，从四周顶住模板，防止模板位移。

4.1.3　安装基础模板：按基础模板设计图安装模板，模板之间用 U 形卡连接卡紧，转角位置用连接角模连接两侧模板。

4.1.4　安装龙骨及支撑：模板四周采用木龙骨及支撑固定，并在模板内侧弹好基础标高线。安装阶梯形基础模板时，上部模板应控制底边标高，并采用钢筋马凳支垫固定。

4.2　柱模板安装

4.2.1　工艺流程

$$\boxed{找平定位} \rightarrow \boxed{安装柱模板} \rightarrow \boxed{安装柱箍} \rightarrow \boxed{安装拉杆或斜撑}$$

4.2.2　找平定位：柱模板底边抹好 1：3 水泥砂浆找平层，按照放线位置，在离地 50～80mm 处的主筋上焊接定位支杆，从四周顶住模板，或采用柱盘定位方法，防止模板位移。

4.2.3　安装柱模板：按柱模板设计图从下向上安装模板，模板之间用 U 形卡连接卡紧，转角位置用连接角模连接两侧模板。通排柱先装两端柱，经校正、固定，拉通线校正中间各柱。

4.2.4　安装柱箍：柱箍可用钢管、型钢等制成，柱箍应根据柱模尺寸、侧压力大小等因素确定柱箍间距。柱边长大于或等于 800mm 时，宜增加对拉螺栓或对拉扁铁，以增强柱模刚度。

4.2.5　安装龙骨及支撑：柱模每边至少应设两根拉杆，如柱的截面较大，应根据模板设计确定拉杆的数量。拉杆与地面夹角宜为 45°，固定于预埋在楼板内的钢筋环上，用花篮螺栓调节校正。

柱模板也可采用方木斜撑的方法，一侧模板经校正后即用斜撑固定，斜撑与地面上木橛应连接牢固。

4.3　剪力墙模板安装

4.3.1　工艺流程如下：

$$\boxed{找平定位} \rightarrow \boxed{安装洞口模板} \rightarrow \boxed{安装一侧模板} \rightarrow \boxed{安装另一侧模板}$$

4.3.2　找平定位：墙模板底边抹好 1：3 水泥砂浆找平层，根据放线位置，在离地 50～80mm 处固定长度等于墙厚的定位支杆，或采用导墙定位方法，以防止模板位移。

4.3.3　安装洞口模板：按已弹好的线安装洞口模板，并用预埋件或木砖固定。洞口模板内侧支撑应采取加固措施，以防洞口变形。

4.3.4　安装一侧模板：按模板设计图先安装一侧模板，用靠尺和线坠校正，安装拉杆或斜撑。模板立直后，再安装塑料套管和对拉螺栓或对拉扁铁，其规格和间距应符合模板设计的要求。

4.3.5　安装另一侧模板：清扫墙内杂物后，再安装另一侧模板，调正拉杆或斜撑，使模板垂直后，拧紧对拉螺栓或固定对拉扁铁，使两面模板连成一体。

4.4　梁模板安装

4.4.1　工艺流程如下：

$$\boxed{支立杆} \rightarrow \boxed{安装梁底模板} \rightarrow \boxed{绑扎梁钢筋} \rightarrow \boxed{安装侧模}$$

4.4.2　支立杆

1　立杆的基础应平整、坚实，并铺垫通长脚手板。楼层面支立杆前应垫方木。

2　安装立杆排列、间距应符合模板设计和施工方案的规定。当梁截面较大时，可采用双排或多排支柱，用扣件锁紧并加剪刀撑，水平拉杆离地 200～300mm 设一道，以上每隔

1.8m 设一道。一般情况下，设支柱间距以 600～1000mm 为宜。

4.4.3 安装梁底模：按设计标高调整支杆的标高，然后安装梁底模板和两边连接角模，并拉线找平。当梁的跨度等于或大于 4m 时，其模板应按设计要求起拱。当设计无要求时，起拱高度为梁跨度的 1/1000～3/1000。

4.4.4 绑扎梁钢筋：梁钢筋一般在底模板支好后绑扎，垫好保护层垫块，经检查合格办理隐检。

4.4.5 安装侧模板：安装梁侧模板，边安装边拉线、量尺，与底模用 U 形卡连接，并在模板内侧弹好梁标高线。

1 采用梁卡具时，固定梁侧模板的间距一般不大于 600mm，夹紧梁卡具，同时安放梁上口卡。当梁高超过 600mm 时，可加对拉螺栓或对拉扁铁加固。

2 安装框架单梁模板时，应加设斜撑与相邻梁模连接固定。安装梁板接头的模板时，在梁上口连接的阴角模应与板模拼接。

3 梁柱接头的模板应根据工程特点进行设计和加工。

4.5 楼板模板安装

4.5.1 工艺流程如下：

支立杆、水平杆 → 安装龙骨或钢桁架 → 铺设模板 → 校正标高

4.5.2 支立杆：底层填土地面应夯实，并铺垫通长脚手板。支杆应垂直，按照预先确定的位置进行搭设，确保位置准确。

立杆搭设过程中，按照计算好的水平杆间距逐步加设水平拉杆，离地面 200～300mm 设第一道扫地杆，往上纵横方向按照计算的步距等间距设置，并应保证支撑完整牢固。必要时，还应根据实际情况增设剪刀撑。

4.5.3 安装龙骨或钢桁架：

1 从边跨一侧开始，先装第一排龙骨和支柱临时固定，再依此逐排进行。支柱与龙骨的排列和间距，应根据楼板的混凝土重量和施工荷载大小在模板设计中确定。一般支柱间距为 800～1200mm，主龙骨间距为 800～1200mm，次龙骨间距为 300～500mm，最后拉通线调节立杆高度，将主龙骨找平。

2 也可采用钢桁架方法，即在梁、墙模板侧面通长的方木上，按标高先放钢桁架，桁架上放龙骨，龙骨间距一般为 400～600mm，龙骨与桁架应做临时固定，防止滑移。最后拉通线调节桁架高度，将龙骨找平。

4.5.4 铺设模板：钢模板可以从一侧开始铺设，每两块模板间的边肋用 U 形卡连接，U 形卡间距一般不大于 300mm。对不够模数的模板和缝隙，可用木模板或特制尺寸的模板嵌补，但拼缝应严密。

4.5.5 校正标高：模板铺完后，用水平仪测量模板标高，并进行校正。当楼板跨度大于或等于 4m 时，应按设计要求起拱。

4.6 模板拆除

4.6.1 模板应优先考虑整体拆除。模板拆除的原则一般是：先拆非承重模板，后拆承重模板；先支的后拆，后支的先拆；从上向下拆除。

4.6.2 柱模板拆除：先拆掉拉杆或斜撑，卸掉柱箍，再把连接柱模板的U形卡拆掉，然后用撬棍轻轻撬动模板，使模板与混凝土脱离。

4.6.3 墙模板拆除：先拆除穿墙对拉扁铁等附件，再拆除拉杆或斜撑，用撬棍轻轻撬动模板，使模板离开墙体，将模板逐块拆下堆放或运走。

4.6.4 梁、板模板拆除：

1 应先拆梁侧模板，再拆除楼板模板。拆楼板模板时，应拆掉水平拉杆，然后拆除立柱，每根龙骨留1~2根支柱先不拆。

2 操作人员站在已拆除的空隙间，拆去近旁余下的支柱，使其龙骨自由坠落。

3 用钩子将模板勾下，等该段的模板全部脱模后，集中堆放或运走。

4 如有对拉扁铁，应先拆掉对拉扁铁和梁托架，再拆除梁底模。

4.6.5 侧模（包括墙柱模板）拆除时，混凝土强度应保证其表面及棱角不因拆除模板而损坏。

4.6.6 拆下的模板应及时清理粘结物，涂刷隔离剂；拆下的扣件和U形卡等应及时收集、集中管理。

4.6.7 拆模时严禁将模板直接从高处往下扔，以防模板变形损坏。

5 质量标准

5.1 主控项目

5.1.1 模板及其支撑脚手架应根据工程结构形式、荷载大小、地基类别、施工设备和材料供应等条件进行设计。模板及其支架应具有足够的强度、刚度和稳定性，能可靠地承受浇筑混凝土的重量、侧压力以及施工荷载。

5.1.2 在浇筑混凝土之前，应对模板工程进行验收。

模板安装和浇筑混凝土时，应对模板及其支架进行观察和维护。发生异常情况时，应按施工技术方案及时进行处理。

5.1.3 模板及支架拆除的顺序及安全措施应按施工技术方案执行。

5.1.4 安装现浇结构的上层模板及其支架时，下层楼板应具有承受上层荷载的承载能力，或加设支架；上、下层支架的立柱应对准，并铺设垫板。

5.1.5 在涂刷模板隔离剂时，不得沾污钢筋、预应力筋、预埋件和混凝土接茬处。

5.1.6 底模及其支架拆除的顺序和混凝土强度应符合设计要求；当设计无要求时，底模拆除时混凝土强度应符合表1-1的规定。

底模拆除时的混凝土强度要求 表1-1

构件类型	构件跨度（m）	达到设计混凝土强度等级值的百分率（%）
板	≤2	≥50
	>2，≤8	≥75
	>8	≥100
梁、拱、壳	≤8	≥75
	>8	≥100
悬臂构件		≥100

5.1.7 对后张法预应力混凝土结构构件，侧模宜在预应力筋张拉前拆除，底模及支架的拆除应按施工方案执行。当无具体要求时，不应在结构构件建立预应力前拆除。

5.1.8 后浇带模板拆除和支顶应按施工方案执行。

5.2 一般项目

5.2.1 模板接缝不应漏浆，钢模板接缝宽度不得大于1.5mm。

5.2.2 模板与混凝土的接触面应清理干净并涂刷隔离剂，但不得采用影响结构性能或妨碍装饰工程施工的隔离剂。

5.2.3 浇筑混凝土前，模板内的杂物应清理干净。

5.2.4 固定在模板上的预埋件、预留孔和预留洞均不得遗漏，且应安装牢固。定型模板安装和预埋件、预留孔的允许偏差应符合表1-2的规定。

5.2.5 侧模板拆除时的混凝土强度应能保证其表面和棱角不受损伤。

5.2.6 模板拆除时，不应对楼层形成冲击荷载。拆除的模板和支架宜分散堆放并及时清运。

定型钢模安装和预埋件、预留孔洞的允许偏差（mm）　表1-2

项目		允许偏差	项目		允许偏差
预埋钢板中心位置		3	轴线位置		5
预埋管 预留孔中心线位置		3	底模上表面标高		±5
插筋	中心线位置	5	截面内部尺寸	基础	±10
	外露长度	+10，0		柱 墙 梁	±5
预埋螺栓	中心线位置	2	柱、墙垂直度	层高≤6m	8
	外露长度	+10，0		层高＞6m	10
预留洞	中心线位置	10	相邻两板表面高低差		2
	尺寸	+10，0	表面平整度		5

注：检查方法：观察、尺量检查。检查轴线位置时，应沿纵横两个方向量测，并取其中偏差的较大值。

5.2.7 对跨度不小于4m的现浇钢筋混凝土梁、板，其模板应按设计要求起拱；当设计无具体要求时，起拱高度为跨度的1/1000～3/1000。

6 成品保护

6.0.1 钢模板安装时，不得随意割孔。必要时，可在两块钢模板之间夹55mm×55mm木龙骨用螺栓连接。

6.0.2 拆模时不得用大锤硬砸或用撬棍硬撬，以免损坏模板边框和混凝土结构。

6.0.3 拆除的模板严禁抛掷，严禁用钢模作其他非模板用途。

6.0.4 拆下的钢模板应逐块进行检查和清理，并及时涂刷隔离剂，分类堆放。当发现肋条损坏变形、表面不平时，应派人及时修理，拆下的零星配件应用箱或袋收集，设专人保管和维修。

6.0.5 操作和运输过程中，不得抛掷模板。

6.0.6 在模板面进行钢筋等焊接工作时，应用石棉板或薄钢板隔离。

6.0.7 钢模板宜存放在室内或棚内，板底支垫离地面100mm以上。露天堆放，地面应平整坚实，模板底支垫离地面 200mm 以上，端支点距模板端部长度不大于模板长度的 1/6，保持板面不变形，地面要有排水措施。

7　注意事项

7.1　应注意的质量问题

7.1.1　支柱模板前应按弹线做小方盘模板，保证底部位置准确；转角部位应采用连接角模以保证角度准确；柱箍形式、规格、间距应根据柱截面大小及高度进行设计确定；柱四角应做好拉杆及斜撑；梁柱接头模板应按大样图进行安装。

7.1.2　墙模板纵横龙骨的尺寸及间距、墙体的支撑方法、角模形式应根据墙体高度和厚度设计确定；模板上口应设拉结，防止上口尺寸偏大；墙梁交接处应设拉结；墙模板安装前，底边应做水泥砂浆找平层，以防露浆。

7.1.3　梁、板模板应通过设计确定龙骨、支柱的尺寸及间距。模板支柱的底部应支在坚实的地面上，垫通长脚手板，防止支柱下沉；梁、板模板跨度大于或等于 4m 时，如设计无要求应按规范规定起拱；梁模板上口应有拉杆锁紧，防止上口变形；大于 600mm 梁高的侧模板，宜加对拉螺栓或对拉扁铁。

7.2　应注意的安全问题

7.2.1　预制拼装模板的吊环位置必须符合设计要求。模板的堆放场地应夯实平整，模板立放时，应设临时支撑以防倾倒。

7.2.2　楼层高度超过 4m 或两层以上建筑物，安装和拆除组合钢模板时，应搭设脚手架，并在操作范围内设安全网或防护栏杆。

7.2.3　拆模时，操作人员应站在安全地方，防止下落的钢模伤人。现场操作人员必须佩戴安全帽，高空作业人员必须系好安全带。

7.2.4　在 4m 以上高空拆除模板时，不得让模板、材料下落，不得大面积同时撬落模板，操作时应注意下方人员的动向。

7.2.5　U 形卡等零件应装在箱内，不得散放在脚手板上。工具应随手放入工具袋内，以免掉落伤人。

7.3　应注意的绿色施工问题

7.3.1　模板安装及拆除作业应采取控制噪声排放的措施。

7.3.2　模板使用的隔离剂不得在施工现场随意乱放以免污染环境。

8　质量记录

8.0.1　现浇结构模板安装工程检验批质量验收记录。

8.0.2　模板（后浇带）拆除工程检验批质量验收记录。

8.0.3　模板分项工程质量验收记录。

8.0.4　模架专项施工方案。

8.0.5 模板技术安全交底记录。

8.0.6 模板工程施工验收表。

8.0.7 拆模混凝土强度报告。

8.0.8 模板拆除申请表。

第 2 章　铝合金模板安装与拆除

本工艺标准适用于工业与民用建筑现浇钢筋混凝土框架、剪力墙结构、钢筋混凝土构筑物的铝合金模板施工。

1　引用标准

《建筑工程施工质量验收统一标准》GB 50300—2013

《混凝土结构工程施工质量验收规范》GB 50204—2015

《混凝土结构工程施工规范》GB 50666—2011

《组合铝合金模板工程技术规程》JGJ 386—2016

《建筑施工模板安全技术规范》JGJ 162—2008

《建筑施工扣件式钢管脚手架安全技术规范》JGJ 130—2011

《建筑施工承插型盘扣式钢管支架安全技术规程》JGJ 231—2010

《建筑施工安全检查标准》JGJ 59—2011

2　术语

2.0.1　铝合金模板：由铝合金材料制作而成的模板，包括平面和转角等。

2.0.2　平面模板：用于混凝土结构平面处的模板，包括楼板、墙柱、梁、承接模板等。

2.0.3　转角模板：用于混凝土结构转角处的模板，包括楼板阴角、梁底阴角、梁侧阴角、阴角转角、墙柱阴角模板及连接角模等。

2.0.4　承接模板：承接上层外墙、柱及电梯井道模板的平面模板，该铝合金模板与成型混凝土之间通过连接件可靠连接。

2.0.5　支撑：用于支撑铝合金模板、加强模板整体刚度、调整模板垂直度、承受模板传递的荷载的部件，包括可调钢支撑、斜撑、背楞、柱箍等。

2.0.6　早拆装置：由早拆头、早拆铝梁、快拆锁条等组成，安装在竖向支撑上、可将模板及早拆铝梁降下，实现先行拆除模板的装置。

2.0.7　早拆模板支撑系统：由早拆装置、可调钢支撑或其他支模架等组成的支撑系统。

2.0.8　配件：用于铝合金模板构件之间的拼接或连接、两竖向侧模及背楞拉结的部件，包括销钉、削片、对拉螺栓、对拉螺栓垫片等。

2.0.9　铝合金模板体系：由铝合金模板、早拆装置、支撑及配件组成的模板体系。

2.0.10 铝梁：楼板铝合金面板的支撑构件，承受铝合金平面模板传来的荷载并传递给竖向构件。

2.0.11 整体组拼施工技术：由各种配件将同层的墙、柱、梁、板等构件的模板及支撑系统连成整体，进行整层浇筑混凝土的模板技术。

3　施工准备

3.1　作业条件

3.1.1 模板工程应根据工程结构形式、特点及现场施工条件进行模板及支架设计，确定模板平面布置位置、纵横龙骨规格、数量、排列尺寸和穿墙螺栓的位置、规格、柱箍选用的形式及间距和支撑系统的形式、间距和布置，连接节点大样。选择梁、板、柱、墙单元体的支撑系统进行设计计算，保证具有足够的强度和稳定性，绘制支撑系统图和节点大样图。

3.1.2 模板施工前应制定详细的施工方案，并经审批，需要论证的已完成论证。按照方案对施工班组进行技术交底，操作人员应熟悉模板施工方案、模板施工图、支撑系统设计图。

3.1.3 铝合金模板在工厂生产制作完成后应进行试拼装，验收完成后系统地编号，绘制拼装图。铝合金模板、配件和支撑系统按计划数量进场，按区段进行编号，并涂刷隔离剂，分规格堆放。

3.1.4 放好建筑轴线、模板边线及控制线、楼层 0.5m 标高控制线。

3.1.5 钢筋绑扎完毕后，水电管线、预埋件、预留洞口已安装，绑好钢筋保护层垫块，并办理完隐蔽验收记录。

3.1.6 模板及支撑系统采用垫板堆放，基土必须夯实，并有较好的排水措施，防止模板变形。

3.1.7 模板安装前表面必须涂刷脱模剂，且不得使用影响现浇混凝土结构性能或妨碍装饰工程施工的脱模剂。

3.1.8 根据工程规模配备适宜数量的操作工人，工人在上岗前应进行培训，考试合格后正式上岗作业。

3.2　材料及机具

3.2.1 铝合金模板所用挤压型材宜采用现行国家标准《一般工业用铝及铝合金挤压型材》GB/T 6892 中的 AL 6061-T6 或 AL 6082-T6，其外观质量符合要求。

3.2.2 铝合金材质应符合现行国家标准《变形铝及铝合金化学成分》GB/T 3190 的有关规定。

3.2.3 钢材应符合现行国家标准《碳素结构钢》GB/T 700 和《低合金高强度结构钢》GB/T 159 的有关规定；其物理性能指标、强度设计值应符合现行国家标准《钢结构设计规范》GB 50017 的有关规定。

3.2.4 配件应符合配套使用、装拆方便、操作安全的要求。对拉螺栓应采用粗牙螺纹，其规格和轴向受拉承载力符合《组合铝合金模板工程技术规程》JGJ 386 的有关规定。

3.2.5 焊接钢管应符合现行国家标准《直缝电焊钢管》GB/T 13793 或《低压流体输

送用焊接钢管》GB/T 3091 中 Q235、Q345 普通钢管的有关规定。无缝钢管应符合现行国家标准《结构用无缝钢管》GB/T 8162 的有关规定。

3.2.6　脱模剂优先选用以水为介质的乳油性铝合金模板专用脱模剂。

3.2.7　机具：锤子、单头扳手、手电钻、锤钻、手提切割机、电弧焊机、锯铝机、撬棍、水准仪、激光垂准仪、水平尺、钢卷尺、靠尺等。

4　操作工艺

4.1　工艺流程

测量放线 → 绑扎墙柱钢筋及验收 → 支墙柱模板 → 支设梁板模板 →

绑扎梁板钢筋及验收 → 混凝土浇筑 → 拆模

4.2　测量放线

在楼层上弹好墙柱线及墙柱控制线、洞口线，其中墙柱控制线距墙边线 300mm，可检验模板是否偏位和方正；在柱纵筋上标好楼层标高控制点，标高控制点为楼层＋0.50m，墙柱的四角及转角处均设置，以便检查楼板面标高。

4.3　绑扎墙柱钢筋及验收

绑扎墙柱钢筋，预埋水电盒、线管、预留洞口等，办理隐蔽工程验收手续。

4.4　支墙柱模板

4.4.1　按试拼装图纸编号依次拼装好墙柱铝模，封闭柱铝模之前，需在对拉螺杆上预先外套 PVC 管，同时要保证套管与墙两边模板面接触位置准确，以便浇筑后能收回对拉螺杆。墙柱模与楼面阴角连接时锁销的头部应尽可能地在楼面阴角内部，墙柱铝模间连接销上的锁片要从上往下插，以免在混凝土浇筑时脱落。墙柱模板背楞宜取用整根杆件。背楞搭接时，上下道背楞接头宜错开设置，错开位置不宜小于 400mm，接头长度不宜小于 200mm。当上下接头位置无法错开时，应采用具有足够承载力的连接件。

4.4.2　内墙模板安装时从阴角处（墙角）开始，按模板编号顺序向两边延伸，为防模板倒落，须加以临时的固定斜撑（用木方、钢管等），并保证每块模板涂刷适量的脱模剂。

4.4.3　竖向模板之间及其与竖向转角模板之间应用销钉锁紧，销钉间距不宜大于300mm。模板顶端与转角模板或承接模板连接处、竖向模板拼接处，模板宽度大于 200mm时，不宜少于 2 个销钉；宽度大于 400mm 时，不宜少于 3 个销钉。打插销时不可太用劲，模板接缝处无空隙即可。横向拼接的模板端部插销必须钉上，中间可间隔一个孔位钉上，并且是从上而下插入，避免振捣混凝土时震落。墙柱模板不宜竖向拼接，当配板确需拼接时，不宜超过一处，且应在拼接缝附近设置横向背楞。

4.4.4　安装另一侧墙模时，在对拉螺栓孔位置附近把尺寸相符的内撑钢筋垂直放置在剪力墙的钢筋上，检查对拉螺栓穿过是否有钢筋挡住（特别是墙、柱下部），如挡住，用撬棍或铁锤敲打，使钢筋移位，保证 PVC 导管的顺畅通过。

4.4.5 每面墙模板在封闭前，一定要调整两侧模板，使其垂直竖立在控制线位上，且两侧模板对拉螺栓孔位必须正对。

4.4.6 墙柱模板采用对拉螺栓连接时，最底层背楞距离地面、外墙最上层背楞距离板顶不宜大于300mm，内墙最上层背楞距离板顶不宜大于700mm；除应满足计算要求外，背楞竖向间距不宜大于800mm，对拉螺栓横向间距不宜大于800mm。转角背楞及宽度小于600mm的柱箍（图2-4）宜一体化，相邻墙肢模板宜通过背楞连成整体。背楞示意图见图2-1～图2-4。

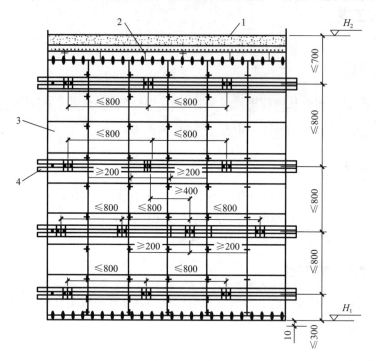

图 2-1 背楞接头搭接示意图

1—楼板；2—楼板阴角模板；3—内墙柱模板；4—背楞

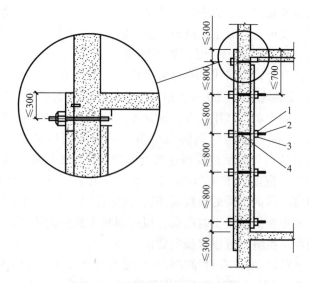

图 2-2 外墙背楞布置大样示意图

1—背楞；2—对拉螺栓；3—对拉螺栓垫片；4—对拉螺栓套管

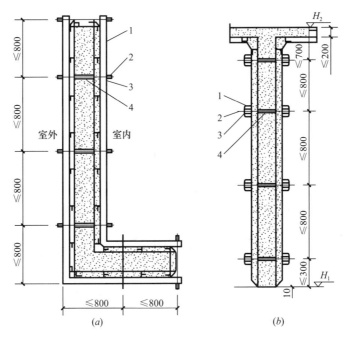

图 2-3　内墙背楞布置大样示意图

(a) 平面图；(b) 剖面图

1—背楞；2—对拉螺栓；3—对拉螺栓垫片；4—对拉螺栓套管

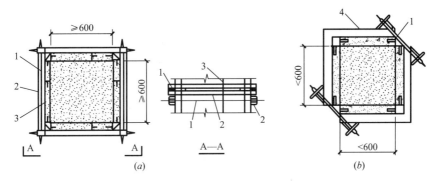

图 2-4　柱箍布置大样示意图

(a) 柱截面≥600mm 柱箍大样示意图；(b) 柱截面<600mm 柱箍大样示意图

1—对拉螺栓；2—背楞；3—内墙柱模板；4—柱箍

4.4.7　当设置斜撑时，墙斜撑间距不宜大于 2000mm，长度大于等于 2000mm 的墙体斜撑不应少于两根，柱模板斜撑间距不应大于 700m；当柱截面尺寸大于 800mm 时，单边斜撑不宜少于两根。斜撑宜着力于竖向背楞。斜撑布置示意参见图 2-5。

4.5　支设梁板模板

4.5.1　按试拼装图编号依次拼装好梁底模、梁侧模、梁顶阴角及墙顶阴角模，用单支顶调节梁底标高，以便模板间连接，梁底单支顶应垂直、无松动。

4.5.2　安装梁底模板时须 2 人协同作业，一端一人托住梁底的两端，站在操作平台上，按规定的位置用插销把阴角模与墙板连接。如梁底过长，除两人装梁底外，另有一人安装梁底支撑，以免梁底模板超重下沉，使模板早拆头变形和影响作业安全。

401

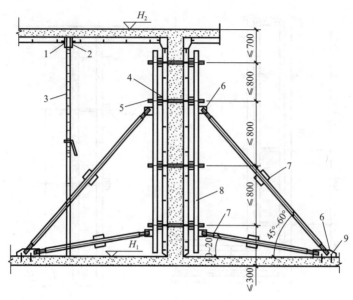

图 2-5　斜撑布置示意图

1—板底早拆头；2—快拆锁条；3—可调钢支撑；4—背楞；5—对拉螺栓；
6—斜撑码；7—斜撑；8—竖向背楞；9—固定螺栓

4.5.3　用支撑把梁底调平后，可安装梁侧模板，所有横向连接的模板，插销必须由上而下插入，以免在浇混凝土捣振时插销震落，造成爆模和影响安全。

4.5.4　安装楼板模板：安装完墙顶、梁顶阴角后，安装楼面铝梁，然后按试拼装图编号从角部开始，依次拼装标准板模，直至铝模全部拼装完成。支撑楼面模板铝梁早拆头下的支撑杆应垂直、无松动。每间房的顶板安装完成后，须调整支撑杆到适当位置，以使板面平整（跨度 4m 以上的顶板，其模板应按设计要求起拱，如无具体要求，起拱高度宜为跨度的 1/1000～3/1000，铝合金模板起拱高度一般取下限 1/1000）。

4.5.5　外围导墙板（承接模板）及阳台线条安装

在有连续垂直模板的地方，如电梯井、外墙面等，用导墙板将楼板围成封闭的一周并且作为上一层垂直模板的连接组件。

第一层浇注混凝土以后，二层导墙板必须安装，一个用以固定在前一层未拆的模板上，另一个固定在墙模的上部围成楼板的四周。浇筑完混凝土后保留上部导墙板，作为下层墙模的起始点。导墙板与墙模板连接：安装导墙板之前确保已进行完清洁和涂油工作。在浇筑期间为了防止销子脱落，销子必须从墙模下边框向下插入到导墙板的上边框。导墙板上开 26mm×16.5mm 的长形孔，浇筑之前，将 M16 的低碳螺栓安装在紧靠槽底部位置，这些螺栓将锚固在凝固的混凝土里。浇筑后，如果需要可以调整螺栓来调节导墙板的水平度，也可控制模板的垂直度。

4.5.6　模板加固：平板铝模拼装完成后进行墙柱铝模的加固，即安装背楞及对拉螺杆。安装背楞及对拉螺杆应两人在墙柱的两侧同时进行，背楞及对拉螺杆安装必须紧固牢靠，用力得当，不得过紧或过松，过紧会引起背楞弯曲变形，影响墙柱实测实量数据，过松在浇筑混凝土时会造成胀模。对拉螺杆的蝴蝶扣应竖直安装，不得倾斜。

4.5.7　模板验收：对铝模加固及校正完后进行检查，防止螺栓、锁销、锁片遗漏、松动；检查验收墙柱垂直度、板模平整度、墙柱及梁截面尺寸。如有降板位置的沉箱模板或框模，在梁板钢筋绑扎完毕后准确安装并固定。

4.6　绑扎梁板钢筋及验收

按照图纸绑扎，办理隐蔽工程验收记录。

4.7　混凝土浇筑

浇筑过程中设模板看护人员，如发现跑模、胀模、漏浆等问题及时处理。

4.8　拆模

模板的拆除期限应听从施工技术人员和班组长的安排，混凝土结构的强度符合现行国家标准《混凝土结构工程施工质量验收规范》GB 50204 的相关要求后方可拆模，不可盲目作业。铝合金模板拆除程序一般是墙、梁、板，先拆非承重部位，后拆承重部位，并做到不影响混凝土的结构安全和外观。

4.8.1　吊模、飘窗、空调板等模板的拆除

1　卫生间、厨房、阳台等下沉部位的吊模（矩形钢或木方）拆除后应立即清理干净，按区域位置用铁丝捆扎好以备下层使用。

2　吊板拆除清理好后平放在原位置，板面朝上。

3　楼板面清扫干净，多余杂物（木方、短钢管等）堆放在不影响作业的地方（阳台）。

4　飘窗、空调板等部位的盖板、内侧模板及阴角模应趁早拆除，清理好放在原位置。

4.8.2　墙模板拆除

1　拆除背楞时应把上面的水泥浆清理干净并堆放在本房间的中间，堆放距离至少离墙500mm 以上，有些转角形的背楞应平放地上，不可使其尖角朝上，对拉螺栓规范放置，螺母、垫片放置在专用器皿中。

2　拆墙模板时先把所拆墙面的插销全部拆除，并放置在胶桶中，散落地面的插销及时收拾干净。

3　凹形墙面，凹槽内首块模板较难拆除，应用专用工具从墙中部拆除，后向两边延拆。严禁使用撬棍、铁锤狠撬猛砸，损坏模板。

4　每块模板拆除后应及时清理板面、背面，用钢刷清理模板的边框，按每面墙的区域摆放稳当，等待上传。

5　外墙模板不应长时间放置在脚手架上，宜随装随拆。外墙模板可用塔吊整体吊装。

4.8.3　梁板模板拆除

1　墙模板上传后，即可进行梁模板的拆除。拆梁底模板时应有两人协同作业，撬松时两人托住梁底模板，轻放地上，不可让其自由落下使模板受损，梁底支撑不可松动和拆除。

2　梁底模板拆除后清理干净放置在梁的下方，阴角模、梁底阳角模等小块模板如拆除或松动应及时连接牢固。

3　拆梁侧模或墙头板时，操作平台（铁凳）不可放置在模板的正下方，应偏离 200～300mm，撬动模板时，一只手抓住模板的中部，不使其落下损坏，拆下清理后放置在原位

置的正下方，以免混杂。

4.8.4 顶板模板拆除

1 顶板模板拆除前先将背楞、对拉螺栓、梁板等上传，地面杂物清理堆放在墙边，不影响操作平台（铁凳）的移动。先拆顶板面积较大的房间。

2 拆顶板模板应从第一排的中部开始，先拆除与此块模板相连的龙骨组件，拆除其余三方插销，使用撬棍撬松拆除，再向两边延拆，需两人协作，不可让其自由落下受损。

3 拆顶板模板时严禁一次性拆除大面积模板的插销，应做到拆哪块板松动哪块板的连接插销，不允许撬落大面积模板。

4 拆除较难拆的第一块阴角模，可先用铁锤轻敲振动，使其与混凝土表面脱离，再用专用长撬棍插入阴角模孔内撬动。较难拆除的模板，在安装时要保证其表面清洁，均匀涂刷脱模剂，并控制好拆模时间。

5 顶板和梁的支撑严禁松动和拆除。宜配置3套支撑，安装所用支撑必须要到下下层去拆。

5 质量标准

5.1 主控项目

5.1.1 安装现浇结构的上层模板及其支架时，下层楼板应具有承受上层荷载的承载能力，或加设支架；上、下层支架的立柱应对准，并铺设垫板。

5.1.2 在涂刷脱模剂时，不得沾污钢筋和混凝土接槎处。

5.1.3 按照配模设计要求检查可调钢支撑等支架的规格、间距、垂直度、插销直径等。

5.1.4 按照《组合铝合金模板工程技术规程》JGJ 386中第5.3节对销钉、背楞、对拉螺栓、定位撑条、承接模板和斜撑的预埋螺栓等的数量、位置进行检查。

5.1.5 后浇带处的模板及支架应独立设置。

5.1.6 支架竖杆或竖向模板安装在土层上时，应符合下列规定：

1 土层应坚实、平整，其承载力或密实度应符合施工方案的要求；

2 应有防水、排水措施；对冻胀性土，应有预防冻融措施；

3 支架竖杆下应有垫板。

5.2 一般项目

5.2.1 模板安装应做到模板接缝平整、严密，不应漏浆；模板内无杂物、积水或积雪，模板与混凝土的接触面应平整、清洁。

5.2.2 对跨度不小于4m的现浇钢筋混凝土梁、板，模板应按设计要求起拱；当设计无具体要求时，在混凝土楼板上支模起拱高度宜为跨度的1‰，在夯实后基土上支模起拱高度宜为跨度的3‰；起拱不得减小构件的截面高度。

5.2.3 固定在模板上的预埋件和预留孔洞均不得遗漏，规格、数量、位置正确，且应安装牢固。允许偏差符合表2-1的规定。

预埋件、预留孔、预留洞允许偏差　　　　　　　表 2-1

项目		允许偏差（mm）
预埋管、预留孔中心线位置		3
预埋螺栓	中心线位置	2
	外露长度	+10, 0
预留洞	中心线位置	10
	尺寸	+10, 0

5.2.4　模板安装垂直度、平整度、轴线位置等允许偏差及检验方法应符合表 2-2 的要求。早拆模板支撑系统的上下层竖向支撑的轴线偏差不应大于 15mm，支撑立柱垂直度偏差不应大于层高的 1/300。

模板安装的允许偏差及检验方法　　　　　　　表 2-2

项目		允许偏差（mm）	检验方法
模板垂直度		5	吊线、钢尺检查
梁侧、墙、柱模板平整度		3	吊线、钢尺检查
墙、柱、梁模板轴线位置		3	钢尺检查
底模上表面标高		±5	拉线、钢尺检查
截面内部尺寸	柱、墙、梁	+4, −5	钢尺检查
单跨楼板模板的长宽尺寸累计误差		±5	钢尺检查
相邻模板表面高低差		1.5	钢尺检查
梁底模板、楼板模板表面平整度		3	2m靠尺、塞尺检查
相邻模板拼接缝隙宽度		≤1.5	塞尺检查

注：检查轴线位置时，应沿纵、横两个方向梁侧，并取其中的较大值。

5.2.5　质量检查应符合下列规定：

1　梁下支架立杆间距的偏差不宜大于 50mm，板下支架立杆间距的偏差不宜大于 100mm；水平杆间距的偏差不宜大于 50mm；

2　应检查顶部承受模板荷载的水平杆与支架立杆连接的扣件数量，采用双扣件构造设置抗滑移扣件，其上下应顶紧，间隙不大于 2mm；

3　支架顶部承受模板荷载的水平杆与支架立杆连接的扣件拧紧力矩，不应小于 40N·m，且不应大于 65N·m；支架每步双向水平杆应与立杆扣接，不得缺失。

5.2.6　采用碗扣式、盘扣式或盘销式钢管架作模板支架时，插入立杆顶端可调托座伸出顶层水平杆的悬臂长度，不应超过 650mm；水平杆杆端与立杆连接的碗扣、插接和盘销的连接状况，不应松脱；按规定设置竖向和水平斜撑。

6　成品保护

6.0.1　铝合金模板和配件拆除后，应及时清除粘结砂浆杂物，对板面刷隔离剂，对变形及损坏的模板及配件应及时整形和修补，修复后的模板和配件应达到表 2-3 的要求，并宜采用机械整形和清理。

模板及配件修复后的主要质量标准　　　　　　　　　　　　　　表 2-3

项目		允许偏差（mm）
铝模板	板面平面度	≤1.0
	凸棱直线度	≤0.5
	边肋不直度	不得超过凸棱高度
配件	钢楞及支柱直线度	≤L/1000

注：L 为钢楞及支柱的长度。

6.0.2　模板宜放在室内或敞棚内，模板底面应垫离地面 100mm 以上，室外堆放时地面应平整、坚实、有排水措施，模板底面应垫离地面 200mm，两支点离模板两端的距离不大于模板长度的 1/6。对暂不使用的模板，板面应涂刷隔离剂，焊缝开裂时应补焊，并按规格分类堆放。

6.0.3　配件入库保存时，应分类存放，小件要点数后装箱入袋，大件要整数成堆。

6.0.4　模板搬运时应轻拿轻放，不准碰撞柱、墙、梁、板等混凝土构件。模板面板不得污染、磕碰；螺栓孔眼必须有保护垫圈。

6.0.5　不得随意在主体结构上开洞；穿墙螺栓通过模板时，应尽量使用模板上已有孔眼。

6.0.6　与混凝土接触的模板表面应认真涂刷隔离剂，不得漏涂。涂刷后如被雨淋，应补刷隔离剂。模板支好后，应保持模内清洁，防止掉入垃圾、砂浆、木屑等杂物。

6.0.7　搭设外脚手架时，严禁与模板及支架支柱连接。不准在吊模、桁架、水平拉杆上搭设跳板。浇筑混凝土时，在芯模四周要均匀下料并振捣密实。不得在模板平台上行车和堆放大量材料和重物。在模板上进行钢筋、铁件等焊接工作时，必须用石棉板或薄钢板隔离。

6.0.8　严禁用大锤砸或撬棍硬撬模板，严禁损伤混凝土表面及棱角。模板拆除后，立即对模板板面及缝隙全面清理和维修，必要时修整变形、更换配件。

6.0.9　模板拆除时先拆除水平拉杆，然后拆除立杆。梁模板拆除时先拆除侧模，再拆底模。拆除时，混凝土强度能保证其表面及棱角不因拆模受损坏，模板拆除时混凝土强度必须满足要求。

6.0.10　吊装模板提升时应保持水平、四点起吊。起吊时，注意与墙体及周边障碍物保持距离。

7　注意事项

7.1　应注意的质量问题

7.1.1　支柱模板前应按弹线做小方盘模板，保证底部位置准确；转角部位应采用连接角模以保证角度准确；柱箍形式、规格、间距应根据柱截面大小及高度进行设计确定；柱四角应做好拉杆及斜撑；梁柱接头模板应按大样图进行安装。

7.1.2　模板上口应设拉结，防止上口尺寸偏大；墙梁交接处应设拉结；墙模板安装前，底边应做水泥砂浆找平层，以防漏浆。

7.1.3　模板支柱的底部应支在坚实的地面上，垫通长脚手板，防止支柱下沉；梁模板上口应有拉杆锁紧，防止上口变形；大于 600mm 梁高的侧模板，宜加对拉螺栓或对拉扁铁。

7.2　应注意的安全问题

7.2.1　模板支架安装搭设与拆除人员必须是经考核合格的专业架子工。架子工应持证上岗。模板支架顶部的实际荷载不得超过模板体系设计及施工方案的规定。不得将外脚手架、缆风绳、泵送混凝土和砂浆的输送管道等固定在模板支架上。

7.2.2　施工单位项目部应建立安全组织机构，明确安全职责；明确施工现场安全重大危险源。从事模板作业的人员，应经安全技术培训。模板制作、安装时应根据需要配备消防器材，使用电锯、电刨应搭设防护棚。模板支架在搭设过程中应采取防止倾覆的临时固定措施。拆模前必须获取审批后的拆模令。

7.2.3　模板装拆时，上下应有人接应，模板应随装拆随转运，不得堆放在脚手架上，严禁抛掷踩撞，若中途停歇，必须把活动部件固定牢靠。装拆模板，必须有稳固的登高工具或脚手架，高度超过 3.5m 时，必须搭设脚手架。装拆过程中，下面不得站人，高处作业时，操作人员应佩戴安全带。

7.2.4　登高作业时，连接件必须放在箱盒或工具袋中，严禁放在模板或脚手板上，扳手等各类工具必须系挂在身上或置放于工具袋内，不得掉落。

7.2.5　模板的预留孔洞、电梯井口等处，应加盖或设置防护栏，必要时应在洞口处设置安全网。

7.2.6　安装墙、柱模板时，应随时支撑固定，防止倾覆。

7.2.7　距基槽（坑）上口边缘 1m 内不得堆放模板、支撑件等物品。向基槽（坑）内运料应使用起重机、溜槽或绳索，模板严禁立放在基槽（坑）土壁上。

7.2.8　安装独立梁模板时应设安全操作平台，并严禁操作人员站在独立梁底模或柱模支架上操作及上下通行。

7.3　应注意的绿色施工问题

7.3.1　模板安装及拆除作业应采取控制噪声排放的措施。

7.3.2　模板使用的隔离剂不得在施工现场随意乱放以免污染环境。

7.3.3　模板拆卸后集中吊往模板存放区清理、存放；板上的水泥残块清理下来后集中运往现场的垃圾站，不得随意弃洒；拆下来的废旧螺栓、螺母等不得随意丢置，应收集起来清理备用或回收。

7.3.4　已报废模板则应集中回收处理，不得乱扔乱放；油手套、含油棉纱棉布、油漆刷等应及时回收处理。

8　质量记录

8.0.1　现浇结构模板安装工程检验批质量验收记录。

8.0.2　模板分项工程质量验收记录。

8.0.3　模架专项施工方案。

8.0.4　模板安全技术交底记录。

8.0.5　模板工程施工验收表。

8.0.6　拆模混凝土强度报告。

8.0.7 模板拆除申请表。

第3章 组合大模板安装与拆除

本工艺标准适用于工业与民用建筑现浇钢筋混凝土剪力墙结构的模板施工。

1 引用标准

《混凝土结构工程施工规范》GB 50666—2011
《组合钢模板技术规范》GB/T 50214—2013
《建筑施工扣件式钢管脚手架安全技术规范》JGJ 130—2011
《建筑施工承插型盘扣式钢管支架安全技术规程》JGJ 231—2010
《建筑工程施工质量验收统一标准》GB 50300—2013
《混凝土结构工程施工质量验收规范》GB 50204—2015
《建筑施工安全检查标准》JGJ 59—2011
《建筑施工模板安全技术规范》JGJ 162—2008

2 术语

2.0.1 全钢大模板体系：全钢大模板体系由墙体平面模板、阴角模、阳角模、支腿、操作平台系统以及穿墙螺栓等部分组合而成，具有装拆灵活方便、强度高、刚度大、尺寸精度高、接缝严密、表面光洁、组装快、机械化施工程度高、施工速度快等优点。见图3-1。

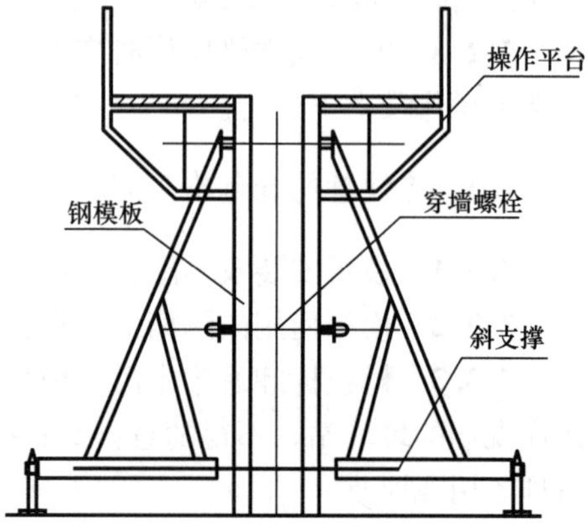

图3-1 全钢大模板体系

3 施工准备

3.1 作业条件

3.1.1 根据工程特点及现场施工条件，按照经济、均衡、合理的原则划分施工流水段；进行模板及支架设计，确定模板平面布置排版，并编制模板专项施工方案。

3.1.2 施工单位应对进场的模板、连接件、支撑件等配件的产品合格证、生产许可证、检测报告进行复核，并应对其表面观感质量、重量等物理指标进行抽检，抽检合格方可使用。

3.1.3 有关施工及操作人员应熟悉施工图及模板工程的施工设计，进行配板设计，配板设计包括以下内容：

1　绘制配板平面布置图；

2　绘制大模板配板设计图、拼装节点图和构配件的加工详图；

3　绘制节点和特殊部位支模图；

4　编制大模板构配件明细表；

5　编写施工说明书。

3.1.4　施工现场应有可靠地能够满足模板安装和检查所需要的测量控制点。

3.1.5　墙体钢筋绑扎完毕，水电、预理管件、门窗洞口模板安装完毕，办理完隐蔽工程验收手续。

3.2　材料及机具

3.2.1　大模板的面板厚度不小于 6mm，材质不应低于 Q235A 的性能要求，模板的肋和背楞宜采用型钢，肋应为 8 号槽钢，背楞应为 10 号槽钢，大模板的吊环应采用 Q235A 材质制作，对拉螺栓及螺母应采用 45 号碳素钢材质制作。

3.2.2　配件：垫板、穿墙螺栓及套管等。

3.2.3　隔离剂：甲基硅树脂、水性隔离剂等。

3.2.4　机具：电钻、手锤、木斧、扳手、木锯、水平尺、线坠、撬棍、吊装索具等。

3.2.5　钢材应符合现行国家标准《碳素结构钢》GB/T 700 的规定。

4　操作工艺

4.1　工艺流程

4.1.1　暗门暗窗大模板施工工艺

施工准备 → 定位放线 → 单侧大模板安装 → 门窗洞口模板 → 另一侧大模板安装 →

外墙大模板安装 → 调整模板、紧固螺栓 → 检查验收 → 浇筑混凝土 →

拆除大模板 → 模板清理

4.1.2　明门明窗大模板施工工艺

施工准备 → 定位放线 → 内墙大模板安装 → 门窗堵头安装 → 外墙大模板 →

调整模板、紧固螺栓 → 检查验收 → 浇筑混凝土 → 拆除大模板 → 模板清理

4.2　施工工艺

4.2.1　施工准备

1　施工前进行模板设计，编制模板专项施工方案，安装前进行技术交底。

2　模板进场后，依据模板设计核对型号、清理表面。

3　根据设计对模板进行编号，安装时对号入座。

4　就位前涂刷隔离剂。

5　大模板安装前，应将安装处的楼面清理干净。为防止模板缝隙偏大出现漏浆，应采取在模板下部抹找平层砂浆，待砂浆凝固后再安装模板。

4.2.2　楼层放线

依据工程控制桩或引测的控制点投放出楼层控制线，拉通尺引测出墙体边线和墙体控制线（一般距墙体20cm）和门窗洞口控制线。同时引测出标高控制线（＋500mm控制线）。

4.2.3　内墙剪力墙大模板安装

安装大模板时按模板编号顺序吊装就位，先安装墙体一侧的模板，按照先横墙后纵墙的安装顺序，将一侧墙模板用塔吊安装就位，用撬棍按墙位控制线调整模板位置，对称调整模板支撑架的地脚螺栓。使模板的垂直度、水平度、标高符合设计要求，然后立即拧紧地脚螺栓，放入穿墙螺栓，然后安装另一侧模板，（采用暗门暗窗做法时安装完一侧模板后先安装门窗洞口模板。）合模前检查钢筋、门窗洞口模板、水电预埋管件、穿墙套管是否遗漏，位置是否准确，安装是否牢固，并将墙内杂物清理干净。验收合格后安装另一侧墙模板，校正垂直后，用穿墙螺栓将两侧模板锁紧。模板在阴阳角、拼缝及丁字墙处接缝处在拼缝的两侧各增加一道模板定位筋，竖向间距同对拉螺杆的间距（见图3-2～图3-6）。

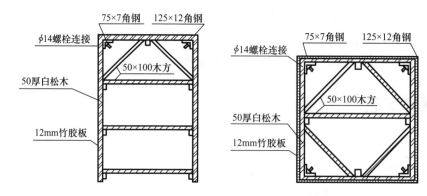

图3-2　门窗洞口模板示意图

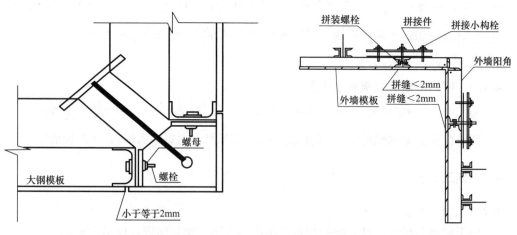

图3-3　阴角模板安装示意图　　　　图3-4　阳角模安装方法

靠吊模板的垂直度，可采用2m长双"十"字靠尺检查或线坠检测，如板面不垂直或横向不水平时，必须通过支撑架地脚螺栓或模板下部的地脚螺栓进行调整。

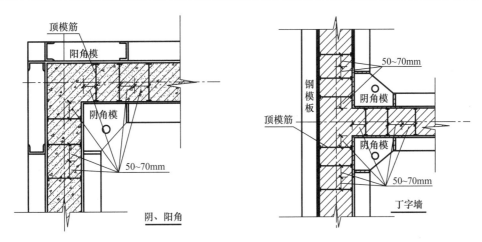

图 3-5　模板阴阳角、拼缝及丁字墙处的定位筋（一）

4.2.4　外墙大模板安装

外墙外模板支撑装置：外墙外侧大模板在有阳台的部位，支设在阳台上，但要注意调整好水平标高。在没有阳台的部位，要搭设支模平台架，将大模板搭设在支模平台架上。支模平台架由三角挂架、平台板、安全护身栏和安全网组成。

每开间外墙由两榀三角桁架组成一个操作平台，支撑外墙外模板。每榀桁架上部用 ϕ38mm 直角弯头螺栓做成大挂钩，下部用 ϕ16 螺栓做成小挂钩，通过墙上预留孔将桁架附着在外墙上。两榀桁架间用钢管拉结，组成操作平台和支撑架用。

安装大模板之前，必须安装好三角挂架和操作平台板。利用外墙上的穿墙螺栓孔，插入连接螺栓，在墙内

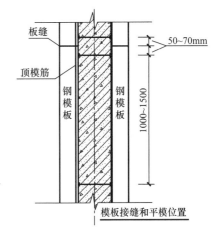

图 3-6　模板阴阳角、拼缝及丁字墙处的定位筋（二）

侧放好垫板，旋紧螺母。然后将三角挂架钩挂在螺栓上，再安装操作平台板。也可将操作平台板与三角挂架预先连接为一体，进行整体安装和拆除。

放模板位置线。把下层外墙竖向控制线引至外侧模板下口，保证上下层模板安装位置准确。在外侧墙面上距层高 10cm 处弹出楼层的水平标高线，作为模板和阳台底板施工的依据。

安装外墙模板：先将外墙内侧模板就位找正，合模前检查钢筋、门窗洞模板、水电预埋管件、穿墙套管位置是否正确，安装是否牢固，并将模板内的杂物清理干净，模板就位找正后，将穿墙螺栓紧固校正，模板的连接处应严密、牢固可靠，防止出现错台和漏浆现象。

4.2.5　拆除大模板

在常温条件下，墙体混凝土强度必须达 1MPa 以上时方可拆模，拆模时应以同条件养护试块抗压强度为准。

1　内墙大模板的拆除

放松穿墙螺栓以及角模与墙体模板间的钩头螺栓，拆除穿墙螺栓与钩头螺栓等，松动地脚螺栓，使大模板与混凝土墙面逐渐脱离。脱离困难时，可在模板底部用撬棍撬动，不得在

上口撬动、晃动和用大锤砸模板。

角模拆除：角模的两侧都是混凝土墙面，吸附力较大，如果施工中模板封闭不严，或者角模位移，被混凝土握裹，拆模更加困难。拆模时先将模板外混凝土剔除，用撬棍从下部撬动，将角模脱出。

门窗洞口模板拆除。先将洞口内支撑件拆除，然后将四角固定螺栓拆除，在拆除边框模板，最后拆除四角的角模。

2 外墙大模板的拆除

拆除室内的连接固定装置 → 拆除穿墙螺栓 → 拆除外侧相邻大模板之间的连接件 →

拆除门窗洞口模板与大模板的连接件 → 用撬棍向外侧拨动大模板，使其平移脱离墙面 →

松动大模板的地脚螺栓，使模板外倾并吊出 → 拆除内侧大模板 →

拆除门窗洞口模板 → 清理模板 → 刷脱模剂

3 大模板吊至存放地点时，必须一次放稳，保持自稳角为 75°～80°，大模板应定期检查维修，保证使用质量。

5 质量标准

5.1 主控项目

5.1.1 模板及其支架必须具有足够的强度、刚度和稳定性。其支架的支撑部分有足够的支撑面积。能可靠地承受浇筑混凝土的重量、侧压力以及施工荷载。

5.1.2 在涂刷模板隔离剂时，不得污染钢筋、预埋件和混凝土接槎处。

5.1.3 模板拆除时的混凝土强度应符合设计要求和现行国家标准《混凝土结构工程施工质量验收规范》GB 50204 的规定。

5.2 一般项目

5.2.1 大模板的下口及大模板与角模接缝处应严实，不得漏浆。模板接缝处的最大宽度不得大于 1.5mm。模板与混凝土的接触面应清理干净，隔离剂涂刷均匀，不得采用影响结构性能或妨碍装饰工程施工的隔离剂。

5.2.2 清水混凝土工程及装饰混凝土工程，应使用能达到设计效果的模板。

5.2.3 模板拆除时的混凝土强度应能保证表面及棱角不受损失。

5.2.4 固定在模板上的预埋件、预留孔和预留洞均不得遗漏，且应安装牢固，其组合大模板的允许偏差应符合表 3-1 的规定。

组合大模板的允许偏差（mm）　　　　　　　　表 3-1

项目	允许偏差	项目	允许偏差
轴线位置	4	预埋钢板中心线位置	3
截面内部尺寸	±2	预埋管、预留孔中心线位置	3

项目		允许偏差	项目		允许偏差
层高垂直度	全高≤5	3	预埋螺栓	中心线位置	2
	全高>5	5		外露长度	+10, 0
相邻模板表面高低差		2	预留洞	中心线位置	10
表面平整度		4		尺寸	+10, 0

注：检查方法：观察、尺量检查。检查轴线位置时，应沿纵横两个方向量测，并取其中偏差的较大值。

6 成品保护

6.0.1 吊运大模板时，应防止碰撞墙体，堆放要合理，保持板面不变形，并保持大模板本身的整洁和配套设备零件齐全。

6.0.2 拆除模板时按程序进行，禁止用大锤敲击和撬棍撬动大模板上口，防止混凝土墙面及门窗洞口等处出现裂纹或损坏模板。

7 注意事项

7.1 应注意的质量问题

7.1.1 剪力墙结构大模板安装时应特别注意找平。

7.1.2 墙体放线要认真调整大模板，使其误差在允许范围内；穿墙螺栓应全部穿齐、拧紧，避免墙体超厚。

7.1.3 浇筑混凝土时应设专人对大模板的使用情况进行观察，发生意外情况应及时处理。

7.1.4 为避免混凝土墙体表面黏结，大模板应严格清理，隔离剂涂刷应均匀，拆模不宜过早。

7.1.5 角模与大模板缝隙应严实，固定牢固，并加强检查。

7.1.6 安装大模板前，外墙模板、内墙楼梯和预留大孔洞等应预先做好模板支架，保证安装位置正确。

7.2 应注意的安全问题

7.2.1 拆大模板时，应先将堆积在模板上的碎石杂物等清除干净，防止拆吊模板时碎石杂物掉下伤人。

7.2.2 当外墙大模板挂在外墙吊脚手架上时，应先拆内模板后拆外模板，否则应先拆外模板后拆内模板。

7.2.3 拆模时，所有穿墙螺栓必须拆卸掉，拆卸后应检查是否有遗漏，以免吊拆时损坏起重设备及大模板。

7.2.4 大于六级风时，应停止吊装作业。

7.2.5 安放大模板时，应将调整螺栓旋至最低点，在一定的风级和高度范围内，应使大模板有足够的自稳角。

7.3　应注意的绿色施工问题

7.3.1　模板安装及拆除作业应采取控制噪声排放的措施。

7.3.2　模板使用的隔离剂不得在施工现场随意乱放以免污染环境。

8　质量记录

8.0.1　现浇结构模板安装工程检验批质量验收记录。

8.0.2　模板（后浇带）拆除工程检验批质量验收记录。

8.0.3　模板分项工程质量验收记录。

8.0.4　模架专项施工方案。

8.0.5　模板技术安全交底记录。

8.0.6　模板工程施工验收表。

8.0.7　拆模混凝土强度报告。

8.0.8　模板拆除申请表。

第4章　早拆模板体系

本工艺标准适用于工业与民用建筑框架结构、剪力墙结构的梁、板结构等厚度不小于100mm且混凝土强度等级不低于C20的现浇水平结构构件施工工程的早拆模板体系施工。

1　引用标准

《混凝土结构工程施工规范》GB 50666—2011

《混凝土结构工程施工质量验收规范》GB 50204—2015

《建筑施工脚手架安全技术统一标准》GB 51210—2016

2　术语

2.0.1　第一次拆模：在现浇混凝土水平构件达到常规拆模强度等级之前，通过技术措施提前拆除部分模架的施工方法。

2.0.2　模板早拆体系：在现浇混凝土水平构件施工中，支搭的能够达到早期拆模效果并能保证工程质量的一种模板支撑体系。

2.0.3　早拆装置：可以完成模架第一次拆除前后荷载的两种传递途径的转换装置，安装在立杆上。

2.0.4　早拆支架：支承模板、龙骨、早拆装置，并能实现早期拆模的一种空间支架。

2.0.5　支承格构：根据混凝土水平构件尺寸、混凝土强度、钢筋配置、施工环境温度等工程具体情况，通过设计计算或核算确定的立杆间距及横杆步距。

2.0.6　多功能脚手架：由脚手架的立杆、顶杆与横杆、三角支架通过插头、插座插卡配合，形成模板支架。

2.0.7　可调型组装式模板早拆柱头：由不同功能的铸件，大、小丝杠，经过在工装胎具上焊接装配而成。

3　施工准备

3.1　作业条件

3.1.1　编制早拆模板施工方案，其中应明确：

1　早拆体系模板类型选择；

2　支撑体系类型选择，应验算钢筋混凝土冲切承载力，以确定支柱的间距；

3　早拆体系模板支拆方案；

4　顶板排模图的确定。

3.1.2　组织图纸会审，了解早拆柱头及其配套产品的名称及使用方法，检查早拆柱头配件数量是否齐全。

3.1.3　组织操作人员对早拆柱头及其配套产品的使用进行技术交底。

3.1.4　顶板模板采用定型组合钢模、钢框胶合板模板或无边框胶合板模板时，不同体系模板应采用相应技术措施，保证模板的正常使用。

3.1.5　施工前在墙或柱上弹出模板标高的水平线，在楼面上弹出模板钢支顶的位置线。

3.1.6　若面板为定型钢模板应把模板板面及孔口、侧桄都清理干净，涂刷好隔离剂分规格堆放整齐。

3.1.7　若面板采用胶合板，合理布板，遵循尽量采用整张胶合板的原则，并且木工棚及加工设施齐全到位。

3.1.8　安装预留预埋所需使用的水、电、照明设施全部到位。

3.2　材料及机具

3.2.1　早拆体系使用的钢管应采用现行国家标准《直缝电焊钢管》GB/T 13793 或《低压流体输送用焊接钢管》GB/T 3091 中规定的 Q235 普通钢管，钢管的钢材质量应符合现行国家标准《碳素结构钢》GB/T 700 中 Q235 级钢的规定。

3.2.2　早拆体系使用的与钢管连接所用的扣件应采用可锻铸铁制作的扣件，其材质应符合现行国家标准《钢管脚手架扣件》GB 15831 的规定；采用其他材料制作的扣件，应经有效的试验证明其质量符合该标准的规定后方可使用。

3.2.3　模板早拆体系立杆杆件可采用插卡式、碗扣式、独立钢支撑等形式，杆件加工及早拆装置加工尚应符合相关国家材料加工标准及焊接标准，当采用调节丝杠时，丝杠直径不宜小于33mm。

3.2.4　模板及钢楞，模板可选用组合钢模板、钢框人造板模板及多层胶合板；钢楞，可根据现场实际情况，选用方木、钢管或桁架。

3.2.5　8～10 号铁丝、木楔、铁钉、隔离剂、封口漆、海绵条等。

3.2.6 机具：起重机械、电锯、平刨、压刨、墨斗、活动扳子、撬棍、吊装索具、斧子、手锯以及经纬仪、水准仪、水平尺、线坠、钢卷尺、靠尺、盒尺等。

4 操作工艺

4.1 工艺流程

早拆体系的设计 → 早拆体系的安装 → 早拆体系的拆除

4.2 早拆体系的设计

4.2.1 早拆体系应由专业技术人员根据混凝土结构形式、平面布局、净空尺寸、水平构件尺寸、混凝土强度、钢筋配置，结合现场施工进度计划、施工季节等具体情况进行设计。

4.2.2 模板早拆体系首先进行支承格构设计，明确立杆位置、间距、水平杆步距，构配件种类、规格、数量，第一次拆模后应保留的立杆、水平杆、早拆装置等。

4.2.3 模板早拆体系第一次拆模后应保留的立杆间距应不大于2m。

4.2.4 模板早拆体系支承格构高度大于4m时，保留支撑应形成空间稳定体系。

4.2.5 根据上述条件绘制模板施工配置图（注明第一次拆除部分、保留部分）、模架安装图，作出材料用量表。

4.2.6 梁底模支撑应采用独立系统，不影响梁侧模、梁两侧楼板早期拆模。

4.2.7 将梁下立杆及板下立杆进行有效拉结，在模板早拆前形成空间稳定结构。

4.2.8 对危险性较大的模架体系安全应进行验算，必要时，应组织专家进行论证。

4.3 早拆体系的安装

4.3.1 施工前应认真熟悉施工方案，进行技术交底，培训作业人员，严格按照方案要求进行支模，严禁随意支搭。

4.3.2 模板安装前，立杆位置应准确，立杆、横杆形成的支撑格构要方正，构配件联结牢固，支撑格构体系必须设置双向扫地杆。

4.3.3 安装现浇水平结构的上层模板及其支架时，常温施工在施层下应保留不少于两层支撑，特殊情况可经计算确定，上、下层支架的立杆应对准，并铺设垫板，垫板平整，无翘曲，保证荷载有效通过立柱进行传递。

4.3.4 早拆装置处于工作状态时，立杆须处于垂直受力状态。

4.3.5 调节丝杠插入立杆孔内的安全长度要符合早拆体系施工方案的最小要求，不得任意上调。

4.3.6 铺设模板前，利用早拆装置的调节丝杠将主次楞及早拆柱头板调整到指定标高，避免虚支，保证拆模后支撑处的顶板平整。

4.3.7 模板铺设按施工方案执行，位置应准确，确保模板能够实现早拆。

4.3.8 框架结构的早拆支撑架构体系宜和框架柱进行可靠连接。

4.3.9 结构梁底支架应形成能提前拆除梁侧模的结构支架，梁下支架应符合支模方案的要求。

4.4　早拆体系的拆除

4.4.1　早拆体系的拆除指的是模架的第一次拆除，模架的第二次拆除应符合《混凝土结构工程施工规范》GB 50666—2011 的规定。

4.4.2　混凝土试块的留置，除按现行国家标准《混凝土结构工程施工质量验收规范》GB 50204 规定要求留置外，应增设不少于 1 组与混凝土同条件养护的试块，用于检验第一次拆模时的混凝土强度。

4.4.3　现浇钢筋混凝土楼板第一次拆模强度由同条件养护试块试压强度确定，当试块强度不低于 10MPa 时方可拆模，且常温施工阶段现浇钢筋混凝土楼板第一次拆模时间不得早于混凝土初凝后 3d。

4.4.4　上层竖向构件模板拆除运走后，在施层无过量堆积荷载方可进行下层模板拆除。

4.4.5　支撑结构在模板早拆前应形成空间稳定结构，在第一次拆模前，不应受到拆除拉杆一类的扰动，更不能使结构先期承担部分自身荷载，模板第一次拆除过程中，严禁扰动保留部分模架及构配件的支撑原状，严禁拆掉再回顶的操作方式。

4.4.6　模板拆除前应办理拆模申请，经项目技术负责人批准后方可进行第一次模板拆除。

4.4.7　模板及其支架的拆除顺序及安全措施严格执行模板早拆体系施工方案的规定。

5　质量标准

5.1　主控项目

5.1.1　模板及其钢支撑必须有足够的强度、刚度、稳定性，其支顶的支撑部分必须有足够的支撑面积，能可靠的承受浇筑混凝土的重量以及施工荷载；如安装在基土上，基土必须坚实，并有排水设施，对湿陷性黄土，必须有防水措施，对冻胀性土，必须有防冻融措施。

5.1.2　安装上层模板及其支撑时，下层楼板应具有承受上层荷载的承载能力，上下层支撑应对准，并铺设垫板。

5.2　一般项目

5.2.1　模板与混凝土接触面应清理干净、涂刷隔离剂，使用的隔离剂不得影响结构工程及装修工程质量。

5.2.2　对跨度大于或等于 4m 的现浇钢筋混凝土梁、板，其模板应按设计要求起拱，设计无具体要求时宜按 1‰～3‰ 起拱。

5.2.3　早拆模板安装允许偏差应符合表 4-1 的规定。

早拆模板安装允许偏差（mm）　　　　　　　表 4-1

序号	项目	允许偏差	检验方法
1	支撑立柱垂直度允许偏差	≤层高的 1/300	吊线、钢尺检查
2	上下层支撑立杆偏移量允许偏差	≤30mm	钢尺检查
3	早拆柱头板与次楞间高差	≤2mm	水平尺＋塞尺检查

6　成品保护

6.0.1　拆除模板时禁止用大锤硬砸乱撬，严禁抛掷，防止混凝土出现裂纹和损坏模板。

6.0.2　模板每次使用后应及时清理板面，涂刷隔离剂。

6.0.3　模板支撑体系不应直接支撑在楼板上，应加垫板。

6.0.4　工作面已安装完毕的模板，不准在吊运其他模板时碰撞，不可做临时堆料和作业平台，以保证支架的稳定，防止平面模板标高和平整产生偏差。

7　注意事项

7.1　应注意的质量问题

7.1.1　刷过隔离剂的模板遇雨淋或其他因素失效后必须补刷，使用的隔离剂不得影响结构工程及装修工程质量。

7.1.2　根据混凝土强度的增长情况，确定楼板的拆模时间和支撑保留时间，拆模过早未按同条件试块强度要求拆除，容易造成顶板混凝土产生裂纹或者顶板挠度加大造成下沉。

7.1.3　模板拆除时，不应对楼层形成冲击荷载。

7.1.4　模板拼缝处接缝严密，保证该处节点不跑浆。

7.2　应注意的安全问题

7.2.1　进入现场必须戴安全帽，高空作业必须系安全带。

7.2.2　支模过程中如中途停歇，应将已就位的构件连接牢固，不得空架浮搁；拆模间歇时应将已松开浮搁的构件拆下运走，防止坠落伤人；拆模时应在水平撑上铺脚手板，不得直接踩在水平拉杆上。

7.2.3　工作前应先检查使用的工具是否牢固，扳手等工具必须用绳链系挂在身上，以免掉落伤人；工作时注意脚底，防止钉子扎脚和空中滑落。

7.2.4　施工中传递模板、工具应用运输工具或绳子系牢后升降，不得乱扔，轻拿轻放；拆模时，要求设专人监控，避免坠物伤人。

7.2.5　加工时，必须遵守机械使用的规章制度，现场动火必须严格遵守现场动火管理规定，防止事故发生。

7.3　应注意的绿色施工问题

7.3.1　搭设和拆除模板、支撑时产生的噪声、扬尘应有效控制。

7.3.2　拆除的模板和支架宜分散堆放并及时清运。

8　质量记录

8.0.1　模板专项施工方案。

8.0.2　拆模申请单。

8.0.3 拆模混凝土试块试验报告。

8.0.4 现浇结构模板安装工程检验批质量验收记录。

8.0.5 模板拆除工程检验批质量验收记录。

8.0.6 模板分项工程质量验收记录。

8.0.7 安全技术交底记录。

第5章　液压滑动模板

本工艺标准适用于现浇钢筋混凝土剪力墙结构、框剪结构高层建筑和筒壁结构构筑物的液压滑升模板施工。

1　引用标准

《液压滑动模板施工安全技术规程》JGJ 65—2013

《钢框胶合板模板技术规程》JGJ 96—2011

《滑动模板工程技术规范》GB 50113—2005

《冷弯薄壁型钢结构技术规范》GB5 0018—2002

《建筑机械使用安全技术规程》JGJ 33—2012

《建筑现场临时用电安全技术规范》JGJ 46—2005

《建筑施工高处作业安全技术规范》JGJ 80—2016

《滑模液压提升机》JG/T 93—1999

《钢结构设计规范》GB 50017—2014

《建筑工程施工质量评价标准》GB/T 50375—2016

《混凝土结构工程施工质量验收规范》GB 50204—2015

《钢筋混凝土筒仓施工与质量验收规范》GB 50669—2011

《钢结构工程施工质量验收规范》GB 50205—2001

《木结构设计标准》GB 50005—2017

2　术语（略）

3　施工准备

3.1　作业条件

3.1.1 根据工程结构特点及滑模工艺的要求，编制了滑模施工组织设计或施工方案，并经过审批。

3.1.2 滑升结构部位以下的基础工程或结构工程已经完成，经检验符合设计要求及施工规范规定。

3.1.3 水源、电源已经接通，电源应保证连续供电，施工道路畅通。

3.1.4 一次连续滑升所需材料，机具和配件已进场。

3.1.5 混凝土搅拌所用材料进场并经检验合格。

3.2 材料及机具

3.2.1 钢筋应符合设计要求及现行国家标准《钢筋混凝土用钢 第 2 部分：热轧带肋钢筋》GB 1499.2 等标准的要求。

3.2.2 电焊条、焊药等应符合国家现行标准的规定。

3.2.3 机具

1 钢筋机械：调直机、切断机、弯曲机、电渣压力焊机等；

2 混凝土机械：搅拌机、插入式振捣器、平板式振捣器；

3 垂直运输机械：塔式起重机、施工电梯、井架、无井架提升设备、卷扬机、混凝土输送泵、布料机等；

4 提升设备：ϕ25 圆钢或 ϕ48 焊接钢管支撑杆、液压控制台（含液压油泵）、穿心式液压千斤顶、高压油管、分油器、限位卡等；

5 模板系统：钢模板、围圈、提升架、桁架、托架、钢木龙骨、平台铺板等；

6 安全设施：吊架、三脚架、架板、栏杆、安全信号、标志等；

7 其他机具：钻床、电钻、电弧焊机、扳手、水平仪、经纬仪、激光经纬仪或铅垂仪、线坠、铁锹、铁板、木抹子、铁抹子、对讲机等。

4 操作工艺

4.1 工艺流程

液压滑升模板设计 → 滑模装置组装 → 模板滑升及调整控制 → 水平构件施工 →
滑模装置拆除

4.2 滑升模板设计

4.2.1 设计荷载分为永久荷载（恒荷载）和变荷载（活荷载）：

永久荷载（恒荷载）：包括模板、围圈、提升架操作平台、液压系统的自重，以及由操作平台支撑的吊脚手架、随升井架及附件等的自重。

可变荷载（活荷载）：包括操作平台上的人员、材料及可移动机械工具重量、混凝土与模板的摩擦力、振捣混凝土时的侧压力、浇筑混凝土时模板承受的冲击力、随升起重设备刹车制动力、风荷载等。

4.2.2 普通型钢受力构件的设计应符合现行国家标准《钢结构设计规范》GB 50017 的规定，冷弯薄壁型钢受力构件的设计应符合现行国家标准《冷弯薄壁型钢结构技术规范》GB 50018 的规定，木材受力构件的设计应符合现行国家标准《木结构设计标准》GB 50005

的规定。

4.2.3　操作平台的形式应视工程具体情况而定。操作平台应与提升机架、围圈和模板连接成整体，具有足够的强度、刚度和整体稳定性。

1　烟囱的操作平台，可由三脚架、环梁和上料井架组成空间稳定的构架；

2　圆形筒仓的操作平台，可由三脚架、环梁和拉力环或辐射梁，或由双向桁架组成；

3　方形筒仓或剪力墙、剪力墙结构的操作平台，可由单向桁架加支撑或双向桁架组成。

4.2.4　千斤顶的布置应受力均衡，并尽量避免布置在洞口及梁上。一般布置方式为：

1　筒壁或剪力墙结构，可采取均匀布置；

2　烟囱等变截面结构，可采取双或单双间隔布置；

3　框架剪力墙结构，当采用小吨位千斤顶时宜集中布置在柱内，当采用大吨位千斤顶时宜在体外均衡布置。

4.2.5　支撑杆的允许承载力应按压杆稳定计算，安全系数取值应不小于 2.0。

4.2.6　提升架的形式应根据所处位置的结构断面形式和尺寸、施工需要等确定。

4.2.7　液压控制台的位置应适中，油路布置力求均衡，以保持千斤顶压力一致。油路布置宜采用多级并联方式。

4.3　滑模装置组装

4.3.1　滑模装置主要包括模板系统、操作平台系统、提升机具系统三部分，如图 5-1 所示。

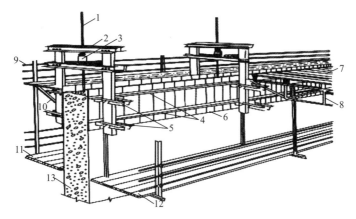

图 5-1　液压滑模组成示意图

1—支撑杆；2—提升架；3—液压千斤顶；4—围圈；5—围圈支托；6—模板；7—操作平台；
8—平台桁架；9—栏杆；10—外挑三脚架；11—外吊脚手；12—内吊脚手；13—混凝土墙体

4.3.2　模板系统

1　模板

模板按其材料不同有钢模板、木模板、钢木组合模板等，一般以钢模板为主。

2　采用小钢模作模板时，滑模装置的组装顺序为：

找平放线 → 提升架 → 内外围圈 → 绑扎竖向钢筋和提升架横梁下水平钢筋 →

模板 → 操作平台 → 液压提升机系统、动力及照明线路、控制线路信号

编制标志、调试 → 插入支撑杆 → 模板滑升至适当高度，安装吊脚手架

3 采用中型钢模模板时，滑模装置的组装顺序为：

找平放线 → 绑扎竖向钢筋和提升架横梁下水平钢筋 → 模板 → 提升架 →

操作平台 → 液压提升机系统、动力及照明线路、控制线路信号

编制标志、调试 → 插入支撑杆 → 模板滑升至适当高度，安装吊脚手架

4 安装好的模板应具有上口小、下口大的倾斜度，一般单面斜度为 0.1‰～0.5‰，通常以模板中部或模板上口以下 2/3 模板高度处的净距为结构截面宽度。

5 液压系统安装完毕，应进行试运转，先充油排气，然后加压至 10kPa，重复数次，直至正常。

4.3.3 围圈

1 围圈的主要作用：使模板保持组装好的形状，并将模板和提升架连接成整体；

2 围圈应有一定的强度和刚度，一般可采用角钢∟70～∟80，槽钢[8～[10 制作；

3 围圈与连接件及围圈桁架构造如图 5-2 所示。

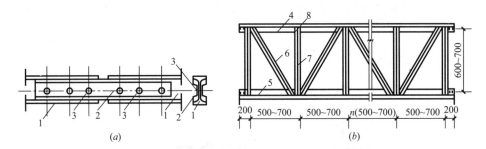

图 5-2　围圈与连接件及围圈桁架构造示意图

(*a*) 围圈与连接件；(*b*) 围圈桁架构造

1—围圈；2—连接件；3—螺栓孔；4—上围圈；5—下围圈；6—斜腹杆；7—垂直腹杆；8—连接螺栓

4.3.4 提升架

1 提升架的作用：主要是控制模板和围圈由于混凝土侧压力和冲击力而产生的向外变形，承受作用在整个模板和操作平台上的全部荷载，并将荷载传递给千斤顶。同时，提升架又是安装千斤顶，连接模板、围圈以及操作平台形成整体的主要构件；

2 提升架的构造形式：在满足以上作用要求的前提下，结合建筑物的结构形式和提升架的安装部位，可以采用不同的形式；

3 不同结构部位的提升构造示意图如图 5-3 所示。

4.3.5 操作平台系统主要包括：主操作平台、外挑操作平台、吊脚手架等。在施工需要时，还可设置上辅助平台。它是提供材料、工具、设备堆放和施工人员操作的场所，如图 5-4 所示。

4.3.6 提升机具系统

1 提升机具系统的组成：支承杆、液压千斤顶及液压控制系统（液压控制台）和油路等。

2 提升机具系统的工作原理：由电动机带动高压油泵，将油液通过换向阀、分油器、截止阀及管路送给各千斤顶，在不断供油回油的过程中使千斤顶的活塞不断地被压缩、复位，通过千斤顶在支承杆上爬升而使木板装置向上滑升。液压控制装置原理如图 5-5 所示。

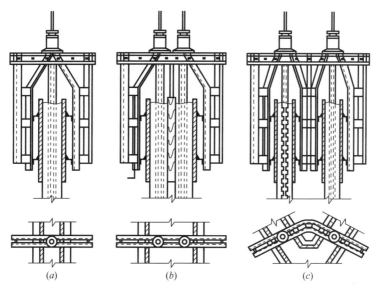

图 5-3 不同结构部位提升架构造示意图

（a）单墙体；（b）伸缩缝处墙体；（c）转角处墙体

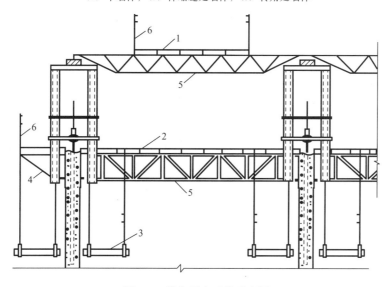

图 5-4 操作平台系统示意图

1—上辅助平台；2—主操作平台；3—吊脚手架；4—三角调架；5—承重桁架；6—防护栏杆

4.4 模板滑升及调整控制

4.4.1 钢筋下料长度，水平筋一般不超过7m，竖向筋直径小于或等于12mm时，其长度不宜超过 6m，或按层高下料。每个混凝土浇筑层浇筑后，应至少保留一道绑扎好的水平筋或箍筋。

4.4.2 混凝土的初凝时间应与滑模速度相适应。混凝土应按厚度200～300mm均匀分层浇筑，浇筑层一般应低于模板上口以下50mm，同时应有计划地变换浇筑方向，且尽量做到厚壁处、背阴处先浇筑，薄壁处、阳光直晒处后浇筑。混凝土振捣时，不得振动支撑杆、钢筋和模板。提升模板时，不准振捣混凝土。

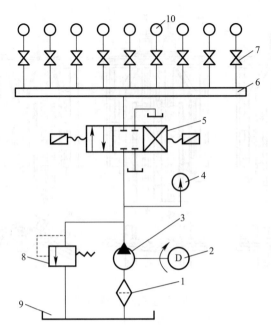

图 5-5　提升系统液压控制装置原理图

1—滤油器；2—单向回转交流电动机；3—油泵；4—压力表；5—换向电磁阀；
6—分油器；7—截止阀；8—溢流阀；9—油箱；10—千斤顶

4.4.3　支撑杆接头应错开四个高度，间距不小于 500mm。接头采用平头对接、剖口对接、榫接或丝扣连接，在千斤顶通过接头部位后，应及时对接进行焊接加固。

4.4.4　初滑前，模板内的混凝土应分层浇筑至约 700mm 高，待最下层混凝土具有 0.2～0.4MPa 强度时，可提升 3～5 个行程，并对模板结构和液压提升系统进行一次检查，一切正常后可进入正常滑升。初升阶段的混凝土浇筑工作一般应在 3h 内完成。

4.4.5　正常滑升时，钢筋绑扎、支撑杆接长、洞口支模、埋件埋管、混凝土浇筑、模板滑升应交替进行。滑升速度以每小时 200～300mm 为宜。当滑升速度较慢时，其滑升间隔时间一般不宜超过 1h；当气温较高时，不宜超过 0.5h。

4.4.6　滑升过程中，千斤顶应保持均匀同步爬升，要求各千斤顶的最大标高差不得超过 40mm，相邻两提升架上的千斤顶标高差不得大于 20mm。为控制千斤顶爬升标高差，可根据千斤顶爬升标高行程相差状况，在支撑杆上每 250～500mm 装设限位卡调平一次。

4.4.7　随时检查结构垂直偏差、支撑杆和滑模装置的工作状况，如发现异常，应及时进行调平、纠偏和加固处理。垂直度偏差的纠正，一般采用倾斜操作平台、设置纠偏顶轮等方法。

4.4.8　滑模构件间断性变截面，一般采用丝杠调整模板位置或局部重新组装模板的方式实施。滑模构件连续变截面，一般采用丝杠调整模板收分，应每提升一个浇筑层收分一次，一次收分量不宜大于 10mm。

4.4.9　当浇筑水平构件或其他施工原因不能连续滑升时，应采取空滑或停滑措施。混凝土应浇筑至规定标高或同一水平面，模板每隔一段时间提升几个行程；停滑时，模板与混凝土不再黏结，且应保持有 1/3 模板高度的混凝土与模板接触；空滑时，模板底应滑至规定高度。

4.5　水平构件施工

采用模板施工的建（构）筑物水平构件，一般为梁、板、漏斗、牛腿等，水平构件可按常规方法施工。水平构件与竖向构件连接部位的处理方式有：

4.5.1　滑升模板空滑，梁留梁窝，竖向构件在水平构件位置留施工缝。

4.5.2　竖向构件，连续滑升，厚板、牛腿等间隔留键孔。

4.5.3　竖向构件连续滑升，梁留梁窝，板留胡子筋。

4.5.4　竖向构件连续滑升，梁留梁窝，板留键槽或间隔留键孔。

4.6　滑模装置拆除

滑模装置的拆除方法有散件拆除法、分段整体拆除法和地面解体法，可根据起重设备性能决定。拆除顺序一般为：

控制台、油路 → 操作平台上的物品、器具、铺板 → 吊脚手架、支撑、桁架、外挑三脚架 →

围圈、模板、提升架及千斤顶

5　质量标准

5.1　主控项目

5.1.1　滑升模板及其支架、操作平台必须具有足够的强度、刚度和稳定性。

5.1.2　混凝土工程、钢筋工程的主控项目质量标准应符合现行国家标准《混凝土结构工程质量验收规范》GB 50204 的规定。

5.2　一般项目

5.2.1　混凝土工程、钢筋工程的一般项目质量标准应符合现行国家标准《混凝土结构工程质量验收规范》GB 50204 的规定。

5.2.2　模板装置组装和滑模施工工程结构的允许偏差应符合表 5-1 和表 5-2 的规定。

模板装置组装允许偏差（mm）　　　表 5-1

项目		允许偏差	项目		允许偏差	检查方法
模板结构轴线与相应结构轴线位置		3	考虑倾斜度后模板尺寸	上口	−1	尺量
围圈位置	水平方向	3		下口	+2	尺量
	垂直方向	3	千斤顶安装位置	提升架平面内	5	尺量
提升架垂直度	平面内	3		提升架平面外	5	尺量
	平面外	2	圆模直径、方模边长尺寸		−2，−3	尺量
安装千斤顶的提升架横梁相对标高		5	相邻两块模板平面平整		1.5	尺量

滑模施工工程混凝土结构的允许偏差（mm）　　　表 5-2

项目		允许偏差	检查方法
轴线间的相对位移		5	尺量
圆形筒体结构	半径　≤5m	5	尺量
	>5m	半径的 0.1%，不得大于 10	尺量

续表

项目			允许偏差	检查方法
标高	每层	高层	±5	尺量
		多层	±10	尺量
	全高		±30	尺量
垂直度	每层	层高小于或等于5m	5	尺量
		层高大于5m	层高的0.1%	尺量
	全高	高度小于10m	10	尺量
		高度大于或等于10m	高度的0.1%,不得大于30	尺量
墙、柱、梁、壁截面尺寸偏差			+8,-5	尺量
表面平整 (2m靠尺检查)	抹灰		8	尺量
	不抹灰		5	尺量
门窗洞口及预留洞口位置偏差			15	尺量
预埋件位置偏差			20	尺量

6 成品保护

6.0.1 振捣混凝土时,振捣棒尽量避免振动钢筋、模板及构件,以免钢筋位移、模板变形或埋件脱落。模板滑升时,不得振捣混凝土。

6.0.2 未浇筑楼板混凝土前,不得随意踩踏楼板负弯矩钢筋、悬挑钢筋,当钢筋密集或其他原因影响滑升时,严禁少放或烧割钢筋。

6.0.3 液压千斤顶、分油器、油管连接处应经常检查维修,及时更换漏油千斤顶、分油器及破损油管,避免液压油污染钢筋和混凝土。

6.0.4 混凝土出模后,及时进行表面修整,浇水养护。

7 注意事项

7.1 应注意的质量问题

7.1.1 混凝土构件拉裂:主要原因是模板倒锥、模板不平不光滑、模板滑升间隔时间过长等使模板与混凝土黏结。

7.1.2 混凝土表面穿裙:模板锥度过大引起。

7.1.3 混凝土外观不佳:主要原因是模板清理不干净、模板滑升时混凝土未达到出模强度。

7.1.4 混凝土浇筑时,阳角处混凝土应比其他部位略高,避免泌水等原因造成混凝土阳角掉角。

7.1.5 混凝土出模后软硬不均;未按等厚分层均匀浇筑,混凝土从入模至出模时间相差过大。

7.1.6 结构垂直度不易控制:主要原因有操作平台上堆料不均,千斤顶布置不合理或油压不均匀引起千斤顶受力不均、行程不一致，未用限位卡调平，混凝土浇筑时分层厚度不准，未有计划变换调整浇筑方向等。

7.2　应注意的安全问题

7.2.1　操作平台上应设置可靠的消防、避雷、通信及供施工人员方便上下的设施。

7.2.2　操作平台上的施工荷载应均匀对称，严禁超载。

7.2.3　采用空滑方案施工时，必须经过设计计算，采取可靠的加固措施。

7.2.4　操作平台上设置随升井架，采用吊笼运输人员及材料时，吊笼两侧应设置钢丝绳柔性滑道。吊笼上必须设置可靠安全的刹车装置，必须设置吊笼自行停靠装置。井架上必须设置限位器，防止冒顶。

7.2.5　施工现场应有足够的照明，操作平台上应用36V低压照明。供电线路应采用通用电缆。

7.2.6　凡患有高血压、心脏病、癫痫病者，不得参与滑模高空作业。

7.2.7　滑模装置组装好后，必须进行认真的检查验收，合格后方可使用。检查重点是滑模装置的节点连接、整体刚度、稳定性，以及液压提升系统。

7.2.8　操作平台周边、吊脚手架周边必须设置栏杆、挡脚板、底边必须设置密目安全网。

7.2.9　滑模施工的建筑物、构筑物周边必须设置安全防护区。防护区周边设栏杆和标志，严禁非操作人员入内。施工人员必须戴安全帽，施工出入口应设置安全防护棚。

7.2.10　遇六级以上大风及雷雨时，应立即停止施工。夜间施工突然停电，应由指挥人员统一指挥撤离。

7.2.11　拆除滑模装置应制定专门的拆除方案。拆除时，必须由起重工统一指挥。

8　质量记录

8.0.1　原材料合格证、出厂检验报告和进场复验报告。

8.0.2　滑模装置组装质量验收记录。

8.0.3　钢筋接头力学性能试验报告。

8.0.4　钢筋加工检验批质量验收记录。

8.0.5　钢筋安装工程检验批质量验收记录。

8.0.6　钢筋隐蔽工程检查验收记录。

8.0.7　钢筋分项工程质量验收记录。

8.0.8　混凝土配合比通知单。

8.0.9　混凝土原材料及配合比设计检验批质量验收记录。

8.0.10　混凝土施工检验批质量验收记录。

8.0.11　混凝土试件强度试验报告。

8.0.12　滑模施工工程结构质量验收记录。

8.0.13　混凝土分项工程质量验收记录。

8.0.14　其他技术文件。

第6章　密肋模壳

本工艺标准适用于由薄板及单向或双向密肋梁组成的现浇钢筋混凝土密肋楼板模壳的安装与拆除施工。

1　引用标准

《混凝土结构工程施工规范》GB 50666—2011

《混凝土结构工程施工质量验收规范》GB 50204—2015

《建筑工程施工质量验收统一标准》GB 50300—2013

《建筑施工脚手架安全技术统一标准》GB 51210—2016

2　术语

2.0.1　密肋楼板：纵向或横向设有较多支撑肋的钢筋混凝土结构板。

2.0.2　模壳：采用塑料、玻璃钢等材料加工成的定型模具。

3　施工准备

3.1　作业条件

3.1.1　熟悉设计图纸，并根据工程实际情况，选择适应的模壳。

3.1.2　根据密肋楼板设计尺寸和模壳施工工艺绘制配模图，并编制模板工程施工方案。

3.1.3　对施工人员进行技术交底。

3.1.4　在图纸会审后，根据楼板进行排板，并画好安装示意图。

3.1.5　模板涂刷脱模剂并分规格堆放。

3.1.6　施工前在墙或柱上弹控制模板标高的水平线，在混凝土楼地面上弹模板钢支柱的位置线。

3.1.7　模板体系的各种材料应齐备。

3.2　材料及机具

3.2.1　模壳：塑料模壳（以改性聚丙烯塑料为基材，采用模压注塑成型工艺制成），玻璃钢模壳（以方格中碱玻璃丝布作为增强材料，以不饱和聚酯树脂为粘结材料，手糊成型）。

3.2.2　支撑：钢支柱支撑系统，钢支柱、桁架梁支撑系统，门式架支撑系统。

3.2.3　机具：电钻、气泵、钢卷尺、水平尺、扳手、锤子、撬杠等。

4 操作工艺

4.1 工艺流程

支撑系统安装 → 模壳安装 → 混凝土浇筑 → 模壳拆除 → 支撑系统拆除

4.2 支撑系统安装

4.2.1 钢支柱的基底应平整坚固，柱底垫通长垫木，楔子楔紧，并用钉子固定。

4.2.2 支柱的平面布置应设在模壳的四角点支撑上，对于大规格的模壳，主龙骨支柱可适当加密。

4.2.3 按照设计标高调整支柱高度，支柱高度超过 3.5m 时，每隔 2m 设置纵横水平拉杆一道；当采用碗扣架时应每隔 1.2m 设置水平拉杆一道，以增加支柱稳定性并作为操作架子。

4.2.4 用螺栓将龙骨托座（或柱头板）安装在支柱顶板上。

4.2.5 龙骨放置在托座上，找平调直后安装 L50×5 钢（或将桁架梁两端之舌头挂在柱头板上），安装龙骨或桁架梁时应拉通线控制，以保证间距准确。

4.2.6 模壳的施工荷载控制在 $25\sim30N/mm^2$。

4.3 模壳安装

4.3.1 模壳排列原则：在一个柱网内，由中间向两边排列，边肋不能使用模壳时，用木模板嵌补。

4.3.2 在梁侧模板上分出模壳位置线，根据已分好的模壳线，将模壳依次排放在主龙骨两侧角钢上（或桁架梁的翼缘上）。

4.3.3 相邻模壳之间接缝处宜铺海绵条或胶带将缝隙粘贴严实，防止漏浆。

4.3.4 模壳安装好以后应涂刷一遍隔离剂。

4.4 混凝土浇筑

4.4.1 混凝土根据设计要求配制，骨料宜选用粒径为 5～20mm 的石子和中砂，并根据季节温差选用不同类型的减水剂。

4.4.2 混凝土浇捣应垂直于主龙骨方向进行，密肋部位宜采用 $\phi30mm$ 或 $\phi50mm$ 插入式振捣器振捣，板用平板振捣器，以保证混凝土质量。

4.4.3 密肋楼板板面较薄，一般为 50～100mm，因此为防止混凝土水分过早蒸发，早期宜采用塑料薄膜等覆盖的养护方法，防止裂缝的产生。

4.5 模壳拆除

4.5.1 一般规定

1 对于支柱跨度间距小于等于 2m，混凝土强度达到设计强度的 50% 时，可拆除模壳；支柱跨度大于 2m，小于等于 8m 时，混凝土强度达到设计强度的 75% 时，方可拆除模壳；支柱跨度大于 8m 时，混凝土强度达到设计强度的 100% 时，方可拆除模壳；

2 拆模时先敲下销钉，拆除角钢（敲击柱头板的支持楔，拆下桁架梁）；

3 用撬杠轻轻撬动，拆下模壳，传运至楼地面，清理干净，涂刷脱模剂，再运至堆放地点放好；

4 拆除前填报拆模申请并经批准。

4.5.2 气动拆模工艺

1 将耐压胶管安装在气泵上，胶管的另一端安上气枪；

2 气枪嘴对准模壳进气孔，开动气泵（空气压力0.4～0.6MPa），压缩空气进入模壳与混凝土的接触面，促使模壳脱开；

3 取下模壳，运至楼地面，如果模壳边与龙骨接触面处有少许漏浆，用撬杆轻轻撬动即可取下模壳。

4.6 支撑系统拆除

4.6.1 混凝土的强度必须达到规定的拆模强度，才能拆除支架。

4.6.2 拆除支撑时，先拆除龙骨（或拆除桁架梁），再拆除水平拉杆，最后拆除立柱。

5 质量标准

5.1 主控项目

5.1.1 安装现浇结构的上层模板及其支架时，下层楼板具有承受荷载的承载能力，或加设支架；上、下层支架应对准，并铺设垫板。

5.1.2 在涂刷模板隔离剂时，不得沾污钢筋和混凝土接槎处。

5.2 一般项目

5.2.1 模板安装应满足下列要求：

1 模板的接缝不应漏浆。

2 模板与混凝土的接触面应清理干净并涂刷隔离剂，但不得采用影响结构性能或妨碍装饰工程施工的隔离剂。

5.2.2 浇筑混凝土符合下列规定：

1 浇筑混凝土前，模板内的杂物应清理干净，模板内不应有积水；

2 对清水混凝土工程及装饰混凝土工程，应使用能达到设计效果的模板；

3 对跨度大于等于4m的现浇板钢筋混凝土梁、板，其模板应按设计要求起拱；当设计无具体要求时，起拱高度宜为跨度的1/1000～3/1000。

5.2.3 允许偏差项目见表6-1。

模壳支模的允许偏差 表6-1

项次	项目	允许偏差（mm）	检验方法
1	表面平整度	5	2m靠尺和塞尺检查
2	截面尺寸	+2，−5	尺量
3	相邻两板表面高低差	2	尺量
4	轴线位置	5	尺量
5	底模上表面标高	1.5	水准仪或钢尺检查

6 成品保护

6.0.1 模壳在存放运输过程中，要套叠成垛，轻拿轻放，避免损坏。

6.0.2 每次使用后及时、彻底清理板面，涂刷脱模剂，整齐排放。

6.0.3 拆模时禁止用大锤硬砸硬撬，防止损坏模壳及损伤混凝土楼板。

6.0.4 已拆下的模壳应通过架子人工传递，禁止自高处往下扔，损坏模壳。

7 注意事项

7.1 应注意的质量问题

7.1.1 模壳支撑系统应有足够的强度、刚度和稳定性；支柱底角应有足够支撑面积；模壳下端和侧面应设水平和侧向支撑；密肋梁底楞应按设计和施工规范起拱；支撑角钢与次楞弹平线安装，并销靠牢固。

7.1.2 模壳安装应由跨中向两边安装，以减少模壳搭接长度的累计误差。安装后要认真调整模壳搭接长度，使其不得小于10cm，以保证接口处的刚度。

7.1.3 密肋梁轴线位移，两端边肋不等；防治的方法是，主楞安装调平后，要放出次楞边线再安装次楞，并进行找方校核。安装次楞要严格跟线并与主楞连接可靠。

7.2 应注意的安全问题

7.2.1 楼面四周设置安全护栏及安全网，操作人员佩戴好安全帽。

7.2.2 模壳支柱应安装在平整、坚实的基面上。

7.2.3 各种模板存放整齐，高度不超过1.5m。

7.2.4 支拆模板时，2m以上高处作业要有可靠立足点；拆除区域设置警戒线专人监护，不留未拆的悬空模板。

7.2.5 参加施工作业的施工人员应经"三级"安全教育后方能上岗。

7.3 应注意的绿色施工问题

7.3.1 按规程操作，避免发生噪声。

7.3.2 在施工产生对人体有害的气体、液体、尘埃、渣滓、放射性射线、振动、噪声等场所，应配置相应的人员保护设备和三废处理装置。

8 质量记录

8.0.1 模板分项工程技术交底记录。

8.0.2 模板分项工程预检记录。

8.0.3 模板安装工程检验批质量验收记录。

8.0.4 模板拆除工程检验批质量验收记录。

8.0.5 拆模时混凝土同条件强度试验报告。

8.0.6 其他技术文件。

第7章　滑框倒模

本工艺标准适用于现浇钢筋混凝土框架结构、墙板结构及筒壁结构的滑框倒模施工。

1　引用标准

《液压滑动模板施工安全技术规程》JGJ 65—2013
《滑动模板工程技术规范》GB 50113—2005
《钢框胶合板模板技术规程》JGJ 96—2011
《钢结构设计标准》GB 50017—2017
《冷弯薄壁型钢结构技术规范》GB 50018—2002
《高层建筑混凝土结构技术规程》JGJ 3—2010
《建筑机械使用安全技术规程》JGJ 33—2012
《建筑现场临时用电安全技术规范》JGJ 46—2005
《建筑施工高处作业安全技术规范》JGJ 80—2016
《烟囱工程施工及验收规范》GB 50078—2008
《建筑工程施工质量评价标准》GB/T 50375—2016
《混凝土结构工程施工质量验收规范》GB 50204—2015
《钢筋混凝土筒仓施工与质量验收规范》GB 50669—2011
《钢结构工程施工质量验收规范》GB 50205—2001
《建筑节能工程施工质量验收规范》GB 50411—2007
《混凝土结构工程施工规范》GB 50666—2011

2　术语（略）

3　施工准备

3.1　作业条件

3.1.1　必须根据工程结构特点及现场施工条件，编制施工组织设计或施工方案，并报主管技术部门批准。依据现行国家标准《滑动模板工程技术规范》GB 50113 液压千斤顶、支撑杆、提升架和模板按滑框倒模工艺进行设计。

3.1.2　所需的原材料、半成品、施工机械、机具已备齐，并储备有足够的液压机具和配件。

3.1.3　在结构平面关键部位设置测量靶标、观测站，并在平台适当部位设置垂直控制标记。

3.1.4 现场水电设施已接通，场地已平整，临时施工道路已修好，始滑部位已具备组装条件。滑升结构部位以下的基础工程、结构工程已完成，经过质量验收符合设计要求。

3.2 材料及机具

3.2.1 钢筋应符合设计要求和现行国家标准《钢筋混凝土用钢 第2部分：热轧带肋钢筋》GB 1499.2等标准的规定。在滑框倒模施工中，横向钢筋长度不宜大于7m；竖向钢筋直径小于12mm时，长度不宜大于8m。

3.2.2 电焊条、焊药等应符合国家现行产品标准的规定。

3.2.3 钢筋机械：调直机、切断机、弯曲机、电焊机等。

3.2.4 混凝土机械：搅拌机、插入式振捣器、平板振捣器。

3.2.5 垂直运输机械：塔吊、输送泵、施工电梯、布料机等。

3.2.6 滑框倒模装置：

1 模板系统：包括模板、围圈、提升机等；

2 操作平台系统：包括操作平台、料台、吊脚手架、随升垂直运输设备等；

3 液压提升系统：包括液压控制台、油管、千斤顶、支撑杆等；

4 施工控制系统：包括千斤顶同步、建筑物轴线和垂直度等观测与控制设施；

5 供电信息联络系统：包括动力、照明、信号、通信、电视监控以及水泵、管路设施设备等。

3.2.7 其他机具：钻床、电钻、电弧焊机、扳手、水平仪，经纬仪、激光经纬仪或铅垂仪、线坠、铁锹、铁板、木抹子、铁抹子、对讲机等。

3.2.8 混凝土搅拌所用材料进场并经检验合格。

4 操作工艺

4.1 工艺流程

滑框倒模装置设计 → 滑框倒模装置组装 → 浇筑混凝土 → 滑框倒模施工 → 空滑施工 → 水平、垂直控制 → 滑框倒模装置拆除

4.2 滑框倒模装置设计

4.2.1 计算模板及支架荷载

1 永久荷载：包括滑框倒模装置自重；

2 可变荷载：包括操作平台上的施工人员、施工荷载，垂直、水平运输所产生的荷载，滑轨与模板间的摩擦力，混凝土对模板侧压力、冲击力、风荷载等。

4.2.2 操作平台

滑框倒模的操作平台即工作平台，是绑扎钢筋、浇筑混凝土、提升模板、安装预埋件等工作的场所，也是钢筋、混凝土、预埋件等材料和千斤顶、振捣器等小型备用机具的暂时存放场地。

按结构平面形状的不同，操作平台的平面可组装成矩形、圆形等各种形状（图 7-1、图 7-2）。

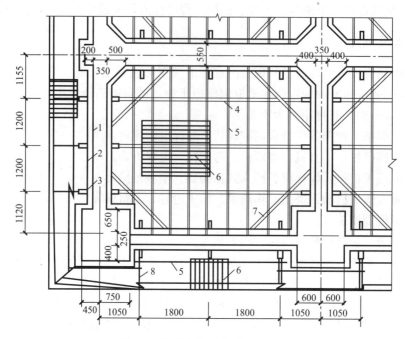

图 7-1　矩形操作平台平面构造图

1—模板；2—围圈；3—提升架；4—承重桁架；5—楞木；6—平台板；7—围圈斜撑；8—三角挑架

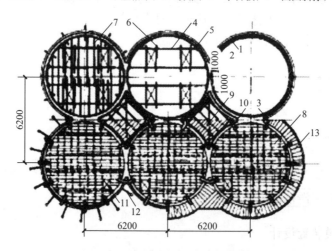

图 7-2　圆形操作平台平面构造图

1—模板；2—围圈；3—提升架；4—平台桁架；5—桁架支托 6—桁架支撑；7—楞木；
8—平台板；9—星仓平台板；10—千斤顶；11—人孔；12—三角挑架；13—外挑平台

按施工工艺要求的不同，操作平台板可采用固定式或活动式。对于逐层空滑楼板并进施工工艺，操作平台板宜采用活动式，以便揭开平台板后，进行现浇或预制楼板的施工（图 7-3）。

1　操作平台除应满足施工要求外，还必须具有足够的刚度和保证结构的整体稳定性；

2　形状规则的结构，可用桁架支撑在围圈或提升架立柱上组成操作平台；圆形贮仓，可用三脚架、环梁和拉力环或辐射梁组成空间稳定结构的操作平台；柱子或排架，可用若干个柱子的围圈、柱间桁架组成整体稳定结构的操作平台；

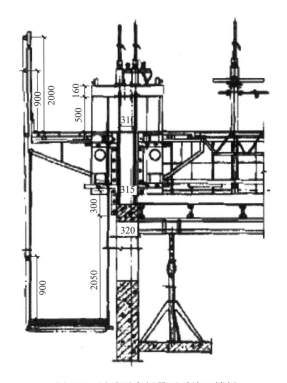

图 7-3　活动平台板吊开后施工楼板

3　如利用操作平台作为现浇楼板顶盖的支撑结构时，应根据实际荷载验算和加固，同时考虑拆除措施。

4.2.3　主要构件

1　模板：又称作围板，依赖围圈带动其沿混凝土的表面向上滑动。模板的主要作用是承受混凝土的侧压力、冲击力和滑升时的摩阻力，并使混凝土按设计要求的截面形状成型。模板宜选用通用性、工具化专用组合模板，一般选用定型组合钢模。当混凝土表面为平面时，组合模板应横向组装。对弧形或较复杂的结构，宜配制异形模板。当滑轨高度为 1200～1500mm 时，单块模板宽度宜为 300～600mm，并与混凝土浇筑厚度相适应。

2　围圈：又称作围檩。其主要作用是使模板保持组装的平面形状，并将模板与提升架连接成一个整体。围圈可用槽钢、角钢、钢管等材料制成。形状规则的结构宜制成桁架式围圈，其刚度根据提升架间距由计算确定。上、下围圈间距一般为 450～750mm，上围圈至模板上口不大于 250mm。

3　提升架：又称作千斤顶架。它是安装千斤顶并与围圈、模板连接成整体的主要构件。提升架一般有单横梁"Ⅱ"形架、双横梁"开"形架或单立柱"「"形架。系统中提升架可加工成可调节支腿，使模板锥度和截面尺寸能随时调整，立柱与横梁之间也可调节，以适应截面的变化。

4　滑轨：一般为 $\phi48\times3.5$mm 钢管，高度宜为 1200～1500mm，间距按模板材质和刚度决定，一般以 300～400mm 为宜。滑轨与围圈可采用螺栓连接和钢筋连（焊）接，见图 7-4。

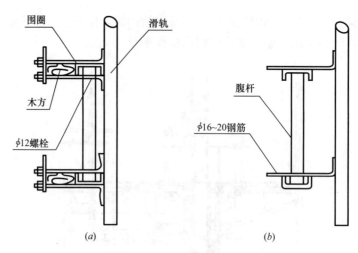

图 7-4 滑轨与围圈连接

（a）螺栓连接；（b）钢筋连（焊）接

4.3 滑框倒模装置组装

4.3.1 组装顺序：

找平放线 → 提升架 → 围圈 → 绑扎竖向钢筋及提升架横梁以下的水平钢筋 →

滑轨、模板 → 操作平台 → 液压提升系统 → 动力及照明线路 → 调试 →

安插支撑杆 → 滑升到适当高度安装吊脚手架

4.3.2 在始滑点标出结构轴线以及提升架、模板、围圈位置线和标高线，必要时搭临时操作平台。在基础面上组装时，多层结构的外模、电梯井、楼梯间、管道井模板应比其他内模标高降低 200~300mm，相应内墙模砌 120 砖墙找平并做胎膜。千斤顶和提升架设置，应尽量避开梁及门窗洞口处。

4.3.3 安装模板前，用水泥砂浆找平，或在结构竖筋上焊短钢筋作模板水平支撑。短钢筋直径为 12~14mm，间距为 300~400mm，长度等于墙体及模板厚度之和。

4.3.4 固定滑轨上下口应拉通线，上口小、下口大，单面倾斜度控制为 0.2%~0.4%，多层结构的外模、电梯井、楼梯间、管道井部位可不考虑。模板上口以下三分之二模板高度处的净尺寸应与结构设计截面等宽。安装好的模板应紧贴滑轨，悬挑端长度不应大于 150mm。

4.3.5 模板组合时，应和结构层提升高度相吻合。使用定型组合钢模时，先拼墙柱转角处的角模，然后拼中间模。模板应错缝拼装，相邻两块模板用 U 形卡卡紧。在拼装第一层和接近楼板的最上层模板时，应用对拉扁铁加固。

4.3.6 液压系统安装完毕，插支撑杆前应进行试运转，先充油排气，在 12MPa 的压力下持压 5min 不得渗漏油，往复数次，直至正常。

4.4 浇筑混凝土

4.4.1 混凝土配合比除应满足设计要求外，还应满足出模强度（大于 0.2MPa）和凝结时间的特殊要求；采用泵送时，还应满足混凝土的可泵性。

4.4.2 混凝土浇筑时，应对称有序、分层交圈、连续进行。每层浇筑厚度宜为300～500mm，控制好混凝土初凝时间，上层混凝土应在下层混凝土初凝前浇筑，避免出现施工缝。

4.4.3 脱模强度的控制：依照工艺安排脱模时间最短的工序在第一步和第二步，混凝土连续浇筑以后要进行第一次滑框，这时距第一步混凝土浇筑最短时间为4h，最长时间为8h，这就要求混凝土强度在4h以后达到出模强度要求。夏季施工基本能满足，但秋冬季施工就难以保证，这时可采用加早强剂，使混凝土在规定时间内达到早期强度。

4.4.4 混凝土交圈时间的控制：这项措施主要是消除在施工中出现的冷接缝，这样在滑升前施工中采取严格控制混凝土浇筑在4h之内交圈的措施，防止冷接缝。

4.5 滑框倒模施工

4.5.1 初滑时，混凝土连续分层浇灌至模板上口以下约50mm，底层混凝土强度达到0.2MPa或相当贯入阻力值3MPa的脱模强度时，提升1～2个千斤顶行程，然后对液压系统进行全面检查。一切正常后便可继续提升。

4.5.2 模板在施工时与混凝土之间不产生滑动，而与滑道之间相对滑动，即只滑框，不滑模。当滑道随围圈滑升时，模板附着于新浇灌的混凝土表面留在原位，待滑到滑升一层模板高度后，即可拆除最下一层模板，清理后，倒至上层使用。模板的高度与混凝土的浇灌层厚度相同，一般为300mm左右，可配置3～4层。模板的宽度，在插放方便的前提下，尽量加大，以减少竖向接缝。

正常滑升时，插模板、浇混凝土、提升、插（倒）模板为一滑升周期，即每绑一层横向钢筋，安装一层模板，浇灌一层混凝土，提升一层模板的高度，拆除滑轨脱出的下层模板，清理干净并涂刷隔离剂后倒至上层使用，如此循环往复进行。见图7-5。

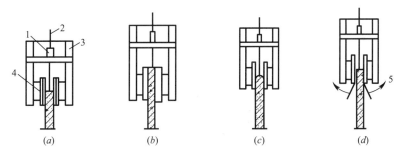

图7-5 滑框倒模工艺流程
（*a*）插模板；（*b*）浇混凝土；（*c*）提升；（*d*）拆倒模板
1—千斤顶；2—支撑杆；3—提升架；4—滑道；5—向上倒模

4.5.3 滑升过程中，应经常检查结构水平度、垂直度、截面尺寸、扭转、支撑杆及操作平台的工作状态，发现异常应及时分析原因，并采取有效处理措施。

4.5.4 滑升时，操作平台应保持水平，每滑升250～300mm就用限位卡对千斤顶进行一次调平，每隔1m在支撑杆上测一次标高，并依次测各千斤顶高差，使各千斤顶的高差不大于40mm，相邻两个提升架上千斤顶高差不得大于20mm。

4.5.5 在整个滑升周期中，钢筋绑扎、电气管道配置、软件安装、孔洞预留都应密切配合。

4.5.6　模板拆除后应立即清理干净，刷隔离剂，整齐堆放备用。

4.6　空滑施工

4.6.1　每层墙体滑至楼板（顶盖）底标高应停止浇筑，待混凝土能够达到脱模强度时进行空滑。

4.6.2　空滑时，提升应缓慢，均匀进行，提升高度应使滑轨和提升架下端与浇筑面有一定间隙，不至黏结为宜。空滑时应随提升随绑钢筋。

4.6.3　平台滑空后，应事先验算支撑杆在平台自重、施工荷载、风荷载等共同作用下的稳定性；如不能满足要求，应对支撑杆采取可靠的加固措施。

4.6.4　空滑至楼板顶面标高后停滑，揭开活动平台铺板，按常规方法支楼面模板、绑扎钢筋、浇混凝土。

4.6.5　连续滑升时，应将模板清理干净、刷隔离剂，在原位对号拼装。此时楼板混凝土强度应达到 1.2MPa 以上，并能满足上部施工荷载。

4.7　水平、垂直控制

4.7.1　水平控制：

1　增大滑升平面的刚度，使之具有在一定限度内调整千斤顶提升差异的功能；

2　使用千斤顶爬升限位卡（配合用水准仪），每滑升 250～300mm 高必须控制一次水平限位。每层滑空后，用水准仪进行统一找平；

3　按规定线路浇筑混凝土和改变浇筑方向，使摩擦力尽可能均匀。

4.7.2　垂直控制：建立可靠的监控系统，用激光铅垂仪、激光经纬仪、线锤等方法进行观测监控。

4.7.3　当平台出现偏扭时，应及时采取平台倾斜法、导向纠偏控制法、顶轮纠偏控制法等有效措施进行纠偏和控制。

4.8　滑框倒模装置拆除

4.8.1　拆除顺序：油泵、油管、垂直观测系统设施→操作平台板、器具、清理杂物→钢支撑、桁架、内外吊脚手架及外挑操作平台支架→外围圈、提升架及千斤顶→分别拆除外墙围圈及内墙围圈。

4.8.2　拆除前应有可靠的安全措施或拆除方案，尽可能采取分段整体拆除、在地面解体的方法。

5　质量标准

5.1　主控项目

5.1.1　滑框倒模装置必须具有足够的强度、刚度和稳定性，并符合专项设计要求。

5.1.2　混凝土工程、钢筋工程的主控项目质量标准应符合现行国家标准《混凝土结构工程施工质量验收规范》GB 50204 的规定。

5.2　一般项目

5.2.1　滑框倒模装置组装的允许偏差应符合表 7-1 的规定。

滑框倒模装置组装的允许偏差（mm）　　　　表 7-1

项目		允许偏差	项目		允许偏差	检验方法
模板中心线与相应结构轴线位置		3	模板尺寸	上口	−1	尺量
围圈位置	水平方向	3		下口	+2	尺量
	垂直方向	3	千斤顶	提升架平面内	5	尺量
提升架立柱垂直度	平面内	3		提升架平面外	5	尺量
	平面外	2	圆模直径、方模边长尺寸		5	尺量
提升架横梁相对标高		5	相邻模板板面平整		2	尺量

5.2.2　滑框倒模施工工程结构的允许偏差应参见表 7-2。

滑框倒模施工工程混凝土结构的允许偏差（mm）　　　　表 7-2

项目			允许偏差	检验方法
轴线间的相对位移			5	尺量
圆形筒体结构	半径	≤5m	5	尺量
		>5m	半径的 0.1%，不得大于 10	尺量
标高	每层	高层	±5	尺量
		多层	±10	尺量
	全高		±30	尺量
垂直度	每层	层高小于或等于 5m	5	尺量
		层高大于 5m	层高的 0.1%	尺量
	全高	高度小于 10m	10	尺量
		高度大于或等于 10m	高度的 0.1%，不得大于 30	尺量
墙、柱、梁、壁截面尺寸偏差			+8，−5	尺量
表面平整（2m 靠尺检查）	抹灰		8	尺量
	不抹灰		5	尺量
门窗洞口及预留洞口位置偏差			15	尺量
预埋件位置偏差			20	尺量

5.2.3　高层建筑的允许偏差应符合现行国家标准《钢筋混凝土高层建筑结构设计与施工规程》JGJ 3 的规定，钢筋混凝土烟囱的允许偏差应符合现行国家标准《烟囱工程施工及验收规范》GB 50078 的规定。

5.2.4　混凝土工程、钢筋工程的一般项目质量标准应符合现行国家标准《混凝土结构工程施工质量验收规范》GB 50204 的规定。

6　成品保护

6.0.1　未浇楼板混凝土前，不得随意踩踏楼板负弯矩钢筋、悬挑钢筋；当钢筋密集或有其他原因影响滑升时，严禁少放或烧断钢筋。

6.0.2　液压千斤顶及油管渗漏时应及时检修，避免液压油污染混凝土及钢筋。

6.0.3 混凝土脱模后，对其表面缺角、掉棱等表面缺陷应及时修整。浇水养护时，水压不宜过大。

7　注意事项

7.1　应注意的质量问题

7.1.1 组装质量控制：提升架、围圈、桁架及支撑的各节点应连接牢固，确保操作平台的整体刚度。滑轨安装应上、下拉通线，保证锥度准确。千斤顶应逐个检查，安装时应双向调平。

7.1.2 滑升平台控制：观测操作平台水平度，监控滑升设备的同步性能，随时检查设备的工作情况。

7.1.3 严格控制混凝土脱模强度，应视气温情况调整滑升时间，或掺用外加剂。

7.1.4 模板质量控制：画出模板排列图，对模板进行编号，保证结构几何尺寸。模板应拼缝严密，不跑浆、漏浆。

7.1.5 混凝土质量控制：严格控制材料进场实验、配合比上料，按规范及工艺标准要求浇筑混凝土。

7.2　应注意的安全问题

7.2.1 在施工建筑物周围，必须划分出施工危险警戒区。警戒线至建筑物的距离，不应小于施工对象高度的 1/10，且不小于 10m。

7.2.2 危险警戒区内的建筑物出口、地面通道及机械操作场所，应搭设高度不低于 2.5m 的安全防护棚。

7.2.3 滑框倒模装置应有一套完整的设计资料及施工组装图，保证具有足够的强度、刚度、稳定性和合理的安全度。

7.2.4 选择专业化施工队伍，施工前进行技术培训和安全教育。患有高血压、心脏病及医生认为不适宜高空作业者，不得参与施工。

7.2.5 操作平台上应有按规定 设置防护栏杆和悬挂安全网。平台铺板必须严实、防滑、固定可靠，并不得随意挪动。平台上材料堆放的位置、数量应符合施工组织设计要求，暂不用的物品和杂物及时清理运送至地面。

7.2.6 吊脚手架、三脚架和提升架相连部位必须用双螺帽拧紧。采用焊缝连接时，焊缝长度必须满足设计要求。拆（倒）模板时，在吊脚手架上严禁堆放模板和其他材料。

7.2.7 当工作台上遇到六级以上的大风或雷雨时，所有高空作业必须停止，施工人员应迅速下到地面，并切断电源。

7.2.8 使用的液压油、废机油要设置专用油料库，地面做防渗漏处理，防止油料跑、冒、滴、漏而引起火灾或污染水及土地。

7.2.9 操作平台上应设置足够的和适用的灭火器以及其他消防设施。

7.2.10 滑框倒模安装由专业公司负责技术指导，施工方组织专业施工人员（专业的架子工和木工）和机具进行安装，负责安装滑框倒模的施工人员应具备以下素质：

1 从事作业人员必须年满18岁，两眼视力均不低于1.0、无色盲、无听觉障碍，无高血压、心脏病、癫痫、眩晕和突发性昏厥等疾病，无其他疾病和生理缺陷；

2　熟悉本作业的安全技术操作规程，责任心强，工作认真负责；

3　正确使用个人防护用品和采取安全防护措施。进入施工现场，必须戴好安全帽，作业时必须系好安全带，使用工具要放在工具套内；

4　操作人员必须经过培训教育，考试、体检合格后持证上岗。任何人不得安排未经培训的无证人员上岗作业；

5　技术、施工人员经过专业培训，并持有上岗操作证。

8　质量记录

8.0.1　原材料合格证、出厂检验报告和进场复验报告。

8.0.2　滑模装置组装质量验收记录。

8.0.3　钢筋接头力学性能试验报告。

8.0.4　钢筋原材料质量检验验收记录。

8.0.5　钢筋加工检验批质量验收记录。

8.0.6　钢筋安装工程检验批质量验收记录。

8.0.7　钢筋隐蔽工程检查验收记录。

8.0.8　钢筋分项工程质量验收记录。

8.0.9　混凝土合格证。

8.0.10　混凝土施工检验批质量验收记录。

8.0.11　现浇混凝土结构外观及尺寸偏差检验批质量验收记录。

8.0.12　混凝凝土施工分项质量验收记录。

8.0.13　混凝凝土结构外观及尺寸分项质量验收记录。

8.0.14　混凝土试件强度试验报告。

8.0.15　混凝土试件抗压强度统计评定表。

8.0.16　滑模施工工程结构质量验收记录。

8.0.17　其他技术文件。

第 8 章　筒　仓　倒　模

本工艺标准适用于贮存散料且平面形状为圆形或多边形的现浇钢筋混凝土筒仓、压缩空气混合粉料调匀仓的倒模施工。

1　引用标准

《钢筋混凝土筒仓施工与质量验收规范》GB 50669—2011
《建筑施工模板安全技术规范》JGJ 162—2008

《混凝土结构工程施工质量验收规范》GB 50204—2015

《混凝土结构工程施工规范》GB 50666—2011

《建筑工程施工质量验收统一标准》GB 50300—2013

《建筑机械使用安全技术规程》JGJ 33—2012

《建筑现场临时用电安全技术规范》JGJ 46—2005

《建筑施工高处作业安全技术规范》JGJ 80—2016

2　术语

2.0.1　钢筋混凝土筒仓：平面为圆形、方形、矩形、多边形及其他几何外形的贮存散料的钢筋混凝土直立容器，简称筒仓，其容纳贮料的部分为仓体。

2.0.2　附着式三脚架：为拆装式结构，由立杆、水平杆、斜杆组成三角形基本结构，通过立撑、斜撑及环向连杆的连接而形成稳固的空间结构。

3　施工准备

3.1　作业条件

3.1.1　应编制筒仓倒模安全专项施工方案，履行审批程序并进行安全技术交底。

3.1.2　在平台适当部位设置垂直控制标志。

3.1.3　水源、电源已接通并保证连续供应，施工道路畅通。

3.1.4　所需材料、机具和配件已进场，规格、数量、型号等符合设计要求并经检查验收合格。

3.2　材料及机具

3.2.1　模板及操作平台系统

1　模板系统：由内外模板、对拉螺栓、预制混凝土套管及垫圈组成。内外模板分标准模板及非标准模板，标准模板为高度 1.2m、1.5m，宽度 0.5m、1.0m，板厚 25mm 的常规模板；非标准模板：根据工程收分要求加工不同宽度的模板。

2　预制混凝土套管：与筒壁相同等级的混凝土制成，截面为方形，施工时通过穿入套管的对拉螺栓，控制内外模板的距离（筒壁厚度），制作时严格控制其长度尺寸。

3　操作平台系统：由附着式三脚架、吊篮、脚手板、保护栏杆、安全网等组成。

3.2.2　钢筋应符合设计要求和现行国家标准《钢筋混凝土用钢　第2部分：热轧带肋钢筋》GB/T 1499.2 等标准的要求。

3.2.3　水泥的品种、强度等级应符合设计要求和现行国家标准《通用硅酸盐水泥》GB 175 等标准的规定。

3.2.4　混凝土所用的粗细骨料应符合现行行业标准《普通混凝土用砂、石质量及检验方法标准》JGJ 52 的规定。外加剂、掺合料应符合国家现行有关标准的规定。

3.2.5　电焊条、焊剂等应符合国家现行标准的规定。

3.2.6　机具

1 钢筋机械：调直机、切断机、弯曲机、电焊机等。

2 混凝土机械：搅拌机、插入式振捣器、平板振捣器。

3 垂直运输机械：塔吊、输送泵、施工电梯、布料机等。

4 钢竖井架及其悬吊平台。

5 其他机具等。

4　操作工艺

4.1　工艺流程

筒身图纸放样、制表 → 中心定位、筒壁半径测定 → 钢筋绑扎 →
模板操作平台系统安装、倒模 → 尺寸校核 → 混凝土浇筑 →
螺栓及穿墙孔洞处理 → 模板及操作平台系统拆除 → 提升吊桥

4.2　筒身图纸放样、制表

根据筒身施工图，按 1：1 比例放出施工所需的大样图，实际施工图是以筒身下标高按模板高度逐节往上量取里外模板的支设层数，与辅助垂直中心线上各层模板相对应的顶标高，筒身各层内模板的顶面处的半径以及混凝土壁厚（为确定对拉杆用，控制内外模间距），量到最上一级的模板高度则为非标准节。放出大样后，把模板各层的筒壁内半径，里模顶标高和混凝土套管长，计算复核放样结果，填入大样记录表中，为施工方便，模板节数的序号由下往上逐节排，同时计算出各节所需的模板块数、套管根数及混凝土量（如筒仓为等直径，则每节相等，只需要计算一节数量），均填入表中，根据工程情况，图表中增加一些必要的数据、预埋件及检修门孔的数量与位置等，此图表作为指导倒模施工依据，以确保各标高处筒体的半径长度和筒壁厚度。

4.3　中心定位、筒身半径测定

4.3.1　筒体中心确定：简易的中心线找正是由对中线坠和悬盘组成，用十字对称架设的紧线设备来调整线坠对中。当线坠对中，悬盘高度已到需支设模板的内模顶标高时，找中设备的调整工作已符合要求，便可利用固定在悬盘上的钢尺围绕筒壁测量，以控制钢筋绑扎半径和支模半径。筒体中心也可由激光铅垂仪确定：基础施工时，在基础顶面中心位置预埋30cm×30cm 钢板，在钢板上焊接一块刻度板，利用中心井架上架设的激光铅垂仪找中心，每层模板加固后，将仪器激光对准刻度板上的接收靶的中心，再次测量模板上、下口与中心的间距，以保证中心位置及筒体半径准确。

4.3.2　在模板安装和钢筋绑扎施工中以筒身图纸放样表及计算图表为根据进行操作，施工时及时用钢卷尺进行校对。

4.4　钢筋绑扎

4.4.1　筒体钢筋的品种、规格、间距及连接方式必须满足设计要求。钢筋运输利用垂直运输工具运到操作平台上分散均匀堆放。

4.4.2　竖向钢筋及环筋均按钢筋加工表下料。竖向钢筋下料尺寸不宜太长，应控制在 4～6m，下料长度可按 3 倍模板高度，再加上搭接长度及弯钩长度。

4.4.3　水平环向钢筋宜采用绑扎接头，接头位置应错开布置，水平方向错开距离不小于一个搭接区段，也不小于 1.0m，在每层同一竖向截面上每隔三根钢筋不应多于一个接头。

4.4.4　水平环向钢筋的间距应按模板高度来均分，沿水平环向每隔 4～6m 从已浇筑混凝土面上的一根纵筋上标出环筋的位置，以保证环筋间距的准确，或在上下模板接缝处增设一道环向钢筋，以此用中心找正器上的钢尺来控制环筋的半径，模板顶面上约 1m 处先绑好一道环筋，以防止纵向钢筋外散。纵向钢筋沿筒壁圆周按设计要求均匀布置，高出模板的钢筋 予以临时固定。

4.4.5　纵向钢筋采用机械连接或焊接，接头位置应错开布置，同一连接区段内的接头百分率应符合设计要求，当设计无规定时，不宜大于 25%。水平环筋与竖向内外层钢筋搭接位置要错开。采用绑扎连接时，光面钢筋搭接长度不应小于 40 倍的钢筋直径，不加弯钩；带肋钢筋搭接长度不应小于 35 倍的钢筋直径。

4.4.6　钢筋绑扎可分为两个作业组从筒壁一点沿筒壁圆周向相反方向同时作业后合拢，绑扎顺序先外层后内层，先竖向后环向。

4.4.7　内外层钢筋沿环向按设计要求设置 S 形拉结筋，内外层钢筋的间距偏差不大于 5mm，钢筋绑扎的半径偏差不大于 10mm。变截面筒体的竖向钢筋向圆心的倾斜角应有限位保证措施。

4.4.8　水平环向钢筋与竖向钢筋应紧密接触，交接点全数绑扎，绑扎丝头背向模板面。

4.4.9　钢筋保护层设置应采用成品垫块，利用绑扎水平环筋上的水泥砂浆垫块控制钢筋保护层厚度。钢筋保护层厚度应满足现行国家标准《钢筋混凝土筒仓施工与质量验收规范》GB 50669 要求。

4.5　模板操作平台系统安装、倒模

4.5.1　模板必须有一定的刚度，能满足混凝土成型的需要，安装前要进行清理，均匀涂刷隔离剂。

4.5.2　变截面筒体模板还应具有一定的柔性，可采用钢筋加工成适应每节模板筒体半径变化的围圈，每段围圈之间在三脚架竖杆处要保持不小于 200mm 的搭接长度，每节模板设置三道围圈。

4.5.3　模板支设可分为两个作业组，从筒壁圆周上相对两点开始沿同一方向作业。

4.5.4　模板安装程序

$\boxed{外模} \rightarrow \boxed{对拉螺栓} \rightarrow \boxed{贴外模垫圈} \rightarrow \boxed{混凝土套管} \rightarrow \boxed{贴内模垫圈} \rightarrow \boxed{外三脚架立杆} \rightarrow$

$\boxed{内模} \rightarrow \boxed{对拉螺栓螺母} \rightarrow \boxed{三脚架其余杆件}$

4.5.5　安装外模时，可利用三脚架杆件临时支顶，防止倾倒。为保证混凝土浇筑后模板半径正确，外模板安装时的半径宜放大 10～15mm，如果对中盘标高与外模板上的标高不符，应利用插入法进行换算。

4.5.6　三脚架、内模板的安装与外模板应相互对应，模板安装中应防止杂物落入混凝土施工缝中。

4.5.7　混凝土套管应按模板节数编号，安装时对号入座，套管两端的垫圈不得漏放。

4.5.8　模板安装后，全面检查内模半径、内外模间距、预埋件数量及位置、所有螺栓的紧固情况（螺栓和螺母要拧紧）。

4.5.9　三脚架是附着式的，固定在已浇筑混凝土的筒壁上作为承重骨架，在其上铺设操作平台和设置安全网。

4.5.10　三脚架可用型钢制作，一般为三层，节点采用螺栓连接，三脚架立杆贴模板的一肢上留有对拉螺栓孔，与模板和筒壁连接。三脚架斜杆上端留置若干调节螺栓孔，施工中通过不断调整斜杆与水平杆的夹角，保证平台处于水平状态。在下层的混凝土达到 $6N/mm^2$ 时即可拆除倒至上层，逐层周转使用。

4.5.11　三脚架之间上下及水平方向要稳固联系，每层连成整体，成为刚性结构，使上层的施工荷载和混凝土自重能传递到下层的三脚架和筒壁上。

4.5.12　特殊情况施工

当筒体内有楼面时，倒模施工不能正常进行，外模采用标准模板，以保证筒壁混凝土外观模板节距规则，内模则在楼面底和楼面面两处配非标准模板，与外模赶平。

变截面筒体模板分档：根据该层内模板上沿施工截面、周长和每档模板宽度，划分模板安装位置，在兼顾外模板能够搭接或至少保证对接不出现缝隙的前提下，每档模板可进行微调。如果在档距调节范围内仍不能使模板档数为整数，可配一档档距小的非标准模板，将标准档距内的模板去掉一块。

4.6　提升吊桥

常规提升，吊桥在前后设保险绳扣之外，升桥后，在井架四角加设保险倒链。桥下挂安全网，边缘设置安全栏杆。

4.7　尺寸校核

4.7.1　对中筒体中心，再次测量模板上、下口与中心的间距，以保证中心位置及筒体半径准确。

4.7.2　在筒壁内埋置一根木标杆，断面为 $20mm \times 30mm$。标杆上画上以 5cm 为单位的刻度线，以检测筒体施工高度和设计要求的各门窗、预留洞口标高，为避免误差累计每施工 3m 高度应复查一次。

4.7.3　水平度的控制采用 $\phi 8$ 透明塑料管，以木标杆的刻度为基准来控制模板及各门窗、预留洞口的水平。

4.8　混凝土施工

4.8.1　筒壁混凝土强度等级及抗渗等级应符合设计要求。

4.8.2　混凝土浇筑前应进行全面认真的检查。检查内容：平台脚手板的完好程度、搭接情况符合要求、平整牢固；各种设备、照明讯号正常；模板、钢筋符合要求；预埋件、预留洞位置正确。

4.8.3　混凝土浇筑宜由一点或对称两点开始沿筒壁圆周反向同时进行，并应分层连续浇筑。分层厚度视模板高度确定，不宜大于 500mm，每节模板分层不小于三层。

4.8.4　筒壁每节混凝土浇筑总高度比该节模板顶面低 70～80mm，水平缝在浇筑中应

445

随即压成毛面凹槽。

4.8.5　浇筑各节混凝土时，其下节的混凝土强度应不小于 2MPa；拆除各节模板时，其上一节的混凝土强度应不小于 10MPa。

4.8.6　筒体结构的混凝土取样和试件留置应符合现行国家标准《混凝土结构工程施工质量验收规范》GB 50204 和现行行业标准《建筑工程冬期施工规程》JGJ 104 的规定。

4.8.7　混凝土出模后要及时进行养护。

4.9　螺栓及穿墙孔洞处理

4.9.1　模板加固螺栓的端头宜安放楔形垫块，拆模后用同强度细石混凝土封堵楔形槽口。

4.9.2　筒壁和仓壁上穿墙孔、洞应堵塞密实并做防渗处理。

4.10　模板及操作平台系统拆除

最上部模板为非标准模板，混凝土浇筑后，常温下 3d 便可拆除侧模（混凝土强度应能保证其表面不受损伤）。强度达 10N/mm² 时，操作人员可站在二层三脚架上拆除底模，拔出平台上预留的检修孔的木棒，以便悬挂外层吊篮，两个三脚架留一个检修孔，接着拆除最上层的三脚架和标准模板，堵塞预留孔。将外吊篮提升到上部检修孔，利用吊篮拆除第二层（最后一层）标准模板和堵塞预留孔。

接着拆除吊篮板、吊篮、提升安全网，最后一块脚手板和两个吊篮是事先在吊篮板两端和吊篮上捆好绳子，站在结构上提升到顶。操作人员在筒壁外侧的，由特制爬梯进入结构，在筒壁内侧的，从最后两个吊篮进入结构平台。

5　质量标准

钢筋混凝土筒仓工程质量按检验批、分项工程、分部工程、单位工程进行验收。其划分原则应符合现行国家标准《建筑工程施工质量验收统一标准》GB 50300 及《钢筋混凝土筒仓施工与质量验收规范》GB 50669 的规定。

采用倒模工艺施工方法时，筒体各分项工程的检验批应按一次支设模板高度划分检验批。

5.1　主控项目

5.1.1　模板及其支架、操作平台必须具有足够的强度、刚度和稳定性。

5.1.2　混凝土工程、钢筋工程的主控项目质量标准应符合现行国家标准《混凝土结构工程施工质量验收规范》GB 50204 的相关规定。

5.2　一般项目

5.2.1　混凝土工程、钢筋工程的一般项目质量标准应符合现行国家标准《混凝土结构工程施工质量验收规范》GB 50204 的相关规定。

5.2.2　钢筋混凝土筒仓分项工程允许偏差和检验方法应符合表 8-1 的规定。

钢筋混凝土筒仓分项工程允许偏差

表8-1

检查项目			允许偏差（mm）	检验方法
模板工程		筒体截面尺寸（构件厚度）	+4，−5	钢尺检查
	预埋件	中心位置	5	尺量检查
		高低差（安装水平度）	2	尺量和水平尺检查
		与模板面的不平度	1	尺量和塞尺检查
	预留洞	位置偏差	10	尺量检查
		水平度	3	水平尺检查
	圆形筒体半径	半径≤6m	±5	仪器测量、钢尺检查
		半径≤13m	半径的1/1000且≤±10	
		半径>13m	半径的1/1000且≤±20	
钢筋工程	受力钢筋	间距 筒体水平钢筋	±5	钢尺量两端、中间各一点，取最大值
		间距 筒体竖向钢筋	±10	
		保护层厚度 筒体	0，+10	钢尺检查
混凝土工程		轴线位置	15	钢尺检查
		联体仓轴线间相对位移	5	钢尺检查
	圆形筒体半径	半径≤6m	±10	仪器测量、钢尺检查
		筒体直径≤25m	≤半径的1/800且≤±15	仪器测量、钢尺检查
		筒体直径>25m	≤半径的1/800且≤±25	
	表面平整度	有饰面	8	2m靠尺和塞尺检查
		无饰面	5	
		内衬基层混凝土	5	
	预埋件	中心位置	10	尺量检查
		安装水平度	3	尺量和水平尺检查
		平整度与表面的不平度	2	尺量和塞尺检查
	预留洞	位置偏差	15	尺量检查
		水平度	5	水平尺检查

6 成品保护

6.0.1 在涂刷模板隔离剂时，不得沾污钢筋和混凝土接槎处。

6.0.2 振捣混凝土时，振捣棒尽量避免振动钢筋、模板及构件，以免钢筋移位、模板变形或埋件脱落。

6.0.3 倒模脱模时，应保证混凝土表面及棱角不受损伤。

6.0.4 混凝土拆模后，及时进行表面修整，浇水养护。

6.0.5 模板拆除时，不应对型钢三脚架操作平台形成冲击荷载。拆除的模板和支架应及时清运，不得在操作平台上堆放。

6.0.6 型钢三脚架与模板吊运就位时要平稳、准确，不得碰撞已施工完的结构，不得挂扯钢筋。

6.0.7 不得任意拆改模板与三脚架的穿墙螺栓及各种连接件，保证模板和三脚架的几何尺寸准确度和操作平台的安全。

7　注意事项

7.1　应注意的质量问题

7.1.1　要特别重视控制筒体中心位置及筒壁半径、圆度和标高的准确。每节筒身的垂直标高相对偏差不大于±50mm。

7.1.2　型钢三脚架制作要满足现行国家标准《钢结构工程施工质量验收规范》GB 50205 的要求，并应做载荷试验。

7.1.3　对拉螺栓必须可靠，固定型钢三脚架应满足施工方案要求，应有足够锚固长度。

7.1.4　为防止混凝土浇筑时漏浆产生蜂窝麻面，在预制混凝土套管模板外侧安放垫圈。

7.1.5　正确留置施工缝，倒模施工筒壁混凝土只准在上下节模板接槎处留水平缝，施工缝的处理执行规范规定。

7.2　应注意的安全问题

7.2.1　筒仓施工期间必须设置危险警戒区，警戒线至筒仓的距离不小于筒仓施工高度的1/5，且不小于10m，当不能满足要求时，应采取其他有效的安全防护措施。危险警戒区内，构筑物入口、机械操作场所，应搭高度不低于 3.5m 的安全防护棚，通行区应设安全通道。

7.2.2　附着式三脚架倒模施工安全技术

1　型钢三脚架每次安装前，必须逐根检查杆件、连接螺栓，如发现有开裂、弯曲、丝扣损坏者不得使用。型钢三脚架与筒体拉结的穿墙螺栓必须可靠，若发现丝纹缺损应及时更换，穿墙螺栓必须按施工方案要求拧紧；

2　三脚架间必须设置环向连杆，保证平台系统的空间刚度，吊篮应造型合理、构造牢固，木质专用脚手板厚度不小于 50mm，搭接长度不小于 200mm；

3　在三脚架组成操作平台上不得集中堆放材料和机具；

4　三脚架拆除随即运到上层，操作平台上的料具应均匀分布；

5　操作平台的铺板必须严整、防滑、固定可靠，不得任意挪动。

7.2.3　施工用电线路应按固定位置敷设，施工用电设施应安装漏电保护装置，夜间施工时，应配备足够的照明设施，移动照明设施电压不应大于 36V。

7.2.4　筒仓工程的避雷引下线应在筒体外敷设，严禁利用其竖向受力钢筋作为避雷线。其接地装置、避雷引下线、均压带、避雷针（网）应相互连通，形成通路。

7.2.5　高空作业人员身体检查合格，接受本岗位安全技术培训并考试合格后上岗。正式倒模施工前进行全面安全技术交底及检查，施工时由一人统一指挥。消防管随高度升高而升高。

7.2.6　雷雨和六级及以上的大风天气，停止施工，并对操作面的设备、材料进行整理和固定，同时人员迅速撤离作业区。

7.2.7　拆除时应先按方案确定的程序、方法进行，作业人员为考核合格的专业工，特种作业人员持证上岗，拆除作业要划定警戒线，安排操作监护人员进行全程监督。

7.3　应注意的绿色施工问题

7.3.1　易产生噪声的设备应有隔声降噪措施。

7.3.2　模板表面宜选用无污染、环保型隔离剂。

7.3.3　施工废弃物应及时收集、分类、清运，保持工完场清。

8　质量记录

8.0.1　原材料合格证、出厂检验报告和进场复验报告；粮食和食品行业筒仓的卫生合格证明文件和工程材料有害物、污染物含量的检验、复试报告。

8.0.2　施工检验试验报告、工艺测试报告。

8.0.3　涉及工程施工内容的分类施工记录（筒身放样记录、施工技术指示图表、筒仓垂直度和标高观测记录等）。

8.0.4　隐蔽工程验收记录。

8.0.5　结构实体检验报告。

8.0.6　检验批、分项工程、分部工程质量验收记录。

8.0.7　专项工程验收记录。

8.0.8　倒模施工工程结构质量验收记录。

8.0.9　倒模时混凝土立方体抗压强度同条件养护试件试验报告。

8.0.10　其他技术文件。

第9章　液压爬升模板（简称爬模）

本工艺标准适用于高层建筑剪力墙结构、框架结构核心筒、高耸构筑物等现浇钢筋混凝土结构工程的液压爬升模板施工。

1　引用标准

《液压爬升模板工程技术规程》JGJ 195—2010

《混凝土结构工程施工规范》GB 50666—2011

《混凝土结构工程施工质量验收规范》GB 50204—2015

《建筑工程施工质量验收统一标准》GB 50300—2013

《建筑施工模板安全技术规范》JGJ 162—2008

《高层建筑混凝土结构技术规程》JGJ 3—2010

《建筑工程大模板技术标准》JGJ/T 74—2017

《建筑施工扣件式钢管脚手架安全技术规范》JGJ 130—2011

《建筑施工工具式脚手架安全技术规范》JGJ 202—2010

《建筑施工升降设备设施检验标准》JGJ 305—2013

《建筑机械使用安全技术规程》JGJ 33—2012

《建筑现场临时用电安全技术规范》JGJ 46—2005

《建筑施工高处作业安全技术规范》JGJ 80—2016

2 术语

2.0.1 液压爬升模板：爬模装置通过承载体附着或支承在混凝土结构上，当新浇筑的混凝土脱模后，以液压油缸或液压升降千斤顶为动力，以导轨或支承杆为爬升轨道，将爬模装置向上爬升一层，反复循环作业的施工工艺，简称爬模。

2.0.2 爬模装置：为爬模配制的模板系统、架体与操作平台系统、液压爬升系统及电气控制系统的总称。

3 施工准备

3.1 作业条件

3.1.1 应编制爬模专项施工方案并经专家论证，应进行爬模装置设计与工作荷载计算，且必须对承载螺栓、支承杆和导轨主要受力部件分别按施工、爬升和停工三种工况进行强度、刚度及稳定性计算。爬模专项施工方案内容应符合现行行业标准《液压爬升模板工程技术规程》JGJ 195 相关规定，并进行安全技术交底。

3.1.2 对爬模安装标高的下层结构外形尺寸进行检查。大模板爬升时，新浇混凝土的强度不应低于 1.2MPa，支架爬升时承载体受力处的混凝土强度必须大于 10MPa，且必须满足设计要求。

3.1.3 爬模支架与主体结构的连接固定点的安装预埋已经完成并经验收合格。

3.1.4 爬模装置应由专业生产厂家设计、制作，应进行产品制作质量检验，出厂前应进行至少两个机位的爬模装置安装试验、爬升性能试验和承载试验，并提供试验报告。

3.1.5 爬模装置现场安装后，应进行安装质量检验，对液压系统进行加压调试，检查密封件。爬升设备每次使用前应检查合格。

3.1.6 爬模装置专业操作人员应进行爬模施工安全、技术培训，特种作业人员应经专门培训，并应经建设行政主管部门考核合格，取得特种作业操作资格证书后方可上岗作业。

3.1.7 水源、电源已接通并保证连续供应，施工道路畅通。

3.1.8 爬模所需材料、机具和配件已进场并验收合格。

3.2 材料及机具

3.2.1 模板：面板材料选用钢板、酚醛树脂面膜的木（竹）胶合板等。钢模板应符合现行行业标准《建筑工程大模板技术标准》JGJ/T 74 的有关规定；木胶合板应符合现行国家标准《混凝土模板用胶合板》GB/T 17656 的有关规定，竹胶合板应符合现行行业标准《竹胶合板模板》JG/T 156 的规定。对拉螺栓宜选用高强度螺栓。

模板主要材料规格　　　　　　　　　　表 9-1

模板部位	模板品种		
	组拼式大钢模板	钢框胶合板模板	木梁胶合板模板
面板	5～6mm 厚钢板	18mm 厚木胶合板 15mm 厚竹胶合板	18～21mm 厚木胶合板
边框	8mm×80mm 扁钢或 80mm×40mm×3mm 矩形钢管	60mm×120mm 空腹边框	—
竖肋	［8 槽钢或 80mm×40mm×3mm 矩形钢管	100mm×50mm×3mm 矩形钢管	80mm×200mm 木工字梁
加强肋	6mm 厚钢板	4mm 厚钢板	—
背肋	［10 槽钢、［12 槽钢	［10 槽钢、［12 槽钢	［10 槽钢、［12 槽钢

3.2.2 架体、提升架、支承杆、吊架、纵向连系梁等构件所使用的钢材应符合现行国家标准《碳素结构钢》GB/T 700 中 Q235-A 钢的有关规定。架体、纵向连系梁等构件中采用的冷弯薄壁型钢，应符合现行国家标准《冷弯薄壁型钢结构技术规范》GB 50018 的有关规定。锥形承载接头、承载螺栓、挂钩连接座、导轨、防坠爬升器等主要受力构件材质设计确定。

3.2.3 所使用的各类钢材均应有产品合格的材质证明，并应符合设计要求和现行国家标准《钢结构设计标准》GB 50017 的有关规定。对于锥形承载接头、承载螺栓、挂钩连接座、导轨、防坠爬升器等重要受力构件，还应进行材料复检，并存档备案。

3.2.4 操作平台板宜选用 50mm 厚杉木或松木脚手板，其材质应符合现行国家标准《木结构设计规范》GB 50005 中Ⅱ级材质的有关规定；操作平台护栏可选择 $\phi48×3.5$ 钢管或其他材料。

3.2.5 电焊条、焊剂等应符合现行国家标准的规定。

3.2.6 机具：

1 液压爬升系统的油缸、千斤顶可按表 9-2 选用。

油缸、千斤顶选用表　　　　　　表 9-2

规格 指标	油缸			千斤顶		
	50kN	100kN	150kN	100kN	100kN	200kN
额定荷载	50kN	100kN	150kN	100kN	100kN	200kN
允许工作荷载	25kN	50kN	75kN	50kN	50kN	100kN
工作行程	150～600mm			50～100mm		
支承杆外径	—			83mm	102mm	102mm
支承杆壁厚	—			8.0mm	7.5mm	7.5mm

2 钢筋机械：调直机、切断机、弯曲机、电焊机等。

3 混凝土机械：搅拌机、插入式振捣器、平板振捣器。

4 垂直运输机械：塔吊、输送泵、施工电梯、布料机等。现场起重机械应满足单块大模板的重量。

5 其他机具等。

4 操作工艺

4.1 工艺流程

爬模装置设计 → 爬模装置制作 → 爬模安装准备 → 爬模装置安装 → 爬模装置验收 →

爬模施工 → 水平构件施工 → 检查验收 → 爬模装置拆除

4.2 爬模装置设计：爬模应根据工程特点和施工因素，选择不同的爬模装置和承载体，满足爬模施工程序和施工要求。爬模装置应由专业生产厂家设计，设计包括整体设计、部件设计和计算三部分。

4.2.1 整体设计

1 爬模装置系统内容见表 9-3；

爬模装置系统　　　　　　　　　　　　　　　　　　　　　表 9-3

内容爬模装置分类	适用情形	模板系统	架体与操作平台系统	液压爬升系统	电气控制系统
采用油缸和架体的爬模装置	优点：适用于建筑平面简洁、结构空间较大、墙体截面较厚、结构体内有钢结构、设计允许楼板滞后施工时；不足：起始层只能在已有两层结构的前提下安装	组拼式大钢模板或钢框（或铝框、木梁）胶合板模板、阴角模、阳角模、钢背楞、对拉螺栓、铸钢螺母、铸钢垫片等	上架体、可调斜撑、上操作平台、下架体、架体挂钩、架体防倾调节支腿、下操作平台、吊平台、纵向连系梁、栏杆、安全网等	导轨、挂钩连接座、锥形承载接头、承载螺栓、油缸、液压控制台、防坠爬升器、各种油管、阀门及油管接头等	动力、照明、信号、通信、电源控制箱、电气控制台、电视监控等
采用千斤顶和提升架的爬模装置	优点：适用于建筑面积较大、结构空间狭窄、柱子与楼板需要同步施工时，可发挥整体、双面爬模优势；不足：不适用于结构体内有钢结构的施工	组拼式大钢模板或钢框（或铝框）胶合板模板、阴角模、阳角模、钢背楞、对拉螺栓、铸钢螺母、铸钢垫片等	上操作平台、下操作平台、吊平台、外挑梁、外架立柱、斜撑、纵向连系梁、栏杆、安全网等	提升架、活动支腿、围圈、导向杆、挂钩可调支座、挂钩连接座、定位预埋件、导向滑轮、防坠挂钩、千斤顶、限位卡、支承杆、液压控制台、各种油管、阀门及油管接头等	动力、照明、信号、通信、电源控制箱、电气控制台、电视监控等

2 操作平台应考虑到施工操作人员的工作条件，确保施工安全，钢筋绑扎应在模板上口的操作平台上进行；

3 模板系统设计应符合：单块大模板的重量须满足现场起重机械要求；单块大模板可由若干标准板组拼，内外模板之间的对拉螺栓位置须相对应；单块大模板应至少配制两套架体或提升架，架体之间或提升架之间必须平行，弧形模板的架体或提升架应与该弧形的中点法线平等；

4 液压爬升系统的油缸、千斤顶和支承杆的规格应根据计算确定，并应符合：油缸、千斤顶选用的额定荷载不应小于工作荷载的2倍；支承杆的承载力应能满足千斤顶工作荷载要求；支承杆的直径应与选用的千斤顶相配套，支承杆的长度宜为3～6m；支承杆在非标准层接长使用时，应用φ48×3.5钢管和异形扣件进行稳定加固；

5 千斤顶机位不宜超过2m，油缸机位不宜超过5m，当机位间距内采用梁模板时，间距不宜超过6m；

6 采用千斤顶的爬模装置，应均匀设置不少于10％的支承杆进入混凝土，其余支承杆的底端进入混凝土中的长度应大于200mm。

4.2.2 部件设计

1 模板设计应符合表9-4规定；

模板部件设计　　　　　　　　　　　　　　　　　　　　　　表9-4

模板部件	规　　定
内模高度	楼层净空高度＋混凝土剔凿高度，并符合建筑模数制要求
外模高度	内模高度＋下接高度
角模宽度尺寸	应留足两边平模后退位置，角模与大模板企口连接处应留有退模空隙
平模、直角角模及钝角角模	设置脱模器
锐角角模	柔性角模，采用正反丝杠脱模
背楞	具有通用性、互换性，槽钢相背组合而成，腹板间距50mm，其连接孔应满足模板与架体或提升的连接

2 架体设计应符合表9-5规定；

架体设计　　　　　　　　　　　　　　　　　　　　　　　表9-5

架体部件		规　　定
上架体		高度宜为2倍层高，宽度不宜超过1.0m，能满足支模、脱模、绑扎钢筋、浇筑混凝土操作需要
下架体	高度	宜为1～1.5倍层高，能满足油缸、导轨、挂钩连接座和吊平台的安装和施工要求
	宽度	不宜超过2.4m，能满足上架体模板水平移动400～600mm的空间需要，并能满足导轨爬升、模板清理、涂刷脱模剂的需要
上、下架体均采用纵向连系梁将架体之间连成整体结构		

3 提升架设计应符合表9-6规定；

提升架设计　　　　　　　　　　　　　　　　　　　　　　表9-6

提升架部件	规　　定
横梁	总宽度应满足结构截面变化、模板后退和浇筑混凝土操作需要，其上的孔眼位置应满足千斤顶安装和结构截面变化时千斤顶位移要求
立柱	高度宜为1.5～2倍层高，满足0.5～1层钢筋绑扎需要，应能带动模板后退400～600mm，用于清理和涂刷脱模剂
活动支腿	当提升架立柱固定时，活动支腿应能带动模板脱开混凝土50～80mm，以满足提升的空隙要求
提升架之间采用纵向连系梁连成整体结构	

4 承载螺栓和锥形承载接头设计应符合表9-7的规定；

承载螺栓和锥形承载接头设计   表 9-7

部件	规　定
承载螺栓	固定在墙体预留孔内的承载螺栓在垫板、螺母以外长度不少于 3 个螺距，垫板尺寸不小于 100mm× 100mm×10mm
锥形承载接头	应有可靠锚固措施，锥体螺母长度不应小于承载螺栓外径的 3 倍，预埋件和承载螺栓拧入锥体螺母的深度均不小于承载螺栓外径的 1.5 倍
当锥体螺母与外挂连接座设计成一个整体部件时，其挂钩部分的最小截面应按承载螺栓承载力计算方法计算	

5 防坠爬升器设计应符合：其与油缸两端的连接采用销接；其内承重棘爪的摆动位置须与油缸活塞杆的伸出与收缩协调一致，换向可靠，确保棘爪支承在导轨的梯挡上，防止架体坠落；

6 挂钩连接座设计应具有水平位置调节功能，以消除承载螺栓的施工误差；

7 导轨设计：应具有足够刚度，变形值不应大于 5mm，导轨设计长度不应小于 1.5 倍层高；导轨应满足与防坠爬升器相互运动的要求，其梯挡间距应与油缸行程相匹配；导轨顶部应与挂钩连接座进行挂接或销接，其中部应穿入架体防倾调节支腿中。

4.2.3 计算

1 设计荷载包括爬模装置自重、上操作平台施工荷载、下操作平台施工荷载、吊平台施工荷载、风荷载等；

2 爬模装置按施工、爬升、停工三种工况进行荷载效应组合；

3 模板计算应符合现行行业标准《建筑工程大模板技术标准》JGJ/T 74 和《钢框胶合板模板技术规程》JGJ 96 的有关规定。

4.3 爬模装置制作

4.3.1 爬模装置应有完整的设计图纸、工艺文件和产品标准，出厂时提供产品合格证。

4.3.2 爬模装置各种部件制作、下料、焊接应符合国家及行业相关标准和规范规定，钢部件焊接质量及零部件均应全数检查验收。

4.4 爬模安装准备

4.4.1 对锥形承载接头、承载螺栓中心标高和模板底标高进行抄平，当模板在楼板或基础底板上安装时，对高低不平的部位应作找平处理。

4.4.2 放墙轴线、墙边线、门窗洞口线、模板边线、架体或提升架中心线、提升架外边线。

4.4.3 对爬模安装标高的下层结构外形尺寸、预留承载螺栓孔、锥形承载接头进行检查，对超出允许偏差的结构进行剔凿修正。

4.4.4 绑扎完成模板高度范围内钢筋。

4.4.5 安装门窗洞模板、预留洞模板、预埋件、预埋管线。

4.4.6 模板板面刷脱模剂，机加工件需加润滑油。

4.4.7 在有楼板的部位安装模板时，应提前在下二层的楼板上预留洞口，为下架体安装留出位置。

4.4.8 在有门洞的位置安装架体时，应提前做好导轨上升时的门洞支承架。

4.5　爬模装置安装

进入施工现场的爬升系统中的大模板、爬升支架、爬升设备、脚手架及附件等经验收合格后方可使用。

4.5.1　采用油缸和架体的爬模装置，安装程序为：

安装前准备 → 架体预拼装 → 安装锥形承载接头和挂钩连接座 →

安装导轨、下架体和外吊架 → 安装纵向连系梁和平台铺板 →

安装栏杆和安全网 → 支设模板和上架体 → 安装液压系统并进行调试 →

安装测量观测装置

采用千斤顶和提升架的爬模装置，安装程序为：

安装前准备 → 支设模板 → 提升架预拼装 → 安装提升架和外吊架 →

安装纵向连系梁和平台铺板 → 安装栏杆和安全网 → 安装液压系统并进行调试 →

插入支承杆 → 安装测量观测装置

4.5.2　架体在首层安装前设置安装平台，在地面预拼装，安装平台应有保障施工人员安全的防护设施，安装平台的水平精度和承载力应满足架体安装要求，后用起重机械吊入预定位置，架体或提升架平面必须垂直于结构平面，架体、提升架必须安装牢固。

4.5.3　安装锥形承载接头前在模板相应位置钻孔，用配套承载螺栓连接；固定在墙体预留孔内的承载螺栓套管，安装时也应在模板相应孔位用与承载螺栓同直径的对接螺栓紧固（其定位中心允许偏差为 5mm），螺栓孔和套管孔应有可靠堵浆措施。

4.5.4　挂钩连接座安装固定必须采用专用承载螺栓，挂钩连接座应与构筑物表面有效接触，其承载螺栓紧固要求应符合表 9-7 规定，挂钩连接座安装中心允许偏差为 5mm。

4.5.5　安装好的模板之间拼缝应平整严密，逐间测量检查对角线并进行校正，确保直角准确。

4.5.6　液压系统安装完成后应进行系统调试和加压试验，见表 9-8，保压 5min，所有接头和密封处无渗漏。

液压系统调试和加压试验 表 9-8

爬模指标	额定压力	试验压力
千斤顶液压系统	8 MPa	1.5 倍额定压力
油缸液压系统	≥16 MPa	1.25 倍额定压力
	<16 MPa	1.5 倍额定压力

4.6　爬模装置验收

爬模装置首次安装完毕，对下列项目进行检查验收，符合要求后方可使用。

4.6.1　架体检查与验收

1　架体竖向主框架构造、水平支架构造、架体构造。

2　架体立杆、水平杆、剪刀撑设置。

3　附墙支座、防坠落装置、防倾覆设置、同步装置设置。

4 防护设施。

4.6.2 模板检查验收

模板截面尺寸、位置、拼缝严密、模板平整度、垂直度、标高。

4.7 爬模施工

4.7.1 施工程序

1 采用油缸和架体的爬模装置施工程序：

浇筑混凝土 → 混凝土养护 → 绑扎上层钢筋 → 安装门窗洞口模板 →

预埋承载螺栓套管或锥形承载接头 → 检查验收 → 脱模 → 安装挂钩连接座 →

导轨爬升、架体爬升 → 合模、紧固对拉螺栓 → 继续循环施工

2 采用千斤顶和提升架的爬模装置施工程序：

浇筑混凝土 → 混凝土养护 → 脱模 → 绑扎上层钢筋 →

爬升、绑扎剩余上层钢筋 → 安装门窗洞口模板 → 预埋锥形承载接头 →

检查验收 → 合模、紧固对拉螺栓 → 平构件施工 → 继续循环施工

3 非标准层层高大于标准层层高时，爬升模板可多爬升一次或在模板上口支模接高；非标准层层高小于标准层层高时，混凝土按实际高度要求浇筑。非标准层必须同标准层一样在模板上口以下规定位置预埋锥形承载接头或承载螺栓套管。

4.7.2 爬模装置提升、下降作业前检查验收，符合要求后方可实施。

1 支承结构与工程结构连接处混凝土强度符合要求；

2 附墙支座、升降装置设置、防坠落装置设置、防倾覆设置符合要求；

3 建筑物无障碍物阻碍架体的正常提升和下降；

4 架体构架上的连墙杆已拆除；

5 现场运行指挥人员到位、通信设备正常，监督检查人员到场；

6 电缆线路符合规范要求，专用开关箱设置就位。

4.7.3 油缸和架体的爬模装置的爬升

1 导轨爬升

导轨爬升前，对爬升接触面清除粘结物和涂刷润滑剂，防坠爬升器棘爪处于提升导轨状态，并确认架体固定在承载体和结构上，导轨锁定销键和底端支撑已松开；

导轨爬升由油缸和上、下防坠爬升器自动完成，爬升过程中设专人看护，确保导轨准确插入上层挂钩连接座。导轨进入挂钩连接座后，挂钩连接座上的翻转挡板必须及时挂住导轨上端挡块，同时调定导轨底部支撑，然后转换防坠爬升器棘爪爬升功能，使架体支撑在导轨梯挡上。

2 架体爬升

架体爬升前，拆除模板上的全部对拉螺栓和障碍物，清除架体上的材料，翻起所有安全盖板，解除相邻分段架体之间、架体与构筑物之间的连接，确认防坠爬升器处于爬升工作状态；确认下层挂钩连接座、锥体螺母或承载螺栓已拆除；检查液压设备均处于正常工作状态，承载体受力处的混凝土强度满足架体爬升要求，确认架体防倾调节支腿已退出，挂钩锁定销已拔出；架体爬升前要组织安全检查，合格后方可爬升；

架体可分段和整体同步爬升，同步爬升控制参数的设定：每段相邻机位间的升差值宜在 1/200 以内，整体升差值宜在 50mm 以内；

整体同步爬升应由总指挥统一指挥，各分段机位配备足够的监控人员。每个单元的爬升不宜中途交接班，不得隔夜再继续爬升，每单元爬升完毕应及时固定；

架体爬升过程中，设专人检查防坠爬升器，确保棘爪处于正常工作状态。当架体爬升进入最后 2～3 个爬升行程时，应转入独立分段爬升状态；

架体爬升到达挂钩连接座时，及时插入承力销，并旋出架体防倾调节支腿，顶撑在混凝土结构上，使架体从爬升状态转入施工固定状态。

4.7.4 千斤顶和提升架的爬模装置的爬升

1 提升架爬升前准备工作：

墙体混凝土浇筑完毕未初凝前，将支承杆按规定埋入混凝土，墙体混凝土强度达到爬升要求并确定支承杆受力后，方可松开挂钩可调支座，并将其调至距离墙面约 100mm 位置处；

认真检查对拉螺栓、角模、钢筋、脚手板等是否有妨碍爬升的情况，清除所有障碍物。将标高测设在支承杆上，并将限位卡固定在统一的标高上，确保爬模平台标高一致；

2 提升架应整体同步爬升，千斤顶每次爬升的行程宜为 50～100mm，爬升过程中吊平台上应有专人观察爬升的情况，如有障碍物应及时排除并通知总指挥；

3 千斤顶的支承杆应设限位卡，每爬升 500～1000mm 调平一次，整体升差值宜在 50mm 以内。爬升过程中应及时将支承杆上的标高向上传递，保证提升位置的准确；

4 爬升过程中应确保防坠挂钩处于工作状态，随时对油路进行检查，发现漏油现象立刻停止爬升，分析原因并排除后才能继续爬升；

5 爬升完成，定位预埋件露出模板下口后，安装新的挂钩连接座，并及时将导向杆上部的挂钩可调支座同挂钩连接座连接。操作人员站在吊平台中部安装防坠挂钩及导向滑轮，并及时拆除下层挂钩连接座、防坠挂钩及导向滑轮。

4.8 水平构件施工

采用爬升模板施工的建（构）筑物水平构件，可按常规方法施工，并应注意以下方面：

4.8.1 安装模板前宜在下层结构表面弹出对拉螺栓、预埋承载螺栓套管或承载接头位置线，避免竖向钢筋同对拉螺栓、预埋承载螺栓套管或锥形承载接头位置相碰，竖向钢筋密集的工程，上述位置与钢筋相碰时，对钢筋进行调整。

4.8.2 钢筋与支承杆相碰时，及时调整钢筋位置。

4.8.3 墙内的承载螺栓套管或锥形承载接头、预埋铁件、预埋管线等同钢筋绑扎同步进行。

4.8.4 混凝土振捣时严禁振捣棒碰撞承载螺栓套管或锥形承载接头等。

4.9 检查验收

4.9.1 爬模装置应在下列阶段组织分段检查验收：

1 首次安装完毕；

2 提升或下降前；

3 提升、下降到位，投入使用前。

4.9.2　各阶段检查验收内容符合规范要求，合格后方可作业。

4.9.3　电气设施和线路应符合现行行业标准《施工现场临时用电安全技术规范》JGJ 46 的规定。

4.10　爬模装置拆除

4.10.1　总的原则为分段整体拆除、地面解体。拆除顺序一般为：悬挂脚手架和模板、爬升设备、爬升支架。

4.10.2　拆除爬模应有拆除方案，且应经技术负责人签署意见，应向有关人员进行技术交底后，方可实施拆除。

4.10.3　已经拆除的物件应及时清理、整修和保养，并运至指定地点存放备用。

4.10.4　在起重机械起重力矩允许范围内，平面按大模板分段，如果分段的大模板重量超过起重机械的最大起重量，可将其再分段。

4.10.5　采用油缸和架体的爬模装置，竖直方向分模板、上架体、下架体与导轨四部分拆除。采用千斤顶和提升架的爬模装置，竖直方向不分段，进行整体拆除。

4.10.6　最后一段爬模装置拆除时，要留有操作人员撤退的通道或脚手架。

5　质量标准

5.1　主控项目

5.1.1　爬升模板及其支架、操作平台必须具有足够的强度、刚度和稳定性。

5.1.2　混凝土工程、钢筋工程的主控项目质量标准应符合现行国家标准《混凝土结构工程施工质量验收规范》GB 50204 的规定。

5.2　一般项目

5.2.1　混凝土工程、钢筋工程的一般项目质量标准应符合现行国家标准《混凝土结构工程施工质量验收规范》GB 50204 的规定。

5.2.2　爬模装置安装和爬模施工工程混凝土结构的允许偏差应符合表 9-9 和表 9-10 的规定。

爬模装置安装允许偏差　　　　　　　　　　　　表 9-9

项　次	项　目		允许偏差（mm）	检验方法
1	模板轴线与相应结构轴线位置		3	吊线、钢卷尺检查
2	截面尺寸		±2	钢卷尺检查
3	组拼成大模板的边长偏差		±3	钢卷尺检查
4	组拼成大模板的对角线偏差		5	钢卷尺检查
5	相邻模板拼缝高低差		1	平尺及塞尺检查
6	模板平整度		3	2m 靠尺及塞尺检查
7	模板上口标高		±5	水准仪、拉线、钢卷尺检查
8	模板垂直度	≤5m	3	吊线、钢卷尺检查
		>5m	5	吊线、钢卷尺检查

项　次	项　目		允许偏差（mm）	检验方法
9	背楞位置偏差	水平方向	3	吊线、钢卷尺检查
		垂直方向	3	吊线、钢卷尺检查
10	架体或提升架垂直偏差	平面内	±3	吊线、钢卷尺检查
		平面外	±5	吊线、钢卷尺检查
11	架体或提升架横梁相对标高差		±5	水准仪检查
12	油缸或千斤顶安装偏差	架体平面内	±3	吊线、钢卷尺检查
		架体平面外	±5	吊线、钢卷尺检查
13	锥形承载接头（承载螺栓）中心偏差		5	吊线、钢卷尺检查
14	支承杆垂直偏差		3	2m靠尺检查

爬模施工工程混凝土结构允许偏差　　表 9-10

项　次	项　目			允许偏差（mm）	检验方法
1	轴线位移	墙、柱、梁		5	钢卷尺检查
2	截面尺寸	抹灰		±5	钢卷尺检查
		不抹灰		+4，-2	钢卷尺检查
3	垂直度	层高	≤5m	6	经纬仪、吊线、钢卷尺检查
			>5m	8	
		全高		$H/1000$ 且≤30	经纬仪、钢卷尺检查
4	标高	层高		±10	水准仪、拉线、钢卷尺检查
		全高		±30	
5	表面平整	抹灰		8	2m靠尺及塞尺检查
		不抹灰		4	
6	预留洞口中心线位置			15	钢卷尺检查
7	电梯井	井筒长、宽定位中心线		+25，0	钢卷尺检查
		井筒全高（H）垂直度		$H/1000$ 且≤30	2m靠尺及塞尺检查

6　成品保护

6.0.1　未浇筑楼板混凝土前，不得随意踩踏楼板负弯矩钢筋、悬挑钢筋。

6.0.2　振捣混凝土时，振捣棒尽量避免振动钢筋、模板及构件，以免钢筋移位、模板变形或埋件脱落，模板爬升时，不得振捣混凝土。

6.0.3　爬模装置爬升时，架体下端应设有滑轮，防止架体硬物划伤混凝土。

6.0.4　加强爬模装置液压系统的维修保养，避免液压油污染钢筋和混凝土。

6.0.5　混凝土浇筑位置的操作平台应采取铺铁皮、设置铁簸箕等措施，防止下层混凝土表面受污染。

6.0.6　爬模装置脱模时，应保证混凝土表面及棱角不受损伤。

6.0.7　混凝土出模后，及时进行表面修整，浇水养护。

7 注意事项

7.1 应注意的质量问题

7.1.1 阴角模宜后插入安装，阴角模的两个直角边应同相邻平模板搭接紧密。爬模施工应在合模完成和混凝土浇筑后两次进行垂直偏差测量，并填写《爬模工程垂直偏差测量记录》。如有偏差，应在上层模板紧固前进行校正。

7.1.2 混凝土浇筑要均匀下料，分层浇筑，分层振捣，并应变换浇筑方向，顺时针逆时针交错进行，保证结构垂直度。

7.1.3 爬升模板要每层清理、涂刷脱模剂，以保证混凝土外观效果。

7.2 应注意的安全问题

7.2.1 操作平台上应在显著位置注明允许荷载值，设备、材料及人员等荷载应均匀分布，不得超载；并按要求设置灭火器，施工消防供水系统随爬模施工同步设置，平台上进行电气焊作业时应有防火措施，并专人看护。

7.2.2 上、下操作平台均应满铺脚手板，爬模装置爬升时不得堆放钢筋等施工材料，非操作人员应撤离操作平台。上架体、下架体全高范围及下端平台底部均应安装防护栏及安全网；下操作平台及下架体下端平台与结构表面间应设置翻板和兜网。

7.2.3 爬模施工临时用电线路架设及架体接地、避雷措施应符合现行行业标准《施工现场临时用电安全技术规程》JGJ 46 的有关规定。

7.2.4 对后退进行清理的外墙模板应及时恢复停放在原合模位置，并应临时拉结固定；架体爬升时，模板距结构表面不应大于 300mm。

7.2.5 爬升时作业人员应站在固定件上，不得站在爬升件上爬升，爬升过程中应防止晃动与扭转。作业人员应背工具袋，以便存放工具和拆下的零件，防止物件跌落，且严禁高空向下抛物，每步脚手架间应设置爬梯，作业人员应由爬梯上下，进入爬架应在爬架内上下，严禁攀爬模板、脚手架和爬架外侧。

7.2.6 爬模施工现场必须有明显的安全标志，爬模安装拆除时应先清除脚手架上的垃圾杂物，并应设置围栏和警戒标志，警戒区由专人监护，严禁交叉作业及非操作人员入内。五级及以上大风应停止拆除作业。

7.2.7 操作平台与地面间应有可靠的通信联络，爬升和拆除过程中应分工明确、各负其责，由爬模总指挥实行统一指挥、规范指令，操作人员发现不安全问题应及时处理、排除并立即向总指挥反馈信息。参加拆除的人员须系好安全带并扣好保险钩，每起吊一段模板或架体前，操作人员必须离开。

7.2.8 所有螺栓孔均应安装螺栓，螺栓应紧固。

7.3 应注意的绿色施工问题

7.3.1 爬模装置应做到模数化、标准化，可在多项工程使用，减少能源消耗。

7.3.2 液压系统宜采用耐腐蚀、防老化、具备优良密封性能的油管，防止漏油造成环境污染。

7.3.3 模板表面宜选用无污染、环保型脱模剂。

7.3.4 爬模施工中应有注意噪声污染。

8　质量记录

8.0.1 原材料合格证、出厂检验报告和进场复验报告。

8.0.2 爬模装置产品合格证。

8.0.3 爬模装置安装质量验收记录。

8.0.4 爬模工程垂直偏差测量记录。

8.0.5 爬模工程安全检查表。

8.0.6 爬升时混凝土立方体抗压强度同条件养护试件试验报告。

8.0.7 特种作业人员和管理人员岗位证书。

8.0.8 钢筋、混凝土施工记录及质量管理文件。

8.0.9 其他技术文件。

第 10 章　钢筋加工制作

本工艺标准适用于钢筋加工厂（场）的钢筋加工制作。

1　引用标准

《混凝土结构工程施工规范》GB 50666—2011

《钢筋锚固板应用技术规程》JGJ 256—2011

《混凝土中钢筋检测技术规程》JGJ/T 152—2008

《冷轧带肋钢筋混凝土结构技术规程》JGJ 95—2011

《建筑工程冬期施工规程》JGJ/T 104—2011

《混凝土结构设计规范》GB 50010—2010（2015 版）

《混凝土结构工程施工质量验收规范》GB 50204—2015

《钢筋混凝土用钢　第 1 部分：热轧光圆钢筋》GB 1499.1—2017

《钢筋混凝土用钢　第 2 部分：热轧带肋钢筋》GB 1499.2—2018

《低碳钢热轧圆盘条》GB/T 701—2008

《钢筋混凝土用余热处理钢筋》GB 13014—2013

《冷轧带肋钢筋》GB/T 13788—2017

2　术语

2.0.1　成型钢筋：采用专用设备，按规定尺寸、形状预先加工成型的普通钢筋制品。

3　施工准备

3.1　作业条件

3.1.1　应编制钢筋专项施工方案。

3.1.2　钢筋原材复试合格，根据设计图纸完成钢筋料表编制、审核工作。

3.1.3　钢筋抽料人员要熟识图纸、会审纪要、设计变更、技术核定及现行施工规范，按图纸要求的钢筋规格、形状、尺寸、数量，正确合理地填写钢筋抽料表，计算出钢筋用量。

3.1.4　各种设备在操作前检修完好，保证正常运转，并符合安全要求规定。

3.2　材料及机具

3.2.1　材料

1　钢筋宜采用高强钢筋，主要型号为：HPB300 光圆钢筋，HRB335、HRB335E、HRB400、HRB400E、HRB500、HRB500E、HRBF335、HRBF335E、HRBF400、HRBF400E、HRBF500、HRBF500E、RRB400 等带肋钢筋等。各种规格、级别的钢筋必须有出厂质量证明书（合格证），钢筋进场时，应按国家现行相关标准的规定抽取试件作屈服强度、抗拉强度、伸长率、弯曲性能和重量偏差检验，检验结果应符合相应标准的规定。对于进口钢材须增加化学检验，经检验合格后方能使用。

2　对有抗震设防要求的结构，其纵向受力钢筋的性能应满足设计要求；当设计无具体要求时，对按一、二、三级抗震等级设计的框架和斜撑构件（含梯段）中的纵向受力普通钢筋应采用 HRB335E、HRB400E、HRB500E、HRBF335E、HRBF400E 或 HRBF500E 钢筋，其强度和最大力下总伸长率的实测值，应符合下列规定：

1）钢筋的抗拉强度实测值与屈服强度实测值的比值不应小于 1.25；

2）钢筋的屈服强度实测值与屈服强度标准值的比值不应大于 1.30；

3）钢筋的最大力下总伸长率不应小于 9%。

3　钢筋宜采用专业化生产的成型钢筋，钢筋连接方式应根据设计要求和施工条件选用。

3.2.2　机械设备

钢筋冷拉机、调直机、切断机、弯曲成型机、弯箍机、电动套丝机、无齿锯、钢尺、角尺、画针及相应吊装设备等。

4　操作工艺

4.1　工艺流程

$$\boxed{\text{钢筋清洁、除锈}} \rightarrow \boxed{\text{钢筋调直}} \rightarrow \boxed{\text{钢筋下料}} \rightarrow \boxed{\text{钢筋成型}} \rightarrow \boxed{\text{半成品检验、堆放}}$$

4.2　钢筋清洁、除锈

钢筋的表面应清洁、无损伤，油渍、漆污和铁锈应在加工前清除干净。带有颗粒状或片状老锈的钢筋不得使用。钢筋除锈可采用手工除锈，即采用钢丝刷、砂轮等工具除锈；钢筋冷拉或钢丝调直除锈；机械方法除锈，如采用电动除锈机等。

4.3　钢筋调直

4.3.1　钢筋宜采用无延伸功能的机械设备进行调直，也可采用冷拉方法调直。当采用冷拉方法调直盘圆钢筋时，要控制冷拉率。HPB300 级钢筋的冷拉率不宜大于 4%；HRB335 级、HRB400 级及 RRB400 冷拉率不宜大于 1%；钢筋应先拉直，然后量其长度再行冷拉；在负温下冷拉调直时，环境温度不应低于 -20℃。

4.3.2　钢筋调直后应平直，不应有局部弯折、死弯、小波浪形，其表面伤痕不应使钢筋截面减少 5% 以上。预制构件的吊环不得冷拉，应采用 I 级热轧钢筋制作。

4.4　钢筋下料

钢筋下料应合理统筹配料，根据钢筋编号、直径、长度和数量，长短搭配，统筹排料，一般先断长料，后断短料，尽量减少和缩短钢筋短头，以节约钢材。避免用短尺量长料，产生累积误差。切断操作时应在工作台上标出尺寸刻度，并设置控制断料尺寸用的挡板。向切断机送料时，应将钢筋摆直，避免弯成弧形，操作者应将钢筋握紧，在刀片向后退时送进钢筋。切断长 300mm 以下钢筋时，应采取相应措施，防止发生事故。只允许用切割机割断，不得用电弧切割。钢筋下料长度应按下列情况综合考虑：

4.4.1　直钢筋下料长度＝构件长度－保护层厚度＋弯钩增加长度。

4.4.2　弯起钢筋下料长度＝直段长度＋斜弯长度－弯曲调整值＋弯钩增加长度。

4.4.3　箍筋下料长度＝箍筋内周长＋箍筋调整值＋弯钩增加长度。

4.5　钢筋成型

4.5.1　钢筋下料后，根据钢筋料牌上标明的尺寸，用石笔或画针将各弯曲点位置画出，复核尺寸无误后，进行弯曲成型。

4.5.2　钢筋弯钩有半圆弯钩、直弯钩及斜弯钩三种形式。钢筋弯曲后，弯曲处内皮收缩、外皮延伸、轴线长度不变，弯曲处形成圆弧，弯起后尺寸大于下料尺寸。钢筋弯曲前，对形状复杂的钢筋（如弯起钢筋），根据钢筋料牌上标明的尺寸，用石笔将各弯曲点位置画出，根据不同的弯曲角度扣除弯曲调整值，其扣法是从相邻两段长度中各扣一半；钢筋端部带半圆弯钩时，该段长度画线时增加 $0.5d$（d 为钢筋直径）；画线工作宜从钢筋中线开始向两边进行，两边不对称的钢筋，也可从钢筋一端开始画线，如画到另一端有出入时，则应重新调整。

4.5.3　钢筋弯折的弯弧内直径应符合下列规定：

1　光圆钢筋，不应小于钢筋直径的 2.5 倍；

2　335MPa 级、400MPa 级带肋钢筋，不应小于钢筋直径的 4 倍；

3　500MPa 级带肋钢筋，当直径为 28mm 以下时不应小于钢筋直径的 6 倍，当直径为 28mm 及以上时不应小于钢筋直径的 7 倍；

4　位于框架结构顶层端节点处的梁上部纵向钢筋和柱外侧纵向钢筋，在节点角部弯折处，当钢筋直径为 28mm 以下时不宜小于钢筋直径的 12 倍，当钢筋直径为 28mm 及以上时不宜小钢筋直径的 16 倍；

5　箍筋弯折处尚不应小于纵向受力钢筋直径；箍筋弯折处纵向受力钢筋为搭接钢筋或并筋时，应按钢筋实际排布情况确定箍筋弯弧内直径。

4.5.4　纵向受力钢筋的弯折后平直段长度应符合设计要求，光圆钢筋末端做 $180°$ 弯钩时，弯钩的平直段长度不应小于钢筋直径的 3 倍。弯起钢筋中间部位弯折处的弯曲直径 D，不小于钢筋直径 d 的 5 倍。弯起钢筋弯起角度及斜边长度计算简图见图 10-1，系数见表 10-1。

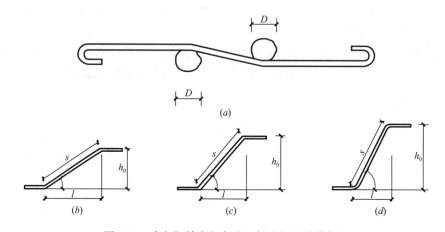

图 10-1　弯起钢筋弯起角度及斜边长度计算简图

(a) 弯曲直径；(b) 弯起角度 $30°$；(c) 弯起角度 $45°$；(d) 弯起角度 $60°$

弯起钢筋斜长系数表（mm）　　　　　　　　　　　　　　　　表 10-1

弯起角度	$30°$	$45°$	$60°$
斜边长度 S	$2h_0$	$1.41h_0$	$1.15h_0$
底边长度 l	$1.732h_0$	h_0	$0.575h_0$
增加长度 Sl	$0.268h_0$	$0.41h_0$	$0.575h_0$

注：h_0 为弯起高度。

4.5.5　由于弯芯直径理论计算与实际不一致，在半圆弯钩实际配料时，增加长度见表 10-2。

钢筋弯曲调整值（mm）　　　　　　　　　　　　　　　　表 10-2

钢筋直径（mm）	≤6.5	8～10	12～18	20～28	32～36
一个弯钩长度（mm）	$4d$	$6d$	$5.5d$	$5d$	$4.5d$

注：d 为钢筋直径。

4.5.6　箍筋、拉筋的末端应按设计要求作弯钩，并应符合下列规定：

1　对一般结构构件，箍筋弯钩的弯折角度不应小于 $90°$，弯折后平直部分长度不应小于箍筋直径的 5 倍；对有抗震设防及设计有专门要求的结构构件，箍筋弯钩的弯折角度不应小于 $135°$，弯折后平直部分长度不应小于箍筋直径的 10 倍和 75mm 的较大值；

2　圆形箍筋的搭接长度不应小于其受拉锚固长度，且两末端均应作不小于 $135°$ 的弯钩，弯折后平直部分长度对一般结构构件不应小于箍筋直径的 5 倍，对有抗震设防要求的结构构件不应小于箍筋直径的 10 倍和 75mm 的较大值；

3　拉筋用作梁、柱复合箍筋中单肢箍筋或梁腰筋间拉结筋时，两端弯钩的弯折角度均不应小于 135°，弯折后平直部分长度不应小于箍筋直径的 10 倍和 75mm 的较大值；拉筋用作剪力墙、楼板等构件中拉结筋时，两端弯钩可采用一端 135°另一端 90°，弯折后平直段长度不应小于拉筋直径的 5 倍。

4.5.7 当钢筋采用机械锚固措施时，钢筋锚固端的加工应符合国家现行相关标准的规定。采用钢筋锚固板时，应符合现行行业标准《钢筋锚固板应用技术规程》JGJ 256 的有关规定。

4.5.8 箍筋调整值即为弯钩增加长度和弯曲调整值两项之差或和，钢筋调整值见表 10-3。

箍筋调整值（mm）　　　　表 10-3

箍筋量度方法	箍筋直径（mm）			
	4～5	6.5	8	10～12
量外包尺寸	40	50	60	70
量内包尺寸	80	100	120	150～170

4.6 半成品检验、堆放

4.6.1 钢筋加工成型后，按照配料单的要求复查钢筋的规格、型号、形状等是否符合设计要求及施工规范的规定。

4.6.2 按照配料单的钢筋规格、形状、使用部位分别进行堆放，并采用标识牌进行标识。

5 质量标准

5.1 主控项目

5.1.1 钢筋进场时，应按国家现行相关标准的规定抽取试件作力学性能和重量偏差检验，检验结果必须符合有关标准的规定。

5.1.2 当发现钢筋脆断、焊接性能不良或力学性能显著不正常等现象时，应对该批钢筋进行化学成分检验或其他专项检验。

5.1.3 盘卷钢筋调直后应进行力学性能和重量偏差的检验，其强度应符合有关标准的规定。

盘卷钢筋和直条钢筋调直后的断后伸长率、重量负偏差应符合表 10-4 的规定。

盘卷钢筋调直后的断后延长率、重量负偏差要求　　　　表 10-4

钢筋牌号	断后伸长率 A（%）	重量偏差（%）	
		直径 6～12mm	直径 14～16mm
HPB300	≥21	≥-10	—
HRB335、HRBF335	≥16	≥-8	≥-6
HRB400、HRBF400	≥15		
RRB400	≥13		
HRB500、HRBF500	≥14		

注：断后伸长率 A 的量测标距为 5 倍钢筋直径。

5.1.4 钢筋弯折的弯弧内直径，箍筋、拉筋的末端弯钩等应符合 4.5.3～4.5.6 条规定要求。

5.2 一般项目

5.2.1 钢筋应平直、无损伤、表面不得有裂纹、油污、颗粒状或片状老锈。

5.2.2 钢筋加工的形状、尺寸应符合设计要求，其偏差应符合表 10-5 的规定。

钢筋加工的允许偏差　　　　　　　　表 10-5

项　　　目	允许偏差（mm）
受力钢筋沿长度方向的净尺寸	±10
弯起钢筋的弯折位置	±20
箍筋外廓尺寸	±5

6 成品保护

6.0.1 各种类型钢筋半成品，应按规格、型号、品种堆放整齐，挂好标志牌，堆放场所应有遮盖，防止雨淋日晒。

6.0.2 钢筋及半成品应采用专用钢筋车进行运输，应小心装卸，不应随意抛掷，避免钢筋变形。

7 注意事项

7.1 应注意的质量问题

7.1.1 钢筋进场时应按下列规定检查性能及重量：

1 应检查钢筋的质量证明书；

2 应按国家现行有关标准、规范的规定抽取试件进行相关性能检验；

3 经产品认证符合要求的钢筋，其检验批量可扩大一倍。在同一工程项目中，同一厂家、同一牌号、同一规格的钢筋连续三次进场检验均合格时，其后的检验批量可扩大一倍；

4 钢筋的表面质量应符合国家现行有关标准的规定；

5 当无法准确判断钢筋品种、牌号时，应增加化学成分、晶粒度等检验项目。

7.1.2 成型钢筋进场时，应检查成型钢筋的质量证明书及成型钢筋所用材料的检验合格报告，并应抽样检验成型钢筋的屈服强度、抗拉强度、伸长率。检验批量可由合同约定，且同一工程、同一原材料来源、同一组生产设备生产的成型钢筋，检验批量不应大于30t。

7.1.3 盘卷供货的钢筋调直后应抽样检验力学性能和单位长度重量偏差，其强度应符合国家现行有关产品标准的规定，断后伸长率、单位长度重量偏差应符合现行国家标准《混凝土结构工程施工质量验收规范》的有关规定。

7.1.4 当钢筋的品种、级别或规格需作变更或代换时，应办理设计变更文件。

7.1.5 焊条、焊剂的牌号、性能以及接头中使用的钢板和型钢均必须符合设计要求和有关标准的规定。钢筋试件、预应力筋试件的抽样方法、抽样数量、制作要求和试验方法等应符合国家现行有关标准的规定。

7.1.6　冷拉、冷拔钢筋的机械性能必须符合设计要求和施工规模的规定。

7.1.7　钢筋规格、形状、尺寸、数量、锚固长度、接头位置必须符合设计要求和施工规范规定。

7.1.8　对于 HPB300 级钢筋可进行一次重新调直和弯曲，其他级别钢筋不宜重新调直和弯曲。

7.1.9　钢筋加工宜在常温状态下进行，加工过程中不应加热钢筋。钢筋弯折应一次完成，不得反复弯折。冬期施工应采取相应防护措施。

7.2　应注意的安全问题

7.2.1　机械必须设置防护装置，注意每台机械必须一机一闸并设漏电保护开关。

7.2.2　工作场所保持道路畅通，危险部位必须设置明显标志。

7.2.3　操作人员必须持证上岗，熟识机械性能和操作规程。

7.2.4　电器设备和供电系统如发生故障，应由专业电工修理。

7.2.5　清理设备周围杂物，保持设备清洁完好，工作结束后立即将电源关闭，锁上电源开关。

7.3　应注意的绿色施工问题

7.3.1　钢筋除锈时，操作人员要戴好防护眼镜、口罩手套等防护用品，并将袖口扎紧。

7.3.2　使用电动除锈时，应先检查钢丝刷固定有无松动，检查封闭式防护罩装置、吸尘设备和电气设备的绝缘及接零或接地保护是否良好，防止机械和触电事故；做好机械油污收集、处理工作；加工送料时，操作人员要侧身操作，严禁在除锈机前方站人，长料除锈要两人操作，互相呼应，紧密配合。

7.3.3　注意钢筋机械的使用时间，控制噪声排放。

7.3.4　运输材料尽量安排白天，减少夜间运输机械噪声。

7.3.5　对参加施工人员进行教育，夜间不大声喧哗，施工时轻拿轻放，严禁敲打物体。

8　质量记录

8.0.1　钢筋合格证、出厂检验报告和进场复验报告。

8.0.2　钢筋加工检验批质量验收记录。

8.0.3　其他技术文件等。

第 11 章　钢筋绑扎与安装

本工艺标准适用于混凝土结构工程的钢筋骨架绑扎与安装。

1 引用标准

《混凝土结构工程施工规范》GB 50666—2011

《冷轧带肋钢筋混凝土结构技术规程》JGJ 95—2011

《建筑工程冬期施工规程》JGJ/T 104—2011

《混凝土结构工程施工质量验收规范》GB 50204—2015

《钢筋焊接及验收规程》JGJ 18—2012

《混凝土结构设计规范》GB 50010—2010（2015 版）

《钢筋机械连接技术规程》JGJ 107—2016

2 术语

2.0.1 钢筋保护层：是最外层钢筋外边缘至混凝土表面的距离。

3 施工准备

3.1 作业条件

3.1.1 应编制专项钢筋施工方案，认真验收上道工序。

3.1.2 熟识图纸，核对半成品钢筋的级别、直径、形状、尺寸和数量等是否与料单料牌相符，如有错漏，应纠正增补。

3.1.3 绑扎部位位置上所有杂物应在安装前清理干净。

3.2 材料及机具

3.2.1 材料

钢筋半成品的质量要符合设计图纸要求。钢筋绑扎用的铁丝，采用 20～22 号铁丝（镀锌铁丝），其长度依据钢筋规格参考表 11-1。钢筋安装时，受力钢筋的牌号、规格和数量必须符合设计要求，保护层垫块要有足够的强度。

镀锌铁丝长度规格参考表　　　　　　　　　　表 11-1

钢筋直径（mm）	3～5	6～8	10～12	14～16	18～20	22	25	28	32
3～5	120	130	150	170	190				
6～8		150	170	190	220	250	270	290	320
10～12			190	220	250	270	290	310	340
14～16				250	270	290	310	330	360
18～20					290	310	330	350	380
22						330	350	370	400

3.2.2 机具

常用的钢筋钩、带扳口的小撬棍、绑扎架、卷尺、粉笔（或石笔）、专用运输机具等。

4　操作工艺

4.1　基础钢筋绑扎

4.1.1　工艺流程

画钢筋位置线 → 摆放钢筋、加保护层垫块 → 钢筋绑扎

4.1.2　画钢筋位置线

按图纸标明的钢筋间距，算出底板实际需要的钢筋根数，一般靠近底板模板边的钢筋离模板边为 50mm，在垫层上弹出钢筋位置线。

4.1.3　摆放钢筋、加保护层垫块

1　按弹出的钢筋位置线，先铺底板下层钢筋。铺设顺序根据设计要求，一般情况下先铺短向钢筋，再铺长向钢筋；

2　摆放底板混凝土保护层垫块，垫块厚度等于保护层厚度，按每 1m 左右距离梅花形摆放，如基础底板较厚或基础梁及底板用钢量较大，摆放距离可适当缩小。

4.1.4　钢筋绑扎

1　钢筋绑扎时，单向板靠近外围两行的相交点应全部绑扎，中间部分的相交点可相隔交错绑扎，但必须保证受力钢筋不位移。双向受力的钢筋则需将钢筋交叉点全部绑扎牢，如采用一面顺扣应交错变换方向，也可采用八字扣，但必须保证钢筋不位移。

2　基础底板采用双层钢筋时，绑完下层钢筋后，摆放钢筋马凳或钢筋支架，间距以 1m 左右为宜，在马凳上摆放上层纵横两个方向定位钢筋。钢筋网的绑扎同底板下层钢筋。

3　底板钢筋如有绑扎接头时，应按照规范要求错开搭接接头位置，钢筋搭接处应用铁丝在接头中心及两端扎牢，绑扣不少于 3 个。如采用焊接或机械连接接头，接头位置应符合现行《混凝土结构工程施工质量验收规范》要求规定。

4　有弯钩的钢筋应按设计要求朝向绑扎，如设计无要求时，底层钢筋弯钩朝上，上层钢筋弯钩朝下。

5　根据弹好的墙、柱位置线，将墙、柱伸入基础的插筋绑扎牢固，插入基础深度应符合设计要求，甩出长度不宜过长，其上端应采取措施保证甩筋垂直，不歪斜、不倾倒、不变位。

4.2　柱子钢筋绑扎

4.2.1　工艺流程

清整插筋 → 套柱箍筋 → 安装竖向受力筋 → 画箍筋间距线 → 绑扎箍筋

4.2.2　清整插筋

对插筋上的锈皮、水泥浆等污垢清除干净，并整理调直钢筋。

4.2.3　套柱箍筋

按图纸要求间距，计算好每根柱箍筋数量，将箍筋套在下层伸出的搭接钢筋上，箍筋的弯钩叠合处应沿柱子竖筋交错布置。

4.2.4　安装竖向受力筋

下层柱的钢筋露出楼面部分，宜收进一个柱箍直径，以利于上层柱的钢筋连接。当柱截

面有变化时，其下层柱钢筋的露出部分，应在绑扎梁的钢筋之前，能按照 1：6 进行收缩的，先行收缩弯折准确，否则进行重新插筋。采用搭接时柱子主筋立起之后，在搭接长度内，绑扣不少于 3 个。

4.2.5 画箍筋间距线

在立好的竖向柱子钢筋上，按图纸要求用粉笔画箍筋间距线。

4.2.6 绑扎箍筋

1 按已画好的箍筋位置线，将已套好的箍筋往上移动，由上往下绑扎，宜采用缠扣绑扎；

2 箍筋与主筋应垂直，箍筋的接头应交错排列垂直放置。箍筋转角处于主筋交点应全部绑扎，主筋与箍筋非转角部分的相交点宜采用梅花形交错绑扎。绑扎箍筋时，绑扎扣要相互成八字形绑扎。竖向钢筋的弯钩应朝向柱心，角部钢筋的弯钩平面与模板面夹角，对矩形柱应为 45°角，截面小的柱，用插入振动器时，弯钩和模板所成的角度不应小于 15°；

3 有抗震要求的地区，柱箍筋弯钩应弯成 135°，平直部分长度不小于箍筋直径的 10 倍。如箍筋采用 90°搭接，搭接处应焊接，焊缝长度单面焊缝不小于箍筋直径的 10 倍；

4 柱上下两端箍筋应加密，加密区长度及加密区内箍筋间距应符合设计图纸要求。如设计要求箍筋设拉筋时，拉筋应钩住箍筋，见图 11-1；

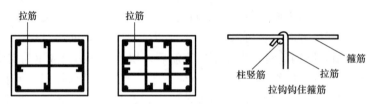

图 11-1 柱箍筋弯钩示意图

5 柱筋保护层厚度应符合设计要求。保护层采用塑料卡卡在柱竖向筋外皮，间距一般不大于 1000mm，以保证主筋保护层厚度准确。

4.3 剪力墙钢筋绑扎

4.3.1 工艺流程

绑扎竖向定位筋 → 画水平筋间距 → 绑定位横筋 → 绑其余横竖筋

4.3.2 绑扎竖向定位筋

根据测设的轴线，绑扎竖向定位筋，将竖向钢筋进行定位。

4.3.3 画水平筋间距

将竖筋与下层伸出的搭接钢筋绑扎（焊接或机械连接），在 2～4 根竖筋上画好水平筋分档标志。横竖筋的间距及位置应符合设计要求。

4.3.4 绑定位横筋

在下部及约 1.5m 高度绑两根横筋定位，并在横筋上画好竖筋分档标志。

4.3.5 绑其余横竖筋

1 横竖筋的放置位置应符合设计要求，接着绑其余竖筋，最后再绑其余横筋；

2 竖筋与伸出搭接筋的搭接处需绑 3 根水平筋，搭接长度应符合设计及规范要求；

3　剪力墙筋应全部绑扎，双排钢筋之间应绑拉筋或支撑筋，其纵横间距不大于 600mm，用垫块或塑料卡绑扎或卡在竖筋的外皮上；

4　剪力墙与框架柱连接处，剪力墙水平横筋应锚固到框架柱内，其锚固长度应符合设计要求。如先浇筑柱混凝土后绑剪力墙钢筋，应在柱中预留钢筋进行搭接，预留搭接长度应符合设计要求；

5　剪力墙水平筋在两端头、转角、十字节点、连梁等部位的锚固长度及洞口周围加固筋等，应符合设计抗震要求；

6　合模后对伸出的竖向钢筋应进行修整，宜在搭接处绑一道横筋（或安装定位框）定位，浇筑混凝土时应有专人看管，浇筑后再次调整以保证钢筋位置的准确。

4.4　梁钢筋绑扎

4.4.1　工艺流程

画主（次）梁箍筋间距、摆放箍筋 → 穿主（次）梁底层纵筋 → 穿主（次）梁上部筋 → 主（次）梁箍筋绑扎

4.4.2　画主（次）梁箍筋间距，摆放钢筋

1　在梁模板上画出箍筋间距，摆放钢筋；

2　箍筋在叠合处的弯钩，在梁中应交错绑扎，箍筋弯钩为 135°，平直部分长度为箍筋直径的 10 倍，如采用封闭箍时，单面焊缝长度为箍筋直径的 5 倍；

3　梁端第一个箍筋应按图纸要求留置，梁端与柱交接处箍筋应加密，其间距与加密区长度应符合设计要求。

4.4.3　穿主（次）梁底层纵筋

1　先穿主梁的下部纵向钢筋及弯起钢筋，将箍筋按已画好的间距逐个分开，穿次梁的下部纵向钢筋及弯起钢筋，并套好箍筋；

2　在主（次）梁筋下均应垫水泥砂浆垫块或塑料卡，保证保护层的厚度。受力钢筋为双排时，钢筋排距及间距应符合设计及规范要求；

3　梁钢筋的连接方式应符合设计要求，一般梁的受力钢筋直径等于或大于 22mm 时，宜采用焊接接头或机械连接接头；直径小于 22mm 时，可采用绑扎接头。钢筋接头不宜位于构件最大弯矩处，接头与钢筋弯折处的距离，不得小于钢筋直径的 10 倍。

4.4.4　穿主（次）梁上部筋

1　穿主（次）梁上部的架立筋及纵向受力钢筋，设计无要求时，一般主梁纵向受力钢筋应放在次梁的上面；

2　框架梁上部纵向钢筋应贯穿中间节点，梁下部纵向钢筋伸入中间节点，锚固长度及伸过中心线的长度应符合设计要求。框架梁纵向钢筋在端节点内的锚固长度应符合设计要求。

4.4.5　主（次）梁箍筋绑扎

1　隔一定间距将架立筋与箍筋绑扎牢固，调整箍筋间距符合设计要求，先绑架立筋，再绑主筋，主次梁同时配合进行；

2　梁上部纵向筋箍筋宜采用套扣法绑扎，详见图 11-2 梁钢筋绑扎。

4.4.6　梁钢筋在模板外成型时，应按下列工艺流程进行：在梁侧模板上画线 → 在梁模

板上口铺横杆数根→在横杆之间摆放钢箍→穿下层纵筋→穿主（次）梁上层钢筋→按主（次）梁箍筋间距绑扎→抽出横杆落钢筋骨架于模板内。

图 11-2　梁钢筋绑扎

1、2、3—绑扎顺序

4.5　板钢筋绑扎

4.5.1　工艺流程

$$\boxed{\text{画钢筋位置线}}\rightarrow\boxed{\text{绑扎板筋}}$$

4.5.2　画钢筋位置线

用粉笔或石笔在模板上按图纸设计将主筋和分布筋位置画好。

4.5.3　绑扎板筋

1　按画好钢筋的间距，先摆放受力钢筋，后摆放分布钢筋；如板为双层钢筋，两层筋之间应加设钢筋马凳，每平方米不少于 1 个，以确保上部钢筋的位置；

2　绑扎板筋时一般用顺扣（如图 11-3）或八字扣，外围两根钢筋的相交点应全部绑扎，其他各相交点可交错绑扎。双向板相交点须全部绑扎。负弯矩筋每个相交点均应绑扎；

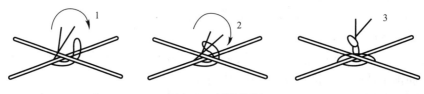

图 11-3　板筋绑扎

1、2、3—绑扎顺序

3　钢筋的末端应做弯钩，弯钩朝向应符合设计要求，如设计无要求时，下层钢筋弯钩朝上，上层弯钩朝下。钢筋搭接长度及位置应符合设计和规范要求；

4　在钢筋的下面垫好保护层垫块，间距不大于 1m。垫块厚度等于保护层厚度。如设计无要求时，板的保护层厚度应为 15mm。悬挑板、悬挑阳台等构件设置垂直于上层受力钢筋的通长马凳，确保悬挑构件上层钢筋保护层厚度满足设计图纸要求。

5　质量标准

5.1　主控项目

5.1.1　钢筋安装时，受力钢筋的品种、级别、规格和数量必须符合设计要求。当需要代换时，应办理设计变更文件。

5.1.2　焊条、焊剂、氧气及乙炔的质量应符合现行《非合金钢及细晶粒钢焊条》等标准规定。

5.1.3　机械连接所用的套筒、连接套及接头形式检验等应符合现行行业标准《钢筋机械连接技术规程》JGJ 107 的规定。

5.1.4　钢筋应安装牢固。受力钢筋的安装位置、锚固方式应符合设计要求。

5.1.5　纵向受力钢筋的连接方式应符合设计要求，其钢筋机械连接接头、焊接接头应按现行行业标准《钢筋机械连接技术规程》JGJ 107 和《钢筋焊接及验收规程》JGJ 18 规定做工艺性能检验，符合要求后，再按照规定抽取试件作力学性能检验，其质量应符合有关规范、规程的规定。

5.2　一般项目

5.2.1　钢筋接头的位置应符合设计和施工方案要求。有抗震设防要求的结构中，梁端、柱端箍筋加密区范围内不应进行钢筋搭接。同一纵向受力钢筋不宜设置两个或两个以上接头。接头末端至钢筋弯起点的距离不应小于钢筋直径的 10 倍。其他施工要求符合国家相关规范及规程要求。

5.2.2　在施工现场，应按现行行业标准《钢筋焊接及验收规程》JGJ 18、《钢筋机械连接技术规程》JGJ 107 规定抽取试件作力学性能检验，其质量应符合有关规范、规程的规定。

5.2.3　当纵向受力钢筋采用机械连接接头或焊接接头时，接头的设置应符合下列规定：

1　同一构件内的接头宜分批错开；

2　接头连接区段的长度为 $35d$，且不应小于 500mm。凡接头中点位于该连接区段长度内的接头均应属于同一连接区段；其中，d 为相互连接两根钢筋中较小直径；

3　同一连接区段内，纵向受力钢筋接头面积百分率为该区段内有接头的纵向受力钢筋截面面积与全部纵向受力钢筋截面面积的比值；纵向受力钢筋的接头面积百分率应符合下列规定：

1）受拉接头不宜大于 50%，受压接头可不受限制；

2）板、墙、柱中受拉机械连接接头，可根据实际情况放宽；装配式混凝土结构构件连接处受拉接头，可根据实际情况放宽；

3）直接承受动力荷载的结构构件中，不宜采用焊接接头；当采用机械连接接头时，不应超过 50%。

5.2.4　当纵向受力钢筋采用绑扎搭接接头时，接头的设置应符合下列规定：

1　同一构件内的接头宜分批错开。各接头的横向净间距 s 不应小于钢筋直径，且不应小于 25mm；

2　接头连接区段的长度应为 1.3 倍搭接长度，凡接头中点位于该连接区段长度内的接头均应属于同一连接区段；搭接长度可取相互连接两根钢筋中较小直径计算。纵向受力钢筋的最小搭接长度应符合现行国家标准《混凝土结构工程施工规范》GB 50666 附录 C 的规定；

3　同一连接区段内，纵向受力钢筋接头面积百分率为该区段内有接头的纵向受力钢筋截面面积与全部纵向受力钢筋截面面积的比值，见图 11-4；纵向受压钢筋的接头面积百分率可不受限制；纵向受拉钢筋的接头面积百分率应符合下列规定：

1）梁类、板类及墙类构件，不宜超过 25%；基础筏板，不宜超过 50%；

2）柱类构件，不宜超过50％；

3）当工程中确有必要增大接头面积百分率时，对梁类构件，不应大于50％；对其他构件，可根据实际情况适当放宽。

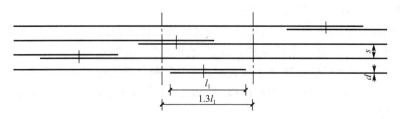

图 11-4　钢筋绑扎搭接接头连接区段及接头面积百分率

注：图中所示搭接接头同一连接区段内的搭接钢筋为两根，当各钢筋直径相同时，接头面积百分率为 50％

5.2.5　在梁、柱类构件的纵向受力钢筋搭接长度范围内，应按设计要求配置箍筋。并应符合下列规定：

1　箍筋直径不应小于搭接钢筋较大直径的 25％倍；

2　受拉搭接区段的箍筋间距不应大于搭接钢筋较小直径的 5 倍，且不应大于 100mm；

3　受压搭接区段的箍筋间距不应大于搭接钢筋较小直径的 10 倍，且不应大于 200mm；

4　当柱中纵向受力钢筋直径大于 25mm 时，应在搭接接头两个端面外 100mm 范围内各设置两个箍筋，其间距宜为 50mm。

5.2.6　钢筋绑扎应符合下列规定：

1　钢筋的绑扎搭接接头应在接头中心和两端用钢丝扎牢；

2　墙、柱、梁钢筋骨架中各竖向面钢筋网交叉点应全数绑扎；板上部钢筋网的交叉点应全数绑扎，底部钢筋网除边缘部分外可间隔交错绑扎；

3　梁、柱的箍筋弯钩及焊接封闭箍筋的对焊点，应沿纵向受力钢筋方向错开设置；

4　构造柱纵向钢筋宜与承重结构同步绑扎；

5　梁及柱中箍筋、墙中水平分布钢筋及暗柱箍筋、板中钢筋距构件边缘的距离宜为 50mm。

5.2.7　构件交接处的钢筋位置应符合设计要求。当设计无具体要求时，应保证主要受力构件和构件中主要受力方向的钢筋位置。框架节点处梁纵向受力钢筋宜置于柱纵向钢筋内侧；当主次梁底部标高相同时，次梁下部钢筋应放在主梁下部钢筋之上；剪力墙中水平分布钢筋宜放在外侧，并宜在墙边弯折锚固。

5.2.8　钢筋安装应采用定位件固定钢筋的位置，并宜采用专用定位件。定位件应具有足够的承载力、刚度、稳定性和耐久性。定位件的数量、间距和固定方式应能保证钢筋的位置偏差并符合国家现行有关标准的规定。混凝土框架梁、柱保护层内，不宜采用金属定位件。

5.2.9　钢筋安装过程中，因施工操作需要而要对钢筋进行焊接时，应符合现行行业标准《钢筋焊接及验收规程》JGJ 18 的有关规定。

5.2.10　采用复合箍筋时，箍筋外围应封闭。梁类构件复合箍筋内部，宜选用封闭箍筋，奇数肢也可采用单肢箍筋；柱类构件复合箍筋内部可部分采用单肢箍筋。

5.2.11　钢筋安装应采取防止钢筋受模板、模具内表面的脱模剂污染的措施。

5.2.12　钢筋安装位置允许偏差应符合表 11-2 的规定，受力钢筋保护层厚度的合格点率应达到 90% 及以上，且不得有超过表中数值 1.5 倍的尺寸偏差。

检查数量：在同一检验批内，对梁、柱和独立基础，应抽查构件数量的 10%，且不少于 3 件；对墙和板，应按有代表性的自然间抽查 10%，且不少于 3 间；对大空间结构，墙可按相邻轴线间高度 5m 左右划分检查面，板可按纵、横轴线划分检查面，抽查 10% 且均不少于 3 面。

钢筋安装位置的允许偏差 表 11-2

项目		允许偏差（mm）	检查方法
绑扎钢筋网	长、宽	±10	尺量
	网眼尺寸	±20	尺量连续三档，取最大偏差值
绑扎钢筋骨架	长	±10	尺量
	宽、高	±5	尺量
纵向受力钢筋	锚固长度	−20	尺量
	间距	±10	尺量两端，中间各一点，取最大偏差值
	排距	±5	
受力钢筋、箍筋的混凝土保护层厚度	基础	±10	尺量
	柱、梁	±5	尺量
	板、墙、壳	±3	尺量
绑扎箍筋、横向钢筋间距		±20	尺量连续三档，取最大偏差值
钢筋弯起点位置		20	尺量
预埋件	中心线位置	5	尺量
	水平高差	+3，0	塞尺量测

注：1. 检查预埋件中心线位置时，应沿纵、横两个方向量测，并取其中的较大值；
2. 表中梁类、板类构件上部纵向受力钢筋保护层厚度的合格点率应达到 90% 及以上，且不得有超过表中数值 1.5 倍的尺寸偏差。

6　成品保护

6.0.1　成型钢筋、钢筋网片应按指定地点堆放，用垫木垫放整齐，防止钢筋压弯变形、锈蚀、油污等。

6.0.2　基础、板及悬挑构件部分上下层钢筋绑扎时，支撑马凳应绑扎牢固，防止成型钢筋变形；绑扎柱、墙钢筋时应搭设临时架子，不准踩蹬横向钢筋和箍筋；楼板的弯起钢筋、负弯矩钢筋绑扎好后，不准在上面踩踏行走。浇筑混凝土时应派专人进行现场保护，保证负弯矩筋定位准确。

6.0.3　绑扎钢筋时禁止碰动预埋件及洞口模板，模板内涂刷隔离剂时不应污染钢筋。安装电线管、暖卫管线或其他设施时，不得任意切断和移动钢筋。

6.0.4　钢筋、半成品钢筋运输过程中应轻装轻卸，不能随意抛掷，防止成型钢筋变形。

6.0.5　成型钢筋长期放置未使用，宜室内堆放垫好，防止锈蚀。

7　注意事项

7.1　应注意的质量问题

7.1.1　墙、柱主筋的插筋与底板上、下筋应固定绑扎牢固，确保位置准确。

7.1.2 绑扎时应对每个接头进行尺量，检查搭接长度是否符合设计和规范要求。

7.1.3 梁、柱、墙钢筋接头较多时，应根据图纸预先画出施工翻样图，注明各号钢筋搭配顺序，并避开受力钢筋的最大弯矩处。

7.1.4 墙、柱、板钢筋每隔 1m 左右加带钢丝的水泥砂浆垫块或塑料卡，确保钢筋保护层厚度的准确。

7.1.5 梁主筋进入支座长度应符合设计要求，弯起钢筋位置准确；板的弯起钢筋和负弯矩钢筋位置应准确，施工时不得踩到下面。

7.1.6 绑扎竖向受力钢筋时应吊正，搭接部位应绑三个扣，不应用同一个方向的顺扣绑扎。当层高超过 4m 时，应搭架子绑扎并采取措施固定钢筋，防止柱、墙钢筋倾斜。

7.1.7 在钢筋配料加工时对焊接头应避开绑扎接头搭接范围。

7.1.8 浇筑混凝土前检查钢筋位置是否正确，振捣混凝土时防止碰动钢筋，浇完混凝土后立即修整甩筋的位置，防止柱筋、墙筋位移。

7.2 应注意的安全问题

7.2.1 高处作业部位周边、洞口等危险部位，应有安全防护措施，并要有明显的安全标志。

7.2.2 各种动力、照明设施的电线应有绝缘防护措施，并应设置漏电保护装置。

7.2.3 现场绑扎安装范围内，如遇有高压线路应进行安全防护后再进行钢筋绑扎与安装。

7.2.4 搬运钢筋时，要注意前后方向有无碰撞危险或被勾挂料物，特别是避免碰挂周围和上下方向的电线。人工抬运钢筋，上肩卸料要注意安全。

7.2.5 起吊或安装钢筋时，应和附近高压线路或电源保持一定安全距离，在钢筋林立的场所，雷雨时不准操作和站人。

7.2.6 柱、墙钢筋的绑扎应搭设临时操作架子，不得站在模板上或支撑上，严禁攀登在钢筋骨架上绑扎。

7.2.7 绑扎钢筋作业人员应经操作技术培训，考试合格后持证上岗，操作时应穿绝缘鞋，高空作业应系安全带。

7.2.8 钢筋及工具在操作面或在脚手板上堆放不应过于集中，不得随意向空中抛掷钢筋与工具。

7.3 应注意的绿色施工问题

7.3.1 钢材分类集中堆放整齐。预埋件等分门别类妥善保管。钢筋头、绑扎钢丝等应及时清理，集中堆放，避免随意乱丢、乱扔。绑扎完后要及时做到工完场清。

7.3.2 注意夜间照明灯光的投射，在施工区内进行作业封闭，尽量降低光污染。

7.3.3 合理安排夜间施工项目，有效控制施工噪声，施工人员不得大声喧哗和撞击其他物件，减少人为的噪声扰民现象。

8 质量记录

8.0.1 钢筋合格证、出厂检验报告和进场复验报告。

8.0.2　钢筋隐蔽工程检查验收记录。

8.0.3　钢筋安装工程检验批质量验收记录。

8.0.4　钢筋分项工程质量验收记录。

8.0.5　其他技术文件等。

第 12 章　钢筋闪光对焊

本工艺标准适用于热轧钢筋的连续闪光焊、预热闪光焊、闪光—预热闪光焊等对焊工艺。

1　引用标准

《混凝土结构工程施工规范》GB 50666—2011

《建筑工程冬期施工规程》JGJ/T 104—2011

《钢筋焊接及验收规程》JGJ 18—2012

《钢筋焊接接头试验方法标准》JGJ/T 27—2014

2　术语

2.0.1　钢筋闪光对焊：将两钢筋以对接形式水平安放在对焊机上，利用电阻热使接触点金属熔化，产生强烈闪光和飞溅，迅速施加顶锻力完成的一种压焊方法。

3　施工准备

3.1　作业条件

3.1.1　准备工程所需的图纸、规范、标准等技术资料。施工前依据工程实际编制专项施工方案，有效指导工程施工，并做好技术交底。

3.1.2　钢筋焊接施工之前，应清除钢筋焊接部位以及钢筋与电极接触表面上的锈斑、油污、杂物等；钢筋端部当有弯折、扭曲时，应予以矫直或切除。钢筋验收合格，方可进行焊接连接。

3.1.3　从事钢筋焊接施工的焊工必须持有钢筋焊工考试合格证。在钢筋工程焊接开工之前，参与该项工程施焊的焊工必须进行现场条件下的焊接工艺试验，应经试验合格后，方准于焊接生产。

3.1.4　电源应符合要求，进行闪光对焊时，应随时观察电源电压的波动情况；当电源电压下降大于 5%、小于 8% 时，应采取提高焊接变压器级数的措施；当大于或等于 8% 时，不得进行焊接。

3.1.5 焊工要配齐安全防护用品，作业场地应有安全防护设施、防火和必要的通风措施，防止发生烧伤、触电及火灾等事故。

3.1.6 当风力超过四级时，应采取挡风措施。

3.2 材料及机具

3.2.1 材料：钢筋的级别、直径必须符合设计要求，有出厂合格证或出厂检验报告、进场应按照国家现行标准的规定抽取试件进行复试，检验结果必须符合国家现行有关标准的规定。进口钢筋还应有化学复试单，其化学成分应满足焊接要求，并应有可焊性试验。

3.2.2 机具：对焊机及配套的对焊平台、钢筋切断机、空压机、水源、除锈机或钢丝刷、冷拉调直作业线，深色防护眼镜，电焊手套、绝缘鞋，箍筋闪光对焊宜使用100kVA的箍筋专用对焊机。常用对焊机主要技术数据见表12-1。

常用对焊机主要技术资料 表12-1

焊机型号	UN1-50	UN1-75	UN1-100	UN2-150	UN17-150-1
动夹具传动方式	杠杆挤压弹簧（人力操纵）			电动机凸轮	气-液压
额定容量（kVA）	50	75	100	150	150
负载持续率（%）	25	20	20	20	50
电源电压（V）	220/380	220/380	380	380	380
次级电压调节范围（V）	2.9～5.0	3.52～7.04	4.5～7.6	4.05～8.10	3.8～7.6
次级电压调节级数	6	8	8	16	16
连续闪光焊钢筋大直径（mm）	10～12	12～16	16～20	20～25	20～25
预热闪光焊钢筋最大直径	20～22	32～36	40	40	40
每小时最大焊接件数	50	75	20～30	80	120
冷却水消耗量（L/h）	200	200	200	200	600
压缩空气压力（MPa）				0.55	0.6
压缩空气消耗量（m³/h）				15	5

4 操作工艺

4.1 工艺流程

检查设备 → 选择焊接工艺及参数 → 试焊、做模拟试件 → 试焊、工艺检验 →

确定焊接参数 → 焊接 → 质量检验

4.2 检查设备

检查现场电源、对焊机及对焊平台、地下铺放的绝缘橡胶垫、冷却水、压缩空气等，一切必须处于安全可靠的状态。

4.3 选择焊接工艺及参数

4.3.1 当钢筋直径较小，钢筋牌号较低时，可采用连续闪光焊。采用连续闪光焊所能焊接的最大钢筋直径应符合表 12-2 的规定。

4.3.2　当钢筋直径超过表 12-2 的规定，钢筋端面较平整，宜采用预热闪光焊；当端面不够平整，则应采用闪光—预热闪光焊。

连续闪光焊钢筋上限直径　　　　　　　　　　　　表 12-2

焊机容量（kVA）	钢筋级别	钢筋直径（mm）
160 （150）	HPB300 HRB400、HRBF400	22 20
100	HPB300 HRB400、HRBF400	20 18
80 （75）	HPB300 HRB400、HRBF400	16 12

注：对于有较高要求的抗震结构用钢筋在牌号后加 E（例如：HRB400E、HRBF400E），可参照同级别钢筋进行闪光对焊。

4.3.3　HRB500、HRBF500 钢筋焊接时，应采取预热闪光焊或闪光—预热闪光焊工艺。可以采用连续闪光焊。

4.3.4　选择焊接参数

闪光对焊时，应合理选择调伸长度、烧化留量、顶锻留量及变压器级数等焊接参数。采用预热闪光焊时，还要有预热留量与预热频率等参数。连续闪光焊的留量见图 12-1、预热闪光焊的留量见图 12-2、闪光—预热闪光焊的留量见图 12-3。

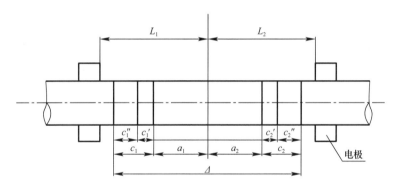

图 12-1　钢筋连续闪光对焊留量图解

L_1、L_2—调伸长度；a_1+a_2—烧化留量；$a_{1.1}+a_{2.1}$—一次烧化留量；$a_{1.2}+a_{2.2}$—二次烧化留量；
b_1+b_2—预热留量；c_1+c_2—顶锻留量；$c_1'+c_2'$—有电顶锻留量；$c_1''+c_2''$—无电顶锻留量；Δ—焊接总留量

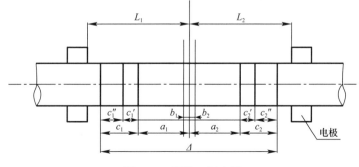

图 12-2　预热—闪光焊

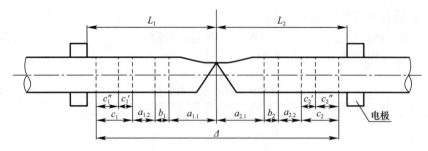

图 12-3 钢筋闪光—预热闪光焊留量图解

L_1、L_2—调伸长度；$a_1 + a_2$—烧化留量；$a_{1.1} + a_{2.1}$—一次烧化留量；$a_{1.2} + a_{2.2}$—二次烧化留量；

$b_1 + b_2$—预热留量；$c_1 + c_2$—顶锻留量；$c_1' + c_2'$—有电顶锻留量；

$c_1'' + c_2''$—无电顶锻留量；Δ—焊接总留量图

1 调伸长度

调伸长度的选择与钢筋品种和直径有关，应使接头能均匀加热，并使钢筋顶锻时不致发生旁弯。应随着钢筋牌号的提高和钢筋直径的加大而增长，主要是减缓接头的温度梯度，防止在热影响区产生淬硬组织；

调伸长度取值：HPB300 级钢筋为 $(0.75\sim1.25)d$，HRB400 级钢筋为 $(1.0\sim1.5)d$（d 钢筋直径）；直径小的钢筋取大值。当焊接 HRB400、HRBF400 等牌号钢筋时，调伸长度宜在 $40\sim60$mm 内选用。

2 烧化留量

应根据焊接工艺方法确定。当连续闪光焊时，闪光过程应较长；烧化留量应等于两根钢筋在断料时切断机刀口严重压伤部分（包括端面的不平整度），再加 $8\sim10$mm；当闪光—预热闪光焊时，应区分一次烧化留量和二次烧化留量。一次烧化留量应不小于 10mm，二次烧化流量不应小于 6mm。

3 顶锻留量

顶锻留量是指在闪光结束，将钢筋顶锻压紧时因接头处挤出金属而缩短的钢筋长度。顶锻留量的选择，应使钢筋焊口完全密合并产生一定的塑性变形，顶锻流量应为 $3\sim7$mm，并应随着钢筋直径的增大和钢筋牌号的提高而增加。其中，有电顶锻留量约占 1/3，无电顶锻留量约占 2/3，焊接时必须控制得当。焊接 HRB500 钢筋时，顶锻留量宜稍微增大，以确保焊接质量。

注：当 HRBF400 钢筋、HRBF400 钢筋或 RRB400W 钢筋进行闪光对焊时，与热轧钢筋比较，应减小调伸长度，提高焊接变压器级数，缩短加热时间，快速顶锻，形成快热快冷条件，使热影响区长度控制在钢筋直径的 60% 范围之内。

4 变压器级数的选择

应根据钢筋牌号、直径、焊机容量以及焊接工艺方法等具体情况选择。

4.4 试焊、做模拟试件

4.4.1 正式焊接前，应进行现场条件下钢筋闪光对焊工艺性能试验，并选择最佳的焊接参数。

4.4.2 试验的钢筋应从现场钢筋中截取，每批钢筋焊接六个试件，其中三个做拉伸试验，三个做冷弯试验。经试验合格后，方可按确定的焊接参数成批生产。

4.5 工艺性能检验

在现场监理或甲方代表的见证下，按照规范要求进行现场取样并送样检验，确保焊接质量合格。

4.6 确定焊接参数

依据送检合格的试件，确定出调伸长度、烧化留量、顶锻留量以及变压器级数等焊接参数。

4.7 焊接

4.7.1 连续闪光焊：通电后，应借助操作杆使两钢筋端面轻微接触，使其产生电阻热，并使钢筋端面的凸出部分互相熔化，并将熔化的金属微粒向外喷射形成火光闪光，再徐徐不断地移动钢筋形成连续闪光，待预定的烧化留量消失后，以适当压力迅速进行顶锻，即完成整个连续闪光焊接。

4.7.2 预热闪光焊：通电后，应使两根钢筋端面交替接触和分开，使钢筋端面之间发生断续闪光，形成烧化预热过程。当预热过程完成，应立即转入连续闪光和顶锻。

4.7.3 闪光—预热闪光焊：通电后，应首先进行闪光。当钢筋端面已平整时，应立即进行预热、闪光及顶锻过程。

4.7.4 箍筋闪光对焊：焊点位置宜设在箍筋受力较小一边。不等边的多边形柱箍筋对焊点位置宜设在两个边上，见图 12-4；大尺寸箍筋焊点位置见图 12-5。

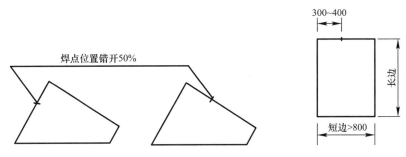

图 12-4 不等边多边形箍筋的焊点位置　　图 12-5 大尺寸箍筋焊点位置

4.7.5 焊接前和施焊过程中，应检查和调整电极位置，拧紧夹具丝杆。钢筋在电极内必须夹紧、电极钳口变形应立即调换和修理。

4.7.6 钢筋端头如起弯或成马蹄形，则不得焊接，必须煨直或切除。钢筋端头 120mm 范围内的铁锈、油污，必须清除干净。

4.7.7 焊接过程中，粘附在电极上的氧化铁要随时清除干净。接近焊接接头区段应有适当均匀的镦粗塑性变形，端面不应氧化。

4.7.8 箍筋下料长度应预留焊接总留量 Δ，其中包括烧化留量 A、预热留量 B 和顶端留量 C。当切断机下料，增加压痕长度，采用闪光—预热闪光焊工艺时，焊接总留量 Δ 随之增大，约为 $1.0d$。

4.7.9 箍筋闪光对焊应符合下列要求：

1 宜使用 $100kVA$ 的箍筋专用对焊机；

2 按确定的焊接工艺参数、操作要领进行焊接，杜绝焊接缺陷的产生，制定消除焊接缺陷的措施；

3 焊接变压器级数应适当提高，二次电流稍大；

4 无电顶锻时间延长数秒钟。

4.7.10 在环境温度低于−5℃条件下施焊时，宜采用预热闪光焊或闪光—预热闪光焊；可增加调伸长度，采用较低变压器级数，增加预热次数和间歇时间。

5 质量标准

5.1 主控项目

5.1.1 闪光对焊接头的质量检验，应分批进行外观质量检查和力学性能检验，并应符合规定：

在同一台班内，由同一个焊工完成的 300 个同牌号、同直径钢筋焊接接头应作为一批。当同一台班内焊接的接头数量较少，可在一周之内累计计算；累计仍不足 300 个接头时，应按一批计算；

力学性能检验时，应从每批接头中随机切取 6 个接头，其中 3 个做拉伸试验，3 个做弯曲试验；

异径钢筋接头可只做拉伸试验。

5.1.2 符合下列条件之一，应评定该检验批接头拉伸试验合格：

1 3 个试件均断于钢筋母材，呈延性断裂，其抗拉强度大于或等于钢筋母材抗拉强度标准值；

2 2 个试件断于钢筋母材，呈延性断裂，其抗拉强度大于或等于钢筋母材抗拉强度标准值；另一试件断于焊缝，呈脆性断裂，其抗拉强度大于或等于钢筋母材抗拉强度标准值得 1.0 倍。

注：试件断于热影响区，呈延性断裂，应视作与断于钢筋母材等同；试件断于热影响区，呈脆性断裂，应视作与断于焊缝等同。

5.1.3 符合下列条件之一，应进行复验：

1 2 个试件断于钢筋母材，呈延性断裂，其抗拉强度大于或等于钢筋母材抗拉强度标准值；另一试件断于焊缝，或热影响区，呈脆性断裂，其抗拉强度小于钢筋母材抗拉强度标准值的 1.0 倍；

2 1 个试件断于钢筋母材，呈延性断裂，其抗拉强度大于或等于钢筋母材抗拉强度标准值；另 2 个试件断于焊缝或热影响区，呈脆性断裂。

5.1.4 3 个试件均断于焊缝，呈脆性断裂，其抗拉强度均大于或等于钢筋母材抗拉强度标准值的 1.0 倍，应进行复验。当 3 个试件中有 1 个试件抗拉强度小于钢筋母材抗拉强度标准值的 1.0 倍，应评定该批检验批接头拉伸试验不合格。

5.1.5 复验时，应切取 6 个试件进行试验。试验结果，若有 4 个或 4 个以上试件断于钢筋母材，呈延性断裂，其抗拉强度大于或等于钢筋母材抗拉强度标准值，另 2 个或 2 个以下试件断于焊缝，呈脆性断裂，其抗拉强度大于或等于钢筋母材抗拉强度标准值的 1.0 倍，应评定该检验批接头拉伸试验复验合格。

5.1.6　钢筋闪光对焊接头进行弯曲试验时，应从每一个检验批接头中随机切取 3 个接头，焊缝应处于弯曲中心点，弯心直径和弯曲角度应符合表 12-3 的规定。

接头进行弯曲试验指标

表 12-3

钢筋牌号	弯心直径	弯曲角度（°）
HPB300	2d	90
HRB400、HRBF400、RRB400W	5d	90
HRB500、HRBF500	7d	90

注：1. d 为钢筋公称直径（mm）；
　　2. 直径大于 25mm 的钢筋焊接接头，弯心直径应增加 1 倍钢筋直径。

5.1.7　弯曲试验结果应按下列规定进行评定：

1　当试验结果，弯曲至 90°，有 2 或 3 个试件外侧（含焊缝和热影响区）未发生宽度达到 0.5mm 的裂纹，应评定该检验批接头弯曲试验合格；

2　当有 2 个试件发生宽度达到 0.5mm 的裂纹，应进行复验；

3　当有 3 个试件发生宽度达到 0.5mm 的裂纹，应评定该检验批接头弯曲试验不合格品；

4　复验时，应切取 6 个试件进行复验。复验结果，当不超过 2 个试件发生宽度达到 0.5mm 的裂纹时，应评定该检验批接头弯曲试验合格。

5.2　一般项目

5.2.1　闪光对焊接头外观质量检查结果，应符合下列规定：

1　对焊接头表面应呈圆滑、带毛刺状，不得有肉眼可见的裂纹；

2　与电极接触处的钢筋表面不得有明显的烧伤；

3　接头处的弯折不得大于 2°；

4　对弯头处的轴线偏移不得大于钢筋直径的 1/10，且不得大于 1mm。

5.2.2　箍筋闪光对焊按照每一个工作班、同一牌号钢筋、同一焊工完成的 600 个箍筋接头作为一个检验批，每批随机抽查 5%，每批抽查不少于 3 个。

检查项目包括：（1）箍筋内净空尺寸是否符合设计图纸规定，允许偏差在 ±5mm 之内；（2）两钢筋头应完全对准。

检查项目符合下列规定：

1　两钢筋头端面应闭合，无斜口；

2　接口处应有一定的弹性压力。

6　成品保护

6.0.1　钢筋焊接的半成品应按照规格、型号分类堆放整齐，堆放场地应有支垫和遮盖，防止日晒雨淋和地面潮湿而锈蚀。

6.0.2　当焊接区风速超过 8m/s 在现场进行闪光对焊时，应采取挡风措施，焊接后冷却的接头应避免碰到冰雪。

6.0.3　焊接后稍冷却才能松开电极钳口，取出钢筋时必须平稳，以免接头弯折。

7 注意事项

7.1 应注意的质量问题

7.1.1 在钢筋的对焊生产中，应重视全过程的任何一个环节，以确保焊接质量，若出现异常情况，应参照表 12-4、表 12-5 对钢筋对焊异常现象、焊接缺陷及消除措施查找原因，及时消除。

闪光对焊异常现象、焊接缺陷及消除措施 表 12-4

异常现象和焊接缺陷	产生原因	消除措施
烧化过分剧烈并产生强烈的爆炸声	1. 变压器级数过高； 2. 烧化速度太快	1. 降低变压器级数； 2. 减慢烧化速度
闪光不稳定	1. 电极底部和表面有氧化物； 2. 变压器级数太低； 3. 烧化速度太慢	1. 消除电极底部和表面的氧化物； 2. 提高变压器级数； 3. 加快烧化速度
接头中有氧化膜、未焊透或夹渣	1. 预热程度不足； 2. 临近顶锻时的烧化程度太慢； 3. 带电顶锻不够； 4. 顶锻加压力太慢； 5. 顶锻压力不足	1. 增加预热程度； 2. 加快临近顶锻时的烧化程度； 3. 确保带电顶锻过程； 4. 加快顶锻压力； 5. 增大顶锻压力
接头中有缩孔	1. 变压器级数过高； 2. 烧化过分强烈； 3. 顶锻留量或顶锻压力不足	1. 降低变压器级数； 2. 避免烧化过分强烈； 3. 适当增大顶锻留量或顶锻压力
焊缝金属过烧	1. 预热过分； 2. 烧化速度太慢，烧化时间过长； 3. 带电顶锻时间过长	1. 减小预热程度； 2. 加快烧化速度，缩短焊接时间； 3. 避免过多带电顶锻
接头区域裂纹	1. 钢筋母材碳、硫、磷可能超标； 2. 预热程度不足	1. 检验钢筋的碳、硫、磷含量；若不符合规定时应更换钢筋； 2. 采取低频预热方法，增加预热程度
钢筋表面微熔及烧伤	1. 钢筋表面有铁锈或油污； 2. 电极内表面有氧化物； 3. 电极焊口磨损； 4. 钢筋未夹紧	1. 消除钢筋被夹紧部位的铁锈和油污； 2. 消除电极内表面的氧化物； 3. 改进电极槽口形状，增大接触面积； 4. 夹紧钢筋

箍筋闪光对焊的异常现象、焊接缺陷及消除措施 表 12-5

异常现象和焊接缺陷	产生原因	消除措施
箍筋下料尺寸不准，钢筋头歪斜	1. 箍筋下料长度未经试验确定； 2. 钢筋调直切断机性能不稳定	1. 箍筋下料长度必须经弯曲和对焊试验确定； 2. 选用性能稳定、下料误差±3mm，能确保钢筋端面垂直于轴线的调直切断机
待焊箍筋头分离、错位	1. 接头处两钢筋之间没有弹性压力； 2. 两钢筋头未对准	1. 制作箍筋时将有接头的对面边的两个 90°角弯成 87°～89°角，使接头处产生弹性压力 F_t； 2. 将两钢筋头对准

异常现象和焊接缺陷	产生原因	消除措施
焊接接头错位 或被拉开	1. 电极钳口变形； 2. 钢筋头变形； 3. 两钢筋头未对正	1. 修整电极钳口或更换电极； 2. 矫直变形的钢筋头； 3. 将箍筋两头对正

7.1.2　对调换焊工或更换焊接钢筋的规格和品种时，应先制作对焊试件进行试验。合格后，才能成批焊接。

7.1.3　焊接参数应根据钢筋特性、气温高低、实际电压、焊机性能等具体情况，由操作人员自行修正。

7.1.4　夹紧钢筋时，应使两钢筋端面的凸出部分相接触，以利均匀加热和保证焊缝与钢筋轴线相垂直。

7.1.5　焊接完毕后，应待接头处由白色变为黑红色才能松开夹具，平稳地取出钢筋，以免引起接头弯曲。当焊接后张预应力钢筋时，应在焊后趁热将焊缝周围毛刺打掉，以便钢筋穿入预留孔道。

7.1.6　两根同牌号、不同直径的钢筋和两根同直径、不同牌号的钢筋可进行闪光对焊，钢筋径差不得超过 4mm，焊接工艺参数可在大、小直径钢筋焊接工艺参数之间偏大选用，两根钢筋的轴线应在同一直线上，轴线偏移的允许值应按较小直径钢筋计算；对接头强度的要求，应按较小直径钢筋计算。

7.1.7　螺丝端杆与钢筋对焊时，因两者钢号、强度及直径不同，焊接比较难，宜事先对螺丝端杆进行预热或适当减小螺丝端杆的调伸长度。钢筋一侧的电极应调高，保证钢筋与螺丝端杆的轴线一致。

7.1.8　其冷拉工艺与要求应符合国家现行《混凝土结构工程施工及验收规范》GB 50204 的规定。

7.2　应注意的安全问题

7.2.1　操作人员必须按焊接设备的操作说明书或有关规程，正确使用设备和实施焊接操作。

7.2.2　焊接人员操作前应戴好安全帽，佩戴电焊手套、围裙、护腿，穿阻燃工作服等个人防护用品。

7.2.3　焊接作业区和焊机周围 6m 以内，严禁堆放装饰材料、油料、木材、氧气瓶、溶解乙炔气瓶、液化石油气瓶等易燃易爆物品。

7.2.4　焊接作业区应配置足够的灭火设备，如水池、沙箱、水龙带、消火栓、手提灭火器。

7.2.5　电焊机选择参数，包括功率和二次电压应与对焊钢筋相匹配，电极冷却水的温度不得超过 40℃，机身应接地良好。

7.2.6　对焊前应清除钢筋与电极表面铁锈、污泥等，使得电极接触良好，以避免出现"打火"现象。

7.2.7　闪光对焊区域内，在闪光飞溅的方向应有良好的防护设施。对焊时禁止非操作人员停留，以防火花烫伤。

7.3　应注意的绿色施工问题

7.3.1　钢筋应在专门搭设的防雨、防潮、防晒的防护棚内焊接；防护棚的屋顶应有安全防护和排水设施，地面应干燥，应有防止飞溅的金属火花伤人的设施；

7.3.2　焊接作业应在足够的通风条件下（自然通风或机械通风）进行，避免操作人员吸入焊接操作产生的烟气流；

7.3.3　在焊接场所应当设置警告标志；

7.3.4　在焊接火星所及范围内，必须彻底清除易燃易爆物品。

8　质量记录

8.0.1　钢筋合格证、出厂检验报告和进场复试报告。

8.0.2　钢筋对焊接头工艺检验报告。

8.0.3　钢筋对焊接头试验报告。

8.0.4　钢筋闪光对焊接头检验批质量验收记录。

8.0.5　箍筋闪光对焊接头检验批质量验收记录。

8.0.6　化学成分检验报告。

8.0.7　可焊性试验报告。

第 13 章　钢筋电弧焊接

本焊接工艺适用于工业与民用建筑钢筋及埋件的电弧焊接。

1　引用标准

《混凝土结构工程施工规范》GB 50666—2011

《钢结构工程施工规范》GB 50755—2012

《建筑工程冬期施工规程》JGJ/T 104—2012

《钢筋焊接及验收规程》JGJ 18—2012

《钢筋焊接接头试验方法标准》JGJ/T 27—2014

2　术语

2.0.1　钢筋焊条电弧焊：钢筋焊条电弧焊是以焊条作为一级，钢筋为另一极，利用焊接电流通过产生的电弧热进行焊接的一种熔焊方法。

3　施工准备

3.1　作业条件

3.1.1　准备工程所需的图纸、规范、标准等技术资料，并确定其是否有效。施工前依据工程实际编制专项施工方案，有效指导工程施工；焊接前要熟悉料单，弄清接头位置，做好技术交底。

3.1.2　钢筋焊接施工前，应清除钢筋焊接部位以及钢筋与电极接触表面上的锈斑、油污、杂物等；钢筋端部当有弯折、扭曲时，应予以矫直或切除。钢筋验收合格，方可进行焊接。

3.1.3　从事钢筋焊接施工的焊工必须持有钢筋焊工考试合格证，并应按照合格证规定的范围上岗操作。在钢筋工程焊接开工之前，参与该项工程施焊的焊工必须进行现场条件下的焊接工艺试验，应经试验合格后，方准于焊接生产。

3.1.4　电源、电压、电流、容量符合施焊要求，弧焊机等机具设备完好，经维修试用或满足施焊要求。

3.1.5　焊工配齐安全防护用品，作业场地应有安全防护设施，防火和必要的通风措施，防止发生烧伤、触电及火灾等事故。

3.2　材料及机具

3.2.1　钢筋：施焊的各种规格、级别的钢筋应有质量证明书；钢筋进场时，应按国家现行相关标准的规定抽取试件并作力学性能和重量偏差检验，检验结果必须符合国家现行有关标准的规定。对于进口钢筋应增加化学成分检验，并应有可焊性试验，合格后方可使用。

3.2.2　钢材：预埋件的钢材应有质量证明书，不得有裂缝、锈蚀、刻痕、变形、其力学性能和化学成分应分别符合现行国家标准《碳素钢结构》GB/T 700 或《低合金高强度结构钢》GB/T 1591 的规定，其断面尺寸应符合设计要求。

3.2.3　焊条：电弧焊所采用的焊条，应符合现行国家标准《碳钢焊条》GB/T 5117 或《低合金钢焊条》GB/T 5118 的规定。其焊条型号应根据设计确定；若设计无规定时，可按表 13-1 选用。

钢筋电弧焊所使用焊条牌号　　　　　　　　　　表 13-1

钢筋牌号	电弧焊接头形式			
	帮条焊搭接焊	坡口焊熔槽帮条焊 预埋件穿孔塞焊	窄间隙焊	钢筋与钢板搭接焊预埋件 T 型角焊
HPB300	E4303 ER50-X	E4303 ER50-X	E4316 E4315 ER50-X	E4303 ER50-X
HRB400 HRBF400	E5003 E5516 E5515 ER50-X	E5503 E5516 E5515 ER55-X	E5516 E5515 ER55-X	E5003 E5516 E5515 ER50-X

续表

钢筋牌号	电弧焊接头形式			
	帮条焊搭接焊	坡口焊熔槽帮条焊 预埋件穿孔塞焊	窄间隙焊	钢筋与钢板搭接焊预 埋件 T 型角焊
HRB500 HRBF500	E5503 E6003 E6016 E6015 ER55-X	E6003 E6016 E6015	E6016 E6015	E5503 E6003 E6016 E6015 ER55-X

3.2.4　机具：弧焊机，焊接电缆、电焊钳、防护用具、焊条烘干箱、防护面罩、绝缘鞋、电源开关箱（内接电流表和电压表）、弯筋工具、手锤、钢卷尺、焊缝检验尺等。

4　操作工艺

4.1　工艺流程

检查设备 → 选择焊接工艺及参数 → 试焊 → 焊接 → 质量检验

4.2　检查设备

检查电源、弧焊机及工具，焊接地线应与焊接钢筋接触良好，防止因起弧而烧伤钢筋。

4.3　选择焊接工艺及参数

4.3.1　选择焊接工艺

钢筋电弧焊时，可采用焊条电弧焊或二氧化碳气体保护电弧焊两种工艺方法，依据实际施工条件进行确定。

4.3.2　选择焊接参数

根据钢筋牌号、直径、接头形式和焊接位置，选择焊条、焊接工艺和焊接参数以及焊接电流，保证焊缝与钢筋熔合良好。施工时可参考表 13-2 选择焊条直径和焊接电流。

焊条直径和焊接电流选择　　　　　　　表 13-2

搭接焊、帮条焊				坡口焊			
焊接位置	钢筋直径 （mm）	焊条直径 （mm）	焊接电流 （A）	焊接位置	钢筋直径 （mm）	焊条直径 （mm）	焊接电流 （A）
平焊	10～12 14～22 25～32 36～40	3.2 4 5 5	90～130 130～180 180～230 190～240	平焊	16～20 22～25 28～32 36～40	3.2 4 5 5	140～170 170～190 190～220 200～230
立焊	10～12 14～22 25～32 36～40	3.2 4 4 5	80～110 110～150 120～170 170～220	立焊	16～20 22～25 28～32 36～40	3.2 4 4 5	120～150 150～180 180～200 190～210

4.4　试焊

4.4.1　每批钢筋正式焊接前，应进行现场条件下钢筋电弧焊工艺性能试验，并选择最佳的工艺参数。

4.4.2　试验的钢筋应从进场的钢筋中截取，每批钢筋焊接 3 个模拟试件，经外观检查合格后，做焊接试验经试验合格后方可正式施焊。

4.5　焊接

4.5.1　电弧焊接

1　引弧：焊接时，引弧应在钢筋垫板、帮条或形成焊缝的部位进行，不得烧伤主筋。

2　定位：焊接时应先焊定位点再施焊。

3　运条：运条时的直线前进、横向摆动和送进焊条三个动作，要协调、平稳。

4　收弧：收弧时，应将熔池填满，拉灭电弧时，应将熔池填满，注意不要在工作表面造成电弧擦伤。

5　多层焊：如钢筋直径较大，需要进行多层施焊时，应分层间断施焊，每焊一层后，应清渣再焊接下一层，应保证焊缝的高度和长度。

6　熔合：焊接过程中应有足够的熔深。中焊缝与定位焊缝应结合良好，避免气孔、夹渣和烧伤缺陷，并防止产生裂缝。

7　平焊：平焊时要注意熔渣和铁水混合不清的现象，防止熔渣流到铁水前面。熔池也应控制成椭圆形，一般采用右焊法，焊条与工作表面成 70°。

8　立焊：立焊时，铁水与熔渣易分离。要防止熔池温度过高，铁水下坠形成焊瘤，操作时焊条与垂直面形成 60°～80°。使电弧略向上，吹向熔池中心。焊第一道时，应压住电弧向上运条，同时作较小的横向摆动，其余各层用半圆形横向摆动加挑弧法向上焊接。

9　横焊：焊条倾斜 70°～80°，防止铁水受自重作用坠到下坡口上。运条到上坡口处不作运弧停顿，迅速带到下坡口根部作微小横拉稳弧动作，依次匀速进行焊接。

10　仰焊：仰焊时宜用小电流短弧焊接，溶池宜薄，且应确保与母材熔合良好。第一层焊缝用短电弧作前后推拉动作，焊条与焊接方向成 80°～90°。其余各层焊条横摆，并在坡口侧略停顿稳弧，保证两侧熔合。

4.5.2　钢筋帮条焊

帮条焊时，宜采用双面焊（图 13-1a）。当不能进行双面焊时，可采用单面焊（图 13-1b）。

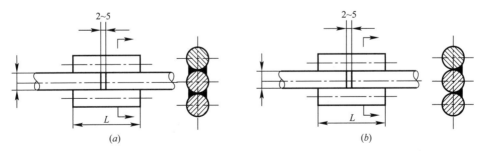

(a) *(b)*

图 13-1　钢筋帮条焊接头

（a）双面焊；（b）单面焊

L—帮条长度

帮条长度 L 应符合表13-3的规定，当帮条牌号与主筋相同时，帮条直径可与主筋相同或小一个规格；当帮条直径与主筋相同时，帮条牌号可与主筋相同或低一个牌号等级。

钢筋帮条长度　　　　　　　　　　表 13-3

钢筋牌号	焊缝形式	帮条长度 L
HPB300	单面焊	$\geqslant 8d$
	双面焊	$\geqslant 4d$
HRB400、HRBF400、HRB500、HRBF500、RRB400W	单面焊	$\geqslant 10d$
	双面焊	$\geqslant 5d$

注：d 为主筋直径（mm）。

帮条焊接头或搭接焊接头的焊缝有效厚度 S 不应小于主筋直径的 30%，焊缝宽度 b 不应小于主筋直径的 80%（图 13-2）。

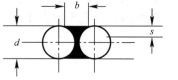

图 13-2　焊接尺寸示意

d—钢筋直径；b—焊缝宽度；s—焊缝有效宽度

4.5.3　钢筋搭接焊

搭接焊可用于 HPB300、HRB400 和 HRB500 级钢筋。焊接时，宜采用双面焊，见图 13-3（a）。不能进行双面焊时，也可采用单面焊，见图 13-3（b）。搭接长度与帮条长度相同，并应符合表 13-3 的规定。

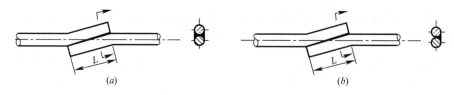

(a)　　　　　　　　　(b)

图 13-3　钢筋搭接焊接头

（a）双面焊；（b）单面焊

帮条焊和搭接焊时，钢筋的装配与焊接应符合下列规定：

1　帮条焊时，两主筋端面之间的间隙应为 $2\sim5$mm。

2　搭接焊时，焊接端钢筋应预弯，并应使两钢筋的轴线在一直线上。

3　帮条焊时，帮条和主筋之间应采用四点定位焊固定；搭接焊时，应采用两点固定；定位焊缝与帮条端部或搭接端部的距离应大于或等于 20mm。

4　施焊时，应在帮条焊或搭接焊形成焊缝中引弧；在端头收弧前应填满弧坑，并应使主焊缝与定位焊缝的始端和终端熔合。

4.5.4　坡口焊

施焊前的准备工作和焊接工艺（图 13-4），应符合下列规定：

1　钢筋坡口面应平顺，切口边缘不得有裂纹、钝边和缺棱。

2　坡口角度应在规定范围内选用。

3　钢垫板的长度宜为 $40\sim60$mm，厚度宜为 $4\sim6$mm；平焊时，垫板宽度应为钢筋直径加 10mm；立焊时，垫板宽度宜等于钢筋直径。

4　焊缝的宽度应大于 V 形坡口的边缘 $2\sim3$mm，焊缝余高应为 $2\sim4$mm，并平缓过渡至钢筋表面。

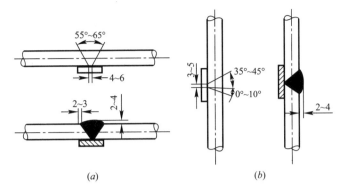

图 13-4　钢筋坡口焊接接头

（a）平焊；（b）立焊

5　钢筋与钢垫板之间，应加焊二层、三层侧面焊缝。

6　当发现接头中有弧坑、气孔及咬边等缺陷时，应立即补焊。

4.5.5　窄间隙焊

适用于直径 16mm 及以上钢筋的现场水平连接。焊接时，钢筋端部应置于铜模中，并应留出一定间隙，用焊条连续焊接，熔化钢筋端面和使熔敷金属填充间隙并形成接头（图 13-5）其焊接工艺应符合下列规定：

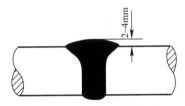

图 13-5　钢筋窄间隙焊接头

1　钢筋端面应平整。

2　应选用低氢型焊接材料。

3　从焊缝根部引弧后应连续进行焊接，左右来回运弧，在钢筋端面处电弧应少许停留，并使熔合。

4　当焊至端面间隙的 4/5 高度后，焊缝逐渐扩宽；当熔池过大时，应改连续焊为断续焊，避免过热。

5　焊缝余高应为 2～4mm，且应平缓过渡至钢筋表面。

4.5.6　熔槽帮条焊

熔槽帮条焊适用于直径 20mm 及以上钢筋的现场安装焊接（图 13-6）。焊接时应加角钢作垫板模。接头形式、角钢尺寸和焊接工艺应符合下列规定：

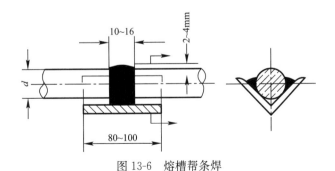

图 13-6　熔槽帮条焊

1　角钢的边长宜为 40～70mm。

2　钢筋端头应加工平整。

3　从接缝处垫板引弧后应连续施焊，并应使钢筋端部熔合，防止未焊透、气孔或夹渣。

4 焊接过程中应及时停焊清渣；焊平后，再进行焊缝余高的焊接，其高度应为 2～4mm。

5 钢筋与角钢垫板之间，应加焊侧面焊缝 1～3 层，焊缝应饱满，表面应平整。

4.5.7 预埋件钢筋电弧焊 T 形接头

可分为角焊和穿孔塞焊两种（图 13-7），装配和焊接时，应符合下列规定：

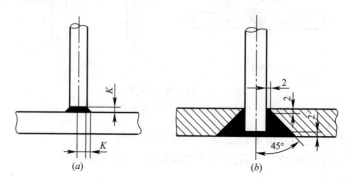

图 13-7　预埋件钢筋电弧焊 T 形接头
（a）角焊；（b）穿孔塞焊

1 当采用 HPB300 级钢筋时，角焊缝焊脚尺寸（K）不得小于钢筋直径的 50%；采用其他牌号钢筋时，焊脚尺寸（K）不得小于钢筋直径的 60%。

2 施焊中，不得使钢筋咬边和烧伤。

3 电弧焊时，宜增大焊接电流，减低焊接速度。

钢筋与钢板搭接焊时，焊接接头（图 13-8）应符合下列要求：

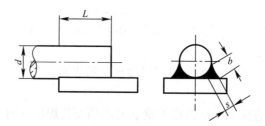

图 13-8　钢筋与钢板搭接焊接头
d—钢筋直径；L—搭接长度；b—焊缝宽度；s—焊缝有效厚度

1 HPB300 级钢筋的搭接长度（L）不得小于 4 倍钢筋直径，其他牌号钢筋搭接长度（L）不得小于 5 倍钢筋直径。

2 焊缝宽度不得小于钢筋直径的 60%，焊缝有效厚度不得小于钢筋直径的 35%。

5　质量标准

5.1　质量检验

5.1.1　钢筋电弧焊接头

1 在现浇混凝土结构中，应以 300 个同牌号钢筋、同型式接头作为一批；在房屋结构中，应在不超过连续二楼层中 300 个同牌号钢筋、同型式接头作为一批；每批随机切取 3 个接头，做拉伸试验。

2　在装配式结构中，可按生产条件制作模拟试件，每批 3 个，做拉伸试验。

3　钢筋与钢板搭接焊接头可只进行外观质量检查。

注：在同一批中若有 3 种不同直径的钢筋焊接接头，应在最大直径钢筋接头和最小直径钢筋接头中分别切取 3 个试件进行拉伸试验。钢筋气压焊接头取样均同。

5.1.2　预埋件钢筋 T 形接头

1　预埋件钢筋 T 形接头的外观质量检查，应从同一台班内完成的同类型预埋件中抽查 5%，且不得少于 10 件。

2　力学性能检验时，应以 300 个同类型预埋件作为一批。一周内连续焊接时，可累计计算。当不足 300 件时，亦应作为一批计算。应从每批预埋件中随机切取 3 个接头做拉伸试验。试件的钢筋长度应大于或等于 200mm，钢板（锚板）的长度和宽度应等于 60mm，并视钢筋直径的增大而适当增大。

5.2　主控项目

5.2.1　符合下列条件之一，应评定该检验批接头拉伸试验合格：

1　3 个试件均断于钢筋母材，呈延性断裂，其抗拉强度大于或等于钢筋母材抗拉强度标准值。

2　2 个试件断于钢筋母材，呈延性断裂，其抗拉强度大于或等于钢筋母材抗拉强度标准值；另一试件断于焊缝，呈脆性断裂，其抗拉强度大于或等于钢筋母材抗拉强度标准值得 1.0 倍。

注：试件断于热影响区，呈延性断裂，应视作与断于钢筋母材等同；试件断于热影响区，呈脆性断裂，应视作与断于焊缝等同。

5.2.2　符合下列条件之一，应进行复验；

1　2 个试件断于钢筋母材，呈延性断裂，其抗拉强度大于或等于钢筋母材抗拉强度标准值；另一试件断于焊缝，或热影响区，呈脆性断裂，其抗拉强度小于钢筋母材抗拉强度标准值的 1.0 倍；

2　1 个试件断于钢筋母材，呈延性断裂，其抗拉强度大于或等于钢筋母材抗拉强度标准值；另 2 个试件断于焊缝或热影响区，呈脆性断裂。

5.2.3　3 个试件均断于焊缝，呈脆性断裂，其抗拉强度均大于或等于钢筋母材抗拉强度标准值的 1.0 倍，应进行复验。当 3 个试件中有 1 个试件抗拉强度小于钢筋母材抗拉强度标准值的 1.0 倍，应评定该批检验批接头拉伸试验不合格。

5.2.4　复验时，应切取 6 个试件进行试验。试验结果，若有 4 个或 4 个以上试件断于钢筋母材，呈延性断裂，其抗拉强度大于或等于钢筋母材抗拉强度标准值，另 2 个或 2 个以下试件断于焊缝，呈脆性断裂，其抗拉强度大于或等于钢筋母材抗拉强度标准值的 1.0 倍，应评定该检验批接头拉伸试验复验合格。

5.2.5　预埋件钢筋 T 形接头拉伸试验结果，3 个试件的抗拉强度均大于或等于表 13-4 的规定值时，应评定该检验批接头拉伸试验合格。若有一个接头试件抗拉强度小于表 13-4 的规定值时，应进行复验。

复验时，应切取 6 个试件进行试验。复验结果，其抗拉强度均大于或等于表 13-4 的规定值时，应评该检验批接头拉伸试验复验合格。

预埋件钢筋 T 形接头抗拉强度规定值　　　　　表 13-4

钢筋牌号	抗拉强度规定值（MPa）
HPB300	400
HRB335、HRBF335	435
HRB400、HRBF400	520
HRB500、HRBF500	610
RRB400W	520

5.3　一般项目

5.3.1　钢筋电弧焊接头应进行外观检查，应符合下列规定：

1　焊缝表面应平整，不得有凹陷或焊瘤。

2　焊接接头区域不得有肉眼可见的裂纹。

3　焊缝余高应为 2～4mm。

4　咬边深度、气孔、夹渣等缺陷允许值及接头尺寸的允许偏差，应符合表 13-5 的规定。

5　坡口焊、熔槽帮条焊和窄间隙焊接头的焊缝余高不得大于 3mm。

外观检查不合格的接头，采取修整或补焊措施后，可提交二次验收。

检查数量：全数检查。

检查方法：观察，量测。

钢筋电弧焊接头尺寸偏差及缺陷允许值　　　　　表 13-5

名称		单位	接头型式		
			帮条焊	搭接焊 钢筋与钢板搭接焊	坡口焊、窄间隙焊、 熔槽帮条焊
帮条沿接头中心线的纵向偏移		mm	0.3d	—	—
接头处弯折角		(°)	2	2	2
接头处钢筋轴线的偏移		mm	0.1d	0.1d	0.1d
			1	1	1
焊缝宽度		mm	+0.1d	+0.1d	—
焊缝长度		mm	−0.3d	−0.3d	—
咬边深度		mm	0.5	0.5	0.5
在长 2d 焊缝表面上的气孔及夹渣	数量	个	2	2	—
	面积	mm^2	6	6	—
在全部焊缝表面上的气孔及夹渣	数量	个	—	—	2
	面积	mm^2	—	—	6

5.3.2　预埋件钢筋手工电弧焊接头外观检查结果，应符合下列要求：

1　焊缝表面不得有肉眼可见裂纹。

2　钢筋咬边深度不得超过 0.5mm。

3　钢筋相对钢板的直角偏差不得大于 2°。

5.3.3 预埋件钢筋埋弧压力焊接头外观检查结果，应符合下列要求：

1 四周焊包凸出钢筋表面的高度：钢筋直径 18mm 及以下不得小于 3mm，钢筋直径 20mm 及以上时，不得小于 4mm。

2 钢筋咬边深度不得超过 0.5mm。

3 钢板应无焊穿，根部应无凹陷现象。

4 钢筋相对钢板的直角偏差不得大于 2°。

5.3.4 预埋件外观检查结果，当有 2 个接头不符合上述要求时，应全数进行检查，并剔出不合格品。不合格接头经补焊后可提交二次验收。

6 成品保护

6.0.1 焊接地线应与钢筋接触良好，防止因起弧而烧伤钢筋。

6.0.2 焊接后，不得往焊完的接头浇水冷却，不得敲击钢筋接头。

6.0.3 带有垫块或帮条焊的接头，引弧应在钢板或帮条上进行，以防止烧伤主筋。

6.0.4 在高空焊接时，应搭设临设脚手平台，不得踩踏已绑好的钢筋。

7 注意事项

7.1 应注意的质量问题

7.1.1 根据钢筋级别、直径、接头形式和焊接位置，选择适宜的焊条直径和焊接电流，保证焊缝与钢筋熔合良好。

7.1.2 焊接要注意保持焊条干燥，如受潮应先在 150～350℃下烘 1～3h。

7.1.3 钢筋电弧焊接应注意防止钢筋的焊后变形，应采取对称、等速施焊，分层轮流施焊，选择合理的焊接顺序、缓慢冷却等措施，以防止和减少焊后变形。

7.1.4 冬期负温条件下进行 HRB400 级钢筋焊接时，应加大焊接电流（较夏季增大 10%～15%），减缓焊接速度，使焊件减小温度梯度并延缓冷却。同时从焊件中部起弧，逐渐向端部运弧，或在中间先焊一段短焊缝，以使焊件预热，减小温度梯度。

7.1.5 焊接过程中若发现接头有弧坑、未填满、气孔及咬边、焊瘤等质量缺陷时，应立即修整补焊。HRB400 级钢筋接头冷却后，补焊时需先用氧乙炔焰预热。

7.1.6 大雨天应禁止作业，在冬期－20℃以下低温应停止施工。

7.2 应注意的安全问题

7.2.1 焊工操作时应穿电焊工作服、绝缘鞋和戴电焊手套、防护面罩等安全防护用品，高空作业必须系安全带。焊接人员进行仰焊时，应穿戴皮制或耐火材质的套袖、披肩罩或斗篷，以防头部灼伤。

7.2.2 焊接作业区和焊机周围 6m 以内，严禁堆放装饰材料、油料、木材、氧气瓶、溶解乙炔气瓶、液化石油气瓶等易燃、易爆物品。

7.2.3 露天放置的焊机应有遮盖措施，弧焊机必须接地良好，确认安全合格方可作业。

7.2.4 焊接用电线应保持绝缘良好，焊条应保持干燥。作业完成后，应切断电源，检查周围，确认无起火危险后方可离开。

7.2.5 高空作业的下方和焊接设备火星所及范围内，必须彻底清除易燃、易爆物品。

7.2.6 焊接作业区应配置足够的灭火设备，如水池、沙箱、水龙带、消火栓、手提灭火器。

7.3 应注意的绿色施工问题

7.3.1 焊接作业应在足够的通风条件下（自然通风或机械通风）进行，避免操作人员吸入焊接操作产生的烟气流。

7.3.2 当焊接区风速超过 8m/s 在现场进行电弧焊时，应采取挡风措施。

7.3.3 焊接电弧的辐射及飞溅范围，应设不可燃或耐火板、罩、屏，防止人员受到伤害。

7.3.4 在环境温度低于－5℃条件下电弧帮条焊或搭接焊时，第一层焊缝应从中间引弧，向两端施焊；以后各层控温施焊，层间温度控制在 150～350℃。多层施焊时，可采用回火施焊。

7.3.5 在焊接场所应当设置警告标志。

8 质量记录

8.0.1 钢筋合格证、出厂检验报告及进场复试报告。

8.0.2 钢筋化学成分等专项检验报告。

8.0.3 焊条合格证。

8.0.4 钢筋焊工考试合格证复印件。

8.0.5 钢筋电弧焊接头焊接工艺试验报告及接头试验报告。

8.0.6 钢筋电弧焊接头外观质量自检记录。

8.0.7 钢筋电弧焊接头检验批质量验收记录。

第 14 章 钢筋电渣压力焊接

本工艺标准适用于现浇钢筋混凝土结构中竖向或斜向（倾斜度不大于 10°）钢筋焊接。

1 引用标准

《混凝土结构工程施工规范》GB 50666—2011

《建筑工程冬期施工规程》JGJ/T 104—2011

《混凝土结构工程施工质量验收规范》GB 50204—2015

《钢筋焊接及验收规程》JGJ 18—2012

2　术语

2.0.1　钢筋电渣压力焊：将两钢筋安放成竖向对接形式，通过直接引弧法或间接引弧法，利用焊接电流通过两钢筋端面间隙，在焊剂层下形成电弧过程和电渣过程，产生电弧热和电阻热，熔化钢筋，加压完成的一种压焊方法。

3　施工准备

3.1　作业条件

3.1.1　焊工必须有焊工考试合格证，持证上岗，并在规定的范围内进行焊接操作。

3.1.2　电渣压力焊的机具以及辅助设备等齐全、完好。施焊前应认真检查机具设备是否处于正常工作状态。

3.1.3　施焊前应搭好操作脚手架。焊工配齐安全防护用品。

3.1.4　钢筋端头已处理好，并清理干净，焊剂干燥。

3.1.5　在焊接施工前，应根据焊接钢筋直径的大小，选定焊接电流、电弧工作电压、电渣工作电压、通电时间等工作参数，符合施焊要求。

3.1.6　作业场地应有安全防护措施，制定专项施工方案，加强焊工的劳动保护，防止发生烧伤、火灾及损坏设备等事故。

3.2　材料及机具

3.2.1　钢筋：HPB300、HRB335、HRB400、HRB500 级钢筋的级别、直径，应符合设计要求，有出厂合格证、质量检验报告，钢筋表面或每捆钢筋均应有标识，进场后应按国家现行相关标准的规定抽取试件并作力学性能和重量偏差检验。进口钢筋还应增加化学成分校验，并应有可焊性试验，合格后方能使用。

3.2.2　焊剂：有出厂合格证、产品质量证明书。焊剂应放在干燥的库房内，当焊剂受潮时，使用前应经 250～350℃烘焙 2h。使用回收的焊剂，应清除熔渣和杂物，并与新焊剂混合均匀后使用。电渣压力焊可采用熔炼型 HJ431 焊剂。

3.2.3　机具：钢筋无齿切割机、电渣焊机、焊接夹具、焊剂盒、焊接电源、控制箱、电压表、电流表、时间继电器及自动报警器、石棉绳、铁丝球、秒表等。

4　操作工艺

4.1　工艺流程

钢筋端头制备 → 选择焊接参数 → 试焊、确定焊接参数 → 钢筋电渣压力焊 → 验收

4.2　具体操作工艺

4.2.1　钢筋端头制备

钢筋安装前，焊接部位和电极钳口接触（150mm 区段内）钢筋表面上的锈斑、油污、

杂物等，应清除干净；钢筋端部如有弯折、扭曲，应予以矫正或切除。

4.2.2　选择焊接参数

电渣压力焊的焊接参数，包括焊接电流（A）、焊接电压（V）和焊接通电时间（s）；采用 HJ431 焊剂时，宜符合表 14-1 的规定。采用专用焊剂或自动电渣压力焊机时，应根据焊剂或焊机使用说明书，通过试验确定。钢筋负温电渣压力焊的焊接参数可参照表 14-2 的规定执行。不同直径钢筋焊接时，应按较小直径钢筋选择参数。

电渣压力焊焊接参数

表 14-1

钢筋直径（mm）	焊接电流（A）	焊接电压（V）		焊接通电时间（s）	
		电弧过程	电渣过程	电弧过程	电渣过程
12	280～320			12	2
14	300～350			13	4
16	300～350			15	5
18	300～350			16	6
20	350～400	35～45	18～22	18	7
22	350～400			20	8
25	350～400			22	9
28	400～450			25	10
32	450～500			30	11

注：在生产中，对于有较高要求的抗震结构用钢筋，在牌号后加 E，焊接工艺可按同级别热轧钢筋施焊。

钢筋负温电渣压力焊焊接参数

表 14-2

钢筋直径（mm）	焊接温度（℃）	焊接电流（A）	焊接电压（V）		焊接通电时间（s）	
			电弧过程	电渣过程	电弧过程	电渣过程
14～18	−10	300～350			20～25	6～8
	−20	350～400				
20	−10	350～400	35～45	18～22		
	−20	400～450				
22	−10	400～450			25～30	8～10
	−20	450～500				
25	−10	450～500				
	−20	550～600				

4.3　试焊

4.3.1　正式焊接前，参与该项工程施焊的焊工必须进行现场条件下钢筋电渣压力焊工艺性能试验，并选择最佳的工艺参数。

4.3.2　试验的钢筋应从进场钢筋中截取，每批钢筋焊接三个接头，经外观检验合格后，作拉伸试验，试验合格后按确定的工艺进行电渣压力焊。

4.4　钢筋电渣压力焊

4.4.1　安装夹具和钢筋：用焊接夹具分别钳固上下待焊接的钢筋，钢筋一经夹紧不得晃动，且两钢筋应同心。

4.4.2　安放铁丝圈：抬起上钢筋，将预先准备好的铁丝球安放在上下钢筋焊接端面的中间位置，放下上钢筋，轻压铁丝圈，使其接触良好。放下上钢筋时宜防止铁丝球被压扁变形。采用直接引弧法时，取消此过程。

4.4.3　填装焊剂：先在安装焊剂罐底部的位置缠上石棉绳，然后再装上焊剂罐，往焊剂罐内满装焊剂。安装焊剂罐时，焊接口宜位于焊剂罐的中部，石棉绳应缠绕严密，防止焊剂泄露。

4.4.4　焊接过程

1　引弧过程：通过操纵杆或操纵盒上的开关，先后接通焊机的焊接电流回路和电源的输入回路，在钢筋端面之间引燃电弧，开始焊接；

2　电弧过程：引燃电弧后，应控制电压值。借助操纵杆使上下钢筋端面之间保持一定的间距，进行电弧过程的延时，使焊剂不断熔化并形成必要深度的渣池；

3　电渣过程：随后逐渐下送钢筋，使上钢筋端部插入渣池，电弧熄灭，进入电渣过程的延时，使钢筋全端面加速熔化；

4　顶压过程：电渣过程结束，迅速下压上钢筋，使其端面与下钢筋端面相互接触，趁热排除熔渣和熔化金属，同时切断焊接电源。

4.4.5　回收焊剂、拆卸夹具

焊接完毕后，应停歇 20～30s 后（在寒冷地区施焊时，停歇时间适当延长）方可回收焊剂和卸下焊接夹具，并敲去渣壳。回收焊剂应除去熔渣及杂物，受潮的焊剂应烘、焙干燥后，可重复使用。

5　质量标准

5.1　主控项目

5.1.1　施焊的各种钢筋、钢板及辅助材料均应符合设计要求及有关标准规定。

5.1.2　在现浇钢筋混凝土结构中，电渣压力焊接头应以 300 个同牌号钢筋接头作为一批；在房屋结构中，应在不超过两楼层中，以 300 个同牌号钢筋接头作为一批；当不足 300 个接头时，仍应作为一批。每批随机切取三个接头做拉伸试验，并应按下列规定对试验结构进行评定：

1　符合下列条件之一，应评定该检验批接头拉伸试验合格：①3 个试件均断于钢筋母材，呈延性断裂，其抗拉强度大于或等于钢筋母材抗拉强度标准值。②2 个试件断于钢筋母材，呈延性断裂，其抗拉强度大于或等于钢筋母材抗拉强度标准值；另一个试件断于焊缝，呈脆性断裂，其抗拉强度大于或等于钢筋母材抗拉强度标准值。

注：试件断于热影响区，呈延性断裂，应视作与断于钢筋母材等同；试件断于热影响区，呈脆性断裂，应视作与断于焊缝等同。

2　符合下列条件之一，应进行复验：①2 个试件断于钢筋母材，呈延性断裂，其抗拉强度大于或等于钢筋母材抗拉强度标准值；另一试件断于焊缝或热影响区，呈脆性断裂，其抗拉强度小于钢筋母材抗拉强度标准值。②1 个试件断于钢筋母材，呈延性断裂，其抗拉强度大于或等于钢筋母材抗拉强度标准值；另 2 个试件断于焊缝或热影响区，呈脆性断裂。

3　3 个试件均断于焊缝，呈脆性断裂，其抗拉强度均大于或等于钢筋母材抗拉强度标准值应进行复验。当3个试件中有一个试件抗拉强度小于钢筋母材抗拉强度标准值，应评定该检验批接头拉伸试验不合格。

4　复验时，应切取6个试件进行试验。试验结果，若有4个或4个以上试件断于钢筋母材，呈延性断裂，其抗拉强度大于或等于钢筋母材抗拉强度标准值，另2个或2个以下试件断于焊缝，呈脆性断裂，其抗拉强度大于或等于钢筋母材抗拉强度标准值，应评定该检验批接头拉伸试验复验合格。

5.2　一般项目

5.2.1　钢筋安装时，受力钢筋焊接接头的位置以及设置在同一区段构件内的接头面积百分率应符合设计要求和现行国家标准《混凝土结构工程施工质量验收规范》GB 50204 的有关规定。

5.2.2　钢筋电渣压力焊接头外观质量检查结果，应符合下列规定：

1　四周焊包凸出钢筋表面的高度，当钢筋直径为25mm及以下时，不得小于4mm；当钢筋直径为28mm及以上时，不得小于6mm。

2　钢筋与电极接触处，应无烧伤缺陷。

3　接头处的弯折角不得大于2°。

4　接头处的轴线偏移不得大于1mm。

6　成品保护

6.0.1　操作时，不能过早拆卸夹具，以免造成接头弯曲变形。

6.0.2　焊后不得敲砸钢筋接头，不得往刚焊完的接头上浇水冷却。

6.0.3　在高空焊接时，应搭设临时脚手平台操作，不得踩踏已绑好的钢筋。

6.0.4　焊接后未冷却的接头应避免碰到冰雪。

7　注意事项

7.1　应注意的质量问题

7.1.1　直径12mm钢筋电渣压力焊时，应采用小型焊接夹具，上下钢筋对正，不偏歪，多做焊接工艺试验，确保焊接质量。

7.1.2　在焊接生产中，焊工应自检，当发现偏心、烧伤、弯折等焊接缺陷时，宜按表14-3查找原因和采取措施，及时清除。

电渣压力焊接头焊接缺陷及防止措施　　　　　　　　表14-3

焊接缺陷	产生原因	消除措施
轴线偏移	1. 钢筋端头歪斜	1. 矫直钢筋端部
	2. 夹具和钢筋未安装好	2. 正确安装夹具和钢筋
	3. 顶压力太大	3. 避免过大的顶压力
	4. 夹具变形	4. 及时修理或更换夹具

续表

焊接缺陷	产生原因	消除措施
弯折	1. 钢筋端部弯折	1. 矫直钢筋端部
	2. 上钢筋未夹牢放正	2. 注意安装和扶持上钢筋
	3. 拆卸夹具过早	3. 避免焊后过快拆卸夹具
	4. 夹具损坏松动	4. 修理或者更换夹具
咬边	1. 焊接电流太大	1. 减小焊接电流
	2. 焊接通电时间太长	2. 缩短焊接时间
	3. 上钢筋顶压不到位	3. 注意上钳口的起点和止点，确保上钢筋顶压到位
未焊合	1. 焊接电流太小	1. 增大焊接电流
	2. 焊接通电时间不足	2. 避免焊接时间过短
	3. 上夹头下送不畅	3. 检修夹具，确保上钢筋下送自如
焊包不均	1. 钢筋端面不平整	1. 钢筋端面应平整
	2. 焊剂填装不匀	2. 填装焊剂尽量均匀
	3. 钢筋熔化量不足	3. 延长电渣过程时间，适当增加熔化量
烧伤	1. 钢筋夹持部位有锈	1. 钢筋导电部位除净铁锈
	2. 钢筋未夹紧	2. 尽量夹紧钢筋
焊包下淌	1. 焊剂筒下方未堵严	1. 彻底封堵焊剂筒的漏孔
	2. 回收焊剂太早	2. 避免焊后过快回收焊剂

7.1.3　雪天、雨天不宜施焊，必须施焊时，应采取有效的遮蔽措施。焊接完毕，应停歇20s 以上方可卸下夹具回收焊剂，回收的焊剂内不得混入冰雪，接头渣壳应待冷却后清理。

7.1.4　电渣压力焊可在负温的条件下进行，焊接前，应进行现场负温条件下的焊接工艺试验，经检验满足要求后方可正式作业，当环境温度低于-20℃时，则不宜进行施焊。

7.2　应注意的安全问题

7.2.1　高空作业的下方和焊接火星所及范围内，必须彻底清除易燃易爆物品。

7.2.2　焊接电线应采用胶皮绝缘电缆，绝缘性能不良的电缆禁止使用。

7.2.3　焊接工作区域的防护应符合下列规定：

1　焊接设备应安放在通风、干燥、无碰撞、无剧烈振动、无高温、无易燃品存放的地方；特殊环境条件下还应对设备采取特殊的防护措施。

2　焊接电弧的辐射及飞溅范围，应设不可燃或耐火板、罩、屏，防止人员受到伤害。

3　焊机不得受潮或雨淋，受潮的焊接设备在使用前必须彻底干燥并经适当试验或检测。

4　焊接作业应在足够的通风条件下进行，避免操作人员吸入焊接操作产生的有害气体。

5　在焊接作业场所应当设置警告标志。

7.2.4　各种焊机的配电开关箱内，应安装熔断器和漏电保护开关；焊接电源的外壳应有可靠的接地或接零；焊机的保护接地线应直接从接地极处引接，其接地电阻值不应大于4Ω。

7.2.5　焊接电缆应完好无损，接头处应连接牢固，绝缘良好；发现损坏应及时修理；各种管线和电缆不得挪作拖拉设备的工具。

7.2.6　用于作业的工作台、脚手架，应搭设牢固、可靠和安全。

7.3　应注意的绿色施工问题

7.3.1　施工现场垃圾按指定的地点集中收集，并及时运出现场，时刻保持现场的文明。

7.3.2 严格遵守有关消防、保卫方面的法令、法规、制定有关消防保卫管理制度，完善消防设施，消防事故隐患。

7.3.3 合理安排作业时间，避免进行噪声较大的工作，减少噪声扰民。

8　质量记录

8.0.1 钢筋出厂合格证、质量检验报告及现场抽样复检报告。

8.0.2 钢筋化学成分等专项检验报告。

8.0.3 焊剂合格证书。

8.0.4 钢筋接头焊接工艺试验报告、钢筋接头焊接试验报告。

8.0.5 钢筋焊工考试合格证复印件。

8.0.6 钢筋电渣压力焊接头检验批质量验收记录。

8.0.7 其他技术文件。

第 15 章　钢筋直螺纹连接

本工艺标准适用于房屋建筑和一般构筑物中受力钢筋的直螺纹连接。对直接承受动力荷载的结构构件，接头应满足设计要求的抗疲劳性能。

1　引用标准

《混凝土结构工程施工规范》GB 50666—2011

《钢筋机械连接技术规程》JGJ 107—2016

《混凝土结构工程施工质量验收规范》GB 50204—2015

《钢筋机械连接用套筒》JG/T 163—2013

2　术语

2.0.1 钢筋机械连接：通过钢筋与连接件或其他介入材料的机械咬合作用或钢筋端面承压作用，将一根钢筋中的力传递至另一根钢筋的连接方法。

3　施工准备

3.1　作业条件

3.1.1 钢筋连接开始前，对不同钢筋生产厂的进场钢筋进行接头工艺检验，施工过程中，更换钢筋生产厂时，应补充进行工艺检验。

3.1.2　套筒及钢筋端头已清理，按规格分类存放备用。

3.1.3　由技术提供单位提交有效的型式检验报告，报告应包括试件基本参数和试验结果。

3.1.4　加工钢筋接头的操作工人，应经过专业人员培训合格后方可上岗，人员应相对稳定。

3.1.5　设备已进行检查并试运转。

3.2　材料及机具

3.2.1　材料

1　钢筋：HRB335、HRB400、RRB400、HRB500 级钢筋的级别、直径应符合设计要求，品种和性能符合现行国家标准《钢筋混凝土用钢　第 2 部分：热轧带肋钢筋》GB 1499.2 和《钢筋混凝土用余热处理钢筋》GB 13014 的要求，有原材合格证、出厂检验报告及进场复验报告。

2　套筒：其原材料、外观及力学性能应符合现行行业标准《钢筋机械连接用套筒》JG/T 163 要求，还应有产品合格证、出厂检验报告、产品质量证明书。标准型套筒可便于正常情况下连接；变径型套筒可满足不同直径的连接；扩口型套筒可满足钢筋较难对中情况下的连接。

3.2.2　机具

直螺纹套丝机、角向磨光机、砂轮切割机、螺纹环规、量规（牙形规、卡规、直螺纹塞规）力矩扳手等。

4　操作工艺

4.1　工艺流程

$$\boxed{\text{钢筋下料、切割}} \rightarrow \boxed{\text{直螺纹接头加工}} \rightarrow \boxed{\text{丝头检验}} \rightarrow \boxed{\text{工艺检验}} \rightarrow \boxed{\text{钢筋现场连接}} \rightarrow \boxed{\text{验收}}$$

4.2　钢筋下料、切割

4.2.1　钢筋应先调直后下料，钢筋端部应切平或墩平后加工螺纹，钢筋切割宜用切割机和砂轮片切割，切口端面应与钢筋轴线垂直，不得有马蹄形或挠曲，不得用气割下料。

4.2.2　钢筋丝头宜满足 6f 级精度要求，应用专用直螺纹量规检验，卡规能顺利旋入并达到要求的拧入长度，卡规旋入不得超过 $3P$。

4.3　直螺纹接头加工

直螺纹钢筋接头的加工应保持丝头端面的基本平整，使安装扭矩能有效形成丝头的相互顶力。

4.3.1　滚轧螺纹前，根据钢筋直径安设滚丝轮，根据丝头长度调整丝头长度控制点，设置挡块控制钢筋初始位置。

4.3.2　滚轧钢筋螺纹时，滚轧机应采用水浴性切削润滑液，当气温低于 0℃时，应掺入 15％～20％亚硝酸钠，不得用机油作润滑液或不加润滑液滚轧螺纹。

4.3.3 将待加工的钢筋端头对准加工孔，使端头与加工孔平齐，用夹具夹紧，启动滚轧机电源开关，转动手柄轮，开始滚轧螺纹，滚轧到规定长度后，自动停止退出。

4.4 丝头检验

4.4.1 松开夹具，取出钢筋，用钢丝刷清理毛刺，操作工人对丝头的外观质量逐个目测检查，钢筋丝头长度应满足企业标准中产品设计要求，公差应为 0～2.0P（P 为螺距），每加工 10 个，利用螺纹环规、量规等对丝头规格尺寸检查一次，剔除不合格丝头。

4.4.2 钢筋滚轧螺纹牙形应饱满，无断牙、秃牙缺陷，且与牙形规的牙形吻合，牙齿表面光洁为合格品。钢筋滚轧螺纹直径用专用量规检验，达到量规检验要求为合格品。

4.4.3 镦粗头不得有与钢筋轴线相垂直的横向裂纹。

4.4.4 自检合格的丝头应立即带上塑料保护帽或拧上连接套筒，并按规格型号分类码放。

4.5 钢筋现场连接施工

4.5.1 钢筋连接前，回收丝头上的塑料保护帽和套筒端头的塑料密封盖。

4.5.2 钢筋连接时，钢筋规格必须与连接套筒的规格一致，钢筋和套筒的丝头应干净、完好无损。如发现杂物或锈蚀，应用铁刷清理干净。

4.5.3 采用预埋接头时，连接套筒的位置、规格和数量应符合设计要求，带连接套筒的钢筋应固定牢固，连接套筒的外露端应有保护盖。

4.5.4 滚压直螺纹接头应使用管钳和力矩扳手进行施工，将两个钢筋丝头在套筒中间位置相互顶紧，标准型接头安装后的外露螺纹不宜超过 2P。安装后应用力矩扳手校核拧紧扭矩，拧紧扭矩值应符合现行行业标准《钢筋机械连接技术规程》JGJ 107 中第 6.2.1 条内容的规定，力矩扳手的精度为 ±5%。

4.5.5 竖向钢筋连接时，应从下向上依次连接；水平钢筋连接时，应从一端向另一端依次连接，不得从两头往中间连接。

4.5.6 同径或异径正丝扣连接时，将待连接两根钢筋丝头拧入连接套筒，用两把专用扳手分别卡住待连接钢筋，将钢筋接头拧紧，钢筋丝头在套筒中央位置应相互顶紧，外露螺纹不超过 2P。

4.5.7 正反丝扣连接时，将待连接两根正反丝扣钢筋同时对准正反丝扣连接套筒，用两把专用扳手分别卡住待连接钢筋，再用第三把扳手拧紧连接套筒。

4.5.8 可调丝头连接时，先将连接套筒和锁紧螺母全部拧入长丝头钢筋端，再把短丝头端钢筋对准套筒，旋转套筒使其从长丝头钢筋头中逐渐退出，并进入短丝头钢筋头中，与短丝头钢筋头拧紧，然后将锁紧螺母旋出，并与套筒拧紧定位。

4.5.9 连接完的接头应立即用油漆作上标记，防止漏拧。

4.5.10 钢筋连接套筒的混凝土保护层厚度应符合设计要求，并且不得小于 15mm，连接件之间的横向净距不宜小于 25mm，纵向受力钢筋的接头宜相互错开，其错开间距不应少于 35d，且不大于 500mm，接头端部距钢筋弯起点不得小于 10d。

4.5.11 接头应避开设在拉应力最大的截面上和有抗震设防要求的框架梁端与柱端的箍筋加密区，在结构件受拉区段同一截面上的钢筋接头不得超过钢筋总数的 50%。在同一构件的跨间或层高范围内的同一根钢筋上，不得超过两个以上接头。

4.5.12 钢筋接头应做到表面顺直，端面平整，其截面与钢筋轴线垂直，不得歪斜、滑丝。

5　质量标准

5.1　主控项目

5.1.1　钢筋的品种、级别和质量以及套筒的材质、规格尺寸和性能应符合设计要求和国家现行有关标准的规定。

5.1.2　钢筋连接工程开始前及施工过程中，应对每批钢筋进行接头工艺试验，工艺试验应符合现行行业标准《钢筋机械连接技术规程》JGJ 107 的有关规定。

5.1.3　同一施工条件下采用同一批材料的同等级、同形式、同规格接头，应以 500 个为一个验收批进行检验与验收，不足 500 个也作为一个验收批。

5.1.4　对接头的每一验收批，必须在工程结构中随机截取 3 个接头试件做抗拉强度试验，并按设计要求的接头等级进行评定，并填写试验报告。当 3 个接头试件的抗拉强度均符合表 15-1 中相应等级的强度要求时，该验收批应评定为合格。如有 1 个试件的抗拉强度不符合要求，应再取 6 个试件进行复检。复检中仍有 1 个试件的抗拉强度不符合要求，则该验收批应评为不合格。

接头的抗拉强度　　　　　　　　　　　　　　表 15-1

接头等级	Ⅰ级	Ⅱ级	Ⅲ级
抗拉强度	$f_{mst}^0 \geqslant f_{stk}$ 断于钢筋 或 $f_{mst}^0 \geqslant 1.10 f_{stk}$ 断于接头	$f_{mst}^0 \geqslant f_{stk}$	$f_{mst}^0 \geqslant 1.25 f_{yk}$

注：f_{mst}^0——接头试件实测抗拉强度；f_{stk}——钢筋抗拉强度标准值；f_{yk}——钢筋屈服强度标准值。

5.1.5　接头的拧紧力矩值应符合现行标准《钢筋机械连接技术规程》JGJ 107 规定，见表 15-2。

直螺纹接头安装时的最小拧紧扭矩值　　　　　　　　　　　　表 15-2

钢筋直径（mm）	≤16	18～20	22～25	28～32	36～40	50
拧紧力矩（N·m）	100	200	260	320	360	460

5.2　一般项目

5.2.1　钢筋的规格、接头位置同一区段有接头面积的百分比，应符合设计要求和现行国家标准《混凝土结构工程施工质量验收规范》GB 50204 的规定。

5.2.2　丝头的质量检验应符合表 15-3 的规定。

丝头质量检验要求　　　　　　　　　　　　表 15-3

检验项目	量具名称	检验要求
外观质量	目测	牙形饱满、牙顶宽超过 0.6mm 秃牙部分累计长度不超过一个螺纹周长，钢筋端部必须切平
外形尺寸	卡尺或专用量具	丝头长度应满足设计要求，极限偏差应为 0～2.0P（P 为螺距）
螺纹大径	光面轴向量规	通端量规应能通过螺纹的大径，而止端量规则不能通过螺纹大径
螺纹中径及小径	通规	能顺利旋入并达到要求拧入的长度
	止规	旋入不得超过 3P（P 为螺距）

5.2.3 连接终拧后应做出标识。

6 成品保护

6.0.1 钢筋连接用套筒放入包装箱存放在库房内，不得露天存放，防止雨淋潮湿。

6.0.2 加工好的丝头，带好保护帽或套筒防止磕碰螺纹，并且一端要封闭，塑料保护套应比外螺纹长 10～20mm，防止污物损坏螺纹。

6.0.3 连接半成品应规格分类码放整齐，远离酸、盐等可对钢筋造成腐蚀的物品，并防止锈蚀。

6.0.4 加工设备尽量放置在防雨篷内，下雨天保护电机及电器部分不受潮湿和雨水浸蚀。

6.0.5 不得随意抛掷连接成品。

7 注意事项

7.1 应注意的质量问题

7.1.1 钢筋端头压圆后的直径，应按钢筋直径的负偏差来控制。

7.1.2 现场安装时，每个操作点应由一人扶正钢筋对中，一人用管钳拧紧连接套筒。

7.2 应注意的安全问题

7.2.1 作业人员上岗前，应接受三级安全教育。

7.2.2 钢筋矫直应相互照应。

7.2.3 机械用电和现场用电应符合现行行业标准《施工现场临时用电安全技术规范》JGJ 46 的规定。

7.2.4 压圆滚丝设备操作时应执行现行行业标准《建筑机械使用安全技术规程》JGJ 33 的相关规定。

7.2.5 操作时，不得硬拉压圆机的油管。

7.3 应注意的绿色施工问题

7.3.1 现场进行钢筋加工时，将机械安放在平整度较高的平台上，下垫木板，并定期检查各种零部件。如发现零部件有松动、磨损，及时紧固或更换，以降低噪声。浇筑混凝土时不要振动钢筋，降低噪声排放强度。

7.3.2 如果钢筋有片状老锈，在使用前需用钢丝刷或砂盘进行除锈，为减少除锈时灰尘飞扬，现场要设置苫布遮挡并及时将锈屑清理起来，回收再利用。

7.3.3 钢筋端面平头及丝头加工时的废料要及时清理回收再利用。

7.3.4 润滑油等要防止直接滴落，应在地上铺塑料布，防治污染土地。

8 质量记录

8.0.1 钢筋合格证、出厂检验报告和进场复验报告。

8.0.2 钢筋接头型式检验报告。

8.0.3　连接套筒出厂合格证和质量检验报告。

8.0.4　钢筋直螺纹接头工艺检验报告。

8.0.5　钢筋直螺纹接头拉伸试验报告。

8.0.6　钢筋直螺纹加工检验记录。

8.0.7　钢筋直螺纹接头质量检查记录。

8.0.8　钢筋直螺纹连接接头检验批质量验收记录。

8.0.9　其他技术文件。

第 16 章　钢筋套筒挤压连接

本工艺标准适用于房屋与一般构筑物中受力钢筋的套筒挤压连接。对直接承受动力荷载的结构构件，接头应满足设计要求的抗疲劳性能。

1　引用标准

《混凝土结构工程施工规范》GB 50666—2011

《混凝土结构工程施工质量验收规范》GB 50204—2015

《钢筋机械连接技术规程》JGJ 107—2016

《钢筋机械连接用套筒》JG/T 163—2013

2　术语

2.0.1　钢筋套筒挤压接头：带肋钢筋套筒挤压连接将两根待接钢筋插入钢套筒，用挤压连接设备沿径向挤压钢套筒，使之产生塑性变形，依靠变形后的钢套筒与被连接钢筋的纵、横肋产生的机械咬合成为整体形成的接头。见图 16-1。

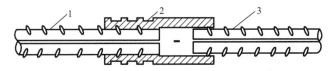

图 16-1　钢筋套筒挤压连接

1—已挤压的钢筋；2—钢套筒；3—未挤压的钢筋

3　施工准备

3.1　作业条件

3.1.1　由技术提供单位提交有效的型式检验报告，报告应包括试件基本参数和试验结果。

3.1.2 钢筋接头的加工经过工艺检验合格后方可进行。每批进场钢筋均已进行接头工艺试验。

3.1.3 操作人员应经过专业技术人员培训，考核合格后方可上岗，人员应相对稳定。

3.1.4 挤压设备经检修、试压并已经过标定，符合施工要求。

3.1.5 制定专项施工方案，进行安全技术交底。

3.2 材料及机具

3.2.1 钢筋：HRB335、HRB400、RRB400、HRB500 级钢筋的级别、直径应符合设计要求。有产品合格证、出厂质量证明及进场复验报告，其性能应符合现行国家标准《钢筋混凝土用钢 第2部分：热轧带肋钢筋》GB 1499.2—2013 的要求。

3.2.2 钢套筒：钢套筒表面不得有裂缝、折叠、结疤等缺陷，还应有产品合格证、出厂检验报告、产品质量证明书。其原材料、外观及力学性能应符合现行行业标准《钢筋机械连接用套筒》JG/T 163 要求。套筒在运输和储存中，应按不同规格装箱，分别堆放整齐，不得露天堆放，防止锈蚀和污染。

3.2.3 机具：超高压电动油泵、挤压机、超高压油管、悬挂平衡器（手动葫芦）、吊挂小车、挤压连接钳、画标志用工具和检查压痕卡板等。

4 操作工艺

4.1 工艺流程

钢套筒与钢筋检查 → 设置钢筋端头压接标志 → 钢套筒与钢筋试套 → 套筒装配、挤压一端 → 连接挤压另一端 → 外观检查

4.2 钢筋和套筒检查

对钢筋进行检查，钢筋端部不得有局部弯曲，如有马蹄、弯折或纵肋尺寸过大，应预先矫正或用砂轮打磨，并清除钢筋锈蚀和附着物。

接头安装前，应检查连接件的产品合格证、质量证明书及套筒表面标记（包括名称代号、特性代号、主参数代号、厂家代号及生产批号标记）；产品合格证、质量证明书及标记应符合现行行业标准《钢筋机械连接用套筒》JG/T 163 要求。

4.3 设置钢筋端头压接标志

在钢筋端部画出定位标记和检查标记，定位标记与钢筋端头的距离为钢套筒长度的一半，检查标记与定位标记的距离一般为 20mm。

4.4 钢套筒与钢筋试套

按钢筋规格选择套筒，将钢筋与钢套筒进行试套，通过钢筋端头定位标记和检查标记，控制钢筋端头离套筒长度中点不宜超过 10mm。不同直径钢筋的套筒不得相互串用。

当钢筋纵肋过高影响插入时，可以打磨，但钢筋横肋严禁打磨。被连接钢筋的轴心与钢

套筒轴心应保持同一轴线，防止偏心和弯折。

4.5　套筒装配、挤压一端

钢筋挤压连接宜在地面上挤压一端套筒，在施工作业区插入待接钢筋后再挤压另一端套筒。挤压宜从套筒中央开始，依次向两端挤压。

先装好高压油管和钢筋配用限位器、套管压模，并在压模内涂润滑油，按手控开关，使套筒对正压模内孔，再按关闭开关，插入钢筋顶到限位器上扶正；按手控开关进行挤压；当听到液压油发出溢流声，再按手控开关，退回柱塞，取下压模，取出半套管接头，即完成一端挤压作业。

4.6　连接挤压另一端

先将半套管插入待接的钢筋上，使挤压机就位，再放置与钢筋配用的压模和垫块；然后，按下手控上开关进行挤压；当听到液压油发出溢流声时，按下手控下开关，再退回柱塞及导向板，装上垫块，按下手控上开关进行挤压，按下手控下开关，退回柱塞再加垫块，然后按手控上开关进行挤压，再按手控下开关，退回柱塞；最后，取下垫块、压模，卸下挤压机，钢筋连接即完成。

5　质量标准

5.1　主控项目

5.1.1　钢筋的品种、级别、规格和质量以及套筒的材质、规格尺寸和性能必须符合设计要求和国家现行有关标准的规定。

5.1.2　钢筋连接工程开始前及施工过程中，应对不同钢筋生产厂的进场钢筋进行接头工艺试验，施工过程中，更换钢筋生产厂时，应补充进行工艺检验。工艺检验应符合现行行业标准《钢筋机械连接技术规程》JGJ 107 的规定。

5.1.3　接头的现场检验按照验收批进行。同一施工条件下采用同一批材料的同等级、同型式、同规格接头，以 500 个为一个验收批进行检验与验收，不足 500 个也作为一个验收批。每一验收批必须在工程中随机抽 3 个试件做抗拉强度试验，应符合设计要求的接头等级。

5.2　一般项目

5.2.1　钢筋的规格、接头位置、在同一区段内接头钢筋面积百分率，应符合设计要求和现行国家标准《混凝土结构工程施工质量验收规范》GB 50204 的规定。

5.2.2　挤压后的套筒不得有肉眼可见的裂纹。

5.2.3　钢筋接头挤压压痕直径的波动范围应控制在供应商认定的允许波动范围内，供应商提供专用量规进行检查，当深度不够时应补压；如超压，必须切除重新挤压。

6　成品保护

6.0.1　在地面预制好的接头应用垫木垫好，分规格码放整齐。

6.0.2　套筒应妥善存放，筒内不得有砂浆等杂物。

6.0.3　连接成品不得随意抛掷。

6.0.4　在高空挤压接头时，应搭设临时脚手架平台操作，不得蹬踩接头。

7　注意事项

7.1　应注意的质量问题

7.1.1　钢套筒的几何尺寸及钢筋接头位置应符合设计要求，套筒表面不得有裂缝、折叠、结疤等缺陷。

7.1.2　钢筋端部应平直；钢筋的连接段和套筒内壁严禁有油污、铁锈、泥沙混入，套筒接头外边的油脂也应擦干净。

7.1.3　连接带肋钢筋不得砸平花纹。

7.1.4　挤压接头压痕直径的波动范围应控制在允许波动范围内，并使用专用量规进行检验。接头的压痕道数应符合钢筋规格要求的挤压道数，压痕深度不够的应补压，超深的必须切除接头重新连接。

7.2　应注意的安全问题

7.2.1　作业人员上岗前应安全教育，防止发生人身和设备安全事故。

7.2.2　挤压前检查高压系统、悬挂设备的锁具是否牢靠、正常。

7.2.3　断料时应戴防护眼镜。

7.2.4　操作时不得硬拉电线和高压油管，防止高压油管弯折或被尖利物体划伤。

7.2.5　高压油管不得打死弯，操作人员应避开高压油管反弹方向。

7.2.6　高压油泵应采用液压油，油液应过滤，保持清洁，油箱应密封，防止渗漏或雨水、灰尘混入油箱。

7.2.7　高空连接应搭设临时脚手架平台操作，系安全带。

7.2.8　操作人员应戴安全帽和手套。

7.3　应注意的绿色施工问题

7.3.1　现场进行钢筋加工时，将机械安放在平整度较高的平台上，下垫木板，并定期检查各种零部件，如发现零部件有松动、磨损，及时紧固或更换，以降低噪声，浇筑混凝土时不要振动钢筋，降低噪声排放强度。

7.3.2　如果钢筋有片状老锈，在使用前需用钢丝刷或砂盘进行除锈，为减少除锈时灰尘飞扬，现场要设置苫布遮挡，并及时将锈屑清理起来，回收再利用。

7.3.3　钢筋端面平头及丝头加工时的废料，要及时清理回收再利用。

7.3.4　润滑油等要防止直接滴落，应在地上铺塑料布防治污染土地。

8　质量记录

8.0.1　钢筋合格证、出厂检验报告和进场复验报告。

8.0.2 钢筋套筒合格证、出厂检验报告。

8.0.3 挤压接头型式检验报告。

8.0.4 施工现场单向拉伸试验记录。

8.0.5 施工现场挤压接头外观检查记录。

8.0.6 钢筋安装工程检验批质量验收记录。

8.0.7 钢筋套筒挤压连接接头检验批质量验收记录。

8.0.8 钢筋分项工程质量验收记录。

8.0.9 其他技术文件。

第 17 章　混凝土配合比设计与试配

本工艺标准适用于密度为 $2000\sim2800kg/m^3$ 的普通混凝土和自密实混凝土配合比设计。

1　引用标准

《混凝土结构工程施工规范》GB 50666—2011

《自密实混凝土应用技术规程》JGJ/T 283—2012

《混凝土泵送施工技术规范》JGJ/T 10—2011

《普通混凝土配合比设计规程》JGJ 55—2011

《混凝土结构工程施工质量验收规范》GB 50204—2015

《普通混凝土用砂、石质量及检验方法标准》JGJ 52—2006

《建设用砂》GB/T 14684—2011

《建设用卵石、碎石》GB/T 14685—2011

《用于水泥和混凝土中的粉煤灰》GB/T 1596—2017

《用于水泥和混凝土中的粒化高炉矿渣粉》GB/T 18046—2008

《混凝土外加剂》GB 8076—2008

《混凝土防冻剂》JC 475—2004

《混凝土膨胀剂》GB 23439—2009

《混凝土用水标准》JGJ 63—2006

2　术语

2.0.1 普通混凝土：干表观密度为 $2000\sim2800kg/m^3$ 的混凝土。

2.0.2 高强混凝土：强度等级不低于 C60 的混凝土。

2.0.3 泵送混凝土：可在施工现场通过压力泵及输送管道进行浇筑的混凝土。

2.0.4 胶凝材料：混凝土中水泥和活性矿物掺合料的总称。

2.0.5 水胶比：混凝土中用水量与胶凝材料用量的质量比。

2.0.6 矿物掺合料掺量：混凝土中矿物掺合料用量占胶凝材料用量的质量百分比。

2.0.7 自密实混凝土：具有高流动性、均匀性和稳定性，浇筑时无需外力振捣，能够在自重作用下流动并充满模板空间的混凝土。

3 施工准备

3.1 作业条件

3.1.1 混凝土配合比应按试验任务委托的要求进行试配。

3.1.2 混凝土试配委托应根据工程结构写明施工部位，原材料的规格、品种、混凝土搅拌、运输、振捣、浇筑方式、环境条件，以及混凝土强度等级、坍落度、凝结时间要求等情况。

3.1.3 试配时混凝土操作室温度应保持在 20±5℃。

3.1.4 试配时的材料应与工程中使用的原材料一致。

3.2 材料及机具

3.2.1 水泥：采用普通硅酸盐水泥、硅酸盐水泥、矿渣硅酸盐水泥、火山灰质硅酸盐水泥和粉煤灰硅酸盐水泥，水泥质量应符合现行国家标准《通用硅酸盐水泥》GB 175 的规定。

3.2.2 骨料：采用的粗、细骨料，应符合现行行业标准《普通混凝土用砂、石质量及检测方法标准》JGJ 52 及现行国家标准《建设用砂》GB/T 14684、《建设用卵石、碎石》GB/T 14685 的规定。

3.2.3 拌合水，宜采用饮用水，当采用其他水源时，水质应符合现行行业标准《混凝土用水标准》JGJ 63 的规定。

3.2.4 掺合料：掺量应通过试验确定，并应符合现行国家标准《粉煤灰混凝土应用技术规程》GB/T 50146、《用于水泥与混凝土中的粒化高炉矿渣粉》GB/T 18046、《用于水泥和混凝土中的粉煤灰》GB/T 1596 等的规定。

3.2.5 外加剂：掺用的外加剂质量应符合现行国家标准《混凝土外加剂应用技术规范》GB 50119、《混凝土外加剂》GB 8076、《混凝土防冻剂》JC 475、《混凝土膨胀剂》GB 23439 等的规定。

3.2.6 机具：搅拌机、振动台、振捣棒、试模、铁锹、台秤、案秤、流量计（或量筒）、坍落度筒、维勃稠度仪、J 环、钢板尺、刚性水平底板、装料铲、容量筒等。

4 操作工艺

4.1 工艺流程

试配强度确定 → 水胶比确定 → 用水量和外加剂用量确定 →

胶凝材料、矿物掺合料和水泥用量确定 → 砂率确定 → 粗、细骨料用量确定 →

配合比试配 → 配合比调整 → 配合比确定

4.2 试配强度确定

4.2.1 试配强度应按式 (17-1)、(17-2) 确定:

$$f_{cu,o} \geqslant f_{cu,k} + 1.645\sigma \tag{17-1}$$

$$f_{cu,o} \geqslant 1.15 f_{cu,k} \tag{17-2}$$

式中　$f_{cu,o}$——混凝土配制强度 (MPa);

　　　$f_{cu,k}$——混凝土立方体抗压强度标准值 (MPa);

　　　　σ——混凝土强度标准差 (MPa)。

当设计强度等级不小于 C60 时,配制强度应按式 (17-2) 确定。

4.2.2 混凝土强度标准差 (σ) 应按下列规定确定:

1　当具有近 1~3 个月的同一品种、同一强度等级混凝土的强度资料,且试件组数不小于 30 时,其混凝土强度标准差 σ 按式 (17-3) 计算:

$$\sigma = \sqrt{\frac{\sum\limits_{i=1}^{n} f_{cu,i}^2 - nm_{fcu}^2}{n-1}} \tag{17-3}$$

式中　　σ——混凝土强度标准差;

　　　$f_{cu,i}$——第 i 组试件强度 (MPa);

　　　m_{fcu}——n 组试件的强度平均值 (MPa);

　　　　n——试件组数。

对于强度等级不大于 C30 的混凝土,当混凝土强度标准差计算值不小于 3.0MPa 时,应按上述公式计算结果取值;当混凝土强度标准计算值小于 3.0MPa 时,应取 3.0MPa。对于强度等级大于 C30 且小于 C60 的混凝土,当混凝土标准差不小于 4.0MPa 时,应按上述公式计算结果取值;当混凝土标准差计算值小于 4.0MPa 时,应取 4.0MPa。

2　当没有近期的同一品种、同一强度等级混凝土强度资料时,其混凝土强度标准差 σ 按表 17-1 取值。

标准差 σ 值 (MPa)　　　　　　　　　　　　　　　　　　表 17-1

混凝土强度标准值	≤C20	C25~C45	C50~C55
σ	4.0	5.0	6.0

4.3 水胶比确定

4.3.1 混凝土强度等级小于 C60 时,混凝土水胶比宜按公式 (17-4) 计算:

$$W/B = \frac{\alpha_a f_b}{f_{cu,o} + \alpha_a \alpha_b f_b} \tag{17-4}$$

式中　W/B——混凝土水胶比;

　　α_a、α_b——回归系数;

　　　　f_b——胶凝材料 28d 胶砂抗压强度 (MPa),可实测,且试验方法应按现行国家标准《水泥胶砂强度检验方法 (ISO 法)》GB/T 17671—1999 执行;也可按本文 4.3.2 条确定。

4.3.2 当胶凝材料 28d 胶砂抗压强度值（f_b）无实测值时，可按式（17-5）确定：

$$f_b = \gamma_f \gamma_s f_{ce} \tag{17-5}$$

式中 γ_f、γ_s——粉煤灰影响系数和粒化高炉矿渣粉影响系数，按表 17-2 选用；

f_{ce}——水泥 28d 胶砂抗压强度（MPa），可实测，也可按本文 4.3.3 条确定。

粉煤灰影响系数（γ_f）和粒化高炉矿渣粉影响系数（γ_s） 表 17-2

种类 掺量（%）	粉煤灰影响系数 γ_f	粒化高炉矿渣粉影响系数 γ_s
0	1.00	1.00
10	0.85～0.95	1.00
20	0.75～0.85	0.95～1.00
30	0.65～0.75	0.90～1.00
40	0.55～0.65	0.80～0.90
50	—	0.70～0.80

注：1. 采用Ⅰ级、Ⅱ级粉煤灰宜取上限值。
2. 采用 S75 级粒化高炉矿渣粉宜取下限值，采用 S95 级粒化高炉矿渣粉宜取上限值，采用 S105 级粒化高炉矿渣粉可取上限值加 0.05。
3. 当超出表中的掺量时，粉煤灰和粒化高炉矿渣粉影响系数应经试验确定。

4.3.3 当水泥 28d 胶砂抗压强度值（f_{ce}）无实测值时，可按公式（17-6）确定：

$$f_{ce} = \gamma_c \cdot f_{ce.g} \tag{17-6}$$

式中 γ_c——水泥强度等级值的富余系数，可按实际统计资料确定；当缺乏实际统计资料时也可按表 17-3 选用；

$f_{ce.g}$——水泥强度等级值（MPa）。

水泥强度等级值的富余系数（γ_c） 表 17-3

水泥强度等级值	32.5	42.5	52.5
富余系数	1.12	1.13	1.10

4.3.4 回归系数 α_a 和 α_b 宜按下列规定确定：

1 根据工程所使用的原材料，通过试验建立的水胶比与混凝土强度关系式来确定；

2 当不具备上述试验统计资料时，可按表 17-4 选用。

回归系数 α_a、α_b 选用表 表 17-4

系数	粗骨料品种	
	碎石	卵石
α_a	0.53	0.49
α_b	0.20	0.13

4.3.5 计算所得混凝土的水胶比，应符合现行国家标准《混凝土结构设计规范》GB 50010 结构混凝土材料的耐久性基本要求的规定，详见表 17-5，除配制 C15 及以下强度等级的混凝土外，混凝土的最小胶凝材料用量应符合表 17-6 的规定。

结构混凝土材料的耐久性基本要求　　　　表 17-5

环境类别	结构物类别	最大水胶比	最低强度等级
一	室内干燥环境； 无侵蚀性静水浸没环境	0.60	C20
二 a	室内潮湿环境； 非严寒和非寒冷地区的露天环境； 非严寒和非寒冷地区与无侵蚀的水或土壤直接接触的环境； 严寒和寒冷地区的冰冻线以下与无侵蚀性的水或土壤直接接触的环境	0.55	C25
二 b	干湿交替环境； 水位频繁变动环境； 严寒和寒冷地区的露天环境； 严寒和寒冷地区冰冻线以上与无侵蚀性的水或土壤直接接触的环境	0.50（0.55）	C30（C25）
三 a	严寒和寒冷地区冬季水位变动区环境； 受除冰盐影响环境； 海风环境	0.45（0.50）	C35（C30）
三 b	盐渍土环境； 受除冰盐作用环境； 海岸环境	0.40	C40

注：1. 室内潮湿环境是指构件表面经常处于结露或湿润状态的环境。
　　2. 严寒和寒冷地区的划分应符合现行国家标准《民用建筑热工设计规范》GB 50176—2016 的有关规定。
　　3. 受除冰盐影响环境是指受到除冰盐盐雾影响的环境；受除冰盐作用环境是指被除冰盐溶液溅射的环境以及使用除冰盐地区的洗车房、停车楼等建筑。
　　4. 暴露的环境是指混凝土结构表面所处的环境。

混凝土的最小胶凝材料用量　　　　表 17-6

最大水胶比	最小胶凝材料用量（kg/m³）		
	素混凝土	钢筋混凝土	预应力混凝土
0.60	250	280	300
0.55	280	300	300
0.50	320		
≤0.45	330		

4.3.6　矿物掺合料在混凝土中的掺量应通过试验确定。采用硅酸盐水泥或普通硅配盐水泥时，钢筋混凝土中矿物掺合料最大掺量宜符合表 17-7 的规定，预应力混凝土中矿物掺合料最大掺量符合表 17-8 的规定。对基础大休积混凝土，粉煤灰、粒化高炉矿渣粉和复合掺合料的最大掺量可增加 5%。采用掺量大于 30% 的 C 类粉煤灰的混凝土应以实际使用的水泥和粉煤灰掺量进行安全性检验。

钢筋混凝土中矿物掺合料最大掺量　　　　表 17-7

矿物掺合料种类	水胶比	最大掺量（%）	
		采用硅酸盐水泥时	采用普通硅酸盐水泥时
粉煤灰	≤0.40	45	35
	<0.40	40	30
粒化高炉矿渣粉	≤0.40	65	55
	>0.40	55	45

续表

矿物掺合料种类	水胶比	最大掺量（%）	
		采用硅酸盐水泥时	采用普通硅酸盐水泥时
钢渣粉	—	30	20
磷渣粉	—	30	20
硅灰	—	10	10
复合掺合料	≤0.40	65	55
	>0.40	55	45

注：1. 采用其他通用硅酸盐水泥时，宜将水泥混合材掺量20%以上的混合材量计入矿物掺合料。
2. 复合掺合料各组分的掺量不宜超过单掺时的最大掺量。
3. 在混合使用两种或两种以上矿物掺合料时，矿物掺合料总掺量应符合表中复合掺合料的规定。

预应力混凝土中矿物掺合料最大掺量   表 17-8

矿物掺合料种类	水胶比	最大掺量（%）	
		采用硅酸盐水泥时	采用普通硅酸盐水泥时
粉煤灰	≤0.40	35	30
	<0.40	25	20
粒化高炉矿渣粉	≤0.40	55	45
	>0.40	45	35
钢渣粉	—	20	10
磷渣粉	—	20	10
硅灰	—	10	10
复合掺合料	≤0.40	55	45
	>0.40	45	35

注：1. 采用其他通用硅酸盐水泥时，宜将水泥混合材掺量20%以上的混合材量计入矿物掺合料。
2. 复合掺合料各组分的掺量不宜超过单掺时的最大掺量。
3. 在混合使用两种或两种以上矿物掺合料时，矿物掺合料总掺量应符合表中复合掺合料的规定。

4.4 用水量和外加剂用量确定

4.4.1 干硬性和塑性混凝土用水量按下列规定确定：

1 水胶比为 0.40～0.80 时，根据粗骨料品种、粒径及施工要求的混凝土拌合物稠度，其用水量可按表 17-9 和表 17-10 选取。

2 水胶比小于 0.40 的混凝土以及采用特殊成型工艺的混凝土用水量应通过试验确定。

干硬性混凝土的用水量（kg/m³）   表 17-9

拌合物稠度		卵石最大公称粒径（mm）			碎石最大公称粒径（mm）		
项目	指标	10	20	30	16	20	40
维勃稠度（s）	16～20	175	160	145	180	170	155
	11～15	180	165	150	185	175	160
	5～16	185	170	155	190	180	165

塑性混凝土的用水量（kg/m³）　　　　　　　　　表 17-10

拌合物稠度		卵石最大粒径（mm）				碎石最大粒径（mm）			
项目	指标	10	20	31.5	40	16	20	31.5	40
坍落度 （mm）	10～30	190	170	160	150	200	185	175	165
	30～50	200	180	170	160	210	195	185	175
	55～70	210	190	180	170	220	205	195	185
	75～90	215	195	185	175	230	215	205	195

注：1. 本表用水量是采用中砂时的取值。采用细砂时，每立方米混凝土用水量可增加 5～10kg；采用粗砂，则可减少 5～10kg。
2. 掺用矿物掺合料和外加剂时，用水量相应调整。

4.4.2　掺外加剂时，每立方米流动性或大流动性混凝土的用水量（m_{w0}）可按公式（17-7）计算：

$$m_{w0} = m'_{w0}(1 - \beta) \tag{17-7}$$

式中　m_{w0}——计算配合比每立方米混凝土的用水量（kg/m³）；

m'_{w0}——未掺外加剂时推定的满足实际坍落度要求的每立方米混凝土用水量（kg/m³）以本书中表 17-10 中 90mm 坍落度的用水量为基础，按每增大 20mm 坍落度相应增加用水量增加 5kg/m³ 用水量来计算，当坍落度增大到 180mm 以上时，随坍落度相应增加的用水量可减少；

β——外加剂的减水率（%），应经混凝土试验确定。

4.4.3　每立方米混凝土中外加剂用量（m_{a0}）按式（17-8）计算：

$$m_{a0} = m_{b0} \cdot \beta_a \tag{17-8}$$

式中　m_{a0}——计算配合比每立方米混凝土中外加剂用量（kg/m³）；

m_{b0}——计算配合比每立方米混凝土中胶凝材料用量（kg/m³），计算应符合 4.5.1 的规定；

β_a——外加剂掺量（%），应经混凝土试验确定。

4.5　胶凝材料、矿物掺合料和水泥用量确定

4.5.1　每立方米混凝土的胶凝材料用量（m_{b0}）应按公式（17-9）计算，并应进行试拌调整，在拌合物性能满足的情况下，取经济、合理的胶凝材料用量。

$$m_{b0} = \frac{m_{w0}}{W/B} \tag{17-9}$$

式中　m_{b0}——计算配合比每立方混凝土胶凝材料用量（kg/m³）；

m_{w0}——计算配合比每立方米混凝土的用水量（kg/m³）；

W/B——混凝土水胶比。

4.5.2　每立方米混凝土的矿物掺合料用量（m_{f0}）应按式（17-10）计算：

$$m_{f0} = m_{b0} \cdot \beta_f \tag{17-10}$$

式中　m_{f0}——计算配合比每立方米混凝土中矿物掺合料用量（kg/m³）；

β_f——矿物掺合料掺量（%），可结合表 17-7、表 17-8 的规定确定。

4.5.3　每立方米混凝土的水泥用量（m_{c0}）应按式（17-11）计算：

$$m_{c0} = m_{b0} - m_{f0} \tag{17-11}$$

式中　m_{c0}——计算配合比每立方米混凝土中水泥用量（kg/m³）。

4.6 砂率确定

4.6.1 砂率应根据骨料的技术指标、混凝土拌合物性能和施工要求，参考既有历史资料确定。

4.6.2 当缺乏历史砂率的历史资料时，混凝土砂率的确定应符合下列规定：

1 坍落度小于10mm的混凝土，其砂率应经试验确定。

2 坍落度为10～60mm的混凝土，其砂率可根据粗骨料品种、最大公称粒径及水胶比按表17-11选取。

3 坍落度大于60mm的混凝土，其砂率可经试验确定，也可在表17-11的基础上，按坍落度每增大20mm，砂率增大1％的幅度予以调整。

混凝土的砂率（％） 表 17-11

水胶比	卵石最大公称粒径（mm）			碎石最大公称粒径（mm）		
	10	20	40	16	20	40
0.40	26～32	25～31	24～30	30～35	29～34	27～32
0.50	30～35	29～34	28～33	33～38	32～37	30～35
0.60	33～38	32～37	31～36	36～41	35～40	33～38
0.70	36～41	35～40	34～39	39～44	38～43	36～41

注：1. 本表数值系中砂的选用砂率，对细砂或粗砂，可相应减少或增大砂率。
2. 采用人工砂配制混凝土时，砂率可适当增大。
3. 只用一个单粒级粗骨料配制混凝土时，砂率应适当增大。

4.7 粗、细骨料用量确定

4.7.1 当采用质量法计算混凝土配合比时，粗、细骨料用量、砂率应按公式（17-12）、式（17-13）计算。

$$m_{f0} + m_{c0} + m_{g0} + m_{s0} + m_{w0} = m_{cp} \qquad (17\text{-}12)$$

$$\beta_s = \frac{m_{s0}}{m_{g0} + m_{s0}} \times 100\% \qquad (17\text{-}13)$$

式中 m_{g0}——计算配合比每立方米混凝土的粗骨料用量（kg/m³）；

m_{s0}——计算配合比每立方米混凝土的细骨料用量（kg/m³）；

m_{w0}——每立方米混凝土的用水量（kg）；

β_s——砂率（％）；

m_{cp}——每立方米混凝土拌和物的假定质量（kg），其值可取 2350～2450kg。

4.7.2 当采用体积法计算混凝土配合比时，砂率按式（17-13）、粗、细骨料用量应按式（17-14）计算：

$$\frac{m_{c0}}{\rho_c} + \frac{m_{f0}}{\rho_f} + \frac{m_{g0}}{\rho_g} + \frac{m_{s0}}{\rho_s} + \frac{m_{w0}}{\rho_w} + 0.01\alpha = 1 \qquad (17\text{-}14)$$

式中 ρ_c——水泥密度（kg/m³），可按现行国家标准《水泥密度测定方法》GB/T 208—2014 测定，也可取 2900～3100kg/m³；

ρ_f——矿物掺合料密度（kg/m³），可按现行国家标准《水泥密度测定方法》GB/T

208—2014 测定；

ρ_{w}——水的密度（kg/m³），可取 1000kg/m³；

ρ_{s}——细骨料的表观密度（kg/m³），应按现行行业标准《普通混凝土用砂、石质量及检验方法标准》JGJ 52—2006 测定；

ρ_{g}——粗骨料的表观密度（kg/m³），应按现行行业标准《普通混凝土用砂、石质量及检验方法标准》JGJ 52—2006 测定；

α——混凝土的含气量百分数，在不使用引气剂或引气型外加剂时，α 可取为1。

4.8　配合比试配

4.8.1　混凝土试配时，应采用工程中使用的原材料，并采用强制式搅拌机进行搅拌，并应符合现行行业标准《混凝土试验用搅拌机》JG 244—2009 的规定，搅拌方法宜与施工时使用的方法相同。

4.8.2　混凝土试配时，每盘混凝土的最小搅拌量应符合表 17-12 中的规定，并不应小于搅拌机公称容量的 1/4 且不应大于搅拌机公称容量。

混凝土试配用最小搅拌量　　　　　　　　　　　　　　　　表 17-12

粗骨料最大公称粒径（mm）	拌和物数量（L）	粗骨料最大公称粒径（mm）	拌和物数量（L）
≤31.5	20	40	25

4.8.3　在计算配合比的基础上进行试拌，然后检验拌合物的性能。当试拌得出的拌和物坍落度或维勃不能满足要求，或黏聚性和保水性不好时，应在保证水胶比不变的条件下，通过调整配合比其他参数使混凝土拌合物性能符合设计和施工要求，然后修正计算配合比，提出试拌配合比。

4.8.4　在试拌配合比的基础上应进行混凝土强度试验，并应符合下列规定：

1　应采用三个不同的配合比，其中一个应为试拌配合比，另外两个配合比的水胶比宜较试拌配合比分别增加或减少 0.05，用水量应与试拌配合比相同，砂率可分别增加或减少 1%。

2　进行混凝土强度试验时，拌合物性能应符合设计和施工要求。

3　进行混凝土强度试验时，每个配合比至少制作一组试件，并应标准养护 28d 或设计规定龄期时试压。

4.9　配合比调整

4.9.1　根据本章 4.8.4 条混凝土强度试验结果，宜绘制强度和胶水比的线性关系图或插直法确定略大于配制强度对应的胶水比。

4.9.2　在试拌配合比的基础上，用水量（m_{w}）和外加剂用量（m_{a}）应根据确定的水胶比作调整。

4.9.3　胶凝材料用量（m_{b}）应以用水量乘以确定的胶水比计算得出。

4.9.4　粗骨料和细骨料用量（m_{g} 和 m_{s}）应根据用水量和胶凝材料用量进行调整。

4.9.5　混凝土拌合物表观密度和配合比校正系数的计算应符合下列规定。

1　配合比调整后的混凝土拌合物的表观密度应按式（17-15）计算：

$$\rho_{\mathrm{c,c}} = m_{\mathrm{c}} + m_{\mathrm{f}} + m_{\mathrm{s}} + m_{\mathrm{g}} + m_{\mathrm{w}} \tag{17-15}$$

式中 $\rho_{c,c}$——混凝土拌合物的表观密度计算值（kg/m³）；

m_c——每立方米混凝土的水泥用量（kg/m³）；

m_f——每立方米混凝土的矿物掺合料用量（kg/m³）；

m_g——每立方米混凝土的粗骨料用量（kg/m³）；

m_s——每立方米混凝土的细骨料用量（kg/m³）；

m_w——每立方米混凝土的用水量（kg/m³）。

2 混凝土配合比校正系数应按式（17-6）计算：

$$\delta = \frac{\rho_{c,t}}{\rho_{c,c}} \quad\quad\quad (17-16)$$

式中 δ——混凝土配合比校正系数；

$\rho_{c,t}$——混凝土拌合物的表观密度实测值（kg/m³）。

4.10 配合比确定

4.10.1 当混凝土拌合物表观密度实测值与计算值之差的绝对值不超过计算值的2%时，按本章4.9调整的配合比可维持不变；当两者之差超过2%时，应将配合比中每项材料用量均乘以校正系数（δ）。

4.10.2 配合比调整后，应测定拌合物水溶性氯离子含量，试验结果应符合表17-13的规定。

混凝土拌合物水溶性氯离子最大含量 表 17-13

环境条件	水溶性氯离子最大含量（％，水泥用量的质量百分比）		
	钢筋混凝土	预应力混凝土	素混凝土
干燥环境	0.30		
潮湿但不含氯离子的环境	0.20	0.06	1.00
潮湿且含有氯离子的环境、盐渍土环境	0.10		
除冰盐等侵蚀性物质的腐蚀环境	0.06		

4.10.3 对耐久性有设计要求的混凝土应进行相关耐久性试验验证。

4.11 高强度混凝土

4.11.1 高强度混凝土原材料应符合下列规定：

1 水泥应选用硅酸盐水泥或普通硅酸盐水泥。

2 粗骨料宜采用连续级配，其最大公称粒径不宜小于25.0mm，针片状颗粒含量不宜大于5.0%，含泥量不应大于2.0%，泥块含量不应大于0.5%。

3 宜采用减水率不小于25%的高性能减水剂。

4 宜复合掺用粒化高炉矿渣粉、粉煤灰和硅灰等矿物掺合料；粉煤灰等级不应低于Ⅱ级，对强度等级不低于C80的高强混凝土宜掺用硅灰。

4.11.2 高强混凝土配合比应经试验确定，在缺乏试验依据的情况下配合比宜符合下列规定：

1 水胶比、胶凝材料用量和砂率按表17-14选取，并应经试配确定。

水胶比、胶凝材料用量和砂率　　　　表 17-14

强度等级	水胶比	胶凝材料用量（kg/m³）	砂率（%）
≥C60，<C80	0.28～0.34	480～560	
≥C80，<C100	0.26～0.28	520～580	35～42
100	0.24～0.26	550～600	

2　外加剂和矿物掺合料的品种、掺量，应通过试配确定；矿物掺合料掺量宜为 25%～40%；硅灰掺量不宜大于 10%。

3　水泥用量不宜大于 500kg/m³。

4.11.3　在试配过程中，应采用三个不同的配合比进行混凝土强度试验，其中一个可为依据 4.11.2 条计算后调整拌合物的试拌配合比；另外两个配合比的水胶比，宜较试拌配合比分别增加和减少 0.02。

4.11.4　高强混凝土设计配合比确定后，尚应采用该配合比进行不少于三盘混凝土的重复试验，每盘混凝土应至少成型一组试件，每组混凝土的抗压强度不应低于配制强度。

4.11.5　高强混凝土抗压强度测定宜采用标准尺寸试件，使用非标准尺寸试件时，尺寸折算系数应经试验确定。

4.12　泵送混凝土

4.12.1　泵送混凝土原材料应符合下列规定：

1　水泥宜选用硅酸盐水泥、普通硅酸盐水泥、矿渣硅酸盐水泥和粉煤灰硅酸盐水泥。

2　粗骨料宜采用连续级配，其针片状颗粒含量不宜大于 10%；粗骨料的最大公称粒径与输送管径之比应符合表 17-15 的规定。

粗骨料的最大公称粒径与输送管径之比　　　　表 17-15

粗骨料品种	泵送高度（m）	粗骨料最大公称粒径与输送管径之比
碎石	<50	≤1：3.0
	50～100	≤1：4.0
	>100	≤1：5.0
卵石	<50	≤1：2.5
	50～100	≤1：3.0
	>100	≤1：4.0

3　细骨料宜采用中砂，其通过公称直径为 315μm 筛孔的颗粒含量不宜少于 15%。

4　泵送混凝土应掺用泵送剂或减水剂，并宜掺用矿物掺合料。

4.12.2　泵送混凝土配合比应符合下列规定：

1　胶凝材料用量不宜小于 300kg/m³。

2　砂率宜为 35%～45%。

4.12.3　泵送混凝土试配时应考虑坍落度经时损失。

4.13　自密实混凝土

4.13.1　一般规定：

1　自密实混凝土应根据工程结构形式、施工工艺以及环境因素进行配合比设计，并应在综合考虑混凝土自密实性能、强度、耐久性以及其他性能要求的基础上，计算初始配合比，经试验室试配、调整得出满足自密实性能要求的基准配合比，经强度、耐久性复核得到设计配合比。

2　自密实混凝土配合比设计宜采用绝对体积法。自密实混凝土水胶比宜小于 0.45，胶凝材料用量宜控制在 400～550kg/m³。

3　自密实混凝土宜采用通过增加粉体材料的方法适当增加浆体体积，也可通过添加外加剂的方法来改善浆体的黏聚性和流动性。

4　钢管自密实混凝土配合比设计时，应采取减少收缩的措施。

4.13.2　自密实混凝土初始配合比设计宜符合下列规定：

1　配合比设计应确定拌合物中粗骨料体积、砂浆中砂的体积分数、水胶比、胶凝材料用量、矿物掺合料的比例等参数。

2　粗骨料体积及质量的计算宜符合下列规定：

1）每立方米混凝土中粗骨料的体积（V_g）可按表 17-16 选用。

每立方米混凝土中粗骨料的体积　　　　　　　表 17-16

填充指标	SF1	SF2	SF3
每立方米混凝土中粗骨料的体积（m³）	0.32～0.35	0.30～0.33	0.28～0.30

2）每立方米混凝土中粗骨料的质量（m_g）可按下式计算：

$$m_g = V_g \cdot \rho_g \tag{17-17}$$

式中　ρ_g——粗骨料的表观密度（kg/m³）。

3　砂浆体积（V_m）可按式（17-18）计算：

$$V_m = 1 - V_g \tag{17-18}$$

4　砂浆中砂的体积分数（Φ_s）可取 0.42～0.45。

5　每立方米混凝土中砂的体积（V_s）和质量（m_s）可按式（17-19）、式（17-20）计算：

$$V_s = V_m \cdot \Phi_s \tag{17-19}$$

$$m_s = V_s \cdot \rho_s \tag{17-20}$$

式中　ρ_s——砂的表观密度（kg/m³）。

6　浆体体积（V_p）可按式（17-21）计算：

$$V_p = V_m - V_s \tag{17-21}$$

7　胶凝材料表观密度（ρ_b）可根据矿物掺合料和水泥的相对含量及各自的表观密度确定，并可按式（17-22）计算：

$$\rho_b = \cfrac{1}{\cfrac{\beta}{\rho_m} + \cfrac{(1-\beta)}{\rho_c}} \tag{17-22}$$

式中　ρ_m——矿物掺合料的表观密度（kg/m³）；

ρ_c——水泥的表观密度（kg/m³）；

β——每立方米混凝土中矿物掺合料占胶凝材料的质量分数（％）；当采用两种或两种以上矿物掺合料时，可以 β_1、β_2、β_3 表示，并进行相应计算；根据自密实混凝土工作性、耐久性、温升控制等要求，合理选择胶凝材料中水泥，矿物掺合料类型，矿物掺合料占胶凝材料用量的质量分数 β 不宜小于 0.2。

8 自密实混凝土配制强度按 4.2.1 进行计算。

9 水胶比（m_w/m_b）应符合下列规定：

1）当具备试验统计资料时，可根据工程使用的原材料，通过建立的水胶比与自密实混凝土抗压强度关系式来计算得到水胶比；

2）当不具备上述试验统计资料时，水胶比可按式（17-23）计算：

$$m_w/m_b = \frac{0.42 f_{ce}(1-\beta+\beta \cdot \gamma)}{f_{cu,0}+1.2} \tag{17-23}$$

式中 m_b——每立方米混凝土中胶凝材料的质量（kg）；

m_w——每立方米混凝土中用水的质量（kg）；

f_{ce}——水泥的 28d 实测抗压强度（MPa）；当水泥 28d 抗压强度未能进行实测时，可采用水泥强度等级对应值乘以 1.1 得到的数值作为水泥抗压强度值；

γ——矿物掺合料的胶凝系数；粉煤灰（$\beta \leqslant 0.3$）可取 0.4、矿渣粉（$\beta \leqslant 0.4$）可取 0.9。

10 每立方米自密实混凝土中胶凝材料的质量（m_b）可根据自密实混凝土中的浆体体积（V_p）、胶凝材料的表观密度（ρ_b）、水胶比（m_w/m_b）等参数确定，并可按式（17-24）计算：

$$m_b = \frac{(V_p - V_a)}{\left(\dfrac{1}{\rho_b} + \dfrac{m_w/m_b}{\rho_w}\right)} \tag{17-24}$$

式中 V_a——每立方米混凝土中引入空气的体积（L），对于非引气型的自密实混凝土，V_a 可取 10～20L；

ρ_b——每立方米混凝土中拌合水的表观密度（kg/m³），取 1000kg/m³。

11 每立方米混凝土中用水的质量（m_w）应根据每立方米混凝土中胶凝材料质量（m_b）以及水胶比（m_w/m_b）确定，并可按式（17-25）计算：

$$m_w = m_b \cdot (m_w/m_b) \tag{17-25}$$

12 每立方米混凝土中水泥的质量（m_c）和矿物掺合料的质量（m_m）应根据每立方米混凝土中胶凝材料的质量（m_b）和胶凝材料中矿物掺合料的质量分数（β）确定，并可按公式（17-26）、（17-27）计算：

$$m_m = m_b \cdot \beta \tag{17-26}$$

$$m_c = m_b - m_m \tag{17-27}$$

13 外加剂的品种和用量应根据试验确定，外加剂用量可按式（17-28）计算：

$$m_{ca} = m_b \cdot \alpha \tag{17-28}$$

式中 m_{ca}——每立方米混凝土中外加剂的质量（kg）；

α——每立方米混凝土中外加剂占胶凝材料总量的质量百分数（％）。

4.13.3 自密实混凝土配合比的试配、调整与确定应符合表 17-17 及表 17-18 规定：

1 混凝土试配时应采用工程实际使用的原材料，每盘混凝土的最小搅拌量不宜小于 25L。

2 试配时，首先应进行试拌，拌合物凝结时间、黏聚性和保水性满足要求后，先检查拌合物自密实性能必控指标，再检查拌合物自密实性能可选指标。当试拌得出的拌合物自密实性能不满足要求时，应在水胶比不变、胶凝材料用量和外加剂用量合理的原则下调整胶凝材料用量、外加剂用量或砂的体积分数等，直到符合要求为止。应根据试拌结果提出混凝土强度试验用的基准配合比。

自密实混凝土拌合物的自密实性能及要求 表 17-17

自密实性能	性能指标	性能等级	技术要求
填充性	坍落扩展度（mm）	SF1	550～655
		SF2	660～755
		SF3	760～850
	扩展时间 T500（s）	VS1	≥2
		VS2	＜2
间隙通过性	坍落扩展度与J环扩展度差值（mm）	PA1	25＜PA1≤50
		PA2	0＜PA2≤25
抗离析性	离析率（%）	SR1	≤20
		SR2	≤15
	粗骨料振动离析率（%）	fm	≤10

注：当抗离析性试验结果有争议时，以离析率筛析法试验结果为准。

不同性能等级自密实混凝土的应用范围 表 17-18

自密实性能	性能等级	应用范围	重要性
填充性	SF1	从顶部浇筑的无配筋或配筋较少的混凝土结构物泵送浇筑施工的工程；截面较小、无需水平长距离流动的竖向结构物	控制指标
	SF2	适合一般的普通钢筋混凝土结构	
	SF3	适用于结构紧密的竖向构件、形状复杂的结构等（粗骨料最大公称粒径小于16mm）	
	VS1	适用于一般的普通钢筋混凝土结构	
	VS2	适用于配筋较多的结构或有较高混凝土外观性能要求的结构，应严格控制	
间隙通过性	PA1	适用于钢筋净距80～100mm	可选指标
	PA2	适用于钢筋净距60～80mm	
抗离析性	SR1	适用于流动距离小于5m、钢筋净距大于80mm的薄板结构和竖向结构	可选指标
	SR2	适用于流动距离超过5m、钢筋净距大于80mm的竖向结构。也适用于流动距离小于5m、钢筋净距小于80mm的竖向结构，当流动距离超过5m时，SR值宜小于10%	

注：1. 钢筋净距小于60mm时宜进行浇筑模拟试验，对于钢筋净距大于80mm的薄板结构或钢筋净距大于100mm的其他结构可不作间隙通过性指标要求。
2. 高填充性（坍落扩展度指标为SF2或SF3）的自密实混凝土，应有抗离析性要求。
3. 混凝土强度试验时至少应采用三个不同的配合比。当采用不同的配合比时，其中一个应为基准配合比，另外两个配合比的水胶比宜较基准配合比分别增加和减少0.02；用水量与基准配合比相同，砂的体积分数可分别增加或减少1%。
4. 制作混凝土强度试验试件时，应验证拌合物自密实性能是否达到设计要求，并以该结果代表相应配合比的混凝土拌合物性能指标。
5. 混凝土强度试验时每种配合比至少应制作一组试件，标准养护到28d或设计要求的龄期时试压，也可同时多制作几组试件，按《早期推定混凝土强度试验方法标准》JGJ/T 15早期推定混凝土强度，用于配合比调整，但最终应满足标准养护28d或设计规定龄期的强度要求。如有耐久性要求时，还应检测相应的耐久性指标。
6. 应根据试配结果对基准配合比进行调整，调整与确定按4.9、4.10执行，确定的配合比即为设计配合比。
7. 对于应用条件特殊的工程，宜采用确定的配合比模拟试验，以检测所设计的配合比是否满足工程应用条件。

5 质量标准

5.1 主控项目

5.1.1 混凝土所用的水泥、水、骨料、掺合料、外加剂等原材料，使用前应检查出厂合格证和质量检验报告。使用的原材料应符合设计要求和现行国家标准《混凝土结构工程施工质量验收规范》GB 50204 的规定。

5.1.2 混凝土配合比应符合现行行业标准《普通混凝土配合比设计规程》JGJ 55 和《自密实混凝土应用技术规程》JGJ/T 283 的规定。

5.2 一般项目

5.2.1 首次使用的混凝土配合比应进行开盘鉴定，其工作性应满足设计配合比的要求。开始生产时应至少留置一组标准养护试件，作为验证配合比的依据。混凝土拌制前，应测定砂、石含水率，并根据测试结果调整材料用量，提出施工配合比。

5.2.2 混凝土装入试模应振捣密实，防止出现蜂窝、孔洞等缺陷。

5.2.3 混凝土拌和物的各组成材料应拌和均匀，不得有离析和泌水现象。

5.2.4 混凝土坍落度不大于 40mm 时，坍落度误差控制在 ±10mm；混凝土坍落度不大于 90mm 时坍落度误差控制在 ±15mm；混凝土坍落度大于或等于 100mm 时坍落度误差控制在 ±20mm。

5.2.5 自密实混凝土性能指标检验包括坍落度和扩展时间；实测坍落度扩展度应符合设计要求，混凝土拌合物不得出现外沿泌浆和中心骨料堆积现象。

5.2.6 自密实混凝土在搅拌机中的搅拌时间不应少于 60s，且应符合表 17-19 的规定，并应比非自密实适当延长。

混凝土搅拌的最短时间（s） 表 17-19

混凝土坍落度（mm）	搅拌机机型	搅拌机出料量（L）		
		<250	250～500	>500
≤40	强制式	60	90	120
>40，且<100	强制式	60	60	90
≥100	强制式	60		

注：1. 混凝土搅拌时间指从全部材料装入搅拌筒中起，至开始卸料时止的时间段。
2. 当掺有外加剂与矿物掺合料时，搅拌时间应适当延长。
3. 采用自落式搅拌机时，搅拌时间宜延长 30s。
4. 当采用其他形式的搅拌设备时，搅拌的最短时间也可按设备说明书的规定或经验确定。

6 成品保护

6.0.1 混凝土拌合物性能测试完毕，应及时将拌合物装入试模，且振捣密实。

6.0.2 采用标准养护的试件成型后应覆盖表面，并在 20±5℃ 的温度下静置 1～2 昼夜，然后编号拆模。

6.0.3 混凝土试模应在混凝土强度达到其棱角不因拆模而受损坏时，方可拆模。

6.0.4 拆模后的试件应立即放在温度为 20±3℃，湿度为 90% 以上的标养室中养护。在标养室内，试件放在架上，彼此间隔为 10～20mm，并应避免用水直接冲淋试件。当无标养室时，混凝土试件可在温度为 20±3℃ 的不流动水中养护，水的 pH 酸碱度不应小于 7。

7　注意事项

7.0.1　混凝土运输、输送、浇筑过程中严禁加水；混凝土运输、输送、浇筑过程中散落的混凝土严禁用于混凝土结构构件的浇筑。

8　质量记录

8.0.1　混凝土所用原材料产品合格证、出厂检验报告和进场复验报告。

8.0.2　砂、石含水率测定记录。

8.0.3　混凝土试配记录。

8.0.4　混凝土配合比通知单。

8.0.5　混凝土试件强度试验报告（包括开盘鉴定）。

8.0.6　其他技术文件。

第18章　现场混凝土拌制与浇筑

本工艺标准适用于普通混凝土的现场拌制、运输、浇筑、养护。

1　引用标准

《混凝土结构工程施工规范》GB 50666—2011

《建筑工程绿色施工规范》GB/T 50905—2014

《普通混凝土配合比设计规程》JGJ 55—2011

《混凝土强度检验评定标准》GB/T 50107—2010

《混凝土质量控制标准》GB 50164—2011

《混凝土泵送施工技术规程》JGJ/T 10—2011

《建筑工程冬期施工规程》JGJ/T 104—2011

《混凝土结构工程施工质量验收规范》GB 50204—2015

《通用硅酸盐水泥》GB 175—2007

《普通混凝土用砂、石质量及检验方法标准》JGJ 52—2006

《海砂混凝土应用技术规范》JGJ 206—2010

《混凝土用再生骨料》GB/T 25177—2010

《混凝土和砂浆用再生细骨料》GB/T 25176—2010

《混凝土拌和用水标准》JGJ 63—2006

《混凝土外加剂应用技术规范》GB 50119—2013

《用于水泥和混凝土中的粉煤灰》GB 1596—2017

《用于水泥和混凝土中的粒化高炉矿渣粉》GB/T 8046—2008

《天然沸石粉在混凝土和砂浆中应用技术规程》JG/T 112—1997

《建筑施工机械与设备 混凝土搅拌站（楼）》GB/T 10171—2016

《混凝土结构设计规范》GB 50010—2010（2015 版）

《普通混凝土拌合物性能试验方法标准》GB/T 50080—2016

《普通混凝土力学性能试验方法标准》GB/T 50081—2002

《建筑施工场界噪声限值》GB 12523—2011

2　术语（略）

3　施工准备

3.1　作业条件

3.1.1　应编制混凝土工程施工方案，采用泵送混凝土应根据工程特点在混凝土工程施工方案中增加泵送内容或编制专项混凝土泵送施工方案，编制试验计划，见证取样和送检计划，含混凝土标准养护试件强度。

3.1.2　模板、钢筋及预埋管线全部安装完毕，模板内的木屑、泥土、垃圾等已清理干净。钢筋上的油污已除净，检查模板支撑和加固是否牢靠。

3.1.3　施工前对操作人员进行安全技术交底。

3.1.4　水泥、砂、石子、外加剂等材料已经备齐，经送检试验合格。试验室通过对原材料进行试配，下达混凝土配合比通知单。

3.1.5　混凝土搅拌、运输、浇筑和振捣机械设备经检修、试运转情况良好，可满足连续浇筑要求。

3.1.6　所有计量器具均须有资质单位鉴定合格，并贴有有效标识。

3.1.7　检查复核轴线、标高，在钢筋或模板上引测混凝土浇筑标高控制点。新下达的混凝土施工配合比，应进行开盘鉴定，并符合要求。

3.1.8　浇筑混凝土的脚手架及马道搭设完成，经检查合格。现场混凝土搅拌棚应采用封闭降噪措施。

3.1.9　需浇筑混凝土的工程部位已办理隐检、预检手续，混凝土浇筑的申请单应有监理批准。

3.2　材料及机具

3.2.1　水泥：应符合现行国家标准《通用硅酸盐水泥》GB 175 的规定。水泥有出厂合格证、质量检验报告及现场抽样复验报告，并应核对其厂家、品种、级别、包装、散装水泥仓号、出厂日期。发现受潮、质量怀疑或过期的，应重新取样试验。

3.2.2　粗、细骨料：应符合现行行业标准《普通混凝土用砂、石质量及检验方法标准》JGJ 52 的规定，使用经过净化处理的海砂应符合现行行业标准《海砂混凝土应用技术规范》JGJ 206 的有关规定，再生混凝土骨料应符合现行国家标准《混凝土用再生骨料》GB/T 25177 和《混凝土和砂浆用再生细骨料》GB/T 25176 的规定。

3.2.3　水：宜采用饮用水，当采用其他水源时，水质应符合现行行业标准《混凝土拌和用水标准》JGJ 63 的规定。

3.2.4　外加剂：所使用的外加剂品种、生产厂家和牌号应符合配合比通知单的要求。外加剂的质量应符合现行国家标准《混凝土外加剂应用技术规范》GB 50119 等的规定。钢筋混凝土结构或预应力钢筋混凝土结构严禁使用含氯化物的外加剂。

3.2.5　矿物掺合料：所用材料的品种、生产厂家及牌号应符合配合比通知单的要求，粉煤灰、粒化高炉矿渣粉、天然沸石粉，应分别符合现行国家标准《用于水泥和混凝土中的粉煤灰》GB 1596 、《用于水泥和混凝土中的粒化高炉矿渣粉》GB/T 8046 和现行行业标准《天然沸石粉在混凝土和砂浆中应用技术规程》JG/T 112 的规定。

3.2.6　机具：搅拌机、配料机、混凝土泵、有降噪措施的搅拌棚、布料机、塔吊、装载机、混凝土运输车、振捣器、台秤、铁锹、串筒、溜槽、试模、坍落度筒等。

4　操作工艺

4.1　工艺流程

混凝土搅拌 → 混凝土运输 → 混凝土浇筑 → 混凝土振捣 → 养护

4.2　混凝土搅拌

4.2.1　混凝土配制优先选用具有自动计量装置的设备集中搅拌；当不具备自动计量装置时，应用台秤计量，按配合比由专人进行配料，在搅拌地点设置混凝土配合比标识牌。

4.2.2　搅拌混凝土前应先加水空转数分钟，使滚筒充分湿润后，将剩余水倒净。搅拌第一罐时，石子用量应按配合比的规定减少一半用以润滑搅拌机，以后各罐均按规定投料。冬施时，应采用热水、蒸汽冲洗搅拌机。

4.2.3　混凝土开始搅拌前，应对出盘混凝土的坍落度、和易性等进行检查，如不符合配合比通知单时，须经调整后方可正式搅拌。

4.2.4　每罐投料顺序为：石子→水泥→砂→水。如掺入粉煤灰等掺合料时，应在倒入水泥时一并加入；如掺入干粉外加剂时，应在倒入水泥时一并加入；如掺入液态外加剂时，应和水一并加入。

4.2.5　施工配合比应经技术负责人批准。首次使用的配合比应进行开盘鉴定，在使用过程中，应根据反馈的混凝土动态质量信息对混凝土配合比及时进行调整。

4.2.6　混凝土搅拌的最短时间应按表 18-1 的规定。

混凝土搅拌的最短时间（s）　　　　表 18-1

混凝坍落度（mm）	搅拌机型	搅拌机出料量（L）		
		＜250	250～500	＞500
≤40	强制式	60	90	120
＞40，且＜100	强制式	60	60	90
≥100	强制式	60		

注：1. 混凝土搅拌时间指从全部材料装入搅拌筒中起，到开始卸料时止的时间段。
　　2. 当采用其他形式的搅拌设备时，搅拌的最短时间应按设备说明书的规定或经试验确定。
　　3. 当掺有外加剂与矿物掺合料时，搅拌时间应适当延长。
　　4. 采用自落式搅拌机时，搅拌时间宜延长 30s。

4.2.7 混凝土搅拌时应对原材料用量准确计量，并应符合下列规定：

1 计量设备的精度应符合现行国家标准《建筑施工机械与设备混凝土搅拌站（楼）》GB 10171 的有关规定，并应定期校准。使用前设备应归零。

2 原材料的计量应按重量计，水和外加剂溶液可按体积计，其允许偏差应符合表 18-2 的规定。

混凝土原材料计量允许偏差（%） 表 18-2

原材料品种	水泥	细骨料	粗骨料	水	矿物掺合料	外加剂
每盘计量允许偏差	±2	±3	±3	±1	±2	±1
累计计量允许偏差	±1	±2	±2	±1	±1	±1

注：1. 现场搅拌时原材料计量允许偏差应满足每盘计量允许偏差要求。
2. 累计计量允许偏差指每一运输车中各盘混凝土的每种材料累计称量的偏差，该项指标仅使用于采用计算机控制计量的搅拌站。

4.3 混凝土运输

4.3.1 混凝土搅拌完后，应及时运至浇筑地点，并符合浇筑时规定的坍落度；当混凝土出现离析现象时，应在浇筑前进行二次搅拌。运输道路应平整顺畅，若有凹凸不平，应铺垫脚手板。

4.3.2 采用搅拌运输车输送混凝土，当混凝土坍落度损失较大不能满足施工要求时，可在运输车罐内加入与原配合比相同成分的减水剂，减水剂加入量应事先由试验确定，并应作出记录。加入减水剂时，搅拌运输车罐体应快速旋转搅拌均匀，并应达到要求的工作性能后再泵送或浇筑。

4.3.3 混凝土宜采用泵送方式。混凝土泵的选择及布设应满足现行行业标准《混凝土泵送施工技术规程》JGJ/T 10 的规定。

4.3.4 布料设备的选择应与输送泵相匹配。布料设备的数量及位置应依据布料设备的工作半径、施工作业面大小以及施工要求确定。

4.3.5 混凝土在浇筑地点进行坍落度检测，每工作班至少应检查两次。混凝土实测的坍落度与要求坍落度之间的偏差应符合表 18-3 的规定。

混凝土坍落度允许偏差 表 18-3

要求坍落度（mm）	允许偏差（mm）
≤40	±10
50～90	±20
≥100	±30

4.4 混凝土浇筑

4.4.1 浇筑混凝土前，对模板内的杂物和钢筋上的油污等应清理干净；模板的缝隙和孔洞应予堵严；表面干燥的地基、垫层、木模板上应洒水湿润；现场环境温度高于 35℃时，宜对金属模板进行洒水降温；洒水后不得有积水。

4.4.2 混凝土应分层浇筑，分层厚度应符合表 18-4 的规定，上层混凝土应在下层混凝土初凝之前浇筑完毕。

混凝土分层浇筑的最大厚度 表 18-4

振捣方法	混凝土分层振捣最大厚度
振动棒	振捣棒作用部分长度的 1.25 倍
平板振动器	200mm
附着振动器	根据设置方式，通过试验确定

4.4.3 混凝土应连续浇筑，当必须间歇时，应在前层混凝土初凝之前，将次层混凝土浇筑完毕。混凝土运输、浇筑和间歇的全部时间不宜超过表 18-5 的规定，且不应超过表 18-6 的规定。掺早强减水剂、早强剂的混凝土，以及有特殊要求的混凝土，应根据设计及施工要求，通过试验确定允许时间。

混凝土运输到输送入模的延续时间（min） 表 18-5

条件	气温	
	≤25℃	>25℃
不掺外加剂	90	60
掺外加剂	150	120

混凝土运输、浇筑和间歇总的允许时间限值（min） 表 18-6

条件	气温	
	≤25℃	>25℃
不掺外加剂	180	150
掺外加剂	240	210

4.4.4 基础混凝土浇筑

1 浇筑混凝土的下料口距离所浇筑的混凝土面高度如超过 2m，应使用串筒、溜槽下料，防止混凝土发生离析。

2 浇筑台阶式基础，应按每一台阶高度内分层一次连续浇筑完成，每层先浇边角，后浇中间，均匀摊铺，振捣密实。每一台阶浇完，台阶部分表面应随即原浆抹平。

3 浇筑柱基础应保证柱子插筋位置的准确，防止位移和倾斜。浇筑时，先满铺一层5～10cm 厚的混凝土，并捣实，使柱子插筋下端与钢筋网片的位置基本固定，然后再继续浇筑，并避免碰撞钢筋。

4 浇筑条基应分段连续进行，一般不留施工缝。各段各层间应相互衔接，每段长 2～3m，使逐层呈台阶梯形推进，并注意使混凝土充满模板边角，然后浇筑中间部分，以保证混凝土密实。

5 基础底板混凝土浇筑，一般沿长方向分 2～3 个区，由一端向另一端分层推进，分层均匀下料。当底板面积很大，宜分段分组浇筑，当底板厚度小于 500mm，可不分层，采用斜向赶浆法浇筑，表面及时平整。当板厚大于 500mm，宜分层浇筑，每层厚 250～300mm，分层用插入式振动器捣固密实，防止漏振，每层应在混凝土初凝时间内浇筑完成。

6 基础墙体一般先浇筑外墙，后浇筑内墙柱，或内外墙柱同时浇筑，外墙浇筑采用分层分段循环浇筑法，绕周长循环转圈进行，直至外墙浇筑完成。

4.4.5 墙柱混凝土浇筑

1 拉墙柱顶标高 500mm 混凝土标高控制线。

2　墙柱混凝土浇筑应先填 30～50mm 厚与混凝土同配比的去碎石水泥砂浆。

3　墙柱混凝土应分层浇筑，每层厚度不大于 50cm，振捣时振动棒不得碰动钢筋。墙柱高 3m 以内，可在墙柱顶直接下灰浇筑。超过 3m，应用串筒或在模板侧面开门子洞装斜溜槽分段浇筑，每段浇筑高度不得超过 2m，每段浇筑完成将门子洞封严并箍牢。

4　墙柱混凝土应一次浇筑完毕，如有间歇，施工缝应留在主梁下面，无梁楼板应留在柱帽下面，浇筑完成应停歇 1～1.5h，使混凝土初步沉实，再浇筑上部梁板。

5　浇筑主梁交叉处的混凝土时，一般钢筋较密集，宜用小直径振动棒从梁的上部钢筋较稀处插入梁端振捣，必要时可以辅以细石子同等级的混凝土浇筑，并用人工配合捣固。

6　墙柱在浇筑过程中，看模板人员必须到位，在浇筑过程中要跟中检查，防止在浇筑混凝土过程中支撑及加固松动，混凝土浇筑完成后要重新复核墙柱的垂直度，对垂直度偏差严重超标的要重新校正柱模板。

4.4.6　梁板混凝土浇筑

1　顶板混凝土浇筑路线由一端开始，连续浇筑。混凝土下料点宜分散布置，间距控制在 2m 左右。先浇筑墙体接茬混凝土，达到楼板标高时再与板的混凝土一起浇筑，随着阶梯形不断延伸。

2　对梁板同时浇筑时，应顺次梁方向，先将梁的混凝土分层浇筑，用"赶浆法"由梁一端向另一端作成阶梯形向前推进，当起始点的混凝土达到板底的位置时，再与板的混凝土一起浇筑，随着阶梯的不断延伸，梁板混凝土连续向前推进直至完成。

3　与板连成整体的大截面梁，亦可将梁单独浇筑，其施工缝应留在板下2～3cm处。浇筑时，应从大截面梁的两端向中间浇筑，浇筑与振捣应紧密配合，第一层下料宜慢，梁底充分振实后再下二层料。

4　浇筑顶板混凝土的虚铺厚度应略大于板厚，用平板振动器垂直浇筑方向来回振捣，板厚较大时，亦可用插入式振动器顺浇筑方向拖拉振捣，并用铁插钎检查混凝土厚度，振捣完毕用长杠刮平。

5　浇筑悬挑板时，应注意不得使上部的负弯矩筋下移，当铺完底层混凝土后，应随即将钢筋调整到设计位置，再继续浇筑。

4.4.7　后浇带混凝土浇筑

1　施工后浇带按照设计要求进行浇筑。

2　后浇带混凝土采用掺微膨胀剂，无收缩水泥配置的比原混凝土高一强度等级的混凝土。

3　在浇筑后浇带混凝土之前，应清除垃圾、水泥薄膜，剔除表面上松动砂石、软弱混凝土层及浮浆，同时还应加以凿毛，用水冲洗干净并充分湿润不少于 24h，残留在混凝土表面的积水应予清除，并在施工缝处铺 30mm 厚与混凝土内成分相同的一层水泥砂浆，然后再浇筑混凝土。

4　后浇带在底板、墙位置处混凝土要分层振捣，每层不超过 400mm，混凝土要细致捣实，使新旧混凝土紧密结合。

5　在后浇带混凝土达到设计强度之前的所有施工期间，后浇带跨的梁板的底模及支撑均不得拆除。

4.4.8　大体积混凝浇筑

1　混凝土浇筑可根据面积大小和混凝土供应能力采取全面分层（适用于结构平面尺寸 ≥14m、厚度 1m 以上）、分段分层（适用于厚度不太大，面积或长度较大）或斜面分层

（适用于结构的长度超过宽度的 3 倍）连续浇筑，分层厚度 300～500mm 且不大于振动棒长 1.25 倍。分段分层多采取踏步式分层推进，按从远至近布灰（原则上不反复拆装泵管），一般踏步宽为 1.5～2.5m。斜面分层浇灌每层厚 300～350mm，坡度一般取 1：6～1：7。

　　2　混凝土浇筑应配备足够的混凝土输送泵，既不能造成混凝土流浆冬季受冻，也不能常温时出现混凝土冷缝。

　　3　局部厚度较大时先浇深部混凝土，然后再根据混凝土的初凝时间确定上层混凝土浇筑时间间隔。

　　4　振捣混凝土应使用高频振动器，振动器的插点间距为 1.4 倍振动器的作用半径，防止漏振。斜面推进时振动应在坡脚与坡顶处插振。

　　4.4.9　在浇筑柱、墙等竖向结构混凝土时，混凝土浇筑不得发生离析，倾落高度应符合表 18-7 的规定；当不能满足要求时，应加设串筒、溜管、溜槽等装置。

柱、墙模板内混凝土浇筑倾落高度限值（m）　　　　　　　　表 18-7

条件	浇筑倾落高度限值
粗骨料粒径大于 25mm	≤3
粗骨料粒径小于等于 25mm	≤6

　　4.4.10　按设计要求留置后浇带，施工缝应留置在结构受剪力较小且便于施工部位，并符合以下规定：

　　1　柱、墙施工缝可留在基础、楼层结构顶面，柱施工缝与结构上表面的距离宜为 0～100mm，墙施工缝与结构上表面的距离宜为 0～300mm；柱、墙施工缝也可留设在楼层结构底面，施工缝与结构下表面的距离宜为 0～50mm；当板下有梁托时，可留设在梁托下 0～20mm；高度较大的柱、墙、梁以及厚度较大的基础，可根据施工需要在其中部留设水平施工缝；当因施工缝留设改变受力状态而需要调整构件配筋时，应经设计单位确认。

　　2　有主次梁的楼板施工缝应留设在次梁跨度中间 1/3 范围内；单向板施工缝应留设在与跨度方向平行的任何位置；楼梯梯段施工缝宜留置在梯段板跨度端部 1/3 范围内；墙的施工缝宜设置在门洞口过梁跨中 1/3 范围内，也可留设在纵横墙交接处。

　　3　设备基础施工缝应符合下列规定：水平施工缝应低于地脚螺栓底端，与地脚螺栓底端的距离应大于 150mm；当地脚螺栓直径小于 30mm 时，水平施工缝可留设在深度不小于地脚螺栓埋入混凝土部分总长度的 3/4 处。竖向施工缝与地脚螺栓中心线的距离不应小于 250mm，且不应小于螺栓直径的 5 倍。

　　4　承受动力作用的设备基础施工缝留设位置应符合下列规定：标高不同的两个水平施工缝，其高低结合处应留设成台阶形，台阶的高宽比不应大于 1.0；竖向施工缝或台阶形施工缝的断面处应加插钢筋，插筋数量和规格应由设计确定；施工缝的留设应经设计单位确认。

　　4.4.11　施工缝或后浇带处继续浇筑混凝土时应符合下列规定：

　　1　结合面应为粗糙面，并应清除浮浆、松动石子、软弱混凝土层。

　　2　结合面处应洒水湿润，但不得有积水。

　　3　已浇筑混凝土的抗压强度不应小于 $1.2N/mm^2$。

　　4　柱、墙水平施工缝水泥砂浆接浆层厚度不应大于 50mm，接浆层水泥砂浆应与混凝土浆液成分相同。

　　5　后浇带混凝土强度等级及性能应符合设计要求；当设计无具体要求时，后浇混凝土强度等级宜比两侧混凝土提高一个强度等级，并采用减少收缩的技术措施。

4.4.12　柱、墙混凝土设计强度等级高于梁、板混凝土设计强度等级时，混凝土浇筑应符合下列规定：

1　柱、墙混凝土设计强度比梁、板混凝土设计强度高一个等级时，柱、墙位置梁、板高度范围内的混凝土经设计单位确认，可采用与梁、板混凝土设计强度等级相同的混凝土进行浇筑。

2　柱、墙混凝土设计强度比梁、板混凝土设计强度高两个等级及以上时，应在交界区域采取分隔措施；分隔位置应在低强度等级的构件中，且距高强度等级构件边缘不应小于 500mm。

3　宜先浇筑强度等级高的混凝土，后浇筑强度等级低的混凝土。

4.4.13　泵送混凝土浇筑应符合下列规定：

1　宜结合结构形状、尺寸、混凝土供应情况、浇筑设备、场地内外条件等因素划分每台输送泵的浇筑区域及浇筑顺序；采用输送泵浇筑混凝土时，宜由远及近浇筑；采用多根输送管同时浇筑时，其浇筑速度宜保持一致。

2　泵送混凝土前，先把储料斗内的清水从管道泵出，湿润和清洁管道，然后向料斗内加入纯水泥砂浆（水泥砂浆应与混凝土浆液成分相同），润滑管道后即可开始泵送混凝土。

3　开始泵送混凝土时，活塞应保持最大行程运转，水箱或活塞清洗室中应保持充满水。泵送速度宜慢，油压变化应在允许值范围内，待混凝土送出管道端部时，速度可逐渐加快，并转入正常速度进行泵送。

4　泵送期间，料斗内的混凝土量应保持在不低于缸筒口上 100mm 到料斗口下 150mm 之间，避免吸入空气而造成塞管。如输送管内吸入了空气，应立即反泵吸出混凝土至料斗中重新搅拌，排出空气后再泵送。

5　混凝土泵送浇筑应连续进行，如运行不正常或混凝土供应不及时，需降低泵送速度。泵送暂时中断供料时，应每隔 5～10min 利用泵机抽吸往复推动 2～3 次，以防堵管。混凝土间歇 30min 以上时，应排净管路内存留的混凝土，以防堵管。泵送中断时间不得超过混凝土从搅拌至浇筑完毕允许的延续时间。

6　混凝土输送管的水平换算长度总和应小于设备的最大泵送距离，混凝土输送管的水平换算长度应符合表 18-8 的规定。

混凝土输送管的水平换算长度　　　　　　　　　　表 18-8

泵管种类	管道特征	水平换算长度（mm）	
向上垂直管 （每米）	ϕ100mm	3	
	ϕ125mm	4	
	ϕ150mm	5	
橡胶软管	每 3～5m 长的 1 根	20	
弯管 （每个）	90°角	转弯半径 r=1m	转弯半径 r=0.5m
		9	12
	45°角	4.5	6
	30°角	3	4
	15°角	1.5	2
锥形管 （每根）	175→150mm	4	—
	150→125mm	8	—
	125→100mm	16	—

7　混凝浇筑后，应清洗输送泵和输送管。

4.5　混凝土振捣

4.5.1　使用插入式振捣器振捣混凝土时，插点应均匀，振捣棒快插慢拔，振捣间距不应大于作用半径的 1.4 倍，振捣器与模板的距离不应大于其作用半径的 50%，并应避免碰撞钢筋、芯管、吊环、预埋件等；振捣器插入下层混凝土内的深度不应小于 50mm。

4.5.2　使用平板振捣器振捣混凝土时，平板移动的间距应保证每次能覆盖已振实部分混凝土边缘及覆盖振捣平面边角；振捣倾斜表面时，应由低处向高处进行振捣。

4.5.3　使用附着式振捣器振捣混凝土时，振捣器的设置间距应通过试验确定，并应与模板紧密相连；振捣器宜从下往上振捣；模板上同时使用多台附着振捣器时，应使各振捣器的频率一致，并应交错设置在相对面的模板上。

4.5.4　特殊部位混凝土振捣措施：宽度大于 0.3m 的预留洞底部区域，应在洞口两侧进行振捣，并应适当延长振捣时间；宽度大于 0.8m 的洞口底部，应采取特殊的技术措施；后浇带及施工缝边角处应加密振捣点，并应适当延长振捣时间；钢筋密集区域应选择小型振捣器辅助、加密振捣点，并应适当延长振捣时间。

4.5.5　每处混凝土的振捣时间，应以混凝土表面出现浮浆和不再显著沉落为准。

4.6　养护

4.6.1　混凝土的养护时间应符合下列规定：

1　采用硅酸盐水泥、普通硅酸盐水泥或矿渣硅酸盐水泥配置的混凝土，应在 12h 内加以覆盖进行养护，养护时间不应少于 7d；采用其他品种水泥时，养护时间应根据水泥性能确定。

2　采用缓凝型外加剂、大掺量矿物掺合料配置的混凝土，不应少于 14d。

3　抗渗混凝土不应少于 14d。

4　地下室底层墙、柱和上部结构首层墙、柱，宜适当增加养护时间。

4.6.2　洒水养护宜在混凝土裸露表面覆盖麻袋或草帘后进行，也可采用直接洒水、蓄水等养护方式；当日平均气温低于 5℃时，不得洒水。

4.6.3　采用塑料薄膜覆盖时，薄膜应紧贴混凝土裸露表面，四周覆盖严密，薄膜内应保持有凝结水。

4.6.4　采用喷涂养护剂养护时，养护剂应均匀涂在结构构件表面，不得漏涂；养护剂使用方法应符合产品说明书的相关要求。

4.6.5　地下室底层和上部结构首层柱、墙混凝土宜采用带模养护的方式养护。

4.6.6　养护用水与拌制用水相同或饮用水。

5　质量标准

5.1　主控项目

5.1.1　水泥进场时应对其品种、级别、包装或散装仓号，出厂日期等进行检查，并对其强度、安定性及其他必要的性能指标进行复验。严禁使用含氯化物水泥。

5.1.2　掺用外加剂的质量及应用技术应符合现行国家标准《混凝土外加剂应用技术规范》GB 50119 等和有关环境保护的规定。预应力混凝土结构中严禁使用含氯化物的外加剂。钢筋混凝土结构中，使用含氯化物外加剂时，氯化物的含量应符合《混凝土质量控制标准》GB 50164 规定。混凝土中氯化物和碱的总含量应符合设计和《混凝土结构设计规范》GB 50010 规范的规定。

5.1.3　混凝土配合比设计应符合设计要求和现行行业标准《普通混凝土配合比设计规程》JGJ 55 的规定。有特殊要求的混凝土尚应符合专门标准规定。

5.1.4　结构混凝土的强度和抗渗性必须符合设计和现行国家标准《混凝土强度检验评定标准》GBJ/T 50107 的规定。

5.1.5　混凝土搅拌、运输、浇筑、养护必须符合现行国家标准《混凝土结构工程施工质量验收规范》GB 50204 的规定。

5.1.6　混凝土运输、浇筑及间歇的全部时间不应超过初凝时间。同一施工段的混凝土应连续浇筑，并应在底层混凝土初凝之前将上层混凝土浇筑完毕，否则应按施工方案的要求对施工缝进行处理。

5.1.7　现浇混凝土结构的外观质量不应有严重缺陷。现浇结构不应有影响结构性能和使用功能的尺寸偏差；混凝土设备基础不应有影响结构性能和设备安装的尺寸偏差。

5.2　一般项目

5.2.1　混凝土中矿物掺合料的质量应符合现行国家标准《用于水泥和混凝土中的粉煤灰》GB 1596 的规定，掺量应通过试验确定。混凝土所用的粗、细骨料的质量应符合《普通混凝土用砂、石质量及检验方法标准》JGJ 52—2006 的规定。拌制混凝土宜采用饮用水，当采用其他水源时，水质应符合《混凝土用水标准》JGJ 63 的规定。

5.2.2　首次使用的混凝土配合比应进行开盘鉴定，其工作性应满足设计配合比的要求。开始生产时，至少留一组标养试块作为验证配比的依据。混凝土拌制前，应测定砂、石含水率；并根据测试结果调整材料用量，提出施工配合比。

5.2.3　混凝土施工缝、后浇带的留置位置应按设计要求和施工技术方案确定。

5.2.4　混凝土浇筑完毕后，应按施工技术方案及时采取有效的养护措施。

5.2.5　对已经出现的蜂窝、孔洞、缝隙、夹渣等缺陷，施工单位应按技术处理方案进行处理，并重新检查验收。

5.2.6　现浇混凝土结构和混凝土设备基础拆模后的尺寸偏差应符合表 18-9 和表 18-10 的规定。

现浇结构位置和尺寸允许偏差及检验方法　　　　表 18-9

项目			允许偏差（mm）	检验方法
轴线位置	整体基础		15	经纬仪及尺量
	独立基础		10	经纬仪及尺量
	墙、柱、梁		8	尺量
垂直度	层高	≤6m	10	经纬仪或吊线、尺量
		>6m	12	经纬仪或吊线、尺量
	全高（H）≤300m		$H/30000+20$	经纬仪、尺量
	全高（H）>300m		$H/10000$ 且≤80	经纬仪、尺量

续表

项目		允许偏差（mm）	检验方法
标高	层高	±10	水准仪或拉线、尺量
	全高	±30	水准仪或拉线、尺量
截面尺寸	基础	+15，−10	尺量
	柱、梁、板、墙	+10，−5	尺量
	楼梯相邻踏步高差	6	尺量
电梯井	中心位置	10	尺量
	长、宽尺寸	+25，0	尺量
表面平整度		8	2m靠尺和塞尺量测
预埋件中心位置	预埋板	10	尺量
	预埋螺栓	5	尺量
	预埋管	5	尺量
	其他	10	尺量
预留洞、孔中心线位置		15	尺量

注：1. 检查柱轴线、中心线位置时，沿纵、横两个方向测量，并取其中偏差的较大值。
　　2. H为全高，单位为mm。

现浇设备基础位置和尺寸允许偏差及检验方法 表 18-10

项目		允许偏差（mm）	检验方法
坐标位置		20	经纬仪及尺量
不同平面标高		0，−20	水准仪或拉线、尺量
平面外形尺寸		±20	尺量
凸台上平面外形尺寸		0，−20	尺量
凹槽尺寸		+20，0	尺量
平面水平度	每米	5	水平尺、塞尺量测
	全长	10	水准仪或拉线、尺量
垂直度	每米	5	经纬仪或吊线、尺量
	全高	10	经纬仪或吊线、尺量
预埋地脚螺栓	中心位置	2	尺量
	顶标高	+20，0	水准仪或拉线、尺量
	中心距	±2	尺量
	垂直度	5	吊线、尺量
预埋地脚螺栓孔	中心线位置	10	尺量
	截面尺寸	+20，0	尺量
	深度	+20，0	尺量
	垂直度	$h/100$ 且 $\leqslant 10$	吊线、尺量
预埋活动地脚螺栓锚板	中心线位置	5	尺量
	标高	+20，0	水准仪或拉线、尺量
	带槽锚板平整度	5	直尺、塞尺量测
	带螺纹孔锚板平整度	2	直尺、塞尺量测

注：1. 检查坐标、中心线位置时，应沿纵、横两方面量测，并取其中偏差的较大值。
　　2. h为预埋地脚螺栓孔孔深，单位为mm。

6　成品保护

6.0.1　施工中，不得用重物冲击模板，或在模板和支撑上搭脚手板，以保证模板牢固、不变形。

6.0.2　混凝土振捣时，应避免振动或踩碰模板、钢筋及预埋件。

6.0.3　混凝土浇筑完后的强度未达 1.2MPa 及以上时，不得在其上进行下一道工序操作或堆置重物。

6.0.4　混凝土承重结构底模拆模时，同条件养护的混凝土强度应符合设计要求和表 18-11 的规定。

底模拆除时的混凝土强度要求　　　　　　　　表 18-11

结构类型	结构跨度（m）	混凝土强度标准值的百分率（%）
板	≤2	≥50
	>2，≤8	≥75
	>8	≥100
梁、拱、壳	≤8	≥75
	>8	≥100
悬臂构件	≤2	≥75
	>2	≥100

6.0.5　雨期施工应及时对已浇筑混凝土的部位进行遮盖，下大雨时应停止露天作业。

7　注意事项

7.1　应注意的质量问题

7.1.1　混凝土应振捣密实，防止漏振或振捣使钢筋产生位移，出现蜂窝、孔洞、漏筋、夹渣等缺陷，应分析产生原因，及时采取有效措施处理。

7.1.2　浇筑混凝土的施工现场，应派专人检查模板是否牢固，钢筋是否错误。

7.1.3　混凝土浇筑时应注意施工缝的留设，避免留在受力较大和钢筋密集处，并仔细做好施工缝的处理。

7.1.4　大流动性混凝土与低流动性混凝土或两种不同品种水泥配制的混凝土不得混合浇筑，以免造成强度不均。

7.1.5　不同等级混凝土接缝处施工，宜先浇筑高等级的混凝土，也可同时浇筑，但低等级的混凝土不得扩散到高等级混凝土结构中。

7.1.6　混凝土拌合物性能检查及混凝土试块制作应满足现行国家标准《普通混凝土拌合物性能试验方法标准》GB/T 50080 与《普通混凝土力学性能试验方法标准》GB/T 50081 的相关规定。

7.1.7　混凝土输送管道的直管应布置顺直，管道接头应严密、不漏浆，转弯位置的锚固应牢固可靠。

7.1.8 混凝土输送泵与垂直向上管的距离宜大于 10m，以抵消反冲力和保证泵的振动不直接传到垂直立管，并在立管根部装设一个截流阀，防止停泵时上面管内混凝土倒流产生负压。

7.1.9 向下泵送时，混凝土的坍落度应适当减小，混凝土泵前应有一段水平管道和弯上管道方可折向下方。应避免采用垂直向下的装设方式，以防离析和混入空气，影响泵送效果。

7.1.10 管道经过的位置应平整，管道应用支架或木枋等垫固，不得直接与模板和钢筋接触，管道放在脚手架上时，应采取加固措施，垂直立管穿越每一楼层时，应用木枋和预埋螺栓支撑固定。

7.2 应注意的安全问题

7.2.1 机械设备的操作人员应经安全技术培训、考核持证上岗。

7.2.2 各种机械设备在开机前应严格检查机械、电器是否正常并空机试运转，填写检查记录。

7.2.3 搅拌机应设开关箱，并装有漏电保护器。

7.2.4 混凝土浇筑前，应对振捣器进行试运转，操作时应戴绝缘手套，穿胶鞋。振捣器不应挂在钢筋上，湿手不得接触电源开关。

7.2.5 使用井架提升混凝土时，应设制动安全装置，升降应有明确信号，操作人员未离开提升台时，不得发升降信号。提升台内停放手推车应平稳，车把不得伸出台外，车辆前后应挡牢。

7.2.6 使用溜槽及串筒下料时，溜槽和串筒应固定牢固，人员不得直接站到溜槽帮上操作。

7.2.7 浇筑单梁、柱混凝土时，操作人员不得直接站在模板或支撑上操作；浇筑框架梁或圈梁时，应有可靠的脚手架，严禁站在模板上操作。浇筑挑檐、阳台、雨棚时，应设安全网或安全栏杆。

7.2.8 楼面上的预留孔洞应设置盖板或围栏，所有操作人员应戴安全帽；高空作业应正确系好安全带；夜间作业应有足够的照明。

7.2.9 输送泵管应采用支架固定，支架应与结构牢固连接，输送泵管转向处支架应加密；支架应通过计算确定，设置位置的结构应进行验算。

7.2.10 布料设备应安装牢固，且应采取抗倾覆措施；布料设备安装位置处的结构或专用装置应进行验算。布料设备作业范围内不应有阻碍物，并应有防范高空坠物的设施。

7.2.11 采用搅拌运输车运输混凝土时，施工现场车辆出入口处设置交通安全指挥人员，施工现场道路应顺畅；危险区域设置警戒标志；夜间施工时应有良好的照明。

7.2.12 泵送混凝土在浇筑面处不应堆积过量，防止引起局部超载。

7.2.13 当输送管内还有 10m 左右混凝土时，应将压缩机缓慢减压，拆除管道接头时，应先进行多次反抽，卸除管内混凝土压力，以防混凝土喷出伤人。

7.2.14 清管时，管端应设置挡板或安全罩，并严禁管端站人，以防喷射伤人。

7.3 应注意的绿色施工问题

7.3.1 现场搅拌混凝土时，宜使用散装水泥；搅拌机棚应有封闭降噪和防尘措施。

7.3.2 混凝土配合比设计时，应减少水泥用量，增加工业废料、矿山废渣的掺量；当混凝土中添加粉煤灰时，宜利用其后期强度。

7.3.3 混凝土宜采用泵送、布料机布料浇筑。

7.3.4 超长无缝混凝土结构宜采用滑动支座法、跳仓法和综合治理法施工；当裂缝控制要求较高时，可采用低温补仓法施工。

7.3.5 混凝土振捣应采用低噪声振捣设备，也可采用围挡等降噪措施。

7.3.6 混凝土采用洒水或喷雾养护时，养护用水宜使用回收的基坑降水或雨水；竖向构件宜采用养护剂进行养护。

7.3.7 混凝土浇筑余料应制成小型预制件，或采用其他措施加以利用，不得随意倾倒。

7.3.8 清洗泵送设备和管道的污水应经沉淀后回收利用，浆料分离后可用作室外道路、地面垫层的回填材料。

7.3.9 现场砂、石料场场地应硬化，砂应适当覆盖密目网，周围设置围挡；水泥及掺合料应设库管理。

7.3.10 现场搅拌混凝土要采取设置隔音棚等有效措施，降低施工噪声。根据现行国家标准《建筑施工场界噪声限值》GB 12523 的规定，混凝土拌制、振捣等施工作业在施工场界的允许噪声级：昼间为 70dB（A 声级），夜间为 55 dB（A 声级）。

8　质量记录

8.0.1 混凝土所用原材料产品合格证、出厂检验报告及进场复验报告。

8.0.2 见证取样记录。

8.0.3 原材料/构配件进场检验记录。

8.0.4 混凝土配合比通知单。

8.0.5 混凝土浇灌申请书。

8.0.6 混凝土开盘鉴定表。

8.0.7 混凝土施工记录。

8.0.8 混凝土坍落度检查记录。

8.0.9 混凝土隐蔽验收记录。

8.0.10 混凝土标准养护及同条件养护试件强度试验报告。

8.0.11 混凝土试件抗渗试验报告。

8.0.12 混凝土抗压强度统计表。

8.0.13 混凝土拆模申请表。

8.0.14 冬期混凝土原材料搅拌及浇灌测温记录。

8.0.15 混凝土养护测温记录。

8.0.16 混凝土结构同条件试件等效养护龄期温度记录。

8.0.17 混凝土原材料及配合比检验批质量验收记录。

8.0.18 混凝土施工检验批质量验收记录。

8.0.19 现浇混凝土外观及尺寸偏差检验批质量验收记录。

8.0.20 混凝土设备基础外观及尺寸偏差检验批质量验收记录。

8.0.21 混凝土分项工程质量验收记录。

8.0.22 混凝土结构实体混凝土强度检验记录。

8.0.23 其他技术文件。

第19章　预拌混凝土运输与浇筑

本工艺标准适用于集中搅拌站（厂）生产供应的预拌混凝土运输与浇筑。

1　引用标准

《混凝土结构工程施工规范》GB 50666—2011

《建筑工程绿色施工规范》GB/T 50905—2014

《混凝土泵送施工技术规程》JGJ/T 10—2011

《混凝土质量控制标准》GB 50164—2011

《混凝土强度检验评定标准》GB/T 50107—2010

《建筑工程冬期施工规程》JGJ/T 104—2011

《混凝土结构工程施工质量验收规范》GB 50204—2015

《预拌混凝土》GB/T 14902—2012

《混凝土结构设计规范》GB 50010—2010（2015 版）

《普通混凝土拌合物性能试验方法标准》GB/T 50080—2016

《普通混凝土力学性能试验方法标准》GB/T 50081—2002

2　术语（略）

3　施工准备

3.1　作业条件

3.1.1　商品混凝土供货合同签订完毕。

3.1.2　应编制混凝土工程施工方案，编制试验计划，见证取样和送检计划。向混凝土厂家提供商品混凝土需用量计划，并正确注明浇筑时间、浇筑部位、浇筑数量、混凝土强度等级及技术要求等。

3.1.3　模板、钢筋及预埋管线全部安装完毕，模板内的木屑、泥土、垃圾等已清理干净。钢筋上的油污已除净，检查模板支撑和加固是否牢靠并办完隐蔽验收手续。

3.1.4　对操作人员进行安全技术交底。

3.1.5　混凝土运输、浇筑和振捣机械设备经检修、试运转情况良好，可满足连续浇筑要求。

3.1.6　检查复核在钢筋或模板上引测完成的混凝土浇筑标高控制点满足精度要求。

3.1.7　浇筑混凝土的脚手架及马道搭设完成，经检查合格。

3.1.8　混凝土浇灌申请书已经项目监理工程师批准。

3.1.9　混凝土运输车的运送频率，应能够保证混凝土连续浇筑，能保持混凝土拌合物均匀、不产生分层离析现象。

3.1.10　混凝土泵送和振捣时有隔音、降噪、降尘措施。

3.2　材料及机具

3.2.1　材料：预拌混凝土应符合现行国家标准《预拌混凝土》GB 14902 的规定；泵送工艺时，应同时满足现行行业标准《混凝土泵送施工技术规程》JGJ/T 10 的相关规定。商品混凝土一进场要求提供商品混凝土出厂合格证，待 28d 后厂家提供商品混凝土强度报告。

3.2.2　机具：混凝土泵、布料机、塔吊、混凝土搅拌运输车、振捣器、铁锹、串筒、溜槽、试模、坍落度筒等。

4　操作工艺

4.1　工艺流程

$$\boxed{混凝土运输} \rightarrow \boxed{进场检验} \rightarrow \boxed{混凝土浇筑} \rightarrow \boxed{混凝土养护}$$

4.2　混凝土运输

4.2.1　搅拌运输车在装料前应将搅拌筒中的积水排净。

4.2.2　运送时，严禁往运输车内任意加水。当混凝土坍落度损失较大不能满足施工要求时，可在运输车罐内加入适量的与原配合比相同成分的减水剂。减水剂加入量应事先由试验确定，并应作出记录。加入减水剂时，搅拌运输车罐体应快速旋转搅拌均匀，并应达到要求的工作性能后再泵送或浇筑。

4.2.3　混凝土的运送时间应满足合同要求，当合同未规定时，所运送的混凝土宜在1.5h 内卸料；当最高气温低于 25℃时，运送时间可延长 0.5h，如混凝土中掺有缓凝型减水剂时，应根据试验结果确定。

4.2.4　预拌混凝土运送至浇筑现场，在给混凝土泵喂料前，应使罐体快速旋转搅拌1min，使混凝土拌和均匀，然后再反转卸料。如混凝土拌和物出现离析或分层，应使搅拌筒高速旋转，对混凝土拌和物作二次搅拌。

4.2.5　卸料完毕，到施工现场指定地点（防止水土污染），用洗涤喷嘴把粘附在卸料溜槽和搅拌筒外表面的砂浆和混凝土冲刷干净，收起并锁紧卸料溜槽。

4.3　进场检验

4.3.1　混凝土进场检验应随机从同一运输车卸料量的 1/4～3/4 之间抽取。

4.3.2　进场检验取样及坍落度试验应在混凝土到达现场时开始算起 20min 内完成，试件制作应在混凝土运到现场时开始算起 40min 内完成。

4.3.3　混凝土坍落度检查每100m³不应少于一次，且每一工作班不应少于2次。

4.3.4　混凝土强度的试件检验频率，每100盘相同配合比的混凝土，取样不得少于一次；每个工作班相同配合比的混凝土不足100盘时，取样不得少于一次；连续浇筑超过1000m³时，每200m³取样不得少于一次；每一楼层取样不得少于一次；每次取样应至少留置一组试件。

4.3.5　有抗渗、抗冻要求的试件检验频率，同一工程、同一配合比的混凝土，取样不得少于一次。

4.3.6　混凝土拌合物的含气量及其他特殊要求项目的试样检验频率应按合同规定进行。

4.4　混凝土浇筑

4.4.1　混凝土宜采用泵送方式。布料设备的选择应与输送泵相匹配。布料设备的数量及位置应依据布料设备的工作半径、施工作业面大小以及施工要求确定。

4.4.2　浇筑混凝土前，模板的缝隙和孔洞应予堵严；表面干燥的地基、垫层、模板上应洒水湿润；现场环境温度高于35℃时，宜对金属模板进行洒水降温；洒水后不得有积水。

4.4.3　混凝土应分层浇筑，分层厚度应符合表19-1的规定，上层混凝土应在下层混凝土初凝之前浇筑完毕。

混凝土分层浇筑的最大厚度　　　　　　表19-1

振捣方法	混凝土分层振捣最大厚度
振动棒	振捣棒作用部分长度的1.25倍
平板振动器	200mm
附着振动器	根据设置方式，通过试验确定

4.4.4　混凝土应连续浇筑，当必须间歇时，应在前层混凝土初凝之前，将次层混凝土浇筑完毕。混凝土运输、浇筑和间歇的全部时间不宜超过表19-2的规定，且不应超过表19-3的规定。掺早强减水剂、早强剂的混凝土，以及有特殊要求的混凝土，应根据设计及施工要求，通过试验确定允许时间。

混凝土运输到输送入模的延续时间（min）　　　　表19-2

条件	气温	
	≤25℃	>25℃
不掺外加剂	90	60
掺外加剂	150	120

混凝土运输、浇筑和间歇总的允许时间限值（min）　　　表19-3

条件	气温	
	≤25℃	>25℃
不掺外加剂	180	150
掺外加剂	240	210

4.4.5　柱、墙模板内的混凝土浇筑不得发生离析，倾落高度应符合表19-4的规定；当不能满足要求时，应加设串筒、溜管、溜槽等装置。

柱、墙模板内混凝土浇筑倾落高度限值（m）　　　　　表 19-4

条件	浇筑倾落高度限值
粗骨料粒径大于 25mm	≤3
粗骨料粒径小于等于 25mm	≤6

4.4.6 施工缝和后浇带应留置结构受剪力较小且便于施工的部位，参照（现场混凝土拌制与浇筑）相关内容执行。

4.4.7 施工缝或后浇带处继续浇筑混凝土时应符合下列规定：

1 结合面应为粗糙面，并应清除浮浆、松动石子、软弱混凝土层。

2 结合面处应洒水湿润，但不得有积水。

3 已浇筑混凝土的抗压强度不应小于 $1.2N/mm^2$。

4 柱、墙水平施工缝水泥砂浆接浆层厚度不应大于 50mm，接浆层水泥砂浆应与混凝土浆液成分相同。

5 后浇带混凝土强度等级及性能应符合设计要求；当设计无具体要求时，后浇带混凝土强度等级宜比两侧混凝土提高一个强度等级，并采用减少收缩的技术措施。

4.4.8 柱、墙混凝土设计强度等级高于梁、板混凝土设计强度等级时，混凝土浇筑应符合下列规定：

1 柱、墙混凝土设计强度比梁、板混凝土设计强度高一个等级时，柱、墙位置梁、板高度范围内的混凝土经设计单位确认，可采用与梁、板混凝土设计强度等级相同的混凝土进行浇筑。

2 柱、墙混凝土设计强度比梁、板混凝土设计强度高两个等级及以上时，应在交界区域采取分隔措施；分隔位置应在低强度等级的构件中，且距高强度等级构件边缘不应小于 500mm。

3 宜先浇筑强度等级高的混凝土，后浇筑强度等级低的混凝土。

4.4.9 采用机械振捣混凝土时应符合下列规定：

1 使用插入式振捣器振捣混凝土时，插点应均匀，振捣棒快插慢拔，移动的间距不应大于作用半径的 1.4 倍，振捣器与模板的距离不应大于其作用半径的 50%，并应避免碰撞钢筋、芯管、吊环、预埋件等；振捣器插入下层混凝土内的深度不应小于 50mm。

2 使用平板振捣器振捣混凝土时，平板移动的间距应保证每次能覆盖已振实部分混凝土边缘及覆盖振捣平面边角；振捣倾斜表面时，应由低处向高处进行振捣。

3 使用附着式振捣器振捣混凝土时，振捣器的设置间距应通过试验确定，并应与模板紧密相连；振捣器宜从下往上振捣；模板上同时使用多台附着振捣器时，应使各振捣器的频率一致，并应交错设置在相对面的模板上。

4 特殊部位混凝土振捣措施：宽度大于 0.3m 的预留洞底部区域，应在洞口两侧进行振捣，并应适当延长振捣时间；宽度大于 0.8m 的洞口底部，应采取特殊的技术措施；后浇带及施工缝边角处应加密振捣点，并应适当延长振捣时间；钢筋密集区域应选择小型振捣器辅助、加密振捣点，并应适当延长振捣时间。

5 每处混凝土的振捣时间，应以混凝土表面出现浮浆和不再显著沉落为准。

4.5 混凝土养护

4.5.1 混凝土的养护时间应符合下列规定：

1 采用硅酸盐水泥、普通硅酸盐水泥或矿渣硅酸盐水泥配置的混凝土，应在 12h 内加以覆盖进行养护，不应少于 7d；采用其他品种水泥时，养护时间应根据水泥性能确定。

2 采用缓凝型外加剂、大掺量矿物掺合料配置的混凝土，不应少于 14d。

3 抗渗混凝土不应少于 14d。

4 地下室底层墙、柱和上部结构首层墙、柱，宜适当增加养护时间。

4.5.2 洒水养护宜在混凝土裸露表面覆盖麻袋或草帘后进行，也可采用直接洒水、蓄水等养护方式；当日平均气温低于 5℃时，不得洒水。

4.5.3 采用塑料薄膜覆盖时，薄膜应紧贴混凝土裸露表面，薄膜内应保持有凝结水。

4.5.4 采用喷涂养护剂养护时，养护剂应均匀涂在结构构件表面，不得漏涂；养护剂使用方法应符合产品说明书的相关要求。

4.5.5 地下室底层和上部结构首层柱、墙混凝土宜采用带模养护的方式养护。

4.5.6 养护用水与预拌混凝土拌制用水相同或饮用水。

4.5.7 结构实体混凝土强度试块应按结构实体检验方案留置。

4.5.8 混凝土的浇筑宜按以下顺序进行：在采用混凝土输送管输送混凝土时，应由远而近浇筑；在同一区的混凝土，应按先竖向结构后水平结构的顺序，分层连续浇筑；当不允许留施工缝时同一区域之间、上下层之间的混凝土浇筑时间，不得超过混凝土初凝时间。

5 质量标准

5.1 主控项目

5.1.1 预拌混凝土进场时，其质量应符合现行国家标准《预拌混凝土》GB/T 14902 的规定。

5.1.2 混凝土拌合物不应离析。

5.1.3 混凝土中氯离子含量和碱总含量应符合现行国家标准《混凝土结构设计规范》GB 50010 的规定和设计要求。

5.1.4 首先使用的混凝土配合比应进行开盘鉴定，其原材料、强度、凝结时间、稠度等应满足设计配合比的要求。

5.1.5 混凝土的强度等级必须符合设计要求。用于检验混凝土强度的试件应在浇筑地点随机抽取。

5.1.6 现浇结构的外观质量不应有严重缺陷。现浇结构不应有影响结构性能或使用功能的尺寸偏差；混凝土设备基础不应有影响结构性能或设备安装的尺寸偏差。

5.2 一般项目

5.2.1 混凝土拌合物稠度应满足施工方案要求。

5.2.2 混凝土有耐久性指标要求，应在施工现场随机抽取试件进行耐久性检验，其检验结果应符合国家现行有关标准的规定和设计要求。

5.2.3 混凝土有抗冻要求时，应在施工现场检验混凝土含气量，其检验结果应符合国家现行有关标准的规定和设计要求。

5.2.4 后浇带的留设位置应按设计要求，后浇带和施工缝的留设及处理方法应符合施工方案要求。

5.2.5 混凝土浇筑完毕后应及时进行养护，养护时间以及养护方法应符合施工方案要求。

5.2.6 现浇结构的位置和尺寸偏差及检验方法应符合表19-5的规定。

现浇结构位置和尺寸允许偏差检验方法　　　　　　表 19-5

项目			允许偏差（mm）	检验方法
轴线位置	整体基础		15	经纬仪及尺量
	独立基础		10	经纬仪及尺量
	墙、柱、梁		8	尺量
垂直度	层高	≤6m	10	经纬仪或吊线、尺量
		>6m	12	经纬仪或吊线、尺量
	全高（H）≤300m		$H/30000+20$	经纬仪、尺量
	全高（H）>300m		$H/10000$ 且≤80	经纬仪、尺量
标高	层高		±10	水准仪或拉线、尺量
	全高		±30	水准仪或拉线、尺量
截面尺寸	基础		+15，−10	尺量
	柱、梁、板、墙		+10，−5	尺量
	楼梯相邻踏步高差		6	尺量
电梯井	中心位置		10	尺量
	长、宽尺寸		+25，0	尺量
表面平整度			8	2m靠尺和塞尺量测
预埋件中心位置	预埋板		10	尺量
	预埋螺栓		5	尺量
	预埋管		5	尺量
	其他		10	尺量
预留洞、孔中心线位置			15	尺量

注：1. 检查柱轴线、中心线位置时，沿纵、横两个方向测量，并取其中偏差的较大值。
　　2. H 为全高，单位为 mm。

5.2.7 现浇设备基础的位置和尺寸应符合设计和设备安装的要求。其位置和尺寸偏差及检验方法应符合表19-6的规定。

现浇设备基础位置和尺寸允许偏差及检验方法　　　　　　表 19-6

项目		允许偏差（mm）	检验方法
坐标位置		20	经纬仪及尺量
不同平面标高		0，−20	水准仪或拉线、尺量
平面外形尺寸		±20	尺量
凸台上平面外形尺寸		0，−20	尺量
凹槽尺寸		+20，0	尺量
平面水平度	每米	5	水平尺、塞尺量测
	全长	10	水准仪或拉线、尺量
垂直度	每米	5	经纬仪或吊线、尺量
	全高	10	经纬仪或吊线、尺量

续表

项目		允许偏差（mm）	检验方法
预埋地脚螺栓	中心位置	2	尺量
	顶标高	+20，0	水准仪或拉线、尺量
	中心距	±2	尺量
	垂直度	5	吊线、尺量
预埋地脚螺栓孔	中心线位置	10	尺量
	截面尺寸	+20，0	尺量
	深度	+20，0	尺量
	垂直度	$h/100$ 且≤10	吊线、尺量
预埋活动地脚螺栓锚板	中心线位置	5	尺量
	标高	+20，0	水准仪或拉线、尺量
	带槽锚板平整度	5	直尺、塞尺量测
	带螺纹孔锚板平整度	2	直尺、塞尺量测

注：1. 检查坐标、中心线位置时，应沿纵、横两方面量测，并取其中偏差的较大值。
2. h 为预埋地脚螺栓孔孔深，单位为 mm。

6 成品保护

6.0.1 严格执行"三不准"制度。即搅拌车筒体积水不除不准装料，重车运行时不准停止筒体转动，出厂混凝土不准任意加水。

6.0.2 下雨时搅拌车的筒口应有遮盖以防雨水流入。

6.0.3 冬期施工在搅拌筒外应有适当的保温措施。

6.0.4 成品混凝土应在限定的时间内，运抵施工现场并浇筑入模。

6.0.5 搅拌车应按额定量装载，不准超载，防止水泥浆流失。

6.0.6 混凝土振捣时，应避免振动或踩碰模板、钢筋及预埋件。

6.0.7 混凝土浇筑完后的强度未达 1.2MPa 及以上时，不得在其上进行下一道工序操作或堆置重物。

6.0.8 混凝土承重结构底模及架体拆模时，需进行同条件试块强度检测，同条件养护的混凝土强度应符合设计要求和表 19-7 的规定。

底模拆除时的混凝土强度要求　　　　　　　　　　　表 19-7

结构类型	结构跨度（m）	混凝土强度标准值的百分率（%）
板	≤2	≥50
	>2，≤8	≥75
	>8	≥100
梁、拱、壳	≤8	≥75
	>8	≥100
悬臂构件	≤2	≥75
	>2	≥100

6.0.9 雨期施工应及时对已浇筑混凝土的部位进行遮盖，下大雨时应停止露天作业。

7　注意事项

7.1　应注意的质量问题

7.1.1 混凝土卸料前，应检查搅拌筒内拌和物是否搅拌均匀。

7.1.2 混凝土运输车在现场交货地点抽查的坍落度，超过允许偏差值时应及时处理。

7.1.3 搅拌车的转速应按搅拌站对装料、搅拌、卸料等不同要求或搅拌车产品说明书要求运转，以保证产品质量。

7.1.4 搅拌车开工前应用水湿润搅拌筒，并在装料前排除积水。

7.1.5 混凝土应振捣密实，防止漏振或振捣使钢筋产生位移，出现蜂窝、孔洞、漏筋、夹渣等缺陷，应分析产生原因，及时采取有效措施处理。

7.1.6 浇筑混凝土的施工现场，应派专人检查模板是否牢固，钢筋是否错误。

7.1.7 混凝土浇筑时应注意施工缝的留设，避免留在受力较大和钢筋密集处，并仔细做好施工缝的处理。

7.1.8 按照现行国家标准《混凝土结构工程施工规范》GB 50666 做好施工前及过程中的质量检查。

7.1.9 混凝土拌合物性能检查及混凝土试块制作应满足现行国家标准《普通混凝土拌合物性能试验方法标准》GB/T 50080 与现行国家标准《普通混凝土力学性能试验方法标准》GB/T 50081 的相关规定。

7.1.10 混凝土在冬期施工时，应采取措施确保混凝土温度降到 0℃或设计温度前，混凝土强度达到受冻临界强度。

7.2　应注意的安全问题

7.2.1 开机前应严格检查机械、电器是否正常，并空载试运转，填写检查记录。

7.2.2 采用搅拌运输车运输混凝土时，施工现场车辆出入口处设置交通安全指挥人员，施工现场道路应顺畅；危险区域设置警戒标志；夜间施工时应有良好的照明。

7.2.3 混凝土搅拌车经过的道路应有足够的承载力及平整度，在凹凸不平的道路上行走时，车速一般保持在 15km/h 以内。

7.2.4 搅拌车经过开挖区的边沿时，应验证边坡支护是否满足要求。

7.2.5 混凝土浇筑前，应对振捣器进行试运转，操作时应戴绝缘手套，穿胶鞋。振捣器不应挂在钢筋上，湿手不得接触电源开关。

7.2.6 使用物料提升机提升混凝土时，应设制动安全装置，升降应有明确信号，操作人员未离开提升台时，不得发升降信号。提升台内停放手推车应平稳，车辆前后应挡牢。

7.2.7 使用溜槽及串筒下料时，溜槽和串筒应固定牢固，人员不得直接站到溜槽帮上操作。

7.2.8 浇筑单梁、柱混凝土时，操作人员不得直接站在模板或支撑上操作；浇筑框架梁或圈梁时，应有可靠的脚手架，严禁站在模板上操作。浇筑挑檐、阳台、雨棚时，应设安全网或安全栏杆。

7.2.9　楼面上的预留孔洞应设置盖板或围栏，所有操作人员应戴安全帽；高空作业应系安全带；夜间作业应有足够的照明。

7.2.10　输送泵管应采用支架固定，支架应与结构牢固连接，输送泵管转向处支架应加密；支架应通过计算确定，设置位置的结构应进行验算。

7.2.11　布料设备应安装牢固，且应采取抗倾覆措施；布料设备安装位置处的结构或专用装置应进行验算。布料设备作业范围内不应有阻碍物，并应有防范高空坠物的设施。

7.3　应注意的绿色施工问题

7.3.1　施工现场应设置污水处理和回收装置，满足混凝土搅拌车冲洗和混凝土养护用水重复利用的要求。

7.3.2　预拌混凝土在生产过程中应尽量减少对周围环境的污染，搅拌站机房宜采用封闭的建筑，并设有收尘、降尘装置。

7.3.3　对于混凝土泵管内的余料，现场应用于路面块石或小型构件的预制使用，实现节约材料、保证回收利用效果。

8　质量记录

8.0.1　混凝土质量合格证、出厂检验报告及进场复验报告。

8.0.2　氯离子总含量计量书。

8.0.3　混凝土配合比通知单。

8.0.4　混凝土浇灌申请书。

8.0.5　混凝土施工记录。

8.0.6　混凝土坍落度检查记录。

8.0.7　混凝土隐蔽验收记录。

8.0.8　混凝土标准养护（预拌厂与现场均做）及同条件养护试件强度试验报告。

8.0.9　混凝土试件抗渗试验报告。

8.0.10　混凝土抗压强度统计表。

8.0.11　混凝土拆模申请表。

8.0.12　冬期混凝土原材料搅拌及浇灌测温记录。

8.0.13　混凝土养护测温记录。

8.0.14　混凝土结构同条件试件等效养护龄期温度记录。

8.0.15　混凝土施工检验批质量验收记录。

8.0.16　现浇混凝土外观及尺寸偏差检验批质量验收记录。

8.0.17　混凝土设备基础外观及尺寸偏差检验批质量验收记录。

8.0.18　混凝土分项工程质量验收记录。

8.0.19　混凝土结构实体混凝土强度检验记录。

8.0.20　其他技术文件。

第 20 章　BDF 现浇混凝土空心楼盖

本工艺标准适用于各种跨度和各种荷载的建筑，特别适用于大跨度和大荷载、大空间的多层和高层建筑，并可发展应用于竖向结构构件中，但楼盖内承受较大集中荷载的区格不应采用空心楼盖。

1　引用标准

《现浇混凝土空心楼盖结构技术规程》CECS 175：2004
《现浇混凝土空心楼盖技术规程》JGJ/T 268—2012
《高层建筑混凝土结构技术规程》JGJ 3—2002
《钢筋混凝土结构设计规范》GB 50010—2015
《建筑抗震设计规范》GB 50011—2001
《混凝土结构工程施工规范》GB 50666—2011
《混凝土结构工程施工质量验收规范》GB 50204—2015
《建筑工程冬期施工规程》JGJ/T 104—2011

2　术语

2.0.1　空心楼盖：按一定规则放置内模后经浇筑混凝土而成空腔的楼盖。

2.0.2　埋入式内模：设置在现浇混凝土空心楼盖结构中用于形成空腔的筒芯、箱体以及筒体、块体的总称，统称内模式。

2.0.3　箱体、块体：用于现浇混凝土空心楼盖结构的空心、实心箱形内模。

2.0.4　间距：相邻内模中心之间的距离。

2.0.5　肋宽：相邻内膜侧面之间的最小距离。

3　施工准备

3.1　作业条件

3.1.1　现浇混凝土空心楼盖结构施工现场应有健全的质量管理体系、施工质量控制和质量检验制度。

3.1.2　施工前应按空心楼盖规格、使用部位进行深化设计。

3.1.3　BDF 现浇混凝土空心楼盖结构施工项目应有专门的施工技术方案，并经审查批准。

3.1.4 楼板模架支设完并通过验收，框架结构的框架梁及现浇楼板下钢筋等已绑扎完成。

3.1.5 水、电、消防套管已经安装完毕，并通过验收。

3.2 材料及机具

3.2.1 BDF 空心箱体必须采用相应专利人的合格产品，进场时应有产品合格证和出厂检验报告，并进行现场抽样检验，除应满足规格和外观质量要求外，尚应具有符合施工要求的物理力学性能。应按现行行业标准《现浇混凝土空心楼盖技术规程》CECS 175：2004 的检验数量和检验方法的规定进行验收并合格。

3.2.2 BDF 空心箱体应有可靠的密封性。箱体外表不得有孔洞和影响混凝土形成空腔的其他缺陷。

3.2.3 水泥、钢筋、砂、石、外加剂、掺合料等原材料或预拌混凝土进场，应按现行国家标准《混凝土结构工程施工质量验收规范》GB 50204 的检验数量和检验方法的规定进行验收并合格。

3.2.4 机具：经纬仪、水准仪、木工加工设备、钢筋加工设备、箱体专用吊篮、塔吊、手提式电钻、混凝土输送泵、混凝土振动棒。

4 操作工艺

4.1 工艺流程

施工准备 → 测量放线 → 楼盖模板及支架安装 →

暗梁、柱帽、肋、预留、预埋设施及填充体等位置定位画线 →

梁、柱帽、板底及肋钢筋安装 → 预留预埋设施安装 →

填充体安装（内置填充体抗浮及防漂移） → 板面钢筋安装 → 隐蔽工程验收 →

混凝土浇筑 → 混凝土养护 → 模架拆除

4.2 施工准备。熟悉施工图纸，按设计要求明确箱体的规格、各项技术参数。根据柱网开间尺寸和安装预留预埋情况，具体确定预留预埋位置，明确补空 1/2 尺寸大小的箱体数量，下单订制 BDF 箱体。同时严格按照规范要求对 BDF 空心箱体进行进场验收。

4.3 测量放线。利用经纬仪或全站仪引测轴线，为支架支模做准备。

4.4 楼盖模板及支架安装

4.4.1 根据支撑和受力承载状态，确定模板施工技术方案。

4.4.2 下部结构应具有承受上层荷载的能力，上下层支架的立柱应对准，并铺设垫板。

4.4.3 对于跨度不小于 4m 的现浇板，其模板应按设计要求起拱；当设计无具体要求时，起拱高度宜为跨度的 2/1000～3/1000。

4.5 暗梁、柱帽、肋、预留、预埋设施及填充体等位置定位画线。模板支撑设置完成后，根据图纸设计要求，在模板上划出肋梁位置线、箱体控制线、钢筋分布线及水电安装管道等预埋预留位置线。减少安装误差，以方便施工中控制和校核。

4.6　梁、柱帽、板底及肋钢筋安装

4.6.1　按定位线标识，先绑扎肋梁钢筋，再绑扎底板钢筋，且先绑扎短跨钢筋，再绑扎长跨钢筋，并按要求设置钢筋保护层垫块。

4.6.2　设计没有板底部钢筋时应铺设细铁丝网，与钢筋搭接区域不应小于 100mm，并应与相邻钢筋绑扎牢固。

4.7　预留预埋设施安装

4.7.1　各种管线的预留预埋工作必须与肋梁及板底钢筋或钢丝网绑扎之后、箱体安装之前进行，否则事后很难插入。

4.7.2　板内预埋水平管线应根据管径大小尽量布置在肋梁中。当水平管线、线盒等与箱体无法避开时，应采用 1/2 尺寸箱体进行避让。遇到特殊部位无法设置时，局部可以按实心板处理。

4.7.3　竖向管道穿过楼盖时设置预埋钢套管，并按定位线与相邻骨架钢筋焊牢，其中心允许偏差应控制在 3mm 以内，钢套管与箱体的净间距不应小于 50mm，严禁事后剔凿。

4.8　箱体安装（内置填充体抗浮及防漂移）

在板肋梁、底部钢筋绑扎和水电等管线预埋完工后，按控制线准确安放箱体，在施工过程中应注意：

4.8.1　箱体在运卸、堆放、吊运过程中，应小心轻放，严禁抛甩，防止箱体损坏，吊运时应用专用吊篮吊至操作部位。

4.8.2　在安装过程中，应采取可靠的技术措施，保证其位置准确和整体顺直，以保证空心楼盖肋梁及其上下板混凝土的几何尺寸。箱体安放时底部宜设置 20mm×20mm 四块混凝土垫块，厚度应根据板厚和箱体在板中的位置确定，四周与肋梁钢筋的净间距应满足设计要求，设计无要求时宜为 15～25mm。

4.8.3　箱体安装过程中要随时铺设架板，对钢筋和箱体成品进行保护，严禁直接踩踏。当板上层钢筋绑扎之前发生箱体损坏，应全部更换；当板上层钢筋绑扎之后发生箱体小面积损坏，应采用麻袋填充或胶带纸封堵，以免混凝土灌入箱体内。

4.8.4　当箱体安装好后，确认箱底已垫至设计标高，且垫平、垫稳，并检查箱体四周与肋梁之间的净间距均符合设计要求后，方可采用抗浮技术措施。

4.8.5　抗浮措施采用"压筋式"。"压筋式"是在箱体四周利用 12 号～14 号铁丝穿过模板把压紧箱体的钢筋棒（一般用 φ10～φ14mm）与支模架体扭固紧密。

4.8.6　根据结构具体情况，考虑箱体的规格、流态混凝土对箱体的浮力以及振动棒振激混凝土时对其的顶托力，对压箱体钢筋直径、数量和铁丝规格、拉接间距通过计算，在施工方案中予以确定。

4.8.7　对箱体安装质量进行验收，确保安装位置及抗浮措施符合设计要求。

4.9　板面钢筋安装。在板肋梁、底部钢筋绑扎和水电等管线预埋、箱体安装完工后，再绑扎楼盖上层钢筋和板端支座负筋。

4.10 隐蔽工程验收。首先应进行自检，合格后，再报监理进行隐蔽工程验收，验收合格后方可进行下一道工序施工，并做好记录。

4.11 铺设混凝土浇筑便道。根据混凝土浇筑路线，架空铺设便道，禁止施工机具直接压在箱体上，操作人员不得直接踩踏箱体和钢筋，以免损坏箱体和钢筋成品。

4.12 浇筑混凝土

4.12.1 非冬期混凝土浇筑之前，应湿润模板和箱体。在混凝土浇筑时，应派专人对箱体进行观察、维护和修补，当其位置偏移时，应及时校正。

4.12.2 混凝土浇筑宜采用泵送，一次浇筑成型，混凝土坍落度宜控制在 160～180mm 之间。混凝土卸料应均匀，严防堆积过高而压坏箱体。

4.12.3 振捣混凝土时，混凝土宜为先后交替浇筑完成。应采用小振捣棒或高频振动片，利用其作用范围，使混凝土挤进箱体底部，严禁振动棒直接振动箱体。先注入少量混凝土后用振动棒直接振捣肋梁混凝土至底模，对箱体四周的肋梁反复振捣，并加大先注入混凝土的振捣量和振捣时间，让混凝土渗入箱底。如果箱体中央设置有注入混凝土的孔洞，观察箱体中央孔洞，待混凝土流入孔洞后，用振动棒直接插入预置孔洞至底模，确保箱底混凝土密实。底层振捣密实后，再浇注所需的全部混凝土，并再次振捣。尽量避免振捣棒直接接触箱体，尽量采用小型振捣棒振捣，防止箱体破坏。如在振捣中不慎损坏，马上用轻体填料填充振裂处，防止混凝土灌入箱体。

4.13 养护混凝土。宜采用毛毡、草帘或塑料薄膜覆盖，保持混凝土表面潮湿，如若环境干燥、气温较高应相应增加洒水次数。冬期施工，严禁洒水养护，注意采取保温措施，以免混凝土遭受冻害。

4.14 拆除模板。当混凝土的强度达到设计或规范要求的拆模强度后，模板及支架拆除的顺序及安全措施应按施工技术方案进行操作。

5　质量标准

5.1　主控项目

5.1.1　模板及其支架应具有足够的承载能力、刚度和稳定性。箱体规格、数量应符合设计要求，箱体边长允许偏差＋0mm，－20mm，高度允许误差为±5mm，表面平整度允许误差为 5mm，箱体的竖向抗压荷载不应小于 1000N，侧向抗压荷载不应小于 800N。箱体材料中氯化物和碱的含量应符合现行有关标准的规定，且不应含有影响环境保护和人身健康的有害成分。

5.1.2　安装位置应符合设计要求；间距、肋宽、板顶厚度、板底厚度允许偏差±10mm；箱体底部和肋部定位措施符合要求。

5.1.3　抗浮技术措施应合理，方法应正确。

5.2　一般项目

5.2.1　箱体更换或封堵应采取防止内模损坏的措施，出现破损时应及时更换或封堵。

5.2.2　箱体整体顺直度允许偏差为 3/1000，且不应大于 15mm。

5.2.3　区格板周边和柱周围混凝土实心部分的尺寸应满足设计要求；允许偏差为±10mm。保证箱体下 100mm 混凝土保护层，用混凝土试模 100mm×100mm×100mm 事先做 C40 混凝土块，做垫块计算出数量，以满足施工需要。

6　成品保护

6.0.1　在箱体安装和混凝土浇筑前，应铺设架空马道。

6.0.2　浇筑混凝土时，应对箱体进行观察和维护。发生异常情况时，应按施工技术方案及时处理。

6.0.3　振捣器应避免触碰定位马凳。

7　注意事项

7.1　应注意的质量问题

7.1.1　设计没有板底部钢筋时应铺设细铁丝网，与钢筋搭接区域不应小于 100mm，并应与相邻钢筋绑扎牢固。

7.1.2　现浇混凝土空心楼盖混凝土，应遵照现行《混凝土结构工程施工质量验收规范》GB 50204 的规定。

7.1.3　在浇筑混凝土时必须采取防止单个箱体上浮、楼板底模局部上浮和钢筋移位的有效措施，箱体抗浮技术措施应在检查确认内模位置、间距符合要求后施行。

7.2　应注意的安全问题

7.2.1　施工人员应遵守建筑工地有关安全生产的规定。

7.2.2　箱体卸货、堆放、运输、安装过程中应采取限位措施，防止箱体滑滚或坠落伤人。

7.2.3　电器设备及架设应符合安全用电规定，应有接零或接地保护，严禁零线与相线搞混，避免相线与结构钢筋连接造成触电事故。

7.2.4　操作人员应穿工作服、防滑鞋、戴安全帽、手套、安全带等劳保用品。

7.2.5　作业面四周、洞口、脚手架边均应设有防护栏杆和支设安全网，高空作业防止坠物伤人和坠落事故。

7.3　应注意的绿色施工问题

7.3.1　优先选用先进的环保设备，采取设立隔音墙、隔音罩等消音措施，降低施工噪声到允许值以下，同时尽可能避免夜间施工。

7.3.2　现场应做到现场文明施工，工完料净，现场清洁。设立二级污水沉淀池，对废水、污水进行集中无害化处理，从根本上解决防止施工废浆乱流。

7.3.3　根据施工平面图，对所放的物料，统一安排，统一堆放，保证现场文明。BDF薄壁箱体垃圾严禁乱堆，其中的玻璃纤维对人体有害，可由产品厂家运回集中处理。

8　质量记录

8.0.1　BDF 箱体出厂合格证、质量检验报告。

8.0.2　BDF 箱体进场验收记录表。

8.0.3　BDF 箱体隐蔽验收记录表。

8.0.4　模板安装工程检验批质量验收记录。

8.0.5　模板拆除工程检验批质量验收记录。

8.0.6　模板分项工程质量验收记录。

8.0.7　钢筋隐蔽工程检查验收记录。

8.0.8　钢筋安装工程检验批质量验收记录。

8.0.9　钢筋分项工程质量验收记录。

8.0.10　混凝土施工检验批质量验收记录。

8.0.11　混凝土分项工程质量验收记录。

第 21 章　轻骨料混凝土

本工艺标准适用于工业与民用建筑轻骨料混凝土的生产与施工。

1　引用标准

《轻骨料混凝土技术规程》JGJ 51—2002

《混凝土泵送施工技术规程》JGJ/T 10—2011

《轻骨料混凝土结构技术规程》JGJ 12—2006

《建筑工程冬期施工规程》JGJ/T 104—2011

《混凝土结构工程施工质量验收规范》GB 50204—2015

《普通混凝土用砂、石质量检验及检验方法标准》JGJ 52—2006

《轻集料及其试验方法　第 1 部分：轻集料》GB/T 17431.1—2010

《轻集料及其试验方法　第 2 部分：轻集料试验方法》GB/T 17431.2—2010

2　术语

2.0.1　轻骨料混凝土：用轻粗骨料、轻砂（或普通砂）、水泥和水配制而成的干表观密度不大于 $1950 kg/m^3$ 的混凝土。

2.0.2　圆球形轻骨料：原材料经造粒、煅烧或非煅烧而成的，呈圆球状的轻骨料。

2.0.3　普通型轻骨料：原材料经破碎烧胀而成的，呈非圆球状的轻骨料。

2.0.4 碎石型轻骨料：由天然轻骨料、自燃煤矸石或多孔烧结块经破碎加工而成的；或由页岩块烧胀后破碎而成的，呈碎石状的轻骨料。

3 施工准备

3.1 作业条件

3.1.1 现场搅拌应编制轻骨料混凝土生产与施工方案，采用商品混凝土应编制轻骨料混凝土施工方案。

3.1.2 搅拌机及其配套的设备运转灵活、安全、可靠。电源及配电系统符合要求，安全可靠。

3.1.3 试验室已下达轻骨料混凝土配合比通知单，现场根据测定的轻粗砂含水率及时调整混凝土施工配合比，并将其转换为每盘实际使用的施工配合比，公布于搅拌配料地点的标牌上。

3.1.4 所有计量器具必须有检定的有效期标识。地磅下面及周围的砂、石清理干净，计量器具灵敏可靠，并按施工配合比设专人定磅、监磅。

3.1.5 对所有原材料的规格、品种、产地、牌号及质量进行检查并合格，与混凝土施工配合比进行核对。

3.1.6 管理人员向作业班组进行配合比、操作规程和安全技术交底。

3.1.7 需浇筑轻骨料混凝土的工程部位已办理隐检、预检手续，轻骨料混凝土浇筑的申请单已经有关管理人员批准。

3.1.8 新下达的轻骨料混凝土配合比，应进行开盘鉴定。开盘鉴定的工作已进行并符合要求后，再开始混凝土浇筑。

3.1.9 安装的模板已验收合格，符合设计要求，并办完预检手续。

3.2 材料及机具

3.2.1 水泥：水泥应符合现行国家标准《通用硅酸盐水泥》GB 175 的规定。水泥有出厂合格证、质量检验报告及现场抽样复验报告，水泥的品种、标号、厂别及牌号应符合混凝土配合比通知单的要求。对水泥质量有怀疑或出厂超过三个月，在使用前必须进行复检，并按复验结果使用。

3.2.2 砂：质量应符合现行行业标准《普通混凝土用砂质量标准及检验方法》JGJ 52 的规定，砂的粒径及产地应符合混凝土配合比通知单的要求，进场后应取样复验合格。砂中含泥量：当混凝土强度等级≥LC30 时，其含泥量应≤3%；混凝土强度等级<LC30 时，其含泥量应≤5%。砂中泥块的含量（大于 5mm 的纯泥）：当混凝土强度等级≥LC30 时，应<1%；混凝土强度等级<LC30 时，应≤2%。

3.2.3 轻粗细骨料：

1 轻粗细骨料的品种、粒径、产地应符合混凝土配合比通知单的要求。轻粗细骨料应有出厂质量证明书和进场试验报告，并应符合现行国家标准《轻集料及其试验方法》GB/T 17431.1 和《膨胀珍珠岩》JC 209 的要求；

2 轻粗骨料必须试验的项目有：颗粒级配、堆积密度、粒型系数、筒压强度、吸水率；轻细骨料必须试验的项目有：细度模数、堆积密度。以上检验项目应符合标准的相关规定；

3　轻骨料应按不同品种分批运输和堆放，运输和堆放应保持颗粒混合均匀，采用自然级配时，堆放高度不宜超 2m，并应防止树叶、泥土和其他有害物质混入。轻砂在运输和堆放时，宜采取防雨、防风措施，并防止风刮飞扬；

4　堆放场地应形成一定坡度，周围应做好排水措施；

5　在气温高于或等于 5℃的季节施工时，根据工程需要，预湿时间可按外界气温和来料的自然含水状态确定，应提前半天或一天对轻粗骨料进行淋水或泡水预湿，然后滤干水分进行投料。在气温低于 5℃时，不宜进行预湿处理。

3.2.4　水：宜采用饮用水。当采用其他水源时，水质必须符合现行《混凝土拌合用水标准》JGJ 63 的规定。

3.2.5　外加剂：所用轻骨料混凝土外加剂应符合现行国家标准《混凝土外加剂》GB 8076 的规定，品种、生产厂家及牌号应符合配合比通知单的要求。外加剂应有出厂质量证明书、使用说明书、性能检测报告，进场应取样复验合格。国家规定要求认证的产品，还应有准用证件。

3.2.6　掺和料（目前主要是掺粉煤灰、矿粉）：轻骨料混凝土矿物掺和料应符合现行国家标准《用于水泥和混凝土的粉煤灰》GB 1596、《粉煤灰在混凝土和砂浆中应用技术规程》JGJ 28、《粉煤灰混凝土应用技术规范》GB/T 50146 和《用于水泥和混凝土中的粒化高炉矿渣粉》GB/T 18046 的要求。所用掺和料的品种、生产厂家及牌号应符合配合比通知单的要求。掺和料应有出厂质量证明书及使用说明，并应有进场试验报告。掺和料须有掺量试验。掺合料在运输存储时，应有标示，掺合料严禁与水泥等其他粉状材料混淆，并应存放在防雨、防潮的库房中。

3.2.7　机具：

1　搅拌机采用强制式搅拌机。计量设备一般采用磅秤或电子计量设备。水计量采用流量计、时间继电器控制的流量计或水箱水位管标志计量器；

2　上料设备：双轮手推车、铲车、装载机及粗、细骨料贮料斗、输送泵、振动棒和配套的其他设备；

3　现场试验器具：坍落度测试设备、试模等。

4　操作工艺

4.1　工艺流程

确定配合比 → 材料进场 → 生产前预湿轻骨料 → 调整搅拌控制程序 → 拌合物拌制 →
拌合物运输 → 拌合物浇筑 → 养护 → 缺陷修补

4.2　确定配合比

配合比设计参照现行行业标准《轻骨料混凝土技术规程》JGJ 51 的有关规定，施工前应将实验室提供的配合比换算为施工配合比。

4.3 材料进场

根据配合比材料用量、工程量及施工进度合理组织轻骨料进场数量。堆放场地应单独隔离，并对堆放场地提前做好清理，防止混入其他类骨料或杂质。

4.4 生产前预湿轻骨料（吸水率大于5%时）

4.4.1 根据轻骨料堆积料场面积安装预湿喷淋装置。喷淋装置的布置应保证对轻骨料进行连续均匀的喷淋，不留死角。喷淋用水采用混凝土拌合用水。

4.4.2 喷淋装置采用离心水泵上接消防水管，消防水管一般采用 20～30m 长，直径以 100～150mm 为宜，一端接水泵，一端进行绑扎。在水管的截面上半部分两侧对称开孔，距离为 150～200mm，孔径不超过 5mm。

4.4.3 轻骨料预湿时的最高堆积厚度不超过 1.5m。

4.4.4 喷淋按试验确定的预湿处理时间进行（结合当地气温）。生产前 1h 停止预湿（使用前应先进行翻拌）。

4.5 调整搅拌控制程序

4.5.1 在生产轻骨料混凝土时，使用预湿处理的轻粗骨料宜采用图 21-1 投料顺序，使用未预湿处理的轻粗骨料宜采用图 21-2 投料顺序。

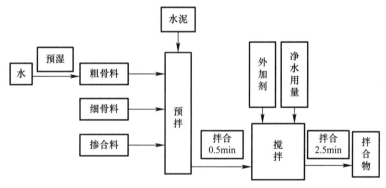

图 21-1 使用预湿处理的轻粗骨料时的拌合物投料顺序

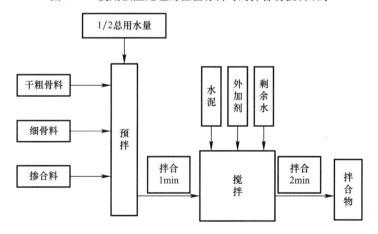

图 21-2 使用未预湿处理的轻粗骨料时的拌合物投料顺序

注：等室外气温低于5℃时，或对抗冻要求较高的混凝土，轻骨料不宜进行预湿处理，轻骨料也不宜进行预吸水。

4.5.2 第一盘混凝土搅拌前，加水空转数分钟，待搅拌筒充分预湿后，将余水排净。第一盘混凝土搅拌时，因水泥砂浆粘筒壁会影响混凝土质量，所以在投料时应适当增加水泥用量，并延长搅拌时间。

4.5.3 外加剂应在轻骨料吸水后加入，采用粉状外加剂时，可与水泥同时加入。

4.5.4 轻骨料混凝土全部加料完毕后的搅拌时间，在不采用搅拌运输车运送混凝土拌合物时，砂轻混凝土不宜少于3min，全轻或干硬性砂轻混凝土宜为3～4min。强度低而易破碎的轻骨料，应严格控制混凝土的搅拌时间。

4.6　拌合物拌制

4.6.1 应对轻粗骨料的含水率及其堆积密度进行测定，测定原则如下：

1 在批量拌制轻骨料混凝土拌合物前进行测定；

2 在批量生产过程中进行抽查测定；

3 雨天施工或发现拌合物稠度反常时进行测定；

4 预湿处理的轻粗骨料可不测含水率，但应测定其湿堆积密度。

4.6.2 轻砂混凝土拌合物中的各组分材料应以质量计量，全轻混凝土拌合物中轻骨料组分可采用体积计量，但宜按质量进行校核。轻粗、细骨料和掺合料的质量计量允许偏差为±3％，水、水泥和外加剂的质量计量允许偏差为±2％。

1 轻粗、细骨料计量：采用体积计量时，必须使用专用计量手推车或专用体积量器，每盘要严格计量；采用质量计量，使用手推车时，必须车车过磅。有储料斗及配套的计量设备，采用自动或半自动上料时，需调整好斗门开关的提前量，以保证计量准确；

2 水泥计量：采用袋装水泥时，应对每批进场水泥抽检10袋的重量，取实际重量的平均值，少于标定重量的要开袋补足。采用散装水泥时，应每盘精确计量；

3 外加剂及掺合料计量：粉状的外加剂和掺合料应按施工配合比和每盘的用量，预先在外加剂和掺合料存放的仓库中进行计量，并以小包装运至搅拌地点备用；液态外加剂应随用随搅拌，并用密度计检查其浓度，用量筒或计量器计量；

4 砂计量：用手推车上料、磅秤计量时，必须车车过磅；有储料斗及配套的计量设备，采用自动或半自动上料时，需调整好斗门开关的提前量，以保证计量准确；

5 搅拌用水：保证每盘计量。

4.6.3 搅拌机出料的轻骨料混凝土应保证良好的均质性，不离析，轻骨料不上浮。

4.6.4 出厂混凝土坍落度和现场混凝土坍落度必须符合混凝土坍落度技术要求。

4.6.5 超过以上控制范围应从以下几方面查找原因并进行调整：

1 轻骨料预湿是否均匀或按要求达到了预定时间。生产前轻骨料是否已提前停止预湿轻骨料表面已达到面干状态；

2 外加剂的掺量是否发生了变化，生产系统计量是否准确；

3 搅拌机内或搅拌运输车内是否有积水。

4.7　拌合物运输

4.7.1 拌合物的运输距离应尽量缩短，运输距离不宜超过30km，拌合物从搅拌机卸料起到现场浇筑入模的时间不宜超过 45min。

4.7.2 拌合物在运输中应合理控制发车频率，保持前车卸完料，后车到达现场不超过 5min 的频率。减少坍落度损失过大和出现分层离析的情况。

4.7.3 搅拌运输车在运输轻骨料混凝土过程中应保持罐体的匀速转动，转动速度应控制在 2～3r/min。当拌合物稠度损失或离析较重时，浇筑前应进行二次拌合，但不得二次加水，可采取在卸料前掺入适量减水剂进行搅拌的措施，满足施工所需的和易性要求。

4.8 拌合物浇筑

4.8.1 轻骨料混凝土拌合物浇筑倾落的自由高度不应超过 1.5m，如超出时应增加串筒、斜槽或溜管等辅助工具。

4.8.2 轻骨料混凝土输送泵车采用管径不小于 125mm 泵车输送管，泵车输送前先采用砂浆润滑管壁。

4.8.3 经搅拌运输车卸料入泵车料斗时，应尽量缩小搅拌运输车下料口与料斗的高度差。卸料时随时观察泵车料斗内混凝土装入情况，混凝土在泵车料斗内的放入量应控制在不超过斗内搅拌叶片且不低于料斗喂料弯管口顶部的范围内。

4.8.4 开始泵送时，要使混凝土泵处于慢速、匀速并随时可反泵的状态。正常泵送时，保证混凝土施工的连续性，防止因施工衔接时间过长而引起堵泵。

4.8.5 短时间泵送时，再运转时要注意观察压力表，逐渐过渡到正常泵送，长时间停泵时，应每隔 4～5min 开泵一次，使泵正转和反转各两个冲程，同时搅拌斗中的混凝土，使混凝土进行循环，防止混凝土离析与堵泵。

4.8.6 泵送混凝土当采用分层浇筑时，每次分层应尽可能趋于水平，尽量避免形成较陡的斜坡，防止轻骨料从混凝土拌合物中脱离。为保证轻骨料混凝土在整个构件断面上具有较好的匀质性，同时利于振动密实，每次分层浇筑的高度以 300～350mm 为宜。

4.8.7 当混凝土在摊铺厚度小于 200mm 时，应采用振动横梁或表面振动器振动成型。当摊铺厚度大于 200mm 时，应采用插入式振捣方式成型，并辅以表面振动方式修整。

4.8.8 由于轻骨料的密度小于砂浆，混凝土在振动过程中无法看到普通混凝土达到振动密实时出现的如砂浆泛起，停止下沉等表观现象。轻骨料混凝土的振动时间应控制 10～30s 为宜，采用振动棒振捣时应快插慢拔，插点均匀，同时应增加插点，振点距离应缩小至振动作用半径的 1 倍，从而保证振捣充分。

4.8.9 混凝土浇筑完毕，表面会有上浮的轻骨料，首先用长刮尺刮平，待表面收干后，必须用木抹搓压表面，将表面压实收平，以防止表面裂缝出现和上浮的轻骨料造成的表面不平整现象，抹压三遍，最后一遍抹压时间控制在混凝土初凝后终凝前，可用手按压方法控制。

4.9 养护

4.9.1 轻骨料混凝土最后一遍抹压后，立即覆盖塑料薄膜，表面混凝土终凝或能上人后，立刻进行洒水养护。

4.9.2 采用自然养护时，每天洒水 4～6 次，养护期不少于 14d，轻骨料混凝土构件用塑料薄膜覆盖养护时，表面应覆盖严密，保持膜内有凝结水。

4.10　缺陷修补

保湿和结构保湿类轻骨料混凝土构件及构筑物的表面缺陷，宜采用原配合比的砂浆修补。结构轻骨料混凝土构件及构筑物的表面缺陷可采用水泥砂浆修补。

5　质量标准

5.1　主控项目

5.1.1　轻骨料混凝土所用水泥、骨料、外加剂、混合料的规格、品种和质量必须符合现行施工规范及有关规定。

5.1.2　轻骨料混凝土配合比、原材料计量及混凝土搅拌运输，必须符合现行行业标准《轻骨料混凝土技术规程》JGJ 51 和本标准的有关规定。

5.1.3　轻骨料混凝土的强度、密度以及其他性能指标必须符合设计要求，评定轻骨料混凝土强度的试块，必须按现行国家标准《混凝土强度检验评定标准》GB/T 50107 的规定取样制作。

5.2　一般项目

5.2.1　首次使用的轻骨料混凝土配合比应开盘鉴定，其工作性应满足配合比设计的要求。

5.2.2　轻骨料混凝土应搅拌均匀、颜色一致，具有良好的和易性。

5.2.3　轻骨料混凝土拌合物的坍落度应符合现行施工规范或其配合比通知单的要求。

5.2.4　轻骨料混凝土干表观密度的平均值不应超过配合比设计值的±3%。

6　成品保护

6.0.1　混凝土浇筑时，不得任意在轻骨料混凝土中加水，以确保轻骨料混凝土的强度等级。

6.0.2　当混凝土坍落度损失较大时，可采取在卸料前掺入适量减水剂进行搅拌的措施，满足施工所需的和易性要求。

6.0.3　混凝土浇筑完毕，应将散落在模板上的多余混凝土清理干净，并覆盖养护。雨天浇筑混凝土时，应按雨期施工要求遮盖，使混凝土免遭雨水冲刷。

6.0.4　混凝土强度未达到 1.2MPa 时，不得踩踏混凝土表面。并按要求洒水养护混凝土至少 14d。

6.0.5　在楼板上堆放周转材料和装饰材料时应均匀且限量轻放。不得集中超量堆放，以免损害或破坏混凝土楼板。

6.0.6　建筑用油漆、涂料等物质，应用桶盛装。施工操作之前，应将操作面上的混凝土表面覆盖，免其外泄污染混凝土表面。

6.0.7　不得在混凝土成品上随意开槽打洞。不得用重锤锤击混凝土。

6.0.8　需在混凝土表面上安设临时施工设备时，应在安设位置铺放垫板，并应作好覆盖措施，以防油漆污染混凝土。

7　注意事项

7.1　应注意的质量问题

7.1.1　混凝土的搅拌

1　在施工前 24h，应对轻骨料（吸水率大于 5％时）进行淋水预湿处理。在搅拌前 1h 停止淋水，经充分淋水之后测定其含水率，以控制搅拌时的用水量。轻骨料上料时应去除骨料中的积水。轻骨料混凝土在搅拌时的投料次序对混凝土拌和物的性能影响很大。采用先搅拌均匀干料，再把水及外加剂同时加入的搅拌工艺。需要注意的是在用天然砂时，水泥砂浆和粗骨料的容重差值增大，轻骨料的颗粒容重比水泥砂浆的容重轻，砂浆容易下沉，所以在搅拌时应严格控制用水量，否则会引起拌和物的离析；

2　轻砂混凝土在保证强度条件下，可适当增减粉煤灰对水泥的替代量，以改善拌合物的黏聚性。全轻混凝土应通过适当增加粉煤灰掺合料用量、减少砂率、优化外加剂品种及掺量，以改善混凝土拌合物的流动性；

3　冬期施工时水、骨料加热温度及混凝土拌合物出罐温度应符合现行施工规范的要求。冬期施工和加外加剂时，搅拌时间要适当延长。

7.1.2　混凝土的浇筑和养护

1　"振动时间短，振动间距小"是轻骨料混凝土振动成型时的操作原则。混凝土分层振捣，每层控制在 300mm 以内，插点要均匀，振捣时间不宜过长，否则会使轻骨料和砂浆分离；

2　在振捣时和振捣后，下层轻骨料由于上部砂浆的阻挡不会浮上来，只有面层的轻骨料容易产生露面现象，当出现露面现象时，可用木拍及时将浮在表层的轻粗骨料颗粒压入混凝土内。若颗粒上浮面积较大，可采用表面振动器复振，使砂浆返上，再做抹面；

3　混凝土浇筑成型后应及时覆盖和喷水养护；

4　严格控制拆模时间，拆模后也应加强养护，湿养护时间不应少于 14d。

7.2　应注意的安全问题

7.2.1　严格执行安全生产制度和安全技术操作规程，认真做好安全技术交底。

7.2.2　泵车应架设在距浇筑地点最近，附近有水源（电源），无障碍物的地方，确保泵车架设平稳再进行泵送作业。

7.2.3　泵机料斗设专人值班。

7.2.4　当出现堵泵，泵车运转不正常时，应放慢泵送速度，合理应用正反泵作业，严禁强行加压，造成管内压力增高，引起爆管伤人。

7.2.5　作业前应空车运转，检查搅拌筒或搅拌叶的转动方向，以及各装置的操作、制动，确认正常后方可作业。

7.3　应注意的绿色施工问题

7.3.1　施工现场应设置污水处理和回收装置，满足混凝土搅拌车冲洗和混凝土养护用水重复利用的要求。

7.3.2 轻骨料在运输过程中应采用袋装运输或密封运输车辆运输，防止沿途抛撒。

7.3.3 在轻骨料混凝土施工现场，对撒漏的混凝土应做到随时清理，并在定点清洗处对施工机械进行清洗，防止对环境造成污染。

8 质量记录

8.0.1 水泥出厂合格证或试验证明。

8.0.2 水泥试验报告。

8.0.3 砂子试验报告。

8.0.4 轻细、粗骨料试验报告。

8.0.5 外加剂产品合格证及质量证明书。

8.0.6 外加剂进场试验报告及掺量试验报告。

8.0.7 矿物掺合料出厂合格证。

8.0.8 矿物掺合料试验报告。

8.0.9 轻骨料混凝土配合比通知单。

8.0.10 轻骨料混凝土坍落度检查记录。

8.0.11 轻骨料混凝土施工记录。

8.0.12 轻骨料混凝土开盘鉴定。

8.0.13 轻骨料混凝土试块强度试压报告。

8.0.14 轻骨料混凝土强度评定记录。

8.0.15 检验批验收记录。

8.0.16 分项工程质量验收记录。

第22章 大体积混凝土

本工艺标准适用于工业与民用建筑混凝土结构工程中大体积混凝土的施工，或容易因温度应力引起裂缝的混凝土。

1 引用标准

《大体积混凝土施工规范》GB 50496—2009

《大体积混凝土温度测控技术规范》GB/T 51028—2015

《泵送混凝土施工技术规程》JGJ/T 10—2011

《混凝土结构工程施工规范》GB 50666—2011

《预拌混凝土》GB/T 14902—2012

《混凝土外加剂应用技术规范》GB 50119—2013

《混凝土结构设计规范》GB 50010—2010（2015 年版）

《高层建筑筏形与箱形基础技术规范》JGJ 6—2011

《建筑工程冬期施工规程》JGJ/T 104—2011

《混凝土结构工程施工质量验收规范》GB 50204—2015

《混凝土外加剂》GB 8076—2008

2 术语

2.0.1 大体积混凝土：混凝土结构实体最小尺寸不小于 1m 的大体量混凝土，或预计会因混凝土中胶凝材料水化引起的温度变化和收缩而导致有害裂缝产生的混凝土。

2.0.2 里表温差：混凝土浇筑体中心与混凝土浇筑体表层温度之差。

2.0.3 温度应力：混凝土的温度变形受到约束时，混凝土内部所产生的应力。

2.0.4 收缩应力：混凝土的收缩变形受到约束时，混凝土内部所产生的应力。

2.0.5 温升峰值：混凝土浇筑体内部的最高温升值。

2.0.6 降温速率：散热条件下，混凝土浇筑体内部温度达到温升峰值后，单位时间内温度下降的值。

3 施工准备

3.1 作业条件

3.1.1 大体积混凝土施工组织设计已编制完成。通过热工计算确定混凝土入模温度和可能产生的最大温度收缩应力的允许范围。

3.1.2 配合比已经由试验室试配确定。

3.1.3 模板、钢筋、支架、预埋件和预埋管道等按设计要求安装完毕，并经隐蔽验收检查合格。

3.1.4 浇筑混凝土用的架子及马道等已搭设完毕，并经检查合格。

3.1.5 做好气象预报的联系工作，根据工程需要和季节施工特点，应准备好在浇筑过程中所需的抽水设备和防雨、保温物资。

3.1.6 按施工方案要求，安装完毕所有测温控制点的测温控制导线。

3.1.7 "大体积混凝土浇筑申请书"已批准，并接到签发的"大体积混凝土浇灌令"。

3.2 材料及机具

3.2.1 水泥：选用水化热低、凝结时间长的矿渣硅酸盐水泥、粉煤灰硅酸盐水泥、火山灰质硅酸盐水泥，普通硅酸盐水泥也可使用，但不得几种水泥混合使用。大体积混凝土施工所用水泥其 3d 的水化热不宜大于 240kJ/kg，7d 的水化热不宜大于 270kJ/kg。水泥进场时应对水泥品种、强度等级、包装或散装仓号、出厂日期等进行检查，并应对其强度、安定性、凝结时间、水化热等性能指标及其他必要的性能指标进行复检。

3.2.2 粗骨料：用级配良好的卵石或碎石，粒径宜为 5~31.5mm，当混凝土强度等级小于 C30 时，含泥量不大于 2%；当混凝土强度等级不小于 C30 时，含泥量不大于 1%。

3.2.3 细骨料：用一般中粗砂，细度模量 $\mu_f=2.6\sim3.4(>2.3)$，也可用细砂。当混凝土强度等级小于 C30 时，含泥量不大于 5%；当混凝土强度等级不小于 C30 时，含泥量不大于 3%。

3.2.4 水：宜采用饮用水，当采用其他水源时，水质应符合现行国家标准《混凝土拌合用水标准》JGJ 63 的规定。

3.2.5 掺合料：掺入粉煤灰时，应符合现行国家标准《用于水泥和混凝土中的粉煤灰》GB 1596 的规定。

3.2.6 外加剂：选用缓凝型或早强型减水剂时，其掺量应通过试验确定。

3.2.7 机具：强制式混凝土搅拌机、磅秤或自动计量设备、自卸翻斗汽车、机动翻斗车、混凝土输送泵车、搅拌运输车、插入式振捣器、平板式振动器、水箱、胶皮管、手推车、串筒、溜槽、混凝土吊斗、贮料斗、大小平锹、铁板、抹子、试模、建筑电子测温仪等。

4 操作工艺

4.1 工艺流程

作业准备→混凝土制备→混凝土运输→混凝土浇筑与振捣→混凝土养护→测温

4.2 作业准备

4.2.1 浇筑前应将模板内的垃圾、泥土等杂物及钢筋上的油污清除干净。

4.2.2 检查钢筋保护层垫块数量、位置、支架稳固性。在模板上已弹好混凝土浇筑标高线；使用木模板时，应浇水使模板湿润。

4.3 混凝土制备

4.3.1 每次搅拌前，应核对配合比、原材料的品种及规格、计量措施、搅拌程序，核对无误后方能开机。投料顺序应按规定执行。

4.3.2 每一工作班正式称量前，对计量设备进行零点校核。当骨料含水率有显著变化时，应增加测定次数，及时调整用水量和骨料用量。

4.3.3 由施工单位项目技术负责人组织有关人员，对出盘混凝土的坍落度、和易性等进行检查，经调整合格后方可正式搅拌。

4.3.4 从全部拌和料装入搅拌筒中起，到混凝土开始卸料止，混凝土搅拌的最短时间应符合表 22-1 的规定：

混凝土搅拌的最短时间（s）　　　　　　　　　　　　表 22-1

混凝土坍落度 (mm)	搅拌机型	搅拌机出料量（L）		
		<250	250~500	>500
≤40	强制式	60	90	120
>40，且<100	强制式	60	60	90
≥30	强制式	60		

注：混凝土搅拌时间指从全部材料装入搅拌筒中起，到开始卸料止的时间段；
　　当掺有外加剂与矿物掺和料时，搅拌时间应适当延长；
　　采用自落式搅拌机时，搅拌时间宜延长 30s。

4.4　混凝土运输

4.4.1　混凝土应以最少的转载次数和最短时间，从搅拌地点运至浇筑地点，并符合浇筑时规定的坍落度要求。

4.4.2　采用混凝土搅拌运输车运输混凝土时，在运输途中及等候卸料时，应保持运输车罐体正常转速，卸料前，搅拌运输车罐体宜快速旋转 20s 以上后再卸料。

4.4.3　当混凝土坍落度损失后不能满足施工要求时，可加入适量的与原配合比相同成分的减水剂进行搅拌，减水剂加入量应事先由试验确定。

4.4.4　在风雨或暴热天气运输混凝土时，应采取隔热措施并加遮盖，以防进水或水分蒸发。冬期施工应采取保温措施。

4.4.5　泵送混凝土时，应保证混凝土泵连续工作。

4.5　混凝土浇筑与振捣

4.5.1　大体积混凝土应全面分层、分段分层或斜面分层连续浇筑完成；浇筑应在室外气温较低时进行，浇筑温度不宜超过 28℃。

4.5.2　混凝土摊铺厚度应根据振动器的作用深度及混凝土的和易性确定，分层浇筑应采用自然流淌形成斜坡，并沿高度均匀上升，混凝土分层厚度不宜大于 500mm。

4.5.3　振捣混凝土时，振捣棒插点移动的间距宜不应大于振捣棒的作用半径的 1.4 倍，振捣时间以混凝土表面呈现浮浆和不再沉落为宜，振捣器插入下层混凝土内的深度应不小于 50mm。

4.5.4　浇筑混凝土时应经常观察模板、钢筋预埋件和预留孔洞是否移动、变形或堵塞等，发现问题应立即处理。

4.5.5　混凝土的泌水宜采用抽水机抽吸或在侧模上开设泌水孔排除。大体积混凝土应进行二次抹面压光，减少表面收缩裂缝。

4.5.6　当层间间隔时间超过混凝土的初凝时间时，层面应按施工缝处理。

4.5.7　施工缝处理：已浇筑混凝土的强度不小于 1.2MPa，才能继续浇筑下层混凝土；在继续浇混凝土之前，应将界面处的混凝土表面凿毛，剔除浮动石子，并用清水冲洗干净后，再浇一层同强度等级水泥砂浆，然后继续浇筑混凝土且振捣密实，使新老混凝土紧密结合。

4.5.8　振捣混凝土时，应避免振捣器碰撞或振动地脚螺栓和固定架。当混凝土浇筑到地脚螺栓长度的三分之一时，应对主要螺栓中心线进行一次复查，发现移动应及时纠正，以保证螺栓中心线及标高准确。

4.5.9　大体积混凝土厚度大于 2m 设置水平施工缝时，除应符合设计要求外，还应根据混凝土浇筑过程中温度裂缝控制的要求、混凝土的供应能力、钢筋排布、预埋管件安装等因素确定其留设位置和间歇时间。

4.6　混凝土养护

4.6.1　大体积混凝土宜采用蓄热法养护，并通过测温将混凝土内外温差控制在 25℃ 以内，降温速度在 2.0℃/d 以内。

4.6.2　大体积混凝土浇筑完毕，应在 12h 内用塑料薄膜和草袋加以覆盖，保持混凝土表面湿润，混凝土养护时间不得少于14d。

4.6.3 保温覆盖层拆除时应分层逐步进行，当混凝土表面温度与环境最大温差＜20℃时，可全部拆除。

4.6.4 大体积混凝土拆模后，地下结构应及时回填土；地上结构应尽早进行装饰，不宜长期暴露在自然环境中。

4.6.5 炎热天气浇筑混凝土时，宜采用遮盖、洒水、拌冰屑等降低混凝土原材料温度的措施，混凝土入模温度控制在30℃以下，混凝土浇筑后，及时进行保湿保温养护；并尽量避开高温时段浇筑混凝土。

4.6.6 冬期浇筑混凝土时，宜采用热水拌和、加热骨料等提高混凝土原材料温度的措施，混凝土入模温度不宜低于5℃，混凝土浇筑后，及时进行保湿保温养护。

4.7 测温

4.7.1 进行大体积混凝土的测温时，测温点的布置应便于绘制温度变化梯度图。实测混凝土内外温差大于25℃时，应采取有效控制措施。

4.7.2 测温可采用建筑便携式电子测温仪或自控数据测定模块测温仪，利用计算机进行数据分析处理。

4.7.3 混凝土测温监测点布置要求：

1 监测点的布置范围应以所选混凝土浇筑体平面图对称轴线的半条轴线为测试区，在测试区内监测点按平面分层布置。

2 测试区内，监测点的位置可根据混凝土浇筑体内温度场的分布情况及温控要求确定。

3 每条测试轴线上，监测点位不宜少于4处，且应根据结构的几何尺寸布置。

4 沿混凝土浇筑体厚度方向，必须布置外表、底面和中心温度测点，其余测点按间距≤600mm布置。

4.7.4 混凝土测温时应符合以下要求：

1 混凝土浇筑体外表温度应以混凝土外表以内50mm处的温度为准。

2 混凝土底表面温度应以混凝土底表面以上50mm处的温度为准。

3 测温制度：混凝土浇筑温度、入模温度的测量，每台班不应少于4次。

4 大体积混凝土测温频率要求：第1天至第4天，每4h不应少于一次；第4天至第7天，每8h不应少于一次；第7天至测温结束，每12h不应少于一次。

5 质量标准

5.1 主控项目

5.1.1 混凝土所用的水泥、水、骨料、外加剂、掺合料等必须符合设计要求和现行有关标准的规定。

5.1.2 混凝土的配合比、原材料计量及混凝土搅拌、运输、养护，应符合现行国家标准《混凝土结构工程施工质量验收规范》GB 50204的规定。

5.1.3 结构混凝土的强度和抗渗性必须符合设计要求。

5.1.4 现浇结构的外观质量不应有严重缺陷。现浇结构不应有影响结构性能和使用功能的尺寸偏差，混凝土设备基础不应有影响结构性能和设备安装的尺寸偏差。

5.2　一般项目

5.2.1　混凝土浇筑完毕后，应按有关现行标准和施工技术方案及时采取有效的养护措施。

5.2.2　混凝土出现蜂窝、孔洞、缝隙、夹渣等缺陷，应按规范有关规定进行修整。

5.2.3　现浇结构和混凝土设备基础拆模后的尺寸允许偏差应符合表 22-2 和表 22-3 规定：

现浇结构的尺寸允许偏差（mm）　　表 22-2

项目		允许偏差	检验方法
轴线位置	整体基础	15	经纬仪及尺量
	独立基础	10	经纬仪及尺量
	墙、柱、梁	8	尺量
垂直度（层高）	≤6m	10	经纬仪或吊线、尺量
	>6m	12	经纬仪或吊线、尺量
标高	层高	±10	水准仪或拉线、尺量
	全高	±30	水准仪或拉线、尺量
截面尺寸	基础	+15，−10	尺量
	柱、梁、板、墙	+10，−5	尺量
电梯井	中心位置	10	尺量
	长、宽尺寸	+25，0	尺量
表面平整度		8	2m 靠尺和塞尺量测
预埋件中心位置	预埋板	10	尺量
	预埋螺栓	5	尺量
	预埋管	5	尺量
	其他	10	尺量
预留洞、孔中心线位置		15	尺量

注：检查轴线、中心线位置时，应沿纵、横两个方向量测，并取其中的较大值。

混凝土设备基础拆模后的尺寸允许偏差（mm）　　表 22-3

项目		允许偏差	检验方法
坐标位置		20	经纬仪及尺量
不同平面的标高		0，−20	水准仪或拉线、尺量
平面外形尺寸		±20	尺量
凸台上平面外形尺寸		0，−20	尺量
凹槽尺寸		+20，0	尺量
平面水平度	每米	5	水平尺、塞尺量测
	全长	10	水准仪或拉线、尺量
垂直度	每米	5	经纬仪或吊线、尺量
	全长	10	经纬仪或吊线、尺量
预埋地脚螺栓	中心位置	2	尺量
	顶标高	±20，0	水准仪或拉线、尺量
	中心距	±2	尺量
	垂直度	5	吊线、尺量
预埋地脚螺栓孔	中心线位置	10	尺量
	截面尺寸	+20，0	尺量
	深度	+20，0	尺量
	垂直度	$h/100$ 且≤10	吊线、尺量

续表

项目		允许偏差	检验方法
预埋活动地脚螺栓锚板	中心线位置	5	尺量
	标高	+20, 0	水准仪或拉线、尺量
	带槽锚板平整度	5	直尺、塞尺量测
	带螺纹孔锚板平整度	2	直尺、塞尺量测

注：1. 检查坐标、中心线位置时，应沿纵、横两个方向测量，并取其中偏差的较大值。
2. h 为预埋地脚螺栓孔孔深，单位为 mm。

6 成品保护

6.0.1 浇筑混凝土过程中应随时复核预埋件位置，并采取措施以保证位置正确。

6.0.2 加强保湿、保温养护，以防出现裂缝。

6.0.3 已浇筑的混凝土强度达到 1.2MPa 以上后方可进行下道工序施工。

6.0.4 混凝土的保温覆盖层拆除应符合设计要求和现行国家标准《混凝土结构工程施工质量验收规范》GB 50204 的规定。

6.0.5 雨期施工应及时对已浇筑混凝土的部位进行遮盖，下大雨时应停止露天作业。

7 注意事项

7.1 应注意的质量问题

7.1.1 降低水泥水化热

1 选用低或中低水化热的水泥品种配制混凝土。

2 掺粉煤灰或减水剂，改善和易性、降低水灰比、减少水泥用量。

3 在基层内部预埋冷却水管，通入循环冷却水，强制降低混凝土水化热温度。

4 在厚大无筋或少筋的大体积混凝土中，掺加总量不超过 20% 的大石块（石块的粒径应大于 150mm，但最大尺寸不宜超过 300mm），减少混凝土用量，以达到节省水泥和降低水化热的目的。

7.1.2 降低混凝土入模温度

1 选择较适宜的气温浇筑大体积混凝土，尽量避免炎热天气浇筑混凝土。夏季可采用低温水或冰水搅拌混凝土，也可对骨料喷冷水雾或冷气进行预冷，或对骨料进行覆盖，设置遮阳装置避免日光直晒，运输工具如具备条件，也应搭设遮阳设施。

2 掺加相应的缓凝型减水剂。

3 在混凝土入模时，采取措施改善模内的通风，加速模内热量散发。

7.1.3 加强施工中的温度控制

1 在混凝土浇筑后，做好混凝土的保温、保湿养护。夏季应避免暴晒、注意保湿，冬季应采取保温覆盖措施。

2 采取长时间的养护，规定合理的拆模时间，延长降温时间，减慢降温速度，充分发挥混凝土的应力松弛效应。

3 加强温度监测与管理，实行信息化控制，随时控制混凝土内的温度变化，内外温度控制在 25℃以内，混凝土表面温度与环境温度控制在 20℃以内，及时调整保温及养护措施。

7.1.4 提高混凝土的极限拉伸强度

1 选择级配良好的粗骨料，严格控制其含泥量，加强混凝土的振捣，提高混凝土密实度和抗拉强度，减少收缩变形。

2 采取二次投料法、二次振捣法，浇筑后及时排除表面积水，加强早期养护。

3 在大体积混凝土基础内设置必要的温度配筋，在截面突变和转折处，底、顶板与墙转折处，孔洞转角及周边，应增加斜向构造配筋。

7.2 应注意的安全问题

7.2.1 机械用电闸、开关应有专用开关箱，并装有漏电保护器，停机时应拉断电闸，下班时电闸箱应上锁。

7.2.2 夜间施工应有足够的照明设施。

7.2.3 搅拌机上料斗提升时，斗下禁止人员通行。斗下清渣时，应停机并将升降料斗链条挂牢，防止，以上料斗落下伤人。

7.2.4 混凝土浇筑前，振捣器应进行试运转，振捣器操作人员应穿胶靴、戴绝缘手套。振捣器不应挂在钢筋上，湿手不得接触电源开关。

7.3 应注意的绿色施工问题

7.3.1 现场产生的垃圾应采用封闭的容器或装袋吊运到指定地点，集中外运。

7.3.2 混凝土浇筑接近结束时，要在现场进行实际测量，提高剩余混凝土量的准确率，对于管内的混凝土余料，可在现场加工成广场砖用于现场硬化。

7.3.3 现场设置沉淀池，将车辆冲洗用水、养护用水进行沉淀后用于现场洒水降尘。

7.3.4 现场搅拌混凝土和砂浆时，应使用散装水泥，搅拌机棚应有封闭降噪和防尘措施。

7.3.5 模板在现场加工时，应设置封闭的场所集中加工，并采取隔声和防止粉尘污染的措施。

7.3.6 混凝土浇筑及振捣应采用低噪声设备，当振捣器噪声较大超出噪声排放要求时，要采取围挡等降噪措施，混凝土地泵应搭设降噪防护棚等措施。

8 质量记录

8.0.1 混凝土所用原材料的产品合格证、出厂检验报告及进场复验报告。

8.0.2 混凝土配合比通知单。

8.0.3 混凝土施工记录。

8.0.4 混凝土施工日志。

8.0.5 混凝土坍落度检查记录。

8.0.6 冬期混凝土原材料搅拌及浇灌测温记录。

8.0.7 混凝土养护测温记录。

8.0.8 大体积混凝土测温记录。

8.0.9 混凝土试件强度试验报告。

8.0.10 混凝土试件抗渗试验报告

8.0.11 混凝土原材料及配合比检验批质量验收记录。

8.0.12 混凝土施工检验批质量验收记录。

8.0.13 现浇混凝土结构外观及尺寸偏差检验批质量验收记录。

8.0.14 混凝土设备基础外观及尺寸偏差检验批质量验收记录。

8.0.15 混凝土分项工程质量验收记录。

8.0.16 混凝土试件抗压强度强度统计评定。

8.0.17 其他技术文件。

第 23 章 清水混凝土

本工艺标准适用于表面为清水混凝土外观效果要求的混凝土工程的深化设计和施工，根据饰面要求不同，清水混凝土可分为普通清水混凝土、饰面清水混凝土和装饰清水混凝土三类。

1 引用标准

《清水混凝土应用技术规程》JGJ 169—2009

《混凝土结构工程施工规范》GB 50666—2011

《混凝土质量控制标准》GB 50164—2011

《混凝土强度检验评定标准》GB/T 50107—2010

《建筑工程冬期施工规程》JGJ/T 104—2011

《混凝土结构工程施工质量验收规范》GB 50204—2015

《预拌混凝土》GB/T 14902—2012

《普通混凝土用砂、石质量及检验方法标准》JGJ 52—2006

《建筑工程大模板技术标准》JGJ/T 74—2017

2 术语

2.0.1 清水混凝土：直接利用混凝土成型后的自然质感作为饰面效果的混凝土。

2.0.2 普通清水混凝土：表面颜色无明显色差，对饰面效果无特殊要求的清水混凝土。

2.0.3 饰面清水混凝土：表面颜色基本一致，由有规律排列的对拉螺栓孔眼、明缝、蝉缝、假眼等组合形成的、以自然质感为饰面效果的清水混凝土。

2.0.4 装饰清水混凝土：表面形成装饰图案、镶嵌装饰片或彩色的清水混凝土。

2.0.5 明缝：凹入混凝土表面的分格线或装饰线。

2.0.6 蝉缝：模板面板拼缝在混凝土表面留下的细小痕迹。

2.0.7 假眼：在没有对拉螺杆的位置设置堵头或接头而形成的有饰面效果的孔眼。

2.0.8 衬模：设置在模板内表面，用于形成混凝土表面装饰图案的内衬板。

3　施工准备

3.1　作业条件

3.1.1 施工前对外露清水混凝土结构表面的饰面效果进行深化设计，深化设计中要充分考虑模板选用、支撑形式、对拉螺栓间距、模板排版情况，编制详细的清水混凝土专项施工方案。模板及支撑体系应有计算，并编制模板专项施工方案。

3.1.2 配置满足施工要求的规范、规程和相关作业指导书，配备检测合格的经纬仪、水准仪、靠尺等测绘、测量仪器。

3.1.3 对不同工种的操作人员进行专项技术交底和培训，将清水混凝土设计意图和要达到的饰面效果与操作人员进行沟通。

3.1.4 现场设置单独的模板堆放区，不同饰面部位的模板按规格分区堆放，堆放场地进行硬化，可采用可周转使用的钢板作为场地硬化材料。

3.1.5 钢筋加工区和半成品堆放区，应采取有效的防水和防潮措施。

3.2　材料及机具

3.2.1 混凝土配合比通过试验确定，混凝土配合比除满足混凝土设计强度和耐久性的技术要求外，还必须满足泵送及色泽一致的要求。处于潮湿环境和干湿交替环境的混凝土，应选用非碱活性骨料。

3.2.2 不同强度等级的混凝土应采用同一厂家、同一品种水泥，其他原材料产地、规格、主要性能指标均相同。

3.2.3 外加剂不仅要满足混凝土施工性能的要求，而且要有利于提高混凝土内在的质量和外观效果。同一工程所用掺合料应为同一厂家、同一规格型号，粉煤灰应选用Ⅰ级粉煤灰。

3.2.4 饰面清水混凝土中宜选用强度等级不低于42.5级的硅酸盐水泥、普通硅酸盐水泥，混凝土中粗骨料应采用连续级配、颜色均匀、表面洁净的骨料，粗骨料、细骨料的质量要求如表23-1和表23-2：

粗骨料质量要求　　　　　　　　　　　　　　　　　表 23-1

混凝土强度等级	≥C50	<C50
含泥量（按质量计，%）	≤0.5	≤1.0
泥块含量（按质量计，%）	≤0.2	≤0.5
针、片状颗粒含量（按质量计，%）	≤8	≤15

细骨料质量要求　　　　　　　　　　　　　　　　　表 23-2

混凝土强度等级	≥C50	<C50
含泥量（按质量计，%）	≤2.0	≤3.0
泥块含量（按质量计，%）	≤0.5	≤1.0

3.2.5 模板宜采用定型组合大钢模、铝合金模板、玻璃钢模板、塑料模板；对于饰面为特殊机理效果的可采用木模板、胶合板等模板；内衬模选用塑料、橡胶、玻璃钢、聚氨酯等材料制成的模板。清水混凝土结构对模板要求高，模板需具有强度高、吸水率低、韧性好、加工性能好、物理化学性能稳定、表面平整光滑、无污染、无破损、清洁干净的材料。

3.2.6 对拉螺栓套管及堵头应根据对拉螺栓的直径进行选用，可选用塑料、橡胶、尼龙等材料。

3.2.7 明缝条可选用硬木、铝合金、铜条、硬塑料等材料，其截面宜加工为梯形。

3.2.8 钢筋保护层垫块应具有足够的强度、刚度，颜色应与混凝土表面颜色接近。

3.2.9 混凝土表面保护剂涂料应选用对混凝土表面具有保护作用的透明涂料，且应具有防污染、憎水、防水的特性。

3.2.10 强制式混凝土搅拌机、磅秤或自动计量设备，混凝土输送泵车，搅拌运输车、插入式振捣器、平板式振动器、附着式振捣器、水箱、胶皮管、手推车、串筒、溜槽、混凝土吊斗、贮料斗、铁锹，抹子、试模等。

4 操作工艺

4.1 工艺流程

清水混凝土深化设计 → 模板设计 → 测量放线 → 模板加工制作 → 钢筋绑扎 →

模板安装 → 混凝土制拌与运输 → 混凝土浇筑与振捣 → 混凝土拆模 → 混凝土养护 →

表面缺陷的修复 → 保护层施工

4.2 清水混凝土深化设计

4.2.1 清水混凝土可分为普通清水混凝土、饰面清水混凝土和装饰清水混凝土。其中装饰清水混凝土在实现装饰性、特殊图案、机理方面，施工手法更为灵活，其质量要求可参考普通清水混凝土和饰面清水混凝土的相关规定执行。施工前，应结合图纸设计确定出清水混凝土的类型和应用范围，对于饰面清水混凝土和装饰清水混凝土，应提前绘制不同构件的外观详图。

4.2.2 普通钢筋混凝土结构采用的清水混凝土强度等级不宜低于C25。

4.2.3 相邻清水混凝土结构的混凝土强度等级宜采取相同的原则进行图纸复核，对于处于露天环境的清水混凝土结构，其纵向受力钢筋的混凝土保护层最小厚度应符合表23-3规定：

纵向受力钢筋的混凝土保护层最小厚度（mm） 表23-3

部位	保护层最小厚度
板、墙、壳	25
梁	35
柱	35

注：钢筋的混凝土保护层厚度为钢筋外边缘至混凝土表面的距离

4.2.4 对于超长结构可采用后浇带分段浇筑混凝土，后浇带宽度宜为相邻两条明缝的间距，施工缝宜设在明缝处。

4.3 模板设计

4.3.1 在确定清水混凝土的类型、应用范围、外观效果的前提下，根据清水混凝土饰面效果绘制模板拼装详图，详图中应合理采用明缝、蝉缝、对拉螺栓孔眼、假眼、衬模、装饰图案等的清水混凝土装饰手法，对施工接缝、模板连接、加固等工序进行优化和美化，在混凝土成型后的表面形成有规律的装饰效果，在设计图中应明确模板的规格、明缝、蝉缝、对拉螺栓的间距位置，不同部位模板、假眼、衬模的形状及材质。同时在考虑饰面效果时兼顾模板排列的标准化和模数化。

4.3.2 模板分块设计应满足清水混凝土饰面效果的设计要求，当设计无具体要求时，应符合下列规定：

1 模板设计应根据设计图纸进行，模板的排版与设计的禅缝相对应。提前制定合理的分割方案，尽量使用整块模板。外墙模板分块宜以轴线或门窗口中线为对称中心线，内墙模板分块宜以墙中线为对称中心线。螺栓孔的排布应纵横对称，距门口洞边不小于 150mm，在满足设计的排布时，螺栓应满足受力要求。

2 外墙模板上下接缝位置宜设于明缝处，明缝宜设置在楼层标高、窗台标高、窗过梁梁底标高、窗间墙边线或其他分格线位置。同一楼层的禅缝水平方向应交圈，竖向垂直，有一定的规律性、装饰性。

3 阴角模与大模板之间不宜留调节余量，当确需留置时，宜采用明缝方式处理。

4.3.3 单块模板的分割设计应与蝉缝、明缝等清水混凝土饰面效果一致。当设计无具体要求时，应符合下列规定：

1 墙模板的分割应依据墙面的长度、高度、门窗洞口的尺寸、梁的位置和模板的配置高度、位置等确定，所形成的蝉缝、明缝水平方向应交圈，竖向应顺直有规律。

2 当模板接高时，拼缝不宜错缝排列，横缝应在同一标高位置。

3 群柱竖缝方向宜一致。当矩形柱较大时，其竖缝宜设置在柱中心。柱模板横缝宜从楼面标高开始向上均匀布置，余数宜放在柱顶。

4 水平模板排列设计应均匀对称、横平竖直；弧形平面宜沿径向辐射布置。

5 装饰清水混凝土的内衬模板的面板分割应保证装饰图案的连续性及施工的可操作性。

4.3.4 饰面清水混凝土模板应符合下列规定：

1 阴角部位应配置阴角模，角模面板之间宜斜口连接。

2 阳角部位模板宜两面模板直接搭接。

3 模板面板接缝宜设置在肋处，无肋接缝处应有防止漏浆的措施。

4 模板面板的钉眼、焊缝等部位的处理不应影响混凝土饰面效果。

5 假眼宜采用同直径的堵头或锥形接头固定在模板面板上。

6 门窗洞口模板宜采用经加工平整的木模板，支撑应稳定，周边应粘贴密封条，下口应设置排气孔，滴水线模板宜采用易于拆除的材料，门窗洞口的企口、斜口宜一次成型。

7 宜利用下层构件的对拉螺栓孔支撑上层模板。

8 对拉螺栓应根据清水混凝土的饰面效果，按整齐、均匀的原则进行专项设计。

4.4 测量放线

4.4.1 现场应设专职测量员，全面负责测量放线工作。专职测量员负责接收原始控制点，建立现场控制网、各层控制线的施测、标高引测等工作。

4.4.2 建立施工区域范围内的高程控制点及轴线控制网，做到布局合理、应用方便。高程控制的测量方法：在首层结构柱及内筒剪力墙上建立建筑50线的标高基准点，采用固定钢尺统一量设，以两次读数相互校核，并辅以水准仪标定楼层标高。

4.4.3 清水混凝土施工区域的基底在施工过程中应严格控制表面平整度和水平情况，施工前进行标高复测，对于平整度差的区域采用有效措施进行二次找平和打磨。

4.4.4 放样时以现场设置的控制点为依据，根据设计对本工程平面坐标和高程的要求，以先整体后局部的原则进行测量放线，准确地将建筑物的轴线和标高引测到施工操作区域。再根据控制线结合清水混凝土二次深化设计图将轴线、混凝土构件的边线、外边线控制线、模板的拼缝位置线、明缝位置全部弹出，作为模板支设的依据。

4.5 模板加工制作

4.5.1 根据模板设计详图对不同构件的模板进行编号，并按照设计详图进行模板的加工制作，必须保证模板下料尺寸准确，切口应平整，组拼前应进行调平、调直。

4.5.2 模板龙骨不宜有接头，当确需接头时，有接头的主龙骨数量不应超过总数的50%，木模板材料应干燥，切口刨光。

4.5.3 定型模板由专业模板厂设计加工制作、编号，制作完成后，现场技术员、质量员应在加工厂进行验收，对发现的问题，会同加工厂家共同确定整改方案。模板运到现场施工前应进行预拼装。

4.5.4 框架圆柱模板根据圆柱直径定制相应直径的钢模板。

1 横向分段长度：根据清水混凝土柱的设计高度，按照尽量减少横向模板拼缝的原则配置，同时考虑现场垂直运输机械的起重能力。

2 竖向拼缝：每节由两个半圆拼成，法兰连接，所有竖向拼缝应在同一个方向设置。

4.5.5 异型柱模板可根据异型柱的外观，委托专业加工单位设计加工，连接采用法兰连接。

4.5.6 模板加工完成后，在现场进行预拼装，并对模板平整度、外形尺寸、相邻板面高低差以及对拉螺栓组合情况进行校核。

4.6 钢筋绑扎

4.6.1 对拉螺栓与钢筋发生冲突时，遵循钢筋避让对拉螺栓的原则，对钢筋位置进行适当的调整。

4.6.2 结构所用钢筋应清洁、无明显锈蚀和污染，钢筋保护层垫块宜梅花形布置，饰面清水混凝土定位钢筋的端头应涂刷防锈漆，并套上与混凝土颜色接近的塑料套。保护层垫块须采用和清水混凝土同色的预制混凝土垫块。钢筋保护层垫块的间距控制在双向@600mm以内，并要绑扎牢固。

4.6.3 严格根据设计图纸对钢筋直径、规格、间距进行钢筋翻样，根据翻样对钢筋进行下料制作，钢筋连接宜采用直螺纹机械连接，钢筋绑扎用的铁丝头只许朝内不许向外，防止铁丝生锈影响清水混凝土的美观，对一定要裸露的钢筋采用涂刷水泥浆进行防腐处理，以防止污染下部混凝土表面。钢筋翻样时考虑钢筋在弯曲加工时的延伸率，实际制作过程中要根据钢材的特性加以调整，既要满足锚固长度，又要防止梁主筋在墙、柱转角处因弯起钢筋顶模板造成局部露筋使墙角出现锈斑。每个钢筋交叉点均应绑扎，绑扎钢丝不得少于两圈。钢筋绑扎后应有防雨水冲淋等措施。

4.6.4　清水混凝土中预埋件位置要准确，表面要稍低于混凝土表面（凹入混凝土墙表面 15mm 以上，以便在装修前用聚合物水泥砂浆封堵），预埋件制作由专业人员制作，要求表面平整、无毛刺和翘曲变形，规格尺寸符合设计要求，预埋件安装由专业班组负责。

4.7　模板安装

4.7.1　模板安装前，剔除结构表面松动的石子和浮浆，并根据对模板支撑面的测量情况对混凝土接茬部位进行剔凿或修补找平。

4.7.2　模板安装前，清点模板和配件的型号、数量，核对明缝、蝉缝、装饰图案的位置，检查模板内侧附件连接情况，复核内外模板控制线标高。在模板表面均匀涂刷隔离剂。

4.7.3　对拼装有先后顺序要求的模板，对模板拼装顺序进行编号，并将拼装顺序对操作人员进行书面交底。

4.7.4　模板结构应牢固稳定，拼缝严密，规格尺寸准确，模板支设高度应高出墙体浇筑高度 50mm。

4.7.5　为防止柱、墙模板就位和浇筑混凝土时向外倾斜，在距柱边、剪力墙等竖向构件的四周的楼板内埋设地锚钢筋，模板就位后，沿竖向设斜撑，保证模板的整体刚度。按标高抹好水泥砂浆找平层，保证柱子轴线、边线、标高的准确。在找平层上粘贴 4mm 海绵条，再用模板压住海绵条。模板拆除后，将底板凸出部分的砂浆剔除，清理干净。

4.7.6　阴角模板采用斜口连接可保证阴角部位清水混凝土饰面效果，斜口连接时，角模面板的两端切口倒角略小于 45°，切口处涂刷防水胶粘接。

4.7.7　阳角部位采用两片模板直接搭接的方式可保证阳角部位模板的稳定性，搭接处用与模板型材相吻合的专用模板夹具连接，并在拼缝处加密封条，防止漏浆。

4.7.8　模板面板采用胶合板时，竖向拼缝设置在竖肋位置，并在接缝处涂胶，水平拼缝位置一般无横肋，模板拼缝处背面切 85°坡口并涂胶，用高密度封条沿缝贴好，再用胶带纸封严。如图 23-1 所示：

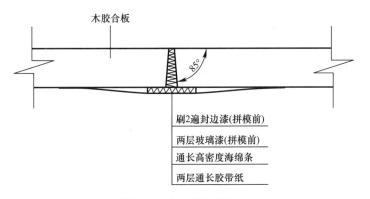

图 23-1　竖向拼缝处节点

4.7.9 滴水线模板采用梯形塑料条、铝合金等材料。

4.7.10 对拉螺栓套管堵头与套管相配套，套管堵头应具有一定的强度，避免穿墙孔眼变形或漏浆，施工时，在套管堵头上粘贴密封套或橡胶垫圈，与模板面板接触紧密。

4.7.11 对拉螺栓安装位置要准确、受力均匀。当对拉螺栓与主筋位置矛盾时，采取主筋错开对拉螺栓位置或增加构造钢筋的方式进行解决，并应征求设计单位同意。

4.8 混凝土制拌与运输

4.8.1 清水混凝土在正式施工前，应按照设计要求进行试配，确定混凝土表面颜色，并充分考虑工程所处环境，根据抗碳化、抗冻害、抗硫酸盐、抗盐化和抑制碱-骨料反应等对混凝土耐久性产生影响的因素进行配合比设计。

4.8.2 搅拌清水混凝土时应采用强制式搅拌设备，每次搅拌时间宜比普通混凝土延长 $20\sim30s$。同一视觉范围内所用清水混凝土拌合物的制备环境、技术参数应一致。制备成的清水混凝土拌合物无泌水离析现象，90min 的坍落度经时损失值宜不小于 30mm。

4.8.3 清水混凝土拌合物入泵坍落度值：柱混凝土宜为 150 ± 20mm，墙、梁、板的混凝土宜为 170 ± 20mm。

4.8.4 清水混凝土从搅拌结束到入模前不宜超过 90min，严禁添加配合比以外的用水或外加剂。

4.8.5 进入现场的混凝土拌合物应有良好的工作性能，现场管理人员应对混凝土拌合物外观、和易性、坍落度进行逐车检查，混凝土拌合物外观颜色应一致，并不得有分层、离析现象。

4.9 混凝土浇筑与振捣

4.9.1 钢筋安装、模板支设经验收合格后，方可进行混凝土的浇筑。浇筑前，要进行书面技术交底，选择有经验的混凝土工振捣，并加强对施工的指导和监督管理。

4.9.2 清水混凝土浇筑前，通过墙、柱根部、梁底的预留清扫孔，对模板内进行再次清洁，当模板确实不宜留设清扫孔时，在模板安装过程中，采用有效地防止杂物掉入模内的措施，确保模板内清洁、无积水。

4.9.3 竖向构件浇筑前，要先在底部浇筑 50mm 厚的同配合比的水泥砂浆，随即分层泵入混凝土，分层浇筑厚度不得大于 500mm，门窗洞口应从两侧同时浇筑。振捣棒要"快插慢拔"、振捣均匀、密实，振捣时间以混凝土翻浆不再下沉和表面无气泡泛起，模板边角填满充实为准，一般在 15s 左右。并在振捣过程中将振捣棒上下抽动，将气泡引出。

4.9.4 清水混凝土振捣应根据所选用的振捣设备的工作性能合理确定振捣速度和间距，振捣棒插点移动的间距宜不应大于振捣棒的作用半径的 1.4 倍（梁柱节点等钢筋密集部位采用直径 30mm 振捣棒），保证振捣均匀，浇筑高度较大的混凝土构件时，在振捣棒上应采取刻度标识的措施，浇筑过程中派专人进行浇筑高度的测量工作，保证在浇筑上层混凝土后，振捣棒插入下层混凝土不应小于 50mm，严禁漏振、过振。混凝土浇筑过程中由专人负责模板检查，并经常敲打正在浇筑部位的竖向构件模板，确保浇筑混凝土密实。

4.10 混凝土拆模

清水混凝土模板拆除除应符合现行国家标准《混凝土结构工程施工质量验收规范》GB

50204 和现行行业标准《建筑工程大模板技术标准》JGJ/T 74 的规定外，应适当延长拆模时间，模板拆除后应及时进行模板清理、修复。

4.11　混凝土养护

4.11.1　清水混凝土拆模后应立即养护，对同一视觉范围内的混凝土应采用相同的养护措施。既可保证混凝土早期强度的增长，又可以减少混凝土表面色差。

4.11.2　养护过程中，不得使用对混凝土表面有污染的养护材料和养护剂。

4.11.3　对于竖向构件可采用包裹两层塑料薄膜、并从柱头顶向下淋水养护，塑料薄膜外侧用胶带粘紧固定。

4.12　表面缺陷的修复

4.12.1　对于局部不能满足设计要求及质量验收标准要求的部位，施工单位应编制专项修补方案，经监理（建设）单位、设计单位同意后，进行表面缺陷的修补。

4.12.2　气泡处理：清理混凝土表面，用与原混凝土同配比减砂石水泥浆刮补墙面，待硬化后，用细砂纸均匀打磨，用水冲洗洁净。

4.12.3　螺栓孔眼处理：清理螺栓孔眼表面，将原堵头放回孔中，用专用刮刀取界面剂的稀释液调制同配比减石子的水泥砂浆刮平周边混凝土面，待砂浆终凝后擦拭混凝土表面浮浆，取出堵头，喷水养护。

4.12.4　漏浆部位处理：清理混凝土表面松动砂子，用刮刀取界面剂的稀释液调制成颜色与混凝土基本相同的水泥腻子抹于需处理部位，刮至表面平整、阳角顺直，待腻子终凝后用砂纸磨平，喷水养护。

4.12.5　明缝处胀模、错台处理：用铲刀铲平，打磨后用水泥浆修复平整。明缝处拉通线，切割超出部分，对明缝上下阳角损坏部位先清理浮渣和松动混凝土，再用界面剂的稀释液调制同配比减石子砂浆，将明缝条平直嵌入明缝内，将砂浆填补到处理部位，用刮刀压实刮平，上下部分分次处理；待砂浆终凝后，取出明缝条，及时清理混凝土表面多余砂浆，喷水养护。

4.12.6　螺栓孔的封堵：采用三节式螺栓时，中间一节螺栓留在混凝土内，两端的锥形接头拆除后用补偿收缩防水水泥砂浆封堵，并用专用封孔模具修饰，使修补的孔眼直径、深度与其他孔眼一致，并喷水养护。采用通丝型对拉螺栓时，螺栓孔用补偿收缩防水水泥砂浆和专用模具封堵，取出堵头后，喷水养护。

4.13　保护层施工

4.13.1　清水混凝土表面应涂刷透明保护涂料，同一视觉范围内的涂料及施工工艺应一致。

4.13.2　施工前，与建设、监理等单位根据本工程清水混凝土实际底色，确定样板部位，在该部位按照材料说明书进行局部修补、色差调整、基准颜色确定及混凝土保护剂涂刷等工序，每一样板工序验收后进入下一工序样板施工。样板确定后，进行技术交底，专人施工。

5　质量标准

5.1　主控项目

5.1.1　模板板面应干净，隔离剂涂刷均匀，模板间拼缝应平整、严密，模板支撑设置正确，连接牢固。

5.1.2 钢筋表面应洁净无浮锈，钢筋保护层垫块颜色应与混凝土表面颜色接近，位置、间距应准确。

5.2　一般项目

5.2.1 清水混凝土模板制作尺寸的允许偏差应符合表23-4规定：

清水混凝土模板制作尺寸的允许偏差　表23-4

序号	项目	允许偏差（mm）		检验方法
		普通清水混凝土	饰面清水混凝土	
1	模板高度	±2	±2	尺量
2	模板宽度	±1	±1	尺量
3	整块模板对角线	≤3	≤3	塞尺、尺量
4	单块模板对角线	≤3	≤2	塞尺、尺量
5	板面平整度	3	2	2m靠尺、塞尺
6	边肋平直度	2	2	2m靠尺、塞尺
7	相邻面板拼缝高低差	≤1.0	≤0.5	平尺、塞尺
8	相邻面板拼缝间隙	≤0.8	≤0.8	塞尺、尺量
9	连接孔中心距	±1	±1	游标卡尺
10	边框连接孔与板面距离	±0.5	±0.5	游标卡尺

5.2.2 模板安装尺寸的允许偏差应符合表23-5规定：

清水混凝土模板安装尺寸允许偏差　表23-5

序号	项目		允许偏差（mm）		检验方法
			普通清水混凝土	饰面清水混凝土	
1	轴线位移	墙、柱、梁	4	3	尺量
2	截面尺寸	墙、柱、梁	±4	±3	尺量
3	标高		±5	±3	水准仪、尺量
4	相邻板面高低差		3	2	平尺、塞尺
5	模板垂直度	不大于5m	4	3	经纬仪、线坠、尺量
		大于5m	6	5	
6	表面平整度		3	2	塞尺、尺量
7	阴阳角	方正	3	2	方尺、塞尺
		顺直	3	2	线尺
8	预留洞口	中心线位移	8	6	拉线、尺量
		孔洞尺寸	+8，0	+4，0	
9	预埋件、管、螺栓	中心线位移	3	2	拉线、尺量
10	门窗洞口	中心线位移	8	5	拉线、尺量
		宽、高	±6	±4	
		对角线	8	6	

5.2.3 钢筋工程安装尺寸允许偏差与检验方法应符合现行国家标准《混凝土结构工程施工质量验收规范》GB 50204的规定，具体见表23-6，受力钢筋保护层厚度偏差不应大于3mm。

钢筋安装位置允许偏差　　　　　　　　　　表 23-6

序号	项目		允许偏差（mm）	检验方法
1	绑扎钢筋网	长、宽	±10	钢尺检查
		网眼尺寸	±20	钢尺量连续三档，取最大值
2	绑扎骨架	长	±10	钢尺检查
		宽、高	±5	
3	受力钢筋	间距	±10	钢尺量两端、中间各一点，取最大值
		排距	±5	
		保护层厚度	±3	钢尺检查
4	箍筋、横向筋间距		±20	钢尺量连续三档，取最大值
5	钢筋弯起点位置		20	钢尺检查
6	预埋件	中心线外装	5	钢尺检查
		水平高差	+3，0	钢尺和塞尺检查

5.2.4　混凝土外观质量检验应抽查各检验批构件数量的 30%，且不少于 5 个构件。混凝土外观质量应符合表 23-7 规定：

清水混凝土外观质量　　　　　　　　　　表 23-7

序号	项目	普通清水混凝土	饰面清水混凝土	检查方法
1	颜色	无明显色差	颜色基本一致，无明显色差	距离墙面 5m 观察
2	修补	少量修补痕迹	基本无修补痕迹	距离墙面 5m 观察
3	气泡	气泡分散	最大直径不大于 8mm，深度不大于 2mm，每平方米气泡面积不大于 20cm²	尺量
4	裂缝	宽度小于 0.2mm	宽度小于 0.2mm，且长度不大于 1000mm	尺量、刻度放大镜
5	光洁度	无明显漏浆、流淌和冲刷痕迹	无漏浆、流淌和冲刷痕迹，无油渍、墨迹及锈斑，无粉化物	观察
6	对拉螺栓孔眼	—	排列整齐，孔洞封堵密实。凹孔棱角清晰圆滑	观察、尺量
7	明缝	—	位置规律、整齐，深度一致，水平交圈	观察、尺量
8	蝉缝	—	横平竖直，水平交圈，竖向成线	观察、尺量

5.2.5　混凝土结构允许偏差应抽查各检验批构件数量的 30%，且不少于 5 个构件。清水混凝土结构允许偏差应符合表 23-8 规定：

清水混凝土结构允许偏差　　　　　　　　　　表 23-8

序号	项目		允许偏差（mm）		检查方法
			普通清水混凝土	饰面清水混凝土	
1	轴线位移	墙、柱、梁	6	5	尺量
2	截面尺寸	墙、柱、梁	±5	±3	尺量
3	垂直度	层高 ≤5m	6	4	经纬仪、线坠、尺量
		>5m	8	5	
		全高（H）	H/1000，且≤30	H/1000，且≤30	
4	表面平整度		4	3	2m 靠尺、塞尺
5	角线顺直		4	3	拉线、尺量
6	预留洞口中心线位移		10	8	尺量

续表

序号	项目		允许偏差（mm）		检查方法
			普通清水混凝土	饰面清水混凝土	
7	标高	层高	±8	±5	水准仪、尺量
		全高	±30	±30	
8	阴阳角	方正	4	3	尺量
		顺直	4	3	
9	阳台、雨罩位置		±8	±5	尺量
10	明缝直线度		—	3	拉5m线，不足5m拉通线，钢尺检查
11	蝉缝错台		—	2	尺量
12	蝉缝交圈		—	5	拉5m线，不足5m拉通线，钢尺检查

6 成品保护

6.0.1 清水混凝土模板上不得堆放重物，模板面板不得被污染和损坏，模板边角和面板应有保护措施，运输过程中应采用护角保护。模板水平叠放时，采用面对面、背靠背的方式，上面覆盖塑料布。

6.0.2 清水混凝土模板堆放于高于周边地势的模板专用场地，四周作好排水工作。存放区应有防潮、防火措施。

6.0.3 饰面清水混凝土模板胶合板面板切口处应涂刷封边漆，螺栓孔眼处应设有保护垫圈。

6.0.4 模板拆除后应及时修整，其大面、边侧小面均应及时清理、涂刷隔离剂。

6.0.5 钢筋半成品应分类堆放、及时使用，存放环境应保持干燥，防止受潮生锈。对于绑扎完毕的钢筋骨架、垫块、预埋件等，操作过程中不得随意更改位置和间距。

6.0.6 清水混凝土拆模后，应对易磕碰的阳角部位采用多层板、塑料等硬质材料进行保护。

6.0.7 后续工序施工时要特别注意对清水混凝土表面的保护，不得碰撞及污染。混凝土浇筑时采取专人监控方式进行，从浇筑部位流淌下的水泥浆和洒落的混凝土及时清理干净，不得污染、损伤成品清水混凝土。

6.0.8 当挂架、脚手架、吊篮等与清水混凝土表面接触时，应使用橡胶板、木板或聚苯板等材料进行垫衬保护。

7 注意事项

7.1 应注意的质量问题

7.1.1 清水混凝土配合比经试配确定后，相对稳定，尤其是外加剂及掺合料的品种和掺量不得随意变动。

7.1.2 材料入场后由材料部组织相关人员对进场材料把关验收，并及时索要材料合格证等资料，资料不全或材料与样品有出入者予以退回，并取消该材料供应商的供货资格。

7.1.3 模板工程质量是达到清水混凝土要求的首要条件，及早作好模板设计工作，模板结构应牢固稳定，拼缝严密，规格尺寸准确，模板加工后实行"预拼装"并编号，按照编号进行安装，模板高出柱墙浇筑高度50mm，接缝处须有防漏浆措施。

7.1.4 钢筋应清洁，无污染，绑扎钢筋扎扣及尾端朝向构件截面内侧，保护层垫块按正差控制。

7.1.5 清水混凝土施工各工序必须严格分工，钢筋、混凝土、模板必须有专项负责人，技术交底必须全面到位并严格执行清水混凝土施工前制定的各项质量控制措施。

7.2 应注意的安全问题

7.2.1 大钢模拆模起吊前，复查螺栓是否全部拆净，确认模板与结构完全脱离后方可起吊。在施工中，严格按清水混凝土质量标准控制质量。大钢模板存放场地应平整，模板平放、四角稳定。

7.2.2 施工作业前，做好安全技术交底和安全教育工作，检查吊索、卡具及吊环是否安全有效，并设专人指挥，统一信号，密切配合，稳起稳落，准确就位。

7.2.3 使用溜槽及串筒下料时，溜槽和串筒应固定牢固，人员不得直接站到溜槽帮上操作。

7.2.4 浇筑单梁、柱混凝土时，操作人员不得直接站在模板或支撑上操作；浇筑框架梁或圈梁时，应有可靠的脚手架，严禁站在模板上操作。浇筑挑檐、阳台、雨棚时，应设安全网或安全栏杆。

7.2.5 楼面上的预留孔洞应设置盖板或围栏，所有操作人员应戴安全帽；高空作业应正确系好安全带；夜间作业应有足够的照明。

7.2.6 输送泵管应采用支架固定，支架应与结构牢固连接，输送泵管转向处支架应加密；支架应通过计算确定，设置位置的结构应进行验算。

7.2.7 布料设备应安装牢固，且应采取抗倾覆措施；布料设备安装位置处的结构或专用装置应进行验算。布料设备作业范围内不应有阻碍物，并应有防范高空坠物的设施。

7.3 应注意的绿色施工问题

7.3.1 模板应选择可多次周转、且可回收利用的材料加工制作。

7.3.2 模板设计中应充分进行方案比选、论证，合理确定模板规格、数量，尽量提高模板的周转率。

7.3.3 结合工程装修做法优化清水混凝土设计方案，如雨棚的滴水线控制、门窗洞口尺寸和构造、管道预留孔洞等，减少二次装饰的工作内容。

7.3.4 脱模剂采用环保无污染的脱模材料。

7.3.5 混凝土浇筑接近结束时，要在现场进行实际测量，提高剩余混凝土量的准确率，对于管内的混凝土余料，可在现场加工成广场砖用于现场硬化或小型预制构件进行利用。

7.3.6 现场设置沉淀池，将车辆冲洗用水、养护用水进行沉淀后用于现场洒水降尘。

7.3.7 模板在现场加工时，应设置封闭的场所集中加工，并采取隔声和防止粉尘污染的措施。

7.3.8 混凝土浇筑及振捣应采用低噪声设备，当振捣器噪声较大超出噪声排放要求时，要采取围挡等降噪措施，混凝土地泵应搭设降噪防护棚等措施。

8 质量记录

8.0.1 清水混凝土所用原材料的产品合格证、出厂检验报告及进场复验报告。

8.0.2 原材料中氯化物、碱的总含量技术书。

8.0.3 混凝土浇灌申请书。

8.0.4 清水混凝土配合比通知单。

8.0.5 混凝土施工记录。

8.0.6 混凝土坍落度检查记录。

8.0.7 隐蔽验收记录。

8.0.8 混凝土拆模申请表。

8.0.9 冬期混凝土原材料搅拌及浇灌测温记录。

8.0.10 混凝土养护测温记录。

8.0.11 混凝土结构同条件试件等效养护龄期温度记录。

8.0.12 混凝土结构实体混凝土强度检验记录。

8.0.13 混凝土试件强度试验报告。

8.0.14 混凝土试件抗渗试验报告。

8.0.15 混凝土原材料及配合比检验批质量验收记录。

8.0.16 混凝土施工检验批质量验收记录。

8.0.17 现浇清水混凝土结构外观及尺寸偏差检验批质量验收记录。

8.0.18 清水混凝土外观质量检查记录。

8.0.19 混凝土分项工程质量验收记录。

8.0.20 其他技术文件。

第 24 章 无粘结预应力混凝土结构

本工艺标准适用于工业与民用建筑中无粘结预应力混凝土结构工程。

1 引用标准

《混凝土结构工程施工规范》GB 50666—2011

《混凝土结构工程施工质量验收规范》GB 50204—2015

《钢筋混凝土筒仓施工与质量验收规范》GB 50669—2011

《预应力筋用锚具、夹具和连接器》GB/T 14370—2015

《预应力筋用锚具、夹具和连接器应用技术规程》JGJ 85—2010

《预应力混凝土用钢绞线》GB/T 5224—2014

《无粘结预应力钢绞线》JG/T 161—2016

《无粘结预应力筋用防腐润滑脂》JG/T 430—2014

2　术语

2.0.1　无粘结预应力筋：采用专用防腐润滑涂层和塑料护套包裹的单根预应力钢绞线，布置在混凝土构件内时，其与被施加预应力的混凝土之间可保持相对滑动。

3　施工准备

3.1　作业条件

3.1.1　应编制预应力混凝土施工方案。已按设计提出的要求对无粘结预应力筋的张拉顺序、张拉值、无粘结预应力筋的铺设以及操作标准进行了技术交底。

3.1.2　无粘结预应力筋和锚具进场验收合格。梁板模板支设已完成。

3.1.3　张拉时混凝土强度应达到设计要求，一般不低于设计强度的 75％。

3.1.4　张拉用的油压千斤顶及油表已配套校验，张拉设备已检定，机具准备就绪。

3.1.5　张拉部位的脚手架及防护栏搭设已完成。

3.2　材料及机具

3.2.1　无粘结预应力筋：采用高强度低松弛预应力钢绞线制作，外包层材料采用高密度聚乙烯，严禁使用聚氯乙烯，其涂料层采用专用防腐油脂。无粘结预应力筋一般由专业厂家生产，应符合现行国家标准规定。

3.2.2　预应力筋用锚具、夹具和连接器：应根据无粘结预应力筋的品种、张拉力值及工程应用的环境类别按设计要求选用。进场时应有产品合格证和出厂检验报告，并进行进场复验和外观检查。

3.2.3　混凝土及非预应力钢筋

1　混凝土：无粘结预应力混凝土结构的混凝土强度等级，对于板不应低于 C30，对于梁及其他构件不应低于 C40。

2　非预应力钢筋：在无粘结预应力混凝土结构中，非预应力钢筋宜采用 HRB400、HRB500 钢筋；箍筋宜采用 HRB400、HRB500 钢筋，也可采用 HPB300 钢筋。

3　混凝土及普通钢筋的力学性能指标应符合现行国家标准《混凝土结构设计规范》GB 50010 的规定。

3.2.4　其他材料：胶带、彩笔、铁丝、粉笔等。

3.2.5　机具

张拉设备：千斤顶（张拉行程、张拉力）、油泵；

固定端制作主要设备：挤压机、专用紧楔器；

其他工具：砂轮机、配电箱、螺丝刀、小刀片、卷尺、钢板尺、工具锚等。

设备仪表：对成套的千斤顶、油泵、油压表进行配套标定。张拉设备校验期限不宜超过半年。

4 操作工艺

4.1 工艺流程

下部非预应力钢筋铺放、绑扎 → 预应力钢筋下料、修补 → 预应力钢筋铺放 → 端部节点安装固定 → 上部非预应力钢筋铺放、绑扎 → 混凝土浇筑及养护 → 预应力筋张拉 → 封锚防护

4.2 下部非预应力筋铺放、绑扎

清理模板上的杂物，用粉笔在模板上画好非预应力筋的间距和位置，先铺放下部非预应力筋并绑扎，同时及时配合安装预埋件、电线管、预留孔洞等。

4.3 预应力钢筋下料、修补

4.3.1 无粘结预应力筋切断以书面下料单的长度和数量为依据，采用砂轮锯切断，不得用电弧切割。无粘结预应力筋下料长度，应综合考虑其曲率、锚固端保护层厚度、张拉伸长值及混凝土压缩变形等因素，并应根据不同的张拉方法和锚固形式预留张拉长度。

4.3.2 下料场地应平整通直，预应力筋下垫钢管或方木上铺纺织布。不得将预应力筋生拉硬拽，摔砸踩踏，防止磨损保护套。下料过程中如发现轻微破损，可采用外包防水聚乙烯胶带进行修补。每圈胶带搭接宽度不小于胶带宽度的1/2，缠绕层数不少于2层，缠绕长度应超过破损长度300mm，严重破损的应切除不用。切割完的预应力筋按使用部位逐根编号，贴上标签，注明长度及代码并码放整齐。下料宜与工程进度相协调。

4.3.3 预应力筋不得有死弯，否则必须切断。成型的每根钢绞线应为通长。

4.3.4 挤压锚的制作：剥去预应力筋的保护套，套上弹簧圈，其端头与预应力筋齐平，套上挤压套，预应力筋外露10mm左右利用挤压机挤压成型。挤压时，预应力筋、挤压模与活塞杆应在同一中心线上，以免挤压套筒卡住。每次挤压后，清理挤压模并涂抹石墨油膏。挤压模直径磨损0.3mm时应更换。

4.3.5 预紧垫板连体式固定端夹片锚具的制作：先作专用紧楔器以0.75倍预应力筋张拉力的顶紧力使夹片顶紧，之后在夹片及无粘结预应力筋端头外露部分涂专用防腐油脂或环氧树脂，并安装带螺母外盖。

4.4 预应力筋铺放

4.4.1 无粘结预应力筋铺放前，应及时检查其规格尺寸和数量，逐根检查并确认其端部组装配件可靠无误后，方可在工程中使用。

4.4.2 无粘结预应力筋位置宜保持顺直。无粘结预应力筋定位：按设计图纸的规定进行铺放。铺放前通过计算确定无预应力筋的位置，梁结构可用支撑钢筋定位，板结构可用钢筋焊成的马凳定位。无粘结预应力筋与定位筋之间用绑丝绑扎牢固。梁板中无粘结预应力筋定位支撑设置见表24-1。

支撑钢筋设置表　　　　　　　　表 24-1

项次	无粘结预应力筋构造		支撑钢筋设置			备注
			间距（m）	直径（mm）	级别	
1	单根无粘结预应力筋		不宜大于 2.0		可采用 HPB300 级钢筋或 HRB400 级钢筋	竖向、环向或螺旋形铺放时，可参照表格条件设置，并有定位支架控制位置
2	集束预应力筋	2～4 根无粘结预应力筋组成	不宜大于 1.0	不宜小于 10		
		5 根及以上无粘结预应力筋组成	不宜大于 1.0	不宜小于 12		

4.4.3　双向无粘结预应力筋布置可按矢高关系编出布束交叉点平面图，比较各交叉点的矢高。各交叉点标高较低的无粘结预应力筋应先进行铺放，标高较高的次之，应避免两个方向的无粘结预应力筋相互穿插铺放。

4.4.4　集束配置多根无粘结预应力筋时，各根筋应保持平行走向，防止相互扭绞，束之间的水平净间距不宜小于 50mm，束至构件边缘的净间距不宜小于 40mm。

4.4.5　当采用多根无粘结预应力筋平行带状布束时，每束不宜超过 5 根无粘结预应力筋，并应采取可靠的支撑固定措施，保证同束中各根无粘结预应力筋具有相同的矢高，带状束在锚固端平顺地张开，其水平偏移的曲率半径不宜小于 6.5m。

4.4.6　铺设的各种管线及非预应力筋应避让预应力筋，不应将预应力筋的垂直位置抬高或压低。

4.4.7　平板结构的开洞避让：板内无粘结预应力筋可分两侧绕开开洞处铺放，其离洞口的距离不宜小于 150mm，其水平偏移的曲率半径不宜小于 6.5m。洞口四周按设计要求配置加强钢筋。

4.4.8　预应力筋穿束完成后，对保护套再次进行检查，如有破损按 4.3.2 条中的方法进行修补。

4.5　端部节点安装固定

4.5.1　张拉端安装固定

1　在张拉端模外侧按施工图中规定的无粘结预应力筋的位置编号和钻孔，孔径符合设计要求；

2　夹片锚具凸出混凝土表面时，锚具下的承压板用钉子或螺栓固定在端部模板上；夹片锚具凹进混凝土表面时，采用"穴模"构造，承压板与端模间安放穴模，穴模高度宜为锚具高度加 60mm（圆套筒式夹片锚具），承压板、穴模、端模三者必须贴紧，各部件之间不应有空隙，并应保证张拉油缸与承压板相互垂直。在浇筑混凝土前，在锚垫板内侧位置将预应力筋保护套割断，张拉时再将其抽出；

3　张拉端单根预应力筋的间距不小于图纸设计规定，且需满足千斤顶施工空间要求；

4　无粘结预应力曲线或折线筋末端的切线应与承压板垂直，曲线段的起始点至张拉锚固点应有不小于 300mm 的直线段；单根无粘结预应力筋要求的最小弯曲半径对 $\phi 12.7$mm 和 $\phi 15.2$mm 的钢绞线分别不宜小于 1.5m 和 2.0m。

4.5.2　固定端安装固定

1　将组装好的固定端锚具按设计要求的位置绑扎牢固，内埋式固定端垫板不得重叠，锚具与垫板应紧贴；

2 固定端锚具布置宜前后纵向错开不小于100mm以降低混凝土局部压应力。

4.5.3 张拉端和固定端应按设计要求配置锚下螺旋筋或钢筋网片，螺旋筋或网片均应紧靠承压板或连体锚板，并保证与无粘结预应力筋对中且固定可靠。

4.6 上部非预应力钢筋铺放、绑扎

当无粘结预应力筋铺放、定位、端部节点安装完毕后，经检查符合设计要求，再将上部非预应力筋铺放、绑扎好。

4.7 混凝土浇筑及养护

4.7.1 无粘结预应力筋铺放、安装完毕后，专人负责检查无粘结预应力筋护套是否完整、束型、节点安装等是否符合要求，填写无粘结预应力筋铺设隐检记录，当确认合格后方可浇筑混凝土。

4.7.2 在无粘结预应力混凝土结构的混凝土中不应掺用氯盐。在混凝土施工中，包括外加剂在内的混凝土或砂浆各组成材料中，氯离子总含量以胶凝材料总量的百分率计，不应超过0.06%。

4.7.3 混凝土浇筑时，严禁踩压无粘结预应力筋，确保无粘结预应力筋预应力束型和锚具位置准确。

4.7.4 张拉端和锚固端混凝土认真振捣，避免出现蜂窝麻面，保证其密实性，同时严禁触碰端部预埋部件、锚头塑料套筒及定位支撑架。

4.7.5 按规定数量留置同条件养护的混凝土试件，作为张拉时结构混凝土强度的依据。

4.7.6 混凝土浇筑完毕后，应按施工技术方案及时采取有效的养护措施。并应符合现行国家标准《混凝土结构工程施工质量验收规范》GB 50204、《混凝土结构工程施工规范》GB 50666的规定。

4.8 预应力筋张拉

4.8.1 张拉准备：

1 张拉前应将张拉端面清理干净，剥去外露钢绞线的外包塑料保护套，对锚具逐个进行检查，严禁使用锈蚀锚具，高空张拉预应力筋时，应搭设可靠的操作平台，并装有防护栏板。当张拉操作面受限制时，可采用变角器进行变角张拉；

2 检查预应力筋轴线，应与承压板垂直，承压板外表面无积灰，并检查承压板后混凝土质量；

3 检查油路、电路，设备试运转；

4 预应力筋张拉设备应配套校验。压力表精度不应低于0.4级；校验张拉设备用的试验机或测力设备测力示值的不确定度不应大于1%；校验时千斤顶活塞的运行方向，应与实际张拉工作状态一致。张拉设备的校验期限不应超过半年（当张拉设备出现反常现象时或千斤顶检修后应重新校验）；

5 锚具安装：圆筒式夹片锚具应注意工作锚环锚板对中，夹片均匀打紧并外露一致；

6 千斤顶安装：对直线无粘结预应力筋，应使张拉力的作用线与无粘结预应力筋中心线重合；曲线无粘结预应力筋，应使张拉力的作用线与无粘结预应力筋中心线末端的切线重合。做到预应力中心线、锚具中心、千斤顶轴心三心一线；

7 工具锚的夹片，应注意保持清洁和良好的润滑状态。新工具锚夹片第一次使用前，应在夹片背面涂上润滑剂，以后每使用 5～10 次，应将工具锚上的挡板连同夹片一同卸下，在锚板的锥形孔中重新涂上一层润滑剂，以防夹片在退楔时卡住。

4.8.2 无粘结预应力筋伸长值 ΔL_p^c 可按下式计算：

$$\Delta L_p^c = \frac{F_{pm} l_p}{A_p E_p} \tag{24-1}$$

式中 F_{pm}——无粘结预应力筋的平均拉力值（N），取每段预应力筋张拉力扣除摩擦损失后的拉力的平均值；

l_p——无粘结预应力筋的长度（mm）；

A_p——无粘结预应力筋的截面面积（mm²）；

E_p——无粘结预应力筋的弹性模量（N/mm²）。

无粘结预应力筋的实际伸长值，宜在初应力为张拉控制应力 10% 左右时开始量测，分级记录。其伸长值 Δl_p^0 可由量测结果按下式确定：

$$\Delta l_p^0 = \Delta l_{p1}^0 + \Delta l_{p2}^0 - \Delta l_c \tag{24-2}$$

式中 Δl_{p1}^0——初应力至最大张拉力之间的实测伸长值（mm）；

Δl_{p2}^0——初应力以下的推算伸长值（mm）。可根据弹性范围内张拉力与伸长值成正比的关系推算确定；

Δl_c——混凝土构件在张拉过程中的弹性压缩值（mm）。对平均预压应力较小的板类构件，Δl_c 可略去不计。

4.8.3 无粘结预应力筋张拉顺序应符合设计要求，如设计无要求时，可采用分批、分阶段对称张拉或依次张拉。

4.8.4 无粘结预应力筋张拉控制应力不宜超过 $0.75 f_{ptk}$，并应符合设计要求。如需提高张拉控制应力值时，不应大于钢绞线抗拉强度标准值的 80%。

4.8.5 当施工需要超张拉时，无粘结预应力筋的张拉程序宜为：从应力为零开始张拉至 1.03 倍预应力筋的张拉控制应力 σ_{con} 锚固（即 $0 \rightarrow 1.03\sigma_{con}$）。此时，最大张拉应力不应大于钢绞线抗拉强度标准值的 80%。

4.8.6 当采用应力控制方法张拉时，应校核无粘结预应力筋的伸长值，当实际伸长值与设计计算伸长值相对偏差超过 ±6% 时，应暂停张拉，查明原因并采取措施调整后，方可继续张拉。

4.8.7 当无粘结预应力筋长度超过 40m 时，宜采取两端张拉；当无粘结预应力筋长度超过 60m 时，宜采取分段张拉和锚固。当设计为两端张拉时，宜采取两端同时张拉工艺，当采取在一端张拉锚固，在另一端补足张拉力锚固工艺代替无粘结预应力筋两端同时张拉工艺时，需观测另一端锚具夹片有无移动，经论证无误，可以达到基本相同的预应力效果后，才可以使用。

4.8.8 多跨超长预应力筋设计规定需分段张拉时，可使用开口式双缸千斤顶或用连接器分段张拉。

4.8.9 无粘结预应力筋张拉过程中，当有个别钢丝发生断裂或滑脱时，可相应降低张拉力。

4.8.10 在张拉过程中，随时观测是否有千斤顶漏油、油压表无压时指针不归零等情况，此时即认为计量失效，多束相对伸长超限或预应力筋发现缩颈、破坏时，也应考虑计量失效的可能性。

4.8.11 预应力筋的锚固：当采用夹片锚固时，宜对夹片施加张拉力 10%~20% 的顶压力，预应力筋回缩值不得大于 5mm；当采用夹片限位板时，可不对夹片顶压，但预应力筋回缩值不得大于 6~8mm。

4.8.12 夹片锚具系统单根无粘结预应力筋在构件端面上的水平和竖向排列最小间距不宜小于 60mm。

4.8.13 预应力筋锚固后，夹片外露应基本平齐。

4.8.14 张拉时认真量取数据并填写张拉记录。

4.8.15 预应力筋张拉完毕，伸长值符合规范及设计要求，经检验合格后，采用砂轮锯或其他机械方法切割超长部分的无粘结预应力筋，不得采用电弧焊切割，其切断后露出锚具夹片外的预应力筋长度不应小于 30mm。

4.9 封锚防护

无粘结预应力筋张拉完毕后，应及时对锚固区进行保护。在一类、二类及三类环境条件下，锚固区的保护措施应符合本标准第 4.9.1 条及 4.9.2 条的有关规定；对处于二类、三类环境条件下的无粘结预应力锚固系统，还应符合本标准 4.9.3 条的规定。

4.9.1 当锚具采用凹进混凝土表面布置时，在夹片及无粘结预应力筋端头外露部分应涂专用防腐油脂或环氧树脂，并罩帽盖进行封闭，该防护帽与锚具应可靠连接，然后采用后浇微膨胀混凝土或无收缩砂浆进行封闭。设计有规定时，应满足设计要求。

对不能使用混凝土或砂浆包裹的部位，应对无粘结预应力筋的锚具全部涂以与无粘结预应力筋涂料层相同的防腐材料，并应用具有可靠防腐和防火性能的保护罩将锚具全部密闭。

4.9.2 锚固区也可用后浇的钢筋混凝土外包圈梁进行封闭，但外包圈梁不宜突出在外墙面以外，其混凝土强度等级与构件混凝土强度等级一致。封锚混凝土与构件混凝土应可靠粘结，锚具封闭前应将周围混凝土界面凿毛并冲洗干净，且宜配置 1~2 片钢筋网，钢筋网应与构件混凝土拉结。

4.9.3 锚具或预应力筋端部的保护层厚度：一类环境时不应小于 20mm；处于二 a、二 b 类环境时不应小于 50mm，三 a、三 b 类环境时不应小于 80mm。

4.9.4 处于三 a、三 b 类环境条件下的无粘结预应力钢绞线锚固系统，应采用连续全封闭的防腐蚀体系，并应符合下列规定：

1 张拉端和固定端应为预应力钢绞线提供全封闭防水保护；

2 无粘结预应力钢绞线与锚具部件的连接及其他部件间的连接，应采用密封装置或其他封闭措施，使无粘结预应力锚固系统处于全封闭保护状态；

3 全封闭体系应满足 10kPa 静水压力下不透水的要求。

4.10 如设计对无粘结预应力筋与锚具系统有电绝缘防腐蚀要求，可采用塑料等绝缘材料对锚具系统进行表面处理，以形成整体电绝缘。

5 质量标准

5.1 主控项目

5.1.1 无粘结预应力筋进场时，应按国家现行标准现行国家标准《预应力混凝土用钢绞线》GB/T 5224 等的规定抽取试件做力学性能检验，其质量必须符合相关标准的规定。

5.1.2　无粘结预应力筋的涂包质量应符合现行标准《无粘结预应力钢绞线》JG/T 161 的规定。

5.1.3　无粘结预应力筋用锚具、夹具、连接器应按设计要求采用，其性能应符合现行国家标准《预应力筋用锚具、夹具和连接器》GB/T 14370 等的规定。

5.1.4　处于三 a、三 b 类环境条件下的无粘结预应力筋用锚具系统，防水性能应符合现行行业标准《无粘结预应力混凝土结构技术规程》JGJ 92 规定。

5.1.5　无粘结预应力筋安装时，其品种、级别、规格、数量必须符合设计要求。

5.1.6　无粘结预应力筋安装位置应符合设计要求。

5.1.7　无粘结预应力筋张拉前，构件混凝土强度应符合设计要求；当设计无具体要求时，不应低于设计的混凝土强度等级值的 75%。

5.1.8　张拉过程中应避免预应力筋断裂或滑脱；当发生断裂或滑脱时，断裂或滑脱的数量不应超过同一截面预应力筋总根数的 3%，且每根断裂的钢绞线断丝不得超过一丝；对多跨双向连续板，其同一截面应按每跨计算。

5.1.9　锚具的封闭保护措施应符合设计要求。保护层厚度应符合本标准 4.9.3 的规定。

5.2　一般项目

5.2.1　无粘结预应力筋进场时应进行外观检查，护套应光滑、无裂缝，无明显褶皱。

5.2.2　无粘结预应力筋用锚具、夹具和连接器使用前应进行外观检查，其表面应无污物、锈蚀、机械损伤和裂纹。

5.2.3　无粘结预应力筋端部挤压锚具制作时压力表油压应符合操作说明书的规定，挤压后预应力筋外端应露出挤压套筒长度不小于 1mm。

5.2.4　无粘结预应力筋应平顺，并应与定位支撑钢筋绑扎牢固。锚垫板的承压面与预应力筋末端垂直，预应力筋末端垂直直线段长度应符合相关规定。

5.2.5　无粘结预应力筋束形控制点的竖向位置允许偏差应符合表 24-2 的规定。

束形控制点的竖向位置允许偏差　　　　　　　　　　　表 24-2

截面高（厚）度（mm）	$h \leqslant 300$	$300 < h \leqslant 1500$	$h > 1500$
允许偏差（mm）	±5	±10	±15

5.2.6　无粘结预应力筋的铺设除应符合本标准第 5.2.5 条的规定外，还应符合下列规定：

1　无粘结预应力筋的定位要牢固，浇筑混凝土时不应出现移位和变形。

2　端部的预埋垫板应垂直于预应力筋。

3　内埋式固定端垫板不应重叠，锚具与垫板应贴紧。

4　无粘结预应力筋成束布置时应能保证混凝土密实并能裹住预应力筋。

5　无粘结预应力筋的护套应完整，局部破损处应采用防水胶带缠绕紧密。

5.2.7　无粘结预应力筋的张拉力、张拉顺序及张拉工艺应符合设计及施工技术方案的要求，并应符合下列规定：

1　当施工需要超张拉时，最大张拉应力不应大于现行国家标准《混凝土结构工程施工规范》GB 50666 的规定；

2　当预应力筋是逐根或逐束张拉时，应保证各阶段不对结构产生不利的应力状态；同时确定张拉力时，宜考虑后批张拉预应力筋所产生的结构构件的弹性压缩对前批张拉预应力筋的影响；

3　当采用应力控制方法张拉时，应校核最大张拉力下无粘结预应力筋的伸长值，实测伸长值与计算伸长值的相对允许偏差为±6%。

5.2.8　锚固阶段张拉端预应力筋的内缩量应符合设计要求；当设计无具体要求时，应符合表 24-3 的规定。

张拉端预应力筋的内缩量限值　　　　　　　　　　　　　表 24-3

锚具类别		内缩量限值（mm）
夹片式锚具	有顶压	5
	无顶压	6~8

5.2.9　无粘结预应力筋锚固后，锚具外预应力筋的外露长度不应小于预应力筋直径的 1.5 倍，且不应小于 30mm。

6　成品保护

6.0.1　无粘结预应力筋在运输中，应轻装轻卸，严禁摔掷及锋利物品损坏无粘结预应力筋表面及配件。装卸时吊具用钢丝绳应套胶管，避免破坏无粘结预应力筋塑料套管，若有破皮现象，及时用胶带缠绕修补，胶带搭接长度为胶带纸宽度的 1/2。

6.0.2　无粘结预应力筋及锚具应采取防潮防雨措施，并按规格分类成捆存放，以防无粘接筋和锚具锈蚀，严禁碰撞和踩压。

6.0.3　无粘结预应力筋张拉锚固后，及时认真地进行封端，确保封闭严密，防止锚固系统锈蚀。

6.0.4　无粘结预应力筋施工时，严禁有电焊及火星触及无粘结预应力筋。

6.0.5　无粘结预应力混凝土养护应符合现行国家标准《混凝土结构工程施工质量验收规范》GB 50204 的规定。

7　注意事项

7.1　应注意的质量问题

7.1.1　无粘结预应力构件的侧模可在张拉前拆除，下部支撑体系的拆除顺序应符合设计的规定。无粘结预应力筋张拉时，混凝土同条件立方体试块抗压强度应满足设计要求；当设计无具体要求时，不应低于设计混凝土强度等级值的 75%。

7.1.2　整个无粘结预应力筋的铺放过程，都要配备专职人员，负责监督检查无粘结预应力筋束形是否符合设计要求，张拉端和固定端安装是否符合工艺要求。对不符合要求之处，应及时进行调整。敷设的各种管线及非预应力筋应避开无粘结预应力筋，不应将无粘结预应力筋的垂直位置抬高或降低，必须保证预应力筋位置正确。

7.1.3　由于固定端锚具预先埋入混凝土中无法更换，因此应具备更高的可靠性，保证张拉过程中和使用阶段的可靠锚固。固定端锚具安装后应认真检查，逐个验收。

7.1.4　张拉设备应由专人负责使用管理，维护与配套校验。校验期限根据情况而定，一般不宜超过半年。

7.1.5　无粘结预应力筋锚固安装时，必须保证承压钢板、螺旋筋、网片以及抗侧力钢筋的规格、尺寸、安装位置符合设计要求，并可靠固定。锚固区的混凝土必须认真振捣，确保混凝土密实。

7.2　应注意的安全问题

7.2.1　张拉操作平台应牢固可靠，防护栏杆设置正确。

7.2.2　张拉过程中，操作人员应精神集中、细心操作，给油、回油平稳。

7.2.3　张拉用的机具、工具应妥善存放，禁止乱抛乱扔，防止高空坠物伤人。

7.2.4　高压油管不得出现扭转或死弯现象，如发现，应立即卸除油压进行处理。

7.2.5　张拉时千斤顶后方严禁站人，操作人员应站在千斤顶两侧进行作业，测量伸长时禁止用手触摸千斤顶缸体。

7.3　应注意的绿色施工问题

7.3.1　张拉前剥去外露钢绞线的外包塑料保护套要及时清理，不得随意抛弃。

7.3.2　防腐油脂及环氧树脂存放环境应符合规定。

8　质量记录

8.0.1　无粘结预应力筋、锚具、夹具、连接器和混凝土原材料的产品合格证、出厂检验报告和进场复验报告。

8.0.2　混凝土中氯化物含量计算书。

8.0.3　预应力筋张拉机具设备及仪表检定记录。

8.0.4　预应力筋隐蔽工程检查验收记录（包括预应力筋、成孔管道、局部加强钢筋、预应力筋锚具和连接器及锚垫板）。

8.0.5　无粘结预应力筋张拉记录。

8.0.6　混凝土配合比通知单。

8.0.7　混凝土施工记录。

8.0.8　混凝土坍落度检查记录。

8.0.9　混凝土试件强度试验报告。

8.0.10　张拉时混凝土立方体抗压强度同条件养护试件试验报告。

8.0.11　封锚记录。

8.0.12　混凝土试件抗渗试验报告。

8.0.13　预应力原材料检验批质量验收记录。

8.0.14　预应力筋制作与安装工程检验批质量验收记录。

8.0.15　混凝土原材料及配合比检验批质量验收记录。

8.0.16　混凝土施工检验批质量验收记录。

8.0.17　现浇混凝土结构外观及尺寸偏差检验批质量验收记录。

8.0.18 预应力分项工程质量验收记录。

8.0.19 其他技术文件。

第 25 章 预应力薄腹梁制作

本工艺标准适用于施工现场预应力薄腹梁制作。

1 引用标准

《混凝土结构工程施工规范》GB 50666—2011

《混凝土结构工程施工质量验收规范》GB 50204—2015

《普通混凝土用砂、石质量标准及检验方法》JGJ 52—2006

《预应力筋用锚具、夹具和连接器》GB/T 14370—2007

《预应力筋用锚具、夹具和连接器应用技术规程》JGJ 85—2010

《预应力混凝土用钢绞线》GB/T 5224—2003

《预拌混凝土》GB/T 14902—2012

2 术语（略）

3 施工准备

3.1 作业条件

3.1.1 应编制预应力薄腹梁施工方案，已按设计要求对薄腹梁预制过程中的胎膜制作、非预应力钢筋制安、混凝土浇筑养护、预应力筋孔道留置、预应力筋张拉、灌浆等工序的操作向操作人员进行技术安全交底。

3.1.2 模板、钢筋、预埋件均运至生产指定地点，钢筋、预埋件码好。

3.1.3 构件生产场地已夯实、整平，且有排水措施。

3.1.4 张拉时混凝土强度应达到设计要求，一般不低于设计强度的75%。张拉用的油压千斤顶及油表已配套校验，张拉设备已检定，机具准备就绪。

3.1.5 已有试验室签发的混凝土及孔道灌浆配合比通知单，计量装置完好，搅拌及振捣设备试运转正常，灌浆机具准备就绪。

3.1.6 构件应在常温条件下生产，当所处环境温度高于35℃或室外日平均气温连续5d低于5℃的条件下进行灌浆施工时，应采取专门的质量保证措施。

3.2 材料及机具

3.2.1 钢筋绑扎：成型钢筋、钢筋点焊网片、预留孔道用钢管、胶管或金属螺旋管、预埋铁件、20～22 号铅丝及带铁丝的水泥砂浆垫块等。

3.2.2 混凝土浇筑：强度不低于 32.5 级普通硅酸盐水泥或矿渣硅酸盐水泥、粗砂或中砂、粒径为 5～20mm 的碎石、外加剂等。

3.2.3 预应力张拉：预应力筋宜采用钢绞线、钢丝，也可采用热处理钢筋。预应力筋张拉用的螺丝端杆、锚具、垫铁等。

3.2.4 孔道灌浆：32.5 级普通硅酸盐水泥、铝粉（经过脱脂处理）、对钢筋无锈蚀作用的外加剂。

3.2.5 胎模制作：普通砖、方木、32.5 级普通硅酸盐水泥或矿渣硅酸盐水泥、中砂、石灰膏、隔离剂等。

3.2.6 模板安装：定型模板、30～50mm 厚木模板、小木桩、木龙骨、12 号铅丝等。

3.2.7 机具：

1 胎模制作：蛙式打夯机、水准仪、砂浆机、瓦刀、大铲等；

2 模板安装：手锤、钢卷尺、电锯、电刨、线锤、水平尺、涂料滚等；

3 钢筋绑扎：钢筋钩子、铅丝铡刀、盒尺等；

4 混凝土浇筑：混凝土搅拌机、手推车、铁锹、木抹子、铁抹子、振捣器、计量器具、拔管用的绞车或卷扬机、测量设备、仪器、坍落度筒、混凝土试模等；

5 预应力钢筋张拉：液压拉伸机、电动高压油泵；

6 孔道灌浆：灰浆搅拌机、灌浆机具、砂浆试模等。

4 操作工艺

4.1 工艺流程

胎模制作 → 钢筋绑扎 → 模板安装 → 混凝土搅拌、运输、浇筑、养护 →
预应力筋穿放 → 预应力筋张拉与锚固 → 孔道灌浆 → 封端

4.2 胎模制作

4.2.1 根据预制构件平面布置图放出构件位置，用水准仪找平，进行场地平整、夯实。当土质较差时，可换 200mm 厚素土或灰土夯实，夯实范围应超出构件边缘 500mm 以上。

4.2.2 将胎模表面铲平，清理干净进行放样，切土成型。

4.2.3 当无制作土胎模条件时，可采用泥浆或灰浆砌砖胎模成型。

4.2.4 土胎模先用水泥砂浆找平，再用 1：3：(8～10) 水泥黏土砂浆找平，表面撒干水泥压光，棱角处用 1：2.5 水泥砂浆抹面。

4.2.5 罩面砂浆略干后，即可涂刷隔离剂，涂刷应均匀，不漏刷。

4.2.6 构件生产场地的四周应做好防水、排水措施，以免遇雨时将胎模浸泡变形。

4.2.7 胎模上放出模板、钢筋、预埋铁件位置线。

4.3 钢筋绑扎

4.3.1 成型钢筋应符合配料单的种类、直径、形状、尺寸、数量、钢筋接头应符合设计及规范要求。

4.3.2 在胎模上放置垫木，绑扎翼缘钢筋，并绑扎水泥砂浆垫块，每 $1m^2$ 一个，抽去垫木，将骨架就位，再绑扎腹板钢筋，最后安装预埋铁件和抽芯钢管、胶管、波纹管。

4.3.3 预留孔道直径应比预应力筋（束）外径、钢筋对焊接头处外径大 $10\sim15mm$。当采用抽芯钢管时，钢管表面应打磨除锈并刷油，钢管外露长度为 $300\sim500mm$，在外露直径 $\phi16mm$ 对穿小孔，以备插入钢筋棒转动钢管。钢管采用两根在中部对接，对接处用 $0.5mm$ 铁皮卷成长 $300\sim400mm$ 的套管与钢管紧贴，以防漏浆堵塞孔道。孔道埋管用井字架固定，其间距钢管不大于 $1m$，胶管不大于 $0.5m$，波纹管不大于 $0.8m$。曲线孔道应加密，井字架与钢筋骨架应绑扎牢固，保证孔道位置准确。

4.3.4 钢筋绑扎完后，认真校核，经验收合格后支设模板。

4.4 模板安装

4.4.1 薄腹梁通常采用平卧法生产，上下翼缘外侧采用定型整片钢模或木模。木模与混凝土接触面应经刨光，选用干燥、变形小的松木制作，要求外形尺寸准确、表面平整光滑、支拆方便。

4.4.2 安装模板时应复核位置尺寸，外侧模板打小木桩，木模用方木斜撑顶紧固定，钢模板外侧先用铁丝绑 $\phi48\times3.5m$ 通长钢管再加固，模板高度尽量同翼缘高度一致，内侧模板安装用搭头木固定。模板安装完后应检查一遍，支撑是否牢固，接缝是否严密，预埋件及孔道埋管、灌浆孔、排气孔位置是否准确，验收合格后进行下道工序。

4.4.3 采用平卧叠法生产时应采用普通砖填芯，用泥浆设置隔离层，再用水泥砂浆抹面，涂刷隔离剂，叠层最多为 4 层。

4.4.4 混凝土强度达到设计强度的 30% 时即可拆除侧模，拆模应先内后外，严禁用撬棍与混凝土之间硬拆，以免碰掉棱角。拆除的模板应及时清理，涂刷隔离剂，支垫平整备用。

4.5 混凝土工程

4.5.1 浇筑前应先将模板内清理干净，浇水湿润，不应冲刷掉隔离剂，且不得积水。

4.5.2 采用自拌混凝土时，每班混凝土施工前，要对设备进行检查并试运转，检查计量器具及施工配合比，对所用原材料规格、产地、质量进行检查，符合要求后方可开机拌制混凝土。

4.5.3 砂石骨料计量允许误差不大于 $\pm3\%$，水泥不大于 $\pm2\%$，外加剂及混合料不大于 $\pm2\%$，水不大于 $\pm2\%$，不得掺有氯化物等对钢筋有腐蚀作用的外加剂。

4.5.4 投料顺序：石子→水泥→砂→外加剂、水。首盘拌制先湿润滚筒，石子用量减半。

4.5.5 混凝土搅拌的最短时间应符合表 25-1 的规定。

混凝土搅拌的最短时间（s） 表 25-1

混凝土坍落度（mm）	搅拌机机型	搅拌机出料量（L）		
		<250	$250\sim500$	>500
$\leqslant30$	强制式	60	90	120
>30，且 <100	强制式	60	60	90
$\geqslant100$	强制式	60		

注：1. 最短搅拌时间指自全部材料入筒搅拌至开始出料的时间；
   2. 当掺有外加剂与矿物掺和料时，搅拌时间应适当延长；
   3. 采用自落式搅拌机时，搅拌时间宜延长 30s；
   4. 冬期混凝土搅拌时间取常温时间的 1.5 倍。

4.5.6 对混凝土原材料、配合比、搅拌时间、坍落度进行检查，每一台班除按常规规定制作混凝土试块外，还应留设不少于一组的同条件试块。

4.5.7 当采用预拌混凝土时，应符合现行国家标准《预拌混凝土》GB/T 14902 的相关规定。供方应提供混凝土配合比通知单、混凝土抗压强度报告、混凝土质量合格证和混凝土运输单；当需要其他资料时，供需双方应在合同中明确约定。

4.5.8 预拌混凝土搅拌运输车在装料前应将罐内积水排尽，装料后严禁向搅拌罐内的混凝土拌合物中加水。

4.5.9 预拌混凝土从搅拌机卸入搅拌运输车到卸料时的运输时间不宜大于 90min，如需延长运送时间则应采取相应的有效技术措施，并应通过试验验证；当采用翻斗车时，运输时间不应大于 45min。

4.5.10 混凝土浇筑应从构件中心向两端或从两端向中心浇筑，混凝土必须连续浇筑，不留施工缝。振捣时应边入模边振捣，振捣器移动间距不大于 400mm，应振捣密实且不得碰撞各种预埋件。

4.5.11 混凝土表面应及时抹平压光，芯管每 10～15min 转动一次。如表面出现裂缝用抹子搓平，然后用铁抹子抹光。

4.5.12 抽芯管在混凝土初凝后终凝前进行，以手指按压混凝土表面达到"轻压不软、重压不陷、浆不粘手、印痕不显"为宜。抽管时从两端分别拔出，从管端小孔中穿钢筋棒，边转边抽，同时观察混凝土表面，抽管应按孔道位置先上后下采用人工或卷扬机抽出，抽管速度宜均匀。

4.5.13 预留灌浆孔和排气孔，灌浆孔直径为 25mm，间距不宜大于 12m，用木塞预留；构件端部、锚具及铸铁喇叭口处应设置排气孔，排气孔直径为 8～10mm，用钢筋头预留。混凝土浇筑后随即转动木塞及钢筋头顶紧孔道芯管，待抽管后把木塞及钢筋头拔出，保证灌浆孔、排气孔畅通。

4.5.14 抽出钢管后，可用铁丝一端绑扎棉纱，清理孔道内混凝土碎渣，以便穿筋。

4.5.15 在混凝土浇筑完毕 12h 内进行覆盖并浇水湿润，养护时间不小于 7d。

4.6 预应力筋张拉

4.6.1 认真检查预应力筋的孔道，保证平顺、畅通，无局部弯曲。孔道端部的预埋钢板应垂直于孔道轴线，孔道接头处不得漏浆，灌浆孔及排气孔位置应符合设计要求。

4.6.2 螺丝端杆与预应力筋焊接，应在预应力筋冷拉前进行。

4.6.3 穿入预应力筋时，带有螺丝端杆的预应力筋应将丝扣保护好，钢筋穿引器的引线从一端穿入孔道，从另一端穿出，钢筋保持水平向孔道送入，直至两端露出所需长度。张拉端丝扣的外露长度不应小于 $H+10mm$（H 为螺母高度），外露丝扣应涂机油，以备张拉。

4.6.4 安装垫板及张拉设备时，应使张拉力的作用线与孔道中心线重合，并将螺母拧紧固定，防止张拉时垫板不正卡住端杆、损坏丝扣。安装垫板时应注意将垫板上的排气槽朝向外侧，不可朝里或向下。

4.6.5 预应力薄腹梁采用分批、对称张拉。预应力筋张拉端的设置应符合设计要求，当无具体要求时，应符合以下规定：

1 抽芯成型孔道：曲线预应力筋和长度≮24m 的直线预应力筋应在两端张拉，长度≤24m 的直线预应力筋可在一端张拉；

2　预埋波纹管孔道：曲线预应力筋和长度大于30m的直线预应力筋应在两端张拉，长度不大于30m的直线预应力筋可在一端张拉。当同一截面中有多根一端张拉的预应力筋时，张拉端宜分别设置在结构两端，当两端同时张拉同一根预应力筋时，宜先一端锚固，然后在另一端补足张拉力后进行锚固。

4.6.6　采用分批张拉时，应计算出分批张拉的预应力损失值，分别加到先张拉预应力筋的张拉控制应力值内，或采用同一张拉值逐根复位补足。

4.6.7　当采用超张拉法减少预应力筋的松弛损失时，预应力筋张拉程序如下：

1　$0 \rightarrow 105\% \sigma_{con}$ 持荷 2min $\rightarrow \sigma_{con}$

2　$0 \rightarrow 103\% \sigma_{con}$

4.6.8　预应力筋张拉伸长值应符合设计要求，当无具体要求时，预应力筋的计算伸长值 ΔL_p 可按式（25-1）计算：

$$\Delta L_p = F_p \cdot L / A_p \cdot E_p \tag{25-1}$$

式中　F_p——预应力筋的平均张拉力（kN），直线筋取张拉端的拉力，两端张拉的曲线筋取张拉端的拉力与跨中扣除孔道，摩擦损失后拉力的平均值；

A_p——预应力筋的截面面积（mm²）；

L——预应力筋的长度（mm）；

E_p——预应力筋的弹性模量（kN/mm²）。

预应力筋的实际伸长值，宜在初应力为张拉控制应力10%左右时开始量测，但必须加上初应力以下的推算伸长值，扣除混凝土构件在张拉过程中的弹性压缩值。

张拉力值、相应的油表读数及张拉值均应写在标牌上，挂在高压油泵旁，供操作人员掌握。

4.6.9　张拉完毕后，用扳手将螺母拧紧，将钢筋锚固，端杆螺丝宜每端拧双螺帽。测出实际伸长值，当实际伸长值比计算伸长值小5%或大10%时，应查找原因后重新张拉。

4.6.10　平卧重叠浇筑时宜先上后下逐层进行张拉，为减少上下层之间因摩擦力造成的预应力损失，可逐层加大张拉力。但底层张拉力对钢绞线不宜比顶层张拉力大5%，对冷拉Ⅱ、Ⅲ、Ⅳ级钢筋不宜比顶层张拉力大9%，且最大张拉力不得超过表25-2的规定。

最大张拉应力允许值　　　　　　　　　　　　　　　　表 25-2

钢种	后张法
钢绞线	$0.80 f_{ptk}$
预应力螺纹钢筋	$0.90 f_{pyk}$

注：f_{ptk}为预应力筋的极限抗拉强度标准值，f_{pyk}为预应力筋的屈服强度标准值。

4.6.11　在张拉过程中，应及时做好预应力张拉记录。

4.7　孔道灌浆

4.7.1　灌浆孔道应湿润、洁净，并检查灌浆孔、排气孔是否畅通。

4.7.2　预应力筋张拉完后，应尽早进行孔道灌浆，以减少预应力损失。孔道内水泥浆应饱满、密实。

4.7.3　灌浆用普通硅酸盐水泥配置的水泥浆，孔径大的孔道可采用砂浆灌浆，水泥及砂浆强度应满足设计要求，且不应小于30N/mm²。水泥浆水灰比不应大于0.45，搅拌完3h后泌水率不宜大于2%，且不应大于3%，水泥浆中可掺入水泥重量万分之一的脱脂铝粉及对预应力筋无腐蚀的外加剂。

4.7.4　灌浆应先上后下，缓慢均匀进行，灌浆压力应先小后大，并稳定在 0.4～0.5MPa，不得中断。当排气孔依次排出空气、水、稀浆、浓浆时，用木塞将排气孔塞住，并稍加大压力至 0.6～0.8MPa，随即停泵，稍停 2～3min 后即可堵塞灌浆孔。

4.7.5　除按要求留设水泥浆（或水泥砂浆）试块外，还应留设一组同条件试块，并注意养护。

4.7.6　孔道灌浆应正温下进行，并养护到不小于设计强度标准值的 75% 时方可移动构件。

4.7.7　外露于锚具的预应力筋切割必须用砂轮锯，严禁使用电弧；乙炔焰切割时，火焰不得接触锚具，切割过程中还应用水冷却锚具。切割后的预应力筋的外露长度，不宜小于预应力筋直径的 1.5 倍，且不宜小于 30mm。

5　质量标准

5.1　主控项目

5.1.1　预制构件应进行结构性能检验。结构性能检验不合格的预制构件不得用于混凝土结构。

构件应在明显部位标明生产单位、构件型号、生产日期和质量验收标志。构件上的预埋件、插筋和预留孔洞的规格、位置和数量应符合标准图或设计要求。

5.1.2　预制构件的外观质量不应有严重缺陷。对已经出现的严重缺陷，应按技术处理方案进行处理，并重新检查验收。

5.1.3　构件不应有影响结构性能和安装、使用功能的尺寸偏差。对超过尺寸允许偏差且影响结构性能和安装、使用功能的部位，应按技术处理方案进行处理，并重新检查验收。

5.2　一般项目

5.2.1　预制构件的外观质量不宜有一般缺陷。对已经出现的一般缺陷，应按技术处理方案进行处理，并重新检查验收。

5.2.2　预制构件的尺寸偏差应符合表 25-3 的规定。

预制构件尺寸的允许偏差　　　　　　　　　表 25-3

序号	项目		允许偏差（mm）	检验方法
1	长度		$+15$，-10	尺量
2	宽度		± 5	尺量
3	侧向弯曲		$L/1000$ 且 $\leqslant 20$	尺量
4	预埋件	中心线位置	10	尺量
		螺栓位置	5	尺量
		螺栓外露长度	$+10$，-5	尺量
5	预留孔中心线位置		5	尺量
6	预留洞中心线位置		15	尺量
7	主筋保护层厚度		$+10$，-5	尺量
8	预应力构件预留孔道位置		3	尺量

注：1. L 为构件长度（mm）；
　　2. 检查中心线、螺栓和孔道位置时，应沿纵、横两个方向量测，并取其中的较大值；
　　3. 对形状复杂或有特殊要求的构件，其尺寸偏差应符合标准图或设计的要求。

6　成品保护

6.0.1　现场应做排水设施，雨天应对构件遮盖油毡或塑料布，防止雨淋。冬季应采用防冻保温措施。

6.0.2　胎模上不得上平板车或其他车辆，不得堆置重物。

6.0.3　振捣混凝土时，不得碰撞钢筋、模板及预埋件，以免钢筋、预埋件位移或模板变形。

6.0.4　钢管（胶管）抽拔时，如混凝土表面有裂缝应及时压实抹光。

6.0.5　混凝土达到一定强度后方准拆除模板，拆除时应注意保护构件棱角，不得硬砸硬撬。

6.0.6　外露构件应除锈、涂刷防锈漆。

7　注意事项

7.1　应注意的质量问题

7.1.1　预留孔道用无缝钢管，留设位置准确，支架牢固，接头处铁皮套管应符合要求。

7.1.2　混凝土浇筑后每 15min 转动芯管一次，芯管抽拔应在混凝土终凝前进行，按孔道位置先上后下，边抽边转。

7.1.3　预应力张拉设备及仪表应定期维护和校验，配套标定并配套使用。张拉控制应力和伸长值应符合设计要求。

7.1.4　孔道灌浆前应用水冲洗混凝土孔壁，搅拌好的水泥浆不得出现泌水沉淀，灌浆压力由小到大逐渐加压。

7.2　应注意的安全问题

7.2.1　使用蛙式打夯机时，应有专人负责移动电缆线，操作人员应戴好绝缘手套。下班时拉闸断电，打夯机必须用防水材料遮盖。

7.2.2　操作高压油泵人员应戴防护目镜，防止油管破裂及接头处喷油伤眼。

7.2.3　高压油泵与千斤顶之间所有连接点、紫铜管喇叭口或接口应完好无损，并拧紧螺母。

7.2.4　张拉区应有明显标记，禁止非工作人员进入张拉区。

7.2.5　张拉时构件两端不得站人，并设置防护罩。高压油泵应放在构件的左右两侧，拧螺丝帽时操作人员应站在预应力筋位置的侧面。张拉完毕，稍待几分钟再拆卸张拉设备。

7.2.6　雨天张拉时，应搭设雨棚，防止张拉机具淋雨；冬天张拉时，张拉设备应有保暖设施，防止油管和油泵受冻而影响操作。

7.2.7　油泵开动过程中，操作人员不得擅离岗位。如需离开，必须切断电路或把油泵阀门全部松开。

7.2.8　掌握喷嘴的操作人员必须带防护目镜、穿雨鞋、戴手套。喷嘴插入孔道后，喷嘴后面的胶皮垫圈应紧压在孔洞上，胶皮管与灰浆泵应连接牢固，才能开动灰浆泵。堵塞灌浆孔与排气孔时，以防灰浆喷出伤人。

7.3　应注意的绿色施工问题

7.3.1　搅拌机应采用新型低噪声设备或者搭设隔音搅拌棚；混凝土浇筑时应使用低噪声振捣器，尽量避免居民区周围夜间施工、午休施工，学校周围上课时间施工。

7.3.2　预应力筋张拉时要防止千斤顶和液压油泵及输油管路连接处漏油。

8　质量记录

8.0.1　钢筋、预应力筋、锚具、夹具、连接器和混凝土原材料合格证和进场复验报告。

8.0.2　混凝土中氯化物含量计算书。

8.0.3　预应力筋张拉机具设备及仪表标定记录。

8.0.4　预应力筋隐蔽工程检查验收记录。

8.0.5　预应力筋应力检测记录或张拉记录。

8.0.6　灌浆记录。

8.0.7　水泥浆性能试验报告。

8.0.8　水泥试件强度检验报告。

8.0.9　混凝土配合比通知单。

8.0.10　混凝土施工记录。

8.0.11　混凝土坍落度检查记录。

8.0.12　混凝土试件强度检验报告。

8.0.13　预应力筋原材料检验批质量验收记录。

8.0.14　预制构件结构性能检验记录。

8.0.15　预应力筋制作与安装工程检验批质量验收记录。

8.0.16　混凝土原材料及配合比检验批质量验收记录。

8.0.17　混凝土施工检验批质量验收记录。

8.0.18　预制构件工程检验批质量验收记录。

8.0.19　预应力张拉、放张、灌浆及封锚工程检验批质量验收记录。

8.0.20　预应力分项工程质量验收记录。

8.0.21　其他技术文件。

第 26 章　预应力屋架制作

本工艺标准适用于施工现场预应力混凝土屋架制作。

1　引用标准

《混凝土结构工程施工规范》 GB 50666—2011

《混凝土结构工程施工质量验收规范》GB 50204—2015

《普通混凝土用砂、石质量标准及检验方法》JGJ 52—2006

《预应力筋用锚具、夹具和连接器》GB/T 14370—2007

《预应力筋用锚具、夹具和连接器应用技术规程》JGJ 85—2010　J1006—2010

《预应力混凝土用钢绞线》GB/T 5224—2003

《预拌混凝土》GB/T 14902—2012

2　术语（略）

3　施工准备

3.1　作业条件

3.1.1　应编制预应力屋架施工方案，已按设计要求对屋架预制过程中的胎膜制作、非预应力钢筋制安、混凝土浇筑养护、预应力筋孔道留置、预应力筋张拉、灌浆等工序的操作标准向操作人员进行技术安全交底。

3.1.2　有预制构件平面布置图，并对预应力筋（束）穿放和张拉、吊装机械行驶路线、屋架起吊扶直和就位等做了统一部署。构件生产场地已夯实、整平，且有排水措施。模板、钢筋、预埋件均运至生产指定地点，钢筋、预埋件码好。

3.1.3　张拉用的油压千斤顶及油表已配套校验，张拉设备已检定，机具准备就绪。

3.1.4　张拉时混凝土强度应达到设计要求，一般不低于设计强度的75%。

3.1.5　已有试验室签发的混凝土及孔道灌浆配合比通知单，计量装置完好，搅拌及振捣设备试运转正常，灌浆机具准备就绪。

3.1.6　构件应在常温条件下生产，当所处环境温度高于35℃或室外日平均气温连续5d低于5℃的条件下进行灌浆施工时，应采取专门的质量保证措施。

3.2　材料及机具

3.2.1　钢筋绑扎：成型钢筋、钢筋点焊网片、预留孔道用钢管、胶管或金属螺旋管、预埋铁件、20～22号铅丝及带铁丝的水泥砂浆垫块等。

3.2.2　混凝土浇筑：强度不低于32.5级普通硅酸盐水泥或矿渣硅酸盐水泥、粗砂或中砂、粒径为5～20mm的碎石、外加剂等。

3.2.3　预应力张拉：预应力筋宜采用钢绞线、钢丝，也可采用热处理钢筋。预应力筋张拉用的螺丝端杆、锚具、垫铁等。

3.2.4　孔道灌浆：32.5级普通硅酸盐水泥、铝粉（经过脱脂处理）、对钢筋无锈蚀作用的外加剂。

3.2.5　胎模制作：普通砖、方木、32.5级普通硅酸盐水泥或矿渣硅酸盐水泥、中砂、石灰膏、隔离剂等。

3.2.6　模板安装：定型模板、30～50mm厚木模板、小木桩、木龙骨、12号铅丝等。

3.2.7　机具：

　　1 胎模制作：蛙式打夯机、水准仪、砂浆机、瓦刀、大铲等；

　　2 模板安装：手锤、钢卷尺、电锯、电刨、线锤、水平尺、涂料滚等；

　　3 钢筋绑扎：钢筋钩子、铅丝铡刀、盒尺等；

　　4 混凝土浇筑：混凝土搅拌机、手推车、铁锹、木抹子、铁抹子、振捣器、计量器具、拔管用的绞车或卷扬机、测量设备、仪器、坍落度筒、混凝土试模等；

　　5 预应力钢筋张拉：液压拉伸机、电动高压油泵；

　　6 孔道灌浆：灰浆搅拌机、灌浆机具、砂浆试模等。

4 操作工艺

4.1 工艺流程

胎模制作 → 钢筋绑扎 → 模板安装 → 混凝土工程 → 预应力筋（束）穿放 →
预应力筋（束）张拉与锚固 → 孔道灌浆 → 封端

4.2 胎模制作

4.2.1 根据预制构件平面布置图放出构件位置，用水准仪找平后修理平整、用打夯机夯实。当土质较差时，可就近用黏土或亚黏土垫筑夯实，厚度一般为200mm。

4.2.2 将胎模表面铲平，清理干净，进行放样，切土成型。

4.2.3 当无条件做土胎模时，可采用泥浆或灰浆砌砖胎模成型。

4.2.4 土胎模先用1:3水泥砂浆找平，再用1:3:（8～10）水泥黏土砂浆找平，表面撒干水泥压光，棱角处用1:2.5水泥砂浆抹面。

4.2.5 抹面砂浆略干即刷废机油和甲基树脂等隔离剂，以防开裂。用长柄刷子蘸隔离剂进行涂刷，涂刷应均匀，不漏刷，不积油。隔离剂以淡色为宜。

4.2.6 构件生产场地的四周应做好防水、排水措施，以免遇雨时将胎模浸泡变形。

4.2.7 胎模上放出模板、钢筋、预埋铁件的位置线。

4.3 钢筋绑扎

4.3.1 核对成型钢筋的种类、直径、形状尺寸和数量等是否与配料单相符。

4.3.2 屋架钢筋采用模内绑扎法。通常先绑扎腹杆，并放入模内，然后上、下弦、端部骨架钢筋，再绑模板底的主筋，按箍筋间距画线，套上箍筋并按线距摆开。先绑模板面的钢筋，再绑模板底的钢筋，绑扎后，穿入节点附近钢筋和节点钢筋绑扎，最后绑扎节点外钢筋，抽去垫木，并放入模内。

4.3.3 钢筋绑扎后，再安装预埋铁件和预留孔道管材。预埋铁件安装时，可采用螺栓固定，保证位置准确、牢固。

4.3.4 预留孔道有抽拔法和直埋法两种。无缝钢管和橡胶管（充水或充气）适用于抽拔法，镀锌金属波纹管适用于直埋法。孔道管材安装时，为了保证管材在屋架下弦中的位置正确，一般用$\phi6$～$\phi8$井字形钢筋托架支起，井字形钢筋托架应和下弦骨架钢筋点焊牢固，托架的间距为400～600mm（无缝钢管为1000～1500mm），孔道管材穿置于井字形托架中。

4.3.5　当无缝钢管需要两根对接起来时，在对接处应用一节铁皮套管上焊 $\phi6$ 钢筋弯成的铁脚，以防转动钢管时铁皮套管随钢管一起转动。套管一般采用 0.5mm 厚铁皮制作，长 300～400mm。

4.3.6　当预应力筋采用高强钢丝束镦头锚具时张拉端部的预留孔道需要扩孔，扩孔的尺寸主要根据镦头锚具的尺寸而定。端部扩孔一般采用无缝钢管的留设方法。端部扩孔留设时应与中心孔道同心，抽管时先抽芯管，后抽钢套管。

4.3.7　预埋铁件和孔道管材的安装，应与钢筋绑扎、模板安装相互配合，端部预埋铁板必须平整，并与孔道中心线垂直。

4.4　模板安装

4.4.1　屋架通常采用平卧叠层生产，弦杆和腹杆的侧模采用定型模板，节点采用木模。木模与混凝土接触面应经刨光或钉镀锌铁皮，选用干燥、变形小的松木制作，要求外形尺寸准确、表面平整光滑、支拆方便。

4.4.2　支模应采用撑搭结合法，即先立侧模，外侧用斜撑撑住，上口用搭条拉结，以保证尺寸不变。

4.4.3　底层第一榀屋架安装模板时，应核对胎模尺寸，且底模应控制在同一水平面上，拆模后宜延构件四周弹出水平线，逐层校正上层模板的平整度。

4.4.4　在下层屋架强度达到设计强度的 30％时，并刷上隔离剂或铺塑料薄膜后，才可支上层屋架模板，支模时，可用下层拆下来的模板做支撑垫起，然后同下层用撑搭结合法固定模板。当模板够用时，下层模板也可暂不拆除，将上层模板支在下层模板上，以节省逐层支模。

4.4.5　当采用预制腹杆时，可将预制好的腹杆两头放在上、下弦节点中，并将锚入钢筋与主筋绑扎牢固。

4.4.6　模板安装完，应检查支撑、搭条是否牢固，接缝是否严密，预埋铁件位置是否准确，当模板高于构件厚度时，应在模板上口内侧弹出墨线，并交代给下道工序。

4.4.7　当混凝土强度达到设计强度的 30％时方可拆除模，拆下的模板应及时整修清理，涂刷隔离剂。

4.5　混凝土工程

4.5.1　浇筑前应先将模板内清理干净，浇水湿润，不应冲刷掉隔离剂，且不得积水。

4.5.2　对采用自拌混凝土时，每班混凝土施工前，要对设备进行检查并试运转，检查计量器具及施工配合比，对所用原材料规格、产地、质量进行检查，符合要求后方可开机拌制混凝土。

4.5.3　砂石骨料计量允许误差不大于±3％，水泥不大于±2％，外加剂及混合料不大于±2％，水不大于±2％，不得掺有氯化物等对钢筋有腐蚀作用的外加剂。

4.5.4　投料顺序：石子→水泥→砂→外加剂、水。首盘拌制先湿润滚筒，石子用量减半。

4.5.5　混凝土搅拌的最短时间应符合表 26-1 的规定。

混凝土搅拌的最短时间（s）　　　　　　　　表 26-1

混凝土坍落度（mm）	搅拌机机型	搅拌机出料量（L）		
		<250	250～500	>500
≤30	强制式	60	90	120
>30，且<100	强制式	60	60	90
≥100	强制式	60		

注：1. 最短搅拌时间指自全部材料入筒搅拌至开始出料的时间；
　　2. 当掺有外加剂与矿物掺和料时，搅拌时间应适当延长；
　　3. 采用自落式搅拌机时，搅拌时间宜延长 30s；
　　4. 冬期混凝土搅拌时间取常温时间的 1.5 倍。

4.5.6　对混凝土原材料、配合比、搅拌时间、坍落度进行检查，每一台班除按常规规定制作混凝土试块外，还应留设不少于一组的同条件试块。

4.5.7　当采用预拌混凝土时，应符合现行《预拌混凝土》GB/T 14902 的相关规定。供方应提供混凝土配合比通知单、混凝土抗压强度报告、混凝土质量合格证和混凝土运输单；当需要其他资料时，供需双方应在合同中明确约定。

4.5.8　预拌混凝土搅拌运输车在装料前应将罐内积水排尽，装料后严禁向搅拌罐内的混凝土拌合物中加水。

4.5.9　预拌混凝土从搅拌机卸入搅拌运输车到卸料时的运输时间不宜大于 90min，如需延长运送时间则应采取相应的有效技术措施，并应通过试验验证；当采用翻斗车时，运输时间不应大于 45min。

4.5.10　混凝土浇筑应从构件中心向两端或从两端向中心浇筑，混凝土必须连续浇筑，不留施工缝。振捣时应边入模边振捣，振捣器移动间距不大于 400mm，应振捣密实且不得碰撞各种预埋件。

4.5.11　混凝土表面应及时抹平压光，芯管每 10～15min 转动一次。如表面出现裂缝用抹子搓平，然后用铁抹子抹光。

4.5.12　抽芯管在混凝土初凝后终凝前进行，以手指按压混凝土表面达到"轻压不软、重压不陷、浆不粘手、印痕不显"为宜。抽管时从两端分别拔出，从管端小孔中穿钢筋棒，边转边抽，同时观察混凝土表面，抽管应按孔道位置先上后下采用人工或卷扬机抽出，抽管速度宜均匀。

4.5.13　预留灌浆孔和排气孔，灌浆孔直径为 25mm，间距不宜大于 12m，用木塞预留；构件端部、锚具及铸铁喇叭口处应设置排气孔，排气孔直径为 8～10mm，用钢筋头预留。混凝土浇筑后随即转动木塞及钢筋头顶紧孔道芯管，待抽管后把木塞及钢筋头拔出，保证灌浆孔、排气孔畅通。

4.5.14　抽出钢管后，可用铁丝一端绑扎棉纱，清理孔道内混凝土碎渣，以便穿筋。

4.5.15　在混凝土浇筑完毕 12h 内进行覆盖并浇水湿润，养护时间不小于 7d。

4.6　预应力筋（束）穿放

4.6.1　穿放预应力筋（束）之前，应将孔道清理干净，并核对预应力筋（束）的材质、规格和下料长度等。预应力筋（束）穿放时，当采用粗钢筋配合螺丝端杆时，将螺丝端杆的丝扣部分套上穿引器，穿引器的引线穿入孔道，钢筋保持水平送入孔道，在另一端设一人拉动，直至两端露出所需长度。卸下穿引器，检查丝扣及外露长度。如丝扣损坏，应及时修理。张拉端丝扣的外露长度一般不应小于 $2H+10$mm，锚固端不小于 $H+10$mm，（H 为螺母高度)，按此要求就位后，外露丝扣应涂机油，以备张拉。

4.6.2 当采用多根钢绞线作预应力筋时，穿放前应先进行编束，用18～20号铅丝每隔1m左右扎紧，再用卷扬机整束穿入孔道(钢绞线也可逐根用人工或穿引器穿入孔道)。

4.6.3 预应力筋编束，应根据钢筋冷拔时的编号选择冷拉率比较接近的编为一组(或一束)使用，并按每组的数量使其一头对齐编扎，以利穿束。

4.6.4 当用钢绞线时，下料一般在现场进行。钢绞线可用砂轮切割机下料，钢绞线的下料长度等于孔道的净长加两端的预留长度，固定端的预留长度为锚板的厚度加30mm，张拉端的预留长度可根据选用的MJ12锚具或QM型群锚体系和张拉机具确定。

4.7 预应力筋(束)张拉与锚固

4.7.1 当预应力筋(束)穿放完，混凝土强度达到设计强度的100%时(设计无具体要求时，不应低于设计强度的75%)，方可张拉预应力筋。

4.7.2 张拉设备系统应配套，并定期进行标定。粗钢筋配用螺丝端杆锚具，拉杆式千斤顶进行张拉；钢筋束、钢绞线配用MJ12锚具，YC-60型穿心式千斤顶进行张拉；钢绞线也可配用QM型锚具YCQ型千斤顶进行张拉。

4.7.3 安装张拉设备时，如用粗钢筋作预应力筋，两端先套上垫板，拧上螺帽(非张拉端为螺丝端杆时，可将螺帽拧紧；非张拉端为帮条锚具时，将帮条焊好)，张拉端拧上拉头，然后将千斤顶就位，开动高压油泵，千斤顶小缸进油，活塞杆伸出，将拉头套入千斤顶套碗中，扭转90°卡牢，随即将千斤顶就位找平，再将千斤顶小缸回油，大缸进油，活塞杆缩进，通过拉头张拉预应力筋。安装垫板时，应注意将垫板上的排气孔朝向外侧，不可朝里。

4.7.4 当用钢筋或钢绞线作预应力筋时，先安装好两端(或穿束后的另一端)的工作锚，然后在张拉端将钢筋束或钢绞线穿入千斤顶，并使千斤顶的中心线与锚杯中心重合，再将张拉油缸伸出20～40mm，在其尾部安上垫板和工作锚，锚紧钢筋或钢绞线，使张拉油缸有回程余地，易于取下工具锚。为便于松开，工具锚杯内壁可涂少量润滑油。

4.7.5 平卧重叠浇筑的预应力屋架，预应力筋的张拉应自上层开始逐层进行张拉，全部张拉完毕后，再从上至下逐根校验补足预应力值。

4.7.6 曲线预应力筋和长度＜24m的直线预应力筋，应在两端张拉；长度≤24m的直线预应力筋，可在一端张拉，但张拉端应交错布置，以便两端同时对称张拉。

4.7.7 预应力筋的张拉控制应力应符合设计要求。当施工中需要超张拉时，可比设计要求提高5%，但其最大控制应力不得超过表26-2的规定。

最大张拉应力允许值 表26-2

钢种	后张法
钢绞线	$0.80f_{ptk}$
预应力螺纹钢筋	$0.90f_{pyk}$

注：f_{ptk}为预应力筋的极限抗拉强度标准值，f_{pyk}为预应力筋的屈服强度标准值。

4.7.8 当采用超张拉法减少预应力筋的松弛损失时，预应力筋张拉程序如下：

1 $0\rightarrow105\%\sigma_{con}$持荷2min$\rightarrow\sigma_{con}$

2 $0\rightarrow103\%\sigma_{con}$

4.7.9　使用 JM12 型锚具前，应严格检查锚具质量。锚具安装时注意不可将螺纹钢筋上的两条纵肋夹入夹片中，而应放在两夹片的空隙间，以免造成钢筋滑动。顶压过程中，应注意工作锚夹片的移动情况，发现不正常时，可将顶压缸回油，用小钢钎插入夹片缝隙，再将张拉油缸回油，取出夹片，找出原因并采取针对性措施后重新张拉。

4.8　预应力筋张拉伸长值的计算与量测

4.8.1　预应力筋（束）在张拉前需将伸长值事先算出，以作为预应力伸长值和实际伸长值的对照依据，实际伸长值如大于计算值的 10％或小于 5％时，应查找原因，采取措施后重新张拉。张拉伸长值 ΔL_p 可按式（26-1）计算：

$$\Delta L_p = F_p \cdot L / A_p \cdot E_p \tag{26-1}$$

式中　F_p——预应力筋的平均张拉力（kN），直线筋取张拉端的拉力，两端张拉的曲线筋取张拉端的拉力与跨中扣除孔道，摩擦损失后拉力的平均值；

　　　A_p——预应力筋的截面面积（mm^2）；

　　　L——预应力筋的长度（mm）；

　　　E_p——预应力筋的弹性模量（kN/mm^2）。

4.8.2　预应力筋张拉伸长值的量测，应在建立初应力之后进行。

其实际伸长值 ΔL_p 可按式（26-2）计算：

$$\Delta L_p = \Delta L_1 + \Delta L_2 - A - B - C \tag{26-2}$$

式中　ΔL_1——从初应力至最大张拉力之间的实际伸长值；

　　　ΔL_2——初应力以下的推算伸长值；

　　　A——张拉过程中锚具楔紧引起的预应力筋内缩值；

　　　B——千斤顶内预应力筋的张拉伸长值；

　　　C——施加应力时，后张法混凝土构件的弹性压缩值（其值微小时可忽略不计）。

4.8.3　预应力筋（束）的张拉力值和相应的油表读数，以及张拉值应写在标牌上，挂在高压油泵旁。在张拉过程中，应有专人量测、记录、校核，并与理论计算值随时进行比较，校核认可后随时将螺母拧紧或顶压锚固，卸下千斤顶。供操作人员掌握。

4.9　孔道灌浆

4.9.1　灌浆前用清水冲洗孔道，使之湿润，同时检查灌浆孔、排气孔是否畅通。

4.9.2　按经过试验的灰浆配合比拌制灰浆。其抗压强度不应小于 $30N/mm^2$。水灰比不应大于 0.45，内掺水泥重量万分之一的铝粉，铝粉应经过脱脂处理，搅拌时将铝粉液倒入水中，再与水泥一起搅拌均匀。搅拌好的灰浆倒入灰浆泵料斗时，需用 49 孔/cm^2 的筛子过滤，再用棒不断搅拌，以防沉淀，直至用完。

4.9.3　灌浆前灰浆泵应试开一次，检查运行是否正常、是否保持需要压力，然后开始灌浆。灌浆必须连续进行，一次灌完。如中间因故停顿，应立即将已灌入的灰浆用清水冲洗干净，以后重新灌入，一般用构件中部的灌浆孔灌入，再用两端的灌浆孔补满。

4.9.4　灌浆压力先小后大，逐渐加大并稳定在 0.4～0.5MPa。当构件两端排气孔排出空气、水、稀浆、浓浆时，用准备好的木塞将排气孔塞住，并稍加压力至 0.6～0.8MPa，随即停泵，停 2～3min 后拔出喷嘴，立即用木塞塞住。其强度达到设计标准值的 75％时方可进行吊装。

5 质量标准

5.1 主控项目

5.1.1 预制构件应进行结构性能检验。结构性能检验不合格的预制构件不得用于混凝土结构。构件应在明显部位标明生产单位、构件型号、生产日期和质量验收标志。构件上的预埋件、插筋和预留孔洞的规格、位置和数量应符合标准图或设计要求。

5.1.2 预制构件的外观质量不应有严重缺陷。对已经出现的严重缺陷，应按技术处理方案进行处理，并重新检查验收。

5.1.3 构件不应有影响结构性能和安装、使用功能的尺寸偏差。对超过尺寸允许偏差且影响结构性能和安装、使用功能的部位，应按技术处理方案进行处理，并重新检查验收。

5.2 一般项目

5.2.1 预制构件的外观质量不宜有一般缺陷。对已经出现的一般缺陷，应按技术处理方案进行处理，并重新检查验收。

5.2.2 预制构件的尺寸偏差应符合表 26-3 的规定。

构件尺寸的允许偏差表 26-3

序号	项目		允许偏差（mm）	检验方法
1	长度		$+15，-10$	尺量
2	宽度		± 5	尺量
3	侧向弯曲		$L/1000$ 且 $\leqslant 20$	尺量
4	预埋件	中心线位置	10	尺量
		螺栓位置	5	尺量
		螺栓外露长度	$+10，-5$	尺量
5	预留孔中心线位置		5	尺量
6	预留洞中心线位置		15	尺量
7	主筋保护层厚度		$+10，-5$	尺量
8	预应力构件预留孔道位置		3	尺量

注：1. L 为构件长度（mm）；
    2. 检查中心线、螺栓和孔道位置时，应沿纵、横两个方向量测，并取其中的较大值；
    3. 复杂或有特殊要求的构件，其尺寸偏差应符合标准图或设计的要求。

6 成品保护

6.0.1 现场应做排水设施，雨天应对构件遮盖油毡或塑料布，防止雨淋。冬季应采用防冻保温措施。

6.0.2 胎模上不得上平板车或其他车辆，不得堆置重物。

6.0.3 振捣混凝土时，不得碰撞钢筋、模板及预埋件，以免钢筋、预埋件位移或模板变形。

6.0.4 钢管（胶管）抽拔时，如混凝土表面有裂缝应及时压实抹光。

6.0.5 混凝土达到一定强度后方准拆除模板，拆除时应注意保护构件棱角，不得硬砸硬撬。

6.0.6 外露构件应除锈、涂刷防锈漆。

7　注意事项

7.1　应注意的质量问题

7.1.1　预留孔道用无缝钢管，留设位置准确，支架牢固，接头处铁皮套管应符合要求。

7.1.2　混凝土浇筑后每 15min 转动芯管一次，芯管抽拔应在混凝土终凝前进行，按孔道位置先上后下，边抽边转。

7.1.3　预应力张拉设备及仪表应定期维护和校验，配套标定并配套使用。张拉控制应力和伸长值应符合设计要求。

7.1.4　孔道灌浆前应用水冲洗混凝土孔壁，搅拌好的水泥浆不得出现泌水沉淀，灌浆压力由小到大逐渐加压。

7.2　应注意的安全问题

7.2.1　使用蛙式打夯机时，应有专人负责移动电缆线，操作人员应戴好绝缘手套。下班时拉闸断电，打夯机必须用防水材料遮盖。

7.2.2　操作高压油泵人员应戴防护目镜，防止油管破裂及接头处喷油伤眼。

7.2.3　高压油泵与千斤顶之间所有连接点、紫铜管喇叭口或接口应完好无损，并拧紧螺母。

7.2.4　张拉区应有明显标记，禁止非工作人员进入张拉区。

7.2.5　张拉时构件两端不得站人，并设置防护罩。高压油泵应放在构件的左右两侧，拧螺丝帽时操作人员应站在预应力筋位置的侧面。张拉完毕，稍待几分钟再拆卸张拉设备。

7.2.6　雨天张拉时，应搭设雨棚，防止张拉机具淋雨；冬天张拉时，张拉设备应有保暖设施，防止油管和油泵受冻而影响操作。

7.2.7　油泵开动过程中，操作人员不得擅离岗位。如需离开，必须切断电路或把油泵阀门全部松开。

7.2.8　掌握喷嘴的操作人员必须带防护目镜、穿雨鞋、戴手套。喷嘴插入孔道后，喷嘴后面的胶皮垫圈应紧压在孔洞上，胶皮管与灰浆泵应连接牢固，才能开动灰浆泵。堵塞灌浆孔与排气孔时，以防灰浆喷出伤人。

7.3　应注意的绿色施工问题

7.3.1　搅拌机应采用新型低噪声设备或者搭设隔音搅拌棚；混凝土浇筑时应使用低噪声振捣器，尽量避免居民区周围夜间施工、午休施工，学校周围上课时间施工。

7.3.2　预应力筋张拉时要防止千斤顶和液压油泵及输油管路连接处漏油。

8　质量记录

8.0.1　钢筋、预应力筋、锚具、夹具、连接器和混凝土原材料合格证和进场复验报告。

8.0.2　混凝土中氯化物含量计算书。

8.0.3　预应力筋张拉机具设备及仪表标定记录。

8.0.4　预应力筋隐蔽工程检查验收记录。

8.0.5 预应力筋应力检测记录或张拉记录。

8.0.6 灌浆记录。

8.0.7 水泥浆性能试验报告。

8.0.8 水泥试件强度检验报告。

8.0.9 混凝土配合比通知单。

8.0.10 混凝土施工记录。

8.0.11 混凝土坍落度检查记录。

8.0.12 混凝土试件强度检验报告。

8.0.13 预应力筋原材料检验批质量验收记录。

8.0.14 预制构件结构性能检验记录。

8.0.15 预应力筋制作与安装工程检验批质量验收记录。

8.0.16 混凝土原材料及配合比检验批质量验收记录。

8.0.17 混凝土施工检验批质量验收记录。

8.0.18 预制构件工程检验批质量验收记录。

8.0.19 预应力张拉、放张、灌浆及封锚工程检验批质量验收记录。

8.0.20 预应力分项工程质量验收记录。

8.0.21 其他技术文件。

第27章 混凝土排架结构构件安装

本工艺标准适用于单层混凝土排架结构构件安装。

1 引用标准

《混凝土结构工程施工规范》GB 50666—2011
《钢结构焊接规范》GB 50661—2011
《混凝土结构工程施工质量验收规范》GB 50204—2015
《钢结构工程施工质量验收规范》GB 50205—2001

2 术语（略）

3 施工准备

3.1 作业条件

3.1.1 混凝土排架结构构件安装前应编制结构吊装专项施工方案，并向施工人员进行安全技术交底。

3.1.2　构件吊装前，应复核厂房纵横轴线及标高，检查构件的型号、数量、规格、外形尺寸、预埋件位置、标高和尺寸，吊环的规格、位置及混凝土强度是否符合设计要求。

3.1.3　构件安装时的混凝土强度应符合设计要求，当设计无具体要求时，不应小于设计强度的 75%。

3.1.4　在构件上弹出安装中心线，标明轴线位置。

1　柱子：在柱身三面弹出几何中心线，柱顶弹出截面中心线，牛腿上弹出吊车梁安装中心线；

2　吊车梁：在两端及顶面弹出几何中心线；

3　屋架：在上弦顶面弹出几何中心线，从跨中向两端分别弹出天窗架、屋面板安装位置线、端头弹出安装中心线，上下弦两侧弹出支撑连接件的安装位置线，弹出竖杆中心线。

3.1.5　构件运输、堆放、就位拼装加固等工作在吊装前做好。

3.1.6　吊装机械进场安装并经试运转，合格后方能吊装和使用。

3.1.7　吊装人员应由具有相应上岗资质的测量工、电焊工、起重工及技术人员组成。

3.1.8　起重机进场前按照施工平面布置图平整场地，松软的场地应用枕木或厚钢板铺垫。

3.2　材料及机具

3.2.1　预制构件：柱、柱间支撑、吊车梁、屋架、天窗架、屋面板、天沟板等构件。工厂预制的构件应有出厂合格证，构件上应有合格标志；现场预制的构件应有主要材料的进场复验报告、钢筋焊接试验报告、混凝土试块试验报告等质量记录。

3.2.2　水泥：采用强度等级 32.5 级以上的普通硅酸盐水泥，应有出厂合格证和进场复验报告。

3.2.3　砂：中砂，含泥量不大于 3.0%。

3.2.4　石子：粒径 5~20mm，含泥量不大于 1%。

3.2.5　垫块：铁楔。

3.2.6　电焊条：按设计要求及焊接规程的有关规定选用，应有产品合格证和使用说明。

3.2.7　机具：起重机、卷扬机、电焊机、烘干箱、枕木、厚钢板、白棕绳、钢丝绳、撬杠、吊钩、卡环、横吊梁、吊索、滑车、滑车组、吊链、手扳葫芦、千斤顶、木楔或铁楔、地锚、钢梯、水平仪、经纬仪、校正器、线坠、钢卷尺等。

4　操作工艺

4.1　工艺流程

$$\boxed{\text{杯口弹线、找平}} \rightarrow \boxed{\text{柱子安装（含柱间支撑）}} \rightarrow \boxed{\text{吊车梁安装}} \rightarrow \boxed{\text{屋盖系统安装}}$$

4.2　杯口弹线、找平

在钢筋混凝土杯形基础的顶面、内壁及底面弹出柱子安装线；检查杯口尺寸，测出杯底的实际高度，根据量出的柱底至牛腿面实际长度与设计长度比较，计算出杯底标高的调整值，并在杯口做出标记，用 1:2 水泥砂浆或 C30 细石混凝土将杯底找平。

4.3　柱子安装

4.3.1　柱子的绑扎位置和绑扎点数应符合设计要求，当设计无要求时，必须进行起吊验算。

4.3.2　自重 13t 以下的中小型柱，大多绑扎一点；重型或配筋小而细长的柱，则需绑扎两点或三点；有牛腿的柱，一点绑扎的位置应选在牛腿以下；Ⅰ字形断面柱的绑扎点应选在矩形断面处；双肢柱的绑扎点应选在平腹杆处。

4.3.3　单机吊装柱可采用旋转法或滑行法，双机抬吊可采用滑行法或递送法。双机抬吊时注意选择绑扎位置和方法，两台起重机进行合理的荷载分配，操作中两台起重机的动作必须互相配合。

4.3.4　柱子起吊后，将柱子转动到位，缓缓降落插入杯口，至离杯口底 30～50mm 时，用八个楔块从柱的四边插入杯口，并用撬杠撬动柱脚，使柱子几何中心线对准杯口几何中心线，先对小面，后平移柱对准大面。对准后略打紧楔块，放松吊钩，柱子沉至杯底，并复查对线，无误后两面对称打紧四周楔块，将柱子临时固定，起重机脱钩。

4.3.5　校正柱子垂直度时，用两台经纬仪从柱子几何互相垂直的两个面检查，其允许偏差：柱高≤5m 时为 5mm，5m＜柱高＜10m 时为 10mm，柱高≥10m 时为 1/1000 柱高，且≤20mm。当柱的垂直偏差较小时，用打紧或稍放松楔块的方法纠正；当柱的垂直偏差较大时，用螺旋千斤顶平顶法、用螺旋千斤顶斜顶法、撑杆法校正。10m 以上的柱可在早晨或阴天校正，在阳光下校正时应考虑温差的影响。

4.3.6　柱子校正完毕，应及时在柱脚与杯口空隙处灌筑细石混凝土，混凝土强度等级比构件强度等级高一级。灌筑分两次进行，第一次灌筑到楔块底部，第二次在第一次灌筑混凝土强度达到设计强度的 25％时，拔去楔块，将杯口灌满混凝土。留置同条件试块，每工作班不小于一组。

4.3.7　柱子校正后要及时安装柱间支撑。

4.4　吊车梁安装

4.4.1　吊车梁的安装，必须在柱子杯口第二次灌筑混凝土强度达到设计强度的 75％以后进行。

4.4.2　吊车梁用两点对称绑扎，吊钩对准重心，起吊后保持水平。梁的两端设拉绳控制，避免悬空时碰撞柱子。就位时应缓慢落钩，争取一次将梁端几何中心线与牛腿顶面安装中心线对准，避免在纵轴方向撬动吊车梁而导致柱偏斜。吊车梁就位时，仅用垫铁垫平即可脱钩。但当梁高宽比大于 4 时，除垫平外，还应用 8 号铁丝将梁捆在柱上，或用连接钢板与柱子点焊，做临时固定。

4.4.3　中小型吊车梁可在屋盖结构吊装后校正。重型吊车梁如在屋盖吊装后校正难度较大，宜边吊边校正，主要校正垂直度及水平位置。垂直度用靠尺、线坠测量，如有误差，可在梁底垫入斜垫铁进行校正。平面位置（直线度和跨距）的校正，6m 长及 5t 以内吊车梁采用通线法和平移轴线法；12m 长及 5t 以上吊车梁采用边吊边校法，如有误差采用撬杠拨正。

4.4.4　吊车梁校正后，用连接钢板与柱侧面、吊车梁顶端的预埋件焊接，并在接头处支模，灌筑细石混凝土，其强度等级不低于 C20。

4.5　屋盖系统安装

4.5.1　屋架应绑扎在上弦节点处，左右对称，翻身或直立时，吊索与水平线的夹角不宜小于 60°，吊装时其夹角不应小于 45°。绑扎中心必须在屋架中心之上，绑扎方法应根据屋架的跨度、安装高度和起重机的吊杆长度确定。

1　18m 的钢筋混凝土屋架吊装用两根吊索三点绑扎，翻身时应绑四点；

2　24m 的钢筋混凝土屋架翻身和吊装用两根吊索四点绑扎；

3　30m 的钢筋混凝土屋架使用 9m 长的横吊梁，以降低吊装高度、减少吊索对屋架上弦的轴向压力。如起重机的吊杆长度能满足屋架安装高度的需要，则可不用横吊梁；

4　组合屋架吊装采用四点绑扎，下弦绑木杆加固。当下弦为型钢，跨度大于 12m 时，可采用两点绑扎进行翻身和吊装；

5　36m 预应力混凝土屋架可采用双机抬吊，每台起重机吊三点。

4.5.2　重叠生产跨度 18m 以上的屋架，翻身时应在屋架两端放置方木架。先将吊钩对准屋架平面的中心，然后起吊杆使屋架脱模，并松开转向刹车，让车身自由回转，接着起钩，同时配合起落吊杆一次将屋架扶直。

4.5.3　单机吊装：将屋架吊离地面 500mm 左右，慢慢升钩，将屋架吊至柱顶以上，再用溜绳旋转屋架，使屋架两端中心线对准安装位置中心线，以便落钩就位。落钩应缓慢进行，并在屋架刚接触柱顶时立即刹车进行对线，对好线后即做临时固定，并进行垂直度校正和最后固定。

4.5.4　双机抬吊：屋架位于跨中，一台起重机停在前面，另一台起重机停在后面，共同起吊屋架。当两机同时起钩将屋架吊离地面约 1.5m 时，后机将屋架端头从起重臂一侧转向另一侧，然后两机同时升钩将屋架吊到高空，前机旋转起重臂，后机则高空吊重行驶，递送屋架到安装位置。

4.5.5　第一榀屋架就位后，在其两侧各设置两道缆风绳做临时固定，并用经纬仪或线坠校正垂直度。当厂房有挡风柱且柱顶需与屋架上弦连接时，可在校好屋架垂直度后，立即上紧锚栓或电焊做最后固定，焊接时避免同时在屋架两端的同一侧施焊。

4.5.6　天窗架一般采用四点绑扎。校正和临时固定可用缆风绳、木撑或临时固定器，用电焊将天窗架底脚焊在屋架上弦预埋钢板上。

4.5.7　屋面板安装应从跨边向跨中两边对称进行。屋面板在屋架或天窗架上的搁置长度应符合规定，四角坐实。屋面板就位后立即与屋架上弦焊牢，焊缝长度≮60mm，焊缝高度≮5mm。每块屋面板至少有三个角与屋架或天窗架焊牢，伸缩缝处和厂房端部可焊两点。

4.5.8　天沟安装尽量使天沟板成一直线，并坐实垫平。安装重心偏外的天沟板时，必须焊接牢固后才能松钩。

4.5.9　屋盖支撑用螺栓连接时，拧紧螺栓后应将丝扣破坏，防止松动；用电焊连接时，先用螺栓临时固定，再用电焊连接。

5　质量标准

5.1　主控项目

5.1.1　进入现场的预制构件，其外观质量、尺寸偏差及结构性能应符合标准图或设计的要求。

5.1.2　预制构件与结构之间的连接应符合设计要求。

连接处埋件采用焊接时，接头质量应符合现行国家标准《钢结构工程施工质量验收规范》GB 50205 的要求。

5.1.3　承受内力的接头和拼缝，当其混凝土强度未达到设计要求时，不得吊装上一层结构构件；当设计无具体要求时，应在混凝土强度不小于 $10N/mm^2$ 或具有足够的支承时方可吊装上一层结构构件。已安装完毕的装配式结构，应在混凝土强度到达设计要求后，方可承受全部设计荷载。

5.2　一般项目

5.2.1　预制构件码放和运输时的支承位置和方法应符合标准图或设计的要求。

5.2.2　预制构件吊装前，应按设计要求在构件和相应的支承结构上标志中心线、标高等控制尺寸，按标准图或设计文件校核预埋件及连接钢筋等，并作出标志。

5.2.3　预制构件应按标准图或设计的要求吊装。起吊时绳索与构件水平面的夹角不宜小于 $45°$，否则应采用吊架或经验算确定。

5.2.4　预制构件安装就位后，应采取保证构件稳定的临时固定措施，并应根据水准点和轴线校正位置。

5.2.5　装配式结构中的接头和拼缝应符合设计要求；当设计无具体要求时，应符合下列规定：

1　对承受内力的接头和拼缝应采用混凝土浇筑，其强度等级应比构件混凝土强度等级提高一级；

2　对不承受内力的接头和拼缝应采用混凝土或砂浆浇筑，其强度等级不应低于 C15 或 M15；

3　用于接头和拼缝的混凝土或砂浆，宜采取微膨胀措施和快硬措施，在浇筑过程中应振捣密实，并应采取必要的养护措施。

5.2.6　预制构件安装的允许偏差应符合表 27-1 的规定。

预制构件安装的允许偏差　　　　　　　　　　　　　　　　表 27-1

项目			允许偏差（mm）
杯形基础	中心线对轴线位置偏移		10
	杯底安装标高		0，−10
柱	中心线对定位轴线位置偏移		5
	上下柱接口中心线位置偏移		3
	垂直度	≤5m	5
		5～10m	10
		>10m	1/1000 柱高且≤20
	牛腿上表面和柱顶标高	≤5m	0，−5
		>5m	0，−8
梁或吊车梁	中心线对定位轴线位置偏移		5
	梁上表面标高		0，−5
屋架	下弦中心线对定位轴线位置偏移		5
	垂直度	桁架拱形屋架	1/250 屋架高
		薄腹梁	5
天窗架	构件中心线对定位轴线位置偏移		5
	垂直度		1/300 天窗架高
板	相邻两板下表面平整	抹灰	5
		不抹灰	3

6　成品保护

6.0.1　构件的混凝土达到 75％设计强度标准值时，才可以起吊运输、运输道路、堆放场地平整结实、垫木位置与吊点相同，堆放不宜超过 4 层。

6.0.2　构件进场后应按结构吊装方案中的构件平面布置图堆放，堆放时应注意构件的朝向、左右顺序，严禁乱放。

6.0.3　起吊点如设计无要求，应经过强度和裂缝验算确定。

6.0.4　起吊大型构件前应采取临时加固措施，以免构件变形和损伤。

6.0.5　为避免起吊时吊索磨损构件表面，应在吊索与构件之间垫麻袋或木板。

6.0.6　构件起吊时，绳索与构件水平面所成角度不宜小于 45°。

6.0.7　起吊吊车梁、屋架等构件，应在构件两端设置拉绳，防止起吊的构件碰撞已安装好的柱子。

7　注意事项

7.1　应注意的质量问题

7.1.1　柱吊装前，应预检杯口十字线及杯口尺寸，防止柱子实际轴线偏离标准轴线。

7.1.2　杯口与柱身之间空隙太大时，应增加楔块厚度，不得将几个楔块叠合使用，并且不准随意拆掉楔块。吊装重型柱或细长柱时，最好用铁楔，必要时增设缆风绳或临时支撑以防柱子倾倒。

7.1.3　杯口与柱脚之间的空隙灌筑混凝土时，不得碰动楔块。灌筑过程中还应观测柱子的垂直度，发现偏差及时纠正。

7.1.4　柱子校正宜在早晨或阴天进行。

7.1.5　当柱杯口混凝土达到设计强度的 75％时，应将下面的正确轴线点反到柱牛腿面上，用钢尺拉紧校正跨距，无误后再安装吊车梁。

7.1.6　吊车梁安装前，应预检杯口标高、牛腿标高、吊车梁的几何尺寸等。在安装过程中，吊车梁两端不平时，应用合适的铁楔及时找平。

7.1.7　较重的吊车梁应随安装随校正，并用经纬仪支在一端打通线校正；单排的较轻的吊车梁安装完毕后，在两端轴线点上拉通长钢丝逐根校正。

7.1.8　重叠制作的屋架，当黏结力较大时，可采用振动法使屋架脱离，防止扶直时出现裂缝。

7.1.9　屋面板安装时尽量调整板缝，防止板边吃线或发生位移。

7.2　应注意的安全问题

7.2.1　从事安装的工作人员，应经过体检，有心脏病、高血压或患高空作业禁忌症者不得从事高空作业。

7.2.2　操作人员进入现场时，必须戴安全帽、手套；高空作业时，必须系好安全带；所用工具应用绳子扎好或放入工具包内。

7.2.3 高空安装构件时，用撬杠校正位置，应防止撬杠滑脱而造成高空坠落。撬构件时，人要站稳，如附近有脚手架或其他已安装好的构件，最好一只手扶脚手架或构件，另一只手操作。

7.2.4 登高用的梯子必须牢固，梯子与地面的角度一般以 60°～70°为宜。

7.2.5 结构构件安装时，应统一号令、统一指挥。

7.2.6 吊装所用的钢丝绳，事先必须认真检查，表面磨损或腐蚀达钢丝绳直径的 10%时，不准使用。吊钩卡环如有永久变形或裂纹，不准使用。

7.2.7 履带式起重机负荷行走时，重物应在履带正前方，并用绳索带引构件缓慢行驶，构件离地不得超过 500mm。起重机在接近满荷时，不得同时进行两种操作。

7.2.8 起重机工作时，其起重臂、钢丝绳、重物等严禁碰触高压架空电线，与架空电线要保持一定的安全距离。必要时对高压供电线路采取防护措施。

7.2.9 如遇大风（大于六级）、大雪、大雾天气，应停止作业。

7.3　应注意的绿色施工问题

在进行焊接作业时，应根据现场实际情况采取必要的遮挡措施，防止电焊弧光外泄。

8　质量记录

8.0.1 构件、焊条合格证和进场验收记录。

8.0.2 混凝土所用原材料产品合格证、出厂检验报告和进场复验报告。

8.0.3 混凝土配合比通知单。

8.0.4 焊工考试合格证。

8.0.5 构件吊装施工记录。

8.0.6 隐蔽工程检查验收记录。

8.0.7 混凝土试件强度检验报告。

8.0.8 装配式结构施工工程检验批质量验收记录。

8.0.9 装配式结构分项工程质量验收记录。

8.0.10 其他技术文件。

第2篇 钢-混凝土组合结构

第28章 钢-混凝土组合结构钢构件加工

本工艺标准适用于钢-混凝土组合结构中钢构件的加工包括：型钢混凝土柱、型钢混凝土梁、钢板混凝土剪力墙中的钢构件。

1 引用标准

《钢-混凝土组合结构施工规范》GB 50901—2013

《钢结构工程施工规范》GB 50755—2012

《钢结构焊接规范》GB 50661—2011

《钢结构工程施工质量验收规范》GB 50205—2001

《组合结构设计规范》JGJ 138—2016

2 术语

2.0.1 钢-混凝土组合构件：由型钢或钢管或钢板与钢筋混凝土组合而成的结构构件。

2.0.2 钢-混凝土组合结构：由钢-混凝土组合构件组成的结构。

2.0.3 型钢混凝土柱：钢筋混凝土截面内配置型钢的柱。

2.0.4 型钢混凝土梁：钢筋混凝土截面内配置型钢梁的梁。

2.0.5 钢-混凝土组合剪力墙：钢筋混凝土截面内配置型钢的剪力墙。

2.0.6 钢板混凝土剪力墙：钢筋混凝土截面内配置钢板的剪力墙。

2.0.7 钢斜撑混凝土剪力墙：钢筋混凝土截面内配置钢斜撑的剪力墙。

2.0.8 零件：组成部件或构件的最小单元，如节点板、翼缘板等。

2.0.9 部件：由若干零件组成的单元，如焊接H型钢、牛腿等。

2.0.10 构件：由零件或由零件和部件组成的钢结构基本单元，如梁、柱、墙、板、支撑等。

2.0.11 高强度螺栓连接副：高强螺栓和与之配套的螺母、垫圈的总称。

2.0.12 抗滑移系数：高强度螺栓连接中，使连接件摩擦面产生滑动时的外力与垂直于摩擦面的高强度螺栓预拉力之和的比值。

3 施工准备

3.1 作业条件

3.1.1 钢构件制作前，依据施工图进行深化设计，深化设计应经设计单位同意后方可

615

施工。

3.1.2　钢-混凝土组合结构中钢构件所使用的型钢钢板、钢筋连接套筒、焊接填充材料，连接与紧固标准件等材料应有厂家出具的质量证明书、中文标志及检验报告，按照现行国家标准《钢结构工程施工质量验收规范》GB 50205 需要复试的，出具抽样复检试验报告。

3.1.3　钢构件应由具备相应资质的钢结构生产企业进行加工。

3.1.4　钢-混凝土组合结构中对于重要的复杂节点，施工前宜按 1∶1 的比例进行模拟施工，根据模拟情况进行节点的优化设计。

3.1.5　钢-混凝土组合结构制作过程中的焊接需按现行国家标准《钢结构焊接规范》GB 50661 的要求进行焊接工艺评定。

3.1.6　焊接作业人员需持证上岗并在资格证书允许范围内施焊。

3.1.7　各种机械设备已调试验收合格，可以正常使用。

3.1.8　制作、安装、检查、验收所用钢尺，其精度应一致，并经法定计量检测部门检定取得证明。高层钢结构制作、安装、验收及土建施工用的量具应按同一标准进行检定，并应具有相同的精度等级。

3.2　材料和机具

3.2.1　型钢、钢板、焊条、焊丝、焊剂、CO_2 气体、钢筋连接套筒、螺栓、栓钉。

3.2.2　机具：钢板切割设备（半自动、自动气割机）、型钢组立设备、型钢矫正设备（辊式型钢矫正机、机械顶直矫正机、辊式平板机、火焰矫正用烤枪）、自动焊接设备、电焊机、螺柱焊机、抛丸除锈设备、钻孔设备（钻床、磁力钻）划针、冲子、手锤、粉线、弯尺、直尺、钢卷尺、剪子、小型剪板机、折弯机。刨边机、端面铣床、碳弧气刨、滚圆机、弯管机、型钢弯曲机、千斤顶等。

4　操作工艺

4.1　工艺流程

深化设计 → 放样 → 样板（样杆）制作 → 号料、下料 → 边缘加工及坡口加工 →

制孔 → 端部铣平 → 构件组装焊接 → 矫正 → 摩擦面加工处理 → 栓钉焊接 → 检查验收

4.2　深化设计

4.2.1　钢构件深化设计在施工工艺、结构构造等相关要求的基础上，采用三维模型按 1∶1 比例进行深化设计，应注意以下内容：

1　钢筋密集部位节点的设计放样与细化，型钢梁与型钢柱，型钢柱与梁筋，钢梁与梁筋，带钢斜撑或型钢混凝土斜撑连接与梁柱连接的连接方式、构造要求。

2　混凝土与钢骨的粘结连接构造，机电预留孔洞布置，预埋件布置。

3　混凝土浇筑时需要的灌浆孔、流淌孔、排气孔和排水孔等。

4　构件加工过程中的加劲板的设计。

5　根据工艺要求设置的连接板、吊耳等的设计。

6 大跨度构件的预起拱。

7 对混凝土浇筑过程中可能引起的型钢和钢板的变形验算及加强措施。

4.2.2 深化设计图包括图纸目录、总说明、构件布置图、构件详图、连接构造详图和安装节点详图。

4.3　放样

4.3.1 放样下料必须在熟悉图纸和有关技术要求的基础上进行。

4.3.2 放样应设置专门的平台，放样平台应平整，基准线准确、清晰。

4.3.3 放样时应根据构件的具体情况按实际尺寸画线，对于质量要求高的构件，放样线的宽度不应大于 0.5mm。

4.3.4 放样时，必须考虑切割余量、加工余量或焊接收缩量。切割余量、加工余量和焊接收缩量在图样或相应标准没有明确规定时，应按下列要求执行：

1 气割和等离子切割时的切割余量为自动或半自动切割留 3.0～4.0mm；手工切割留 4.0～5.0mm。

2 切断后需要铣端面或刨边加工时其加工余量为剪切或凿切留 3.0～4.0mm；气割或等离子切割留 4.0～5.0mm。

3 焊缝收缩量：焊缝纵向收缩值按每米焊缝长度收缩多少毫米计算，对于对接焊缝取 0.15～0.3mm，对于连续角焊缝取 0.2～0.4mm，对于间断角焊缝取 0.05～0.1mm。

4 放样完毕后，应与图纸进行核对，检查无误后方准复制样板或样杆。

4.4　样板（样杆）制作

4.4.1 样板或样杆的材料应尽量采用薄钢板或扁钢，如在室内制作且数量又少的构件，也可以用样板纸或油毡纸等制作样板。

4.4.2 样板或样杆如需要拼接，必须结合牢固。

4.4.3 样板或样杆上的各种标记要用锋利的划针、洋冲或凿子刻制并做到细、小，且清晰。

4.4.4 样板或样杆上应用油漆注明工程编号、零件编号、规格、数量等。

4.4.5 样板和样杆的几何尺寸必须符合图样规定，并经检查合格后方准使用。

4.4.6 样板或样杆必须妥善保管，不得有损坏、弯曲或其他变形，以免影响构件质量。

4.5　号料、下料

4.5.1 号料前，号料人员必须认真核实材料规格、牌号及外观质量，材料表面的油污、氧化皮等应清除干净。

4.5.2 号料前，材料变形值超过规定时，应进行矫正。

4.5.3 在放样和下料时应根据工艺要求预留制作和安装时的焊接收缩余量及切割、刨边和铣平等加工余量。

4.5.4 优先采用数控切割设备切割。数控切割不需要在切割件上画线，切割前应将零部件图纸拷入切割设备计算机，用行车把待切割件吊至切割架上，放平以后用撬棍初步放正，在控制主屏画面上点击校正后，计算机自动根据切割件形状，对图形进行必要转角以达到精确校正，根据板厚、相应的割嘴型号，选择合适的切割速度。如软件没有切缝宽度，切割速度等自动功能时，要做相应的编程。

4.5.5　切割前应将钢材表面切割区内的铁锈、油污等清除干净。切割后清除断口边缘熔渣、飞溅物等毛刺，断口上不得有裂纹和大于 1mm 的缺棱；其尺寸偏差不应超过 ±3.0mm；切割截面与钢材表面垂直度不大于钢板厚度的 10%，且不得大于 2mm；表面粗糙度对于一般切割不得大于 1.0mm，对于精密切割不得大于 0.03mm；机械剪切的型钢，其端部剪切斜度不大于 2mm。

4.6　边缘加工及坡口加工

4.6.1　当设计或相应标准规定，由于采用剪切、锯切等方法切割下料而产生硬化边缘或采用气割方法切割下料而产生带有害组织的热影响区必须去除时，应进行边缘加工，其刨削量不应小于 2.0mm。

4.6.2　边缘加工的方法可以采用刨边机（或刨床）刨边，砂轮磨边或风铲铲边等。

4.6.3　当采用刨边时，刨边的进刀量和刨削速度要根据工件的材质和厚度确定，对于低碳钢和低合金结构钢可以按表 28-1 确定。

刨边进刀量和刨削速度　　　　　　　　　　　　　　　　表 28-1

钢板厚度（mm）	进刀量（mm）	刨削速度（m/min）
1～2	2.5	15～25
3～12	2.0	15～25
13～18	1.5	10～15
19～30	1.2	10～15

4.6.4　砂轮磨边时，应尽量采用磨边机进行。

4.6.5　焊接坡口加工

1　焊接坡口型式和尺寸应根据图样和构件的焊接工艺规定进行加工。

2　在确定焊接坡口加工方法时，应尽量选用机械加工方法，如刨削、磨削、铲边和铣削等。对于允许采用气割或等离子弧切割方法加工焊接坡口时，宜采用自动或半自动切割；对于允许以碳弧气刨方法加工焊接坡口和焊缝背面清根时，其操作应能保证刨槽平直，且深度均匀；有条件也可采用半自动碳弧气刨等。

3　焊接坡口加工后，其尺寸允许偏差应符合图样要求或焊接工艺规定，如无规定时，应符合《手工电弧焊焊接接头基本型式与尺寸》GB 985 和《埋弧焊焊接接头基本型式与尺寸》GB 986 的规定。

4　当采用气割或等离子切割方法加工焊接坡口时，加工后的坡口表面应符合规定。

5　当用气割方法切割碳素钢和低合金钢焊接坡口时，气割焊接坡口后应将熔渣、氧化层等清除干净，并将影响焊接质量的凹凸不平处打磨平整，坡口气割时的环境温度不得低于50C°，否则应采取预热缓冷措施。

6　当用碳弧气刨方法加工坡口或清焊根时，刨槽内的氧化层、淬硬层、顶碳或铜迹必须彻底打磨干净。

4.7　制孔

4.7.1　型钢结构所用型钢钢板制孔，应采用工厂机床制孔，优先采用数控钻床钻孔，严禁现场用氧气切割开孔。

4.7.2 正式钻孔前应进行试钻，经检查确认可以正式钻时，方可正式钻孔，采用普通摇臂钻钻孔时，对于要求钻制精度较高的孔，可借助经检查合格的钻模装置进行钻孔。

4.7.3 成对或成副的构件宜成对或成副钻孔，以利装配。

4.7.4 栓孔成孔后，孔边应无飞边、毛刺或油污及水渍。

4.7.5 劲钢（管）混凝土结构构配件中螺孔属于群孔且多层叠合，其孔径、孔距必须严格规范，背板与腹板或翼缘板的贴面必须做好标志或编号，以防因垂直度出现的误差而造成的绝对误差。

4.7.6 螺栓孔超过偏差的解决办法

螺栓孔的偏差超过规定的允许值时，允许采用与母材材质相匹配的焊条补焊后重新制孔，严禁采用钢块填塞。每组孔中经补焊重新钻孔不得超过20％。

4.7.7 当精度要求较高、板叠层数较多、同类孔距较多时，可采用钻模制孔或预钻较小孔径、在组装时扩孔的办法，预钻小孔的直径应满足：

1 当板叠少于5层时，小于公称直径一级（−3.0mm）；

2 当板叠大于5层时，小于公称直径二级（−6.0mm），扩钻孔径不得大于原设计孔径2.0mm。

4.8　端部铣平

4.8.1 构件的端部加工应在矫正合格后进行。

4.8.2 应根据构件的形式采取必要的措施保证铣平端面与轴线垂直。

4.9　钢构件组装、焊接

4.9.1 焊接H型断面构件的组装、焊接

1 H型构件装配在组立机上进行。

2 组装前应对翼缘板和腹板进行校正，板的平面用平板机平整，旁弯用火焰矫正。

3 宽板应进行反变形加工。焊接H型钢的翼缘板需要拼接时，可按长度方向拼接；腹板拼接的拼接缝可为"十"字形或"T"字形。翼缘板拼接缝和腹板拼接缝的间距不应小于200mm，翼缘板拼接长度不应小于2倍板宽；腹板拼接宽度不应小于300mm，长度不应小于600mm。拼接应在H型钢组装之前进行，并经检查合格后方可进行下一道工序。

4 焊接：

（1）装配完毕，并经检查合格后，即可送到焊接工作台上进行焊接。

（2）焊接一般用门式或悬臂式自动埋弧焊机焊接。自动焊填充、盖面，船形焊施焊的方法。每焊完一条焊缝，应将焊渣除去，并对不合格的焊缝进行修理后，再进行下一条焊缝，以免因焊缝不合格而多次翻身。如腹板较厚，需根据工艺要求先进行CO_2气体保护焊打底，埋弧焊盖面。

（3）用自动焊施焊时，在主焊缝两端都应当点焊引弧板，引弧板大小视板厚和焊缝高度而异，一般宽度为60~100mm，长度为80~100mm。

（4）制孔：上下翼缘板与腹板上如有孔眼，应按样杆进行号孔和钻孔。构件小批量制孔，应先在构件上划出孔的中心位置及圆周，并在圆周上均匀打上4个冲眼，作为钻孔后检查用，中心冲眼应大而深。当制孔量比较大时，应先制作钻模，再钻孔。钻孔时摆放构件的平台应平稳，以保证孔的垂直度。

（5）装焊加劲板：构件焊接完毕，经过矫正后，用样杆划出加劲板的位置。加劲板的两端要刨加工，并要顶紧在翼缘板上。短的加劲板只需刨光顶紧端部即可。对于磨光顶紧的端部加劲角钢，最好在加工时把四支角钢夹在一起同时加工使之等长。

4.9.2　封闭箱形截面构件的组装与焊接

1　箱体在组装前应对工艺隔板进行铣端，目的是保证箱形的方正和定位以及防止焊接变形。组装前应将焊接区域范围内的氧化皮、油污等杂物清理干净。箱体组装时，点焊工必须严格按照焊接工艺规程执行，不得随意在焊接区域以外的母材上引弧。

2　先在装配平台上将定位隔板和加劲板装配在一个箱体主板上，定位隔板一般距离主板两端头 200mm，工艺隔板之间的距离为 1000～1500mm。然后再将另两相对的主板与之组装为槽形，用手工电弧焊或二氧化碳气体保护焊进行焊接。

3　检查槽形是否扭曲，并对加劲板的 3 条焊缝进行无损检验，合格后再封第四块板，点焊成型后进行矫正。

4　在柱子两端焊上引弧板，其材质和坡口形式应和焊件相同。按照焊接工艺的要求把柱子四棱焊缝焊好，焊接采用二氧化碳气体保护焊进行打底，埋弧自动焊填充盖面。焊接完毕后应用气割切除引弧和引出板，并打磨平整，不得用锤击落。

5　箱体的 4 条主焊缝焊接完毕，并检查合格后，再用熔嘴电渣焊或丝极电渣焊，焊接加劲板另两侧的焊缝。相对的两条焊缝用两台电渣焊机对称施焊。

6　对于板厚大于 50mm 的碳素钢和板厚大于 36mm 的低合金钢，焊接前应进行预热，焊后应进行后热。预热温度宜控制在 100～150℃，预热区在焊道两侧，每侧宽度均应大于焊件厚度的 2 倍，且不应小于 100mm。

7　组拼时要注意留出焊缝收缩量和柱的荷载压缩变形值。

8　箱形管柱内隔板、柱翼缘板与焊接垫板要紧密贴合，装配缝隙大于 1mm 时，应采取措施进行修整和补救。

9　箱形柱的各部焊缝焊完后，如有扭曲或马刀弯变形，应进行火焰矫正或机械矫正。箱体扭曲的机械矫正方法为：将箱体的一端固定而另一端施加反扭矩的方法进行矫正。焊上连接板，加工好端部坡口，最后用端面铣加工柱子长度。

10　清理验收：箱形柱装配、焊接、矫正完成后，将构件上的飞溅、焊疤、焊瘤及其他杂物清理干净，并进行验收。

4.9.3　劲性十字型柱的组装与焊接

1　H 型钢和 T 型钢的制作：

（1）H 型钢的制作：工艺同前。

（2）T 型钢的制作：T 型钢的加工，根据板厚和截面的不同，可采用不同的方法进行。一般情况下采用先组焊 H 型钢，然后从中间割开，形成 2 个 T 型钢的方法加工。切割时，在中间和两端各预留 50mm 不割断，待部件冷却后再切割。切割后的 T 型钢进行矫直、矫平及坡口的开制。

（3）H 型钢、T 型钢铣端：矫正完成后，对 H 型钢和 T 型钢进行铣端。

2　十字型柱的组装：

（1）工艺隔板的制作：在十字柱组装前，要先制作好工艺隔板，以方便十字柱的装配和定位。工艺隔板与构件的接触面要求铣端，边与边之间必须保证成 90°直角，以保证十字柱截面的垂直度。

（2）组装前应将焊接区域内的所有铁锈、氧化皮、飞溅、毛边等杂物清除干净。

（3）将 H 型钢放到装配平台上，把工艺隔板装配到相应的位置。将 T 型钢放到 H 型钢上，利用工艺隔板进行初步定位。

（4）对于无工艺隔板而有翼缘加劲板的十字柱，先采用临时工艺隔板进行初步定位，然后用直角尺和卷尺检查外形尺寸合格后，将加劲板装配好，待十字柱焊接完成后，将临时工艺隔板去除。

（5）利用直角尺和卷尺检查十字柱端面的对角线尺寸和垂直度以及端面的平整度。对不满足要求的进行调整。

（6）经检查合格后，点焊固定。

3　十字型柱的焊接：

（1）采用 CO_2 气体保护焊进行焊接。焊接前尽量将十字柱底面垫平。焊接时要求从中间向两边双面对称同时施焊，以避免因焊接造成弯曲或扭曲变形。

（2）由于十字形截面拘束度小，焊接时容易变形，除严格控制焊接顺序外，整个焊接工作必须在模架上进行，利用丝杠、夹具把零件固定在模架上，通过不同的焊接顺序，使焊接变形平衡。如果使用模架还达不到控制变形的目的，则可以加设临时支撑，焊完构件冷却后再行拆除。

（3）十字柱的矫正：焊接完成后，检查十字柱是否产生变形。如发生变形，则用压力机进行机械矫正或采用火焰矫正，火焰矫正时，加热温度控制在 650℃。扭曲变形矫正时，一端固定，另一端采用液压千斤顶进行矫正。

（4）矫正完成后，对十字柱的上端进行铣端，以控制柱身长度。铣端完成后，将临时工艺隔板去除，并将点焊缝打磨平整。

4.10　矫正

4.10.1　变形矫正的主要方法有手工、机械和火焰等 3 种，应根据被矫正对象和施工条件合理选用，也可联合使用。

4.10.2　手工矫正变形主要采用外向锤击法进行，一般用于薄板件或截面比较小的型钢构件，温度低于－16℃时，不得锤击矫正钢构件，以免产生裂纹。矫正后的钢材表面不得有明显的凹面和损伤，表面划痕深度不大于 0.5mm，且不应大于该钢板厚度负允许偏差的 1/2。

4.10.3　机械矫正，对板料变形宜用多辊平板机矫正，其往复辊轧次数应尽量少；对型钢变形宜用型钢调直机进行，无条件时，也可采用冲压矫形。

4.10.4　当钢材型号超过矫正机负荷能力或构件形式不适于采用机械矫正时采用火焰矫正。火焰矫正一般只用于低碳钢，其火焰宜用氧—乙炔焰。常用的加热方式有点状加热线状加热和三角形加热 3 种，应根据矫正对象灵活采用。点状加热根据结构特点和变形情况可加热一点或数点；线状加热时，火焰沿直线移动或同时在宽度方向摆动，宽度一般为钢材厚度的 0.5～2 倍，多用于变形量较大或刚性较大的结构；三角形加热的收缩量较大，常用于矫正厚度较大、刚性较强构件的弯曲变形。

4.10.5　火焰矫正的最高加热温度严禁超过 900℃，加热应均匀，不得有过热或过烧现象，以防产生超过屈服点的收缩应力。同一加热点的加热次数不宜超过 3 次。

4.10.6　火焰矫正时应将工件垫平，不得用水急冷。必要时可配合使用工卡具进行。

4.10.7　因焊接而变形的构件，可用机械（冷矫）或在严格控制温度的条件下加热（热矫）的方法进行矫正。

1　H 型构件焊接后容易产生扭曲变形、翼缘板与腹板不垂直、薄板焊接还会产生波浪形等焊接变形，因此一般采用机械矫正或火焰加热矫正的方法进行矫正。

2　采用机械矫正前，应清除构件上的一切杂物，与压辊接触的焊缝焊点应修磨平整。

3　使用翼缘矫正机矫正时，构件的规格应在矫正机的矫正范围之内。

4　当翼缘板厚度超过 30mm 时，一般要往返几次矫正，每次矫正量宜为 1～2mm。

5　机械矫正时还可以采用压力机根据构件实际变形情况直接矫正。

6　当出现旁弯变形时宜采用火焰加热法进行矫正，矫正时应根据构件的变形情况确定加热的位置及加热顺序，加热温度宜控制在 600～650℃ 之间，并应在常温条件下进行，特别注意不能用冷水浇激，以免构件硬脆而影响构件的质量。

7　普通低合金结构钢冷矫时，工作地点温度不得低于 -16℃；热矫时，其温度值应控制在 600～700℃ 之间（温度的控制按颜色深浅确定），并在常温条件下进行，特别注意不能用冷水浇激，以免钢材硬脆而影响构件的质量。

8　同一部位加热矫正不得超过 2 次，并应缓慢冷却，不得用水骤冷。

4.11　摩擦面加工处理

4.11.1　型钢构件采用高强度螺栓连接时，要求其连接面具有一定的滑移系数，因此应对构件摩擦面进行加工处理，使高强度螺栓紧固后连接表面产生足够的摩擦力，以达到传递外力的目的。高强度螺栓连接摩擦面进行加工可采用喷砂、抛丸和砂轮机打磨方法处理。

4.11.2　采用喷砂（抛丸）法处理摩擦面时，用压力 0.4～0.6MPa 的压缩空气（不含有水分和任何油脂），通过砂罐、喷枪，把直径 0.2～3mm 的天然石英砂、金刚砂或铁丸均匀喷到钢材表面，使钢材呈浅灰色的毛糙面。砂子要烘干。喷距 100～300mm，喷角以 90°±45°。处理后钢材表面粗糙度达 50～70，其摩擦系数可达 0.6～0.8，可不经生赤锈即可施拧高强度螺栓。

4.11.3　采用砂轮机打磨方法处理摩擦面时，砂轮机打磨方向应与构件受力方向垂直，且打磨范围不得小于螺栓直径的 4 倍。

4.11.4　处理好摩擦面，不能有毛刺（钻孔后周边即应磨光焊疤飞溅、油漆或污损等），并不允许再进行打磨或锤击、碰撞。处理后的摩擦面进行妥善保护，摩擦面不得重复使用。

4.11.5　高强度螺栓连接的板叠接触面不平度小于 1.0mm。当接触面有间隙时，其间隙不大于 1.0mm 可不处理；间隙为 1～3mm 时将高出的一侧磨成 1:10 的斜面，打磨方向与受力方向垂直；间隙大于 3.0mm 时则应加垫板，垫板面的处理要求与构件相同。

4.11.6　出厂前作抗滑移系数试验，其试验结果应符合设计值要求，并出具加盖 CMA 认证的试验报告，试验报告应写明试验方法和结果。

4.11.7　制造厂应根据现行行业标准《钢结构高强度螺栓连接的设计、施工及验收规程》JGJ 82 的要求或设计文件的规定，制作材质和处理方法相同的复验抗滑移系数用的试件，并与构件同时移交。

4.12　栓钉焊接

4.12.1　栓钉可采用专用的栓钉焊接或其他电弧焊方法进行焊接。

4.12.2　栓钉施工前，应放出栓钉施工位置线，栓钉应按位置线顺序焊接。焊接前应检查栓钉质量。栓钉应无皱纹、毛刺、开裂、弯曲等缺陷。

4.12.3　施焊前应防止栓钉锈蚀和油污,母材应进行清理后方可焊接。

4.12.4　栓钉在施焊前必须经过严格的工艺参数试验,对不同厂家、批号、不同材质及焊接设备的栓焊工艺,均应分别进行试验后确定工艺。栓钉焊工艺参数包括:焊接型式、焊接电压、电流、栓焊时间、栓钉伸出长度、栓钉回弹高度、阻尼调整位置。在穿透焊中还包括钢板厚度、间隙及层次。

4.12.5　在正式焊接前应试焊 1 个焊钉,用榔头敲击使之弯曲大约 30°,无肉眼可见的裂纹方可正式施焊,否则应修改施工工艺。

4.12.6　栓焊工艺试件经过静拉伸、反复弯曲及打弯试验合格后,现场操作时还需根据电缆线的长度、施工季节、风力等因素进行调整。

4.12.7　当采用电弧焊方法进行栓钉接时,应征得设计同意,并宜采用坡口熔透焊,即在构件上钻孔,并用铰刀开成坡口形式进行焊接。

4.12.8　栓钉的机械性能和焊接质量鉴定均由厂家负责或由厂家委托的专门检验机构承担。施工中随时检查焊接质量。

4.12.9　每天焊接完的栓钉应从中选择两个用榔头敲弯约 30°进行检验,不得有肉眼可见的裂纹。如有不饱满或修补过的栓钉,应做 15°弯曲检验,榔头敲击方向应从焊缝不饱满的一侧进行。

5　质量标准

5.1　主控项目

5.1.1　钢材的品种、规格、性能等应符合现行国家产品标准和设计要求。进口钢材产品的质量应符合设计和合同规定标准的要求。

检查数量:全数检查。

检验方法:检查质量合格证明文件、中文标志及检验报告等。

5.1.2　对于有下列情形之一的钢板应进行现场取样复验,合格后方可使用。

1　国外进口钢材。

2　钢材混批。

3　板厚等于或大于 40mm,且设计有 Z 向性能要求的厚板。

4　建筑结构安全等级为一级,大跨度钢结构中主要受力构件所采用的钢材。

5　设计有复验要求的钢材。

6　对质量有疑义的钢材。

5.1.3　钢材切割面或剪切面应无裂纹、夹渣、分层和大于 1mm 的缺棱。

检查数量:全数检查。

检验方法:观察或用放大镜及百分尺检查,有疑义时做渗透、磁粉或超声波探伤检查。

5.1.4　焊接 H 型钢的翼缘板拼接缝和腹板拼接缝的间距不应小于 200mm。翼缘板拼接长度不应小于 2 倍板宽;腹板拼接宽度不应小于 300mm,长度不应小于 600mm。

5.1.5　碳素结构钢在环境温度低于−16℃、低合金结构钢在环境温度低于−12℃时,不应进行冷矫正和冷弯曲,碳素结构钢和低合金结构钢在加热矫正时,加热温度不应超过

900℃。低合金结构钢在加热矫正后应自然冷却。

5.1.6　焊条、焊丝和焊剂等焊接材料与母材的匹配应符合设计要求及国家现行标准《建筑结构钢焊接技术规程》JGJ 81 的规定。焊条、焊丝和焊剂等在使用前应按其说明书及焊接工艺文件的规定进行烘焙和存放。

5.1.7　焊工必须经考试合格并取得合格证书。持证焊工必须在其考试合格项目及认可范围内施焊。

5.1.8　施工单位对其首次采用的钢材、焊接材料、焊接方法、焊后热处理等，应进行焊接工艺评定，并应根据评定报告确定焊接工艺。

5.1.9　设计要求焊透的一、二级焊缝应采用超声波探伤进行内部缺陷的检验，超声波探伤不能对缺陷作出判断时，应采用射线探伤，其内部缺陷分级及探伤方法应符合现行国家标准《钢焊缝手工超声波探伤方法和探伤结果分级法》GB 11345 或《钢熔化焊对接接头射线照相和质量分级》GB 3323 的规定。一级、二级焊缝的质量等级及缺陷分级应符合表 28-2 的规定。

一、二级焊缝质量等级及缺陷分级　　　　　　　　　　　　　表 28-2

焊缝质量等级		一级	二级
内部缺陷超声波探伤	评定等级	Ⅱ	Ⅲ
	检验等级	B 级	B 级
	探伤比例	100%	20%
内部缺陷射线探伤	评定等级	Ⅱ	Ⅲ
	检验等级	AB 级	AB 级
	探伤比例	100%	20%

注：探伤比例的计数方法应按以下原则确定：
1. 对工厂制作焊缝，应按每条焊缝计算百分比，且探伤长度应不小于 200mm，当焊缝长度不足 200mm 时，应对整条焊缝进行探伤。
2. 对现场安装焊缝，应按同一类型、同一施焊条件的焊缝条数计算百分比，探伤长度应不小于 200mm，并应不少于 1 条焊缝。

5.1.10　T 形接头、十字接头、角接接头等要求熔透的对接接头和角对接组合焊缝，其焊脚尺寸不应小于 $t/4$；焊脚尺寸的允许偏差为 0～4mm。

5.1.11　焊缝表面不得有裂纹、焊瘤等缺陷。一级、二级焊缝不得有表面气孔、夹渣、弧坑裂纹、电弧擦伤等缺陷。且一级焊缝不得有咬边、未焊满、根部收缩等缺陷。

5.1.12　施工单位对其采用的焊钉和钢材焊接应进行焊接工艺评定，其结果应符合设计要求和国家现行有关标准的规定。瓷环应按其产品说明书进行烘焙。

5.1.13　焊钉焊接后应进行弯曲试验检查，其焊缝和热影响区不应有肉眼可见的裂纹。

5.1.14　高强度螺栓和普通螺栓连接的多层板叠，应用试孔器进行检查，并应符合下列规定：

1　当采用比孔公称直径小 1.0mm 的试孔器检查时，每组孔的通过率不应小于 85%。

2　当采用比螺栓公称直径大 0.3mm 的试孔器检查时，每组孔的通过率不应小于 85%。

5.2　一般项目

5.2.1　钢板厚度及允许偏差应符合其产品标准的要求。

检查数量：每一品种、规格的钢材抽查 5 处。

检验方法：用游标卡尺量测。

5.2.2　型钢的规格尺寸及允许偏差符合产品标准的要求。

检查数量：每一品种、规格的型钢抽查 5 处。

检验方法：用钢尺和游标卡尺量测。

5.2.3　钢材的表面外观质量除应符合国家现行有关标准的规定外，尚应符合下列规定：

1　当钢材的表面有锈蚀、麻点或划痕等缺陷时，其深度不得大于该钢材厚度负允许偏差值的 1/2。

2　钢材表面的锈蚀等级应符合现行国家标准《涂装前钢材表面锈蚀等级和除锈等级》GB 8923 规定的 C 级及 C 级以上。

3　钢材端边或断口处不应有分层、夹渣等缺陷。

检查数量：全数检查。

检验方法：观察检查。

5.2.4　气割或机械剪切的零件，需要进行边缘加工时，其刨削量不应小于 2.0mm。

5.2.5　A、B 级螺栓孔（Ⅰ类孔）应具有 H12 的精度，孔壁表面粗糙度 Ra 不应大于 12.5μm，其孔径的允许偏差应符合表 28-3 的规定。C 级螺栓孔（Ⅱ类孔），孔壁表面粗糙度 Ra 不应大于 25μm，其允许偏差应符合表 28-4 的规定。

A、B 级螺栓孔径的允许偏差（mm）　　表 28-3

序号	螺栓公称直径、螺栓孔直径	螺栓公称直径允许偏差	螺栓孔直径允许偏差
1	10～18	0.00；−0.21	＋0.18；0.00
2	18～30	0.00；−0.21	＋0.21；0.00
3	30～50	0.00；−0.25	＋0.25；0.00

C 级螺栓孔的允许偏差（mm）　　表 28-4

序号	项目	允许偏差
1	直径	＋1.0，0.0
2	圆度	2.0
3	垂直度	0.03t，且不应大于 2.0

5.2.6　气割的允许偏差应符合表 28-5 的规定。

气割的允许偏差（mm）　　表 28-5

序号	项目	允许偏差
1	零件宽度、长度	±3.0
2	切割面平面度	0.05t，且不应大于 2.0
3	割纹深度	0.3
	局部缺口深度	1.0

注：t 为切割面厚度。

5.2.7　机械剪切的允许偏差应符合表 28-6 的规定。

机械剪切的允许偏差（mm）　　表 28-6

序号	项目	允许偏差
1	零件宽度/长度	±3.0
2	边缘缺棱	1.0
3	型钢端部垂直度	2.0

5.2.8 矫正后的钢材表面，不应有明显的凹面或损伤，划痕深度不得大于 0.5mm，且不应大于该钢材厚度允许偏差的 1/2。

5.2.9 钢材矫正后的允许偏差应符合表 28-7 的规定。

钢材矫正后的允许偏差（mm）   表 28-7

序号	项 目		允许偏差
1	钢板的局部平面度	$T \leqslant 14$	1.5
		$T > 14$	1.0
2	型钢弯曲矢高		$L/1000$ 且不应大于 5.0
3	角钢肢的垂直度		$B/100$ 双肢栓接角钢的角度不得大于 90°
4	槽钢翼缘对腹板垂直度		$B/80$
5	工字钢、H 型钢翼缘对腹板垂直度		$B/100$ 且不大于是 2.0

5.2.10 安装焊缝坡口的允许偏差应符合表 28-8 的规定。

安装焊缝坡口的允许偏差   表 28-8

序号	项目	允许偏差
1	坡口角度	$\pm 15°$
2	钝边	± 1.0mm

5.2.11 边缘加工允许偏差应符合表 28-9 的规定。

边缘加工允许偏差（mm）   表 28-9

序号	项目	允许偏差
1	零件宽度、长度	± 1.0
2	加工边直线度	$L/3000$，且不应大于 2.0
3	相邻两边夹角	$\pm 6'$
4	加工面垂直度	$0.025t$，e 且不应大于 0.5
5	加工面表面粗糙度	$\overset{50}{\bigtriangledown}$

5.2.12 焊接 H 型钢的允许偏差应符合表 28-10 的规定。

焊接 H 型钢的允许偏差（mm）   表 28-10

序号	项目		允许偏差
1	截面高度 h	$h < 500$	± 2.0
		$500 < h < 1000$	± 3.0
		$h > 1000$	± 4.0
2	截面宽度 b		± 3.0
3	腹板中心偏移		2.0
4	翼缘板垂直度		$b/100$，且不应大于 3.0
5	弯曲矢高		$L/1000$，且不应大于 3.0
6	扭曲		$h/250$，且不应大于 5.0
7	腹板局部平面度	$t < 14$	3.0
		$t \geqslant 14$	2.0

5.2.13 焊接连接组装的允许偏差应符合表 28-11 的规定。

焊接连接制作组装的允许偏差（mm）

表 28-11

序号	项目		允许偏差
1	对接	对口错边	$t/10$，且不应大于 3.0
		间隙	±1.0
2	搭接	搭接长度	±5.0
		缝隙	1.5
3	工、十字形截面	高度	±2.0
		垂直度	$b/100$，且不应大于 3.0
		中心偏移	±2.0
4	型钢错位	连接处	1.0
		其他处	2.0
5	箱形截面	高度	±2.0
		宽度	±2.0
		垂直度	$b/200$，且不应大于 3.0

5.2.14 端部铣平的允许偏差应符合表 28-12 的规定。

端部铣平的允许偏差（mm）

表 28-12

序号	项目	允许偏差
1	两端铣平时构件长度	±2.0
2	两端铣平时零件长度	±0.5
3	铣平面的平面度	0.3
4	铣平面对轴线的垂直度	$L/1500$

5.2.15 螺栓孔孔距的允许偏差应符合表 28-13 的规定。

螺栓孔孔距允许偏差（mm）

表 28-13

序号	螺栓孔距范围	500	501~1200	1201~3000	3000
1	同一组内任意两孔间距离	±1.0	±1.5	—	—
2	相邻两组的端孔间距离	±1.5	±2.0	±2.5	±3.0

注：1. 在节点中连接板与一根杆件相连的所有螺栓孔为一组。
　　2. 对接接头在拼接板现侧的螺栓孔为一组。
　　3. 在两相邻节点或接头间的螺栓孔为一组，但不包括一述两款扬规定的螺栓孔。
　　4. 受弯构件翼缘上的连接螺栓孔，每米长度范围内的螺栓孔为一组。

5.2.16 螺栓孔孔距的允许偏差超过 5.2.14 条规定的允许偏差时，应采用与母材材质相匹配的焊条补焊后重新制孔。

5.2.17 对于需要进行焊前预热或热后处理的焊缝，其预热温度或后热温度应符合国家现行有关标准的规定或通过工艺试验确定。预热区在焊道两侧，每侧宽度均应大于焊件厚度的 1.5 倍以上，且不应小于 100mm；后热处理应在焊后立即进行，保温时间应根据板厚按每 25mm 板厚 1h 进行确定。

5.2.18 二、三级焊缝外观质量标准应符合表 28-14 的规定。三级对接焊缝应按二级焊缝标准进行外观质量检验。

二、三级焊缝外观质量标准（mm）　　　　　　表 28-14

项目	允许偏差	
缺陷类型	二级	三级
未焊满（指不足设计要求）	≤0.2+0.02t，且≤1.0	≤0.2+0.04t，且≤2.0
	每100.0焊缝内缺陷总长≤25.0	
根部收缩	≤0.2+0.02t，且≤1.0	≤0.2+0.04t，且≤2.0
	长度不限	
咬边	≤0.05t，且≤0.5；连续长度≤100.0，且焊缝两侧咬边总长≤10%焊缝全长	≤0.1t，且≤1.0，长度不限
弧坑裂纹	—	允许存在个别长度≤5.0的弧坑裂纹
电弧擦伤	—	允许存在个别电弧擦伤
接头不良	缺口深度0.05t，且≤0.5	缺口深度0.1t，且≤1.0
	每100.0焊缝不应超过1处	
表面夹渣		深≤0.2t 长≤0.5t，且≤20.0
表面气孔	—	每50.0焊缝长度内允许直径≤0.4t，且≤3.0的气孔2个，孔距≥6倍孔径

注：表内 t 为连接处较薄的板厚。

5.2.19 焊缝尺寸允许偏差应符合表28-15、表28-16的规定。

对接焊缝及完全熔透组合焊缝尺寸允许偏差　　　　表 28-15

序号	项目	允许偏差			
		一、二级		三级	
1	对接焊缝余高 c	$B<20$	0~3.0	$B<20$	0~4.0
		$B\geq20$	0~4.0	$B\geq20$	0~5.0
2	对接焊缝错边 d	$d<0.15t$，且≤2.0		$d<0.15t$，且≤3.0	

注：B 为焊缝规格（mm）。

部分焊透组合焊缝和角焊缝外形尺寸允许偏差（mm）　　　　表 28-16

序号	项目	允许偏差
1	焊脚尺寸 h_f	h_f≤6.0~1.5
		h_f>6.0~3.0
2	角焊缝余高 c	h_f≤6.0~1.5
		h_f>6.0~3.0

注：1. h_f>8.0的角焊缝其局部焊脚尺寸允许低于设计要求值1.0mm，但总长度不得超过焊缝长度10%。
2. 焊接 H 形梁腹板与翼缘板的焊缝两端在其两倍翼缘板宽度范围内，焊缝的焊脚尺寸不得低于设计值。

5.2.20 焊成凹形的角焊缝，焊缝金属与母材间应平缓过渡；加工成凹形的角焊缝，不得在其表面留下切痕。

5.2.21 焊条外观不应有药皮脱落、焊芯生锈等缺陷；焊剂不应受潮结块。

5.2.22 焊缝感观应达到：外形均匀、成型较好，焊道与焊道、焊道与基本金属间过渡较平滑，焊渣和飞溅物基本清除干净。

5.2.23 焊钉根部焊脚应均匀，焊脚立面的局部未熔合或不足360°的焊脚应进行修补。

6 成品保护

6.0.1 型钢构件在制作与安装的各工序过程中，必须注意防止和减少构件表面的操作。

6.0.2 在机械矫正变形和成型过程中，应始终保持构件表面及胎模具、轧辊等工作面光洁，无异物，防止异物损伤构件表面。

6.0.3 禁止在非焊接区乱"打火"或焊异物，以减少电弧对工件的损伤。对于焊疤、熔合性飞溅物等必须修磨去除。

6.0.4 构件存放时，应放置在通风干燥的地方，构件下部应离开地面 200mm 以上，以防止水浸和锈蚀。

6.0.5 焊件坡口加工好后，不得直接放在潮湿的地上，避免坡口面锈蚀或污染。

6.0.6 堆放构件时，地面必须垫平，避免支点受力不均。钢梁吊点、支点应合理；宜立放，以防止由于侧面刚度差而产生下挠或扭曲。

6.0.7 加工或处理后的构件，在连接处的摩擦面，应采取保护措施，防止沾染脏物和油污。严禁在高强度螺栓连接处的摩擦面上作任何标记。

7 应注意的问题

7.1 应注意的质量问题

7.1.1 运输、堆放时，垫点不合理，上、下垫木不在一条垂直线上，或由于场地沉陷等原因造成变形。如发生变形，应根据情况采用千斤顶、氧-乙炔火焰加热或用其他工具矫正。

7.1.2 拼装时节点处型钢不吻合，连接处型钢与节点板间缝隙大于 3mm，应予矫正，拼装时用夹具夹紧。长构件应拉通线，符合要求后再定位焊固定。长构件翻身时由于刚度不足有可能产生变形，这时应事先进行临时加固。

7.1.3 钢梁拼装时，应严格检查拼装点角度，采取措施消除焊接收缩量的影响，并加以控制，避免产生累计误差。

7.1.4 严格按 1:1 的比例进行放样下料；画线号料时，要根据材料厚度和切割方法等留出焊接收缩余量和切割、刨铣等加工余量；下料前要先对材料进行矫正，并利用样板、样杆进行下料，样板、样杆的尺寸必须准确无误；制作、吊装、检查应用统一精度的钢尺；严格检查构件制作尺寸，不允许超过允许偏差。

7.1.5 应采用合理的焊接顺序及焊接工艺（包括焊接电流、速度、方向等）或采用夹具、胎具将构件固定，然后再进行焊接，以防止焊接后翘曲变形。减少或防止焊接变形的措施如下：

1 焊接时尽量使焊缝能自由变形，应该选择合理的焊接顺序，如对称法、分段逆向焊接法，跳焊法等。

2 钢构件的焊接要从中间向四周对称进行。先焊收缩量大的焊缝，后焊收缩量小的焊缝。

3 尽可能对称施焊，使产生的变形互相抵消。对称布置的焊缝由成双数焊工同时焊接。

4　焊缝相交时，先焊纵向焊缝，待焊缝冷却到常温后，再焊横向焊缝。

5　采用反变形法，在焊接前，预先将焊件在变形相反的方向加以弯曲或倾斜，以消除焊后产生的变形，从而获得正常形状的构件。

6　采用刚性固定法，用夹具夹紧焊件，能显著减少焊件残余变形及翘曲。

7　锤击法：锤击焊缝及其周围区域，或以减少收缩应力及变形。

8　在保证焊缝质量的前提下，尽可能采用小的电流，快速施焊，以减小热影响区和温度差，减小焊接变表和焊接应力。

9　对于焊接工字形的次序，应采用对角焊接法，如图 28-1 所示。

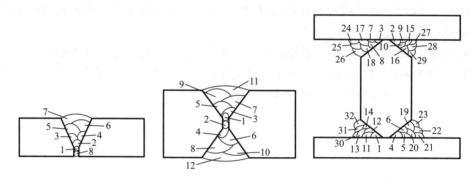

图 28-1　厚钢板分层焊

7.1.6　穿透焊栓钉焊接缺陷及注意事项

1　未熔合：栓焊后钢板金属部分未熔合，应加大电流增加焊接时间。

2　咬边：栓焊后钢板被电弧烧成缩径。原因是电流大、时间长，要调整焊接电流及时间。

3　磁偏吹：由于使用直流焊机电流过大造成。应将地线对称接在工件上，或在电弧偏向的反方向放一块铁板，改变磁力线的分布。

4　气孔：焊接时熔池中气体未排出而形成的。原因是板有间隙、瓷环排气不当、焊件上有杂质在高温下分解成气体等。应减小上述间隙，做好焊前清理。

5　裂纹：在焊接的热影响区产生裂纹及焊肉中裂纹。原因是焊件的质量总是钢板除锌不彻底或因低温焊接等到原因造成。解决的方法是，彻底除锌、焊前做栓钉的检验。温度低于−10℃要预热焊接：低于−18℃停止焊接：下雨、雪时停止焊接。当温度低于 0℃时，要求在每 100 枚中打弯两根试验的基础上，再加一根，不合格者停焊。为了保证栓钉焊接质量，栓焊工必须经过专门技术培训和试件考核，试焊件经拉伸、打弯等试验合格后，经有关部门批准方可上岗。

7.2　应注意的安全问题

7.2.1　施工管理人员和施工作业人员必须认真贯彻各项安全规定，施工前必须有安全技术措施，并向全体作业人员进行安全教育和安全技术交底。

7.2.2　各种用电机械必须有良好的接地或接零，必须装设漏电保护装置；所有电动机械必须是一机一闸一漏电保护，停止工作时，必须立即拉闸断电。

7.2.3　主要施工机具使用的安全规定

1　各种机具使用前必须认真检查，严禁机具带病作业。

2 各种机具必须按使用说明书或操作规程进行保养；对有人机固定要求的机具，必须专人开机，非岗人员不得操作。各种机具严禁超负荷作业。

3 冲、剪机械使用应符合下列规定：工作前离合器应放在零位；冲、剪时应单层进行，禁止将两块钢板重叠或并列剪切及冲压；多人作业时，应由一专人指挥，机械操作者只听此人指挥，以防错误操作伤人。

4 卷板机及平板机使用时，应符合下列安全规定：设备正常工作时，严禁作业人员在运料端或被卷入的板件上进行作业或站立；用样板检查时，必须停机后进行；当被卷板件不够整圆时，在卷制板边缘应留一定余量，以免过卷使板件下落伤人；多人作业应相互配合，统一指挥和行动。

5 刨边机使用时，应符合下列安全规定：刨边前，板料夹持应牢固、平稳；刨边机工作时，行走刀架两侧禁止有人停留；不得用手清理刨屑。

6 使用钻床时，应符合下列安全规定：钻头和工件必须卡紧固定，不准用手拿工件钻孔。钻薄工件时，工件下面应垫平整的木板；钻孔排屑困难时，进钻和退钻应反复交替进行；操作者的头部不得靠近旋转部分，禁止戴手套和用管子套在手柄上加力钻孔；摇臂旋转范围内，不准堆放物件或站立闲人。

7 座式砂轮机使用时，应符合下列安全规定：使用前，应检查砂轮片是否有裂纹或松动；砂轮机应有防护罩；使用时，应站在砂轮的侧面，不得两人同时使用一片砂轮，用力不得过大，以免砂轮破碎伤人；磨小件时，应用钳子夹牢，以免磨手或烫手；使用者应戴防护眼镜。

8 使用手电钻或手砂轮机等手持电动工具时，应符合下列安全规定：操作者袖口和衣角应扎紧、利落，使用手砂轮者应戴防护眼镜；钻头要卡紧，用力要均匀，工件必须安放稳固，以防旋转伤人；手砂轮机必须有防护罩，使用时不要用力过大，以免砂轮片破碎伤人或烧坏电机；未停止转动，不得更换钻头或砂轮片。

9 风动工具使用时，应符合下列安全规定：风管接头及阀门应完好，铲头或窝头有裂纹时禁止使用；风铲工作时，前面不准站人，更不准对人操作；操作者应戴手套及防护眼镜；铲边时，不准用手按压风门，以防铲削过程中有密闭风而将铲头打飞；更换铲头或窝头时，枪口必须朝地，禁止面对枪口，不用时，应将风管总阀门关闭，并将铲头（或窝头）取下，将腔孔堵好；风管内的空气未入净前，不得拆卸接头。

7.3 应注意的绿色施工问题

7.3.1 施工时应有可靠的屏蔽措施避免焊接电弧光外泄造成光污染；

7.3.2 夜间施工时不得敲击钢板，避免噪声。

8 质量检记录

8.0.1 钢材、连接材料、和涂装材料的质量证明、试验报告。

8.0.2 型钢构件出厂合格证。

8.0.3 焊缝超声波探伤报告。

8.0.4 焊接工艺评定报告。

8.0.5 型钢构件热加工施工记录。

8.0.6 型钢构件边缘加工施工记录。

8.0.7 型钢构件组装检查记录。

8.0.8 型钢构件焊缝外观检查记录。

8.0.9 型钢焊接分项工程检验批质量验收记录。

8.0.10 型钢构件组装及预拼装分项工程检验批质量验收记录。

8.0.11 焊接材料质量证明书。

8.0.12 焊工合格证及编号。

8.0.13 摩擦面抗滑移系数试验报告。

第29章　钢-混凝土组合结构钢构件安装

本工艺标准适用于钢-混凝土组合结构中钢构件的安装施工及质量验收。

1　引用标准

《钢-混凝土组合结构施工规范》GB 50901—2013

《钢结构工程施工规范》GB 50755—2012

《钢结构焊接规范》GB 50661—2011

《组合结构设计规范》JGJ 138—2016

《钢结构工程施工质量验收规范》GB 50205—2001

《钢结构用高强度大六角头螺栓》GB/T 1228—2006

《钢结构用高强度大六角头螺母》GB/T 1229—2006

《钢结构用高强度大六角头垫圈》GB/T 1230—2006

《钢结构用高强度大六角头螺栓、大六角螺母、垫圈技术条件》GB/T 1231—2006

《钢结构用扭剪型高强度螺栓连接副》GB/T 3632—2008

《六角头螺栓》GB/T 5782—2000

《六角头螺栓全螺纹》GB/T 5783—2000

2　术语（略）

3　施工准备

3.1　作业条件

3.1.1　熟悉工程设计文件、答疑、变更文件、施工合同要求的基础上，结合施工现场条件和安装单位的设备及技术装备编制钢构件安装方案，按规定经审核、审批和论证，并做好安装前的技术安全交底。

3.1.2　钢构件安装前厚钢板焊接、栓钉焊接等，应在施工前进行工艺试验，在工艺试验的基础上，确定各项工艺参数，编出各项操作工艺。

3.1.3　安装前应对建筑物定位轴线、标高、混凝土强度及预埋件安装质量进行复查，并放出安装定位线和控制线。

3.1.4　现场运输道路、安装机械行走路线和站立位置、材料临时周转场地均满足安装要求。

3.1.5　钢构件、零配件及施工措施所用材料进场且验收合格。

3.1.6　安装所用的机械设备已进场，设备安装后验收合格。

3.1.7　操作人员均以经过培训并取得上岗证。

3.2　材料及机具

3.2.1　材料

经检验合格的钢构件、高强螺栓、普通螺栓、与母材和焊接工艺相匹配的焊接材料。

3.2.2　机具

1　起重设备：塔式起重机、履带式起重机、汽车式起重机等。

2　其他机具：经纬仪、水平仪、葫芦、卷扬机、滑轮及滑轮组、电焊机、熔焊栓钉机、力矩扳手、撬棍、钢楔、千斤顶等。

4　施工工艺

4.1　工艺流程

作业准备 → 安装与校正 → 连接固定 → 检查验收

4.2　作业准备

4.2.1　地脚螺栓的安装

1　定位放线，确定预埋地脚螺栓（锚栓）的位置。地脚螺栓（锚栓）的定位尺寸误差不得大于 5mm，水平高差不得超过 2mm。为保证地脚螺栓位置准确，可在钢板上钻孔，螺栓套入孔内，并用角钢做成支架后进行埋设或用角钢做成水平框（上下二道）与地脚螺栓构成框架再埋设。当地脚螺栓较多时，宜先做成牢固支架，把螺栓固定在支架上再埋设。

2　地脚螺栓可采用一次或二次埋设方法。对埋设精度要求较高的地脚螺栓，宜采用二次埋设方法，即在浇筑混凝土时，在埋设地脚螺栓部位预留一个方洞，同时在方洞四周的顶面上预埋铁件，在铁件上焊接固定槽钢或角钢架，在槽钢或角钢架上预留地脚螺栓孔，在铁件上焊接固定槽钢或角钢架时，必须保证螺栓丝扣长度及标高、位移值符合图纸和规范要求。预埋时，可在螺栓上设置调整标高螺母，以精确控制柱底面钢板的标高。

3　地脚螺栓的紧固力由设计文件规定，紧固方法和使用的扭矩必须满足紧固力的要求。

螺母止退可采用双螺母紧固或用电焊将螺母与螺杆焊牢。在固定前，还需精确地弹出轴线和各螺栓的位置线，使螺栓上下垂直、水平位置精确。

4　混凝土浇筑完毕之后，在其初凝之前，重新对地脚螺栓的位置、标高等进行复核，纠正浇筑混凝土时产生的偏差。并将柱脚底板下的混凝土面细致抹平压实，或者在柱底板与基础面间预留 20～30mm 的空隙，用符合设计强度要求的无收缩砂浆以捻浆法垫实。

5　地脚螺栓外露丝扣在安装前应采取有效措施进行妥善保护，防止碰弯及损伤螺纹丝牙。

4.2.2　钢构件进场质量检查

1　构件成品出厂时，提交材质证明和试验报告，构件检查记录，合格证书，高强螺栓摩擦系数试验，焊接无损探伤检查记录等技术文件。

2　构件尺寸与外观检查。根据施工图要求及现行国家标准《钢结构工程施工质量验收规范》GB 50205 中的有关规定，对构件的外形（包括：构件弯曲、变形、扭曲和碰伤等）及其尺寸（包括：长度、宽度、层高、坡口位置与角度、节点位置，高强螺栓的开孔位置、间距、孔数等），以及构件的加工精度（包括：切割面的位置、角度及粗糙度、毛刺、变形及缺陷；弯曲构件的弧度和高强螺栓摩擦面等）进行仔细检验，如有超出规定的偏差，在安装之前应设法消除掉。

3　焊缝的外观检查和无损探伤检查，都应符合图纸及规范的规定。其中：

（1）焊缝外观检查：当焊缝有未焊透、漏焊和超标准的夹渣、气孔者，必须将缺陷清除后重焊。对焊缝尺寸不足、间断、弧坑、咬边等缺陷应补焊，补焊焊条直径一般不宜大于 4mm。修补后焊缝应用砂轮进行修磨，并按要求重新检验。焊缝中出现裂缝时，应进行原因分析，在订出返修措施后方可返修。当裂纹界线清晰时，应从两端各延长 50mm 全部清除后再焊接。清除后用碳弧气刨和气割进行。低合金钢焊缝的返修，在同一处不得超过两次。

（2）无损探伤检查：全部熔透焊缝的超声波探伤，抽检 20％，发现不合格时，再加倍检查；仍不合格时，全数检查。超声波探伤焊缝质量及检验方法，根据设计规定标准进行。焊缝外观检查合格并对超声波探伤部位修磨后，才能进行超声波探伤。

4.2.3　构件应分类型、分单元及分型号堆放，使之易于清点和预检，防止倒垛。构件堆放场地应平整、坚实，排水良好。确保不变形、不损坏，并有足够的稳定性。

4.2.4　高强度螺栓应保存在干燥、通风的室内，避免生锈、损伤丝扣和沾上污物。使用前应进行外观检查，螺栓直径、长度、表面油膜正常，方能使用。使用过程中不得雨淋、接触泥土、油污等脏物。

4.2.5　安装机械的选择。

选择安装机械的前提是必须满足安装要求和工期保证。对于单层建筑，宜选用移动式起重机械；对于多层和高层建筑，多采用塔式起重机；对重型钢构件，可选用起重量大的履带式起重机。塔式起重机在选型时要充分考虑起重能力满足最大物件重量的要求。当工程需要设置几台吊装机具时，应注意机具不要相互影响。

4.2.6　流水段的划分原则和安装顺序

流水段的划分应按照建筑物的平面形状、结构形式、安装机械、位置等因素划分。

1　平面流水段的划分应考虑钢结构在安装过程中的对称性和整体稳定性。其安装顺序一般应由中央向四周扩展，以利减少和消除焊接误差。

2　立面流水段划分，以一层或一节钢柱内所有构件作为一个流水段，并以主梁或钢支撑安装形成框架为原则；其次是次梁、楼板的安装。

3　根据安装流水区段和构件安装顺序，编制构件安装顺序表。注明每一构件的节点型号、连接件的规格数量、高强度螺栓规格数量、栓焊数量及焊接量、焊接形式等。

4.3　安装与校正

4.3.1　型钢柱安装与校正

1　型钢柱多采用焊接对接接长、高强度螺栓连接接长或栓焊组合的接长方式。

2　安装前，应对建筑物的定位轴线、平面封闭角、底层柱的安装位置线、基础标高和基础混凝土强度进行检查，合格后才能进行安装。安装顺序应根据事先编制的安装顺序图表进行。

3　型钢柱的安装应根据钢柱的形状、断面尺寸、长度、重量和起重机的性能等具体情况确定。一般采用单机起吊，也可采取双机抬吊。

1）单机起吊采用一点立吊，吊点设置在柱顶处，即在柱顶临时焊接吊耳，上开孔作为吊装孔，吊钩通过柱中心线，易于起吊、对中和校正。对于拴接构件，也可利用柱端的螺栓孔，穿入专用吊装索具或销轴进行吊装，严禁直接穿入普通索具吊装，以防在起吊过程中磨损栓孔和索具。索具要求捆扎稳固可靠。单机吊装时需在柱子根部垫以垫木，以回转法起吊，严禁柱根拖地。

2）双机抬吊时，应尽量选用同一类型的起重机械，并对起吊点进行荷载分配，有条件时进行吊装模拟，各种起重机的荷载不宜超过其相应起重能力的80%。在操作过程中，要相互配合、动作协调，保持平衡，以防止偏重造成安全事故。

4　绑扎结束并检查无误后，进行起吊试机，要求慢慢起吊，当钢柱离开地面时暂停，再全面检查吊索具、卡具等，确保各方面安全可靠后，才能正式起吊。

5　正式起吊时应由专人统一指挥，统一口令，指挥吊车司机，将钢柱慢慢吊装到位，然后逐步调整钢柱的位置，使其底部的螺栓孔全部对准底脚螺栓，渐渐下落安装就位，临时固定地脚螺栓，校正垂直度。钢柱接长时，钢柱两侧装有临时固定用的连结板，上节钢柱对准下节钢柱柱顶中心线后，即用螺栓固定连结板临时固定。

6　起吊时钢柱必须垂直，尽量做到回转扶直，起吊回转过程中应避免同其他已安装好的构件相碰撞，吊索应预留有效高度。

7　钢柱安装到位，对准轴线、临时固定牢固后才能松开吊索。

8　钢柱校正：钢柱就位后，先调整标高，再调整位移，最后调整垂直度。

1）钢柱标高的调整：

柱基标高的调整：主要采用螺母调整和垫铁调整两种方法。螺母调整是在地脚螺栓上加一个调整螺母，使之上表面与柱底板标高平齐，用以控制柱底板标高；当钢柱过重时，宜采用在柱底板下加垫钢板的方法来调整柱子标高。柱底板下的预留空隙，用符合设计强度要求的无收缩砂浆以捻浆法垫实。

2）钢柱位移的调整：以下节柱顶部的实际中心线为准，安装钢柱的底部对准下节钢柱的中心线即可。校正位移时应注意钢柱的扭转。对于重型钢柱，可用螺旋千斤顶加链条套环托座沿水平方向顶校钢柱。校正后为防止钢柱位移，在柱四边用钢板定位，并用电焊固定。钢柱复校后再紧固锚固螺栓。

3）钢柱垂直度的调整：钢柱经过初校，待垂直度偏差控制在 20mm 以内方可使起重机脱钩。钢柱的垂直度用 2 台经纬仪从两个方向进行检查，如有偏差可用螺旋千斤顶或油压千斤顶进行校正，在校正过程中，应避免造成水平标高的误差。吊装过程中，必须绑扎溜绳控制钢柱摇晃，必要时还应加风缆绳做临时拉结或支撑。

4）为了控制安装误差，吊装前应先确定能控制框架平面轮廓的少数柱子（一般选择平面转角柱）作为标准柱，其垂直度偏差应校正到零。当上柱与下柱发生扭转错位时，可在连接上下柱的耳板处加垫板进行调整。

4.3.2　型钢梁的安装与校正

1　型钢梁在吊装前，应于柱子牛腿处检查标高和间距，如有超出规范规定的偏差，必须提前调整好。

2　吊点的位置取决于型钢梁的跨度，一般在上翼缘处焊吊耳作为吊点，用专用吊具，二点平吊或串吊。吊升过程中必须保证使钢梁保持水平状态。常用的起重机械是轮胎式或履带式起重机，对重量较大的钢梁可采用双机抬吊。

3　安装框架主梁时，要根据焊缝收缩量预留焊缝变形量。安装主梁时对柱子垂直度的监测，除监测安放主梁的柱子两端垂直度的变化外，还要监测相邻与主梁连接的各根柱子的垂直度的变化情况，保证柱子除预留焊缝收缩值外各项偏差均符合规范规定。

4.4　连接固定

型钢构件的现场连接可采用高强度螺栓连接、熔透焊连接或栓焊组合连接。栓焊组合连接时，采用先栓后焊的顺序。

4.4.1　型钢构件焊接连接

1　焊接顺序

一般应从中间向四周扩展，采用结构对称、节点对称的焊接顺序。

2　焊接准备

1）工艺试验。安装前应对主要焊接接头（柱与柱、柱与梁）的焊缝进行焊接工艺试验，制定焊接材料、工艺参数和技术措施。施工期间如有可能出现负温，还应进行负温条件下的焊接工艺试验。

2）焊条选择和烘焙。焊条的选择取决于结构所用钢材的种类，对于已变质、吸潮、生锈、脏污和涂料剥落的焊条不准采用。焊接厚钢板，应选用与母材同一强度等级的焊条或焊丝。焊条和焊丝使用前必须按质量要求进行烘焙。焊条在使用前应 $300\sim350^\circ\mathrm{C}$ 烘箱内烘焙 1h，然后在 $100^\circ\mathrm{C}$ 温度下恒温保存。焊接时从烘箱内取出焊条，放在具有 $120^\circ\mathrm{C}$ 保温功能的手提式保温桶内带到焊接部位，随用随取，要在 4h 内用完，超过 4h 则焊条必须重新烘焙，当天用不完者亦要重新烘焙，严禁使用湿焊条。焊条烘焙的温度和时间，取决于焊条的种类。

3）气象条件检测。气象条件影响焊接质量。当电焊直接受雨雪后要根据焊接区水分情况确定是否进行电焊。当进行手工电弧焊，风速大于 5m/s（三级风）；或进行气体保护焊，当风速大于 2m/s（二级风）时，均应采取防风措施。另外，大气温度对焊缝质量有较大影响，如果大气温度低于 $0^\circ\mathrm{C}$ 时，应注意对施焊环境采取有效的保温措施；如大气温度低于 $-10^\circ\mathrm{C}$ 时，如无可靠的保温措施，应停止施焊。

4）坡口检查。柱与柱、柱与梁上下翼缘的坡口焊接，电焊前应对坡口组装的质量进行检查，如误差超过规范允许误差时应返修后再进行焊接。同时，焊接前对坡口进行清理，去除对焊接有妨碍的水分，垃圾，油污和锈等。

5）垫板和引弧板。坡口焊均用垫板和引弧板，目的是使底层焊接质量有保证。引弧板可保证正式焊缝的质量，避免起弧和收弧时对焊接件初应力和产生缺陷。垫板和引弧板应与母材一致，间隙过大的焊缝宜用紫铜板。垫板尺寸一般厚 6～8mm、宽 50mm，长度应考虑引弧板的长度。引弧板长 50mm 左右，引弧长 30mm。

3　焊接工艺

1）预热：厚度大于 50mm 的碳素结构钢和厚度大于 36mm 的低合金结构钢，施焊前应进行预热，焊后应进行后热。预热温度宜控制在 100～150℃；后热温度应由试验确定。预热区在焊道两侧，每侧宽度均应大于焊件厚度的 2 倍，且不应小于 100mm。环境温度低于 0℃时，预热和后热温度应根据工艺试验确定。

2）焊接：柱与柱的对接焊，应由两名焊工在两相对面等温、等速对称焊接。加引弧板时，先焊第一个两相对面，焊层不宜超过 4 层，然后切除相弧板。清理焊缝表面，再焊第二个两相对面，焊层可达 8 层，再换焊第一个两相对面，如此循环直到焊满整个焊缝。不加引弧时，应由两名焊工在相对位置以逆时针方向在距柱角 50mm 处起焊。焊完第一层后，第二层及以后各层均在离前一层起点 30～50mm 处起焊。每焊一遍应认真清渣，焊到柱角处要稍放慢速度，使柱角焊缝饱满。最后一层盖面焊缝，可采用直径较小的焊条和较小的电流进行焊接。

3）梁和柱接头的焊接，应设长度大于 3 倍焊缝厚度的引弧板。引弧板的厚度应和焊缝厚度相适应，焊完后割去引弧板时应留 5～10mm。梁和柱接头的焊缝，一般先焊梁的下翼缘板，再焊上翼缘板。梁的两端先焊一端，待其冷却至常温后再焊另一端，不宜对一根梁的两端同时施焊。

4）柱与柱、梁与柱的焊缝接头，应试验测出焊缝收缩值，反馈到钢构件制作单位，作为加工的参考。

4　连接焊缝的检验要求

1）设计要求全焊透的一、二级焊缝应采用超声波探伤进行内部缺陷的检验，超声波探伤不能对缺陷作出判断时，应采用射线探伤。

2）焊脚尺寸应符合设计和现行国家标准《钢结构工程施工质量验收规范》GB 50205 的要求。

3）焊缝表面不得有裂纹、焊瘤等缺陷。一、二级焊缝不得有表面气孔、夹渣、弧坑裂纹、电弧擦伤等缺陷，且一级焊缝不得有咬边、未焊满、根部收缩等缺陷。

4）焊缝观感应达到：外形均匀、成型较好，焊道与焊道、焊道与基本金属间过渡平滑，焊渣和飞溅物基本清除干净。

4.4.2　型钢构件高强度螺栓连接

1　高强度连接副的验收与保管

1）高强度螺栓连接副，由制造厂家按批配套供应，并要具有出厂质量保证书。运至工地的高强度螺栓连接副应及时按现行国家标准《钢结构工程施工质量验收规范》GB 50205 的有关规定进行验收，并对摩擦面的抗滑移系数进行复验，现场处理的摩擦面应单独进行抗滑移系数试验，并应符合设计要求。

2）其在运输、保管过程中注意保护，防止损伤螺纹。高强度螺栓连接副要按包装箱上注明的批号、规格分类、保管，并保证是室内存放，堆放不要过高，防止生锈和沾染脏物，在使用前严禁任意开箱。

2　高强度连接副的安装与紧固

1）高强度螺栓接头各层钢板安装时发生错孔，允许用铰刀扩大孔。一个节点中扩大孔数不宜多于该节点孔数的 1/3。扩大孔直径不得大于原孔径 2mm。严禁用气割扩大孔。

2）安装高强度螺栓时，应用尖头撬棒及冲钉对正上下或前后连接板螺孔，将螺栓自由投入。严禁用榔头强行打入或用扳手强行拧入。一组高强度螺栓宜按同一方向穿入螺孔。并宜以扳手下压为紧固螺栓的方向。

3）安装高强度螺栓时，构件的摩擦面应保持干净，不得在雨中安装。摩擦面如用生锈处理方法时，安装前应以细钢丝刷除去摩擦面上的浮锈。

4）在工字钢、槽钢的翼缘上安装高强度螺栓时，应采用与其斜面的斜度相同的斜垫圈。

5）当梁与柱接头为腹板拴接、翼缘焊接时，宜按先栓后焊的方式进行施工。

6）高强度螺栓拧紧的顺序，应从螺栓群中部开始，向四周扩展，逐个拧紧。

7）大六角头高强度螺栓施工所用扭矩扳手，班前必须校正，其扭矩误差不得大于正负 5%。

8）高强度螺栓的拧紧应分初拧和终拧，对于大型节点宜通过初拧、复拧和终拧达到拧紧，复拧扭矩等于初拧扭矩。终拧前应检查接头处各层钢板是否充分密贴。

9）大六角头高强度螺栓初拧扭矩为施工扭矩的 50%左右。终拧扭矩等于施工扭矩，施工扭矩按《钢结构工程施工规范》GB 50205—2012 中 7.4.6 计算确定。

10）扭剪型高强度螺栓的初拧扭矩为 $0.065P_c \cdot d$。用专用扳手进行终拧，直至拧掉螺栓尾部梅花头。个别不能用专用扳手进行终拧的，取终拧扭矩为 $0.13P_c \cdot d$。

11）高强度螺栓的初拧、复拧、终拧在同一天内完成。

3　高强度螺栓连接的检验内容

1）高强度大六角头螺栓连接副终拧完成 1h 后、48h 内应进行终拧扭矩检查。

2）扭剪型高强度螺栓连接副终拧后，除因构造原因无法使用专用扳手终拧掉梅花头者外，未在终拧中拧掉梅花头的螺栓数不应大于该节点螺栓数的 5%。对所有梅花头未拧掉的扭剪型高强度螺栓连接副应采用扭矩法或转角法进行终拧并作标记。

3）高强螺体连接副终拧后，螺栓丝扣外露应为 2～3 扣，其中允许有 10%的螺栓丝扣外露 1 扣或 4 扣。

4）高强度螺栓应自由穿入螺栓孔。高强度螺栓孔不应采用气割扩孔，扩孔数量应征得设计同意，扩孔后的孔径不应超过 1.2d（d 为螺栓直径）。

5　质量标准

5.1　主控项目

5.1.1　建筑物的定位轴线、基础轴线和标高、地脚螺栓的规格及其紧固应符合设计要求。

检查数量：按柱基数抽查 10%，且不应少于 3 个。

检验方法：用经纬仪、水准仪、全站仪和钢尺现场实测。

5.1.2　多层建筑以基础顶面直接作为柱的支承面，或以基础顶面预埋钢板或支座作为柱的支承面时，其支承面、地脚螺栓（锚栓）位置的允许偏差应符合表29-1规定：

检查数量：按柱基数抽查10%，且不应少于3个。

检验方法：用经纬仪、水准仪、全站仪、水平尺和钢尺实测。

支承面、地脚螺栓的允许偏差 表29-1

序号名称	项目		允许偏差（mm）
1	支承面	标高	±3.0
		水平度	$L/1000$
2	地脚螺栓中心偏移		5.0
3	预留孔中心偏移		10.0

5.1.3　钢构件应符合设计要求和规范的规定。运输、堆放和吊装等造成的构件变形应进行矫正。

检查数量：按构件数抽查10%，且不应少于3个。

检验方法：用拉线、钢尺现场实测或观察。

5.1.4　设计要求顶紧的节点，接触面不应少于70%紧贴，且边缘最大间隙不应大于0.8mm。

检查数量：按节点数抽查10%，且不应少于3个。

检验方法：用钢尺及0.3mm和0.8mm厚的塞尺现场实测。

5.2　一般项目

5.2.1　地脚螺栓（锚栓）尺寸的偏差应符合表29-2的规定。地脚螺栓（锚栓）的螺纹应受到保护。

检查数量：按柱基数抽查10%，且不应少于3个。

检验方法：用钢尺现场实测。

地脚螺栓（锚栓）尺寸的允许偏差（mm） 表29-2

序号	项目	允许偏差
1	螺栓（锚栓）露出长度	+30.0
		0.0
2	螺纹长度	+30.0
		0.0

5.2.2　钢柱等主要构件的中心线及标高基准点等标记应齐全。

检查数量：按同类构件数抽查10%，且不应少于3件。

检验方法：观察检查。

5.2.3　单层钢柱安装的允许偏差应符合表29-3的规定。

检查数量：按钢柱数抽查10%，且不应少于3件。

检验方法：见表29-3。

允许偏差及检验方法

表 29-3

序号	项目		允许偏差	图例	检验方法
1	柱基准点标高	有吊车梁的柱	$+3.0$ -5.0		用水准仪检查
		无吊车梁的柱	$+5.0$ -8.0		
2	弯曲矢高		$H/1200$，且不应大于 15.0		用经纬仪或拉线和钢尺检查
3	柱轴线垂直度	单层柱 $H\leqslant 10$m	$H/1000$		用经纬仪或吊线和钢尺检查
		单层柱 $H>10$m	$H/1000$，且不应大于 25.0		
	柱全高	单节柱	$H/1000$，且不应大于 10.0		
		柱全高	35.0.		

5.2.4　多层及高层钢柱安装的允许偏差应符合表 29-4 的规定。

检查数量：按钢柱数抽查 10%，且不应少于 3 件。

检验方法：见表 29-4。

多层及高层钢结构中构件安装的允许偏差（mm）

表 29-4

序号	项目	允许偏差	图例	检验方法
1	上、下柱连接处的错口 Δ	3.0		用钢尺检查
2	同一层柱的各柱顶高度差 Δ	5.0		用水准仪检查

续表

序号	项目	允许偏差	图例	检验方法
3	同一根梁两端顶面的高差 △	$H/1000$，且不应大于 10.0		用水准仪检查
4	主梁与次梁表面的高差 △	±2.0		用直尺和钢尺检查
5	压型金属板在钢梁上相邻列的错位 △	15.00		用直尺和钢尺检查

5.2.5　现场焊缝组对间隙的允许偏差应符合表 29-5 的规定。

检查数量：按同类节点数抽查 10％，且不应少于 3 个。

检验方法：尺量检查。

现场焊缝组对间隙的允许偏差（mm）　表 29-5

序号	项目	允许偏差
1	无垫板间隙	+3.0，0.0
2	有垫板间隙	+3.0，−2.0

5.2.6　钢结构表面应干净，结构主要表面不应有疤痕、泥沙等污垢。

检查数量：按同类构件数抽查 10％，且不应少于 3 件。

检验方法：观察检查。

6　成品保护

6.0.1　地脚螺栓外露丝扣在安装前应采取有效措施进行妥善保护，防止碰弯及损伤螺纹丝牙。

6.0.2　构件应分类型、分单元及分型号堆放，使之易于清点和预检，防止倒垛。构件堆放场地应平整、坚实，排水良好。确保不变形、不损坏，并有足够的稳定性。构件在存放和运输过程中应确保摩擦面不受污染和破坏。

6.0.3　高强度螺栓在运输、保管过程中注意保护，防止损伤螺纹。应按包装箱上注明的批号、规格分类、保管，并保存在干燥、通风的室内，避免生锈、损伤丝扣和沾上污物。在使用前严禁任意开箱。使用过程中不得雨淋，接触泥土、油污等脏物。

7 注意事项

7.1 应注意的质量问题

7.1.1 首节钢柱安装后应及时进行垂直度、标高和轴线位置校正，校正合格后钢柱应可靠固定，并应进行柱底二次灌浆，灌浆前应清除柱底板与基础间的杂物。

7.1.2 安装柱的型钢骨架时，应先在上下型钢骨架连接处进行临时连接，纠正垂直偏差后再进行焊接或高强度螺栓固定，然后在梁的型钢骨架安装后，要再次观测和纠正因荷载增加、焊接收缩或螺栓松紧不一而产生的垂直偏差。

7.1.3 在梁柱接头处和梁的型钢翼缘下部，由于浇筑混凝土时有部分空气不易排出，或因梁的型钢翼缘过宽妨碍浇筑混凝土，为此要在一些部位预留排除空气的孔洞和混凝土浇筑孔。如腹板上开孔的大小和位置不合适时，征得设计者的同意后，再用电钻补孔或用铰刀扩孔，不得用气割开孔。

7.1.4 型钢混凝土框架柱内型钢的接头位置应符合设计要求，并宜设置在受剪力较小处，且应便于安装操作。

7.1.5 型钢混凝土柱中的型钢需改变截面时，宜保持型钢截面高度不变，可改变翼缘的宽度、厚度或腹板厚度。当需要改变柱截面高度时，截面高度宜逐步过渡，且在变截面的上、下端应设置加劲肋；当变截面段位于梁柱接头时，变截面位置宜设置在两端距梁翼缘不小于150mm 处，如图 29-1 所示。

7.1.6 螺栓孔眼不对时，不得任意扩孔或改为焊接，安装时发现上述问题，应报告技术负责人，经与设计单位洽商后，按要求进行处理。

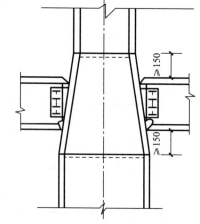

图 29-1 型钢混凝土柱变截面构造

7.1.7 安装时必须按规范要求先使用安装螺栓临时固定，调整紧固后，再安装高强度螺栓并替换。

7.1.8 要注意日照、焊接等温度引起的热影响，导致构件产生的伸长、缩短、弯曲所引起的偏差，施工中应有调整偏差的措施。

7.1.9 无框架钢梁的结构，为保证型钢柱的空间位置，应增设支撑体系予以临时固定，确保型钢柱安装、焊接后空间位置准确。

7.2 应注意的安全问题

7.2.1 在钢结构吊装时，为防止人员、物料和工具坠落或飞出造成安全事故，需铺设安全网。

7.2.2 为便于接柱施工，在接柱处要设操作平台，平台固定在下节柱的顶部。

7.2.3 为便于施工登高，安装柱子前要先将登高钢梯固定在钢柱上。为便于进行柱梁节点紧固高强度螺栓和焊接，需在柱梁节点下方安装挂篮脚手。

7.2.4 施工用的电动机械和设备均须接地，绝对不允许使用破损的电线和电缆，严防设备漏电。施工用电器设备和机械的电缆，须集中在一起，并随楼层的施工而逐节升高。每层楼面须分别设置配电箱，供每层楼面施工用电需要。

7.2.5 高空施工，当风速为 10m/s 时，如未采取措施吊装工作应该停止。当风速达到 15m/s 时，所有工作均须停止。

7.2.6 施工时还应该注意防火，提供必要的灭火设备和消防人员。

7.2.7 风力大于 5 级，雨、雪天和构件有积雪、结冰、积水时，应停止高空钢结构的安装作业。

7.2.8 当天安装的钢构件应形成空间稳定体系，确保安装质量和结构安全。

7.2.9 在高空进行高强度螺栓的紧固，要遵守登高作业的安全注意事项。拧掉的高强度螺栓尾部应随时放入工具袋内。严禁随便抛落。

7.2.10 在构件吊装前，应对构件重量和起吊能力进行核验，确保机械安全。

7.2.11 进行钢结构安装时，楼面上堆放的安装荷载应予以限制，不得超过钢梁和压型钢板的承载能力。

7.3　应注意的绿色施工问题

7.3.1 施工时应有可靠的屏蔽措施避免焊接电弧光外泄造成光污染。

7.3.2 夜间施工时不得敲击钢板，避免噪声。

8　质量记录

8.0.1 工程测量记录。

8.0.2 焊接质量检验报告。

8.0.3 施工日志。

8.0.4 基础复验记录。

8.0.5 隐蔽验收记录。

8.0.6 型钢结构安装检测记录。

8.0.7 型钢安装分项工程检验批质量验收记录。

8.0.8 型钢焊接分项工程检验批质量验收记录。

8.0.9 紧固件连接分项工程检验批质量验收记录。

第 30 章　钢-混凝土组合结构混凝土浇筑

本工艺标准适用于型钢混凝土结构混凝土浇筑。

1　引用标准

《钢-混凝土组合结构施工规范》GB 50901—2013

《混凝土结构工程施工规范》GB 50666—2011

《混凝土结构工程施工质量验收规范》GB 50204—2015

《高层建筑混凝土结构技术规程》JGJ 3—2010

《组合结构设计规范》JGJ 138—2016

2　术语

2.0.1　钢-混凝土组合楼板：在制作成型的压型钢板或钢筋桁架板上绑扎钢筋、现浇混凝土，压型钢板与钢筋、混凝土之间通过剪力连接件相结合，压型钢板与混凝土共同工作承受载荷的楼板。

3　施工准备

3.1　作业条件

3.1.1　型钢混凝土结构施工方案已编审完成。项目技术负责人对管理人员进行方案交底。管理人员对混凝土施工人员进行型钢混凝土浇筑的技术、安全交底。

3.1.2　型钢混凝土结构骨架经过监理单位的隐蔽工程验收；模架加固到位，验收合格；检验批验收合格。

3.1.3　混凝土浇筑申请单经监理单位签认，混凝土材料计划已报商品混凝土厂家。

3.1.4　混凝土浇筑前，搭设好施工马道，避免钢筋踩踏严重。

3.1.5　冬期施工时，按现行行业标准《建筑工程冬期施工规程》JGJ/T 104 进行混凝土的配比和养护。

3.2　材料及机具

3.2.1　钢与混凝土组合结构的混凝土配合比和性能应根据设计要求和所选择的浇筑方法进行试配确定。

3.2.2　型钢混凝土结构的混凝土强度等级不宜小于 C30。

3.2.3　混凝土粗骨料最大粒径不应大于型钢外侧混凝土保护层厚度的 1/3，且不宜大于 25mm。

3.2.4　混凝土坍落度宜控制在 160~200mm，其扩展度≥500mm，水灰比宜控制在 0.40~0.45，且应严格控制其泌水和离析现象。

3.2.5　主要机具：泵车、泵管、布料机、振捣棒、平板振捣器。

4　操作工艺

4.1　工艺流程

混凝土准备 → 混凝土现场验收 → 混凝土浇筑 → 混凝土养护 → 验收

4.2 混凝土准备：向商品混凝土厂家根据工艺要求提供混凝土供应计划。包括混凝土强度、坍落度、扩展度、初凝时间、浇筑量、冬施出罐温度等工作性能指标。需根据结构形式、运输方式和距离、泵送高度、浇筑和振捣方式以及工程所处环境等因素确定工作性能指标，并进行试配。

4.3 混凝土现场验收

商品混凝土运输至现场后，要查验商品混凝土质量证明文件是否符合计划要求，并按现行国家标准《混凝土结构工程施工质量验收规范》GB 50204 的要求留设试块。

4.4 混凝土浇筑

4.4.1 混凝土浇筑前，应清除模板内的杂物，表面干燥的模板应洒水湿润。现场环境温度高于 35℃ 时，宜对金属模板洒水降温，洒水后不得留有积水。

4.4.2 根据施工图纸，结合施工实际，确定混凝土下料位置，确保混凝土浇筑有足够的下料空间，并应使混凝土充盈整个构件各部位。

4.4.3 型钢混凝土柱混凝土浇筑

1 先在柱底部填入 50～100mm 厚与混凝土配合比相同的去石子的水泥砂浆。混凝土浇筑倾落高度不得大于 6m（粗骨料粒径小于等于 25mm 时浇筑倾落的限值为 6m）；

2 在柱混凝土浇筑过程中，型钢周边混凝土浇筑宜同步上升，混凝土浇筑高差不应大于 500mm。

4.4.4 型钢混凝土梁浇筑要求

1 大跨度型钢混凝土梁应采取从跨中向两端分层连续浇筑混凝土，分层投料高度控制在 500mm 以内。

2 在型钢组合转换梁的上部立柱处，宜采用分层赶浆和辅助敲击浇筑混凝土。

3 型钢混凝土梁柱接头处和型钢翼缘下部，宜预留排气孔和混凝土浇筑孔。

4.4.5 型钢混凝土转换桁架混凝土浇筑

1 型钢混凝土转换桁架混凝土宜采用自密实混凝土浇筑。

2 若采用常规混凝土浇筑时，浇筑级配碎石（细）混凝土时，先浇捣柱混凝土，后浇捣梁混凝土。柱混凝土浇筑应从型钢柱四周均匀下料，分层投料高度不应超过 500mm，采用振捣器对称振捣。

3 型钢翼缘板处应预留排气孔，在型钢梁柱节点处应预留混凝土浇筑孔。

4 浇筑型钢梁混凝土时，工字钢梁下翼缘板以下混凝土应从钢梁一侧下料；待混凝土高度超过钢梁下翼缘板 100mm 以上时，改为从梁的两侧同时下料、振捣，待浇至上翼缘板 100mm 时再从梁跨中开始下料浇筑，从梁的中部开始振捣，逐渐向两端延伸浇筑。

4.4.6 钢-混凝土组合剪力墙混凝土浇筑

1 钢-混凝土组合剪力墙中型钢或钢板上设置的混凝土灌浆孔、流淌孔、排气孔和排水孔等应符合下列规定，如图 30-1 所示。

2 孔的尺寸和位置需在深化设计阶段完成，并征得设计单位同意，必要时采取相应的加强措施。

3 对于型钢混凝土剪力墙和带钢斜撑混凝土剪力墙，内置型钢的水平隔板上应开设混凝土灌浆孔和排气孔。

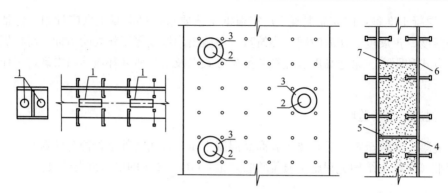

图 30-1　混凝土灌浆孔、流淌孔、排气孔和排水孔设置

1—灌浆孔；2—流淌孔；3—加强环板；4—排气孔；5—横向隔板；6—排气孔；7—混凝土浇筑面

4　对于单层钢板混凝土剪力墙，当两侧混凝土不同步浇筑时，可在内置钢板上开设流淌孔，必要时在开孔部位采取加强措施。

5　对于双层钢板混凝土剪力墙，双层钢板之间的水平隔板应开设灌浆孔，并宜在双层钢板的侧面适当位置开设排气孔和排水孔；灌浆孔的孔径不宜小于 150mm，流淌孔的孔径不宜小于 200mm，排气孔及排水孔的孔径不宜小于 10mm。

4.4.7　钢板混凝土剪力墙的墙体混凝土浇筑宜采用下列方式：

1　单层钢板混凝土剪力墙，钢板两侧的混凝土宜同步浇筑。也可在内置钢板表面焊接连接套筒，并设置单侧螺杆，利用钢板作为模板分侧浇筑，如图 30-2 所示。

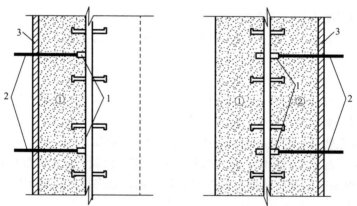

图 30-2　单钢板混凝土剪力墙分侧浇筑示意（浇筑顺序 1→2）

1—连接套筒；2—单侧螺杆；3—单侧模板

2　双层钢板混凝土剪力墙，双钢板内部的混凝土可先行浇筑，双钢板外部的混凝土可分侧浇筑，浇筑方法可参照单钢板混凝土剪力墙分侧浇筑的方法，如图 30-3 所示。

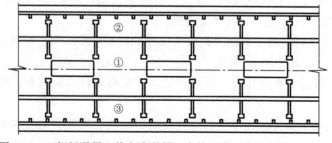

图 30-3　双钢板混凝土剪力墙混凝土浇筑示意（浇筑顺序 1→2→3）

4.4.8 混凝土浇筑要求

1 混凝土按分层浇筑厚度分别进行振捣，振捣棒前段插入前一层混凝土中，插入深度不应小于 50mm，垂直于混凝土表面快插慢拔，均匀振捣，不得碰撞型钢柱、梁，当混凝土表面无明显塌陷、有水泥浆出现，不再冒气泡时，该部位振捣结束。型钢与钢筋结合区域，选择小型振动棒辅助振捣，对梁柱接头间隙狭小处可采用钢筋钎人工插捣，加密振捣点，并应适当延长振捣时间。同时敲击梁的侧模、底模，实施外部的辅助振捣，并配备小直径振捣器。

2 混凝土浇筑完毕后，根据施工方案及时进行养护。水平结构的混凝土表面，应适时用木抹子抹平搓毛两遍以上。必要时，还应先用铁滚筒滚压两遍以上，以防产生收缩裂缝。

4.5 混凝土养护

4.5.1 混凝土浇筑完毕后，应及时进行保湿养护，保湿养护可采用洒水、覆盖、喷涂养护剂等方式。养护方式应根据现场条件、环境温湿度、构件特点、技术要求、施工操作等因素确定。

4.5.2 混凝土的养护时间应符合下列规定：

1 采用硅酸盐水泥、普通硅酸盐水泥或矿渣硅酸盐水泥拌制的混凝土，不得少于 7d，采用其他品种的水泥时，养护时间应根据水泥性能确定；

2 采用缓凝型外加剂、大量矿物掺杂合料配制的混凝土，不应少于 14d；

3 抗渗混凝土、强度等级 C60 及以上的混凝土，不应少于 14d；

4 后浇带混凝土的养护时间不应少于 14d。

4.5.3 洒水养护应符合下列规定：

1 洒水养护宜在混凝土表面覆盖麻袋或草帘后进行，也可采用直接洒水、蓄水等养护方式；洒水养护应保证混凝土表面处于湿润状态；

2 混凝土养护用水应与拌制用水相同；

3 当日最低温度低于 5℃时，不应采用洒水养护。

4.5.4 覆盖养护应符合下列规定：

1 覆盖养护宜在混凝土表面覆盖塑料薄膜、塑料薄膜加麻袋、塑料薄膜加草帘进行；

2 塑料薄膜应紧贴混凝土裸露表面，塑料薄膜内应保持有凝结水；

3 覆盖物应严密，覆盖物的层数应按施工方案确定。

4.5.5 喷涂养护剂养护应符合下列规定：

1 应在混凝土裸露表面喷涂覆盖致密的养护剂进行养护；

2 养护剂应均匀喷涂在结构构件表面，不得漏喷；养护剂应具有可靠的保湿效果，保湿效果可通过试验检验；

3 养护剂使用方法应符合产品说明书的有关要求。

4.5.6 柱墙混凝土养护方法应符合下列规定：

1 地下室底层和上部结构首层墙、柱混凝土带模养护时间不应少于 3d；带模养护结束后，可采用洒水养护方式继续养护，也可采用覆盖养护或喷涂养护剂养护方式继续养护；

2 其他部位柱、墙混凝土可采用洒水养护，也可采用覆盖养护或喷涂养护剂养护。

4.5.7 同条件养护试件的养护条件应与实体结构部位养护条件相同，并应妥善保管。

5　质量标准

5.1　主控项目

5.1.1　结构混凝土的强度等级必须符合设计要求。用于检查结构构件混凝土强度的试件，应在混凝土浇筑地点随机抽取。取样与试件留置应符合现行国家标准《混凝土结构工程施工质量验收规范》GB 50204 的规定。

5.1.2　对有抗渗要求的混凝土结构，其混凝土试件应在浇筑地点随机取样。同一工程、同一配合比的混凝土，取样不应少于一次，留置组数可根据实际需要确定。

5.1.3　混凝土运输、浇筑及间歇的全部时间不应超过混凝土的初凝试件。同一施工段的混凝土应连续浇筑，并应在底层混凝土初凝之前将上一层混凝土浇筑完毕，当底层混凝土初凝后浇筑上一层混凝土时，应按施工技术方案中对施工缝的要求进行处理。

5.2　一般项目

5.2.1　施工缝的位置按设计要求和施工技术方案确定。施工缝的处理应按施工技术方案执行。

5.2.2　后浇带的位置应按设计要求和施工技术方案确定，后浇带的混凝土浇筑应按施工技术方案进行。

5.2.3　混凝土浇筑完毕后，应按施工技术方案及时采取有效养护措施，并应符合现行国家标准《混凝土结构工程施工质量验收规范》GB 50204 的规定。

6　成品保护

6.0.1　浇筑混凝土过程中，要搭设专用浇筑通道进行混凝土的施工，严禁任意踩踏钢筋。

6.0.2　混凝土强度达到 $1.2N/mm^2$ 前，不得在其上踩踏或安装模板及支架。

7　注意事项

7.1　应注意的质量问题

7.1.1　浇筑混凝土时，应由专人负责检查模板、钢筋有无移动、变形等情况，发现问题及时处理。在混凝土初凝前，再次确认型钢柱柱头位置，并调整就位。

7.1.2　混凝土应振捣密实，防止漏振或振捣使钢筋产生唯一；如出现蜂窝、孔洞、露筋、夹渣等缺陷，应分析产生原因，及时采取有效措施处理。

7.1.3　混凝土浇筑时应注意施工缝的留设，避免留在受力较大和钢筋密集处，并仔细做好施工缝的处理。

7.1.4　不同等级混凝土接缝处的施工，宜先浇筑高等级的混凝土，后浇筑强度低的混凝土。在交界区域设置分隔措施，分隔位置应在低强度等级的构件中，且距高强度等级构件边缘不应小于 500mm。

7.2　应注意的安全问题

7.2.1　混凝土浇筑前，应对振捣器进行试运转，操作时戴绝缘手套，穿胶鞋。振捣器不应挂在钢筋上，湿手不得接触电源开关。

7.2.2　浇筑单梁、柱混凝土时，操作人员不得直接站在模板或支撑上操作。

7.2.3　所有操作人员应正确佩戴安全帽，高空作业应正确系好安全带。夜间作业应有足够的照明。

7.3　应注意的绿色施工问题

7.3.1　应积极采用低噪声混凝土振捣器，避免噪声扰民。

7.3.2　及时清理洒落的混凝土。

8　质量记录

8.0.1　预拌混凝土出厂合格证。

8.0.2　混凝土试件强度试验报告。

8.0.3　混凝土工程施工记录。

8.0.4　混凝土浇灌申请书。

8.0.5　预拌混凝土交验单。

8.0.6　混凝土原材料及配合比设计检验批质量验收记录。

8.0.7　混凝土施工工程检验批质量验收记录表。

8.0.8　现浇混凝土结构外观及尺寸偏差检验批质量验收记录。

8.0.9　型钢混凝土结构混凝土分项工程质量验收记录。

第 31 章　钢管混凝土柱

本工艺标准适用于工业与民用建筑和一般构筑物的圆形、矩形钢管混凝土柱的施工。

1　引用标准

《钢管混凝土工程施工质量验收规范》GB 50628—2010

《钢管混凝土结构技术规范》GB 50936—2014

《钢-混凝土组合结构施工规范》GB 50901—2013

《钢结构工程施工规范》GB 50755—2012

《钢结构焊接规范》GB 50661—2011

《钢结构高强度螺栓连接技术规程》JGJ 82—2011

2　术语

2.0.1　钢管混凝土构件：在钢管内填充混凝土的构件，包括实心和空心钢管混凝土构件，截面可为圆形、矩形及多边形。

3　施工准备

3.1　作业条件

3.1.1　钢管混凝土施工前，施工单位应编制专项施工方案并经监理（建设）单位确认，当冬期、雨期、高温施工时应制定季节性施工技术措施。

3.1.2　钢管混凝土工程施工前对材料的力学性能进行复试，编制完善的焊接工艺评定报告或工艺指导手册。

3.1.3　钢管混凝土构件加工前由施工单位进行深化设计，深化设计文件应经原设计单位确认。

3.1.4　焊工必须经考试合格并取得合格证书，持证焊工必须在其考试合格项目及合格证规定的范围内施焊。

3.1.5　雨雪天及五级以上大风不得进行钢构件吊装和现场焊接施工。

3.2　材料和机具

3.2.1　主材：钢材、螺栓、焊钉、混凝土均符合设计和相关标准要求，做好进场检验和复试。

3.2.2　焊接材料：焊条、焊丝、焊剂（与主材相匹配）、二氧化碳气体。

3.2.3　机具：

1　钢构件加工设备：钢板切割设备（数控、直条切割机）、组立设备、卷板设备、铣边设备、钻孔设备（摇臂钻、数控钻床）。

2　焊接设备：自动埋弧焊机、手工电弧焊机、CO_2 气体保护焊机、螺柱焊机、碳弧气刨。

3　吊装设备：塔吊、汽车吊、各种吊索、吊具。

4　混凝土浇筑设备、混凝土泵。

5　防腐防火涂装：喷涂设备、油刷、滚子。

4　操作工艺

4.1　工艺流程

| 钢管柱加工制作 | → | 钢管柱安装 | → | 管芯混凝土浇筑和养护 | → | 钢管外壁防火涂层 | → | 验收 |

4.2　钢管柱加工制作

4.2.1　钢管柱加工制作根据设计单位确认的深化设计图纸进行，加工时应根据不同的混凝土浇筑方法留置浇灌孔、排气孔、观察孔。（柱内的水平加劲肋板应设置直径不小于 150mm 的混凝土浇灌孔和直径不小于 20mm 的排气孔，用顶升法施工时，钢管壁应设置直径为 10mm 的观察排气孔）。

4.2.2　圆钢管可采用直焊缝钢管或螺旋焊缝钢管，钢板宜定尺采购，多节圆管柱不宜超过一条纵向焊缝。当直径较小无法卷制时，可采用无缝钢管。当钢管采用卷制方式加工成型时，可有若干个接头。

4.2.3　钢管卷制

1　下料

以管中径计算周长，下料时加 2mm 的横缝焊接收缩余量。长度方向按每道环缝加 2mm 的焊接收缩余量，采用自动或半自动切割机切割下料。

2　开坡口

（1）卷制钢管前，应根据要求将板端开好坡口。

（2）应采用半自动切割机切割坡口，严禁手工切割坡口。坡口切割完毕后要检查板材的对角线误差值是否在规定的允许范围内。如偏差过大，则应进行修补。

3　卷管

（1）应采用卷板机进行预弯和卷板，较厚钢板卷制时，先用压力机将钢板端头进行预弯后再用卷板机卷制。

（2）卷管前应根据工艺要求对零件和部件进行检查，合格后方可进行卷管。卷管前将钢板上的毛刺、污垢、松动铁锈等杂物清除干净后方可卷管。

（3）卷管方向应与钢板压延方向一致。卷管内径对 Q235 钢不应小于钢板厚度的 35 倍；对 Q345 钢不应小于钢板厚度的 40 倍。

（4）卷板过程中，应保证管端平面与管轴线垂直。并根据实际情况进行多次往复卷制。

（5）卷制成型后，进行点焊，点焊区域必须清除掉氧化铁等杂质，点焊高度不准超过坡口的 2/3 深度。点焊长度应为 80～100mm。点焊的材料必须与正式焊接时用的材料相一致。

（6）卷板接口处的错边量必须小于板厚的 10%，且不大于 2mm。如大于 2mm，则要求进行再次卷制处理。在卷制的过程中要严格控制错边量，以防止最后成型时出现错边量超差的现象。

4　焊接

（1）焊接前，大直径钢管可另用附加钢筋焊于钢管外壁做临时固定，固定点间距以 300mm 为宜，且不少于三点。

（2）焊缝质量应符合设计要求及满足现行国家标准《钢结构工程施工质量验收规范》GB 50205 的规定。

（3）为确保连接处的焊缝质量，可在管内接缝处设置附加衬管，长度为 20mm，厚度为 3mm，与管内壁保持 0.5mm 的间隙，以确保焊缝根部的质量。

5　探伤检验

单节钢管卷制焊接完成后要进行探伤检验。焊缝质量等级应符合现行国家标准《钢结构工程施工质量验收规范》GB 50205 的规定。

6　组装和焊接环缝

（1）根据构件要求的长度进行组装。钢管接长时每个节间宜为一个接头，当钢管采用卷制成型时可有若干个接头，但最短接长长度应符合下列规定：当直径 $d \leqslant 500mm$ 时最短接长不小于 500mm；当直径 500mm$<d\leqslant$1000mm 时最短接长不小于直径 d，当直径 $d>$ 1000mm 时最短接长不小于 1000mm。

（2）组装必须保证接口的错边量。一般情况下，组装应在滚轮架上进行，以调节接口的错边量。

（3）接口的间隙应控制在 2～3mm。

（4）环缝焊接时一般先焊接内坡口，在外部清根。采用自动焊接时，在外部用一段曲率等同外径的槽钢来容纳焊剂，以便形成焊剂垫。

（5）根据不同的板厚、运转速度来选择焊接参数。单面焊双面成型最关键是在打底焊接上。焊后从外部检验，如有个别成型不好或根部熔合不好，可采用碳弧气刨刨削，然后磨掉碳弧气刨形成的渗碳层，反面盖面焊接或埋弧焊（双坡口要进行外部埋弧焊）。

（6）清理验收：清理掉一切飞溅、杂物等。对临时性的工装点焊接疤痕等要彻底清除。

4.2.4　焊接成型的矩形钢管纵向焊缝应设在角部焊缝数量不宜超过 4 条。

4.2.5　钢管柱拼装应符合下列规定：

1　对由若干管段组成的焊接钢管柱，应先组对、矫正焊接纵向焊缝形成单元管段，然后焊接钢管内的加强环肋板，最后组对矫正，焊接环向焊缝形成的钢管柱安装的单元柱段。相邻两管段的纵缝应相互错开 300mm 以上。

2　钢管柱单元柱段在出厂前宜进行工厂预拼装，预拼装检查合格后，宜标注中心线，控制基准线等标记，必要时应设置定位器。

3　钢管柱单元柱段的管口处，应有加强环板或法兰等零件，没有法兰或加强环板的管口应加临时支撑。

4.2.6　钢管柱焊接应符合下列规定：

1　钢管构件的焊缝应采用全熔透对接焊缝，其焊缝的坡口形式和尺寸应符合现行国家标准《钢结构焊接规范》GB 50661 的规定。

2　钢管柱纵向焊缝应采用全熔透一级焊缝，横向焊缝可选择全熔透一级二级焊缝，圆钢管的内外加强环板与钢管壁应采用全熔透一级或二级焊缝。

4.2.7　钢管柱的除锈和防腐应符合设计要求，工艺同一般钢结构制作的除锈和防腐。

4.3　钢管柱安装

4.3.1　钢柱起吊前应地管端焊接区域打磨除锈，定出柱轴线与水平标高标记。钢管对接时，在对接处设置调节螺杆校正柱的垂直度，在 x、y 轴向架设 2 台经纬仪，测出柱底偏差，调整调节丝杆，使柱顶标记与柱底十字线重合，焊接环焊缝，卸去卡板，对柱身垂直度进行复测，并做好记录，以便下节柱安装调整，防止出现累积误差。

4.3.2　钢管柱的现场焊接形式为水平焊，施焊前焊条需烘焙，并保温 2h 后方可使用。施焊时焊条应放在电热保温筒内，随用随取。焊接采用分段分向顺序，分段施焊保持对称，防止焊接变形影响安装精度。安装后焊缝要求进行超声波探伤检测。

4.3.3　由钢管混凝土柱—钢筋混凝土框架梁组成的多层或高层框架结构，竖向柱安装段不宜超过 3 层。

4.3.4　钢管柱与钢筋混凝土梁连接时可采用下列连接方式：

1　在钢管上直接钻孔，将钢筋直接穿过钢管。

2　在钢管外侧设环板，将钢筋直接焊接在环板上，在钢管内侧对应位置设置内加劲环板。

3　在钢管外侧焊接钢筋连接器，钢筋通过连接器与钢管柱相连接。

4.4　管芯混凝土浇筑和养护

4.4.1　钢管内混凝土运输、浇筑和间歇的全部时间不应超过混凝土的初凝时间，同一施工段钢管内供应连续浇筑。

4.4.2　管内混凝土可采用常规浇捣法，泵送顶升浇筑法或自密实免振捣法施工，当采用泵送顶升浇筑法或自密实免振捣法浇筑时，混凝土的工作性能要满足工艺要求，并加强浇筑过程管理。

4.4.3　采用泵送顶升法和自密实免振捣法浇筑混凝土时，浇筑前应进行混凝土的试配和编制混凝土浇筑工艺，并经过 1：1 的模拟试验，进行浇筑质量检验，形成浇筑工艺标准，方可在工程中应用。

4.4.4　管内混凝土浇筑后，应对管壁上的浇灌孔进行等强封补，表面应平整并进行防腐补涂。

4.4.5　浇筑过程中用敲钢管来检验混凝土的密实度。

4.4.6　浇筑完后的混凝土管口封水养护。

4.5　钢管外壁防火涂层施工

同普通钢结构防火。

5　质量标准

5.1　主控项目

5.1.1　钢构件加工主控项目

1　钢管、钢板、钢筋、连接材料、焊接材料及钢管混凝土的材料应符合设计要求和国家现行有关标准的规定。

2　钢管构件进场应进行验收，加工制作质量符合设计要求和合同约定。

3　钢材切割面或剪切面应无裂纹、夹渣、分层和大于 1mm 的缺棱。检查数量：全数检查。检验方法：观察或用放大镜及百分尺检查，有疑义时做渗透、磁粉或超声波探伤检查。

4　钢管构件上的钢板翅片、加劲肋板、栓钉、管壁开孔的规格和数量应符合设计要求。

5　钢管混凝土构件拼装方式，程序和施焊方法符合设计专项施工方案要求；构件拼装焊缝质量应符合设计要求和现行国家标准《钢结构工程质量验收规范》GB 50205 的规定，焊缝检验符合现行国家标准《钢结构焊接规范》GB 50661 的规定。

5.1.2　钢构件安装主控项目

1　埋入式钢管混凝土柱柱脚的构造，埋置深度和混凝土强度应符合设计要求。

2　端承式钢管混凝土柱脚的构造及连接锚固件的品种、数量、位置应符合设计要求。

3　钢管混凝土构件吊装顺序应符合设计要求，多层结构上节钢管混凝土构件吊装应在下节钢管内混凝土达到设计要求后进行。

4　钢管混凝土构件垂直度允许偏差见表 31-1。

钢管混凝土构件垂直度允许偏差　　　　　　表 31-1

序号	项目	允许偏差
1	单层	$H/1000$ 且不大于 10.0mm
2	多层及高层	$H/2500$ 且不大于 30.0mm

5.1.3 钢管内混凝土浇筑主控项目

1　钢管内混凝土的强度等级应符合设计要求。

2　钢管内混凝土浇筑应密实，无脱粘、无离析现象，其收缩性应符合设计要求。

3　钢管内混凝土运输、浇筑及间隙的全部时间不应超过混凝土的初凝时间，同一施工段钢管内混凝土应连续浇筑。当需要留置施工缝时应当按专项方案留置。

4　钢管内混凝土浇筑应密实。

5.2　一般项目

5.2.1　钢管构件进场验收

1　钢管构件不应有运输、堆放造成的变形、脱漆等现象。

2　钢管段制作容许偏差应符合表 31-2 的规定。

钢管段制作容许偏差　　　　　　表 31-2

序号	项目	允许偏差（min）	
		空心钢管	实心钢管
1	端头直径 D 的偏差	$\pm1.5D/1000$ 且 ±5	$\pm1.2D/1000$ 且 ±3
2	弯曲矢高（L 为构件长度）	$L/1500$ 且不大于 5	$L/1200$ 且不大于 8
3	长度偏差	-5，2	±3
4	端面倾斜	$\leqslant2$（$D<\phi600$） $\leqslant3$（$D>\phi600$）	$D/1000$ 且 $\leqslant1$
5	钢管扭曲	$3°$	$1°$
6	椭圆度	$3D/1000$	

5.2.2　钢管构件现场拼装

1　钢管构件拼装场地的平整度、控制线等控制措施应符合专项施工方案的要求。

2　钢管混凝土构件现场拼装焊接二、三级焊缝外观质量应符合表 31-3 规定。

钢管混凝土构件现场拼装焊接二、三级焊缝外观质量　　　　　　表 31-3

序号	项目	二、三级焊缝外观质量标准允许偏差	
1	缺陷类型	二级	三级
2	未焊满	$<0.2+0.2t$ 且不应大于 1.0	$\leqslant0.2+0.04t$ 且不应大于 2.0
		每 100.00 焊缝内缺陷总长不应大于 25.0	
3	根部收缩	$\leqslant0.2+0.02t$ 且不应大于 1.0	$\leqslant0.2+0.04t$ 且不应大于 2.0
		长度不限	
4	咬边	$\leqslant0.05t$ 且不应大于 0.5； 连接长度 $\leqslant100$ 且焊缝两侧 总长不应大于 10% 焊缝全长	$<0.1t$ 且不应大于 1.0，长度不限
5	弧坑裂纹		允许存在个别长度 <5.0 的弧坑裂纹
6	电弧擦伤		允许存在个别电弧擦伤
7	接头不良	缺口深度 $0.05t$ 且不应大于 0.5	缺口深度 $0.1t$ 且不应大于 1.0
		每 1000 焊缝不应超过 1 处	
8	表面夹渣		深 $\leqslant0.2t$ 长 $\leqslant0.5t$ 不应大于 2.0
9	表面气孔		每 50 焊缝长度允许直径 $\leqslant0.4t$

3 钢管混凝土对接焊缝和角焊余高及错边允许偏差应符合规范表31-4要求。

焊缝余高及错边允许偏差 表31-4

序号	内容	图例	允许偏差（mm）	
			一、二级	三级
1	对接焊缝余高 C		$B<20$ 时，C 为 $0\sim3.0$；$B\geqslant20$ 时，C 为 $0\sim4.0$	$B<20$ 时，C 为 $0\sim4.0$；$B\geqslant20$ 时，C 为 $0\sim5.0$
2	对接焊缝错边 d		$d<0.15t$，且不应大于 2.0	$d<0.15t$，且不应大于 3.0
3	角焊缝余高 C		$h_f\leqslant6$ 时，C 为 $0\sim1.5$；$h_f>6$ 时，C 为 $0\sim3.0$	

注：$h_f>8.0$mm 的角焊缝其局部焊脚尺寸允许低于设计要求值 1.0mm，但总长度不得超过焊缝长度 10%。

5.2.3 埋入式钢管混凝土柱柱脚内有管内锚固钢筋时，其锚固筋长度、弯钩应符合设计要求。

5.2.4 端承式钢管混凝土柱柱脚安装就位及锚固螺栓拧紧后，端板下应按设计要求及时灌浆。

5.2.5 钢管混凝土构件吊装前，应清除管内杂物，管口应包封严密。

5.2.6 钢管混凝土构件安装、现场拼装允许偏差分别符合表31-5、表31-6的要求。

钢管混凝土构件安装允许偏差 表31-5

	项目	允许偏差	检验方法
单层	柱脚底座中心线对定位轴线的偏移	5.0	吊线和尺量检查
	单层钢管混凝土构件弯曲矢高	$h/1500$，且不应大于 10.0	经纬仪、全站仪检查
多层及高层	上下构件连接处错口	3.0	尺量检查
	同一层构件各构件顶高度差	5.0	水准仪检查
	主体结构钢管混凝土构件总高度差	$\pm H/1000$，且不应大于 30.0	水准仪和尺量检查

钢管混凝土构件现场拼装允许偏差（mm） 表31-6

序号	项目	允许偏差		检验方法	图例
		单层柱	多层柱		
1	一节柱高度	±5.0	±3.0	尺量检查	
2	对口错边	$t/10$，且不应大于 3.0	2.0	焊缝量规检查	
3	柱身弯曲矢高	$H/1500$，且不应大于 10.0	$H/1500$，且不应大于 5.0	拉线、直角尺和尺量检查	
4	牛腿处的柱身扭曲	3.0	$d/250$，且不应大于 5.0	拉线、吊线和尺量检查	
5	牛腿面的翘曲 $\triangle$	2.0	$L_3\leqslant1000$，2.0；$L_3>1000$，3.0	拉线、吊线和尺量检查	
6	柱低面到柱端与梁连接的最上一个安装孔距离 L	$\pm L/1500$，且不应超过 ±15.0	—	尺量检查	

续表

序号	项目	允许偏差		检验方法	图例
		单层柱	多层柱		
7	柱两端最外侧安装孔、穿钢筋孔距离 L_1	—	±2.0	尺量检查	
8	柱底面到牛腿支撑面距离 L_2	$±L_2/2000$，且不应超过±8.0	—	尺量检查	
9	牛腿端孔到柱轴线距离 L_3	±3.0	±3.0	尺量检查	

5.2.7　钢管内混凝土施工缝的设置应符合设计要求，钢管柱对接焊口的钢管应高出浇筑施工面面 500mm 以上，防止钢管焊缝时高温影响混凝土质量。

5.2.8　混凝土浇筑后应对管口进行临时封闭。

5.2.9　钢管内混凝土浇筑后，浇灌孔、顶升孔、排气孔应按设计要求封堵，表面应平整，并进行表面清理和防腐处理。

6　成品保护

6.0.1　钢构件运输要有防变形措施。

6.0.2　吊装时要用吊装卡具连接吊耳，严禁用钢丝绳直接捆绑构件，防止破坏防腐涂层。

6.0.3　混凝土浇筑时浇筑孔四周要用塑料布包裹，防止钢构件外围被污染。

7　应注意的问题

7.1　应注意质量问题

7.1.1　钢管混凝土构件吊装就位后应及时校正标高、轴线、垂直度，校正合格后应及时进行固定，固定应牢固，采用地脚螺栓时应拧紧钢管柱地脚螺栓，并有防止松动措施，采用焊接的应进行临时固定之后及时按施工方案进行焊接，保证焊缝质量。

7.1.2　钢管混凝土柱拼接时为保证焊缝质量，在内壁增设对板、衬板。

7.1.3　混凝土浇筑后不得再对钢管进行任何调整。

7.1.4　浇筑孔、顶升孔、排气孔封堵应与母材等强，焊缝质量应符合设计和专项方案要求。

7.1.5　管内混凝土的浇筑质量，可采用敲击钢管的方法进行初步检查，当有异常，可采用超声波进行检测。对浇筑不密实的部位，可采用钻孔压浆法进行补强，然后将钻孔进行补焊封闭。

7.2 应注意的安全问题

7.2.1 钢管混凝土构件应按专项施工方案吊装，对构件吊装的吊点位置的计算，吊点位置的局部变形，滑动的防范措施等进行检查，需加固的按加固方案加固。

7.2.2 钢管混凝土构件应按吊装方案在钢管柱上标志中心线、方向线、垂直线、标高等控制线，标明吊点位置及临时支撑的位置等，以保证吊装的稳定和安全。

7.2.3 五级以上大风禁止吊装作业。

7.2.4 焊接作业应健全防火制度，完善消防设施，高空焊接要有接收火花的设施。

7.2.5 高空作业应在柱顶拉设安全绳，作业人员系安全带搭设可靠的操作平台，防止高空坠落。

7.3 应注意的绿色施工问题

7.3.1 施工时应有可靠的屏蔽措施避免焊接电弧光外泄造成光污染。

7.3.2 夜间施工时不得敲击钢板，避免噪声。

8 质量记录

8.0.1 钢构件进场检查验收记录。

8.0.2 钢构件拼装记录。

8.0.3 钢构件焊接记录。

8.0.4 钢构件吊装记录。

8.0.5 高强度螺栓扭矩检验记录。

8.0.6 钢材、高强度螺栓出厂合格证及复试报告。

8.0.7 隐蔽工程检查验收记录。

8.0.8 钢管构件进场验收分项工程检验批质量验收记录。

8.0.9 钢管混凝土构件现场拼装分项工程检验批质量验收记录。

8.0.10 钢管混凝土柱柱脚锚固分项工程检验批质量验收记录。

8.0.11 钢管混凝土构件安装分项工程检验批质量验收记录。

8.0.12 钢管混凝土柱与钢筋混凝土梁连接分项工程检验批质量验收记录。

8.0.13 钢管内钢筋骨架分项工程检验批质量验收记录。

8.0.14 钢管内混凝土浇筑分项工程检验批质量验收记录。

第 32 章 楼 承 板

本工艺标准适用于楼层和平台中组合楼板的压型金属板施工，也适用于作为混凝土永久性模板用途的非组合楼板的压型金属板施工。

1　引用标准

《钢结构工程施工规范》GB 50755—2012

《钢-混凝土组合结构施工规范》GB 50901—2013

《钢结构焊接规范》GB 50661—2011

《压型金属板设计施工规范》YBJ 216—88

《压型金属板工程应用技术规范》GB 50896—2013

《钢-混凝土组合楼盖结构设计与施工规程》YB 9238—92

《钢结构工程施工质量验收规范》GB 50205—2001

《建筑用压型钢板》GB/T 12755—2008

《电弧螺柱焊用圆柱头焊钉》GB/T 10433

2　术语

2.0.1　钢-混凝土组合板：压型钢板通过剪力连接件与现浇混凝土共同工作承受荷载的楼板或层面板。

2.0.2　焊钉（栓钉）焊接：将焊钉（栓钉）—板件（或管件）表面接触通电引弧，待接触面熔化后，给焊钉（栓钉）一定压力完成焊接的方法。

2.0.3　钢质压型楼承板：是指镀锌薄钢板压成型，其截面由梯形、倒梯形或类似形状组成的波形，在建筑工程组合楼盖中既与楼板现浇混凝土共同受力又作为永久性支承模板。

3　施工准备

3.1　作业条件

3.1.1　安装前应熟悉施工组织设计或施工方案对压型钢板安装的要求和方法，并对作业人员进行安全技术交底。

3.1.2　铺设前应割除影响安装的钢梁吊耳，清扫支承面杂物锈皮油污。

3.1.3　压型钢板施工前应及时办理有关楼层的钢结构安装、焊接、节点处高强度螺栓、油漆等工程的隐蔽验收。

3.1.4　栓钉焊接人员应持有相应的焊工证书，并经过试焊合格后方可上岗。

3.1.5　栓钉焊接宜使用独立的电源，电源电压器的容量应在 100～250kVA。

3.1.6　栓钉施焊应在压型钢板焊接固定后进行，环境温度在 0℃ 以下时不宜进行栓钉焊接。

3.2　材料及机具

3.2.1　镀锌压型钢板、栓钉、瓷环、边模、封口板；

3.2.2　主要机具：压型金属板成型设备、吊装机械、压型金属板切割设备（手提式砂轮切割机）、压型钢板开洞设备（等离子切割机或空心钻）、螺柱焊机、压型金属板专用吊具、手工电弧焊机、钢板对口钳（压紧压型钢板）墨斗、铅丝、塞尺、角尺、铁圆规；

3.2.3 常见楼承板用压型钢板板型

YX65-170-510 型（BD65 闭口型），YX48-200-600 型（600 闭口型），YX51-190-760 型（缩口型），YX76-344-688 型，YX51-240-720 型 YX75-200-600 型，KXY65-185-555 型（555 型闭口式）。

4　操作工艺

4.1　工艺流程

压型钢板制作 → 压型钢板安装 → 堵头板及封边板安装 → 栓钉焊接 → 验收

4.2　压型钢板制作

4.2.1 压型钢板制作前应根据原设计文件进行排板设计并绘制排板图，图中应包含压型钢板的规格、尺寸和数量，与主体结构的支承构造和连接详图以及封边挡板等内容。根据排板图统计制作的规格、尺寸、数量，同时排板图作为压型钢板安装的依据。

4.2.2 根据设计板型用专用压型钢板成型设备制作，批量加工前应进行试制，试制合格方可批量生产。压制合格的压型板按规格编号，分类码放。

4.2.3 压型钢板运输过程中，应采取保护措施，运输和堆放应有足够支点，以防变形。

4.2.4 压型钢板运输至现场，按不同材质、板型分别堆放并应与施工顺序相吻合。

4.3　压型钢板安装

4.3.1 安装前应测量放线，根据排板图在支承结构上弹出压型钢板的位置线和控制线。

4.3.2 需要下料，切孔的压型板选用手提式砂轮切割机或等离子弧切割机切割，严禁用乙炔氧气切割。

4.3.3 弯曲变形的压型钢板校正合格后方可使用。

4.3.4 安装时，应根据绘制的压型钢板排板图及划好的位置线按顺序安放压型钢板。铺放压型钢板时，相邻两排压型钢板端头的波形槽口应对准。板吊装就位后压型钢板铺设至变截面梁处，一般从梁中间向两端进行，至端部调整补缺；铺设等截面梁处则从一端开始，至另一端调整补缺。压型板铺设后，将两端点焊于钢梁上。

4.3.5 不规则面板的铺设

根据现场钢梁的布置情况放线后实测实量，按实测结果在地面平台上放样下料，试拼合格后进行铺设。

4.3.6 压型钢板需要搭接时，搭接部位必须设置在支撑构件上，且搭接长度应满足表 32-1 要求。

压型钢板搭接长度　　　　　　　　　　　　　　　　　　表 32-1

序号	项目		搭接长度
1	截面高度＞70		375
2	截面高度≤70	坡度＜1/10	250
		坡度≥1/10	200

4.3.7　压型钢板收边做法

1　当压型钢板临边梁或铺设不连续时：如图 32-1。

2　板连续铺设跨梁时，如图 32-2。

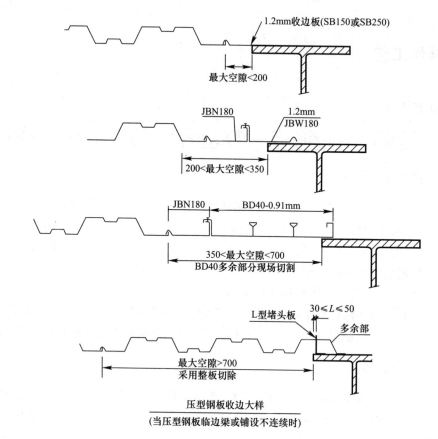

图 32-1　压型钢板临边梁或铺设不连续时的收边做法

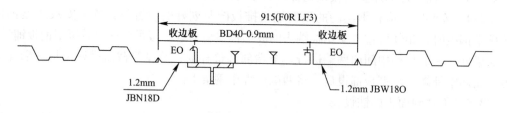

图 32-2　板连续铺设跨梁时型钢板收边做法

4.3.8　焊接

1　每一片压型钢板两侧沟底均需以 15mm 直径的熔焊与钢梁固定，焊点的平均最大间距为 30cm。焊接材料应穿透压型钢板并与钢梁材料有良好的熔接。如果采用穿透式栓钉直接透过压型钢板植焊于钢梁上，则栓钉可以取代上述的部分焊点数量；但压型钢板铺设定位后，仍应按上述原则固定，熔焊直径可以改为 8mm 以上。

2　与钢梁的焊接不仅包括压型钢板两端头的支承钢梁，还包括跨间的次梁；如果栓钉的焊接电流过大，造成压型钢板烧穿而松脱，应在栓钉旁边补充焊点。

4.3.9　现场开孔及切割

1　需要预留孔时，需按图纸要求位置放线后切割，开孔切割后应按要求进行洞口的防护。

2　垂直板肋方向的预开洞有损及压型钢板的沟肋时，必须按规定补强。开孔补强的方法：

（1）圆形孔径，小于等于 800mm，或长方形开孔短边方向的尺寸小于等于 800mm 者，可以先行围模，待楼板混凝土浇筑完成后，并达到设计强度的 75% 以上再进行切割开孔开孔角隅及周边应依照钢筋混凝土结构开孔补强的方式，配置补强钢筋。如图 32-3。

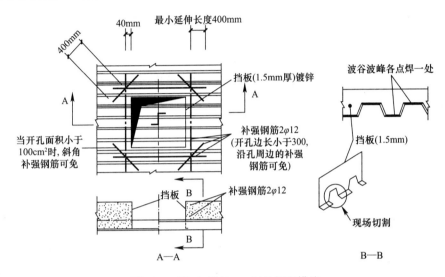

图 32-3　洞口≤800mm 时的补强措施

（2）当开圆孔直径或长方形短边方向的尺寸大于 800mm 时，应于开孔四周添加围梁。见图 32-4 压型钢板开孔≥800mm 的加强措施。

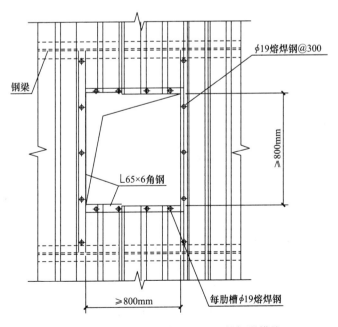

图 32-4　压型钢板开孔≥800mm 的加强措施

4.3.10 安装压型钢板的相邻梁间距大于压型钢板允许承载的最大跨度时，应根据施工组织设计的要求搭设支顶架。支顶架通常采用简单钢管排架支撑或桁架支撑。支顶架在混凝土达到规定强度后方可拆除。

4.4 栓钉焊接

4.4.1 首次栓钉焊接时，应进行焊接工艺评定试验，并应确定焊接工艺参数。

4.4.2 焊接前需进行测量放线，画出栓钉的位置。

4.4.3 栓钉焊接前将焊接面上的水、锈、油等有害杂质清除干净并按规定烘焙瓷环。

4.4.4 每班焊接作业前，应至少试焊 3 个栓钉，并应检查合格后在正式施焊。

4.4.5 栓钉焊接完成后目测检查焊接部位的外观，四周的融化金属以形成 360°范围内连续均匀焊圈，无外观缺陷为合格。目测检查合格的基础上进行弯曲试验抽查，用手锤打弯，栓钉弯曲 30°后焊缝和热影响区不得有肉眼可见裂纹。经弯曲试验合格的栓钉可在弯曲状态下使用，不合格的栓钉应更换，并经弯曲试验检验。

5 质量标准

5.1 主控项目

5.1.1 压型钢板的尺寸、形式、板厚允许偏差应符合现行国家标准《建筑用压型钢板》GB/T 12755 的要求。

5.1.2 压型钢板与主体结构的锚固支承长度应符合设计要求，且在钢梁上支撑长度不得少于 50mm。在混凝土梁上支撑长度不小于 75mm。端部锚固件连接可靠，设置符合设计要求。

5.2 一般项目

5.2.1 压型钢板几何尺寸应在出厂前进行抽检，对用卷板压制的钢板每卷抽检不少于 3 块；

5.2.2 压型钢板基材不得有裂纹，镀锌板不能有锈点；

5.2.3 压型钢板尺寸允许偏差：

1 板厚极限偏差符合原材料相应标准；

2 当波高小于 75mm 时，波高允许偏差±1.5mm，当波高大于 75mm 时，波高允许偏差±2.0mm；

3 波距允许偏差±2mm；

4 当板长小于 10m 时，板长允许偏差＋5，－0mm，侧向弯曲值小于 8mm；

5 当板长大于 10m 时，板长允许偏差＋10，－0mm。

5.2.4 压型钢板安装应平整、顺直，板面不应有施工残留物和污物，不应有未经处理的错钻孔洞。

板缝咬口点间距不得大于板宽度的 1/2 且不得大于 400mm，整条缝咬合的应确保咬口平整，咬口深度一致。

6 成品保护

6.0.1 压型钢板在装卸、安装中严禁用钢丝绳捆绑直接起吊。

6.0.2 堆放应成条分散,吊放于梁上时应以缓慢速度下放,切忌粗暴的吊装动作。

6.0.3 应使用软吊索或在钢丝绳与板接触的转角处加胶皮或钢板下使用垫木。

6.0.4 铺设人员交通马道减少在压型钢板上的人员走动,严禁在压型钢板上堆放重物。

6.0.5 混凝土浇筑应均匀布料,不得过于集中,避免倾倒混凝土造成的冲击。

6.0.6 压型钢板铺设完毕、调直固定后应及时用锁口机具进行锁口,防止由于堆放施工材料或人员交通,造成压型板咬口分离。

7 应注意的问题

7.1 应注意的质量问题

7.1.1 应验算压型钢板在工程施工阶段的强度和挠度,当不满足要求时,应增设临时支撑、并应对临时支撑体系再进行安全性验算。临时支撑应按施工方案进行搭设。

7.1.2 临时支撑底部,顶部应设置宽度不小于100mm的水平带状支撑。

7.1.3 压型钢板施工质量要求波纹对直,所有的开孔、节点裁切不得用氧气乙炔焰施工,避免烧掉镀锌层。

7.1.4 所有的板与板、板与构件之间的缝隙不能直接透光,所有宽度大于5mm的缝应用砂浆、胶带等堵住,避免漏浆。

7.2 应注意的安全问题

7.2.1 在压型钢板施工以前,应根据健全安全生产管理的要求做好安全技术交底,层层落实安全生产责任制。

7.2.2 压型钢板必须边铺设边固定,禁止无关人员进入施工部位。

7.2.3 压型钢板施工楼层下方禁止人员穿行;压型钢板在人工散板时,工人必须系好安全带。

7.2.4 压型钢板铺设后及时封闭洞口,设护栏并作明显标识。

7.2.5 压型钢板铺设后周边应设防护栏杆。

7.2.6 做好高空施工的安全防护工作,铺设专用交通马道,在工人施工的钢梁上方安装安全绳,工人施工时必须把安全带挂在安全绳上,防止高空坠落;在施工以前应对高空作业人员进行身体检查,对患有不宜高空作业疾病(心脏病、高血压、贫血等)的人员不得安排高空作业。

7.2.7 压型钢板施工时两端要同时拿起,轻拿轻放,避免滑动或翘头,施工剪切下来的料头要放置稳妥,随时收集,避免坠落。非施工人员禁止进入施工楼层,避免焊接弧光灼伤眼睛或晃眼造成摔伤,焊接辅助施工人员应戴墨镜配合施工。

7.2.8 下一楼层应有专人监控,防止其他人员进入施工区和焊接火花坠落造成失火。

7.3　应注意的绿色施工问题

7.3.1　施工时应有可靠的屏蔽措施避免焊接电弧光外泄造成光污染。

7.3.2　夜间施工时不得敲击钢板，避免噪声。

8　质量记录

8.0.1　压型金属板原材料合格证及构件出厂合格证。

8.0.2　栓钉、焊接材料出厂合格证。

8.0.3　栓钉焊接记录。

8.0.4　压型金属板分项工程检验批质量验收记录。

8.0.5　焊接分项工程质量验收记录。

8.0.6　栓钉焊接工程检验批质量验收记录。